技工院校数控类专业教材（高级技能层级）

CAD/CAM应用技术（UG NX）

高进祥　主编

中国劳动社会保障出版社

简介

本书主要内容包括 UG 入门、草图及曲线、实体与特征建模、曲面造型、UG 建模综合练习、零部件装配、工程图基础、数控铣削加工。本书采用任务驱动的模式编写，内容简明，图文并茂，通俗易懂。本书既可作为数控专业学生数控造型和自动编程所用教材，也可作为数控专业造型技术人员的自学教材。

本书由高进祥任主编，陈烨妍任副主编，孙春花、魏小兵参加编写。

图书在版编目（CIP）数据

CAD/CAM 应用技术 : UG NX / 高进祥主编 . -- 北京 : 中国劳动社会保障出版社，2025. --（技工院校数控类专业教材）. -- ISBN 978-7-5167-6816-7

Ⅰ. TP391.7

中国国家版本馆 CIP 数据核字第 2025G836E6 号

中国劳动社会保障出版社出版发行

（北京市惠新东街 1 号　邮政编码：100029）

*

北京宏伟双华印刷有限公司印刷装订　　新华书店经销

787 毫米 ×1092 毫米　16 开本　23.25 印张　492 千字

2025 年 4 月第 1 版　　2025 年 4 月第 1 次印刷

定价：60.00 元

营销中心电话：400-606-6496

出版社网址：https://www.class.com.cn

https://jg.class.com.cn

前言

为了更好地适应技工院校数控类专业的教学要求，全面提升教学质量，我们组织有关学校的骨干教师和行业、企业专家，在充分调研企业生产和学校教学情况，广泛听取教师对教材使用反馈意见的基础上，对技工院校数控类专业高级技能层级的教材进行了修订。

本次教材修订工作的重点主要体现在以下几个方面：

第一，更新教材内容，体现时代发展。

根据数控类专业毕业生所从事岗位的实际需要和教学实际情况的变化，合理确定学生应具备的能力与知识结构，对部分教材内容及其深度、难度做了适当调整。

第二，反映技术发展，涵盖职业技能标准。

根据相关工种及专业领域的最新发展，在教材中充实新知识、新技术、新设备、新工艺等方面的内容，体现教材的先进性。教材编写以国家职业技能标准为依据，内容涵盖数控车工、数控铣工、加工中心操作工、数控机床装调维修工、数控程序员等国家职业技能标准的知识和技能要求，并在配套的习题册中增加了相关职业技能等级认定模拟试题。

第三，精心设计形式，激发学习兴趣。

在教材内容的呈现形式上，较多地利用图片、实物照片和表格等将知识点生动地展示出来，力求让学生更直观地理解和掌握所学内容。针对不同的知识点，设计了许多贴近实际的互动栏目，以激发学生的学习兴趣，使教材“易教易学，易懂易用”。

第四，采用 CAD/CAM 应用技术软件最新版本编写。

在 CAD/CAM 应用技术软件方面，根据最新的软件版本对 UG、Creo、Mastercam、CAXA、SolidWorks、Inventor、中望 3D 2023 进行了重新编写。同时，在教材中不仅局限于介绍相关的软件功能，而是更注重介绍使用相关软件解决实际生产中的问题，以培养学生分析和解决问题的综合职业能力。

第五，开发配套资源，提供教学服务。

本套教材配有习题册和方便教师上课使用的多媒体电子课件，可以通过登录技工教育网（https://jg.class.com.cn）下载。另外，在部分教材中使用了二维码技术，针对教材中的教学重点和难点制作了动画、视频、微课等多媒体资源，学生使用移动终端扫描二维码即可在线观看相应内容。

本次教材的修订工作得到了河北、辽宁、江苏、山东、河南等省人力资源和社会保障厅及有关学校的大力支持，在此我们表示诚挚的谢意。

目　录

模块一　UG 入门

课题 1　认识 UG NX 2007

学习目标

1．能启动和退出 UG NX 2007。

2．能识别 UG NX 2007 的窗口界面。

3．能设置 UG NX 2007 基本参数。

4．能完成 UG NX 2007 的文件管理。

工作任务

学习 CAD/CAM 软件，一般从软件的启动方法、窗口界面、基本参数设置、文件基础管理、软件的退出等方面入手。

本任务将从启动 UG NX 2007 开始，通过正常操作软件的顺序，来初步认识 UG NX 2007。

任务实施

1．启动 UG NX 2007

正确安装好 UG NX 2007 后，可通过以下两种方法启动。

（1）通过快捷方式图标启动

双击计算机桌面上的“NX 快捷方式”图标 NX ，即可启动 UG NX 2007。

（2）通过［开始］菜单启动

单击计算机桌面上的［开始］/［Siemens NX］/［NX］命令，也可启动 UG NX 2007。

启动 UG NX 2007 后，系统弹出 UG NX 2007 的启动界面，如图 1–1 所示。

提示

为了便于读者阅读，本教材所有的命令均采用带“［ ］”的文字表示，如［开始］、［程序］等；而对话框中的按钮，则采用带“【 】”的文字表示，如【确定】按钮、【取消】按钮等。

图 1-1 UG NX 2007 的启动界面

2. 新建文件

单击功能区“主页”选项卡“标准”面组中的“新建”图标 ，或单击“快速访问”工具栏中的“新建”图标 ，或选择［菜单］/［文件］/［新建］菜单命令，系统弹出“新建”对话框，如图 1-2 所示。选择单位为“毫米”，确定模板类型，输入文件名称和保存文件夹的位置后，单击【确定】按钮，完成新文件的创建。

3. 认识 UG NX 2007 的用户界面

部件文件新建完成后，系统便进入图 1-3 所示的 UG NX 2007 的用户界面。

该界面主要包括标题栏、“快速访问”工具栏、菜单栏、功能区、导航区、资源工具条、提示栏、图形窗口等。

（1）标题栏和“快速访问”工具栏

标题栏位于用户界面的顶部，用于显示 UG NX 版本、当前模块、当前工作部件文件的修改状态等信息。“快速访问”工具栏嵌在标题栏中，包含文件系统的基本操作命令，可根据需求选择其中的命令进行操作。

（2）菜单栏

菜单栏用于显示 UG NX 2007 的各功能菜单，主菜单是通过分类并固定显示的。通过单击主菜单可激发各层级联菜单，如图 1-4 所示。UG NX 2007 的功能几乎都能在菜单栏中找到。

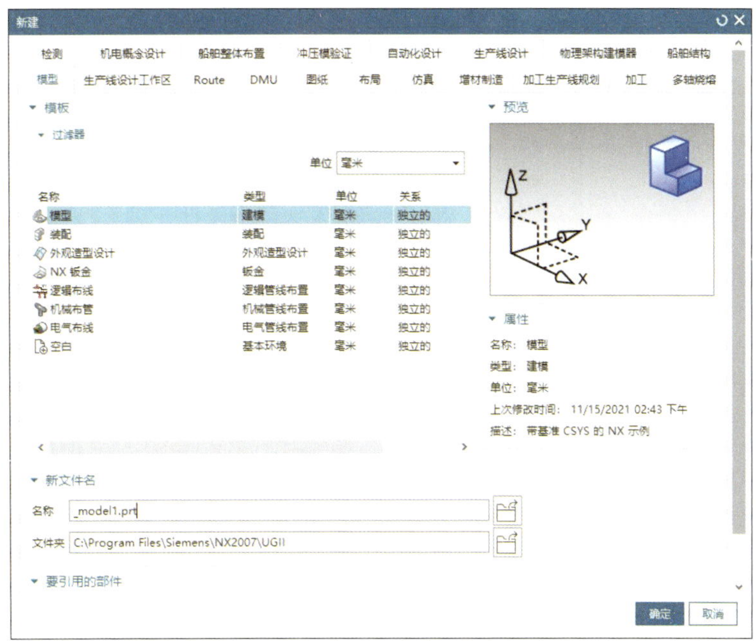

图 1-2　“新建”对话框

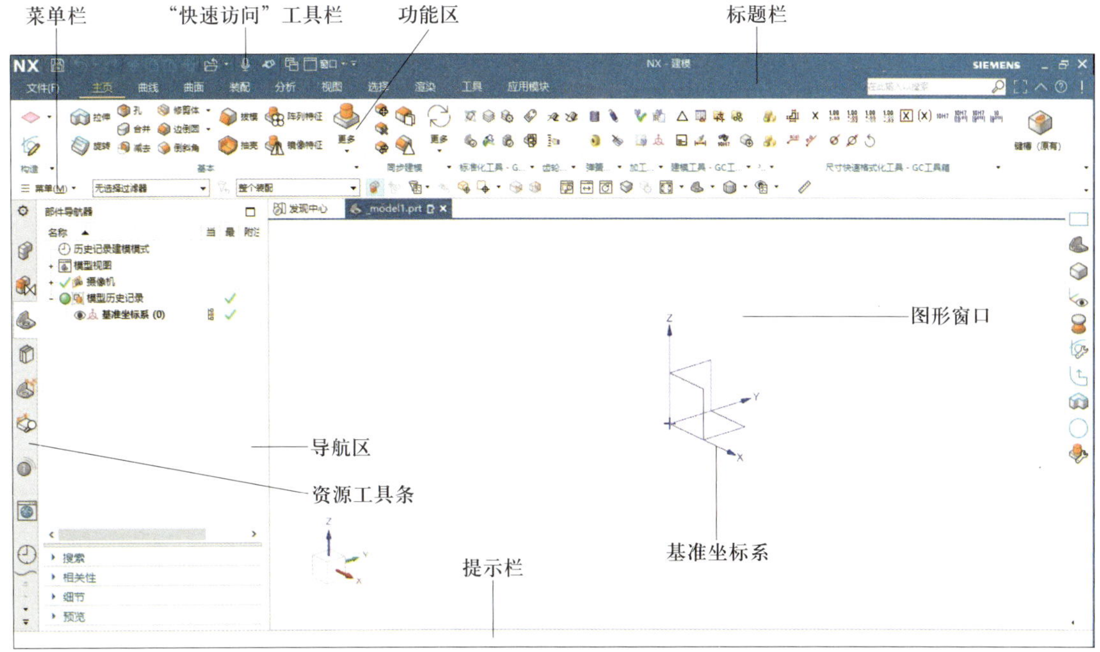

图 1-3　UG NX 2007 的用户界面

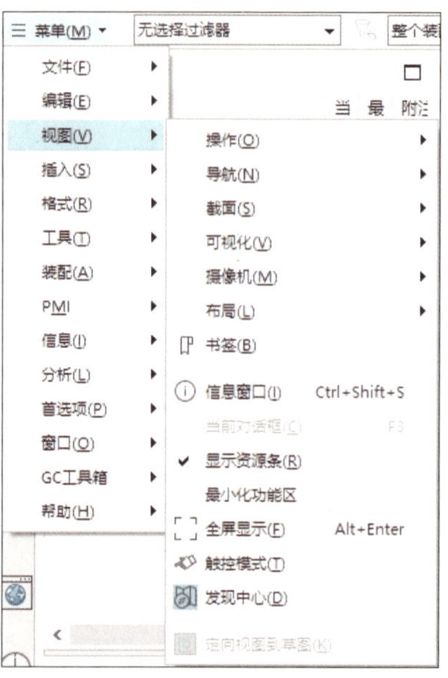

图 1-4　菜单栏的级联菜单

UG NX 2007 的主菜单及其功用见表 1-1。

表 1-1　UG NX 2007 的主菜单及其功用

菜单名称	菜单功用
文件	模型文件的管理
编辑	模型文件的设计和更改
视图	模型的显示控制
插入	建模模块环境下的常用命令
格式	格式组织及管理
工具	复杂建模工具
装配	虚拟装配建模功能，提供装配模块功能
PMI	三维标注功能
信息	信息查询
分析	模型对象分析
首选项	参数预设置
窗口	窗口切换，用于切换到已经打开的其他部件文件的图形显示窗口
GC 工具箱	用于弹簧、齿轮等标准零件的创建及加工准备
帮助	提供用户指南、教程和文档，帮助用户更好地理解和使用软件的各种功能和工具

（3）功能区

功能区由一系列命令图标组成，用于显示 UG NX 2007 的常用功能。命令图标的添加和删除操作方法如下。

以“主页”选项卡为例，如果该选项卡没有显示，则可在工具栏空白区域单击鼠标右键，在弹出的快捷菜单中勾选需要显示的选项卡，如图 1–5 所示，即可在工作界面中显示该选项卡。如果该选项卡中没有显示需要的组别，则可单击功能区最右边的下拉菜单按钮，在弹出的快捷菜单中勾选需要显示的组别，如图 1–6 所示，即可在该选项卡中显示需要的组别。

如果“基本”面组中没有显示需要的命令图标，用户可以通过面组右下方的“组选项”按钮来添加或移除该面组内的图标，如图 1–7 所示。

（4）导航区

导航区包含导航器的详细信息、搜索、相关性、细节和预览功能。

（5）资源工具条

资源工具条包含装配导航器、约束导航器、部件导航器、重用库、Web 浏览器、历史记录、加工向导、角色等选项。

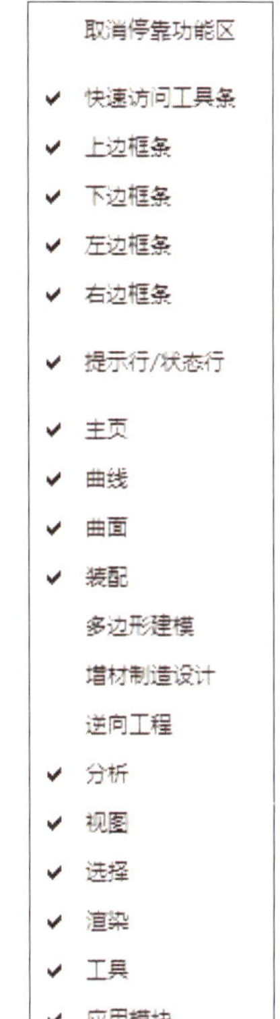

图 1–5　功能区设置快捷菜单（部分）

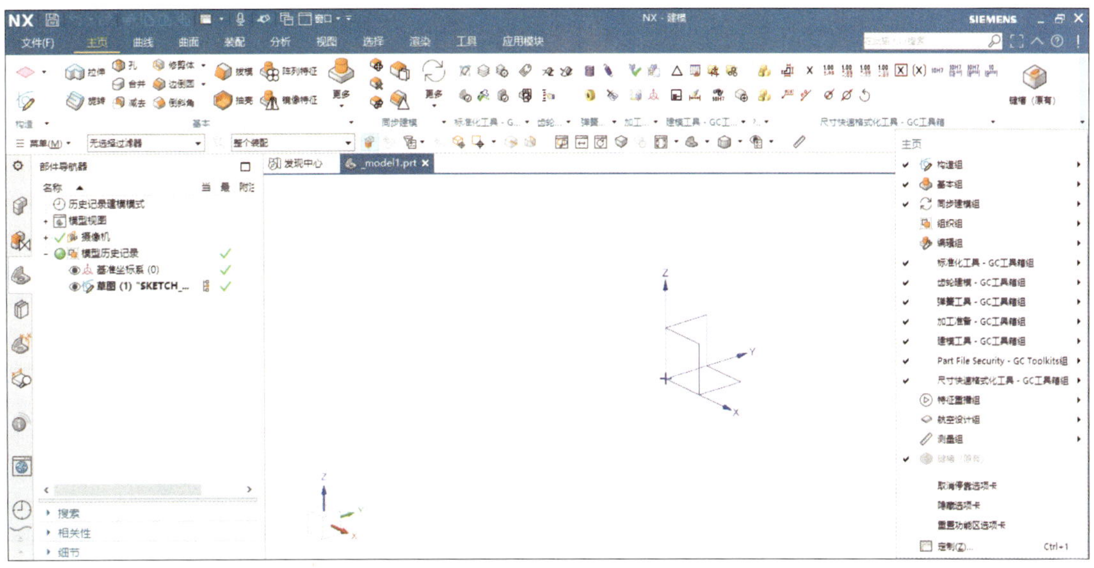

图 1–6　“主页”功能区选项

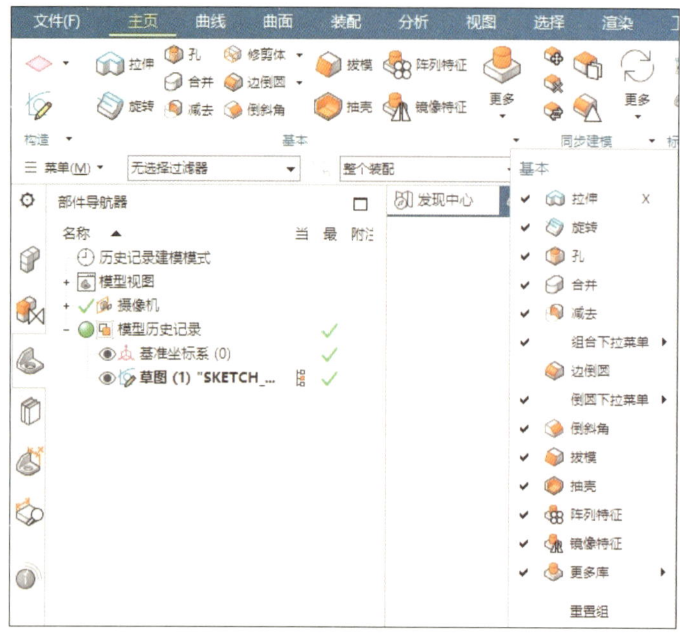

图 1-7 “组选项”快捷菜单

提示

在 UG NX 2007 中，用户可以根据自己的需求定制功能区选项卡。例如，设置图标的大小、设置显示哪些图标、设置和改变菜单功能区选项卡各项命令的快捷键等，可使软件界面更人性化，节省用户的时间，提高设计效率。操作方法如下。

选择［菜单］/［工具］/［定制］菜单命令（见图 1-8）或者单击任一快捷菜单中的［定制］命令，系统弹出图 1-9 所示的“定制”对话框。根据需要选择对应的选项卡后，即可进行相关功能区的设置。

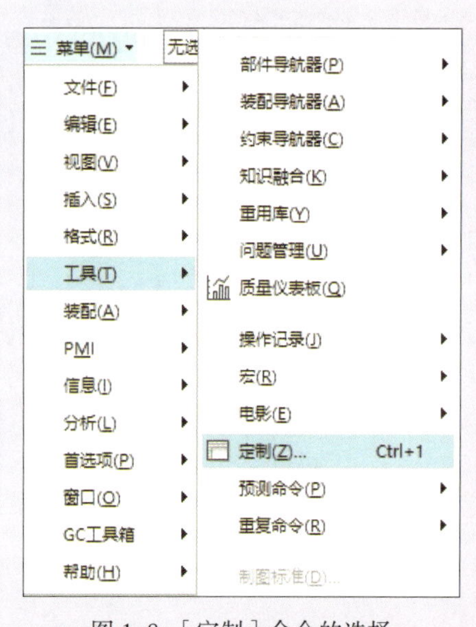

图 1-8 ［定制］命令的选择

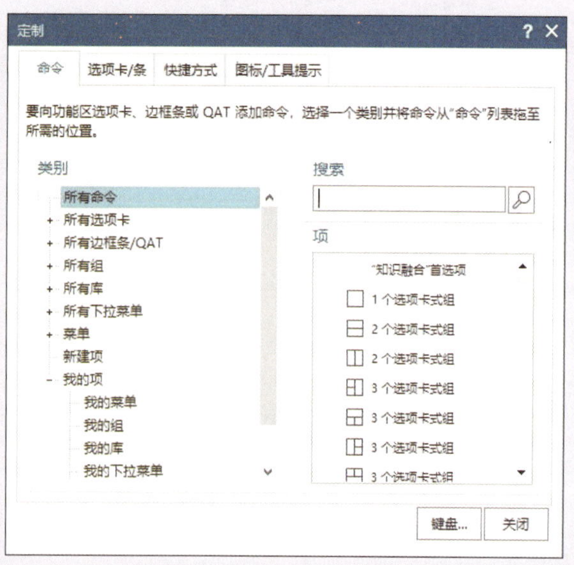

图 1-9 “定制”对话框

（6）提示栏

提示栏主要用于显示下一操作步骤，有些命令的操作结果也在该区域显示。

（7）图形窗口

图形窗口用于显示模型及相关对象。

4. 设置系统基本参数

在使用 UG NX 2007 软件进行设计之前，可以对系统基本参数进行个性化定制，使绘图环境更贴近用户的需求。系统基本参数设置主要包括首选项设置、用户默认设置和个性化屏幕设置等。

（1）首选项设置

首选项设置对话框可通过两种方法打开：一种是选择［文件］/［首选项］/［...］菜单命令，另一种是选择［菜单］/［首选项］/［...］菜单命令。以“对象首选项”为例，设置过程如下。

选择［菜单］/［首选项］/［对象］菜单命令，系统弹出“对象首选项”对话框，如图 1–10 所示。对话框中包含“常规”“分析”“线宽”三个选项卡，各个选项卡下有不同的参数，用户可以根据需求进行相关设置。

首选项设置对当前文件有效，对新建的文件不起作用。新的设置只对设置之后创建的对象有效，对设置之前创建的对象无效。

（2）用户默认设置

用户默认设置是在站点、组和用户级别控制众多命令和对话框的初始设置，如设置建模、制图和加工等的默认工作环境等。

“用户默认设置”对话框可通过选择［文件］/［实用工具］/［用户默认设置］菜单命令打开，如图 1–11 所示。在对话框左侧的树形列表中可以选择要设置参数的类型，对话框右侧区域可以显示相应的设置选项，用户可以根据需求进行相关设置。用户默认设置影响的是本机用户，包含后续新建的文件。

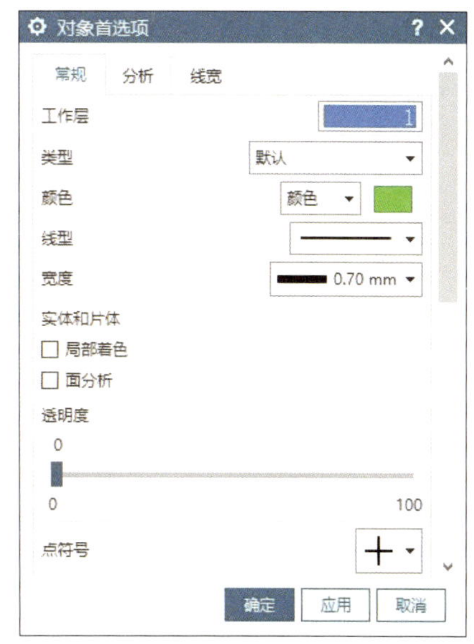

图 1–10 “对象首选项”对话框

（3）个性化屏幕设置

用户可以根据自身设计需要对功能区、菜单、图标大小等屏幕内容进行个性化定制，其方法在“功能区”的介绍中已详细讲解，这里不再赘述。

定制好个性化界面后，在资源工具条中单击“角色”图标，打开“内容”类别，在空白处单击鼠标右键，在弹出的快捷菜单中单击“新建用户角色”，弹出“角色属性”对话框，如图 1–12 所示，更改角色名称、类型和应用模块等属性后，单击【确定】按钮，可以自动生成“用户”类别，如图 1-13 所示，在新建文件中依然存在，可供用户反复使用。

图 1-11 “用户默认设置”对话框

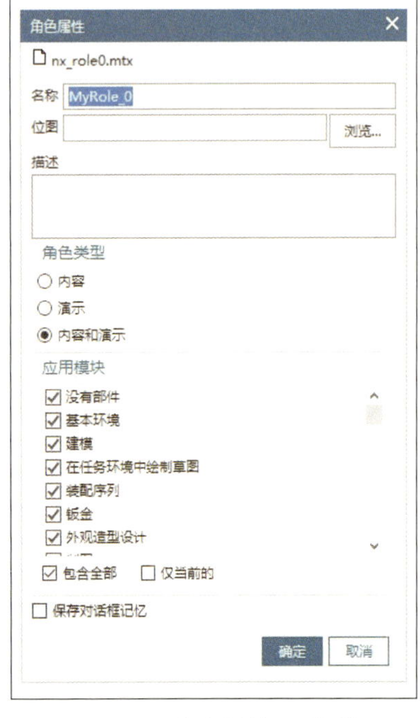

图 1-12 “角色属性”对话框

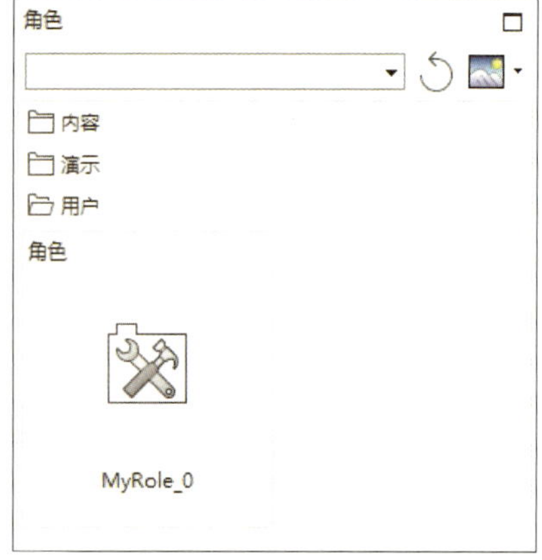

图 1-13 生成新建角色

提示

一般情况下，用户可以直接选用已有的角色类型。其中，“内容”类型包含欢迎、基本功能、CAM 基本功能、高级、CAM 高级功能、制造规划器（车身）基本功能、制造规划器（车身）高级七种角色。“基本功能”角色提供完成基础设计所需的所有简单工具；“高级”角色提供了完整的工具，满足更多复杂设计的需要。用户可以根据自身需要进行选择。本书若没有特别说明，均默认使用“高级”角色的设置。

“高级”角色的设置操作方法为单击“角色”图标，打开“内容”类别，单击“高级”角色，系统弹出“加载角色”对话框，如图 1–14 所示，单击【确定】按钮，即可完成设置。

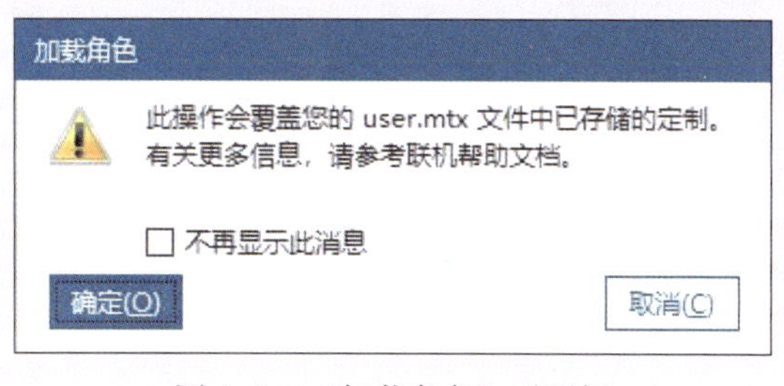

图 1–14　“加载角色”对话框

以上系统基本参数设置完成后，用户即可进行任务设计。

5. 保存文件，并退出 UG NX 2007

任务设计完成后，单击“快速访问”工具栏中的“保存”图标或选择［文件］/［保存］/［保存］菜单命令，提示栏显示“部件文件已保存”，完成文件保存。

退出 UG NX 2007 分为两种情况：一种是只退出当前任务，不关闭软件；另一种是直接关闭软件。第一种情况下，可以选择［文件］/［关闭］/［所有部件］菜单命令，退出当前任务；也可以直接单击当前任务对应的“关闭”图标。第二种情况下，可直接单击屏幕右上角的“关闭”图标。

提示

常用的文件管理操作包括新建文件、打开文件、保存文件、关闭文件、导入文件、导出文件和打印文件等，这些操作命令可通过单击功能区［文件］命令打开，如图 1–15 所示，也可通过选择［菜单］/［文件］菜单命令找到，如图 1–16 所示。

文件的保存有六种形式，具体形式的名称和功用见表 1–2，具体操作时可以根据需要进行选择。

文件的关闭有八种形式，具体形式的名称和功用见表 1–3，具体操作时可以根据需要进行选择。

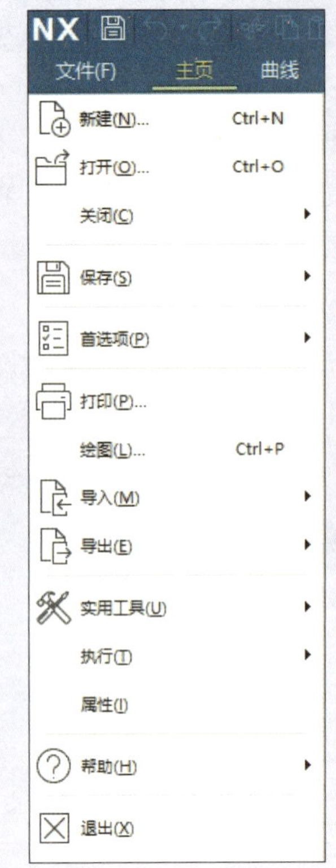

图 1–15 “文件”选项卡菜单

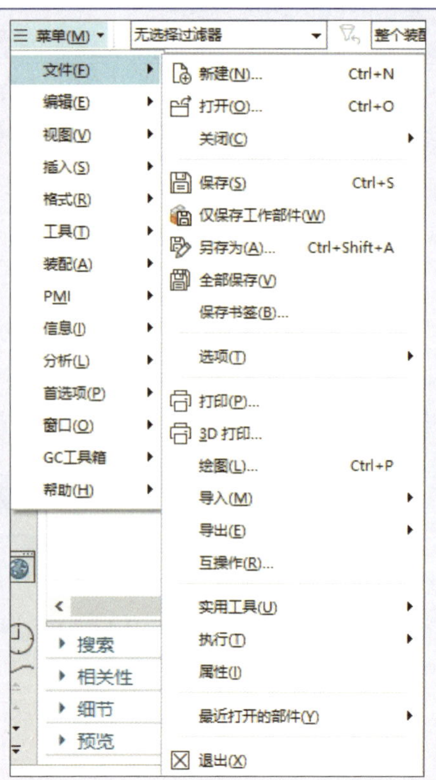

图 1–16 单击“菜单”打开的文件选项

表 1–2　　文件保存形式的名称和功用

名称	功用
保存	保存工作部件和任何已修改的组件
仅保存工作部件	仅保存工作部件
另存为	用其他名称保存此工作部件
全部保存	保存所有已修改的部件和所有顶层装配部件
保存书签	在书签文件中保存装配关联，包括组件可见性、加载选项和组件组
保存选项	定义保存部件文件时要执行的操作

表 1–3　　文件关闭形式的名称和功用

名称	功用
选定的部件	关闭选定的部件并保持会话继续运行
所有部件	关闭所有的部件并保持会话继续运行
保存并关闭	保存并关闭工作部件
另存并关闭	用其他名称保存工作部件并关闭
全部保存并关闭	保存并关闭当前会话中加载的所有部件
全部保存并退出	保存所有已修改的部件并结束会话
关闭并重新打开选定的部件	使用磁盘上存储的版本更新选定的修改部件
关闭并重新打开所有修改的部件	使用磁盘上存储的版本更新所有修改部件

任务拓展

1．根据 UG NX 2007 启动界面的提示，进行相关操作练习。

2．通过首选项设置，将图形窗口背景设置为渐变、顶部灰色、底部白色。

课题 2　UG NX 2007 的基本操作

学习目标

1．能合理调用和设置坐标系。

2．能按需对视图进行基本操作。

3．能使用鼠标实现相关功能。

4．能设置对象的着色样式。

工作任务

打开图 1–17 所示的模型素材文件，隐藏基准坐标系，对该模型的视图进行各种操作，应用各种显示样式渲染模型并观察模型显示效果，进入与退出全屏模式，最终将模型调整为着色样式、正等测图视角、适合窗口大小后，保存并关闭模型素材文件。

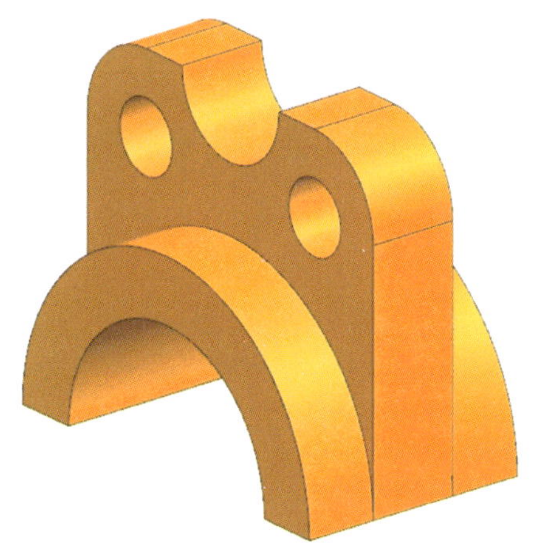

图 1–17　模型素材

任务实施

1．打开文件

（1）双击快捷方式图标启动 UG NX 2007。

（2）单击“主页”选项卡“标准”面组中的“打开”图标 或单击“快速访问”工具栏中的“打开”图标 ，或选择［菜单］/［文件］/［打开］菜单命令，系统弹出“打开”

对话框，找到“模型素材”所在文件夹，并选中“模型素材”文件，如图 1–18 所示。单击【确定】按钮，即可打开该模型，如图 1–19 所示。

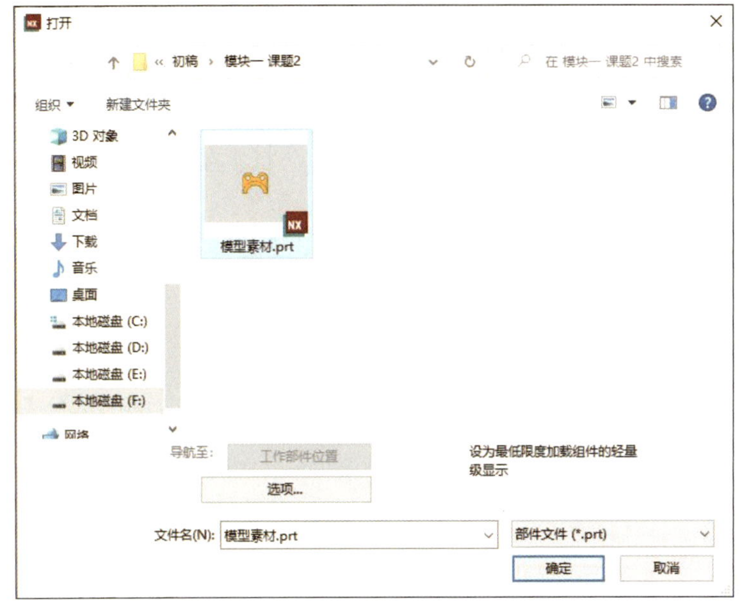

图 1–18 “打开”对话框

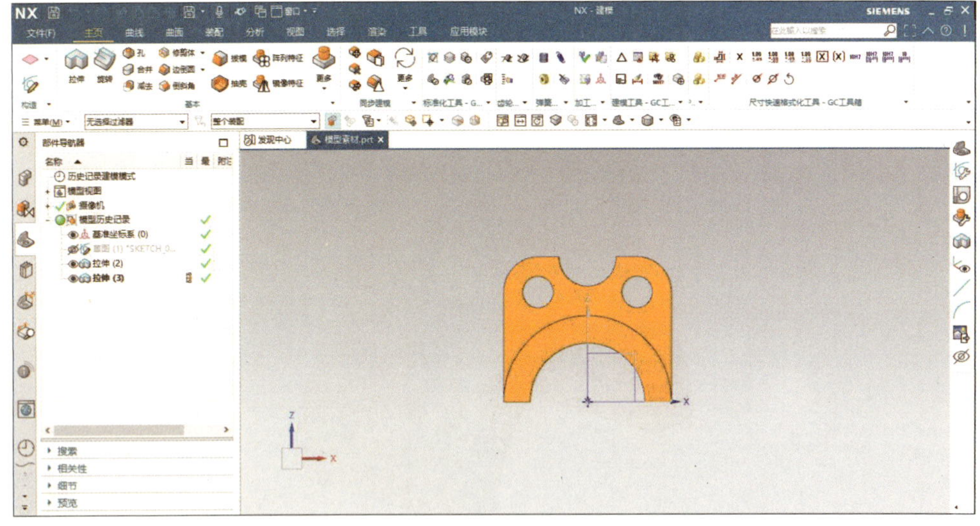

图 1–19 打开“模型素材”

2. 设置背景颜色，选择角色样式

（1）选择［菜单］/［首选项］/［场景］菜单命令，系统弹出“场景首选项”对话框，如图 1–20 所示。

（2）单击“背景”选项下“着色视图”类型“渐变”右侧的下拉菜单，选择“纯色”类型，如图 1–21 所示。单击颜色条，在弹出的“Colors”对话框中选择“白色”，如图 1–22 所示，单击【OK】按钮，完成颜色的选择。

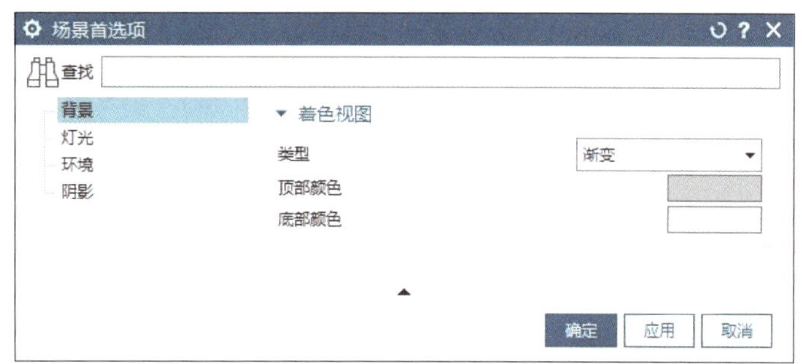

图 1–20　“场景首选项”对话框

图 1–21　选择着色视图的类型

（3）单击【确定】按钮，完成背景色的设置，结果如图 1–23 所示。

（4）单击资源工具条上的“角色”图标 ，打开“内容”类别，选择“高级”角色，即可将当前角色设置为“高级”角色。

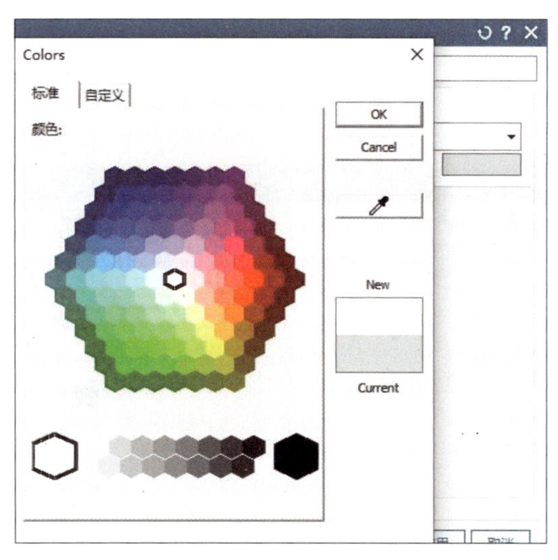

图 1–22　选择颜色

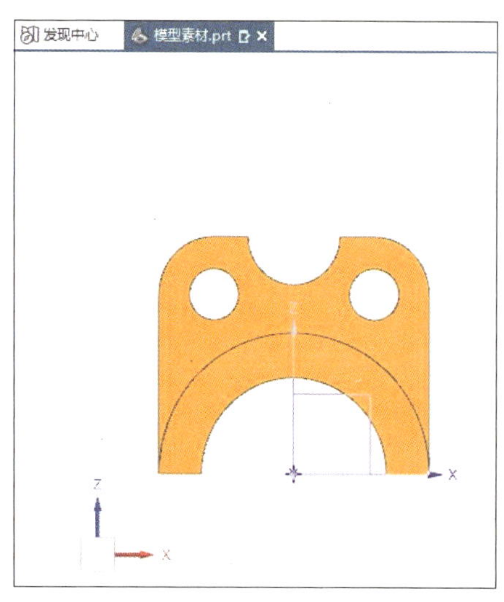

图 1–23　背景设置为白色

提示

设置图形窗口背景色，还可采用以下两种方法。

第一种是在图形窗口的空白区域单击鼠标右键，系统弹出图 1–24 所示的快捷菜单，将光标移动至“背景”，系统弹出下拉菜单，其中包含“白色背景”“浅灰色背景”“深灰色背景”“渐变浅灰色背景”“渐变深灰色背景”“浅色主题”“深色主题”七个选项，从中选择需要的背景即可。

第二种是单击功能区“视图”选项卡“显示”面组中的“背景”图标，系统弹出下拉菜单，如图 1-25 所示，从中选择需要的背景即可。

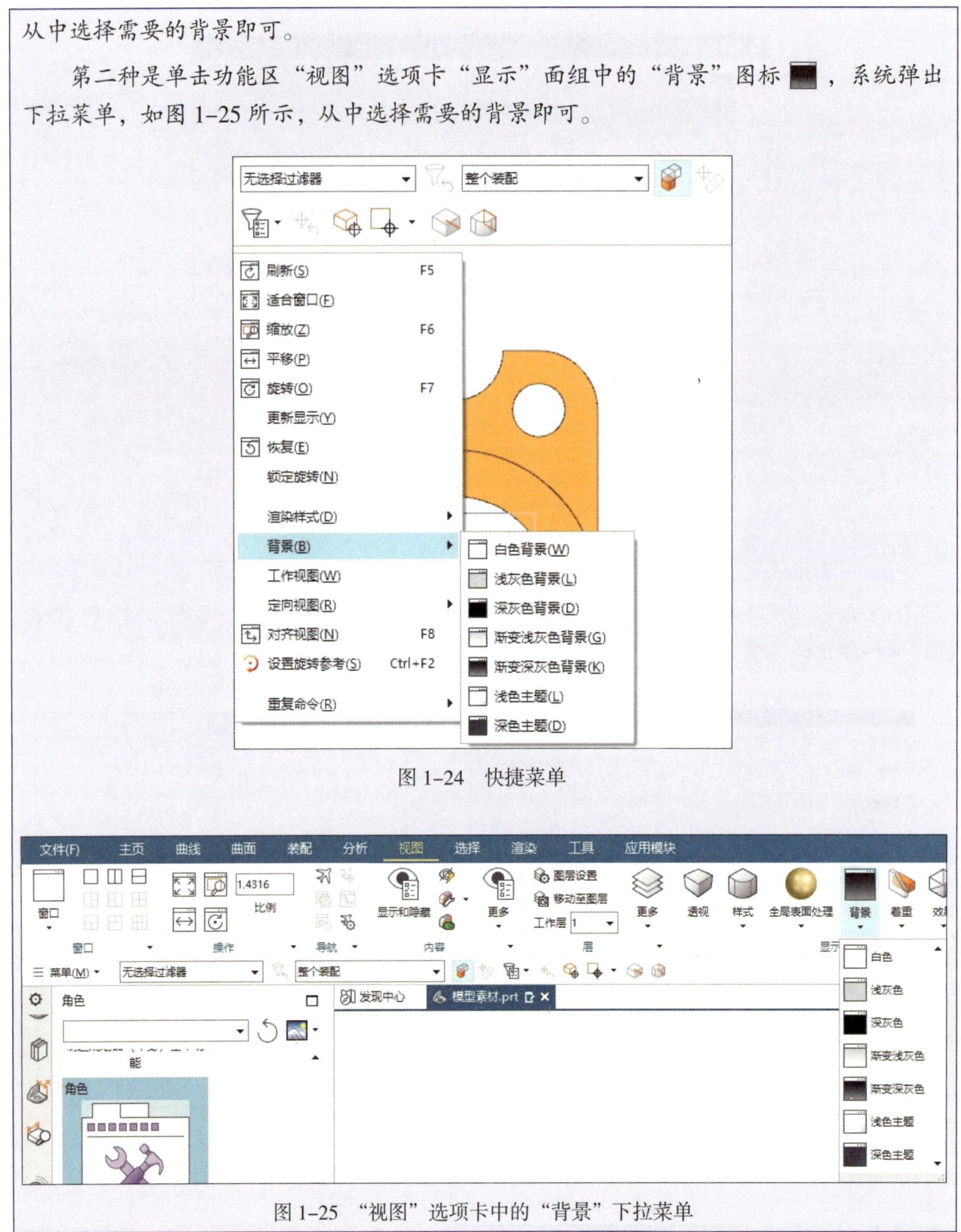

图 1-24　快捷菜单

图 1-25　“视图”选项卡中的“背景”下拉菜单

3. 隐藏基准坐标系

单击功能区“视图”选项卡“内容”面组中的“显示和隐藏”图标，系统弹出“显示和隐藏”对话框，如图 1-26 所示，单击“基准”下“坐标系”后的隐藏按钮，即可隐藏基准坐标系。

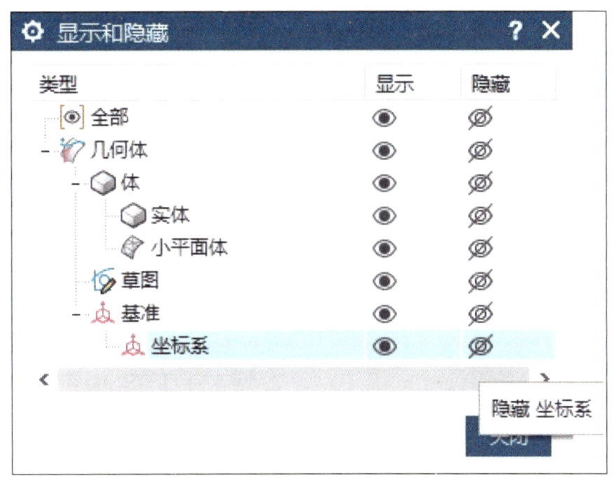

图 1-26 “显示和隐藏”对话框

提示

建模离不开坐标系，坐标系主要用来确定特征或对象的方位。UG NX 2007 中存在三种形式的坐标系：绝对坐标系（ACS）、工作坐标系（WCS）和基准坐标系（CSYS）。绝对坐标系的原点和方位是固定不变的；工作坐标系可根据用户的需求进行移动和旋转；基准坐标系的原点和方位也可以改变，并为草图绘制提供三个基准平面。

在操作时，选择［菜单］/［格式］/［WCS］菜单命令，系统会弹出“WCS”的下拉菜单，如图 1-27 所示；或者单击功能区“工具”选项卡“实用工具”面组中的“更多”图标 ，系统弹出图 1-28 所示的下拉菜单。通过下拉菜单中的相关命令可以实现工作坐标系（WCS）的变换，包括改变工作坐标系的原点、旋转工作坐标系、动态改变坐标系、更改 XC 和 YC 方向、显示和保存工作坐标系等。

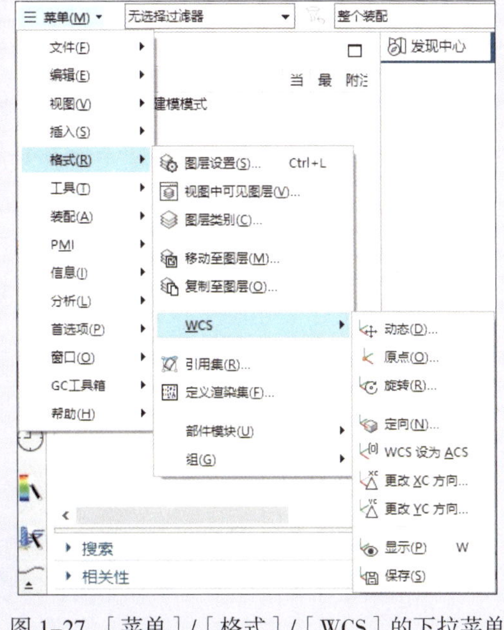

图 1-27 ［菜单］/［格式］/［WCS］的下拉菜单

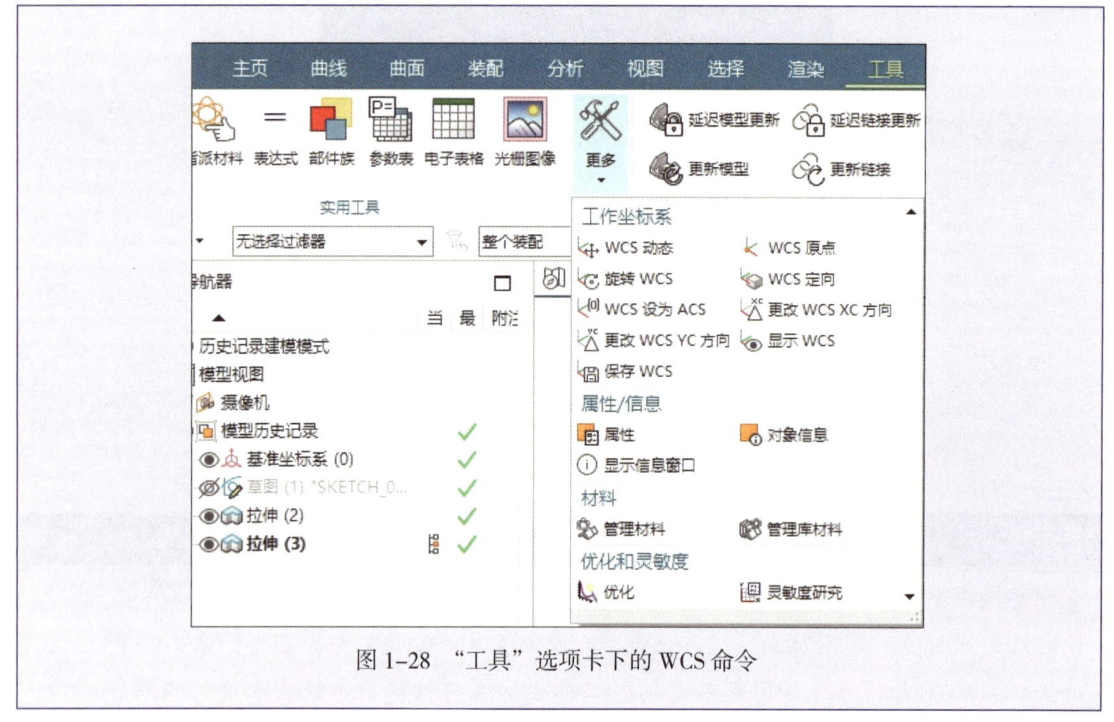

图 1–28 “工具”选项卡下的 WCS 命令

4. 模型视图的基本操作

在 UG NX 2007 的使用过程中，经常需要改变观察对象的方向和大小等，通过视图操作，用户可以使用不同的显示方式查看对象，能够很方便地了解对象的各种状态信息，更好地观察复杂零件的内部构造及各方位的不同特征。

（1）旋转模型，观察模型各个方位的特征，并设置定向视图

单击功能区“视图”选项卡“操作”面组中的“旋转”图标，光标转变为旋转模式，按住鼠标左键并拖动鼠标即可实现模型的旋转，观察不同方位的特征，如图 1–29 所示，再次单击“旋转”图标或者按 Esc 键均可退出旋转模式。或选择［菜单］/［视图］/［操作］/［旋转］菜单命令，系统弹出“旋转视图”对话框，如图 1–30 所示，设置所需选项，旋转到位后，单击【确定】按钮完成旋转操作。

单击上边框条中“视图组”工具条中的“定向视图”下拉菜单，如图 1–31 所示，其中包含八种固定的方位，包括正三轴测图、俯视图、正等测图、左视图、前视图、右视图、后视图和仰视图。单击“正等测图”图标，将模型调整为正等测图视角，结果如图 1–32 所示。或者在图形窗口空白区域单击鼠标右键，系统弹出快捷菜单，选择“定向视图”级联菜单中的“正等测图”，也可将模型调整为正等测图视角。

（2）设置模型显式样式

单击上边框条中“视图组”工具条中的“渲染样式”下拉菜单，如图 1–33 所示，或单击功能区“视图”选项卡“显示”面组中的“样式”图标，可设置模型显示样式。模型显示样式见表 1–4。

图 1–29　旋转后的模型

图 1–30　“旋转视图”对话框

图 1–31　“定向视图”下拉菜单

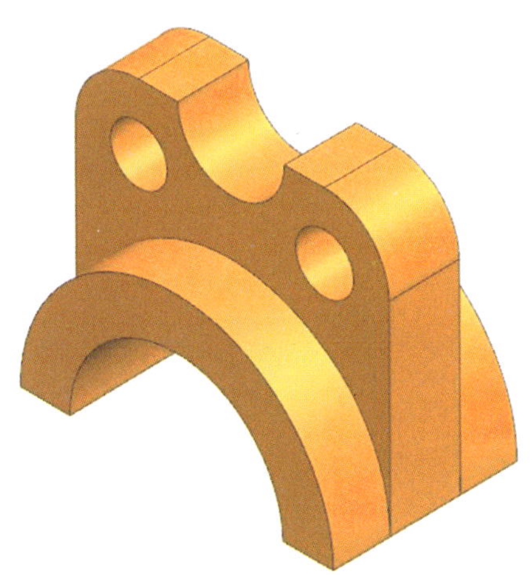

图 1–32　模型调整为正等测图视角

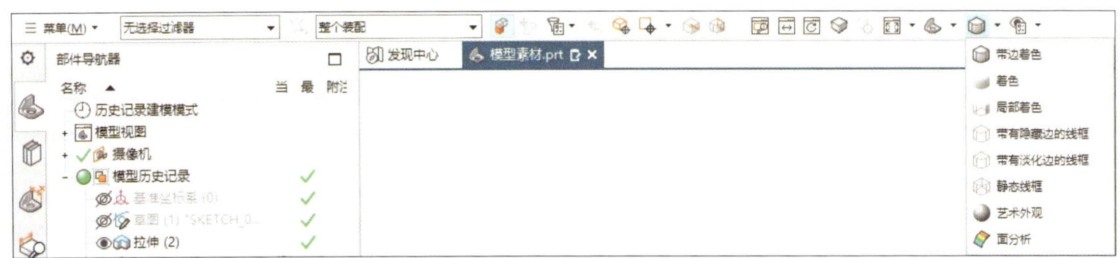

图 1–33　“渲染样式”下拉菜单

表 1-4　　模型显示样式

序号	显示样式	图标	说明
1	带边着色		用光顺着色和打光渲染工作视图中的面，并显示面的边
2	着色		用光顺着色和打光渲染工作视图中的面，不显示面的边
3	局部着色		用光顺着色和打光渲染工作视图中的局部着色面，并按边几何元素渲染其余的面
4	带有隐藏边的线框		按边几何元素渲染工作视图中的面，使隐藏边不可见，并在旋转视图时动态更新面
5	带有淡化边的线框		按边几何元素渲染工作视图中的面，使隐藏边淡化，并在旋转视图时动态更新面
6	静态线框		按边几何元素渲染工作视图中的面，旋转视图后必须用“更新显示”来更新隐藏边和轮廓线
7	艺术外观		根据指定的基本材料、纹理和光逼真地渲染工作视图中的面
8	面分析		用曲面分析数据渲染具有面分析信息的面，并按边几何元素渲染其余的面

在下拉菜单中，选择“着色”样式，将模型调整为着色样式，结果如图 1-34 所示。

图 1-34　模型调整为着色样式

（3）调整模型至适合窗口大小

单击上边框条中“视图组”工具条中的“适合窗口”图标，或单击功能区“视图”选项卡“操作”面组中的“适合窗口”图标，将模型调整为适合窗口大小显示，如图 1-35 所示。

图 1-35 模型调整为适合窗口大小显示

提示

在正常操作中，使用鼠标可以快捷地进行一些视图的基本操作，具体操作方法见表 1-5。

表 1-5 利用鼠标进行视图基本操作

序号	功能	操作方法
1	缩放视图	方法一：将光标置于图形窗口中，滚动鼠标滚轮对视图进行缩放 方法二：同时按住鼠标滚轮和 Ctrl 键，然后上下移动光标对视图进行缩放 方法三：同时按住鼠标滚轮和鼠标左键，然后上下移动光标对视图进行缩放
2	旋转视图	将光标置于图形窗口中，按住鼠标滚轮，移动光标
3	平移视图	方法一：同时按住鼠标滚轮和鼠标右键，然后移动光标 方法二：同时按住鼠标滚轮和 Shift 键，然后移动光标

在图形窗口空白区域按住鼠标右键，系统弹出图 1-36 所示的视图辐射式菜单，单击其中的图标即可转换至相应的视图模式。

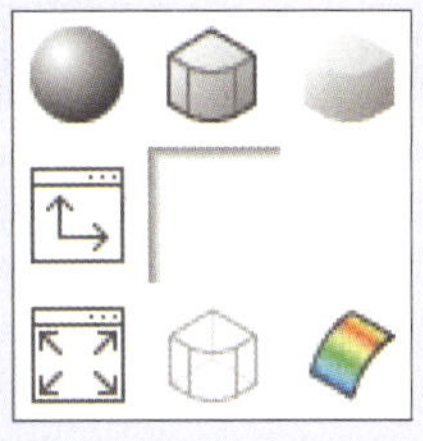

图 1-36 视图辐射式菜单

5. 进入与退出全屏模式

单击功能区工具栏右侧的“全屏显示”图标 ，即可进入全屏模式，全屏模式下图形窗口得到最大化，而功能区、资源工具条等关闭。

全屏模式下，将光标移到窗口最上方，隐藏的标题栏、功能区等会弹出，再次单击“全屏显示”图标 ，即可退出全屏模式。

提示

同时按下 Alt 键和 Enter 键可进入全屏模式或退出全屏模式。

6. 保存并关闭模型

选择［文件］/［关闭］/［保存并关闭］命令或者选择［菜单］/［文件］/［关闭］/［保存并关闭］命令，系统保存文件后自动关闭模型。

任务拓展

打开图 1–37 所示的模型素材，将模型做以下显示调整：指定工作视图比例为 2、正三轴测图视角、静态线框模式。

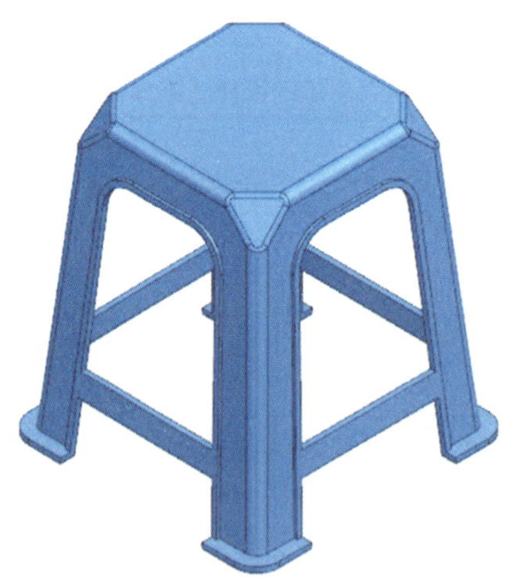

图 1–37　任务拓展模型素材

提示

指定工作视图比例的修改可在“视图”选项卡“操作”面组中进行设置。

模块二　草图及曲线

课题 1　草图曲线创建

学习目标

1．能完成首选项的设置。

2．能进入和退出草图绘制环境。

3．能灵活使用草图工具。

4．能对草图进行合理约束。

工作任务

草图是 UG 建模中建立参数化模型的一个重要工具。图 2-1a 所示的拉伸体，可通过创建图 2-1b 所示的草图后拉伸而成。试完成该草图曲线的创建。

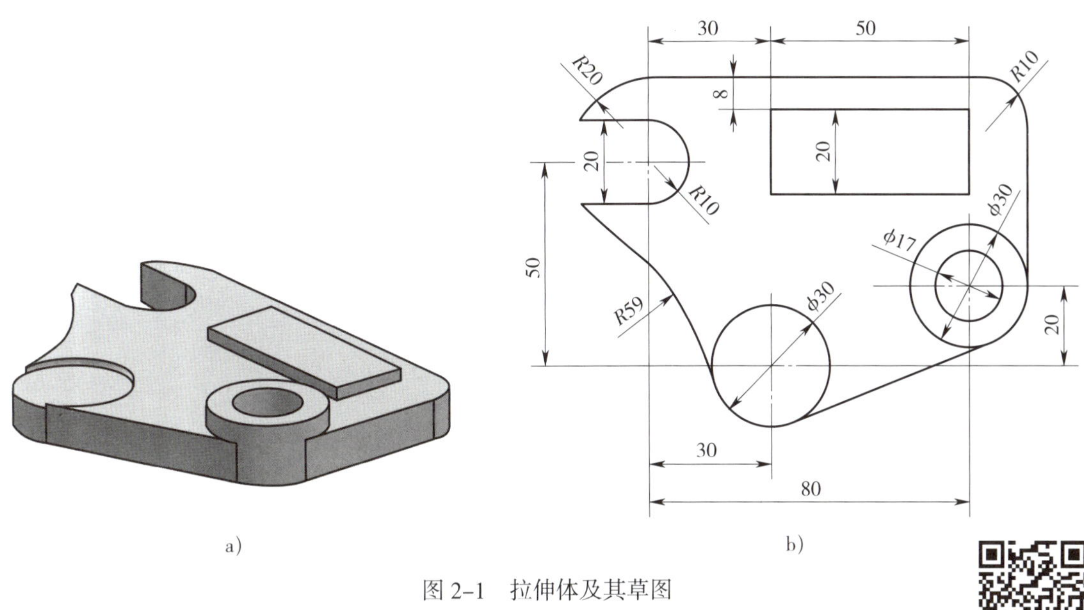

图 2-1　拉伸体及其草图

a）拉伸体　b）草图

任务实施

1．创建新文件

双击快捷方式图标启动 UG NX 2007。选择文件保存位置，新建名称为“草图”的模型文件。

2. 设置首选项

（1）选择［文件］/［首选项］/［草图］菜单命令或选择［菜单］/［首选项］/［草图］菜单命令，系统弹出“草图首选项”对话框。

提示

在草图工作环境中，为了更准确、有效地绘制草图，需要进行草图文本高度、小数位数和默认前缀名称等基本参数的设置。基本参数的设置需通过选择［文件］/［首选项］/［草图］菜单命令或者［菜单］/［首选项］/［草图］菜单命令预先进行，有关内容见表 2-1。

表 2-1 草图基本参数的预先设置

草图首选项	相关说明
草图设置	设置活动草图文本高度、符号大小及颜色、名称等常规参数
会话设置	设置捕捉角的大小和任务环境等
部件设置	设置曲线、尺寸等对象的颜色

（2）在“草图设置”选项卡中，将“尺寸标签”设置为“值”，如图 2-2 所示。

（3）单击【确定】按钮，完成设置。

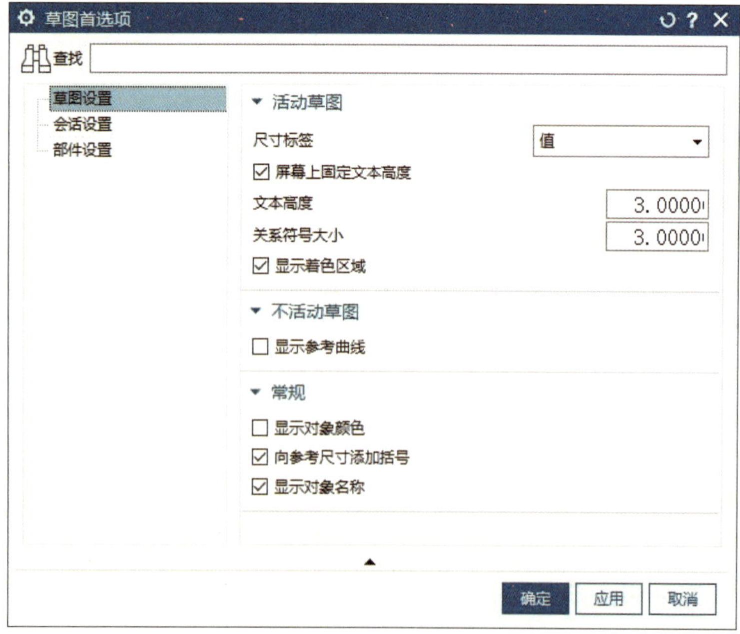

图 2-2 “尺寸标签”设置

3. 进入草图绘制环境

（1）单击功能区“主页”选项卡“构造”面组中的“草图”图标 ，系统弹出“创建草图”对话框，如图 2-3 所示。

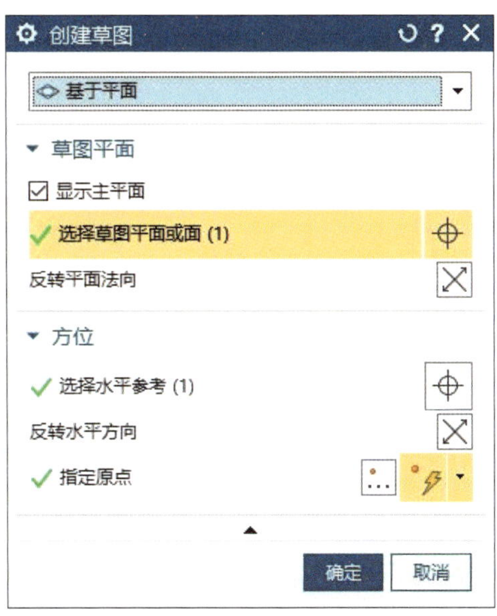

图 2-3 “创建草图”对话框

提示

选择草图平面是绘制草图的第一步，要创建的所有草图元素都必须在指定的平面内完成。草图平面的类型有两种，见表 2-2。

表 2-2 草图平面的类型

类型	相关说明
基于平面	①现有平面 指定坐标系中的基准面或选择三维实体中的任意一个面作为草图平面 ②创建平面 借助现有平面、实体及线段等元素创建一个新的平面，然后以此平面作为草图平面 ③创建基准坐标系 首先，创建一个新的坐标系，然后，选择新坐标系中的基准面作为草图平面
基于路径	以已有直线、圆、实体边线、圆弧等为基础，选择与其垂直、平行的平面为草图平面

（2）选择 *XY* 平面作为草图平面，其他参数接受系统自动选择，单击【确定】按钮，进入草图绘制环境，如图 2-4 所示。

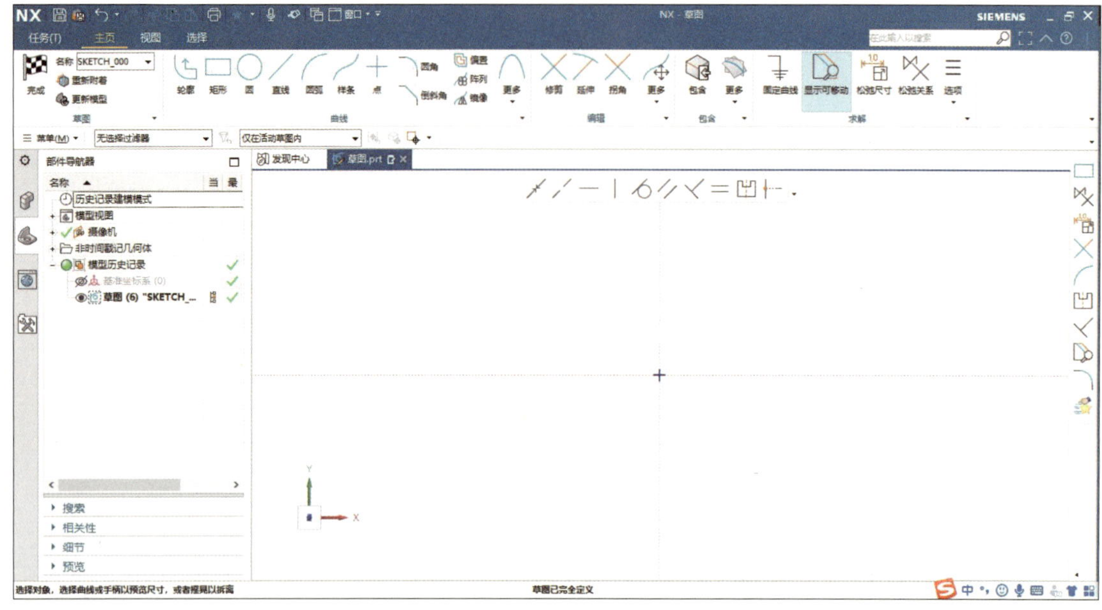

图 2-4 草图绘制环境

提示

只有在草图绘制环境中才能进行草图的创建。

4. 绘制草图曲线

（1）单击功能区“主页”选项卡“曲线”面组中的“圆”图标 ◯ ，系统弹出“圆”对话框，如图 2-5 所示。

（2）根据系统提示，用光标捕捉基准坐标系原点，将该点作为圆的中心点，如图 2-6 所示，单击鼠标左键确定。

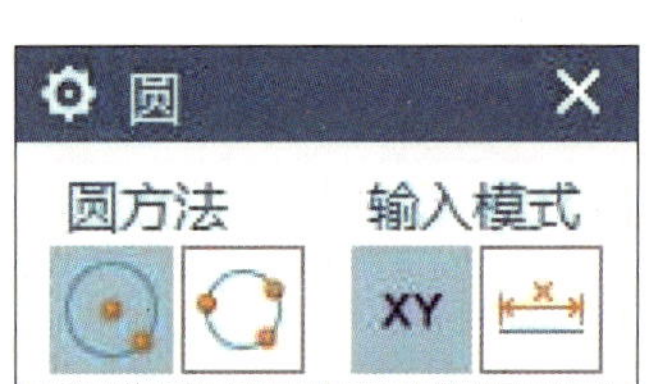

图 2-5 “圆”对话框

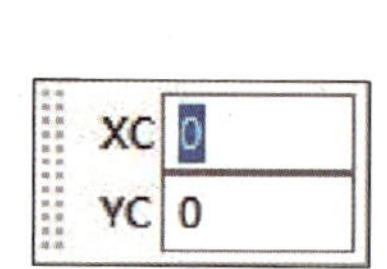

图 2-6 选定原点为圆心

（3）拖动鼠标至圆为适当大小后，单击鼠标左键确定，初步完成第一个圆的绘制，如图 2-7 所示。

（4）用相同方法完成第一个圆的同心圆的绘制，如图 2-8 所示。

（5）完成图 2-1b 中所有圆的绘制，如图 2-9 所示。

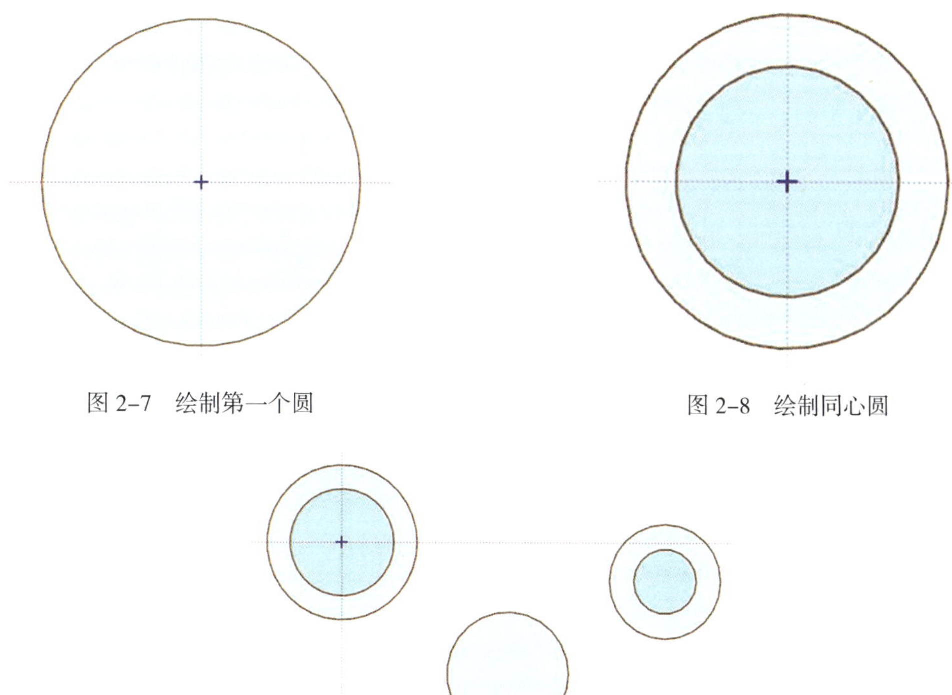

图 2-7　绘制第一个圆

图 2-8　绘制同心圆

图 2-9　绘制其他圆

（6）标注线性尺寸 50，确定圆的位置。单击功能区“主页”选项卡“求解”面组中的“快速尺寸”图标 或选择［菜单］/［插入］/［尺寸］/［快速］菜单命令，系统弹出“快速尺寸”对话框，如图 2-10 所示。单击鼠标左键分别选择圆心和水平基准轴，再单击确定后双击该尺寸并输入 50，按 Enter 键确认，如图 2-11 所示。

图 2-10　“快速尺寸”对话框

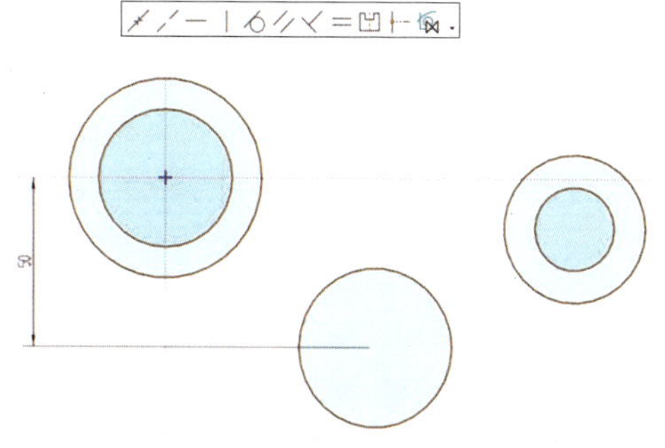

图 2-11　标注竖直尺寸 50

提示

在绘制草图曲线时可以添加各种尺寸约束和几何约束，从而可以更精确地控制绘制的曲线。草图的尺寸约束效果相当于对草图进行标注，但是除了可以根据草图的尺寸约束看出草图元素的长度、半径、角度以外，还可以利用草图各点处的尺寸约束对草图元素的大小、形状进行限制或约束，共有 9 种尺寸约束类型，可在“快速尺寸”对话框中“测量”方法里看到，如图 2-12 所示。

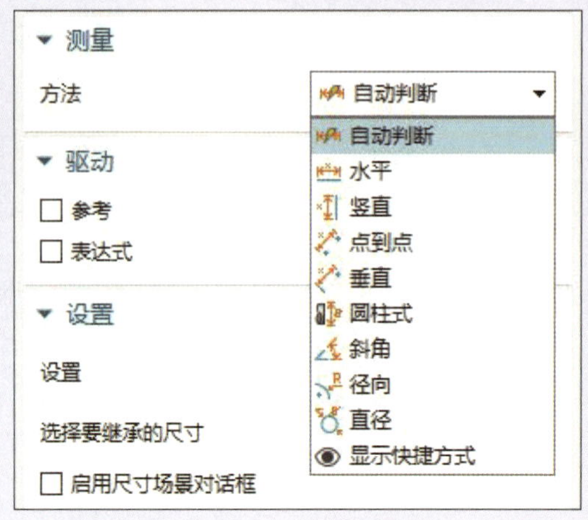

图 2-12　9 种尺寸测量方法

进入草图绘制环境后，功能区“主页”选项卡“求解”面组中若未显示“快速尺寸”图标 ，可通过单击“求解”面组右下角的“组选项”按钮进行添加。

约束草图中的第一个尺寸后，系统会弹出图 2-13 所示的提示对话框，可根据需求进行选择。

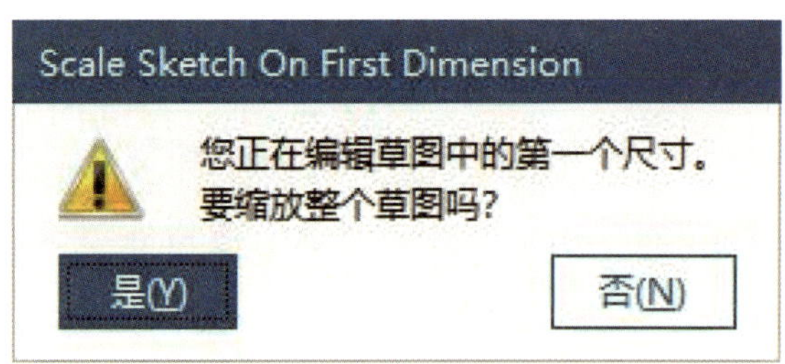

图 2-13　提示对话框

（7）完成其他位置尺寸的标注，如图 2-14 所示。

（8）用类似方法完成直径标注，结果如图 2-15 所示。

（9）隐藏尺寸标注。分别单击所有标注尺寸（尺寸呈橙黄色显示），再单击浮动工具条中的“隐藏”图标 或选择［菜单］/［编辑］/［显示和隐藏］/［隐藏］菜单命令，即可实现隐藏所选尺寸。

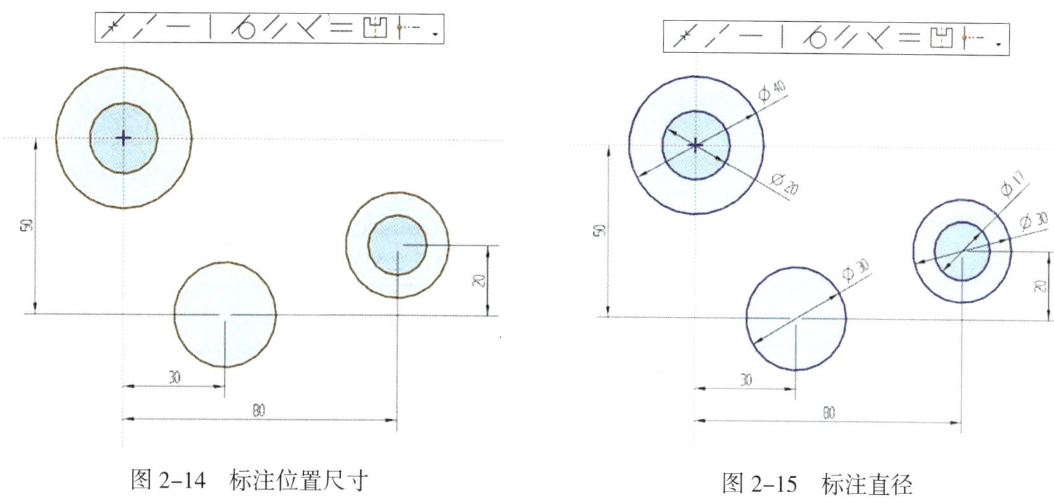

图 2-14　标注位置尺寸　　　　图 2-15　标注直径

提示

在草图绘制环境中，未进行尺寸约束的图形颜色为棕色，当图形完成尺寸和位置约束后，图形颜色变为蓝色。在操作过程中，可通过颜色的不同来判断约束是否到位。

（10）单击功能区“主页”选项卡“曲线”面组中的“直线”图标 ／ 或选择［菜单］/［插入］/［曲线］/［直线］菜单命令，系统弹出“直线”对话框，如图 2-16 所示。

（11）根据系统提示“选择直线的第一点”，在图形窗口适当位置单击鼠标左键，以此点作为直线的第一点；系统提示“选择直线的第二点”，向右水平移动光标，如图 2-17 所示。

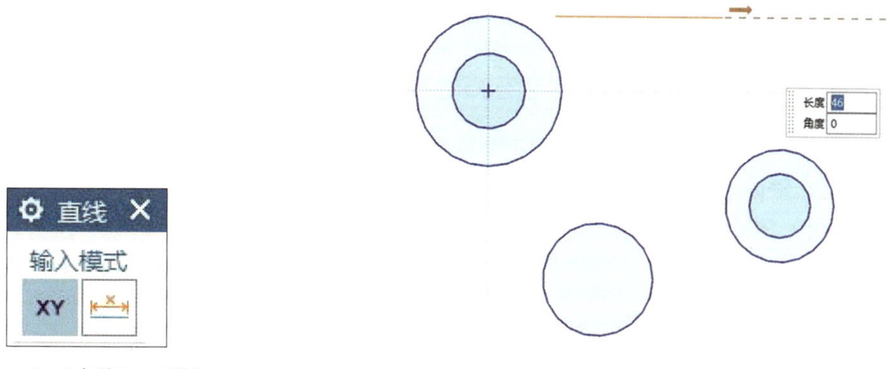

图 2-16　“直线”对话框　　　　图 2-17　绘制直线

（12）单击鼠标左键，结束第一条水平直线的绘制，如图 2-18 所示。

（13）用相同方法，完成所有直线的绘制，如图 2-19 所示。

（14）绘制 *R*59 mm 的圆弧。单击功能区“主页”选项卡“曲线”面组中的“圆弧”图标 ⌒ 或选择［菜单］/［插入］/［曲线］/［圆弧］菜单命令，系统弹出“圆弧”对话框，如图 2-20 所示。根据系统提示“选择圆弧的起点”，移动光标捕捉圆弧连接的一个圆，如图 2-21 所示。

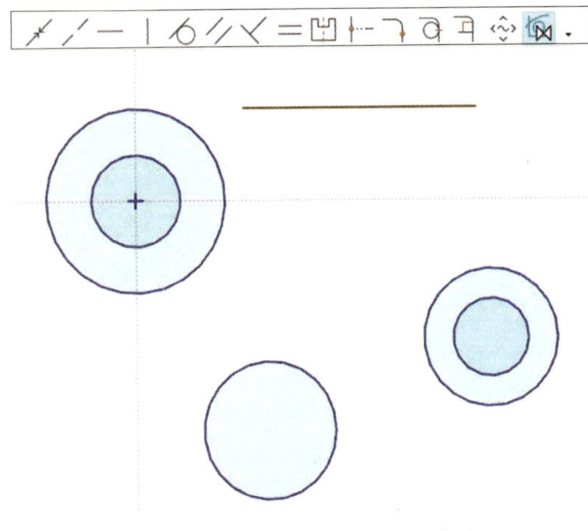

图 2-18　绘制第一条水平直线

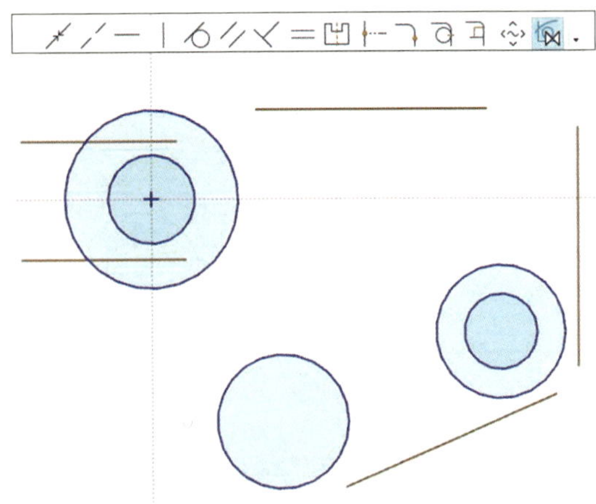

图 2-19　完成所有直线的绘制

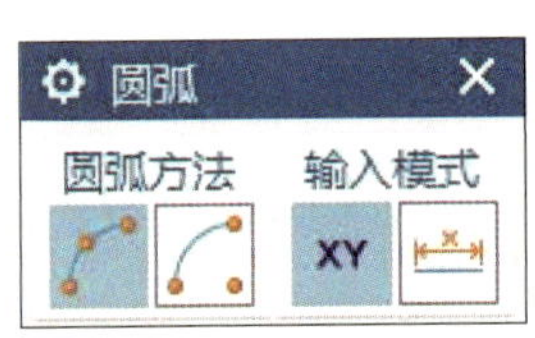

图 2-20　“圆弧”对话框

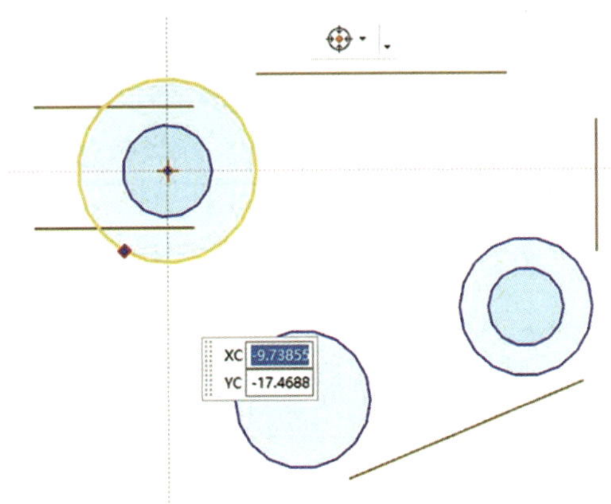

图 2-21　捕捉圆弧的起点

（15）单击鼠标左键确定，系统提示“选择圆弧的终点”，移动光标捕捉圆弧连接的另一个圆，并在弹出的“半径”文本框中输入“59”，按 Enter 键确认，如图 2-22 所示。

（16）单击鼠标左键确定，结果如图 2-23 所示。

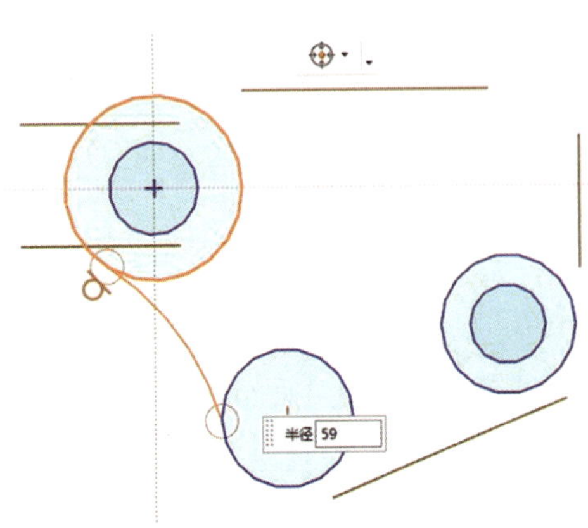

图 2-22　捕捉圆弧终点并输入半径

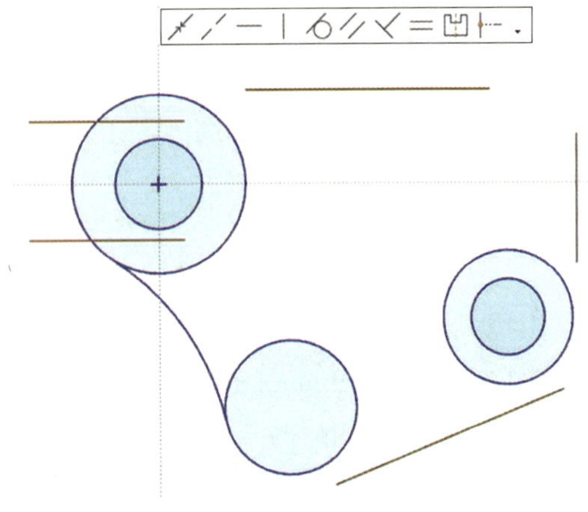

图 2-23　完成圆弧绘制

（17）设置相切约束。单击图形窗口上方场景条中的“设为相切”图标 或选择［菜单］/［编辑］/［曲线］/［设为相切］菜单命令，弹出“设为相切”对话框，如图 2–24 所示。根据系统提示“选择要移动的对象”，移动光标捕捉第一条直线作为运动曲线，单击鼠标左键确定，移动光标继续捕捉原点处的大圆作为静止曲线，单击鼠标左键确定，按 Enter 键确认或单击【确定】，结果如图 2–25 所示。

图 2–24　“设为相切”对话框

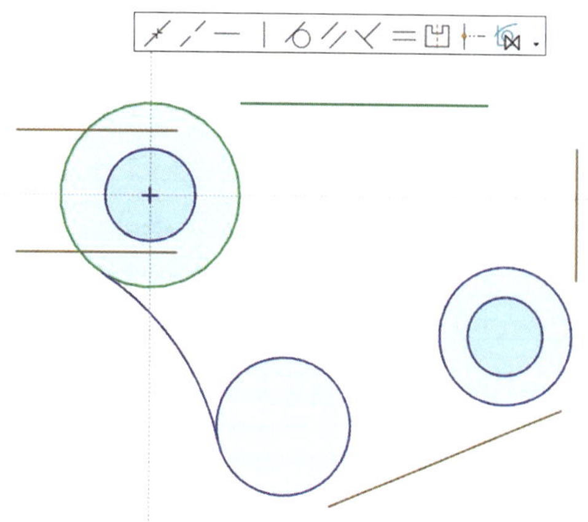

图 2–25　完成第一条直线相切

（18）用相同方法完成其他各处的相切约束，结果如图 2–26 所示。

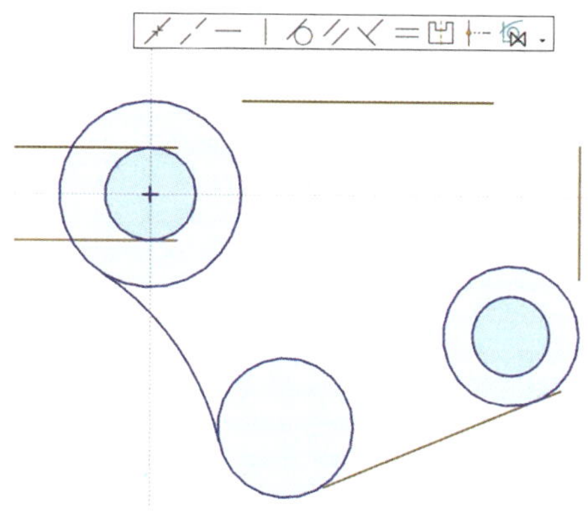

图 2–26　完成所有相切约束

提示

几何约束用于定位草图对象和确定对象之间的相互几何关系。在 UG NX 2007 中，系统提供了 11 种几何约束，见表 2–3。根据不同的对象，可添加不同的几何约束类型。

表 2-3 几何约束类型

类型	图标	相关说明
设为重合		移动所选对象以与上一个所选对象成“重合”“同心”或“点在曲线上”关系
设为共线		移动所选直线以与上一个所选对象成“共线”关系
设为水平		移动所选对象以与上一个所选对象水平对齐
设为竖直		移动所选对象以与上一个所选对象竖直对齐
设为相切		移动所选对象以与上一个所选对象成“相切”关系
设为平行		移动所选直线以与上一个所选对象成“平行”关系
设为垂直		移动所选对象以与上一个所选对象成“垂直”关系
设为相等		移动所选对象以与上一个所选对象成“等半径”关系
设为对称		移动所选对象以通过对称线与第二个对象成“对称”关系
设为中点对齐		移动点以与直线的中点对齐，此命令会创建持久关系
创建持久关系		允许为场景条上的“设为”命令创建持久关系

（19）延伸直线，形成相交。单击功能区“主页”选项卡“编辑”面组中的“延伸”图标 或选择［菜单］/［编辑］/［曲线］/［延伸］菜单命令，系统弹出“延伸”对话框，如图 2-27 所示。

（20）根据提示“选择要延伸的曲线”，将光标移动到要延伸的直线处，单击鼠标左键确定，完成直线的延伸，如图 2-28 所示。

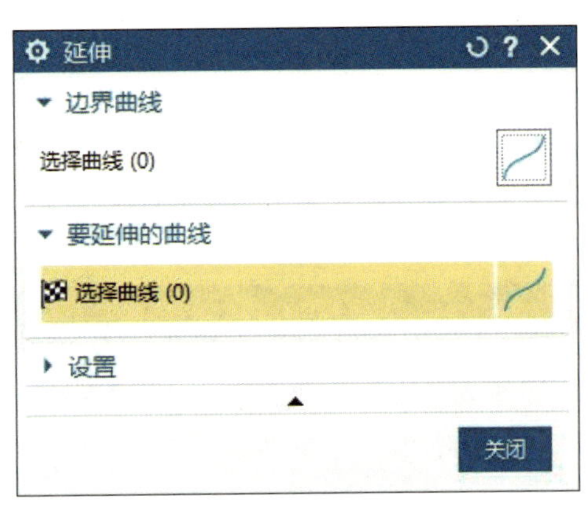

图 2-27 “延伸”对话框

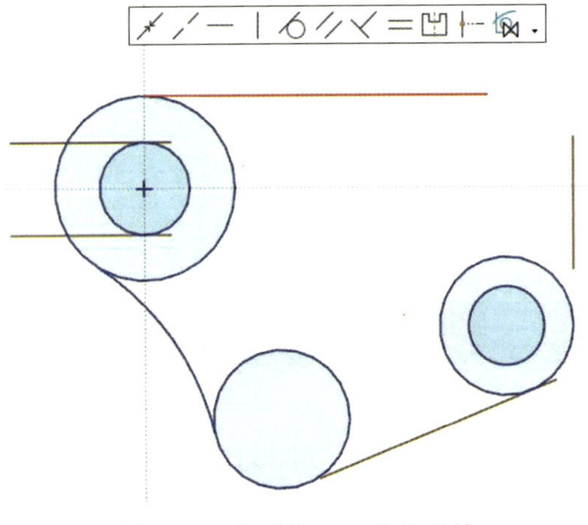

图 2-28 完成第一条直线延伸

（21）用类似方法完成其余直线延伸，如图 2–29 所示。

（22）单击功能区“主页”选项卡“编辑”面组中的“修剪”图标 或选择［菜单］/［编辑］/［曲线］/［修剪］菜单命令，系统弹出“修剪”对话框，如图 2–30 所示。

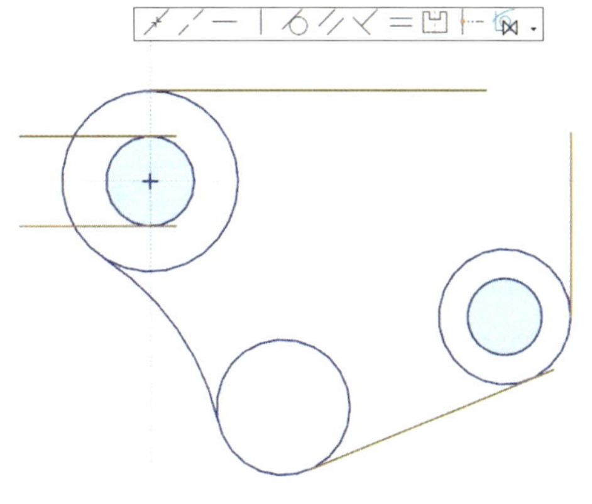

图 2–29　完成其余直线延伸

图 2–30　“修剪”对话框

（23）根据提示“选择要修剪的曲线”，将光标移动到要修剪的曲线处，如图 2–31 所示。

（24）单击鼠标左键确定，完成曲线的修剪，结果如图 2–32 所示。

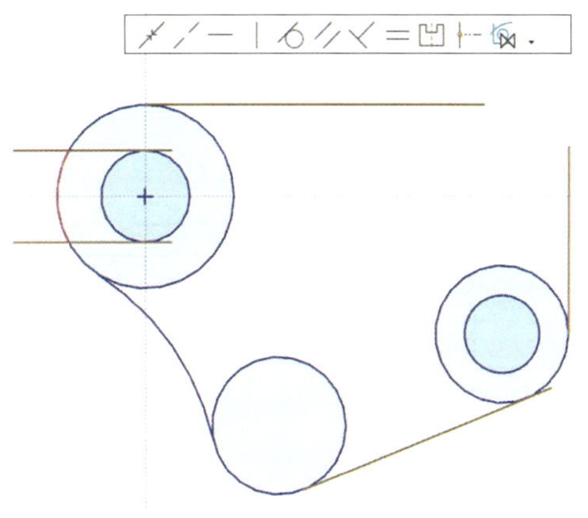

图 2–31　将光标移到需修剪处

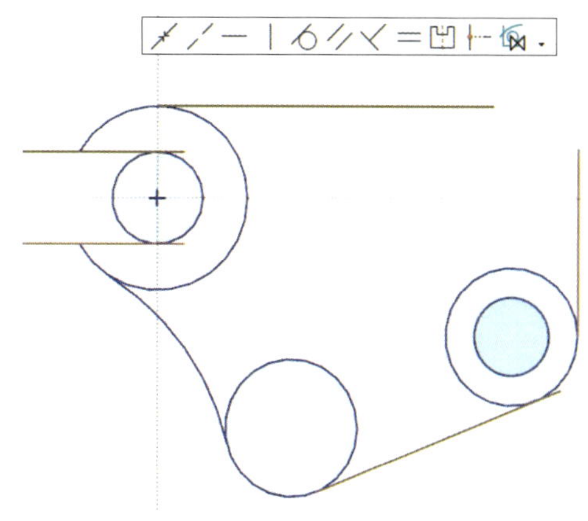

图 2–32　曲线修剪

（25）用类似方法完成其他各处的修剪，如图 2–33 所示。

（26）制作拐角。单击功能区“主页”选项卡“编辑”面组中的“拐角”图标 或选择［菜单］/［编辑］/［曲线］/［拐角］菜单命令，系统弹出“拐角”对话框，如图 2–34 所示。

（27）根据提示，选择水平线作为第一条曲线，如图 2–35 所示。

（28）选择竖直线作为第二条曲线，结果如图 2–36 所示。

（29）绘制圆角。单击功能区“主页”选项卡“曲线”面组中的“圆角”图标 或选择［菜单］/［插入］/［曲线］/［圆角］菜单命令，系统弹出“圆角”对话框，如图 2–37 所示。

（30）根据提示，分别选择（单击鼠标左键）水平线和竖直线，移动光标至正确圆角处，在随即出现的文本框中输入“10”，结果如图 2–38 所示。

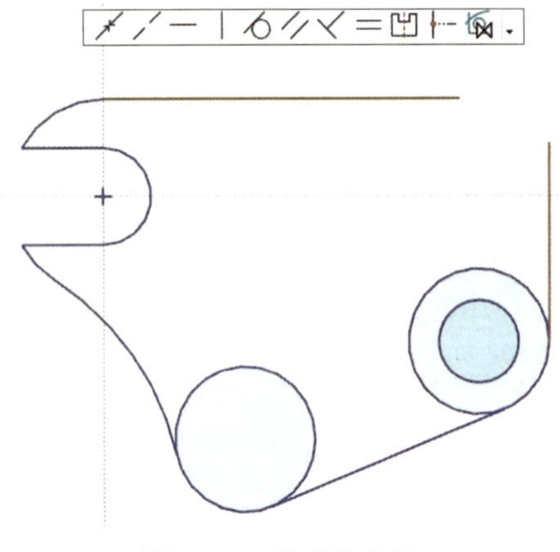

图 2-33　修剪其他处

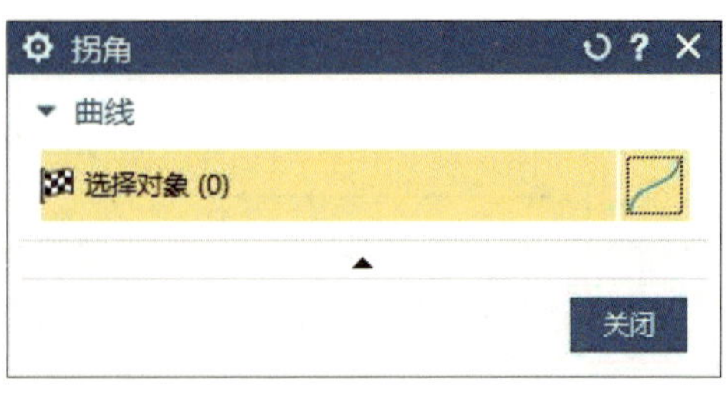

图 2-34　“拐角”对话框

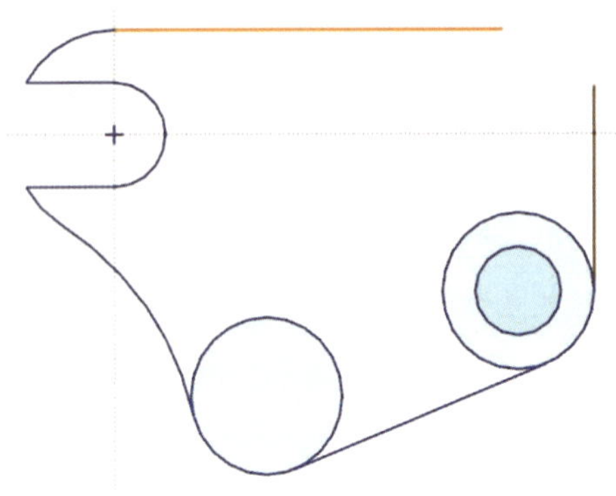

图 2-35　选择第一条曲线（水平线）

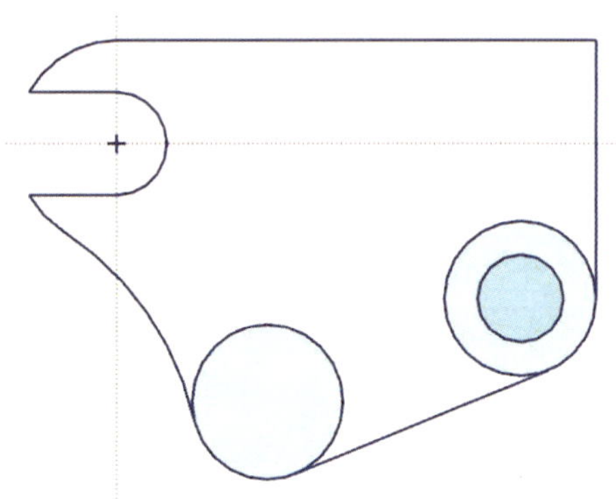

图 2-36　拐角完成

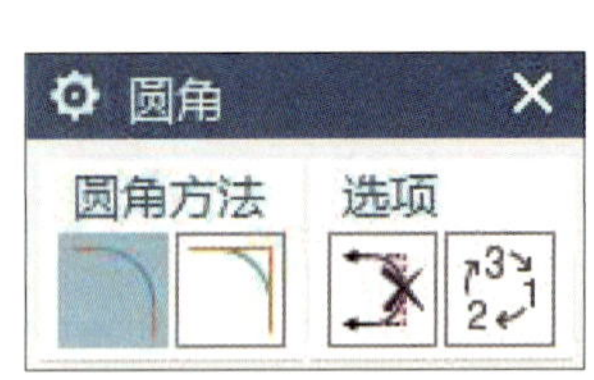

图 2-37　“圆角”对话框

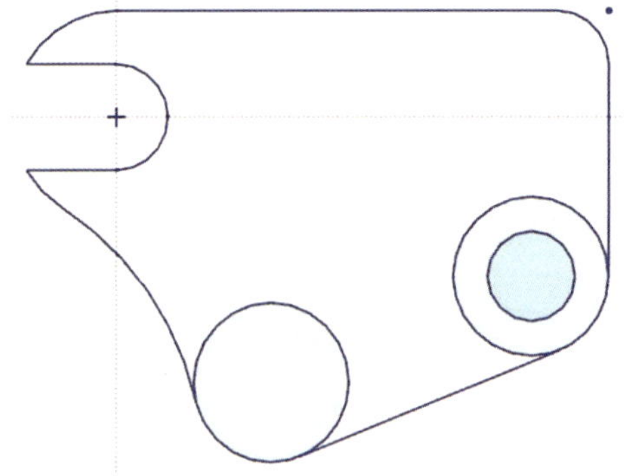

图 2-38　创建圆角

（31）单击功能区“主页”选项卡“曲线”面组中的“矩形”图标 ▭ 或选择［菜单］/［插入］/［曲线］/［矩形］菜单命令，系统弹出“矩形”对话框，如图 2-39 所示。

（32）根据提示，绘制图 2-40 所示矩形。

（33）标注矩形的长宽尺寸和位置尺寸，如图 2-41 所示。

（34）隐藏矩形标注尺寸，最终结果如图 2-42 所示。

（35）单击功能区“主页”选项卡“草图”面组中的“完成”图标 🏁，至此，草图绘制结束。

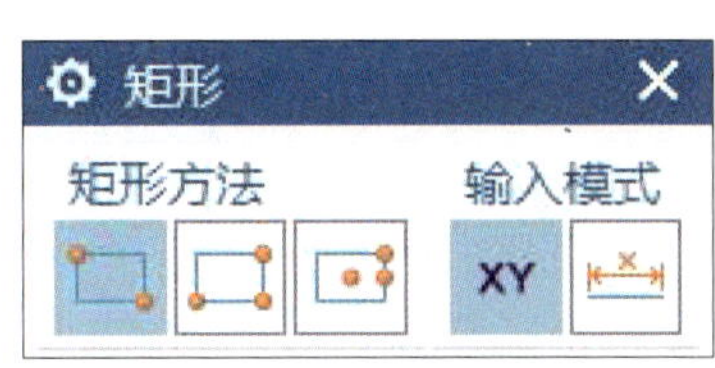

图 2-39　“矩形”对话框

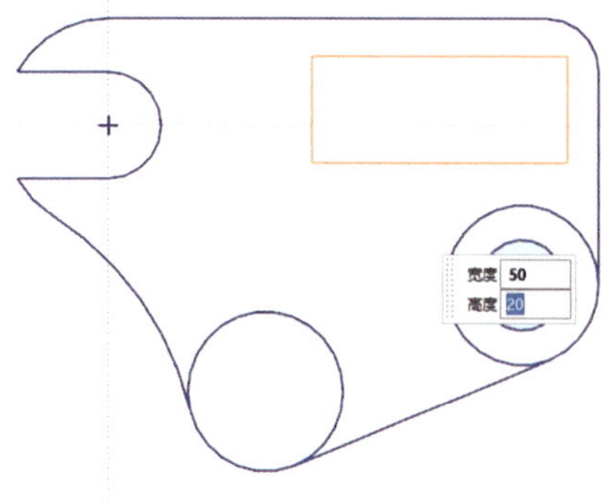

图 2-40　绘制矩形

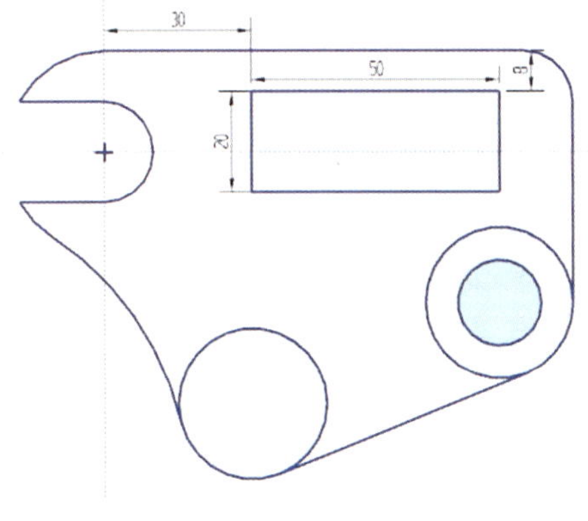

图 2-41　标注矩形尺寸

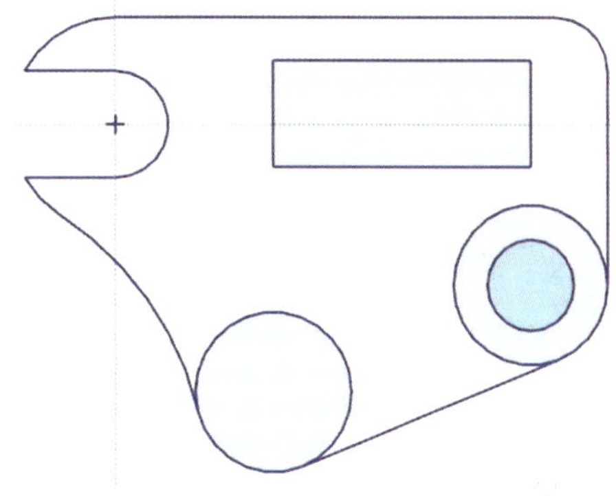

图 2-42　完成草图

任务拓展

创建图 2-43 至图 2-45 所示草图。

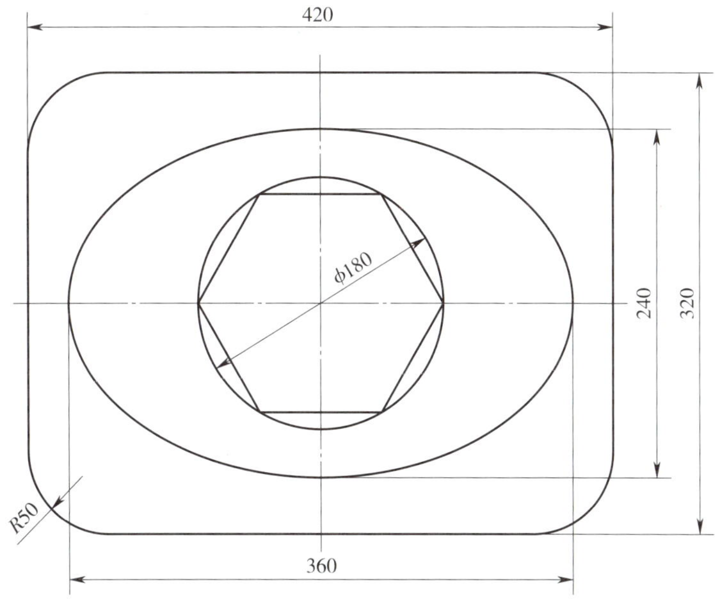

图 2-43　任务拓展一

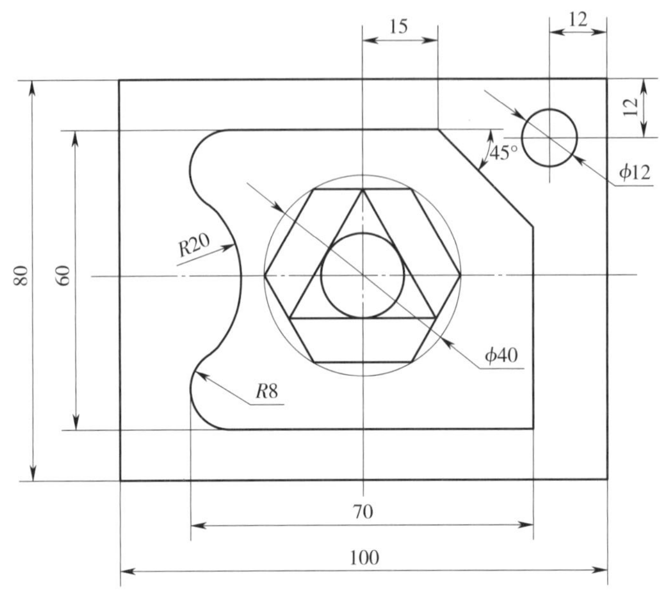

图 2-44　任务拓展二

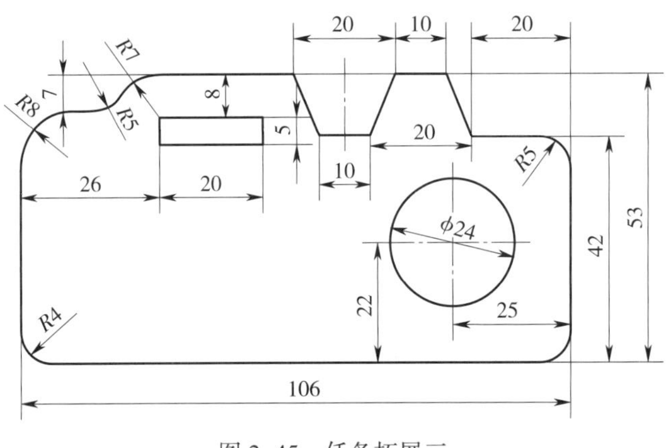

图 2-45　任务拓展三

课题 2　草图的基本操作

学习目标

1．能对所绘曲线进行镜像操作。
2．能实现已有曲线的偏置。
3．能按照规则阵列曲线。
4．能灵活选用曲线规则。

工作任务

在 UG NX 2007 中，草图的基本操作功能主要有镜像曲线、偏置曲线、阵列曲线、添加曲线和投影曲线等。试采用草图的基本操作功能完成图 2-46 所示零件模型三维实体的草图创建。

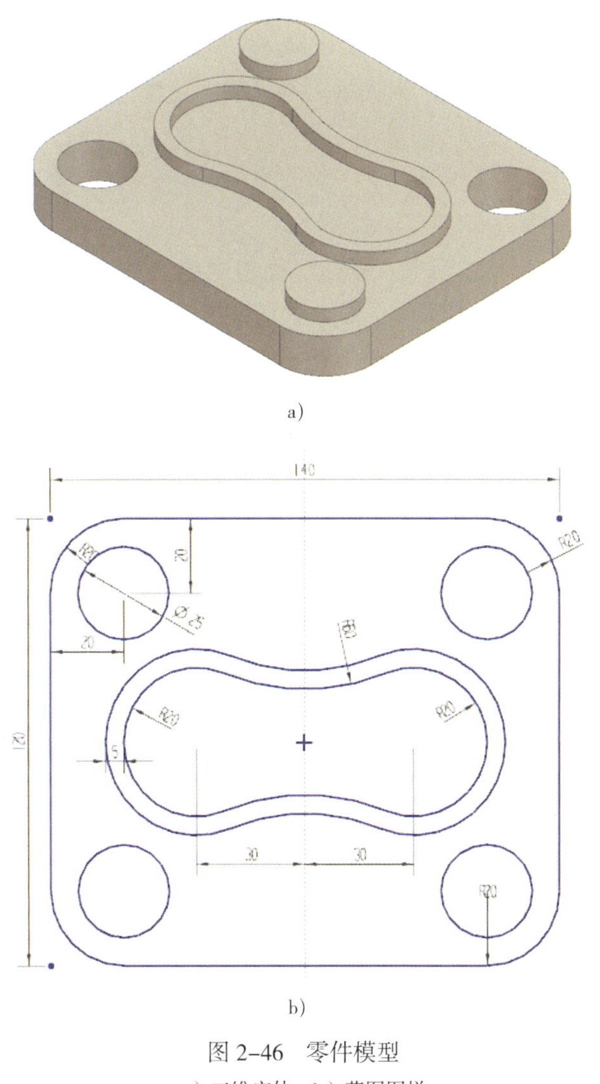

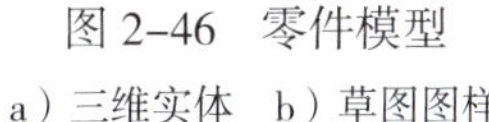

图 2-46 零件模型

a）三维实体 b）草图图样

提示

添加曲线是指将已有的不属于草图对象的点或曲线，添加到当前的草图平面中。投影曲线是指沿草图平面的法向将草图外部曲线、边或点投影到当前的草图平面上。

任务实施

1. 创建新文件并设置首选项

（1）双击快捷方式图标启动 UG NX 2007。

（2）新建名称为“基本操作”的部件文件。

（3）选择［文件］/［首选项］/［草图］菜单命令或选择［菜单］/［首选项］/［草图］菜单命令，系统弹出“草图首选项”对话框。在“草图设置”选项卡中，将“尺寸标签”设置为“值”。

2. 绘制外框轮廓

（1）单击功能区“主页”选项卡“构造”面组中的“草图”图标 ，系统弹出“创建草图”对话框，选择 *XY* 平面为草图平面，其他参数接受系统自动选择，单击【确定】按钮，进入草图绘制环境。

（2）单击功能区“主页”选项卡“曲线”面组中的“矩形”图标 或选择［菜单］/［插入］/［曲线］/［矩形］菜单命令，系统弹出“矩形”对话框，选择“从中心”的矩形方法，如图 2-47 所示。

（3）移动光标捕捉基准原点为矩形的中心点，单击鼠标左键确定，然后将光标沿水平方向移动，并在弹出的尺寸框中输入宽度为 140 mm，高度为 120 mm，角度为 0°，如图 2-48 所示。

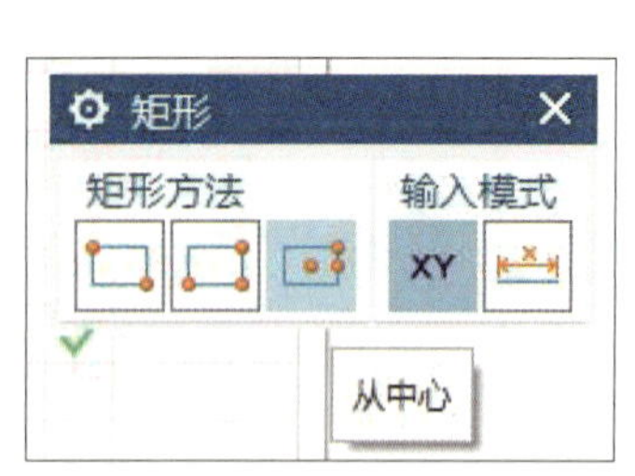

图 2-47 选择“从中心”的矩形方法

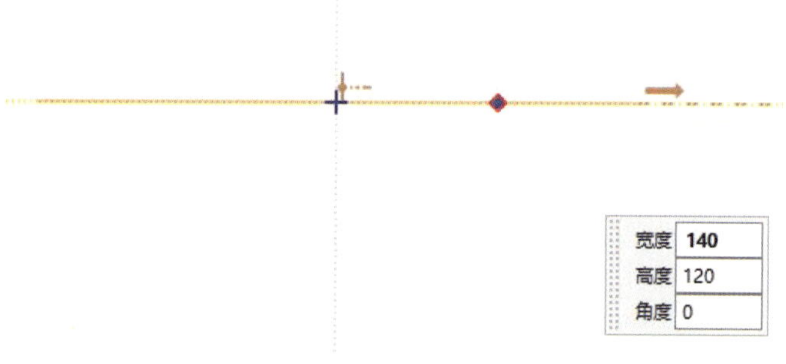

图 2-48 输入矩形的尺寸值

（4）按 Enter 键确认，得到图 2-49 所示的矩形。

提示

为使画面显示清晰，可将约束尺寸隐藏，下同。

（5）单击功能区“主页”选项卡“曲线”面组中的“圆角”图标 或选择［菜单］/［插入］/［曲线］/［圆角］菜单命令，绘制矩形四个角处的 *R*20 mm 圆角，如图 2-50 所示。

3. 绘制内部图样

（1）单击功能区“主页”选项卡“曲线”面组中的“圆”图标 ○ 或选择［菜单］/［插入］/［曲线］/［圆］菜单命令，绘制如图 2–51 所示的圆。

（2）单击功能区“主页”选项卡“求解”面组中的“快速尺寸”图标 或选择［菜单］/［插入］/［尺寸］/［快速］菜单命令，对圆进行尺寸约束，如图 2–52 所示。

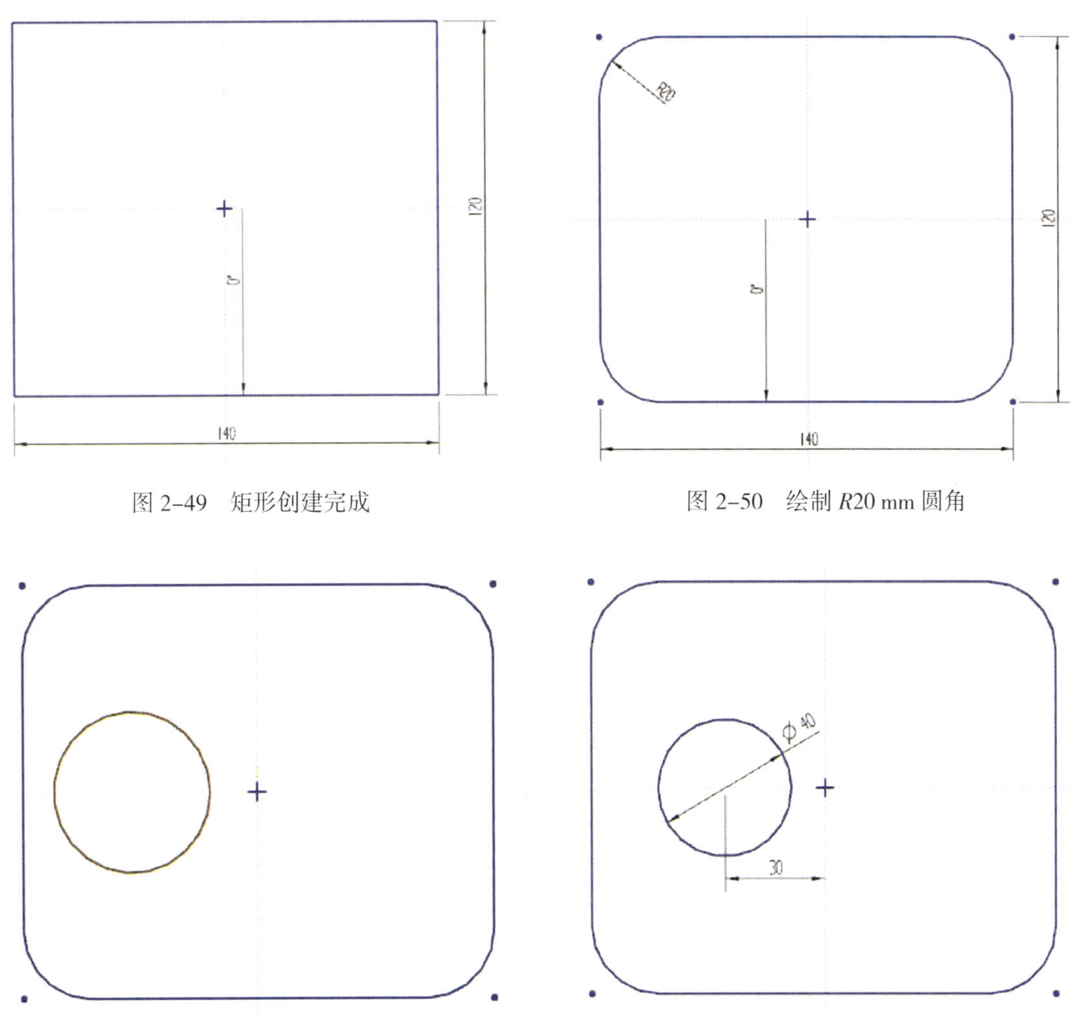

图 2–49　矩形创建完成

图 2–50　绘制 $R20$ mm 圆角

图 2–51　绘制圆

图 2–52　标注圆的尺寸

（3）单击功能区“主页”选项卡“曲线”面组中的“镜像”图标 或选择［菜单］/［插入］/［来自曲线集的曲线］/［镜像曲线］菜单命令，系统弹出“镜像曲线”对话框，如图 2–53 所示。

（4）根据提示，选择圆为要镜像的曲线，选择竖直基准轴为镜像中心线，如图 2–54 所示。

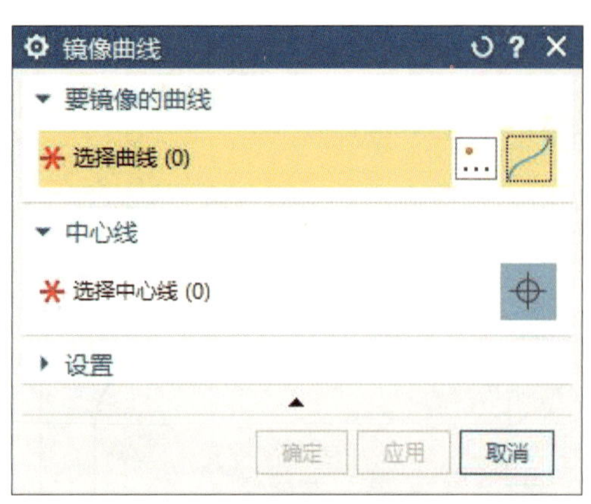

图 2-53 “镜像曲线”对话框

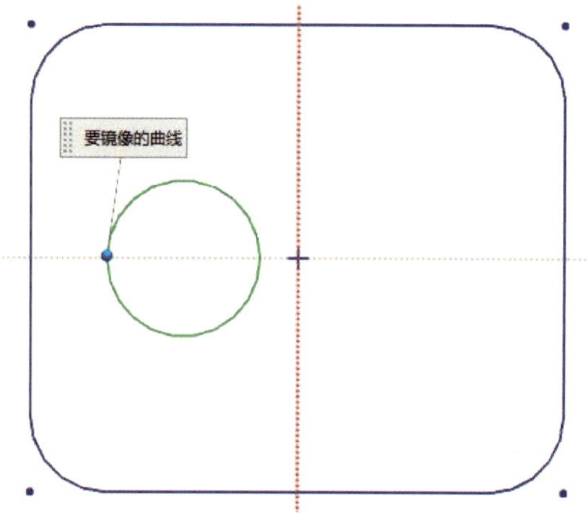

图 2-54 镜像曲线选择

提示

镜像曲线是指以指定的一条直线（或坐标轴）为对称中心线，将草图几何对象镜像复制成新的草图对象。镜像的对象与原对象形成一个整体，并且保持相关性。

（5）单击【确定】按钮，结果如图 2-55 所示。

（6）单击功能区“主页”选项卡“曲线”面组中的“圆角”图标 或选择［菜单］/［插入］/［曲线］/［圆角］菜单命令，绘制两圆之间 *R*60 mm 的连接圆弧，如图 2-56 所示。

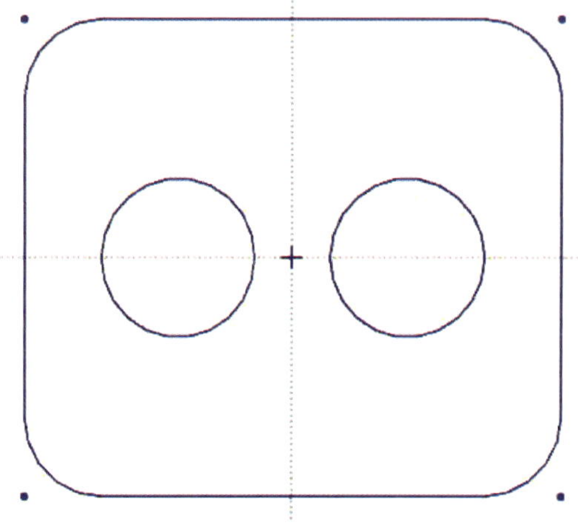

图 2-55 镜像圆

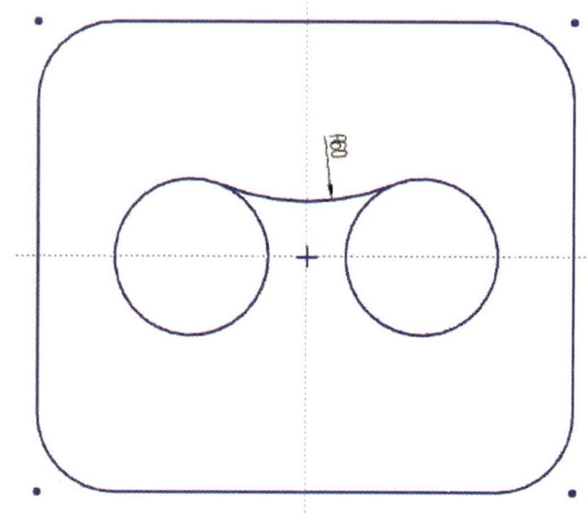

图 2-56 绘制 *R*60 mm 连接圆弧

（7）单击功能区“主页”选项卡“曲线”面组中的“镜像”图标 或选择［菜单］/［插入］/［来自曲线集的曲线］/［镜像曲线］菜单命令，以水平基准轴为镜像中心线，对 *R*60 mm 圆弧进行镜像，结果如图 2-57 所示。

（8）单击功能区“主页”选项卡“编辑”面组中的“修剪”图标 或选择［菜单］/

［编辑］/［曲线］/［修剪］菜单命令，完成对多余圆弧的修剪操作，如图 2–58 所示。

（9）单击功能区“主页”选项卡“曲线”面组中的“偏置”图标 或选择［菜单］/［编辑］/［来自曲线集的曲线］/［偏置曲线］菜单命令，系统弹出“偏置曲线”对话框，如图 2–59 所示。

（10）根据提示，修改“曲线规则”为“相连曲线”，选择要偏置的曲线，输入偏置距离为 5 mm，选择“创建持久关系”，如图 2–60 所示。

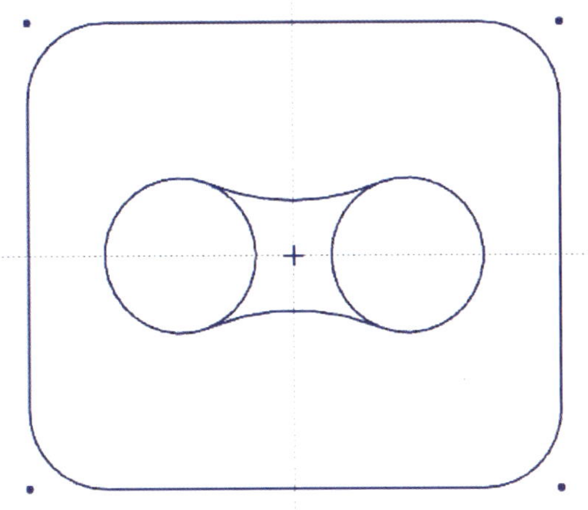

图 2–57　镜像 *R*60 mm 圆弧

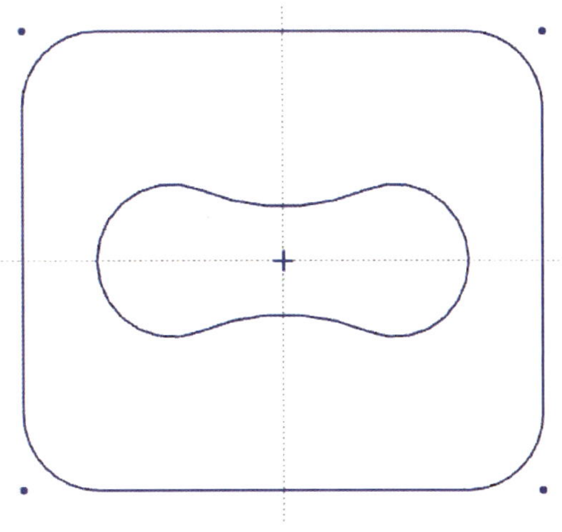

图 2–58　修剪多余圆弧

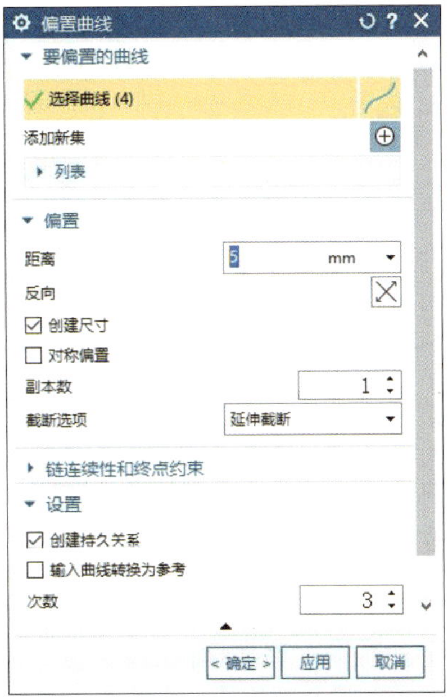

偏置曲线
要偏置的曲线
选择曲线 (4)
添加新集
列表
偏置
距离　5　mm
反向
☑ 创建尺寸
☐ 对称偏置
副本数　1
截断选项　延伸截断
链连续性和终点约束
设置
☑ 创建持久关系
☐ 输入曲线转换为参考
次数　3
< 确定 >　应用　取消

图 2–59　“偏置曲线”对话框

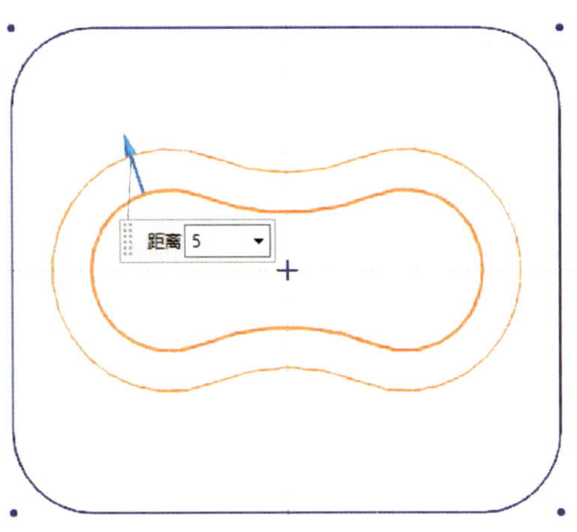

图 2–60　选择要偏置的曲线

提示

偏置曲线是指对草图平面内的曲线或曲线链进行偏置，并对偏置生成的曲线与原曲线进行约束。偏置曲线与原曲线具有关联性。若偏置方向相反，可单击“反向”按钮 。

“曲线规则”分为“单条曲线”“相连曲线”“相切曲线”“组中的曲线”四种，合理选用曲线规则可以为曲线的选择提供便利，如图 2-61 所示。

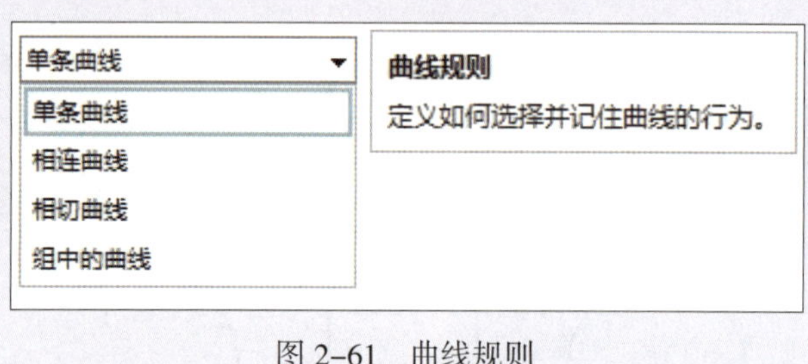

图 2-61　曲线规则

（11）单击【确定】按钮，完成偏置，如图 2-62 所示。

（12）单击功能区“主页”选项卡“曲线”面组中的“圆”图标 或选择［菜单］/［插入］/［曲线］/［圆］菜单命令，绘制如图 2-63 所示的圆。

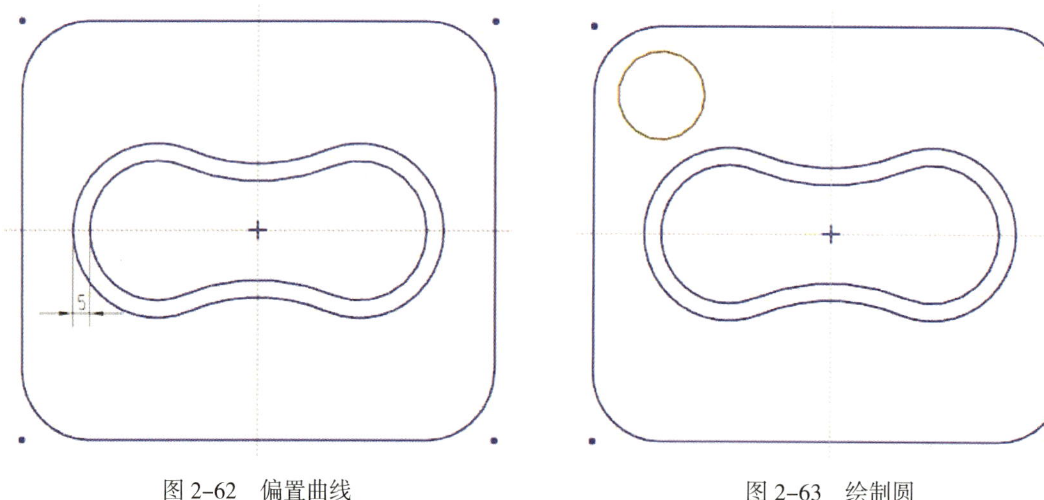

图 2-62　偏置曲线　　图 2-63　绘制圆

（13）单击功能区“主页”选项卡“求解”面组中的“快速尺寸”图标 或选择［菜单］/［插入］/［尺寸］/［快速］菜单命令，对圆进行尺寸约束，如图 2-64 所示。

（14）单击功能区“主页”选项卡“曲线”面组中的“阵列”图标 或选择［菜单］/［编辑］/［来自曲线集的曲线］/［阵列曲线］菜单命令，系统弹出“阵列曲线”对话框，根据提示，选择圆为要阵列的曲线，确定“线性”阵列布局，并选择阵列方向、输入数值，如图 2-65 所示。按图 2-66 所示进行阵列操作。

（15）单击【确定】按钮，完成圆的阵列，如图 2-67 所示。

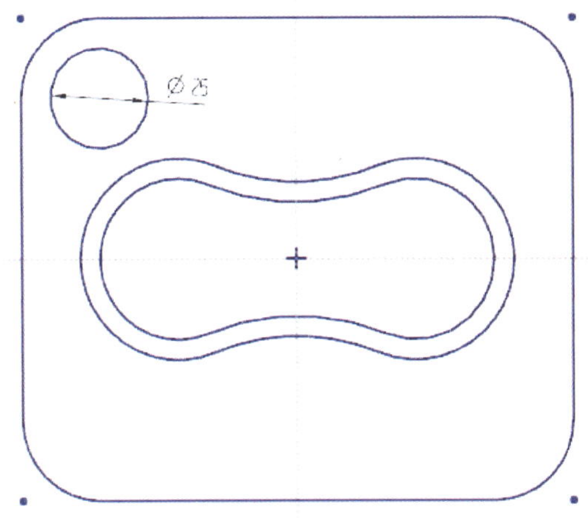

图 2-64　标注圆的尺寸

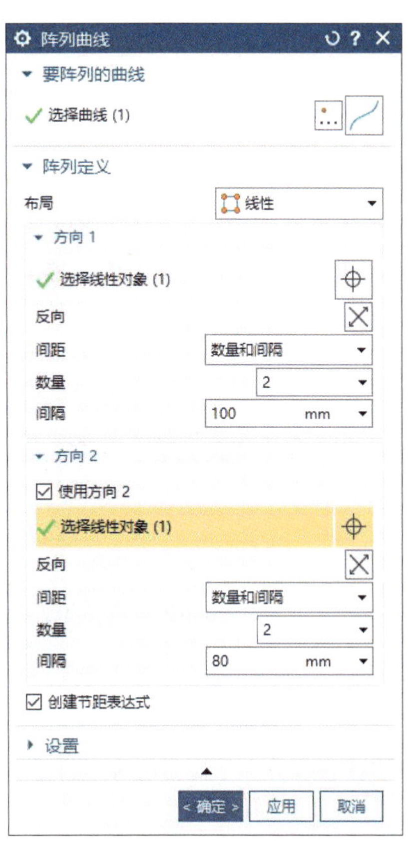

图 2-65　“阵列曲线”对话框

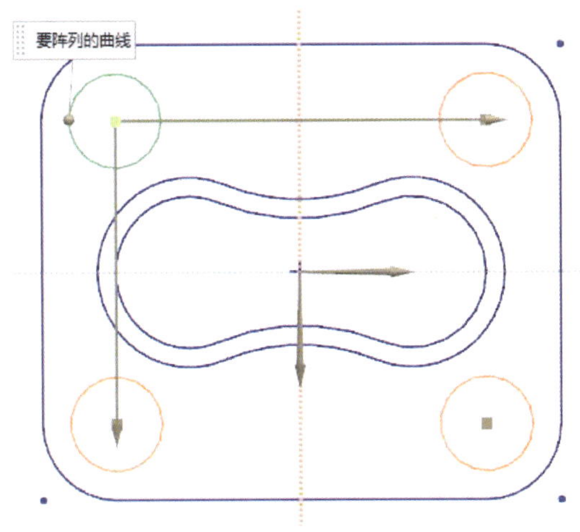

图 2-66　进行阵列操作

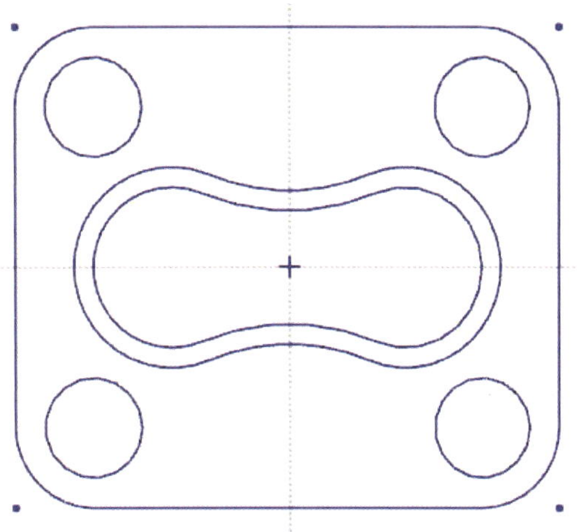

图 2-67　完成阵列

提示

阵列曲线是指对草图平面内的曲线或曲线链进行阵列，并对阵列生成的曲线与原曲线进行约束。阵列曲线与原曲线具有关联性。使用阵列命令可在线性、圆形或常规布局中创建曲线和点阵列。

（16）单击功能区“主页”选项卡“草图”面组中的“完成”图标 ，结束草图绘制。至此，完成草图图样的创建工作。

任务拓展

创建图 2-68、图 2-69 所示的草图。

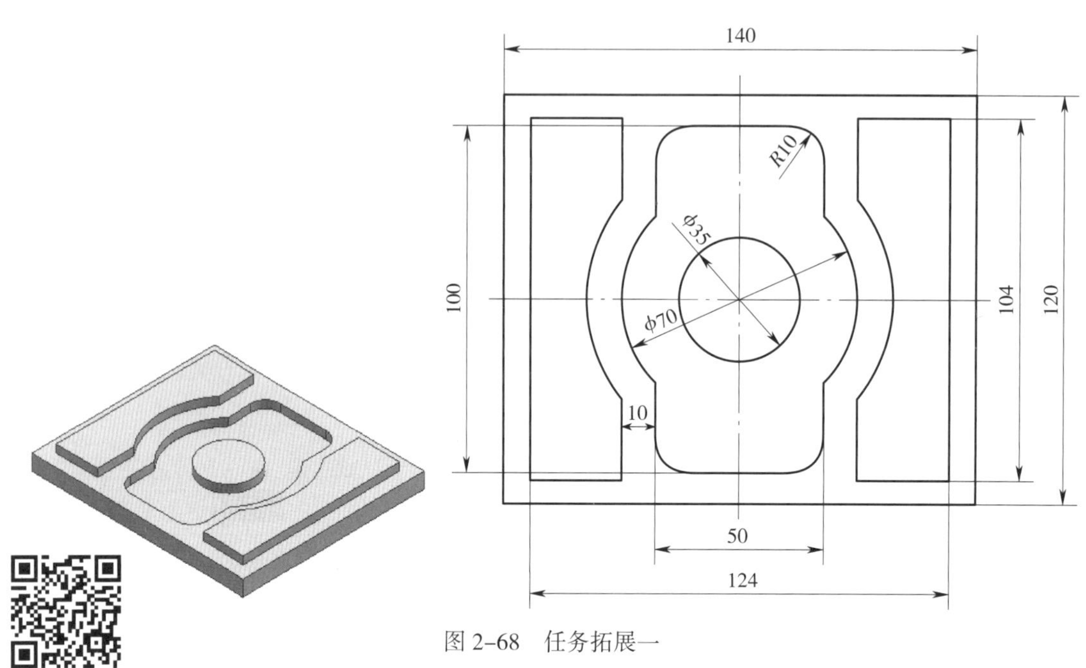

图 2-68　任务拓展一

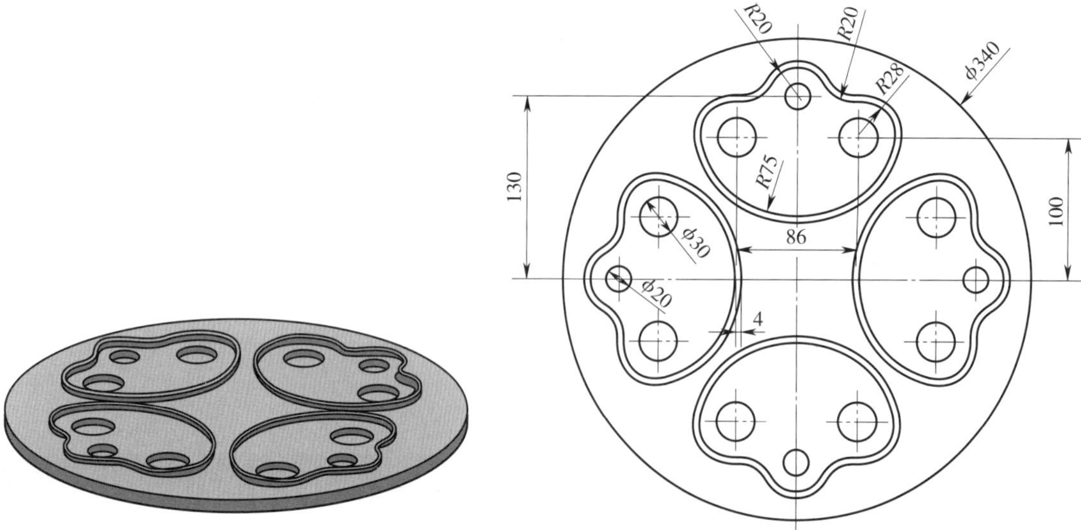

图 2-69　任务拓展二

课题 3　曲线的创建操作

学习目标

1．能绘制基本曲线。

2．能设置 WCS（工作坐标系）的原点位置。

3．能旋转 WCS（工作坐标系）。

工作任务

UG NX 2007 软件为用户提供了曲线绘制工具，使用它可以绘制平面曲线或空间曲线。试采用曲线工具栏中的工具完成图 2-70 所示正方体空间曲线的创建。其中，正方体线框轮廓尺寸为 100 mm×100 mm×100 mm。

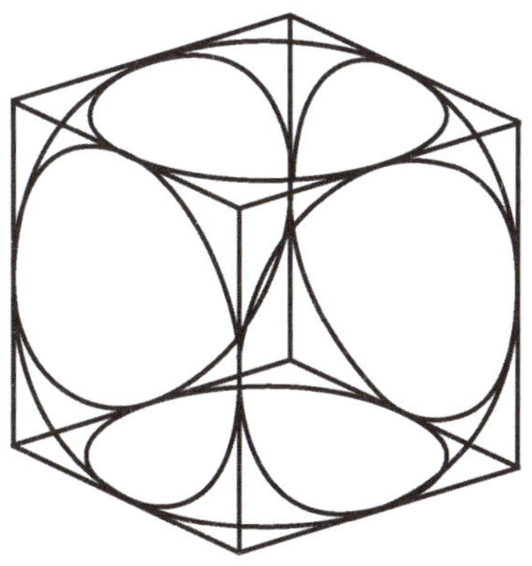

图 2-70　正方体三维线框构图

提示

在 UG NX 2007 中，曲线可以作为实体截面的轮廓线，然后通过对其进行拉伸、扫描、旋转等操作构建三维实体；也可以通过创建曲面来构建复杂实体模型；还可以将其作为创建实体模型的辅助线，例如定位线、中心线等；另外，也可以将曲线添加到草图中对其进行参数化设计。

任务实施

1．创建新文件

（1）双击快捷方式图标启动 UG NX 2007。

（2）新建名称为“三维线框”的部件文件。

（3）在“部件导航器”中，选中“基准坐标系”，单击鼠标右键，在弹出的菜单中单击“隐藏”，如图 2-71 所示。

（4）选择［菜单］/［格式］/［WCS］/［显示］菜单命令或者单击快捷键“W”，激活 WCS（工作坐标系），如图 2-72 所示。

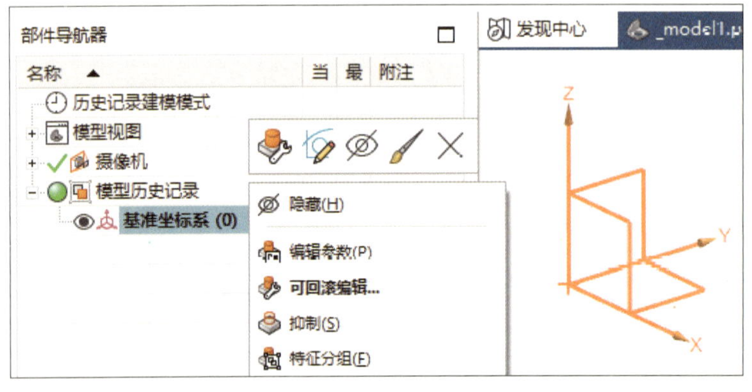

图 2-71 隐藏基准坐标系

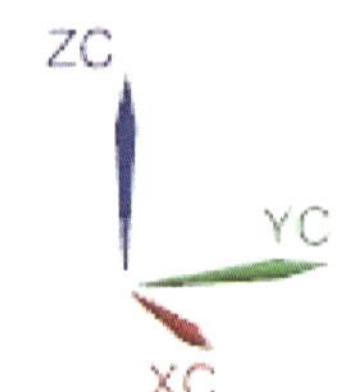

图 2-72 WCS（工作坐标系）

提示

在 UG NX 2007 中，创建的曲线主要包括基本曲线（直线、圆弧 / 圆）、一般二次曲线、规律曲线、螺旋线、样条曲线等。

2. 绘制底部和顶部矩形线框

（1）单击功能区“曲线”选项卡“基本”面组中的“直线”图标 ⁄ 或选择［菜单］/［插入］/［曲线］/［直线］菜单命令，系统弹出“直线”对话框，如图 2-73 所示。

（2）单击“直线”对话框“开始”选项中“选择对象”后的“点对话框”图标 ⋯，系统弹出“点”对话框，各参数接受默认设置，如图 2-74 所示，单击【确定】按钮，完成直线第一个点的创建，即坐标为（0，0，0）。

（3）单击“直线”对话框“结束”选项中“选择对象”后的“点对话框”图标 ⋯，在弹出的“点”对话框中，输入第二点的坐标为（0，100，0），该坐标的参考坐标系为 WCS（工作坐标系），如图 2-75 所示。

图 2-73 “直线”对话框

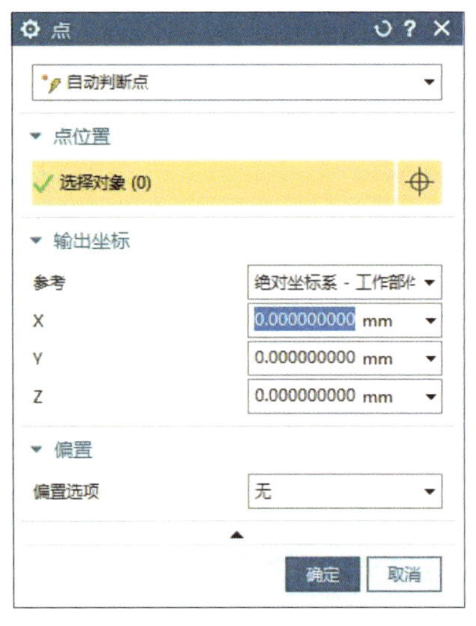

图 2–74　“点”对话框

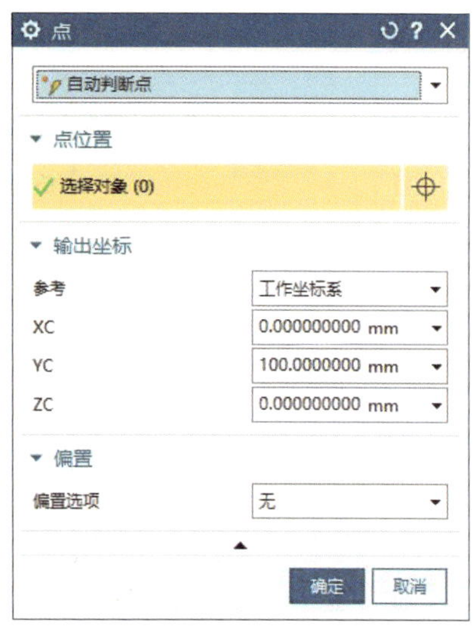

图 2–75　输入第二点坐标

（4）单击【确定】按钮，完成直线第二个点的创建。

（5）在“直线”对话框中单击【应用】按钮，完成第一条直线的创建，如图 2–76 所示。

（6）用类似方法，根据表 2–4 中各点的坐标值，完成上下表面其他 7 条直线的创建，如图 2–77 所示。

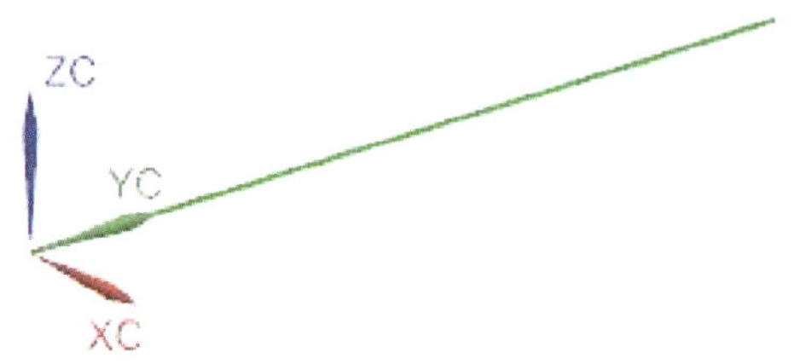

图 2–76　绘制第一条直线

表 2–4　　上下表面矩形各点的坐标值

点		点 1	点 2	点 3	点 4	点 5	点 6	点 7	点 8
坐标	X	0	0	100	100	0	0	100	100
	Y	0	100	100	0	0	100	100	0
	Z	0	0	0	0	100	100	100	100

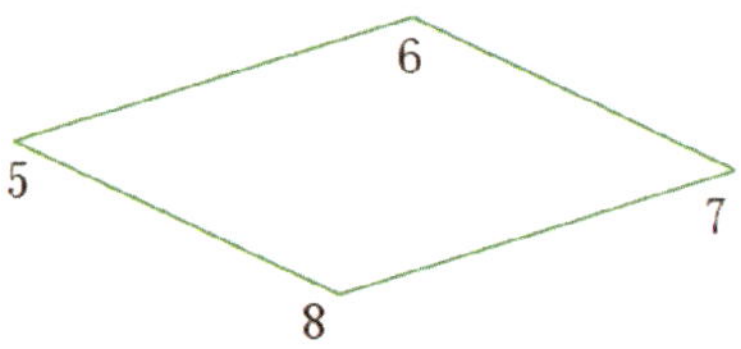

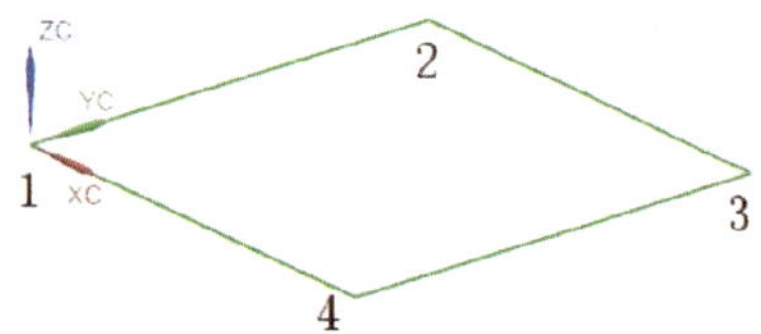

图 2–77　完成上下表面矩形的绘制

3. 绘制正方体侧边线框

（1）单击功能区“曲线”选项卡“基本”面组中的“直线”图标 ／ 或选择［菜单］/［插入］/［曲线］/［直线］菜单命令，移动光标捕捉到点 1，单击鼠标左键确定，再移动光标捕捉到点 5，单击鼠标左键确定，单击【应用】按钮，完成第一条侧边线的绘制，如图 2–78 所示。

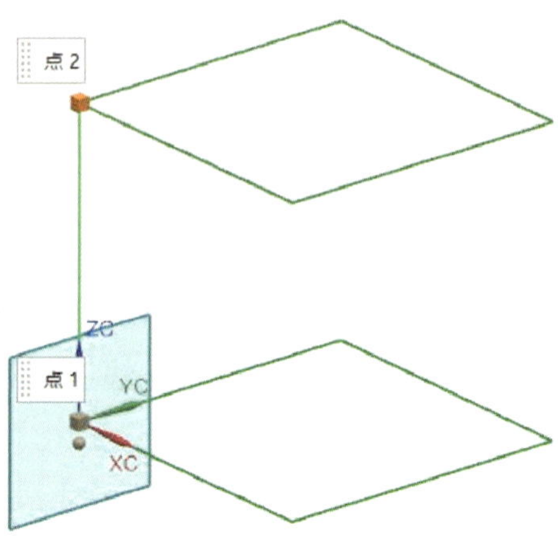

图 2–78　绘制第一条侧边线

（2）用相同方法，分别连接点 2 和点 6、点 3 和点 7、点 4 和点 8，完成其他侧边线的绘制，如图 2–79 所示。

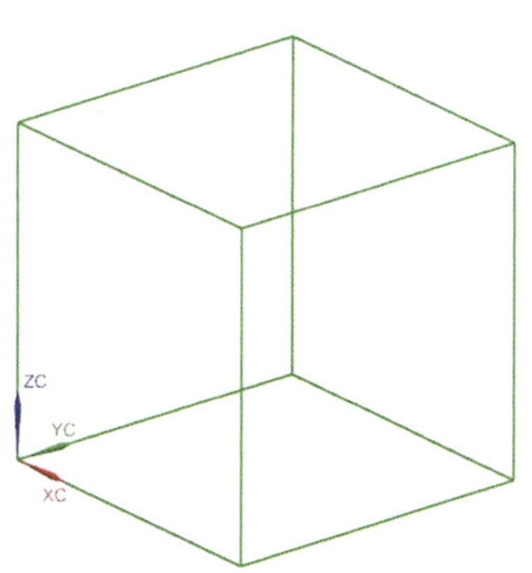

图 2–79　绘制正方体侧边线

4. 绘制底部圆

（1）单击功能区“曲线”选项卡“基本”面组中的“圆弧 / 圆”图标 ◜ 或选择［菜单］/［插入］/［曲线］/［圆弧 / 圆］菜单命令，系统弹出“圆弧 / 圆”对话框，如图 2–80 所示。

（2）将“圆弧 / 圆”的方法类型改为“从中心开始的圆弧 / 圆”，如图 2–81 所示。

（3）单击“中心点”选项中“选择点”后的“点对话框”图标 ⋰ ，在弹出的“点”对话框中，输入底部圆的圆心坐标为（50，50，0），如图 2–82 所示。

（4）单击【确定】按钮，完成底部圆的圆心创建。

（5）选择“通过点”中“终点选项”的类型为“相切”，如图 2–83 所示。

（6）移动光标捕捉下表面矩形的一条边为相切对象，如图 2–84 所示。

（7）激活“限制”选项中的“整圆”选项，如图 2–85 所示。

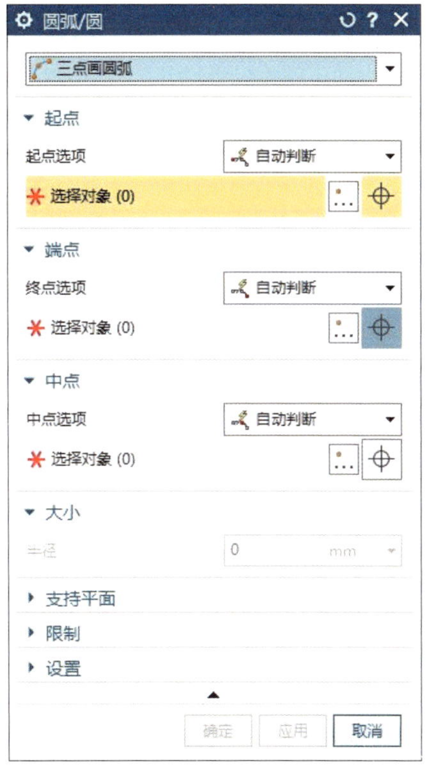

图 2-80　“圆弧 / 圆”对话框

图 2-81　选择方法类型

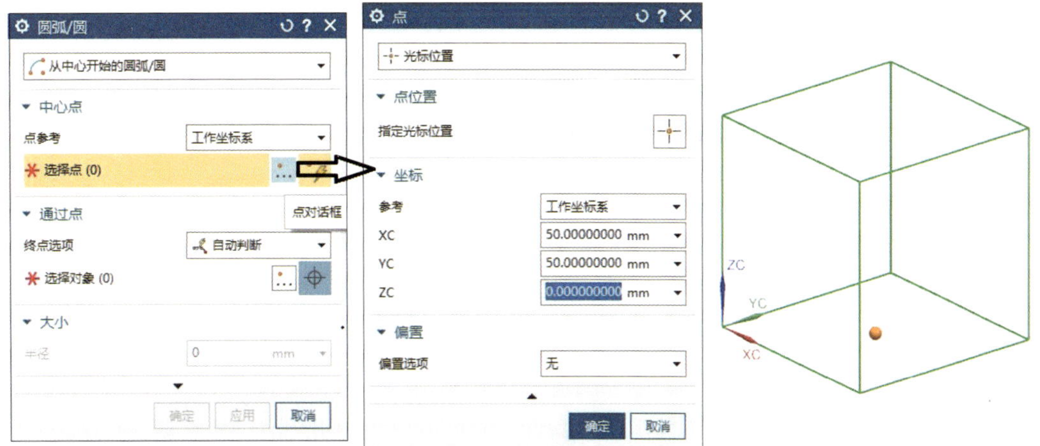

图 2-82　输入底部圆的圆心坐标

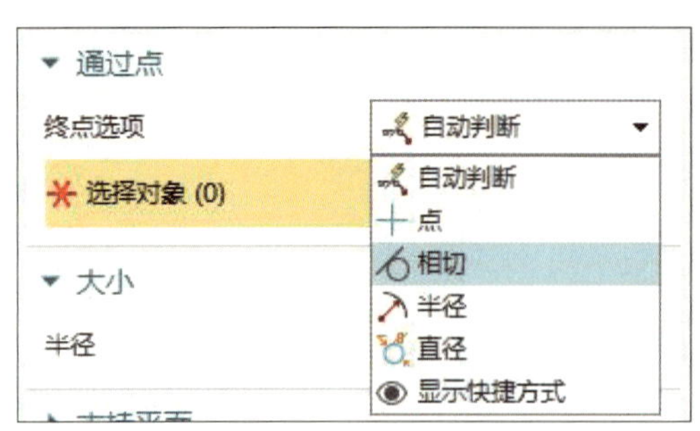

图 2-83 选择“终点选项”的类型

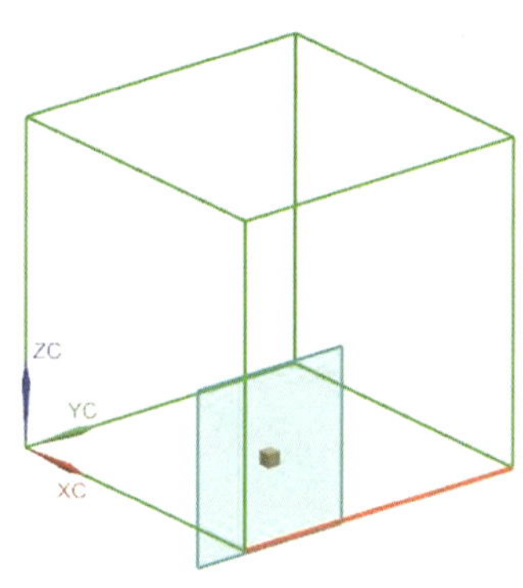

图 2-84 捕捉相切边

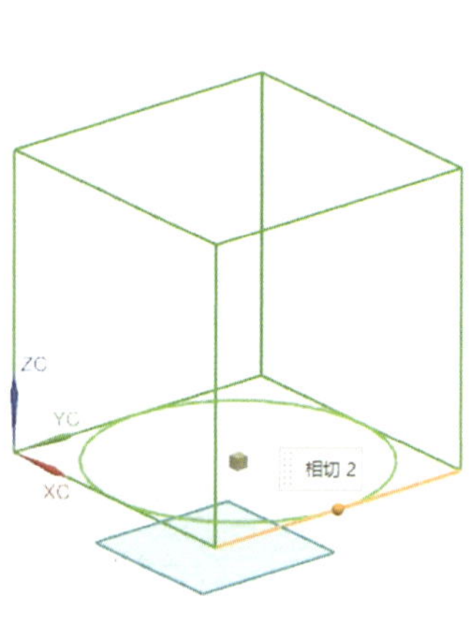

图 2-85 激活“整圆”选项

（8）单击【确定】按钮，完成底部圆的绘制，如图 2-86 所示。

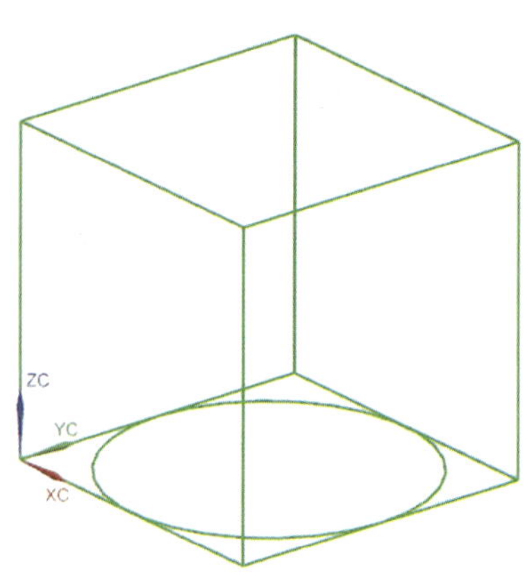

图 2-86 绘制底部圆

5. 移动 WCS（工作坐标系）原点，绘制顶部圆

（1）单击功能区“工具”选项卡“实用工具”面组中“更多”下拉菜单中的“WCS 原点”图标 ，或选择［菜单］/［格式］/［WCS］/［原点］菜单命令，如图 2-87 所示。

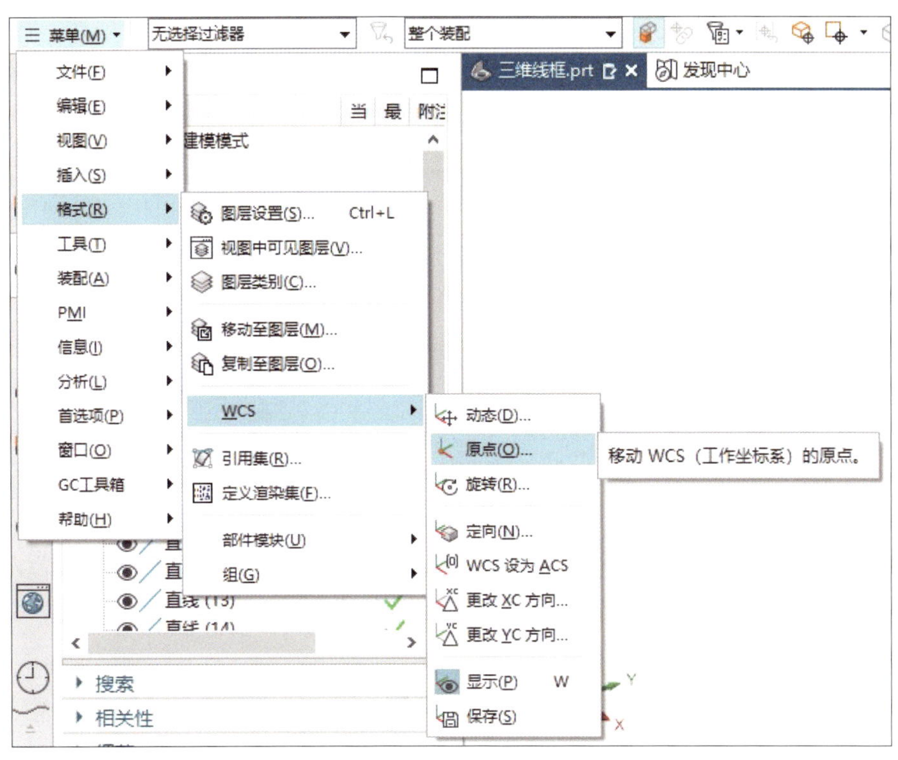

图 2-87　选择［菜单］/［格式］/［WCS］/［原点］菜单命令

（2）系统弹出“点”对话框，单击点 5 或将“点”对话框中的“ZC”参数值设为“100”，如图 2-88 所示。

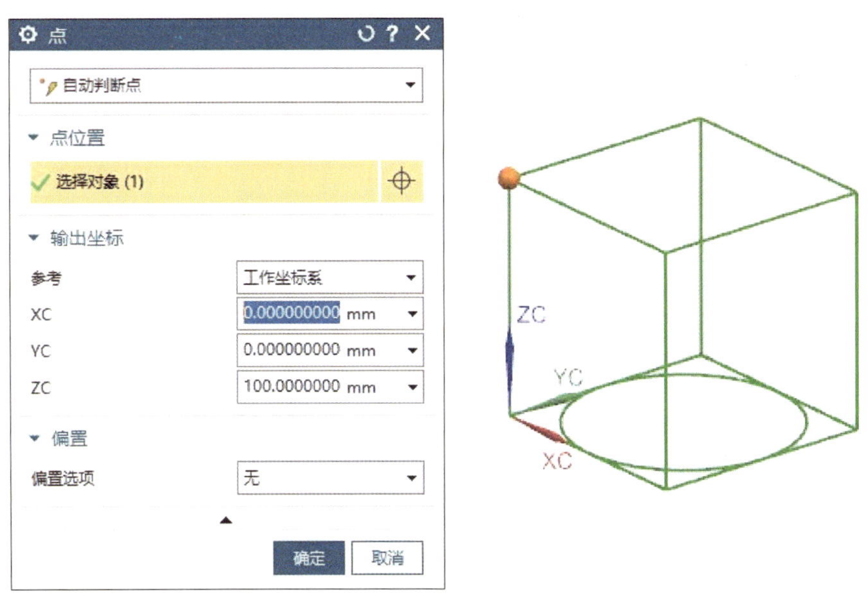

图 2-88　设置“点”对话框

（3）单击【确定】按钮，工作坐标系的坐标原点平移到点 5，但坐标轴方位保持不变，如图 2–89 所示。

（4）用同样方法绘制顶部的圆，结果如图 2–90 所示。

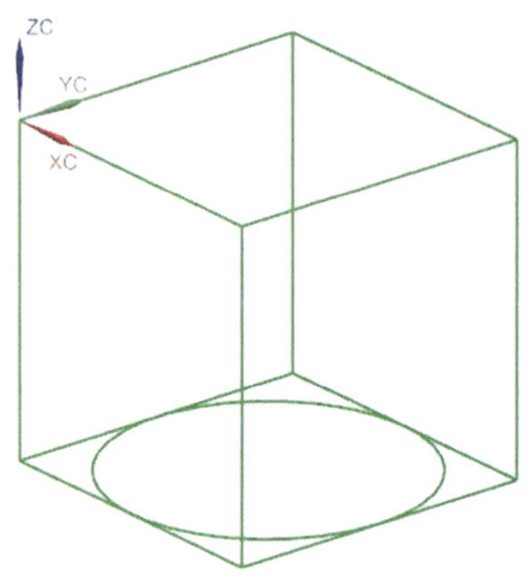

图 2–89　移动工作坐标系原点

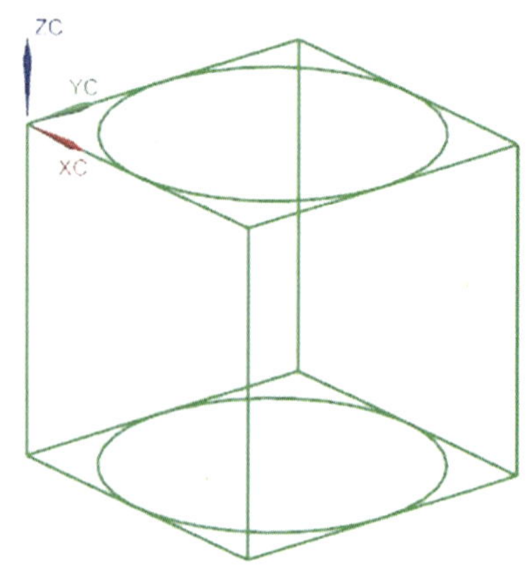

图 2–90　绘制顶部圆

6. 旋转 WCS（工作坐标系），绘制侧圆

（1）单击功能区“工具”选项卡“实用工具”面组中“更多”下拉菜单中的“旋转 WCS”图标 或选择［菜单］/［格式］/［WCS］/［旋转］菜单命令，系统弹出“旋转 WCS 绕 ...”对话框，选择“–XC 轴：ZC → YC”方式，“角度”设置为“90”，如图 2–91 所示。

（2）单击【确定】按钮，完成工作坐标系的旋转，如图 2–92 所示。

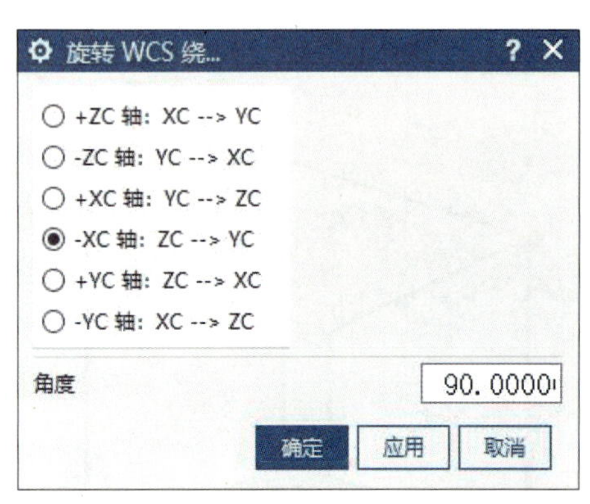

图 2–91　“旋转 WCS 绕 ...”对话框

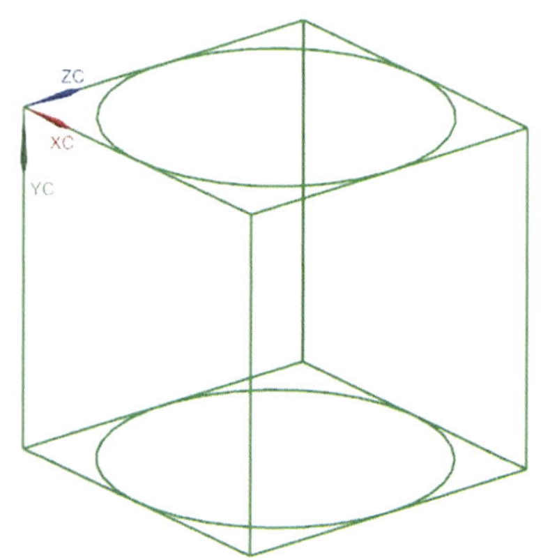

图 2–92　完成工作坐标系的旋转

（3）用与绘制底圆同样的方法，绘制左侧的圆，结果如图 2–93 所示。

（4）绘制右侧圆

方法一：同绘制顶部圆的操作，可通过移动 WCS（工作坐标系）原点绘制右侧圆。

方法二：将“圆弧 / 圆”对话框中“中心点”的坐标改为（50，50，100），如图 2–94 所示，其他步骤同左侧圆的操作，结果如图 2–95 所示。

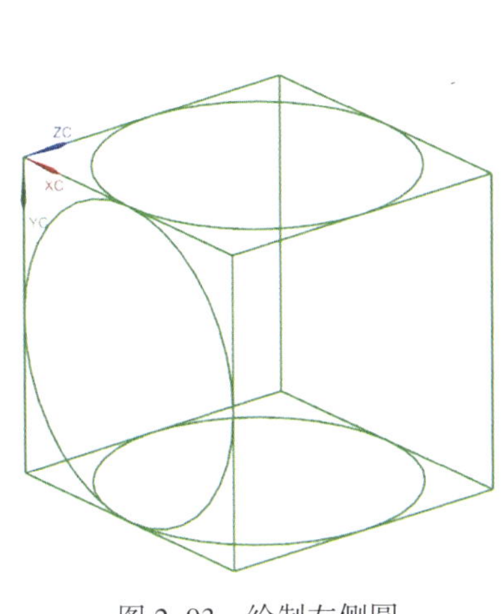

图 2-93　绘制左侧圆

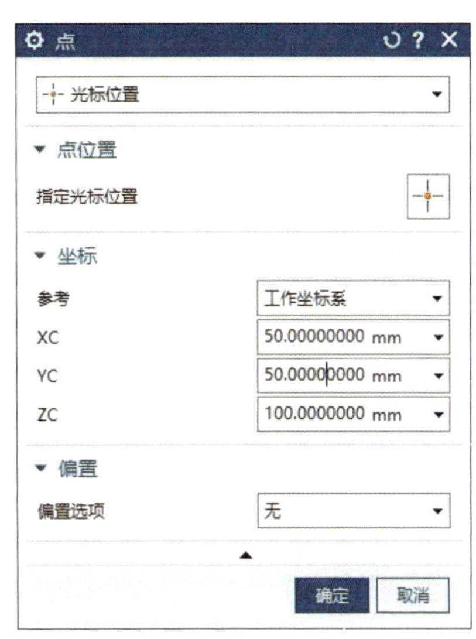

图 2-94　右侧圆的圆心坐标

（5）单击功能区“工具”选项卡“实用工具”面组中“更多”下拉菜单中的“旋转 WCS”图标 或选择［菜单］/［格式］/［WCS］/［旋转］菜单命令，系统弹出“旋转 WCS 绕 ...”对话框，选择“-YC 轴：XC → ZC”方式，“角度”设置为“90”，如图 2-96 所示。

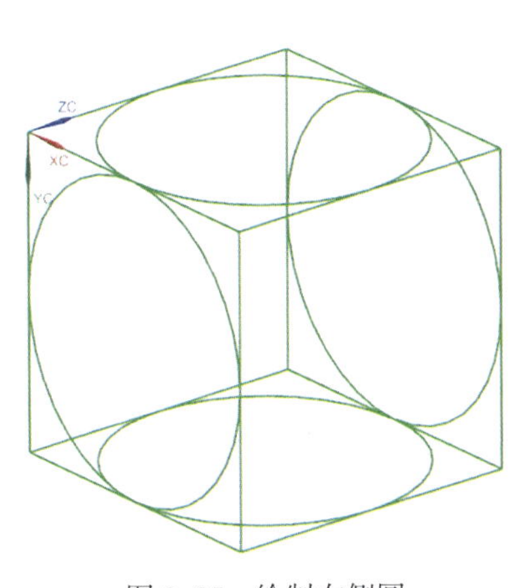

图 2-95　绘制右侧圆

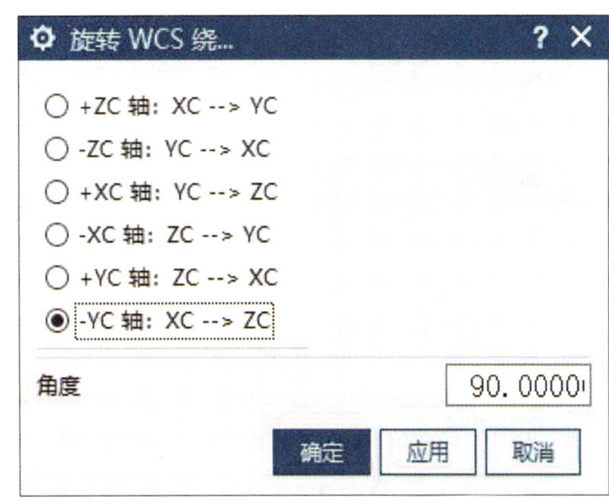

图 2-96　“旋转 WCS 绕 ...”对话框

（6）单击【确定】按钮，完成工作坐标系的旋转，如图 2-97 所示。

（7）用与绘制底圆同样的方法，绘制后侧的圆，结果如图 2-98 所示。

（8）绘制前侧圆

方法一：同绘制顶部圆的操作，可通过移动 WCS（工作坐标系）原点绘制前侧圆。

方法二：将“圆弧 / 圆”对话框中“中心点”的坐标改为（50，50，-100），如图 2-99 所示，其他步骤同后侧圆的操作，结果如图 2-100 所示。

至此，正方体三维线框绘制完成。

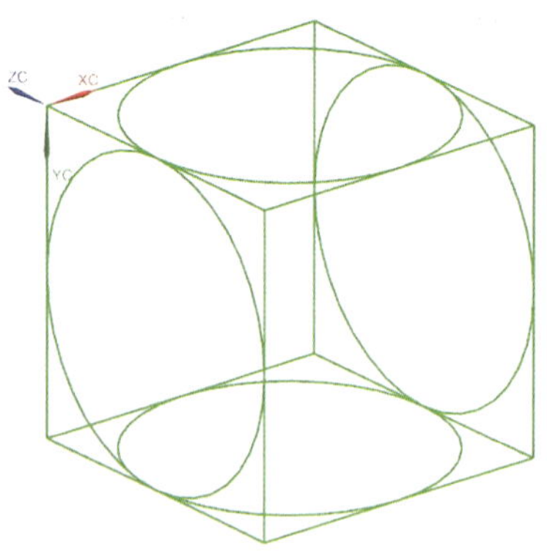

图 2-97 完成工作坐标系的旋转

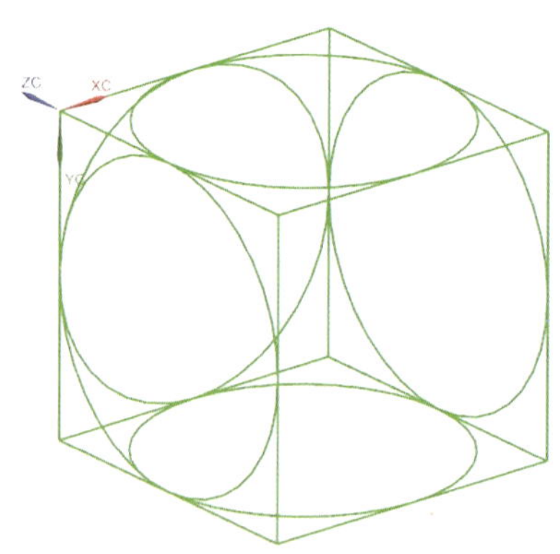

图 2-98 绘制后侧圆

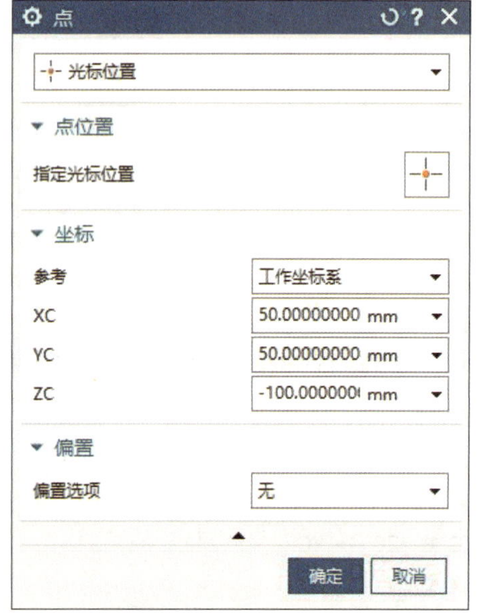

点

光标位置

点位置

指定光标位置

坐标

参考	工作坐标系
XC	50.00000000 mm
YC	50.00000000 mm
ZC	-100.000000(mm

偏置

偏置选项	无

确定 取消

图 2-99 前侧圆的圆心坐标

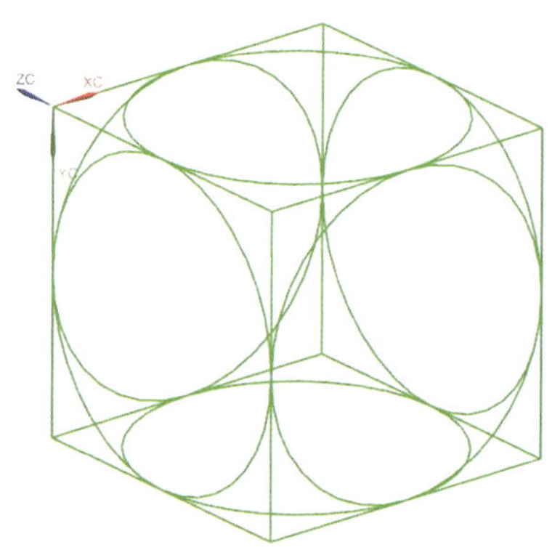

图 2-100 绘制前侧圆

任务拓展

试采用基本曲线命令完成图 2-101 所示三维线架图形的绘制。

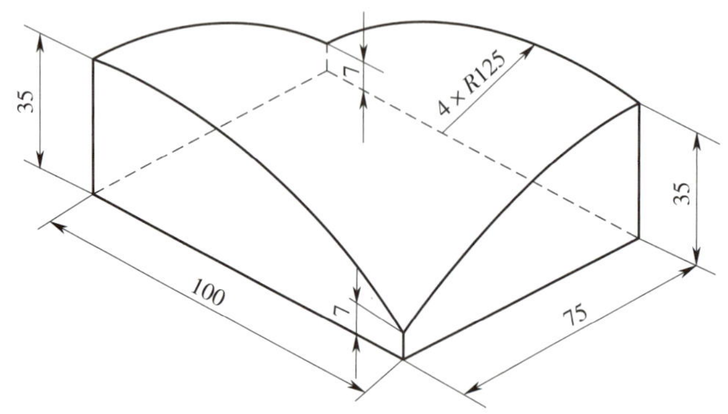

图 2-101 三维线架

课题 4　曲线的编辑

学习目标

1．能设置对象首选项。

2．能绘制偏置曲线。

3．能绘制切线。

4．能修剪曲线。

工作任务

类似于草图曲线，用户可以对已创建的曲线对象进行派生操作，以生成新的曲线对象，新的曲线对象与原曲线对象往往是相关的，即当原曲线发生改变时，新曲线也会随之改变。派生曲线包括偏置曲线、桥接曲线、投影曲线、相交曲线、镜像曲线、抽取虚拟曲线、阴影曲线、截面曲线及缠绕 / 展开曲线等。

除此之外，曲线工具还为用户提供了灵活多样的曲线编辑功能，如修剪曲线、曲线长度等。

试采用曲线工具栏中的曲线功能来完成图 2–102 所示三维拉伸模型轮廓曲线的绘制。

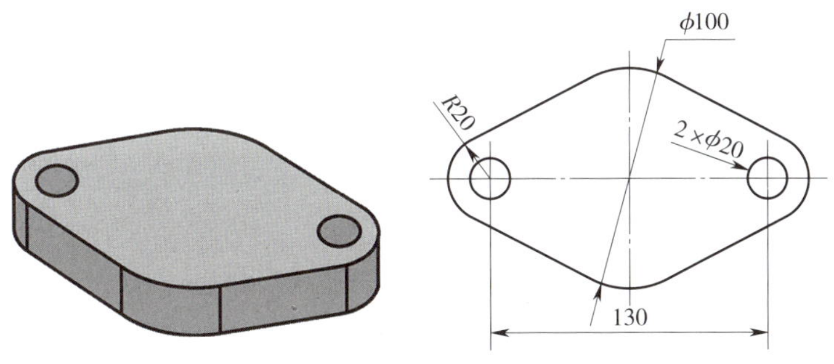

图 2–102　三维拉伸模型及其轮廓曲线

任务实施

1. 创建新文件

（1）双击快捷方式图标启动 UG NX 2007。

（2）新建名称为“曲线编辑”的部件文件。

（3）隐藏“基准坐标系”。

（4）激活 WCS（工作坐标系）。

2. 对象首选项设置

（1）选择［菜单］/［首选项］/［对象］菜单命令，系统弹出“对象首选项”对话框。

（2）选择“常规”选项卡，将“线型”设为“中心线”，“宽度”设为“0.25 mm”，如图 2–103 所示。

（3）单击【确定】按钮，退出“对象首选项”对话框。

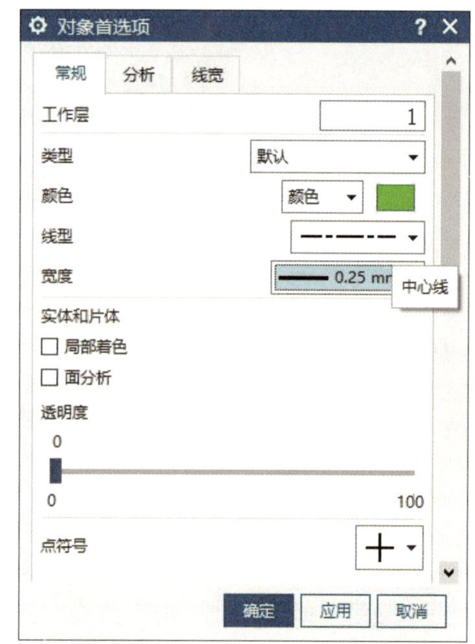

图 2–103 “对象首选项”对话框

3. 绘制中心线

（1）单击功能区“曲线”选项卡“基本”面组中的“直线”图标 ╱ 或选择［菜单］/［插入］/［曲线］/［直线］菜单命令，系统弹出“直线”对话框，输入起点坐标为（–80，0，0），终点坐标为（80，0，0），单击【应用】按钮，完成水平中心线的绘制，即图 2–104 中的中心线 12。

（2）用相同方法，根据表2–5中的坐标值，完成其他三条中心线的绘制，如图 2–104 所示。

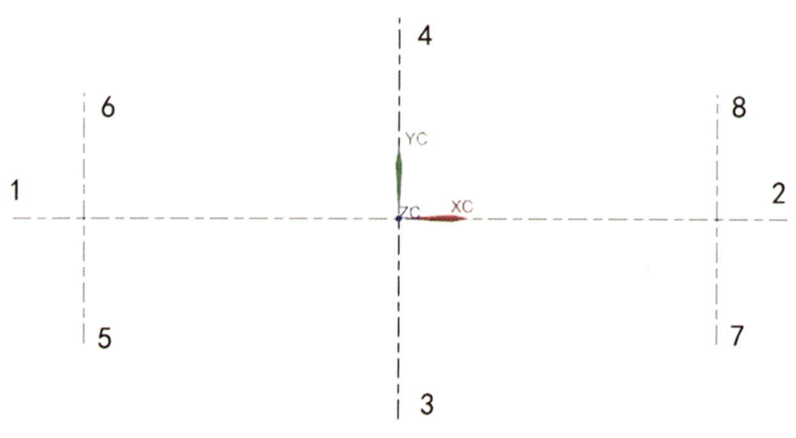

图 2–104 绘制中心线

表 2–5 各点坐标值

点		点 1	点 2	点 3	点 4	点 5	点 6	点 7	点 8
坐标	*X*	–80	80	0	0	–65	–65	65	65
	Y	0	0	–40	40	–25	25	–25	25
	Z	0	0	0	0	0	0	0	0

提示

中心线 78 还可以通过偏移中心线 56 来绘制，具体步骤如下。

（1）单击功能区“曲线”选项卡“派生”面组中的“偏置曲线”图标 或选择［菜单］/［插入］/［派生曲线］/［偏置］菜单命令，系统弹出“偏置曲线”对话框。选择“中心线 56”为偏置主曲线，选择“坐标原点”为偏置平面上的点，“距离”设为“130 mm”，偏置方向可通过“反向”来调整，如图 2-105 所示。

（2）单击【确定】按钮，完成中心线 78 的绘制，结果如图 2-104 所示。

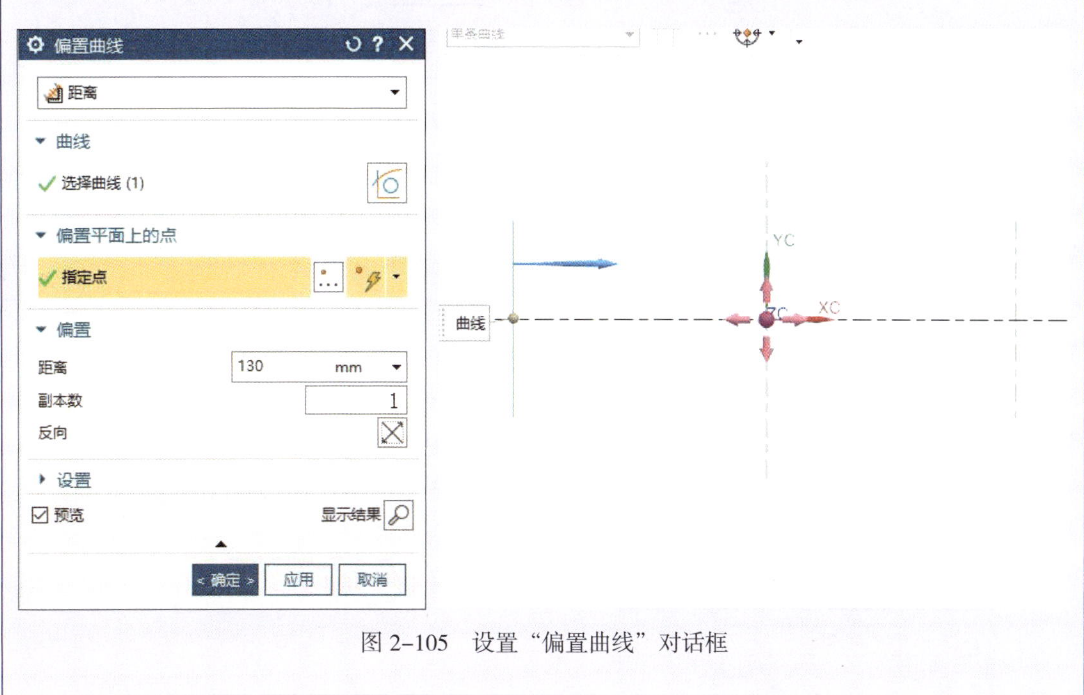

图 2-105　设置“偏置曲线”对话框

4. 绘制三个圆

（1）选择［菜单］/［首选项］/［对象］菜单命令，系统弹出“对象首选项”对话框。选择“常规”选项卡，将“线型”设为“实线”，“宽度”设为“0.50 mm”，如图 2-106 所示。

（2）单击【确定】按钮，退出“对象首选项”对话框。

（3）单击功能区“曲线”选项卡“基本”面组中的“圆弧 / 圆”图标 或选择［菜单］/［插入］/［曲线］/［圆弧 / 圆］菜单命令，系统弹出“圆弧 / 圆”对话框。选择“从中心开始的圆弧 / 圆”类型，“中心点”选择坐标原点，“通过点”的“终点选项”设为“直径”，并在“大小”选项组中设置“直径”为“100 mm”，“限制”选项组中设置为“整圆”，如图 2-107 所示。

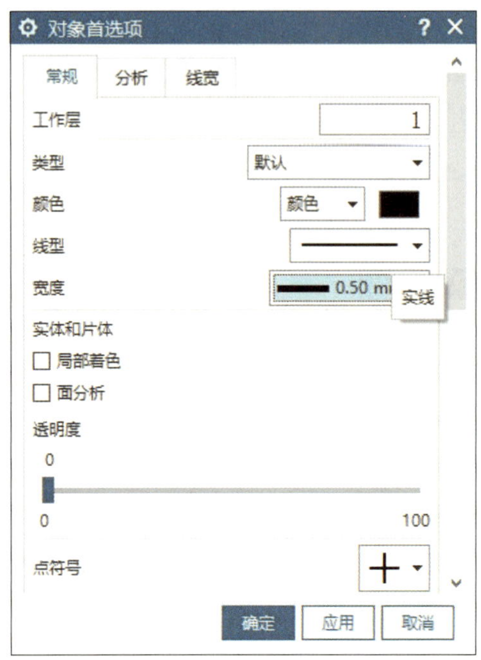

图 2-106 “对象首选项”对话框

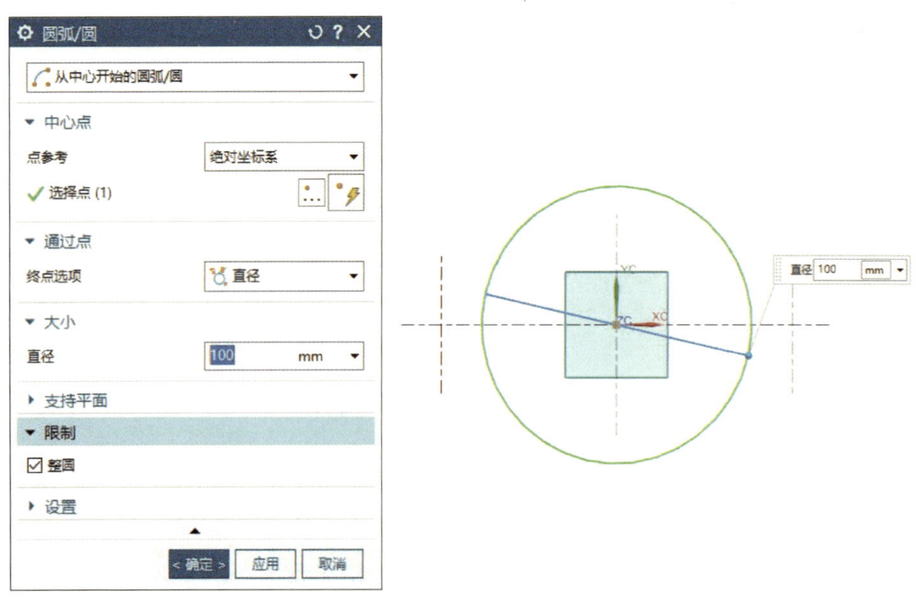

图 2-107 设置“圆弧 / 圆”对话框

（4）单击【应用】按钮，完成 ϕ100 mm 圆的绘制，如图 2–108 所示。

（5）用相同方法，完成两侧 R20 mm 圆的绘制，如图 2–109 所示。

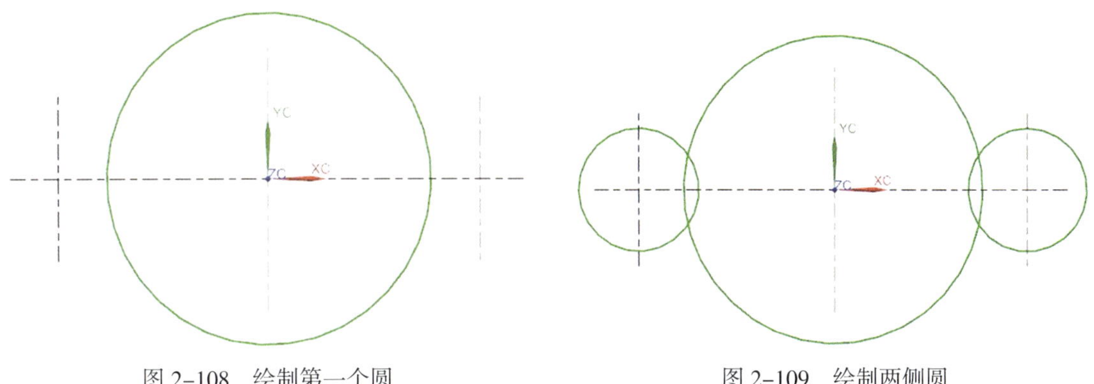

图 2–108　绘制第一个圆　　　图 2–109　绘制两侧圆

5. 绘制切线

（1）单击功能区“曲线”选项卡“基本”面组中的“直线”图标 ／ 或选择［菜单］/［插入］/［曲线］/［直线］菜单命令，系统弹出“直线”对话框，“起点选项”改为“相切”，移动光标捕捉左侧圆为“选择对象”，“终点选项”也改为“相切”，捕捉中间圆为“选择对象”，如图 2–110 所示。

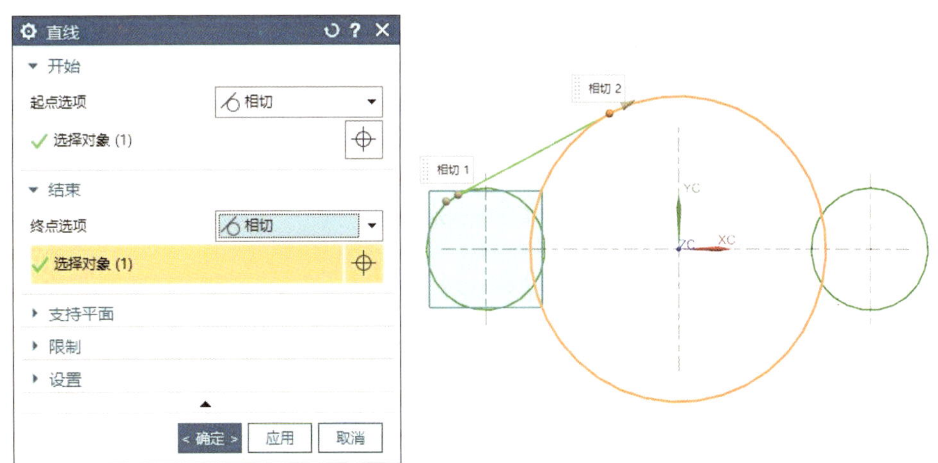

图 2–110　设置“直线”对话框

（2）单击【应用】按钮，完成第一条切线的绘制，如图 2–111 所示。

（3）用相同方法，完成其余三条切线的绘制，如图 2–112 所示。

6. 修剪多余线条

（1）单击功能区“曲线”选项卡“编辑”面组中的“修剪曲线”图标 ⊣ 或选择［菜单］/［编辑］/［曲线］/［修剪］菜单命令，系统弹出“修剪曲线”对话框，如图 2–113 所示。

（2）选择曲线规则为“单条曲线”，如图 2–114 所示。

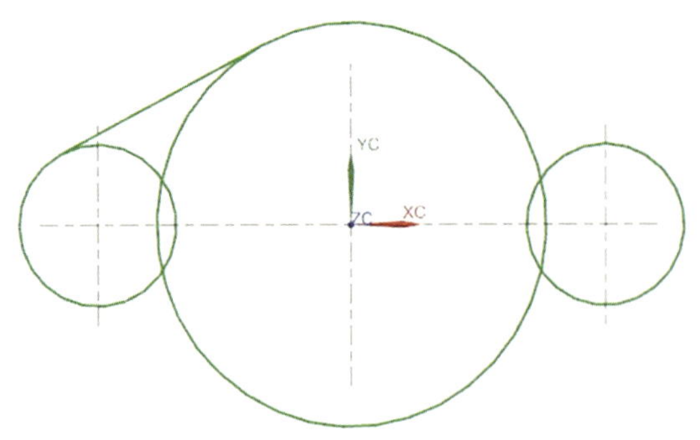

图 2–111　绘制第一条切线

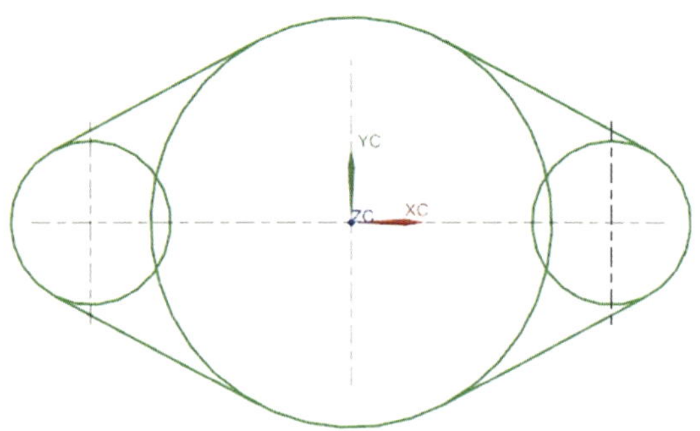

图 2–112　绘制其余切线

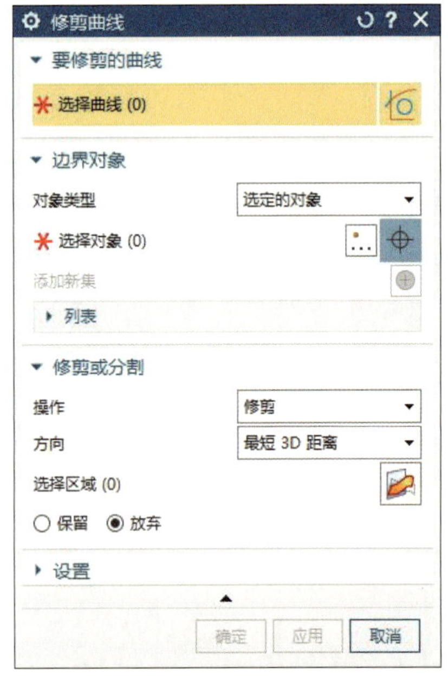

图 2–113　“修剪曲线”对话框

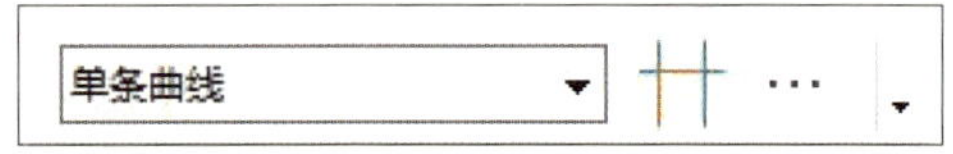

图 2–114　曲线规则

（3）根据系统提示，捕捉左侧圆需剪去部分为“要修剪的曲线”，并选择左侧的两条切线为“边界对象”，“选择区域”设为“放弃”，如图 2–115 所示。

（4）单击【应用】按钮，完成左侧圆的修剪，如图 2–116 所示。

（5）用相同方法，完成其余圆弧的修剪，结果如图 2–117 所示。

7. 绘制两个小圆

（1）单击功能区“曲线”选项卡“基本”面组中的“圆弧 / 圆”图标或选择［菜单］/［插入］/［曲线］/［圆弧 / 圆］菜单命令，系统弹出“圆弧 / 圆”对话框。选择“从中心开始的圆弧 / 圆”类型，“中心点”选择左侧圆的圆心，“通过点”的“终点选项”设置为“半径”，并在“大小”选项组中设置“半径”为“10 mm”，“限制”选项组中设置为“整圆”，如图 2–118 所示。

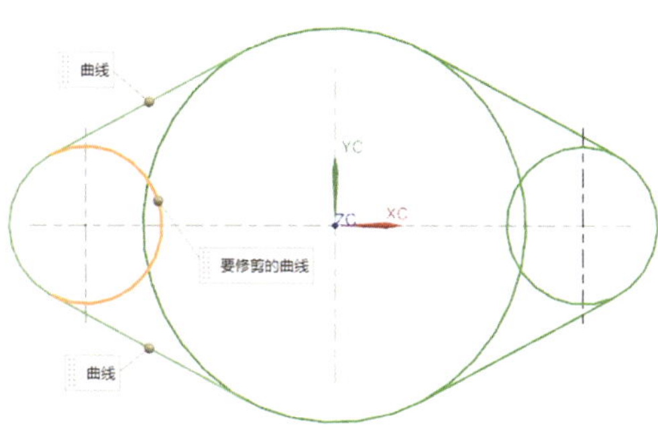

图 2–115　设置“修剪曲线”对话框

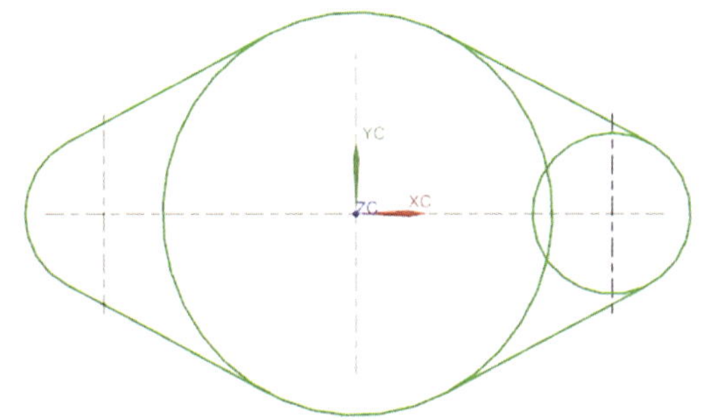

图 2–116　修剪左侧圆

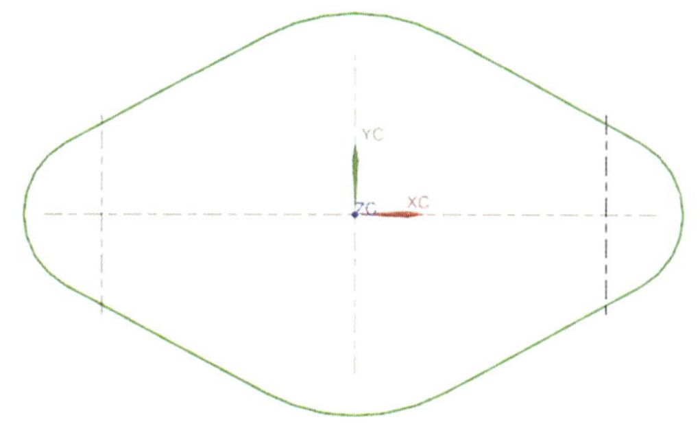

图 2–117　完成修剪

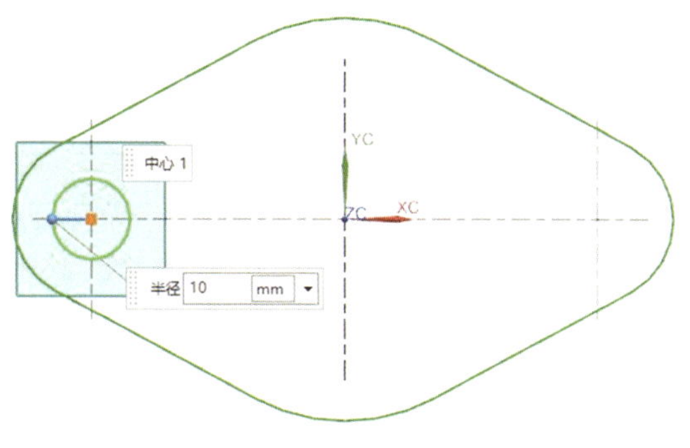

图 2–118　设置“圆弧 / 圆”对话框

（2）单击【应用】按钮，完成左侧小圆的绘制，如图 2–119 所示。

（3）用相同方法，完成右侧小圆的绘制，结果如图 2–120 所示。

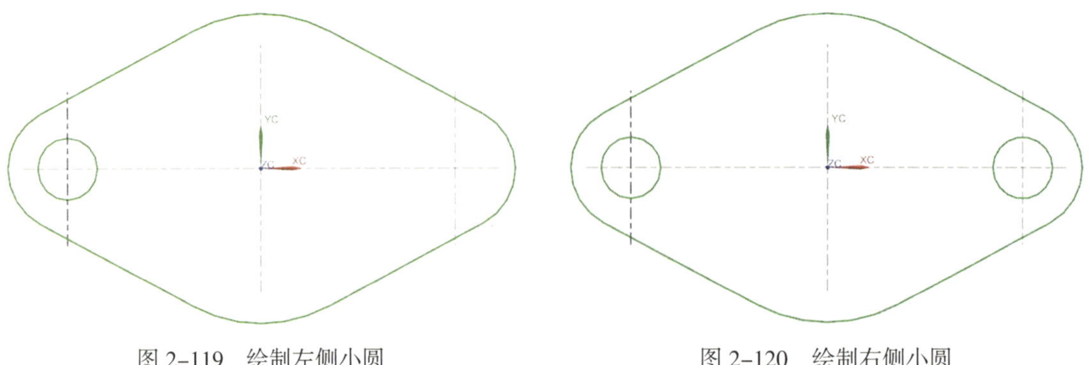

图 2–119　绘制左侧小圆　　图 2–120　绘制右侧小圆

任务拓展

试采用曲线命令完成图 2–121 和图 2–122 所示图形。

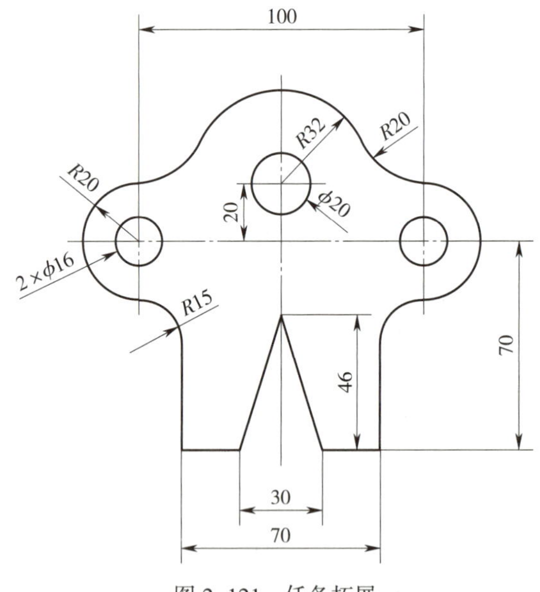

图 2–121　任务拓展一

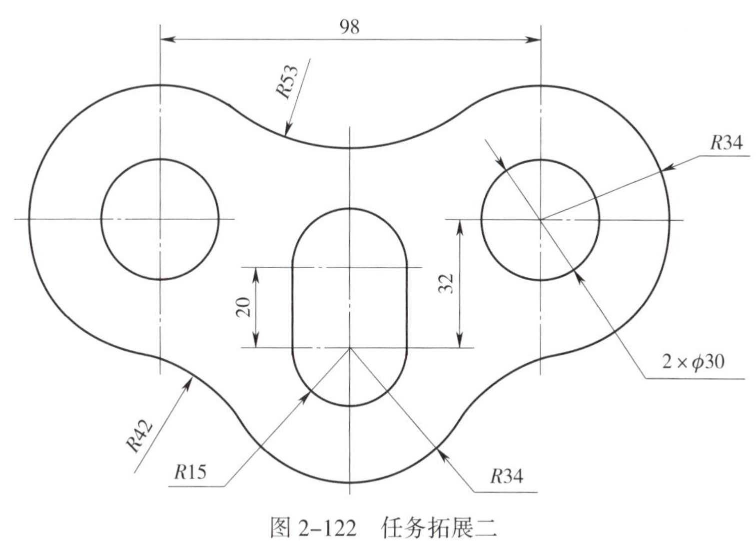

图 2-122　任务拓展二

课题 5　绘 制 文 字

学习目标

1. 能创建圆柱体。
2. 能创建拉伸曲面。
3. 能创建文字。
4. 能完成曲线的缠绕 / 展开操作。

工作任务

采用曲线工具栏中的文本命令完成图 2-123 所示环形文字的创建。

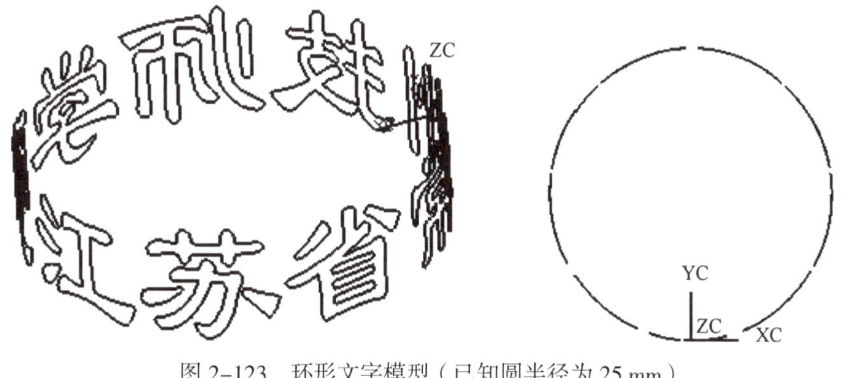

图 2-123　环形文字模型（已知圆半径为 25 mm）

任务实施

1. 创建新文件

（1）双击快捷方式图标启动 UG NX 2007。

（2）新建名称为“环形文字”的部件文件。

（3）隐藏“基准坐标系”。

（4）激活 WCS（工作坐标系）

2. 创建圆柱体和拉伸曲面

（1）绘制圆。单击功能区“曲线”选项卡“基本”面组中的“圆弧 / 圆”图标 或选择［菜单］/［插入］/［曲线］/［圆弧 / 圆］菜单命令，系统弹出“圆弧 / 圆”对话框。选择“从中心开始的圆弧 / 圆”类型，中心点坐标为（0，25，0），在“大小”选项组中设置“半径”为“25 mm”，“支持平面”选择 XC-YC 平面，“限制”选项组中设置为“整圆”，如图 2-124 所示。单击【确定】按钮，结果如图 2-125 所示。

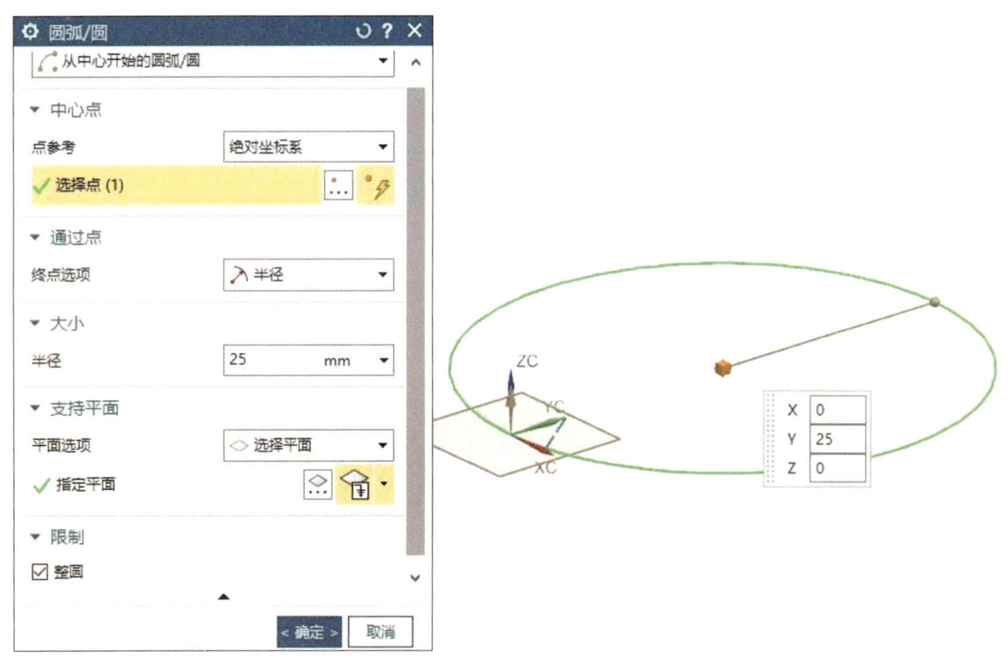

图 2-124 设置“圆弧 / 圆”对话框

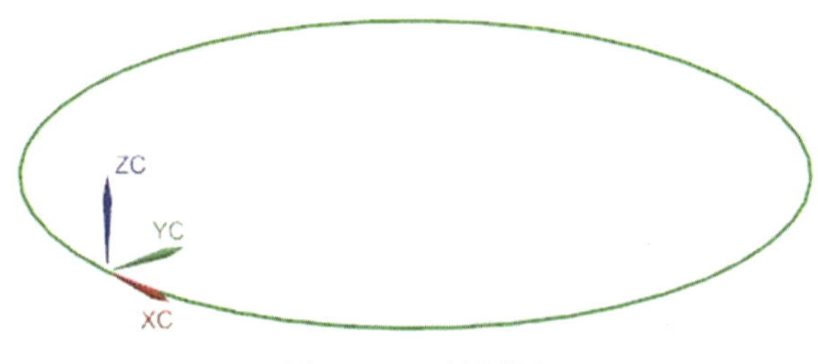

图 2-125 绘制圆

（2）绘制直线。单击功能区“曲线”选项卡“基本”面组中的“直线”图标 ⁄ 或选择［菜单］/［插入］/［曲线］/［直线］菜单命令，系统弹出“直线”对话框，输入起点坐标为（78.5，0，0），终点坐标为（–78.5，0，0），单击【确定】按钮，完成直线的绘制，如图 2–126 所示。

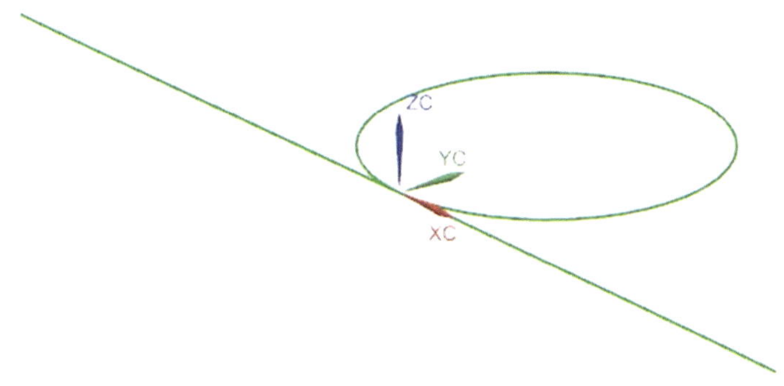

图 2–126 绘制直线

（3）拉伸圆柱。单击功能区“主页”选项卡“基本”面组中的“拉伸”图标 或选择［菜单］/［插入］/［设计特征］/［拉伸］菜单命令，系统弹出“拉伸”对话框，在“截面”选项组中选择已绘制的圆，“限制”选项组中的“宽度”选择“对称值”，“距离”设为“30 mm”，其他接受默认值，如图 2–127 所示。单击【应用】按钮，完成拉伸实体创建，如图 2–128 所示。

图 2–127 设置“拉伸”对话框

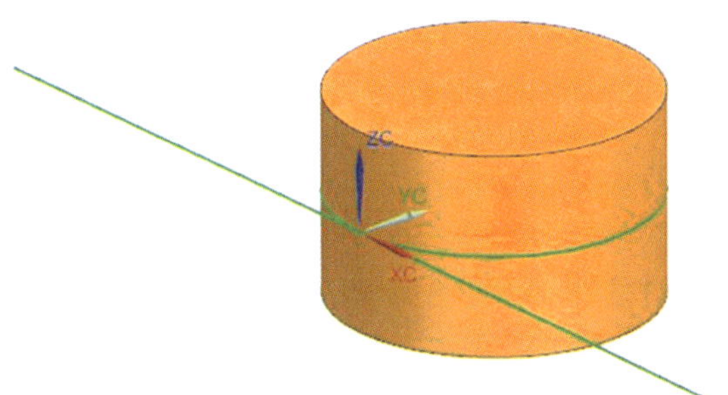

图 2–128 拉伸圆柱体

（4）拉伸曲面。在“拉伸”对话框的“截面”选项组中选择已绘制的直线，“起始”的“距离”设为“0 mm”，“终止”的“距离”设为“10 mm”，其他接受默认值，单击【确定】按钮，完成曲面拉伸，如图 2–129 所示。

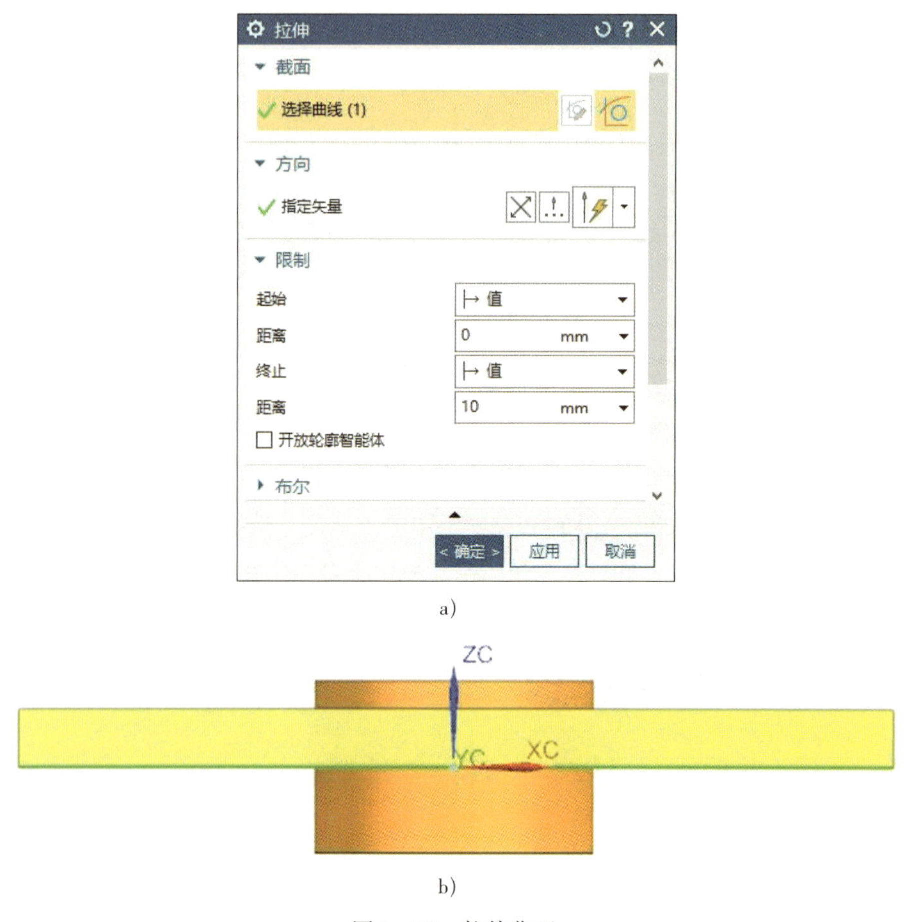

a）

b）

图 2–129　拉伸曲面

a）设置“拉伸”对话框　b）创建曲面

3. 创建文字曲面

（1）单击功能区“曲线”选项卡“基本”面组中的“文本”图标 A 或选择［菜单］/［插入］/［曲线］/［文本］菜单命令，系统弹出“文本”对话框。在“类型”栏中选择“在面上”，在“文本放置面”选项组中单击“选择面”，选择拉伸曲面，在“面上的位置”选项组中单击“选择曲线”，选择拉伸曲面的轮廓直线，在“文本属性”选项组的输入框中输入“江苏省常州技师学院”文字，在“字体”选项中选择“隶书”，在“尺寸”栏中分别设置“偏置”为“–7.5 mm”，“长度”为“155 mm”，“高度”为“15 mm”，其他接受默认值，如图 2–130 所示。单击【确定】按钮，完成文本创建，如图 2–131 所示。

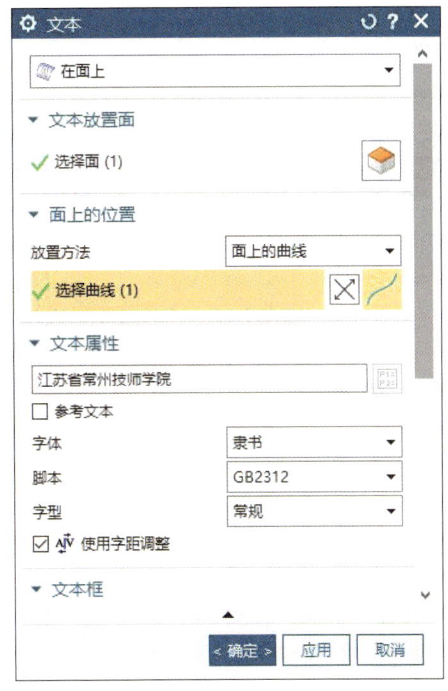

图 2–130　设置“文本”对话框

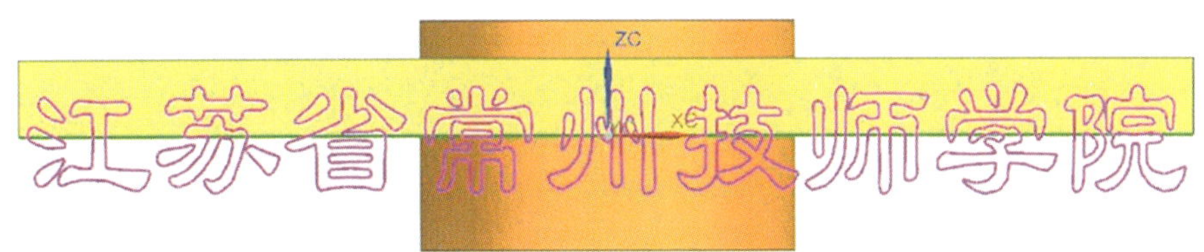

图 2–131　创建文字

（2）单击功能区“曲线”选项卡“派生”面组中“更多”下拉菜单中的“缠绕 / 展开曲线”图标 或选择［菜单］/［插入］/［派生曲线］/［缠绕 / 展开曲线］菜单命令，系统弹出“缠绕 / 展开曲线”对话框。在“类型”栏中选择“缠绕”，在“曲线或点”选项组中选择“江苏省常州技师学院”为缠绕曲线，在“面”选项组中选择圆柱面为缠绕曲面，在“平面”选项组中选择拉伸曲面作为平面，单击【确定】按钮，完成曲线缠绕，如图 2–132 所示。

（3）选中圆柱实体、拉伸实体、平面文字、圆和直线作为隐藏对象，选择［菜单］/［编辑］/［显示和隐藏］/［隐藏］菜单命令，隐藏后缠绕的效果如图 2–133 所示。

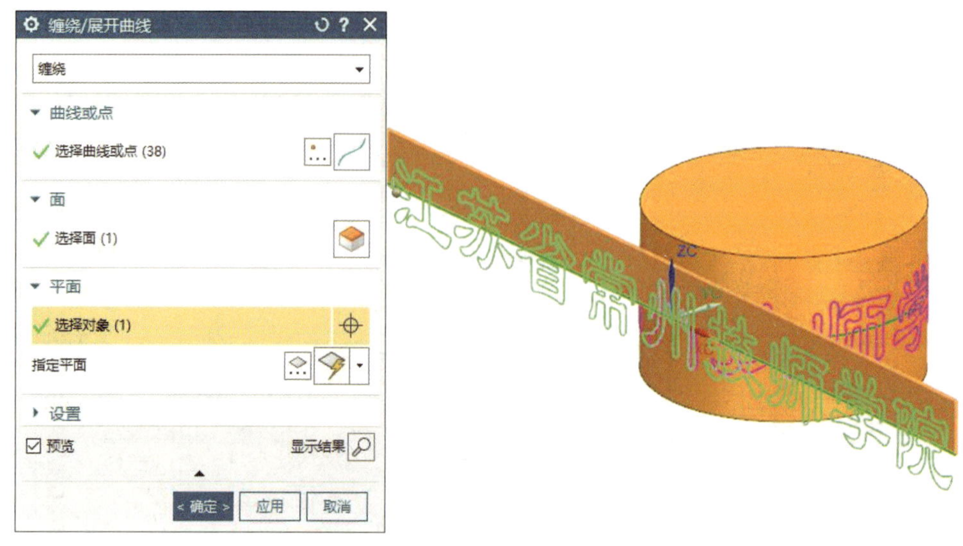

图 2-132 设置“缠绕 / 展开曲线”对话框

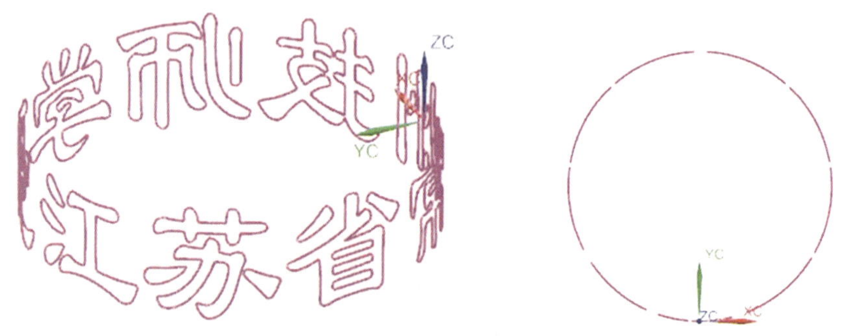

图 2-133 文字缠绕效果

任务拓展

试采用文字绘制功能建立图 2-134 所示图形。

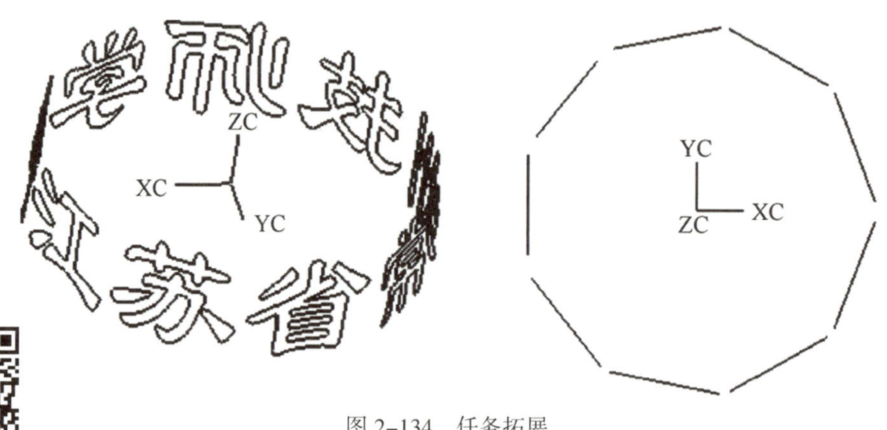

图 2-134 任务拓展

提示

建模思路：创建一个“曲线上”的文本类型，通过合理选择“文本放置曲线”和“竖直方向”等参数完成创建，如图 2-135 所示，图中数据仅供参考。

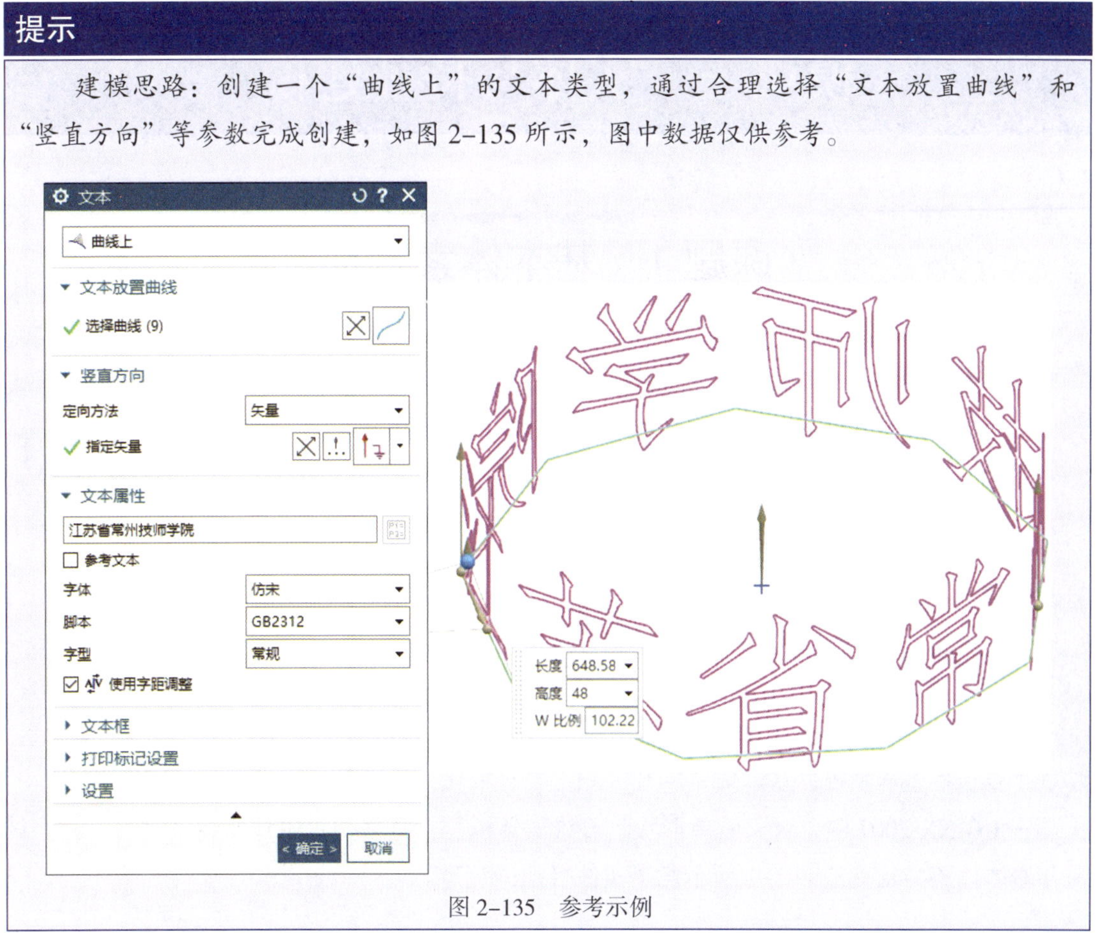

图 2-135　参考示例

模块三 实体与特征建模

课题 1 基本体素特征

学习目标

1．能应用基本体素特征完成建模。

2．能隐藏基准坐标系。

3．能进行布尔操作。

4．能对指定对象进行显示操作。

工作任务

UG NX 是以创建三维实体为主的三维图形设计软件。特征是组成三维实体的基本元素。特征主要包括基准特征、基本体素特征、扫描特征和设计特征等。

在 UG NX 2007 中，对于简单形状的三维实体模型，可采用基本体素特征进行创建。试采用基本体素特征完成图 3-1 所示色子实体模型的创建。

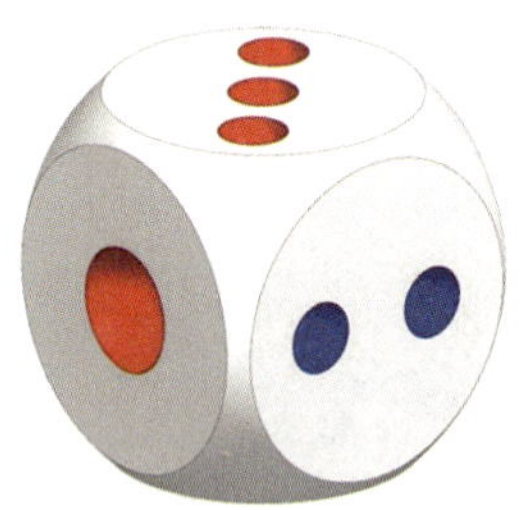

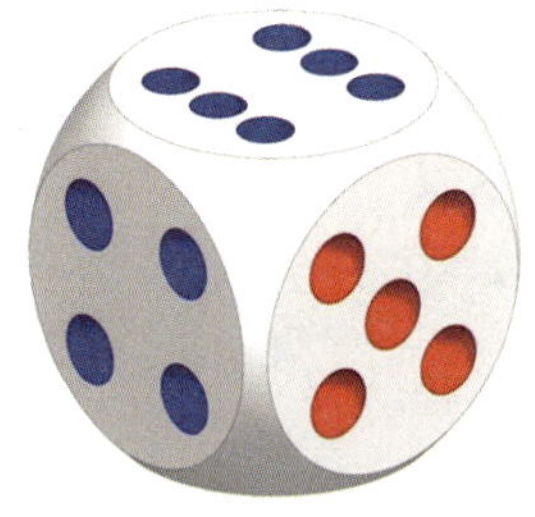

图 3-1 色子实体模型

提示

直接生成的实体一般称为基本体素特征，可用于创建简单形状的对象。基本体素特征包括长方体、圆柱体、圆锥体、球体等。基本体素特征与其他特征不存在相关性，因此，在创建模型时一般会将基本体素特征作为第一个创建的对象。

任务实施

1. 创建新文件

（1）双击快捷方式图标启动 UG NX 2007。

（2）新建名称为“色子”的部件文件。

（3）隐藏“基准坐标系”。

（4）激活 WCS（工作坐标系）。

2. 创建正方体

（1）单击功能区“主页”选项卡“基本”面组中“更多”下拉菜单中的“块”图标 或选择［菜单］/［插入］/［设计特征］/［块］菜单命令，系统弹出“块”对话框，将“尺寸”选项组中的“长度”“宽度”和“高度”3 个参数均设置为“100 mm”，其余采用默认设置，如图 3–2 所示。

（2）单击【确定】按钮，完成正方体的创建，单击“适合窗口”图标 ，图形窗口如图 3–3 所示。

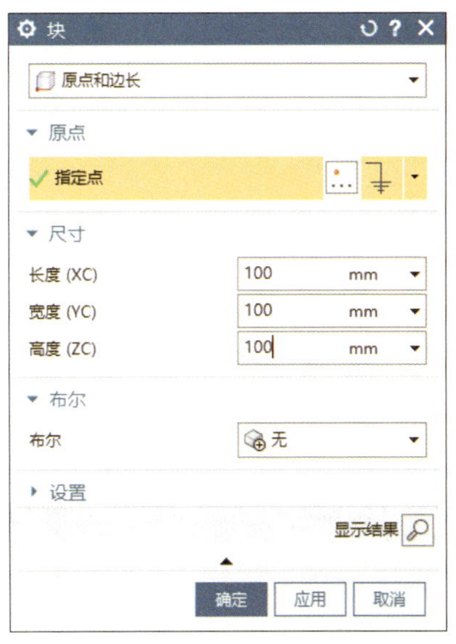

图 3–2　设置“块”对话框

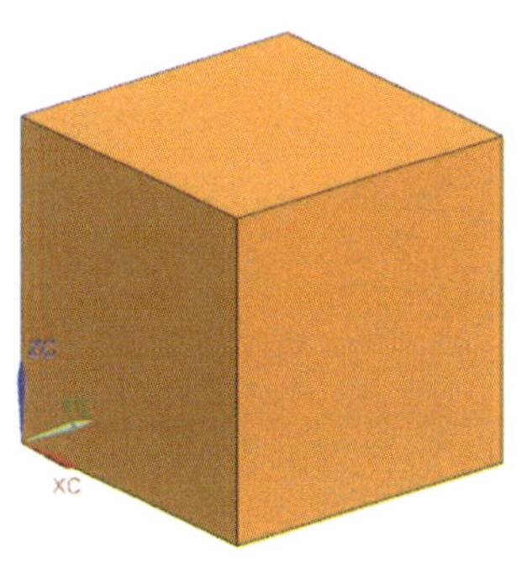

图 3–3　创建正方体

3. 创建凹坑

（1）单击功能区“主页”选项卡“基本”面组中“更多”下拉菜单中的“球”图标 或选择［菜单］/［插入］/［设计特征］/［球］菜单命令，系统弹出“球”对话框，将“维度”选项组中的“直径”设置为“35 mm”，并将“布尔”设置为“减去”，如图 3–4 所示。

（2）单击“中心点”选项组中的“点对话框”图标 ，在弹出的“点”对话框中输入坐标值（50，0，50），如图 3-5 所示。单击【确定】按钮，完成中心点坐标的输入。

图 3-4 设置“球”对话框

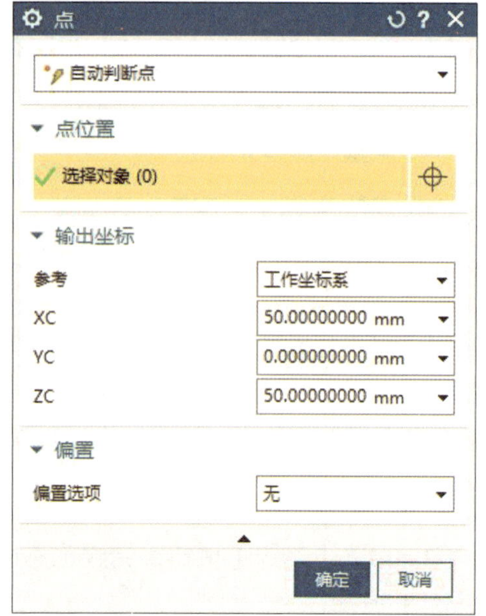

图 3-5 输入中心点坐标

（3）在“球”对话框中单击【应用】按钮，完成“一点”凹坑的创建，如图 3-6 所示。

（4）在“球”对话框中，将“直径”修改为“20 mm”，如图 3-7 所示，并在“点”对话框中先后输入中心点坐标（100，30，50）和（100，70，50），在“球”对话框中单击【应用】按钮，完成“两点”凹坑的创建，结果如图 3-8 所示。

（5）用相同方法，根据表 3-1 中的“直径”值和“球”中心点坐标值，依次完成“三点”“四点”“五点”和“六点”凹坑的创建，如图 3-9 所示。

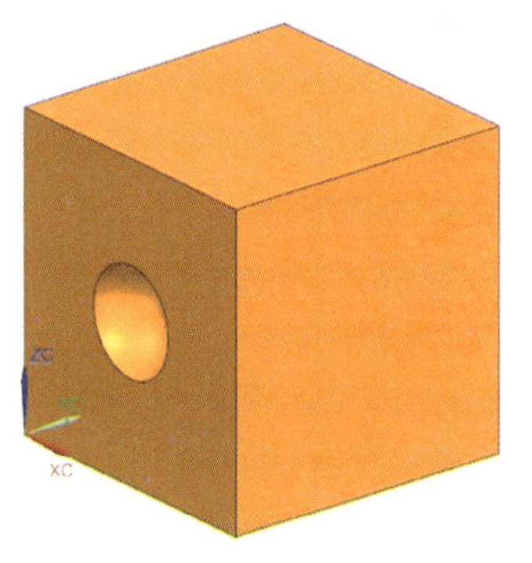

图 3-6 完成“一点”凹坑的创建

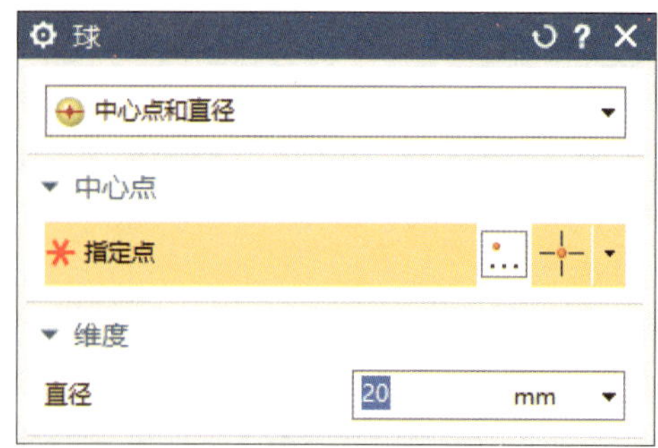

图 3-7 修改直径尺寸

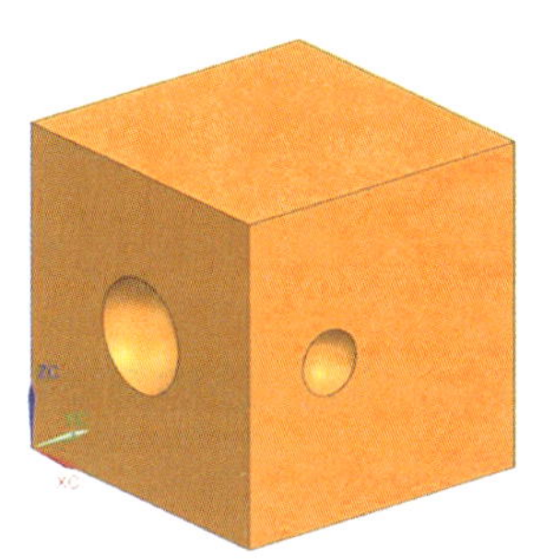
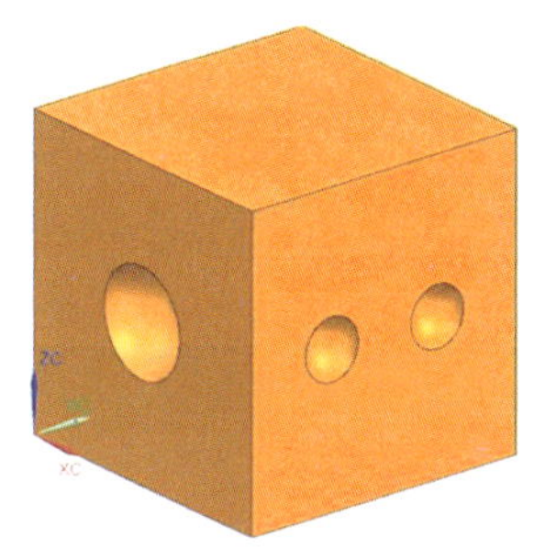

图 3-8　完成“两点”凹坑的创建

表 3-1　各凹坑球直径值和球中心点坐标值

点数		三点			四点				五点					六点					
直径 /mm		20			20				20					16					
坐标	*X*	30	50	70	0	0	0	0	30	70	30	70	50	30	30	30	70	70	70
	Y	70	50	30	30	70	30	70	100	100	100	100	100	30	50	70	30	50	70
	Z	100	100	100	30	30	70	70	30	30	70	70	50	0	0	0	0	0	0

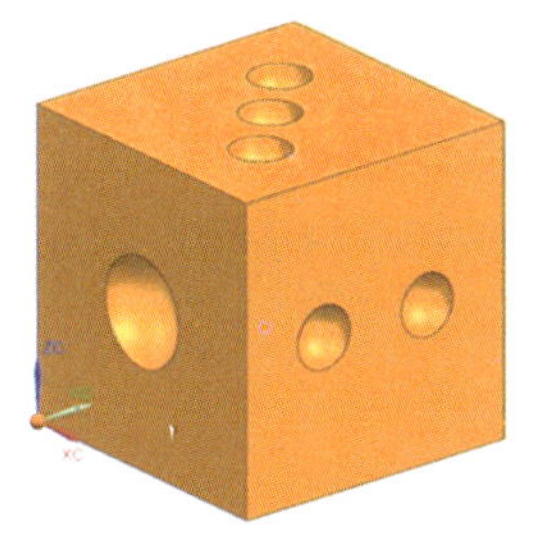

图 3-9　凹坑的创建

4. 改变模型颜色

（1）单击功能区“视图”选项卡“对象”面组中的“编辑对象显示”图标 或选择［菜单］/［编辑］/［对象显示］菜单命令，系统弹出“类选择”对话框，根据系统提示“选择要编辑的对象”，选择整个模型，如图 3-10 所示。

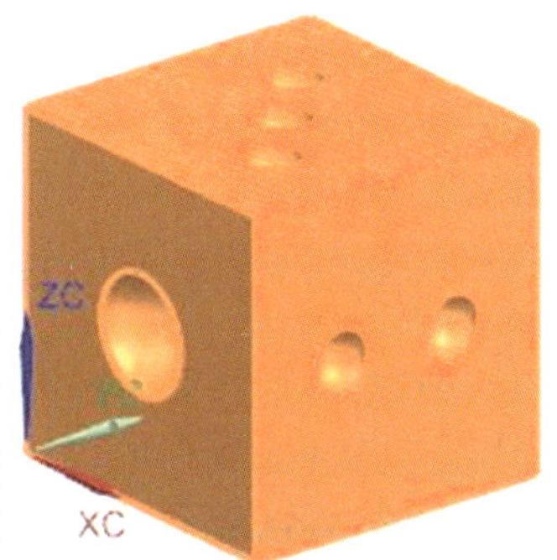

图 3-10　选择要编辑的对象

（2）单击【确定】按钮，系统弹出“编辑对象显示”对话框，如图 3–11 所示。

（3）单击对话框中的“颜色”图标，系统弹出“对象颜色”对话框，根据提示选择“白色”，如图 3–12 所示，单击【确定】按钮，系统返回“编辑对象显示”对话框。

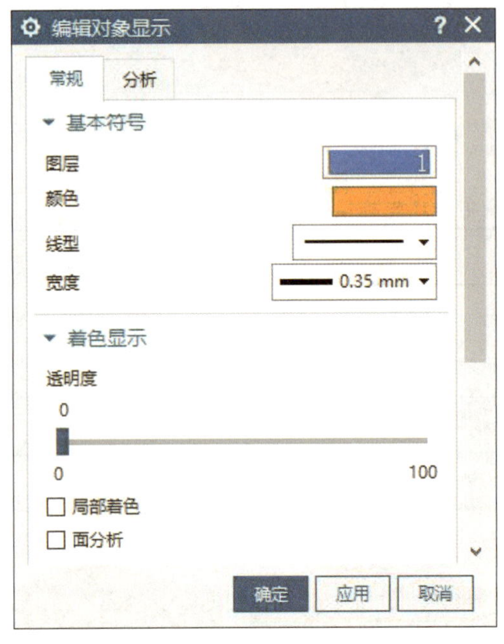

图 3–11 “编辑对象显示”对话框

图 3–12 “对象颜色”对话框

（4）单击【确定】按钮，结果如图 3–13 所示。

（5）将“类型过滤器”设置为“面”，如图 3–14 所示。

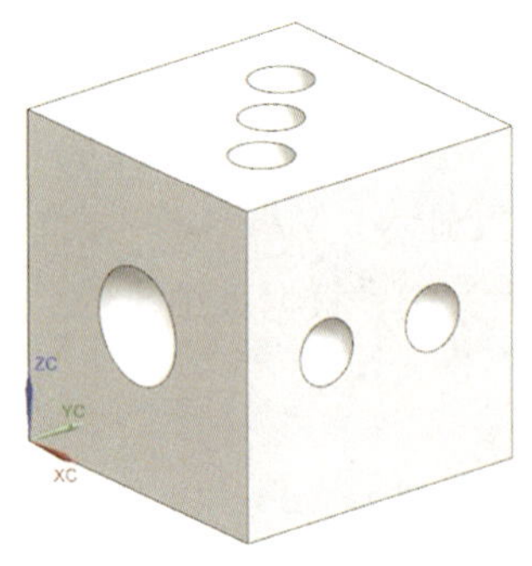

图 3–13 白色模型

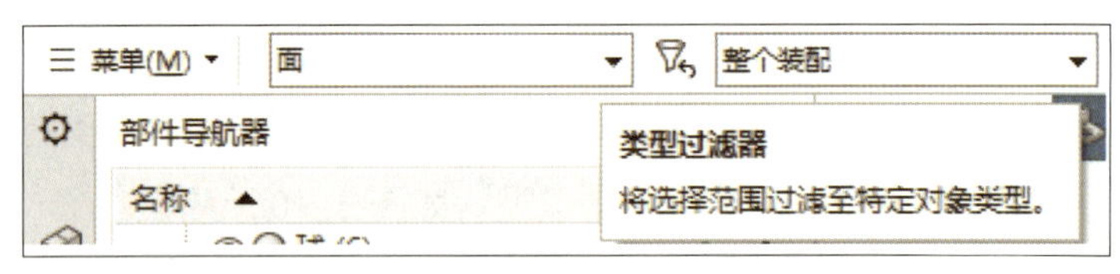

图 3–14 “类型过滤器”设置

（6）选择“一点”凹坑曲面，如图 3–15 所示。

（7）单击功能区“视图”选项卡“对象”面组中的“编辑对象显示”图标 或选择［菜单］/［编辑］/［对象显示］菜单命令，系统弹出“编辑对象显示”对话框，将“颜色”设置为“红色”，结果如图 3–16 所示。

（8）用相同方法，将“三点”“五点”凹坑曲面设置为“红色”，如图 3–17 所示。

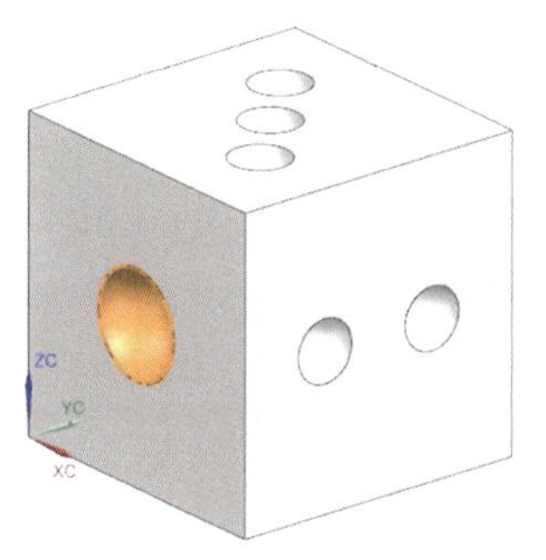

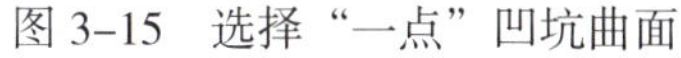

图 3-15　选择“一点”凹坑曲面

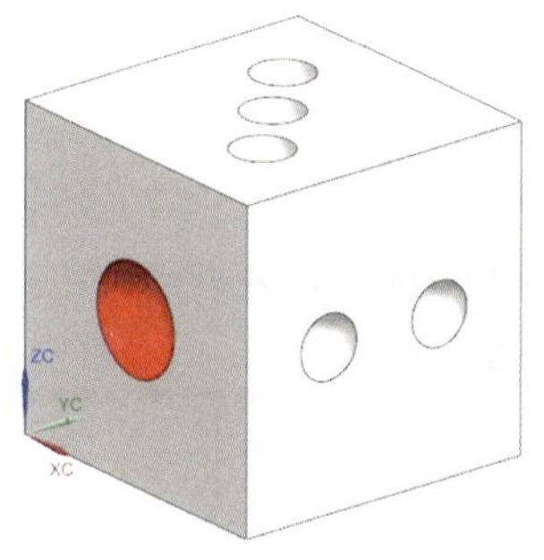

图 3-16　设置为红色

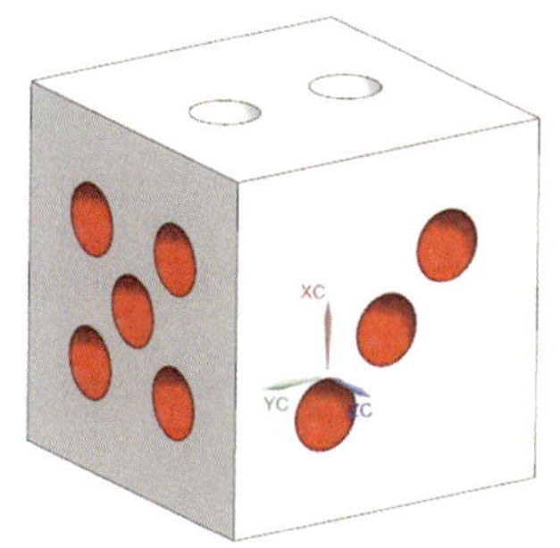

图 3-17　将“三点”“五点”凹坑曲面设置为“红色”

同样，将“两点”“四点”和“六点”凹坑曲面设置为“蓝色”，如图 3-18 所示。

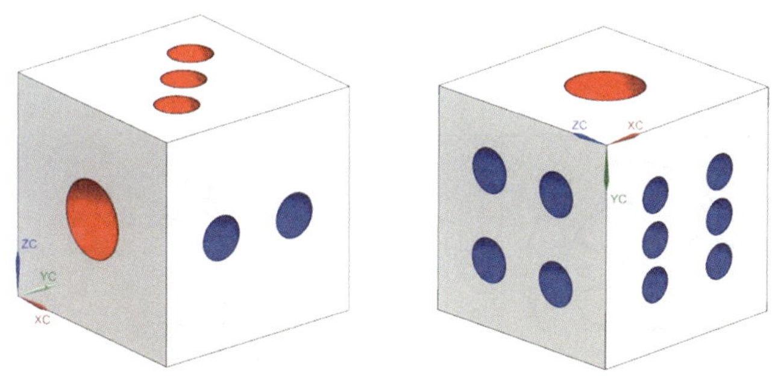

图 3-18　将“两点”“四点”和“六点”凹坑曲面设置为“蓝色”

5. 改变总体外形

（1）单击功能区“主页”选项卡“基本”面组中“更多”下拉菜单中的“球”图标 或选择［菜单］/［插入］/［设计特征］/［球］菜单命令，系统弹出“球”对话框，设置中心点坐标为（50，50，50），设置“直径”为“135 mm”，并将“布尔”设置为“相交”，如图 3-19 所示。

（2）单击【确定】按钮，结果如图 3-20 所示。

图 3-19　设置“球”对话框

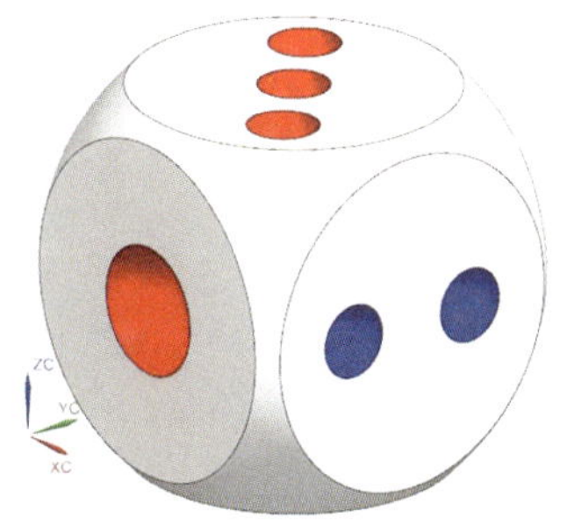

图 3-20　模型创建完成

至此，色子三维模型创建完成。

任务拓展

试用基本体素特征创建如图 3-21 和图 3-22 所示的三维实体模型。

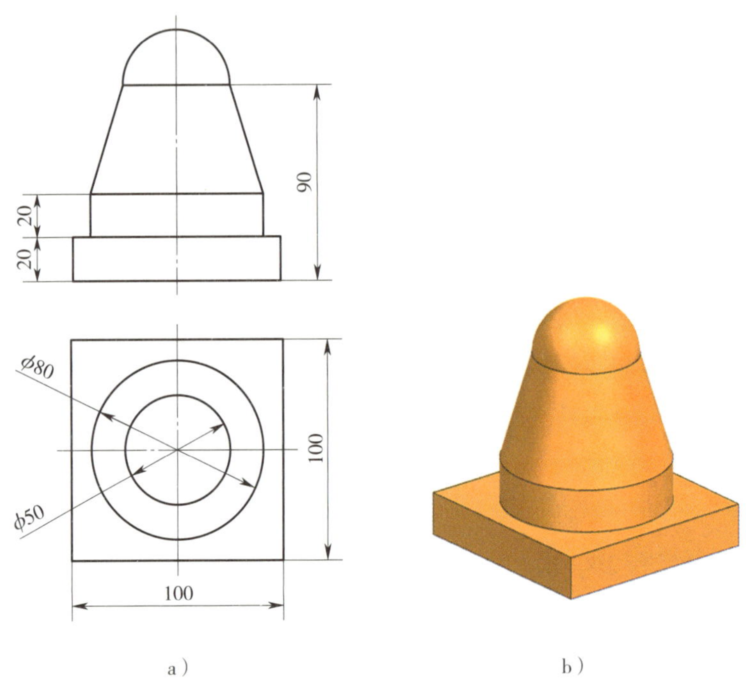

图 3-21　任务拓展一

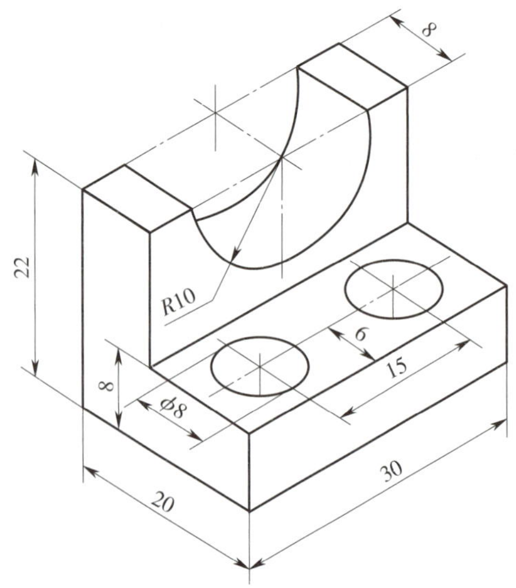

图 3-22　任务拓展二

课题 2　扫描特征建模一（拉伸）

学习目标

1．能创建拉伸建模。

2．能构建基准平面。

3．能完成边倒圆和倒斜角的创建。

工作任务

扫描特征是指将截面几何体沿导向线或一定的方向进行扫描生成特征的方法。试采用扫描特征中的拉伸方法完成图 3–23 所示模型的实体造型。

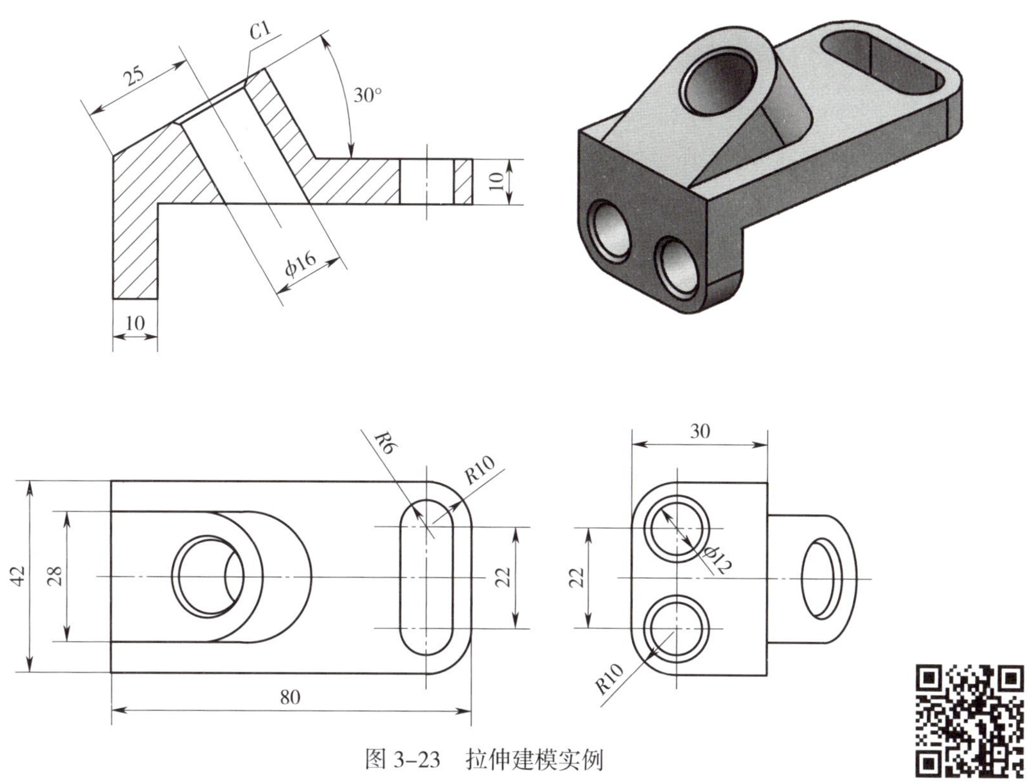

图 3–23　拉伸建模实例

提示

扫描特征包括拉伸、旋转和沿引导线扫掠等。

任务实施

1. 创建新文件

（1）双击快捷方式图标启动 UG NX 2007。

（2）新建名称为“拉伸”的部件文件。

（3）选择［菜单］/［首选项］/［草图］菜单命令，系统弹出“草图首选项”对话框。在“草图设置”选项卡中，将“尺寸标签”设置为“值”。

2. 拉伸底座

（1）单击功能区“主页”选项卡“构造”面组中的“草图”图标或选择［菜单］/［插入］/［草图］菜单命令，系统弹出“创建草图”对话框，选择 *XY* 平面为草图平面，其他参数接受系统自动选择，单击【确定】按钮，进入草图绘制环境。

（2）单击功能区“主页”选项卡“曲线”面组中的“矩形”图标或选择［菜单］/［插入］/［曲线］/［矩形］菜单命令，绘制如图 3-24 所示的矩形。

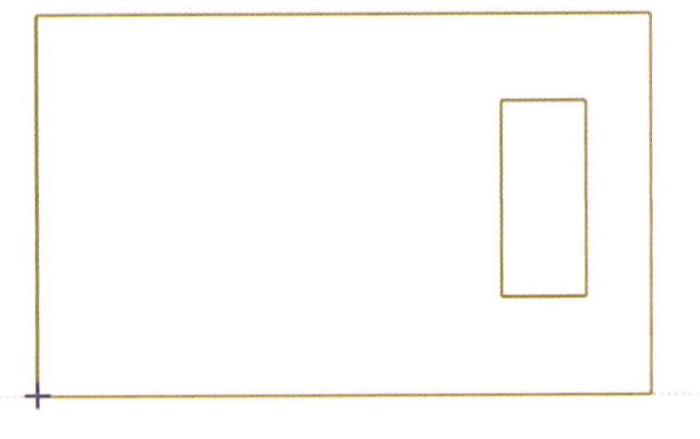

图 3-24　绘制矩形

（3）单击功能区“主页”选项卡“求解”面组中的“快速尺寸”图标或选择［菜单］/［插入］/［尺寸］/［快速］菜单命令，对矩形进行尺寸约束，如图 3-25 所示。

（4）隐藏约束尺寸。

（5）单击功能区“主页”选项卡“曲线”面组中的“圆”图标或选择［菜单］/［插入］/［曲线］/［圆］菜单命令，绘制两个 *R*6 mm 的圆，如图 3-26 所示。

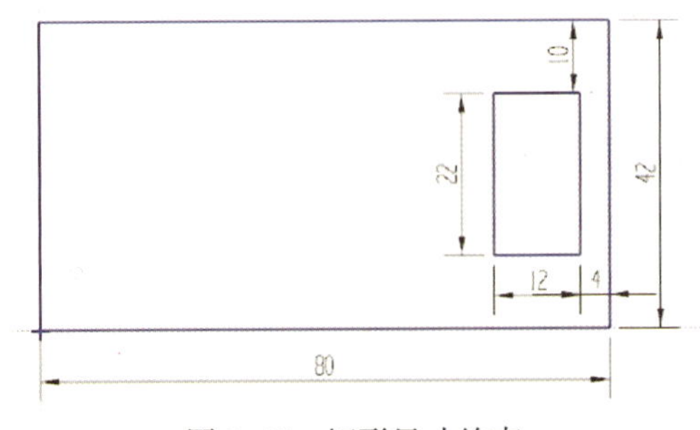

图 3-25　矩形尺寸约束

图 3-26　绘制两个 *R*6 mm 的圆

（6）单击功能区“主页”选项卡“编辑”面组中的“修剪”图标 或选择［菜单］/［编辑］/［曲线］/［修剪］菜单命令，修剪多余曲线，如图 3-27 所示。

图 3-27　修剪曲线

（7）单击功能区“主页”选项卡“草图”面组中的“完成”图标 ，结束草图绘制，结果如图 3-28 所示。

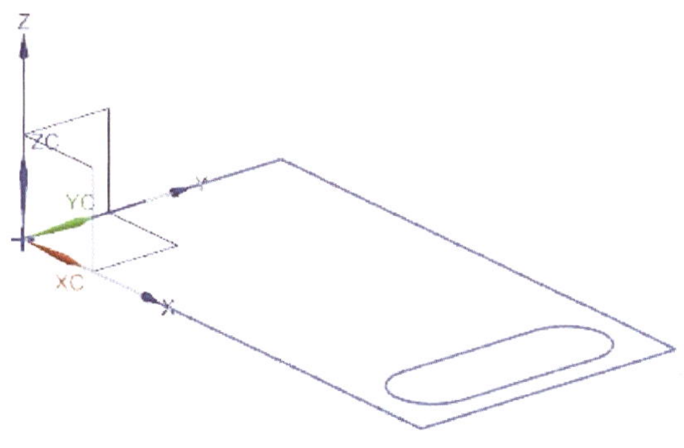

图 3-28　完成草图绘制

（8）单击功能区“主页”选项卡“基本”面组中的“拉伸”图标 或选择［菜单］/［插入］/［设计特征］/［拉伸］菜单命令，系统弹出“拉伸”对话框，将“曲线规则”设置为“特征曲线”，选择草图曲线为截面，方向默认，并将“起始”的“距离”设置为“0 mm”，“终止”的“距离”设置为“10 mm”，如图 3-29 所示。

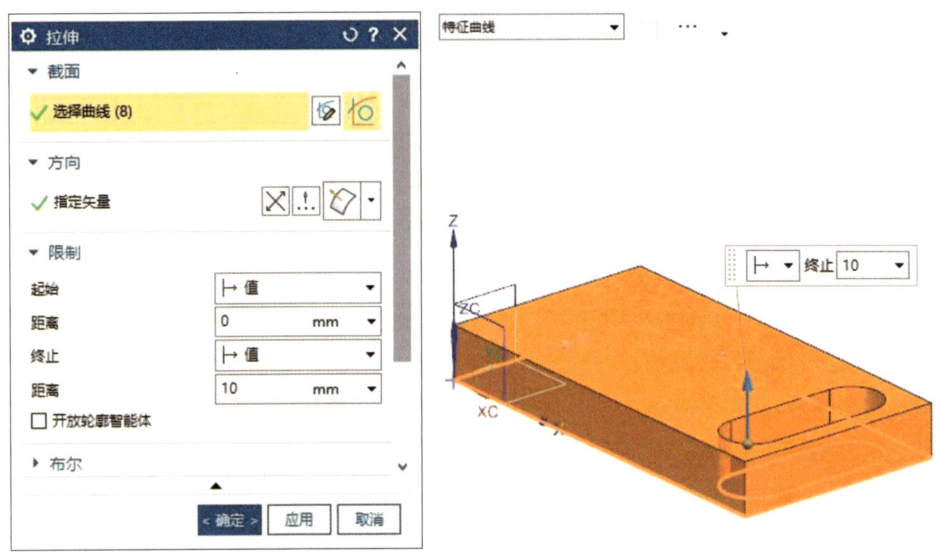

图 3–29　设置“拉伸”对话框

提示

创建拉伸特征时，应根据“拉伸”对话框，在图形区域选择要拉伸的曲线，输入有关数据，并作相应设置，系统自动生成拉伸预览。“拉伸”对话框中主要选项的含义见表 3–2。

表 3–2　“拉伸”对话框中主要选项的含义

选项	含　义
截面	定义截面几何图形
方向	定义生成拉伸特征的方向
限制	包括是否对称拉伸、起始和结束值的定义。在“起始”或者“终止”下拉列表框中，可以定义起始或终止拉伸方式为“值”“对称值”“直至下一个”“直至选定对象”“直至延伸部分”“偏离所选项”以及“贯通”，终止比起始还多了一个拉伸方式“距离起点值限制”。当选择起始或者终止类型为数值型时，需要输入起始或者终止的值，单位为 mm
布尔	选择拉伸操作的运算方法，包括“无”“合并”“减去”“相交”运算
拔模	用于设置类型与角度，其中“类型”下拉列表框包括“从起始限制”“从截面”“从截面 – 不对称角”“从截面 – 对称角”和“从截面匹配的终止处”
偏置	包括起始和结束偏置值的设置，以及偏置方式设置。其中，偏置方式包括“单侧”“对称”和“两侧”
设置	包括“实体”和“片体”两种体类型

（9）单击【确定】按钮，完成底座上部的拉伸，如图 3–30 所示。

（10）单击上边框条“视图”组中的“旋转”图标 或选择［菜单］/［视图］/［操作］/［旋转］菜单命令，将底座上部旋转到图 3–31 所示的位置。单击鼠标滚轮，取消旋转功能。

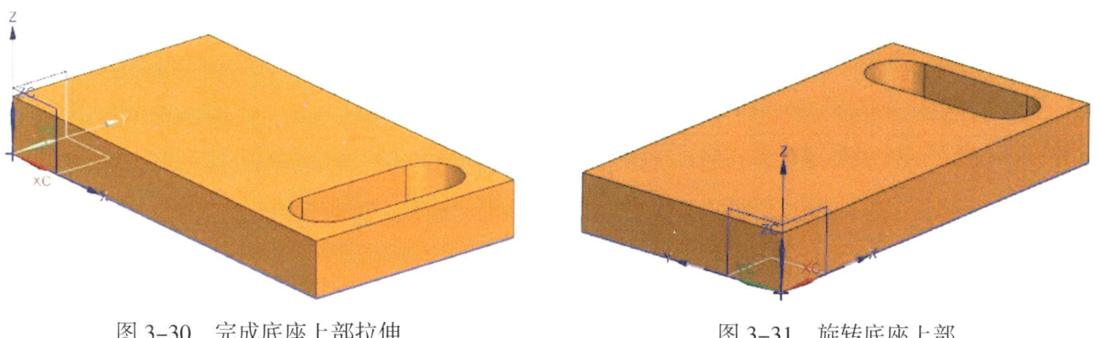
图 3-30　完成底座上部拉伸　　图 3-31　旋转底座上部

（11）单击功能区“主页”选项卡“构造”面组中的“草图”图标 或选择［菜单］/［插入］/［草图］菜单命令，系统弹出“创建草图”对话框，选择底座左侧面为草图平面，如图 3-32 所示，其他参数接受系统自动选择，单击【确定】按钮，进入草图绘制环境。

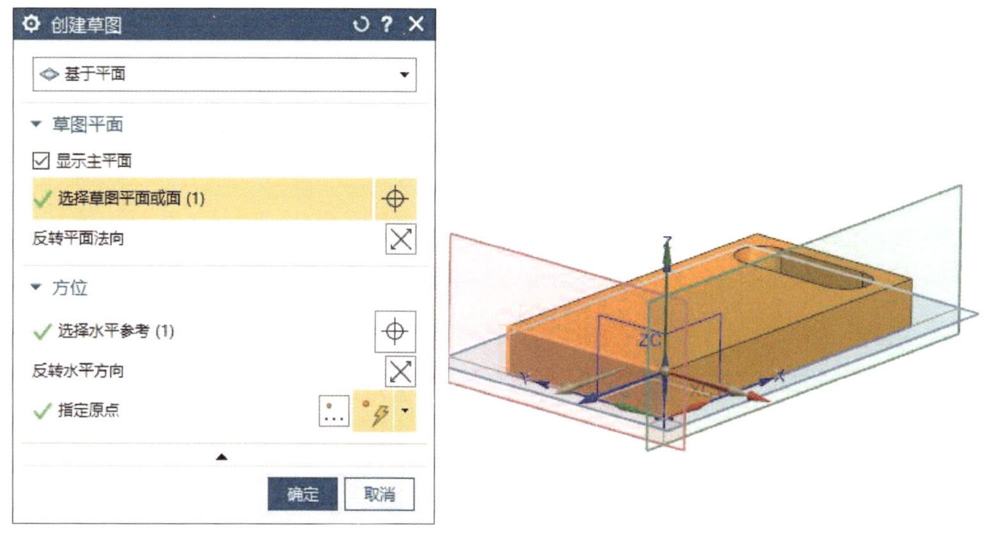

图 3-32　进入草图绘制环境

（12）单击功能区“主页”选项卡“曲线”面组中的“矩形”图标 或选择［菜单］/［插入］/［曲线］/［矩形］菜单命令，绘制如图 3-33 所示的矩形。

（13）单击功能区“主页”选项卡“求解”面组中的“快速尺寸”图标 或选择［菜单］/［插入］/［尺寸］/［快速］菜单命令，对矩形进行尺寸约束，如图 3-34 所示。

（14）隐藏约束尺寸。

（15）单击功能区“主页”选项卡“曲线”面组中的“圆”图标 或选择［菜单］/［插入］/［曲线］/［圆］菜单命令，绘制两个圆，如图 3-35 所示。

（16）单击功能区“主页”选项卡“求解”面组中的“快速尺寸”图标 或选择［菜单］/［插入］/［尺寸］/［快速］菜单命令，对圆进行尺寸约束，如图 3-36 所示。

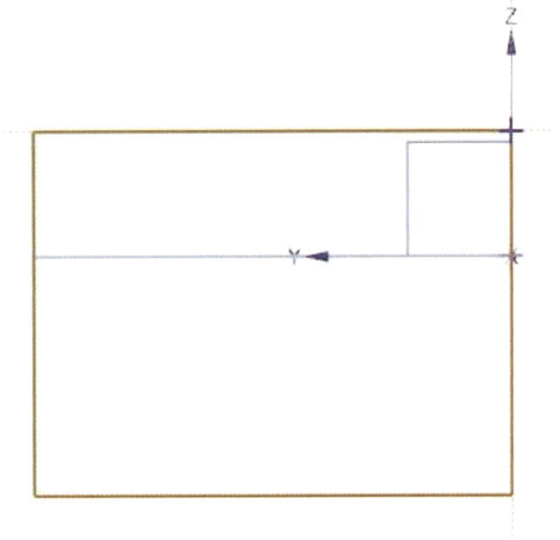

图 3-33　绘制矩形

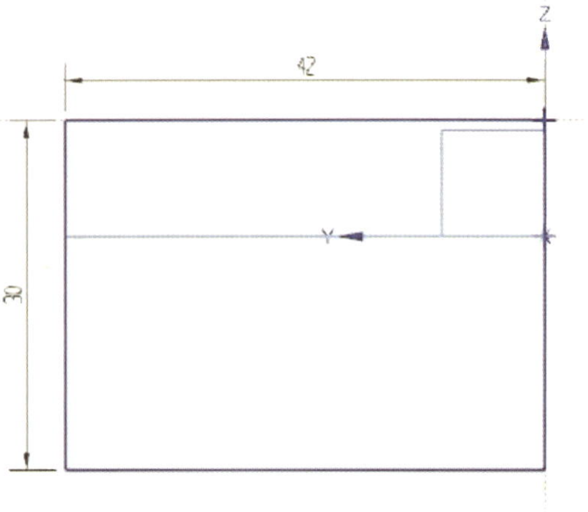

图 3-34　矩形尺寸约束

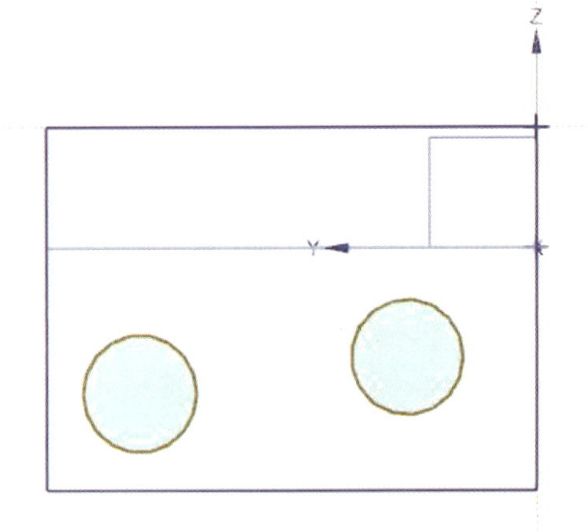

图 3-35　绘制两个圆

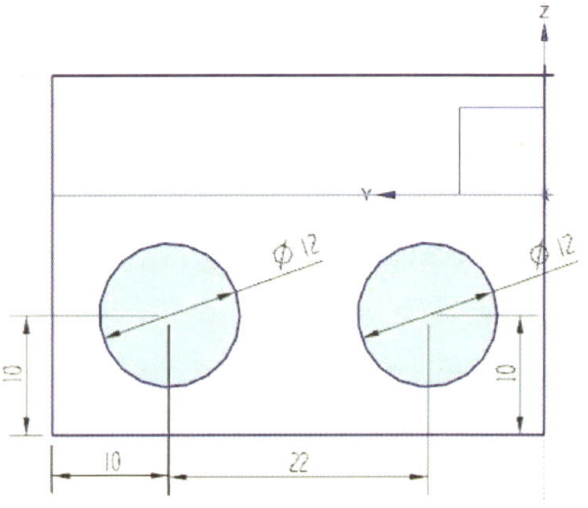

图 3-36　圆尺寸约束

（17）单击功能区“主页”选项卡“草图”面组中的“完成”图标 ，结束草图绘制，结果如图 3-37 所示。

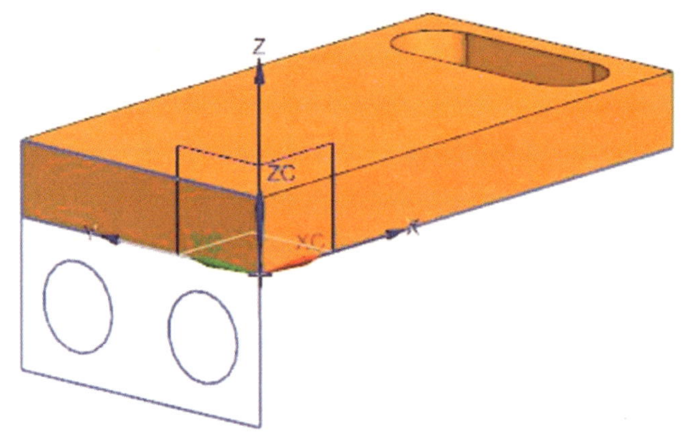

图 3-37　完成草图绘制

（18）单击功能区“主页”选项卡“基本”面组中的“拉伸”图标 或选择［菜单］/［插入］/［设计特征］/［拉伸］菜单命令，系统弹出“拉伸”对话框，将“曲线规则”设置为“特征曲线”，选择草图曲线为截面，方向沿 X 轴正方向，并将“起始”的“距离”设置为“0 mm”，“终止”的“距离”设置为“10 mm”，“布尔”设置为“合并”，如图 3–38 所示。

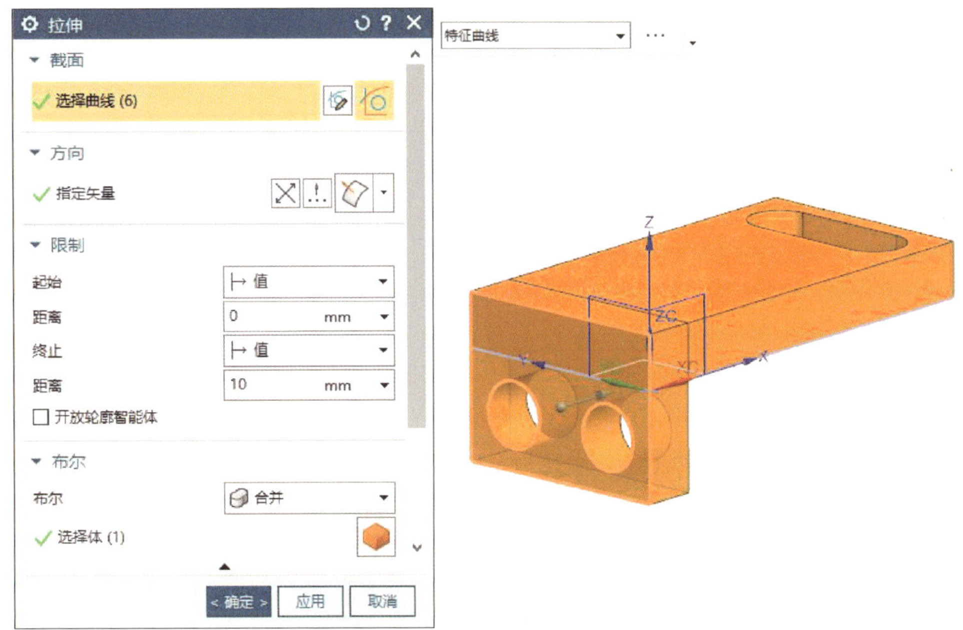

图 3–38　设置“拉伸”对话框

（19）单击【确定】按钮，完成底座左侧实体的拉伸，如图 3–39 所示。

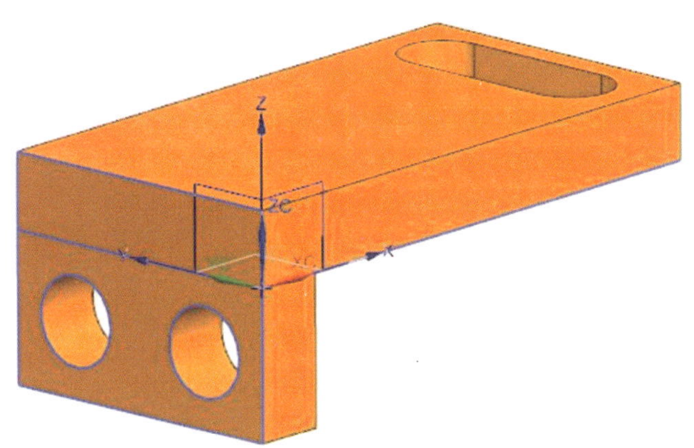

图 3–39　完成底座左侧实体拉伸

3. 创建基准平面

（1）单击功能区“主页”选项卡“构造”面组中的“基准平面”图标 或选择［菜单］/［插入］/［基准］/［基准平面］菜单命令，系统弹出“基准平面”对话框，如图 3–40 所示。

图 3-40 “基准平面”对话框

（2）设置基准平面的类型为“成一角度”，“平面参考”选择底座实体上表面，如图 3-41 所示。

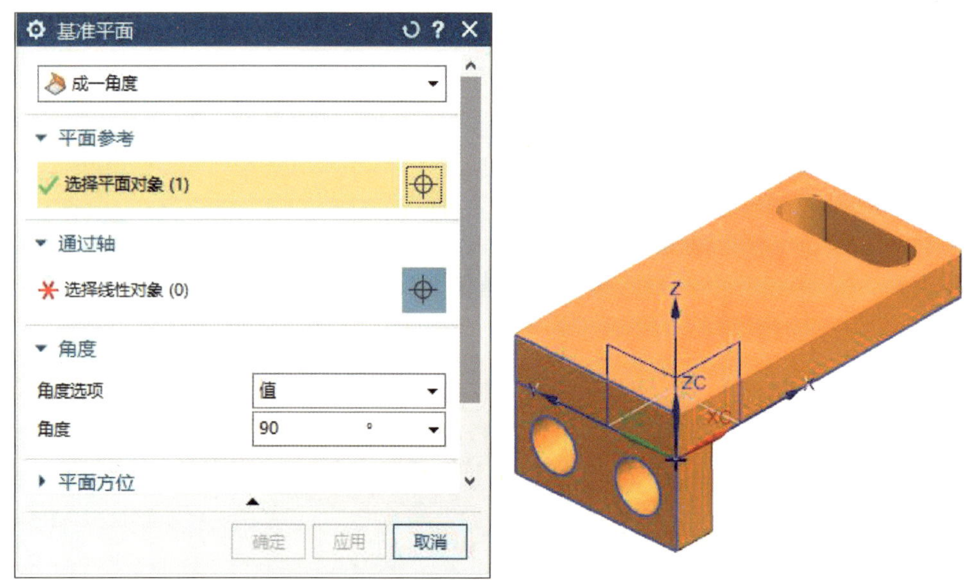

图 3-41 设置创建基准平面方法和选择参考平面

（3）“通过轴”选择上表面左端直线，设置“角度”为“30°”，如图 3-42 所示。

（4）单击【确定】按钮，完成基准平面的创建，如图 3-43 所示。

4. 拉伸倾斜凸台

（1）选择上一步骤中创建的基准平面。

（2）单击功能区“主页”选项卡“构造”面组中的“草图”图标，系统弹出“创建草图”对话框，单击【确定】按钮，进入草图绘制环境，如图 3-44 所示。

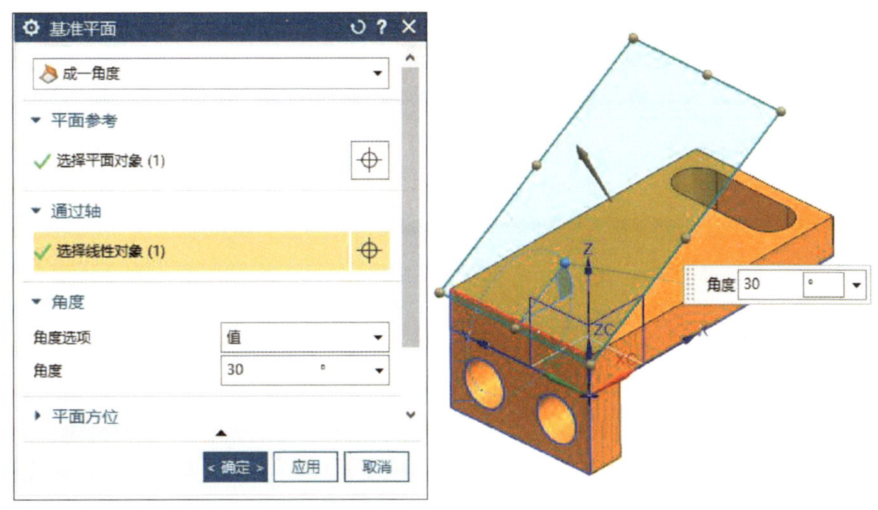

图 3-42 设置“通过轴”和“角度”

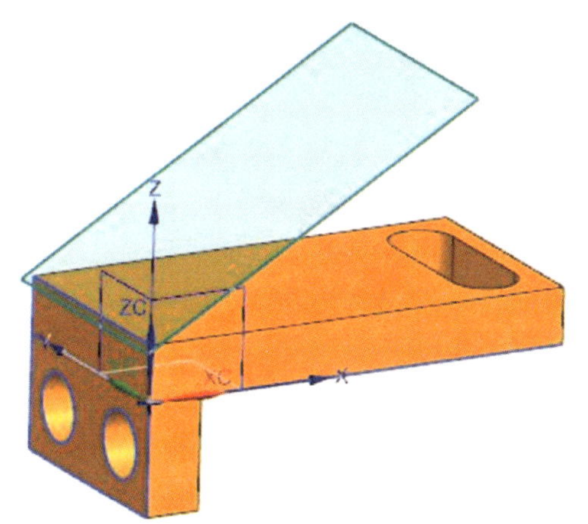

图 3-43 创建基准平面

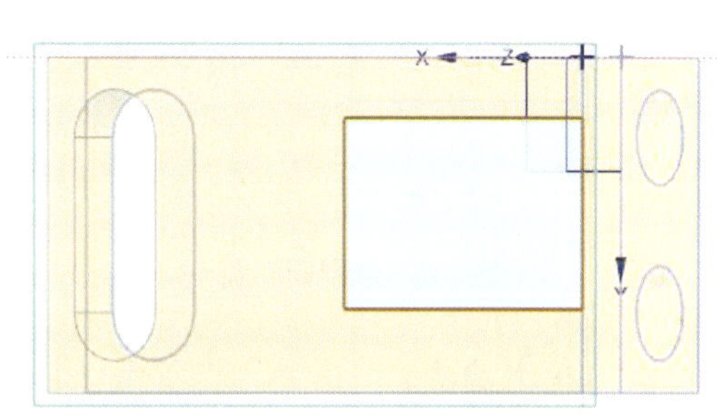

图 3-44 进入草图绘制环境

（3）单击功能区“主页”选项卡“曲线”面组中的“矩形”图标 ▭ 或选择［菜单］/［插入］/［曲线］/［矩形］菜单命令，绘制图 3-45 所示的矩形。

（4）单击功能区“主页”选项卡“求解”面组中的“快速尺寸”图标 或选择［菜单］/［插入］/［尺寸］/［快速］菜单命令，对矩形进行尺寸约束，如图 3-46 所示。

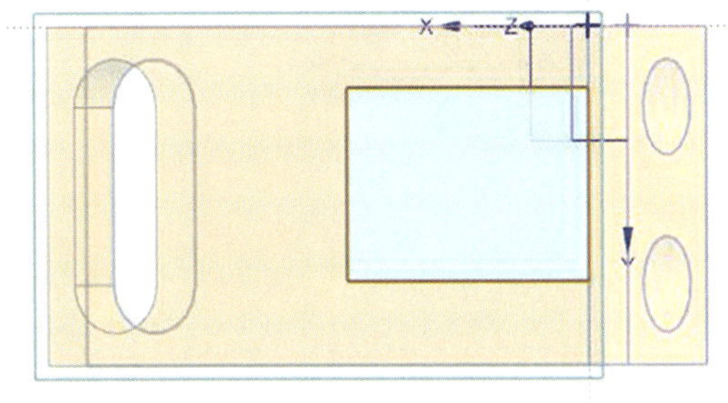

图 3-45 绘制矩形

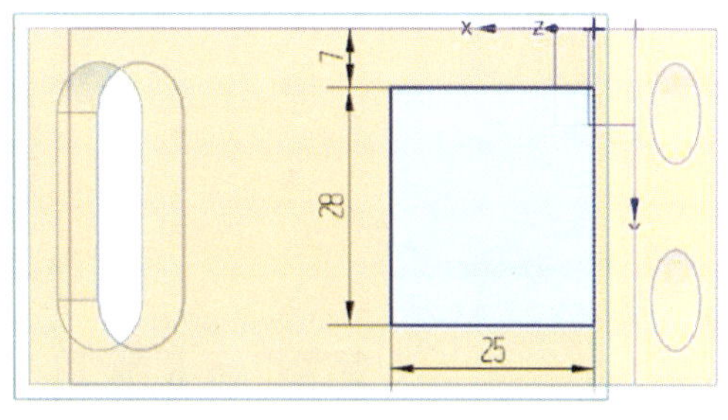

图 3-46 矩形尺寸约束

提示

必要时，矩形右边与底座边可作“共线”几何约束。

（5）隐藏约束尺寸。

（6）单击功能区“主页”选项卡“曲线”面组中的“圆”图标 或选择［菜单］/［插入］/［曲线］/［圆］菜单命令，绘制同心圆，并进行尺寸约束，隐藏尺寸后如图 3–47 所示。

（7）单击功能区“主页”选项卡“草图”面组中的“完成”图标 ，结束草图绘制，结果如图 3–48 所示。

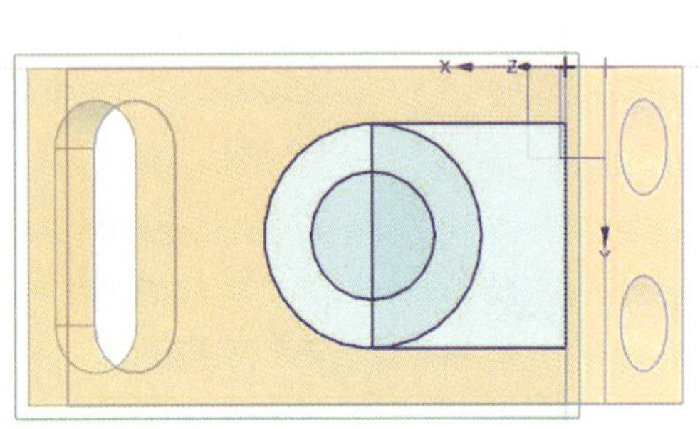

图 3–47　绘制同心圆

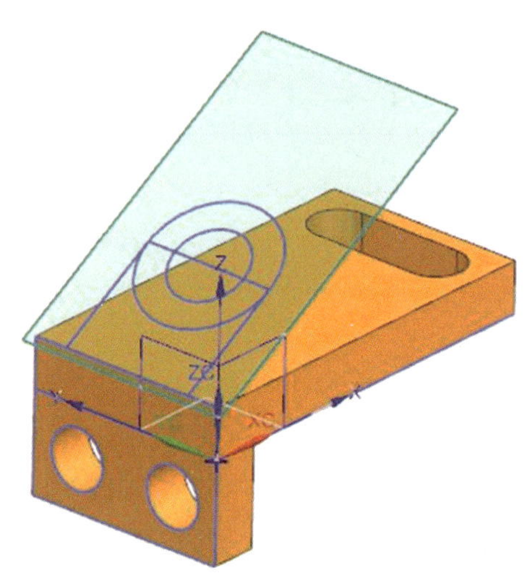

图 3–48　草图创建完成

（8）单击功能区“主页”选项卡“基本”面组中的“拉伸”图标 或选择［菜单］/［插入］/［设计特征］/［拉伸］菜单命令，系统弹出“拉伸”对话框，将“曲线规则”设置为“单条曲线”，激活“在相交处停止”指令，选择草图曲线外边框为截面，如图 3–49 所示。

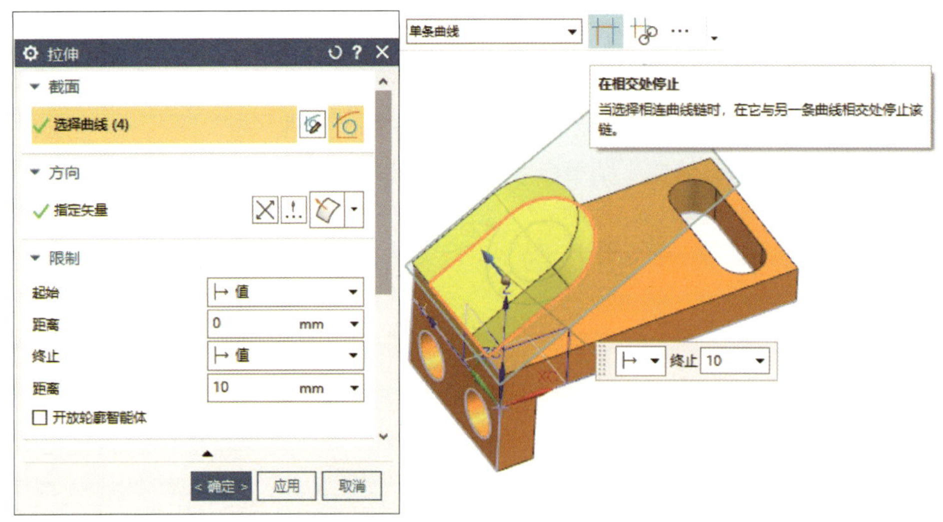

图 3–49　选择截面

（9）单击“反向”图标 ⊠ ，改变拉伸方向，设置“限制”选项组中的“终止”为“直至下一个”，设置“布尔”为“合并”，如图 3-50 所示。

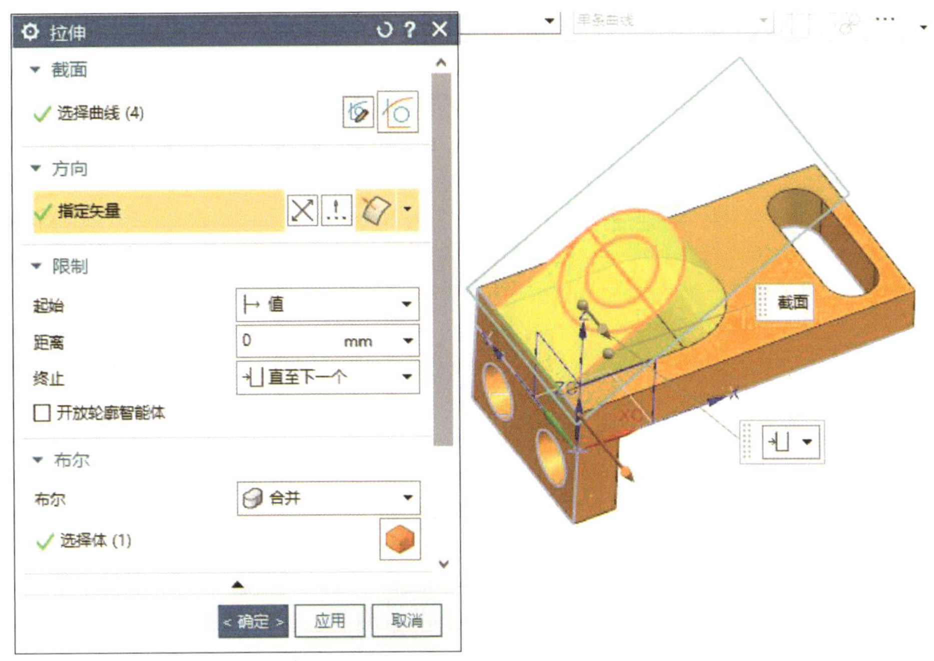

图 3-50　设置方向和距离

（10）单击【应用】按钮，并隐藏基准平面，结果如图 3-51 所示。

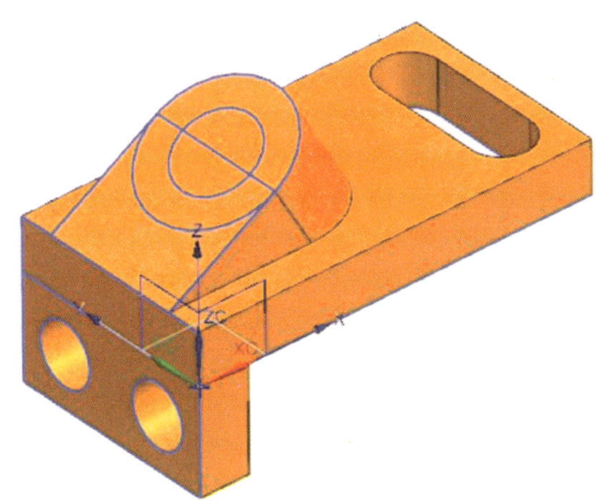

图 3-51　拉伸倾斜凸台

（11）将“曲线规则”设置为“单条曲线”，在“拉伸”对话框中，选择 ϕ16 mm 的圆形为截面，单击“反向”图标 ⊠ ，改变拉伸方向，设置“限制”选项组中的“终止”为“贯通”，设置“布尔”为“减去”，如图 3-52 所示。

（12）单击【确定】按钮，并隐藏所有草图和基准坐标系，结果如图 3-53 所示。

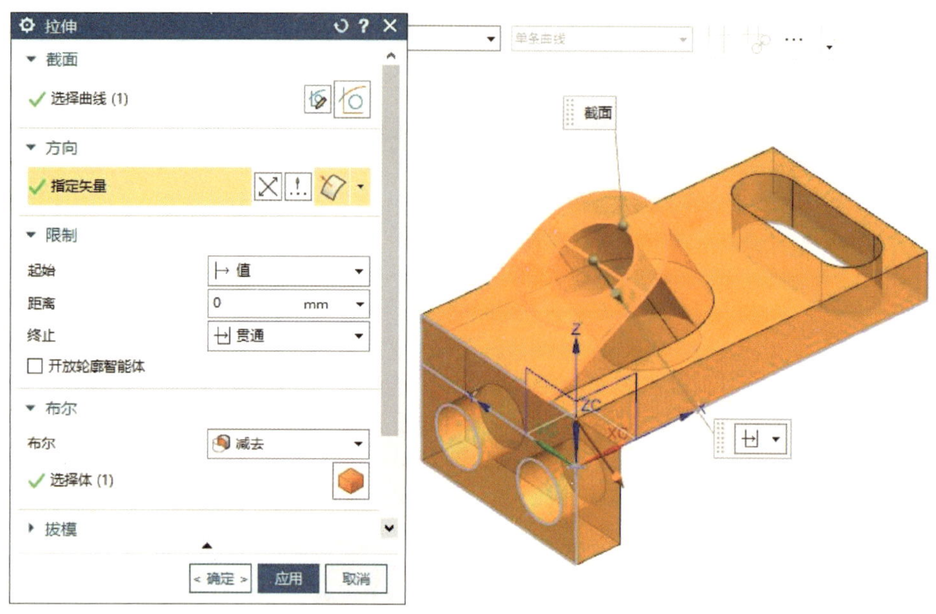

图 3-52　设置“拉伸”对话框

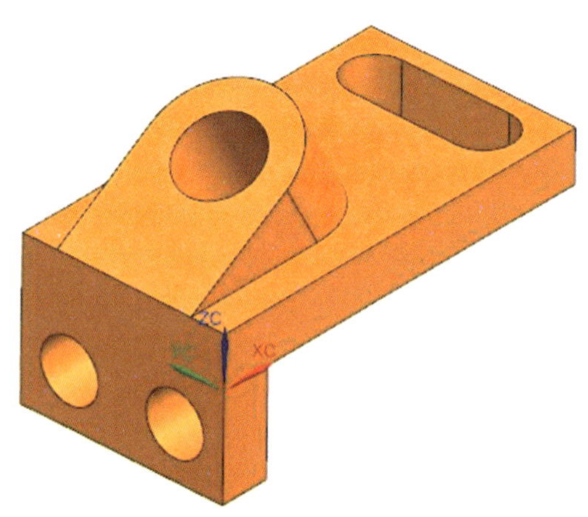

图 3-53　拉伸凸台孔

5. 边倒圆

（1）单击功能区“主页”选项卡“基本”面组中的“边倒圆”图标 或选择［菜单］/［插入］/［细节特征］/［边倒圆］菜单命令，系统弹出“边倒圆”对话框，根据提示选择需要进行倒圆的四条边，并将边倒圆半径设置为“10 mm”，如图 3-54 所示。

提示

为方便选择四条边，可将模型旋转至合适角度。

（2）单击【确定】按钮，结果如图 3-55 所示。

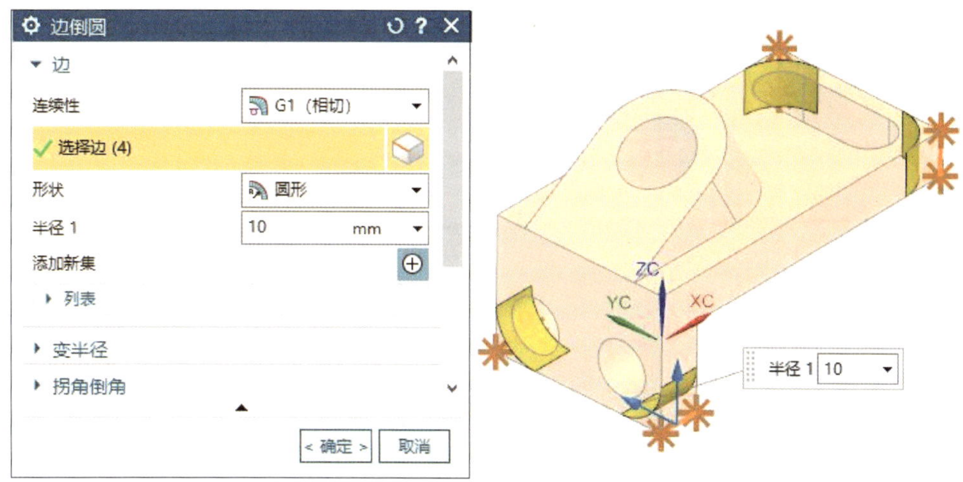

图 3–54　设置“边倒圆”对话框

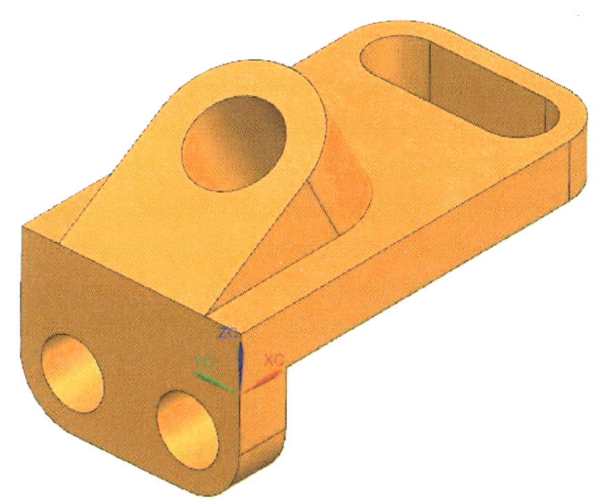

图 3–55　边倒圆完成

6. 倒斜角

（1）单击功能区“主页”选项卡“基本”面组中的“倒斜角”图标 或选择［菜单］/［插入］/［细节特征］/［倒斜角］菜单命令，系统弹出“倒斜角”对话框，根据提示选择需要进行倒斜角操作的三条圆边，并设置“横截面”为“对称”，设置“距离”为“1 mm”，如图 3–56 所示。

（2）单击【确定】按钮，结果如图 3–57 所示。

至此，造型工作全部完成。

任务拓展

试用拉伸特征创建图 3–58 至图 3–60 所示的三维实体模型。

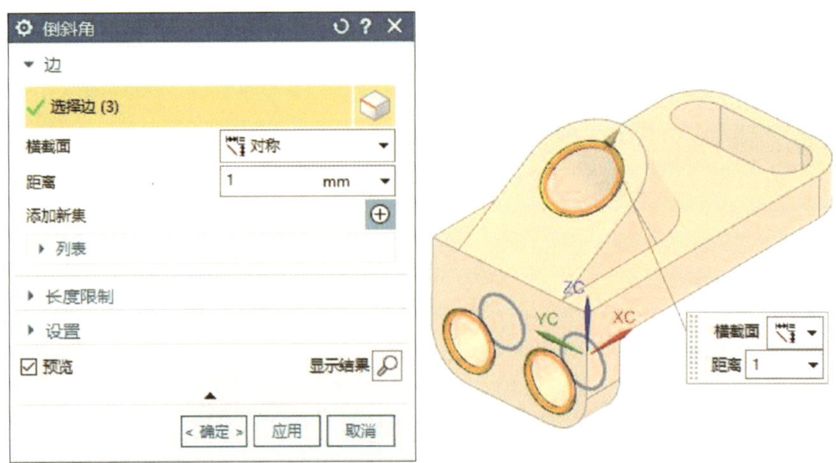

图 3-56　设置“倒斜角”对话框

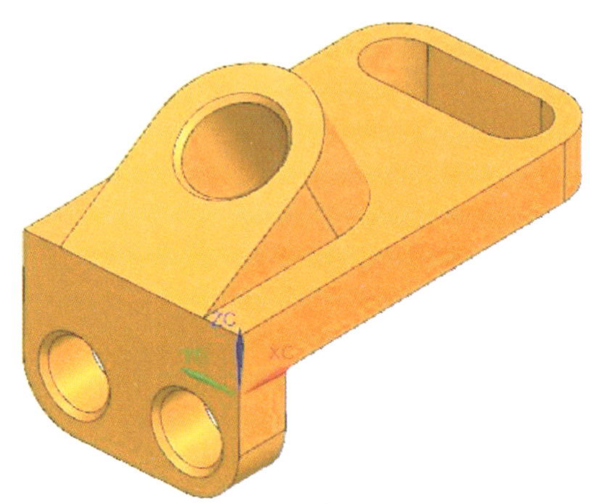

图 3-57　实体创建完成

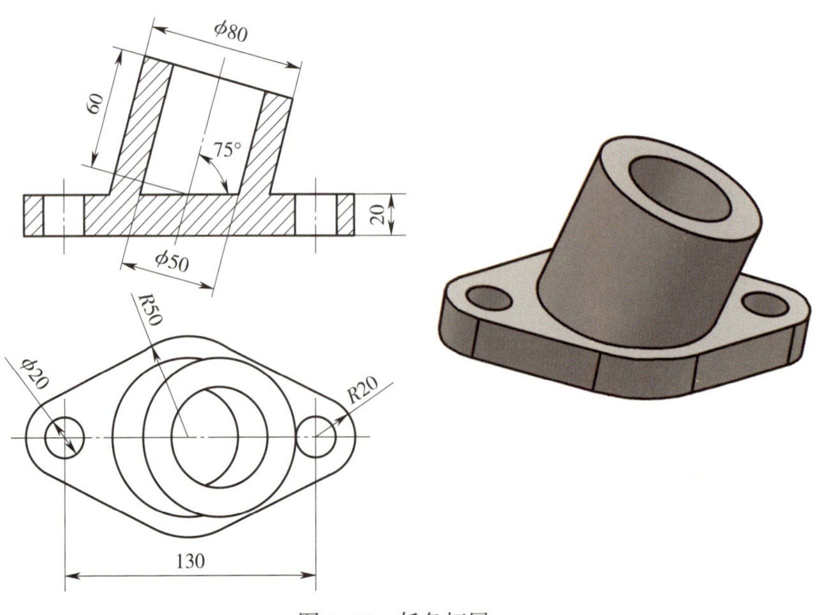

图 3-58　任务拓展一

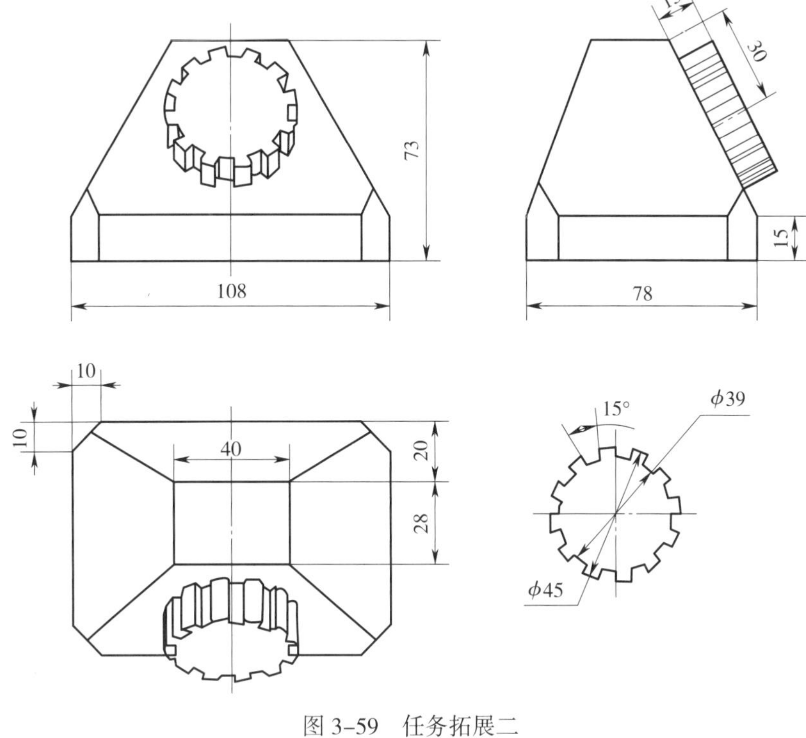

图 3-59　任务拓展二

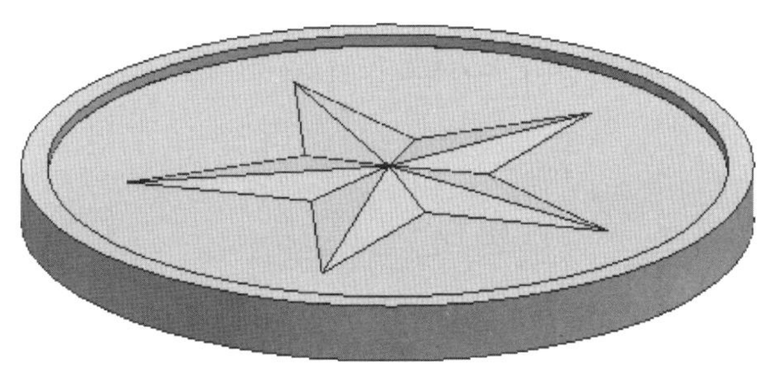

图 3-60　任务拓展三（尺寸自定）

课题 3　扫描特征建模二（旋转）

学习目标

1．能应用旋转建模创建三维实体。

2．能灵活使用曲线规则。

3．能完成抽壳的操作。

工作任务

试用旋转等建模方法完成图 3-61 所示模型的实体建模。

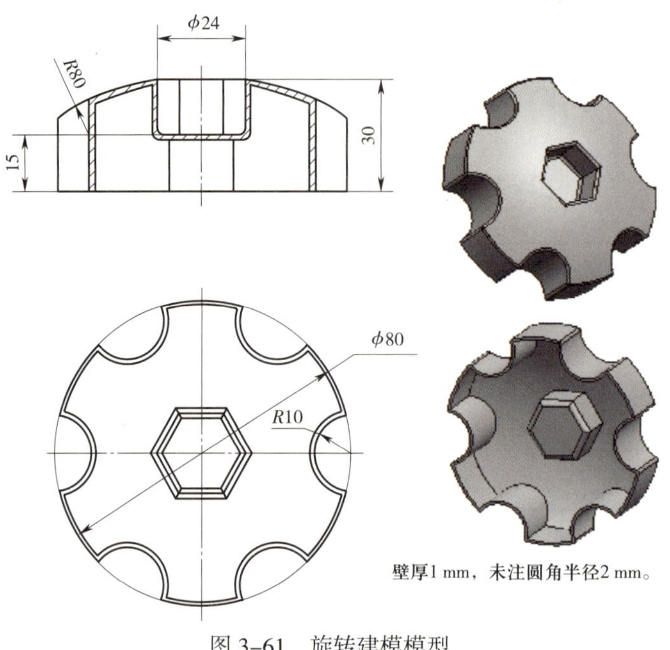

图 3-61　旋转建模模型

任务实施

1. 创建新文件

（1）双击快捷方式图标启动 UG NX 2007。

（2）新建名称为“旋转”的部件文件。

（3）选择［菜单］/［首选项］/［草图］菜单命令，系统弹出“草图首选项”对话框。在“草图设置”选项卡中，将“尺寸标签”设置为“值”。

2. 基体建模

（1）单击功能区“主页”选项卡“构造”面组中的“草图”图标，系统弹出“创建草图”对话框，选择 *XZ* 平面为草图平面，如图 3-62 所示。

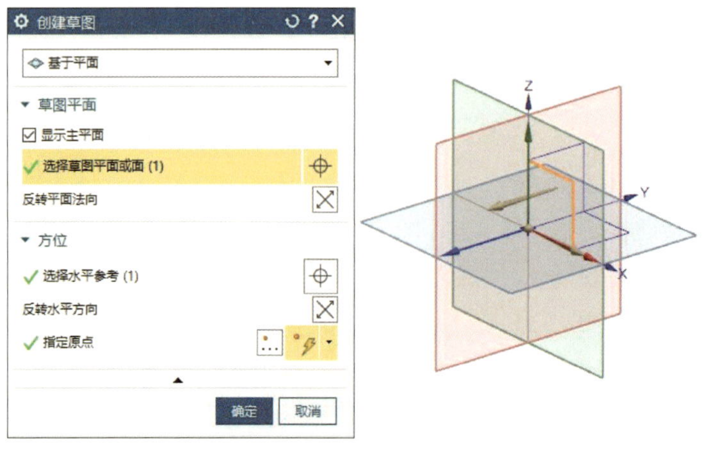

图 3-62　选择草图平面

提示

选择草图平面时，如果需区分基准面和普通面，可对“类型过滤器”进行设置。选择 XZ 平面时，可设置“类型过滤器”为“基准”，如图 3–63 所示。

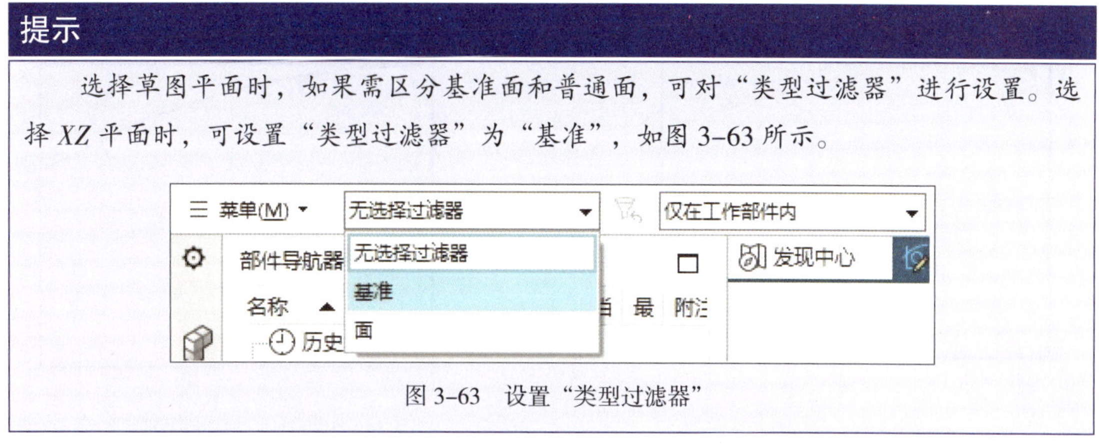

图 3–63 设置“类型过滤器”

（2）单击【确定】按钮，进入草图绘制环境。

（3）单击功能区“主页”选项卡“曲线”面组中的“矩形”图标 或选择［菜单］/［插入］/［曲线］/［矩形］菜单命令，绘制如图 3–64 所示的矩形。

（4）单击功能区“主页”选项卡“求解”面组中的“快速尺寸”图标 或选择［菜单］/［插入］/［尺寸］/［快速］菜单命令，对矩形进行尺寸约束，如图 3–65 所示。

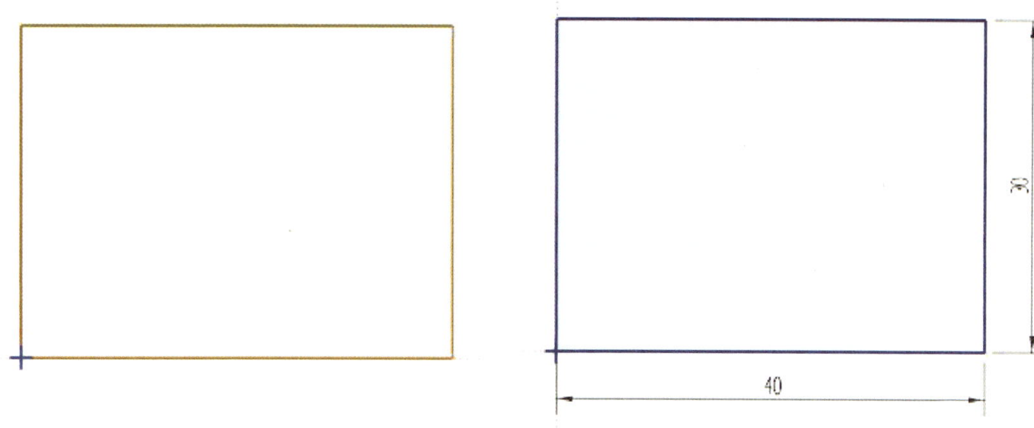

图 3–64 绘制矩形

图 3–65 矩形尺寸约束

（5）单击功能区“主页”选项卡“曲线”面组中的“圆弧”图标 或选择［菜单］/［插入］/［曲线］/［圆弧］菜单命令，用“三点定圆弧”的方法，根据提示选择起点和终点，默认相切约束，并输入圆弧半径为 80 mm，如图 3–66 所示。

（6）单击鼠标左键完成圆弧的创建，如图 3–67 所示。

（7）单击功能区“主页”选项卡“草图”面组中的“完成”图标 ，结束草图绘制，结果如图 3–68 所示。

（8）单击功能区“主页”选项卡“基本”面组中的“旋转”图标 或选择［菜单］/［插入］/［设计特征］/［旋转］菜单命令，系统弹出“旋转”对话框，将“曲线规则”设置为“区域边界曲线”，选择旋转截面曲线，如图 3–69 所示。

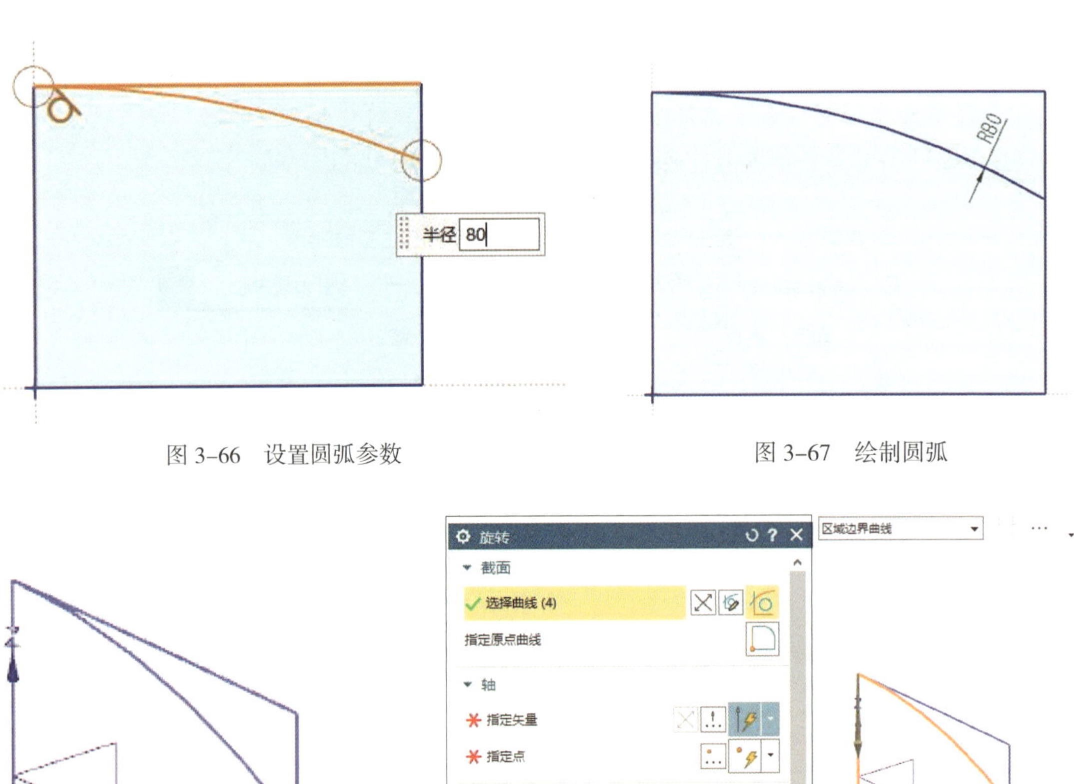

图 3-66 设置圆弧参数

图 3-67 绘制圆弧

图 3-68 草图完成

图 3-69 选择旋转截面曲线

（9）单击“指定矢量”，选择 Z 轴为旋转轴，旋转角度设置为 360°，如图 3-70 所示。

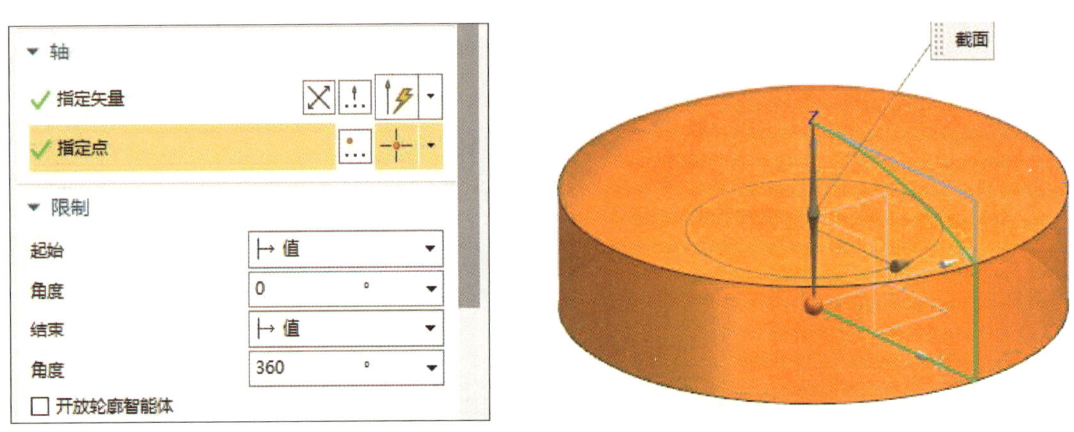

图 3-70 选择旋转轴并设置旋转角度

（10）单击【确定】按钮，完成基体旋转建模，如图 3-71 所示。

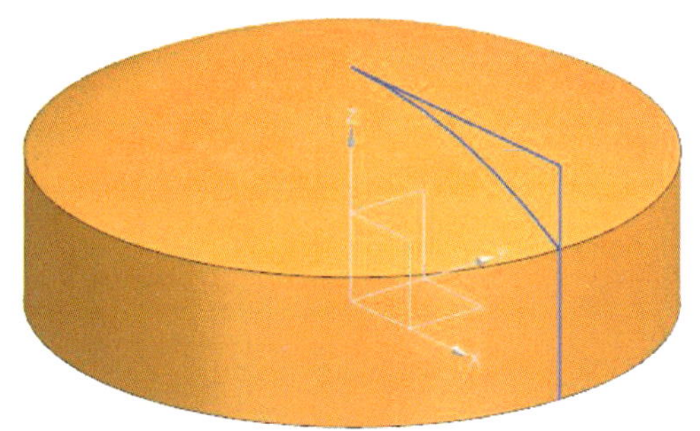

图 3-71　旋转建模

提示

进行旋转操作时，应注意旋转起始角度和结束角度的确定、“布尔”操作类型、“偏置”类型、“体类型”设置等。

3. 拉伸建模

（1）单击功能区“主页”选项卡“构造”面组中的“草图”图标，系统弹出“创建草图”对话框，选择 *XY* 平面为草图平面，单击【确定】按钮，进入草图绘制环境，如图 3-72 所示。

（2）单击功能区“主页”选项卡“曲线”面组中的“圆”图标或选择［菜单］/［插入］/［曲线］/［圆］菜单命令，绘制圆，如图 3-73 所示。

（3）单击功能区“主页”选项卡“求解”面组中的“快速尺寸”图标或选择［菜单］/［插入］/［尺寸］/［快速］菜单命令，对圆进行尺寸约束，如图 3-74 所示。

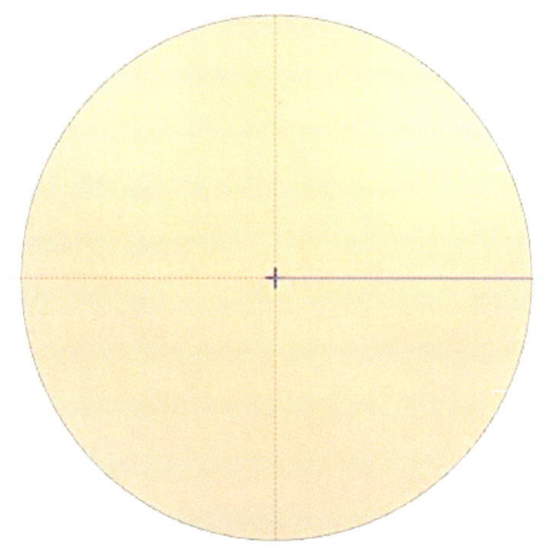

图 3-72　进入草图绘制环境

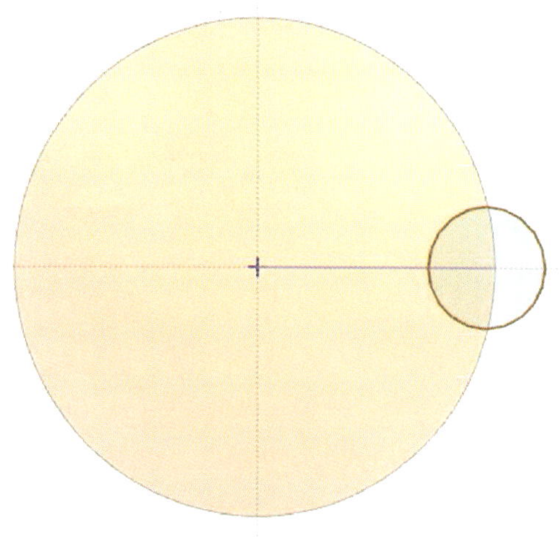

图 3-73　绘制圆

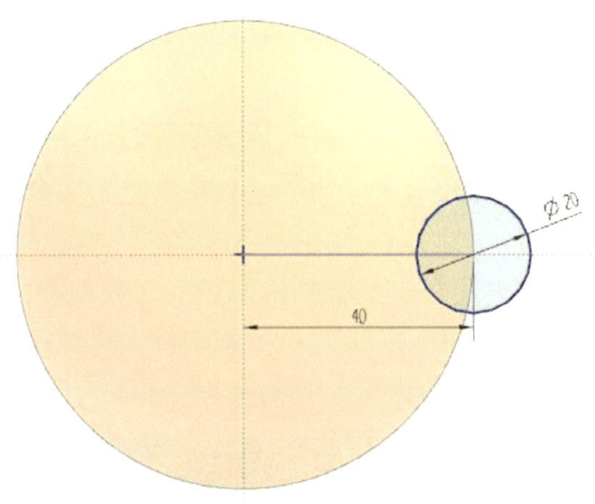

图 3-74　圆尺寸约束

（4）单击功能区“主页”选项卡“曲线”面组中的“阵列”图标 或选择［菜单］/［插入］/［来自曲线集的曲线］/［阵列曲线］菜单命令，系统弹出“阵列曲线”对话框。根据提示，选择圆为要阵列的曲线，将“阵列定义”选项组中的“布局”设置为“圆形”，设置“旋转点”为草图原点，设置“间距”类型为“数量和跨度”，“数量”为“6”，“跨角”为“360°”，如图 3-75 所示。

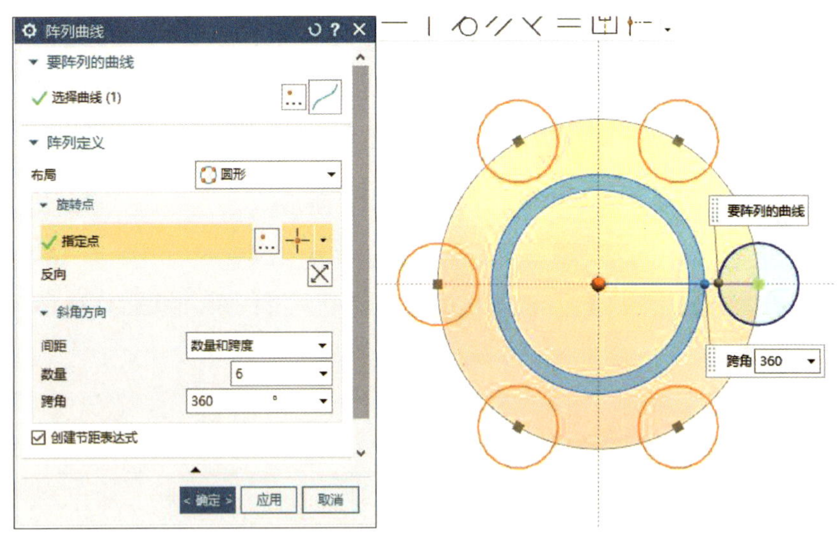

图 3-75　设置“阵列曲线”对话框

（5）单击【确定】按钮，完成圆的阵列，如图 3-76 所示。

（6）单击功能区“主页”选项卡“曲线”面组中“更多”下拉菜单中的“多边形”图标 或选择［菜单］/［插入］/［曲线］/［多边形］菜单命令，系统弹出“多边形”对话框。选择草图原点为中心点，设置“边数”为“6”，“大小”选项组中，选择“大小”类型为“外接圆半径”，并锁定“半径”为“12 mm”，“旋转”角度为“0°”，如图 3-77 所示。

（7）单击鼠标左键，完成正六边形的创建，如图 3-78 所示。

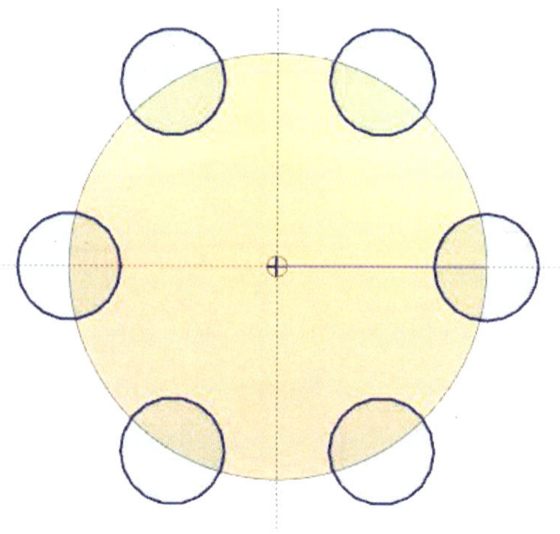

图 3-76　阵列圆完成

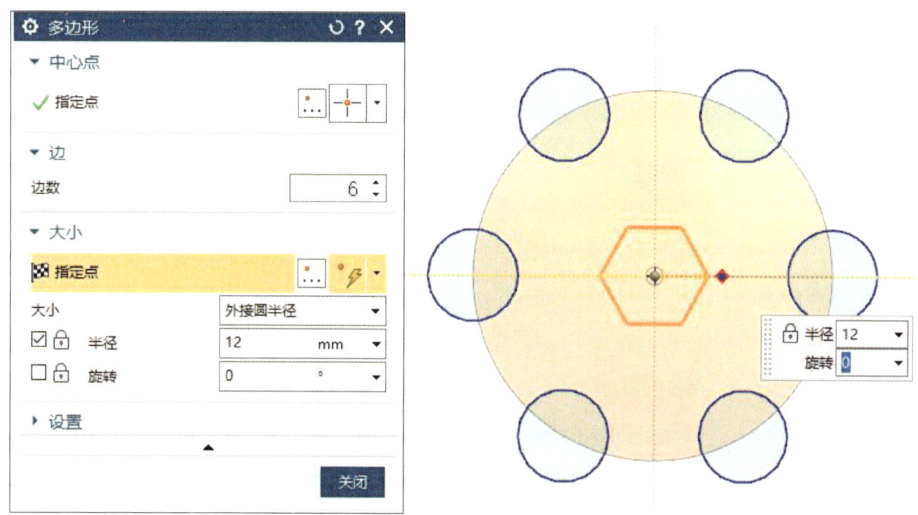

图 3-77　设置“多边形”对话框

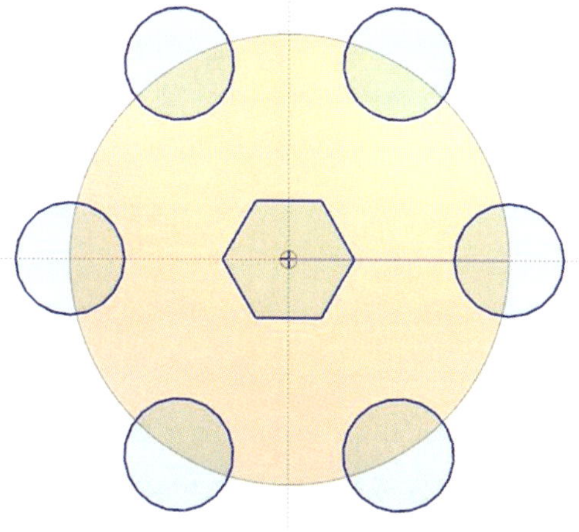

图 3-78　正六边形绘制完成

（8）单击功能区“主页”选项卡“草图”面组中的“完成”图标 ，结束草图绘制，结果如图 3-79 所示。

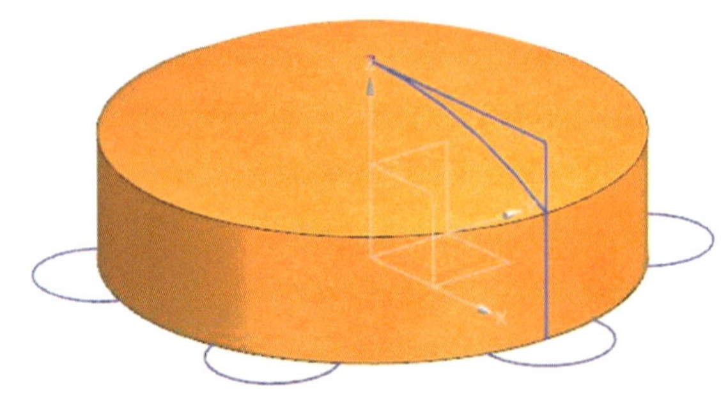

图 3-79　拉伸草图绘制完成

（9）单击功能区“视图”选项卡“显示”面组中的“样式”图标 ，系统弹出“样式”下拉菜单，如图 3-80 所示，从中选择“静态线框”样式，此时图形窗口如图 3-81 所示。

图 3-80　“样式”下拉菜单

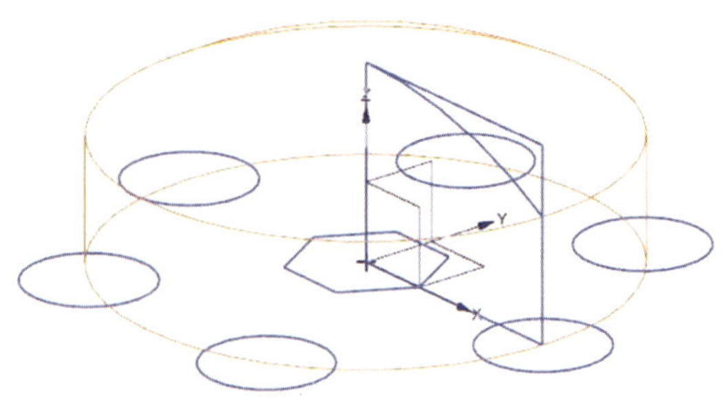

图 3-81　“静态线框”样式

（10）单击功能区“主页”选项卡“基本”面组中的“拉伸”图标 或选择［菜单］/［插入］/［设计特征］/［拉伸］菜单命令，系统弹出“拉伸”对话框，将“曲线规则”设置为“单条曲线”，选择 6 个 ϕ20 mm 的圆为截面曲线，方向沿 Z 轴正方向，并设置“终止”为“贯通”，“布尔”自动判断为求差，如图 3-82 所示。

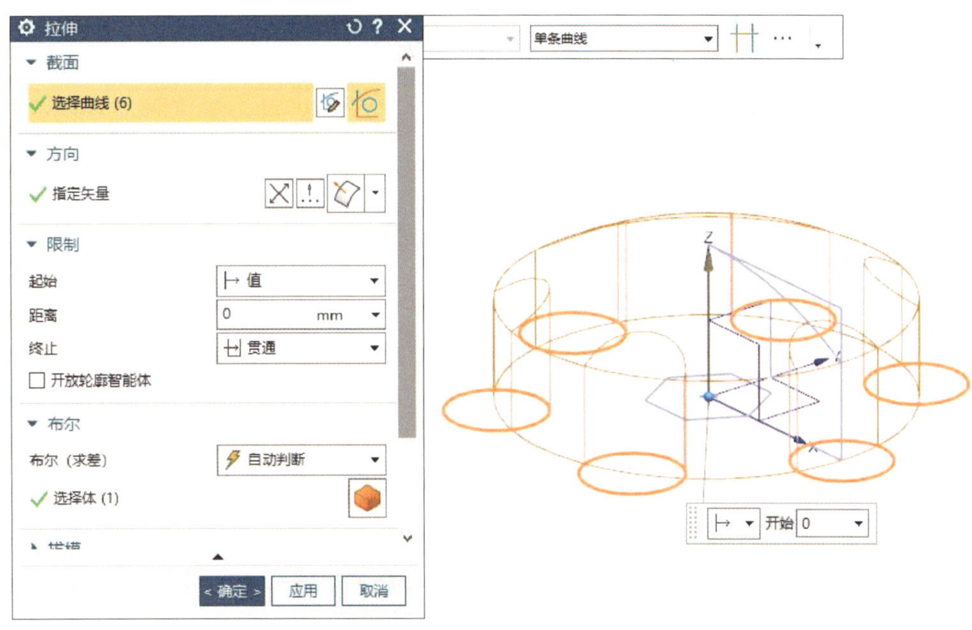

图 3-82 设置“拉伸”对话框

提示

在选择底面草图曲线时，除了改变渲染样式，也可通过“旋转”模型来实现。

（11）单击【应用】按钮，完成 6 个圆柱体的拉伸求差建模，并将“样式”设置为“带边着色”，结果如图 3-83 所示。

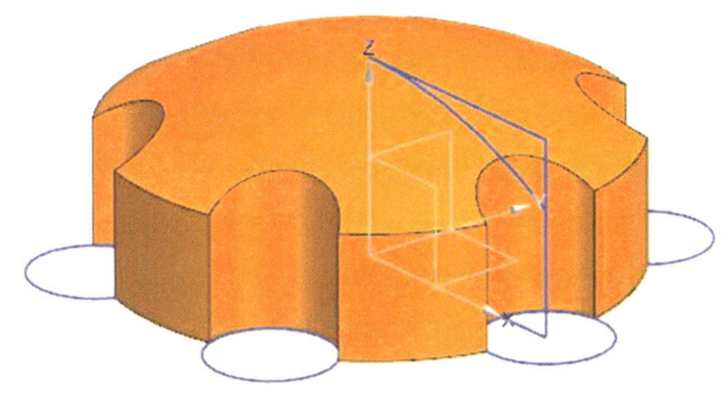

图 3-83 拉伸操作结果

（12）将“样式”设置为“静态线框”，并将“曲线规则”设置为“相连曲线”，在“拉伸”对话框中，选择正六边形为截面曲线，方向沿 Z 轴正方向，并设置“起始”的“距离”为“15 mm”，“终止”的“距离”为“30 mm”，“布尔”设置为“减去”，如图 3-84 所示。

（13）单击【确定】按钮，完成正六边形的拉伸求差建模，并将“样式”设置为“带边着色”，隐藏所有草图后结果如图 3-85 所示。

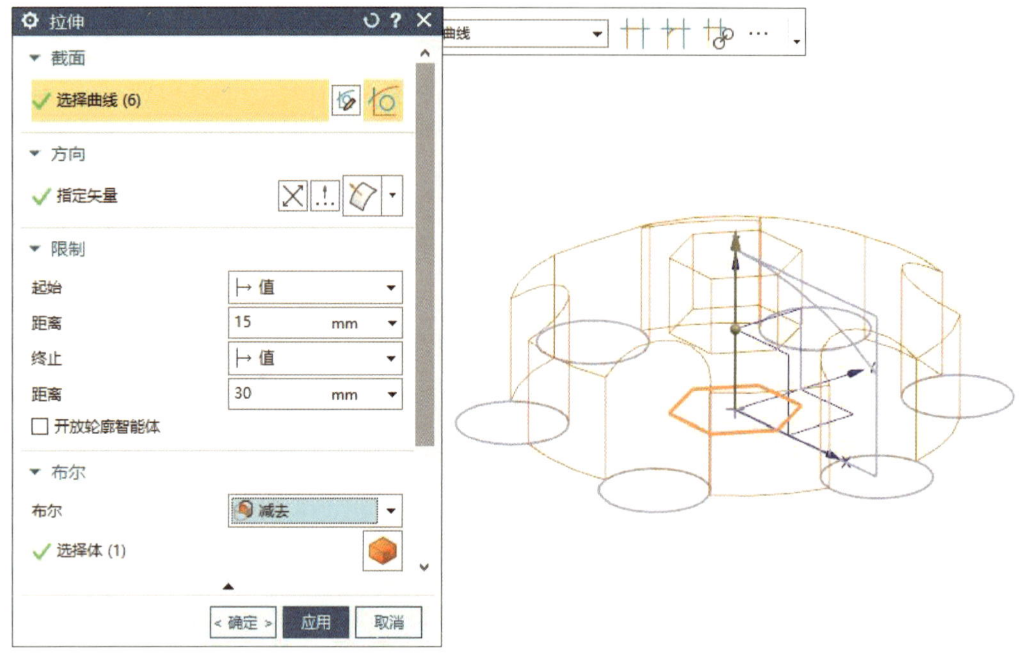

图 3-84　设置“拉伸”对话框

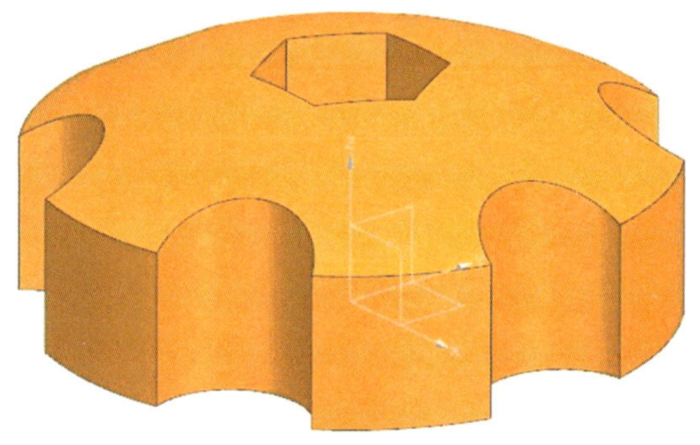

图 3-85　拉伸建模完成

4. 边倒圆

（1）单击功能区“主页”选项卡“基本”面组中的“边倒圆”图标 或选择［菜单］/［插入］/［细节特征］/［边倒圆］菜单命令，系统弹出“边倒圆”对话框，根据提示选择需要进行倒圆的边，并将边倒圆半径设置为“1 mm”，如图 3-86 所示。

（2）单击【确定】按钮，完成边倒圆，结果如图 3-87 所示。

5. 抽壳

（1）单击功能区“主页”选项卡“基本”面组中的“抽壳”图标 或选择［菜单］/［插入］/［偏置 / 缩放］/［抽壳］菜单命令，系统弹出“抽壳”对话框，如图 3-88 所示。

（2）选择抽壳样式为“打开”，将“面规则”设置为“单个面”，并移动光标捕捉图 3-89 所示的面为要移除的面。

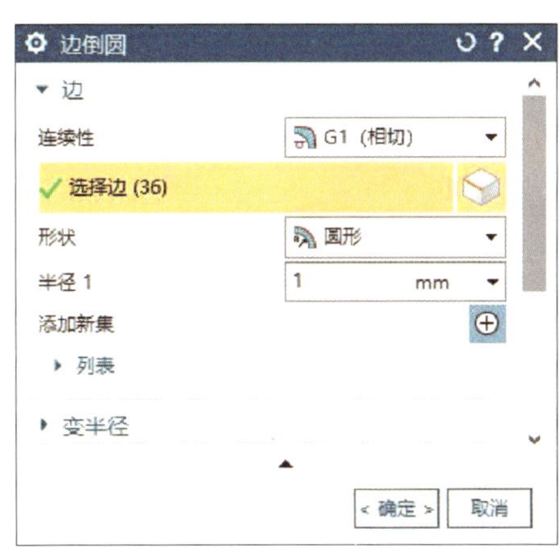

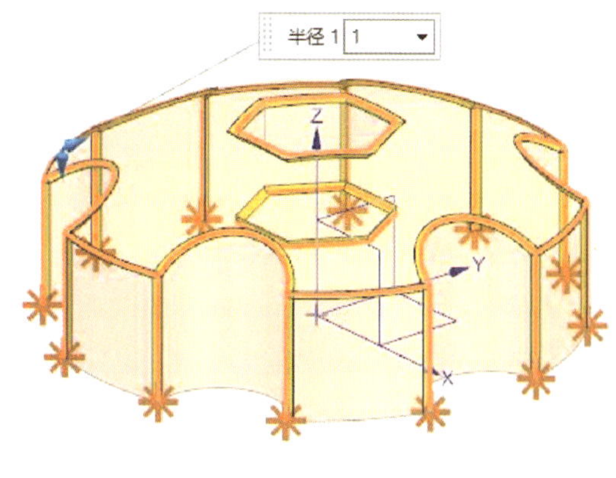

图 3-86　设置“边倒圆”对话框

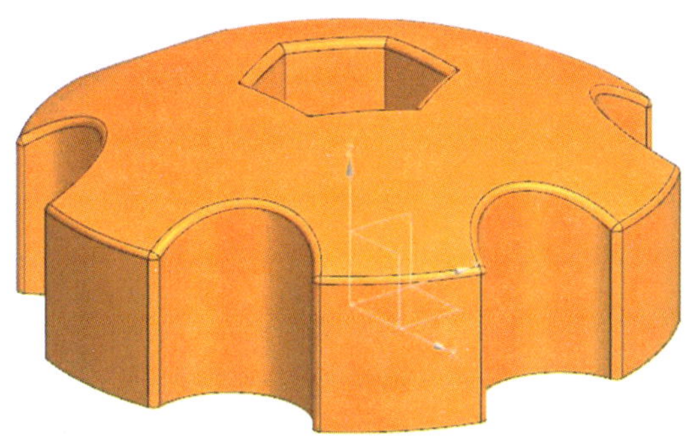

图 3-87　边倒圆完成

图 3-88　“抽壳”对话框

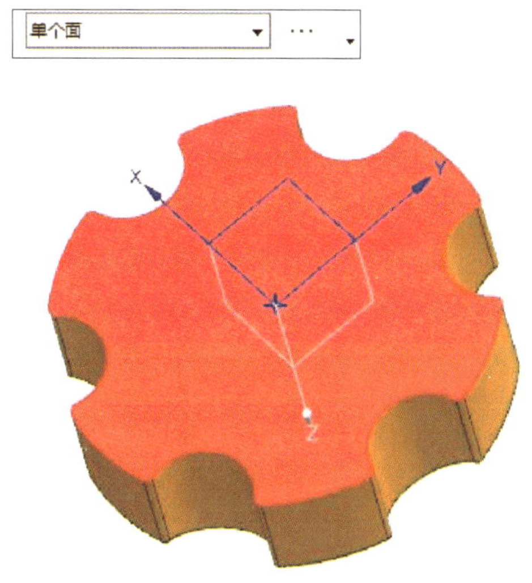

图 3-89　选择移除面

（3）单击鼠标左键，确定要移除的面，并设置厚度为“1 mm”，如图 3–90 所示。

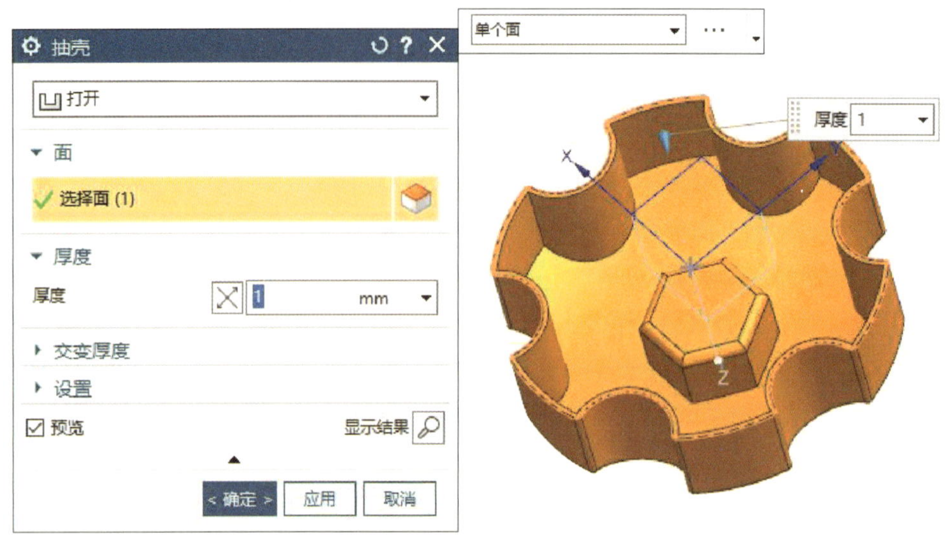

图 3–90　设置厚度

（4）单击【确定】按钮，完成抽壳操作，结果如图 3–91 所示。

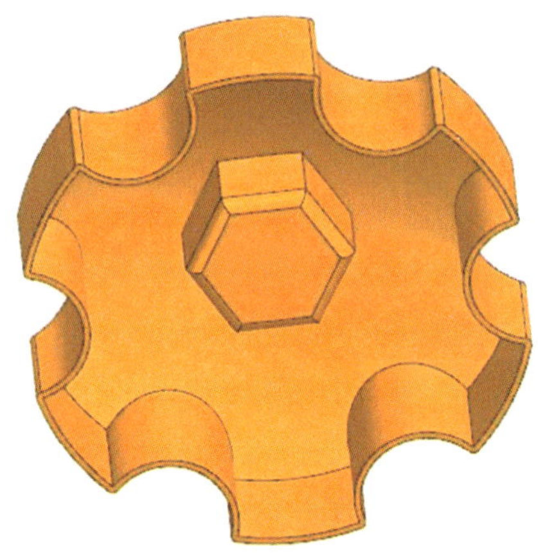

图 3–91　抽壳完成

至此，建模工作全部结束。

提示

抽壳样式有打开和封闭两种，在操作时，可根据需要同时选择多个要移除的面。以正方体为例，抽壳的样式和效果见表 3–3。

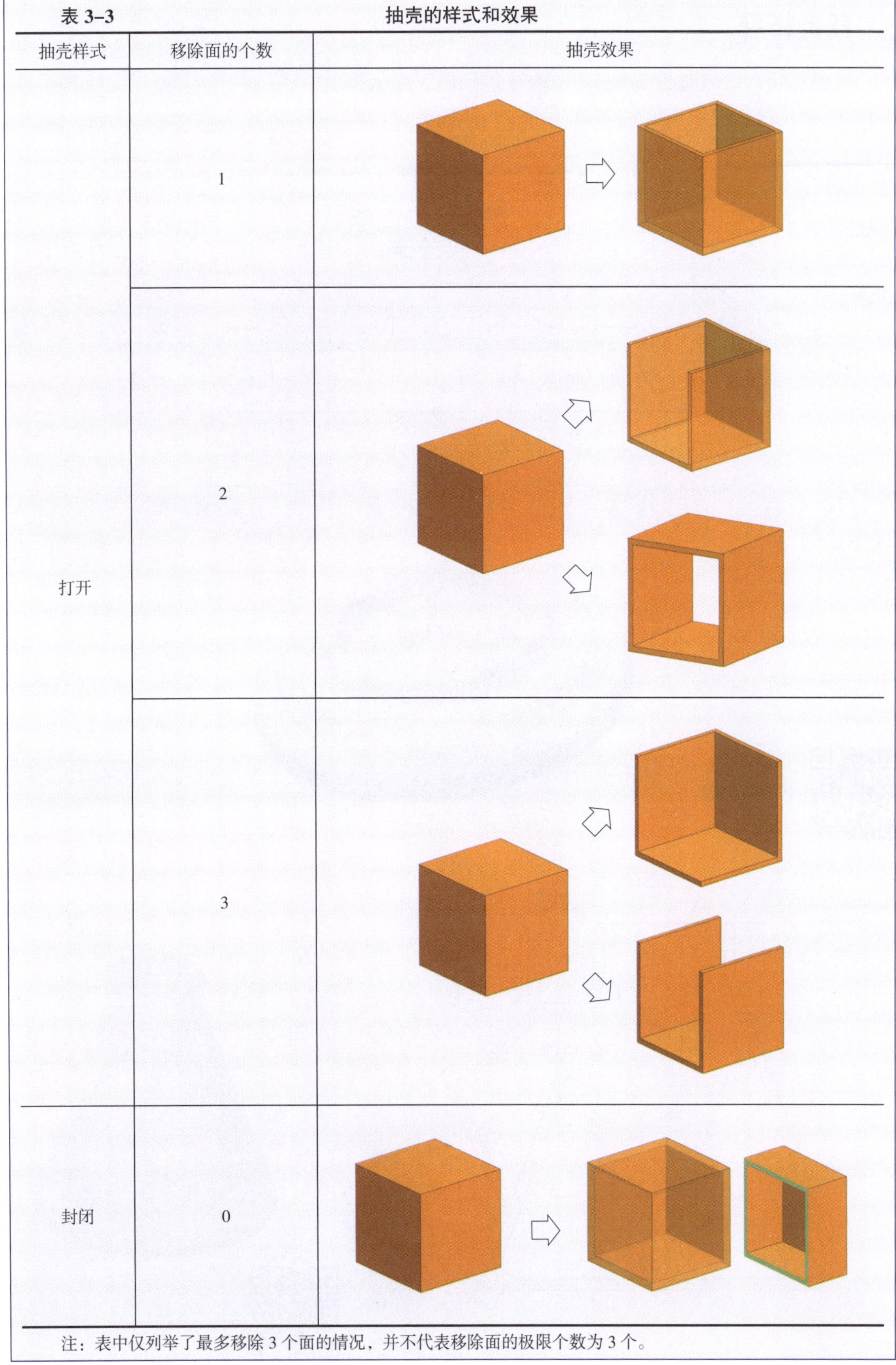

表 3-3　　抽壳的样式和效果

抽壳样式	移除面的个数	抽壳效果
打开	1	
	2	
	3	
封闭	0	

注：表中仅列举了最多移除 3 个面的情况，并不代表移除面的极限个数为 3 个。

任务拓展

试用旋转方法完成图 3–92、图 3–93 所示的三维实体模型。

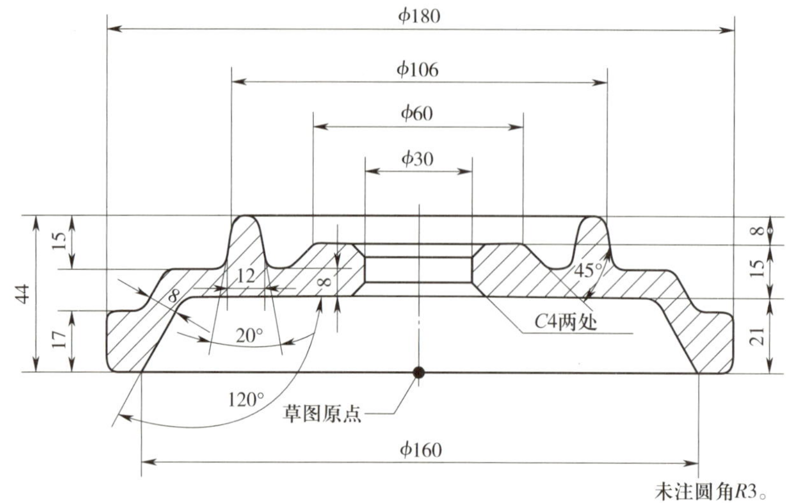

图 3–92　任务拓展一

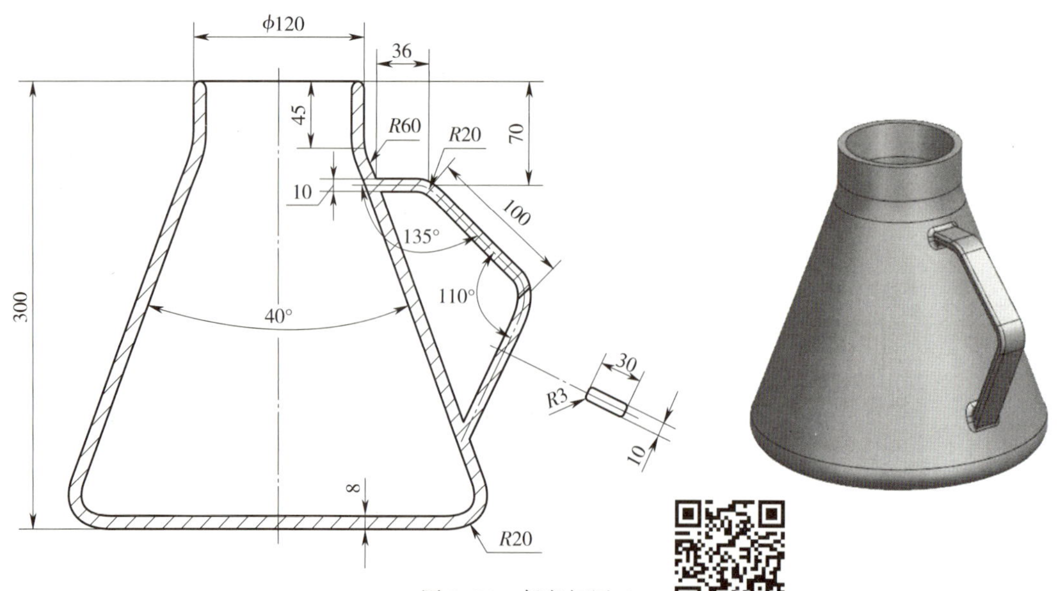

图 3–93　任务拓展二

课题 4　扫描特征建模三（扫掠与管道）

学习目标

1．能沿引导线进行扫掠建模。

2．能创建管道。

3．能移动对象。

4．能完成拉伸建模。

5．能使用合并操作。

工作任务

用扫描特征中的扫掠与管道功能完成图 3–94 所示模型的三维建模。

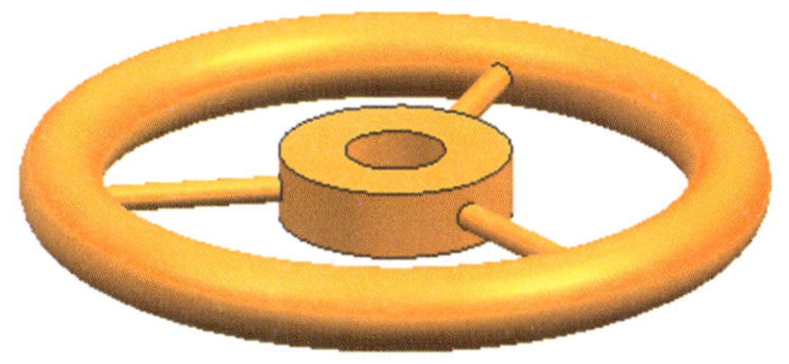

图 3–94　三维模型

任务实施

1．创建新文件

（1）双击快捷方式图标启动 UG NX 2007。

（2）新建名称为“扫掠与管道”的部件文件。

（3）选择［菜单］/［首选项］/［草图］菜单命令，系统弹出“草图首选项”对话框。在“草图设置”选项卡中，将“尺寸标签”设置为“值”。

2．绘制草图

（1）单击功能区“主页”选项卡“构造”面组中的“草图”图标 ，系统弹出“创建草图”对话框，选择 *XY* 平面为草图平面，绘制图 3–95 所示的草图。

（2）单击功能区“主页”选项卡“草图”面组中的“完成”图标 ，结束草图绘制。

（3）单击功能区“主页”选项卡“构造”面组中的“草图”图标 ，系统弹出“创建草图”对话框，选择 *XZ* 平面为草图平面，绘制图 3–96 所示的草图。

（4）单击功能区“主页”选项卡“草图”面组中的“完成”图标 ，结束草图绘制，结果如图 3–97 所示。

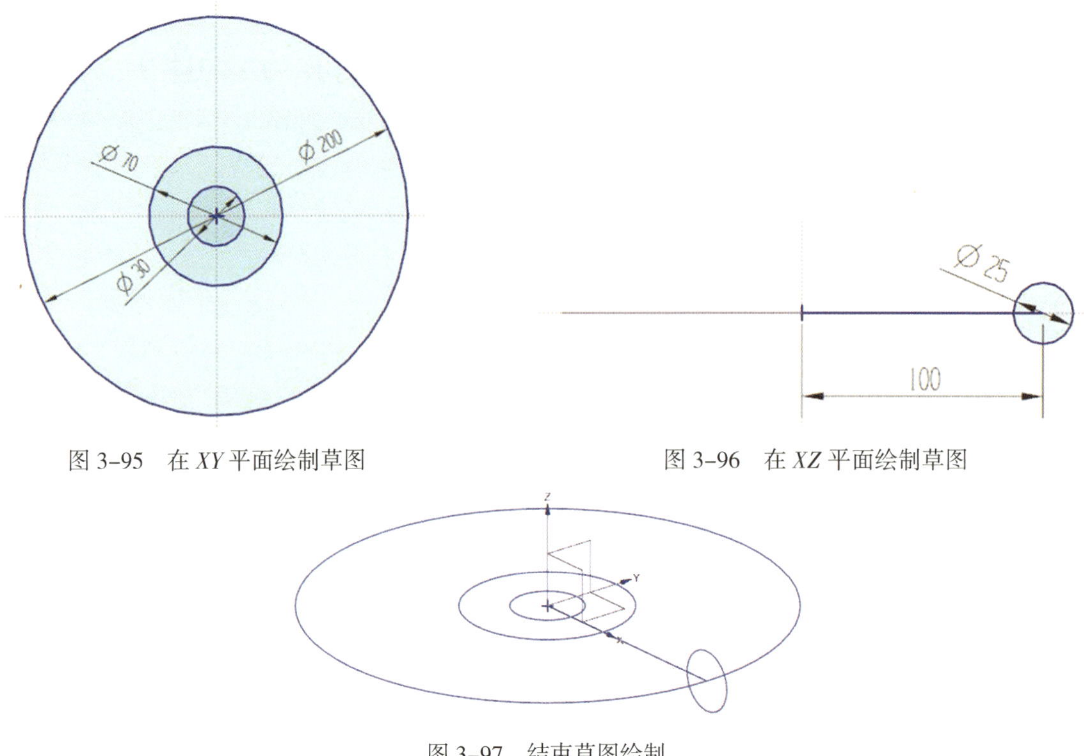

图 3-95　在 *XY* 平面绘制草图

图 3-96　在 *XZ* 平面绘制草图

图 3-97　结束草图绘制

3．创建沿引导线扫掠实体

（1）单击功能区“曲面”选项卡“基本”面组中“更多”下拉菜单中的“沿引导线扫掠”图标 或选择［菜单］/［插入］/［扫掠］/［沿引导线扫掠］菜单命令，系统弹出“沿引导线扫掠”对话框。根据系统提示“为截面选择曲线链”，选择直径为 25 mm 的圆作为扫掠截面曲线，单击鼠标滚轮确认，根据系统提示“为引导线选择曲线链”，选择直径为 200 mm 的圆作为引导线曲线，其他参数默认，如图 3-98 所示。

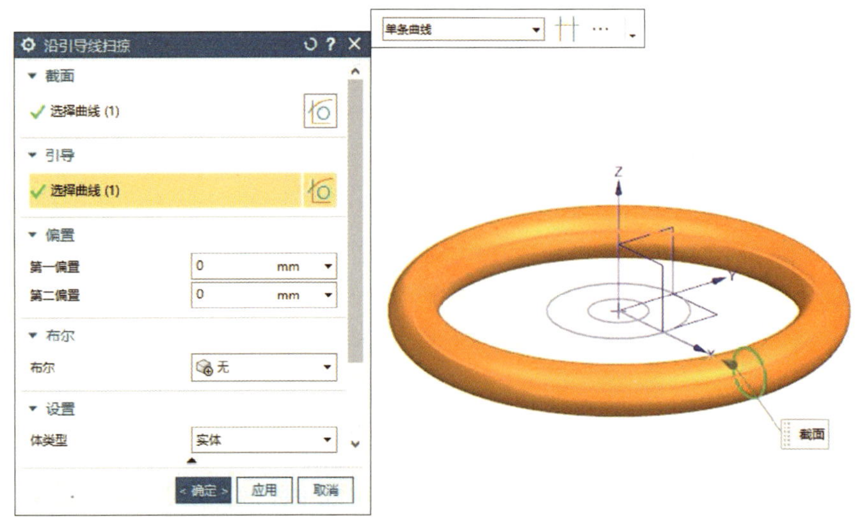

图 3-98　设置“沿引导线扫掠”对话框

提示

沿引导线扫掠实体是由截面线沿引导线扫掠所得。截面线和引导线可以是任意类型的曲线，扫掠的方向是引导线的切线方向，扫掠的距离是引导线的长度。

（2）单击【确定】按钮，完成外圈管道的创建，如图 3-99 所示。

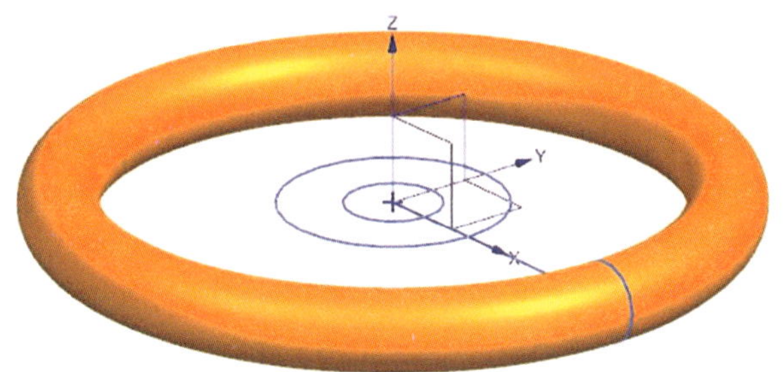

图 3-99　创建沿引导线扫掠的实体

4. 创建管道

（1）单击功能区“曲面”选项卡“基本”面组中“更多”下拉菜单中的“管”图标 或选择［菜单］/［插入］/［扫掠］/［管］菜单命令，系统弹出“管”对话框。根据系统提示“选择管中心线路径的曲线”，选择图 3-100 所示的直线为路径曲线。

（2）设置横截面外径为“8 mm”，“输出”为“单段”，如图 3-101 所示。

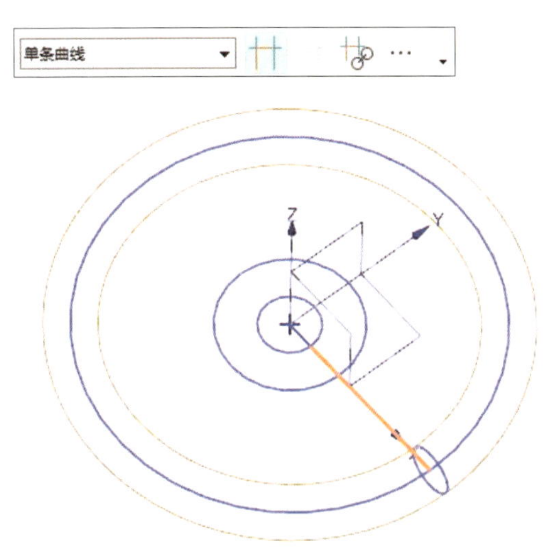

图 3-100　选择路径曲线

图 3-101　设置“管”对话框

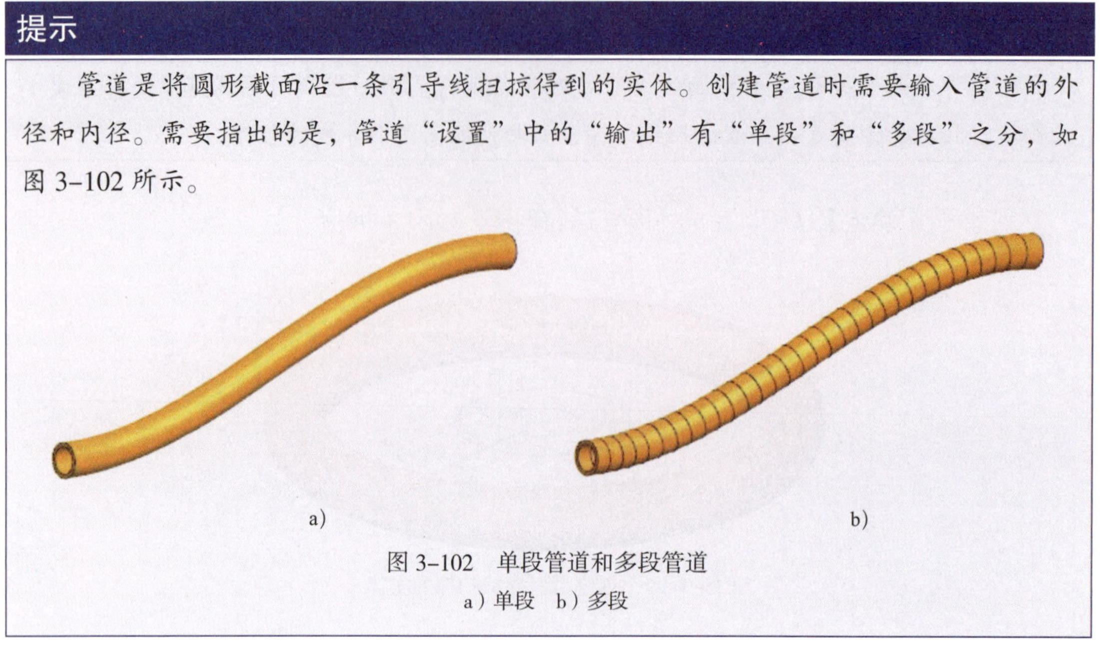

提示

管道是将圆形截面沿一条引导线扫掠得到的实体。创建管道时需要输入管道的外径和内径。需要指出的是，管道“设置”中的“输出”有“单段”和“多段”之分，如图 3–102 所示。

a)　　b)

图 3–102　单段管道和多段管道

a）单段　b）多段

（3）单击【确定】按钮，完成直线管道的创建，如图 3–103 所示。

5. 创建移动对象

（1）选择［菜单］/［编辑］/［移动对象］菜单命令，系统弹出“移动对象”对话框，如图 3–104 所示。

（2）根据系统提示，选择直线管道为要移动的对象，如图 3–105 所示。

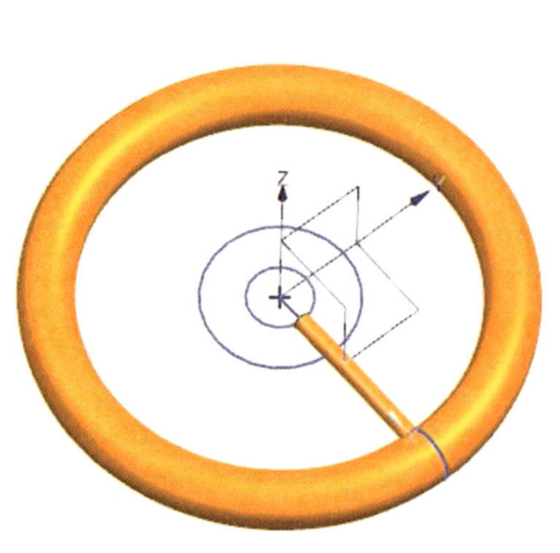

图 3–103　创建直线管道

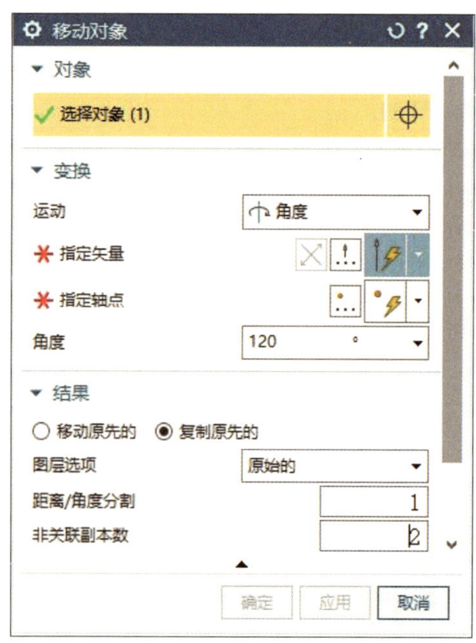

图 3–104　“移动对象”对话框

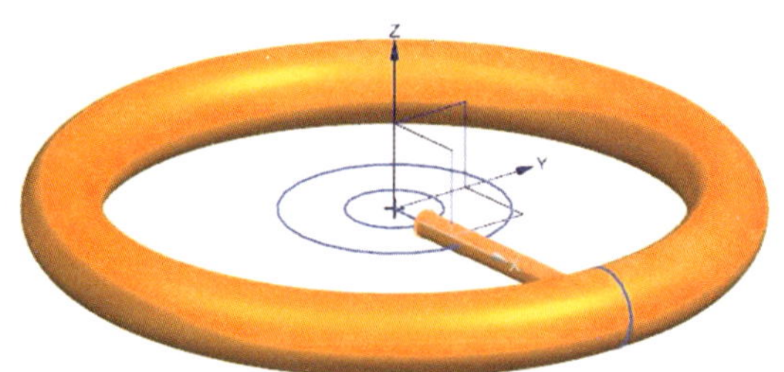

图 3-105　选择要移动的对象

（3）设置“变换”选项组中的“运动”为“角度”，选择 Z 轴为“指定矢量”，设置“角度”为“120°”；选择“结果”选项组中的“复制原先的”选项，设置“非关联副本数”为“2”，如图 3-106 所示。

（4）单击【确定】按钮，完成直线管道的复制移动，如图 3-107 所示。

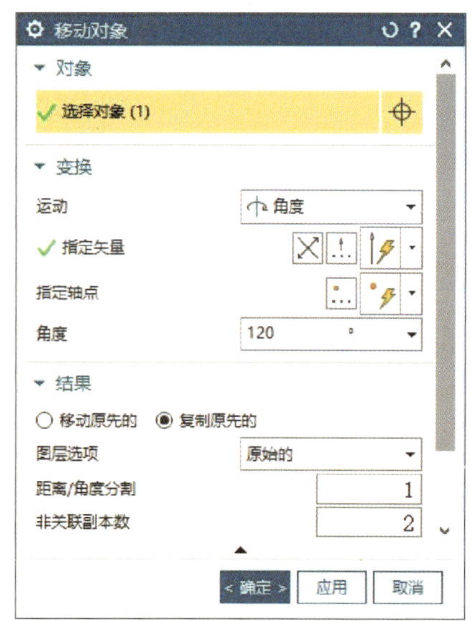

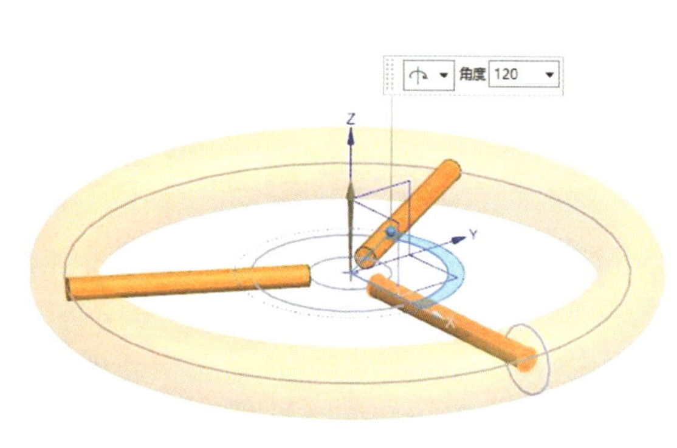

图 3-106　设置“移动对象”对话框

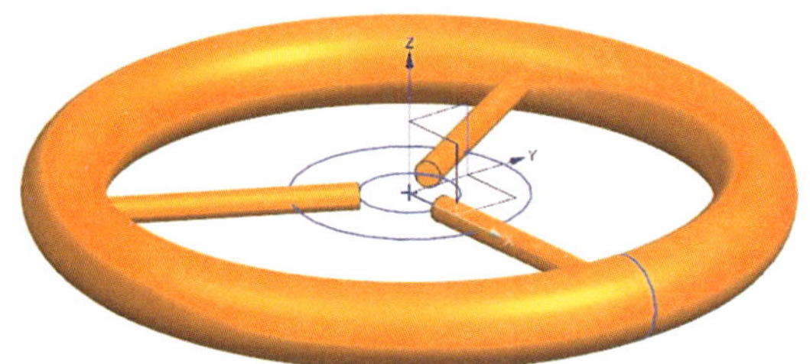

图 3-107　移动对象创建完成

6. 创建拉伸实体

（1）单击功能区“主页”选项卡“基本”面组中的“拉伸”图标 或选择［菜单］/［插入］/［设计特征］/［拉伸］菜单命令，系统弹出“拉伸”对话框，选择 ϕ30 mm 和 ϕ70 mm 的两个圆为截面曲线，设置“限制”选项组中的“宽度”为“对称值”，“距离”

为“20 mm”，“布尔”设置为“无”，如图 3-108 所示。

（2）单击【确定】按钮，完成拉伸实体的创建，隐藏所有草图，结果如图 3-109 所示。

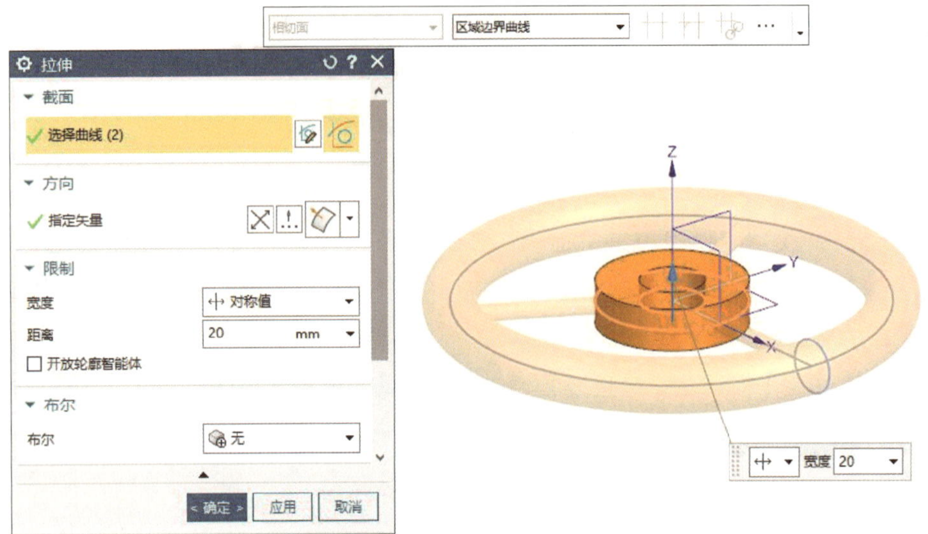

图 3-108　设置“拉伸”对话框

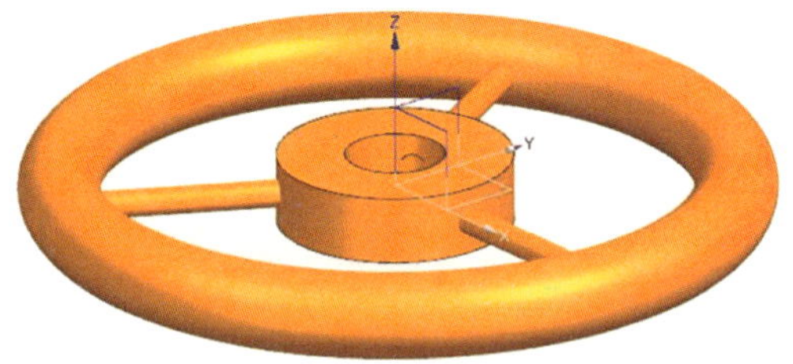

图 3-109　创建的拉伸实体

7. 合并操作

（1）单击功能区“主页”选项卡“基本”面组中的“合并”图标 或选择［菜单］/［插入］/［组合］/［合并］菜单命令，系统弹出“合并”对话框，根据系统提示，选择中间拉伸实体为目标体，如图 3-110 所示。

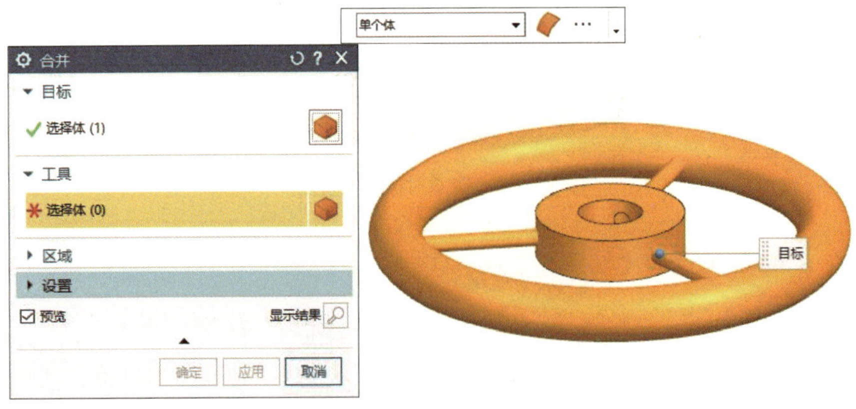

图 3-110　选择目标体

（2）选择其他实体为工具体，如图 3-111 所示。

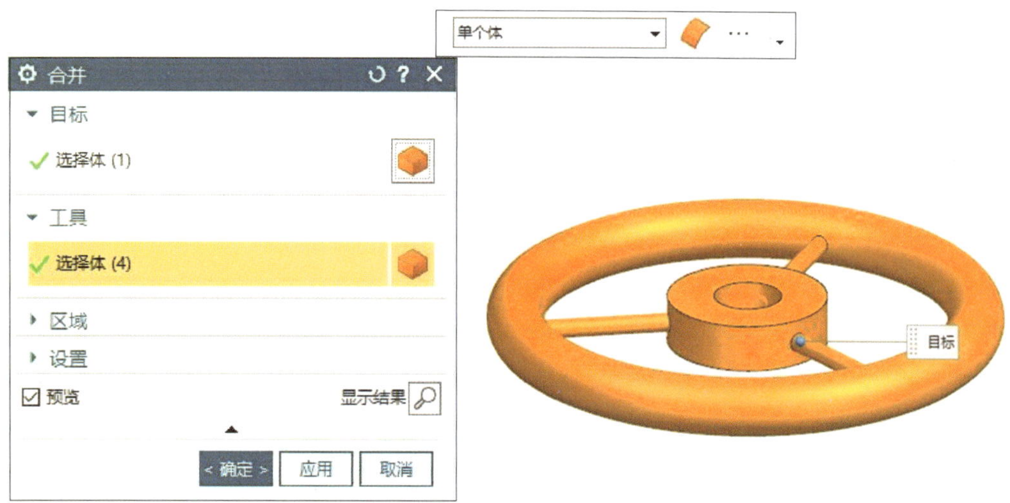

图 3-111　选择工具体

（3）单击【确定】按钮，完成所有实体的合并，如图 3-112 所示。

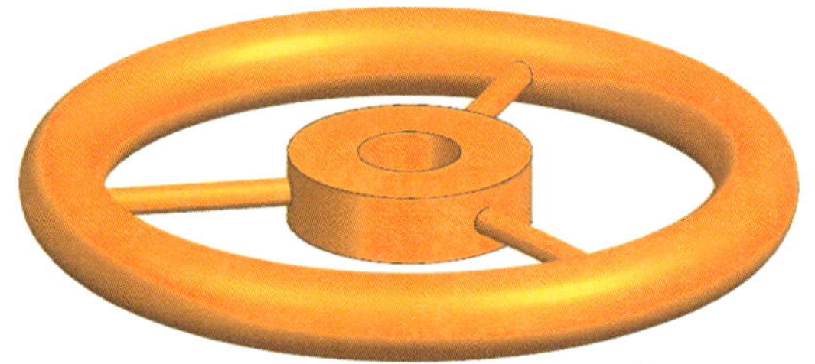

图 3-112　合并完成

任务拓展

试用沿引导线扫掠或管道命令完成图 3-113 和图 3-114 所示三维实体模型的创建。

注：螺旋线可通过［菜单］/［插入］/［曲线］/［螺旋］进行创建。

图 3-113　任务拓展一（尺寸自定）

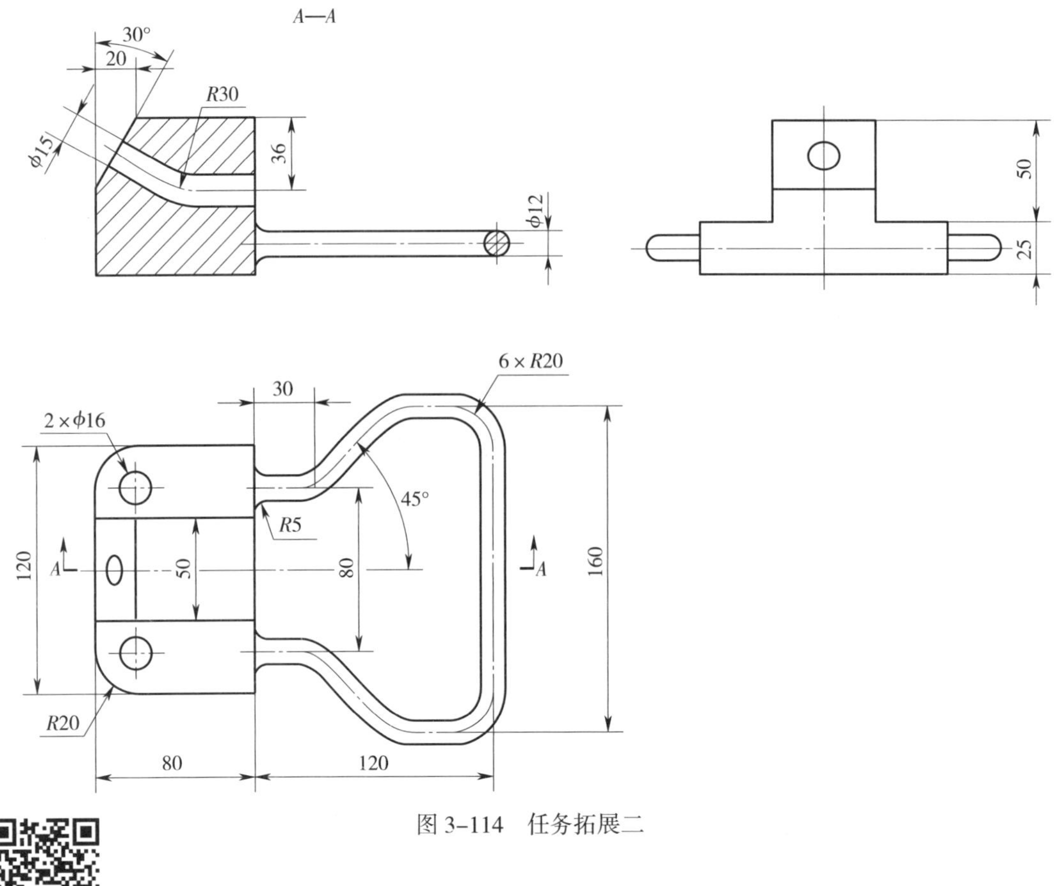

图 3–114　任务拓展二

课题 5　设计特征的使用

学习目标

1．能创建块和圆柱特征。

2．能创建孔和凸起特征。

3．能创建槽特征。

4．能创建筋板特征。

工作任务

设计特征是在已存在的实体模型上添加或移除一部分结构，从而得到具有一定规则形状的特征。在 UG NX 2007 中，设计特征主要包括孔、凸起、偏置凸起、槽、筋板、轮廓筋板、晶格等。试用设计特征完成图 3–115 所示模型的创建。

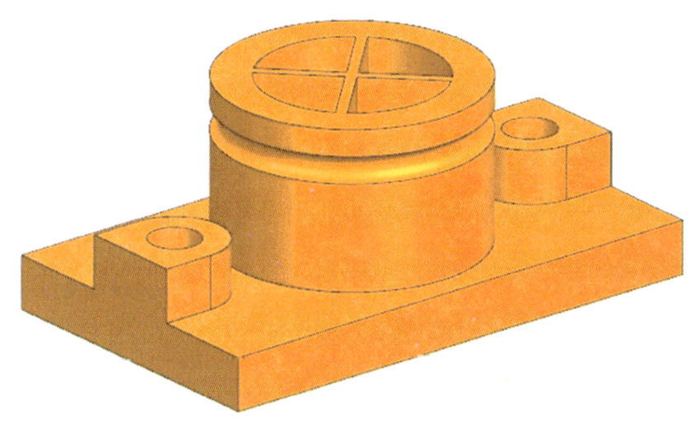

图 3-115 设计特征创建

任务实施

1. 创建新文件

（1）双击快捷方式图标启动 UG NX 2007。

（2）新建名称为“设计特征”的部件文件。

（3）选择［菜单］/［首选项］/［草图］菜单命令，系统弹出“草图首选项”对话框。在“草图设置”选项卡中，将“尺寸标签”设置为“值”。

2. 创建长方体

（1）单击功能区“主页”选项卡“基本”面组中“更多”下拉菜单中的“块”图标 或选择［菜单］/［插入］/［设计特征］/［块］菜单命令，系统弹出“块”对话框，将“尺寸”选项组中的“长度”设置为“60 mm”，“宽度”设置为“100 mm”，“高度”设置为“10 mm”，其余采用默认设置，如图 3-116 所示。

（2）单击【确定】按钮，完成长方体的创建，结果如图 3-117 所示。

图 3-116 设置“块”对话框

图 3-117 创建长方体

3. 创建圆柱体

（1）单击功能区“主页”选项卡“基本”面组中“更多”下拉菜单中的“圆柱”图标或选择［菜单］/［插入］/［设计特征］/［圆柱］菜单命令，系统弹出“圆柱”对话框，确定“轴”的指定矢量沿 Z 轴正方向，并通过指定点（30，50，0），将“尺寸”选项组中的“直径”设置为“50 mm”，“高度”设置为“40 mm”，将“布尔”设置为“合并”，其余采用默认设置，如图 3–118 所示。

（2）单击【确定】按钮，完成圆柱体的创建，结果如图 3–119 所示。

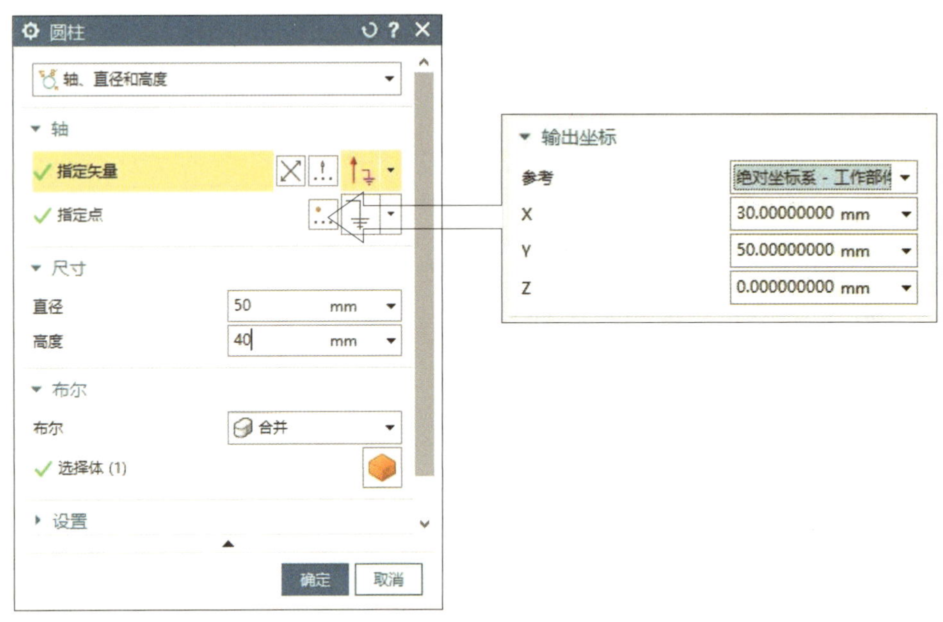

图 3–118　设置“圆柱”对话框

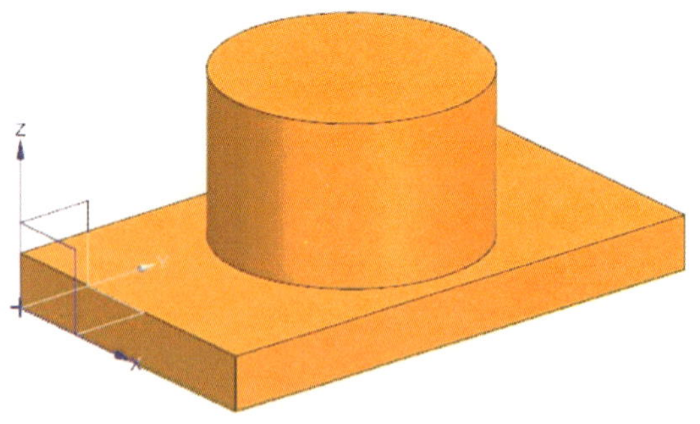
图 3–119　创建圆柱体

4. 创建凸起

（1）单击功能区“主页”选项卡“基本”面组中“更多”下拉菜单中的“凸起”图标或选择［菜单］/［插入］/［设计特征］/［凸起］菜单命令，系统弹出“凸起”对话框，如图 3–120 所示。

图 3-120　“凸起”对话框

提示

凸起是用沿着矢量投影截面形成的面修改体，可以选择端盖位置和形状。偏置凸起是根据点或曲线来偏置面，从而修改体。

（2）根据提示“选择要绘制的平的面，或为截面选择曲线”，单击“绘制截面”图标 ，弹出“创建草图”对话框，选择长方体的上表面为草图平面，单击【确定】按钮，进入草图绘制环境。

（3）绘制草图，并进行尺寸约束，如图 3-121 所示。

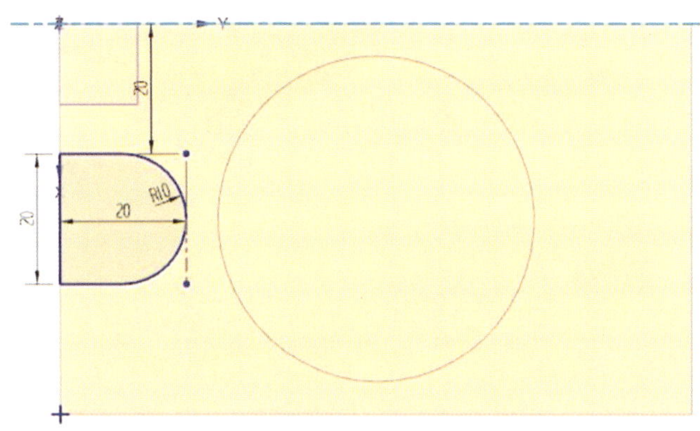

图 3-121　绘制草图并进行尺寸约束

（4）单击功能区“主页”选项卡“草图”面组中的“完成”图标 🏁，结束草图绘制，截面选择完成。

（5）选择长方体的上表面为“要凸起的面”，如图 3-122 所示。

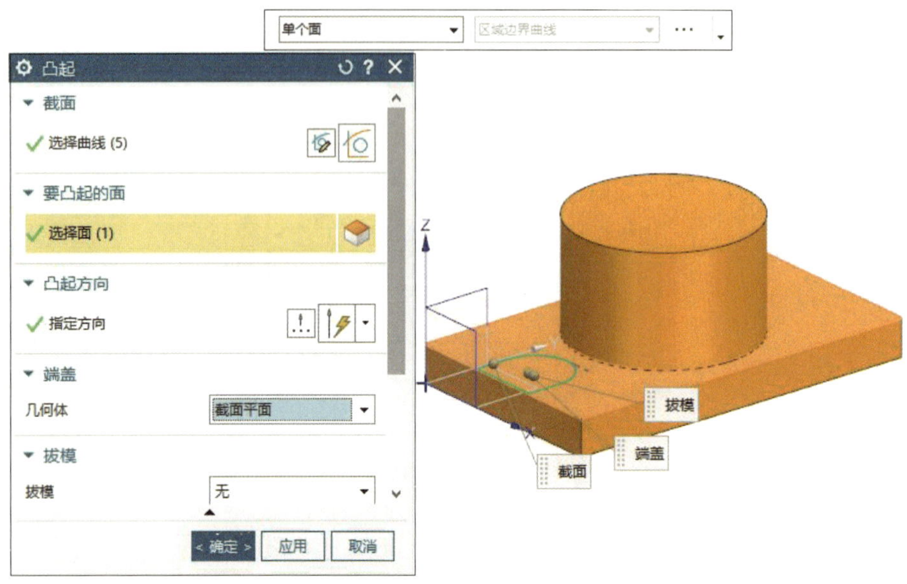

图 3-122　选择“要凸起的面”

（6）设置“端盖”选项组中的“几何体”为“凸起的面”，“位置”为“偏置”，“距离”为“10 mm”，如图 3-123 所示。

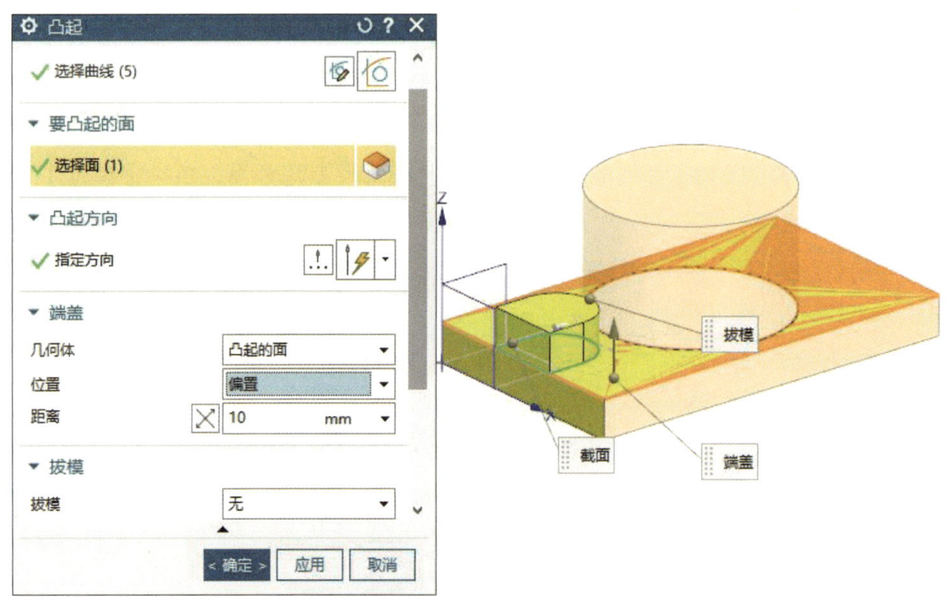

图 3-123　设置“端盖”选项组

（7）其他采用默认设置，无拔摸，单击【确定】按钮，完成左侧凸起的创建，结果如图 3-124 所示。

（8）采用相同的方法，完成右侧凸起的创建，结果如图 3-125 所示。

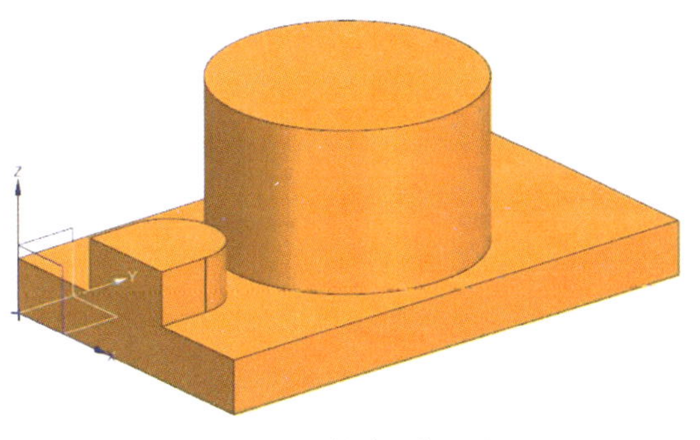

图 3-124　创建左侧凸起

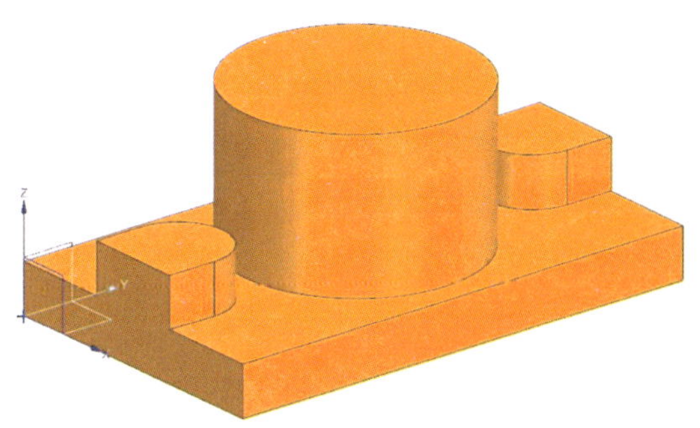

图 3-125　创建右侧凸起

5. 创建孔

（1）单击功能区“主页”选项卡“基本”面组中的“孔”图标 或选择［菜单］/［插入］/［设计特征］/［孔］菜单命令，系统弹出“孔”对话框，按图 3-126 所示进行设置。

（2）选择两侧凸起上表面中圆的圆心为 ϕ 10 mm 孔的位置点，如图 3-127 所示。

（3）单击【应用】按钮，完成两个 ϕ 10 mm 孔的创建，结果如图 3-128 所示。

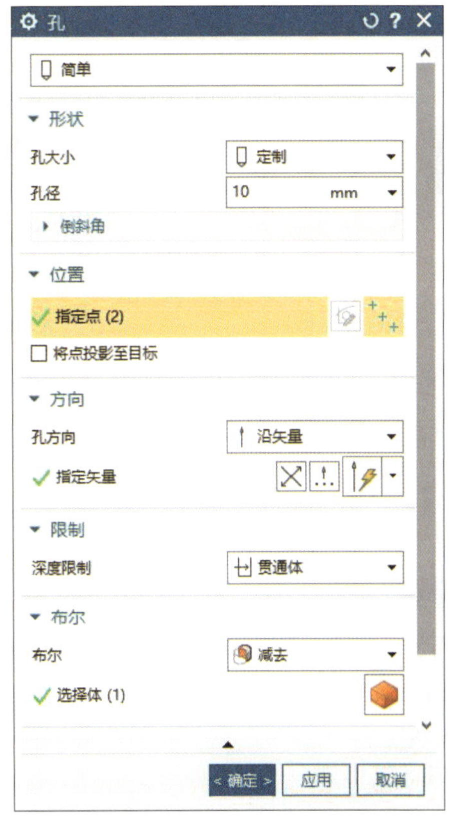

图 3-126　设置“孔”对话框

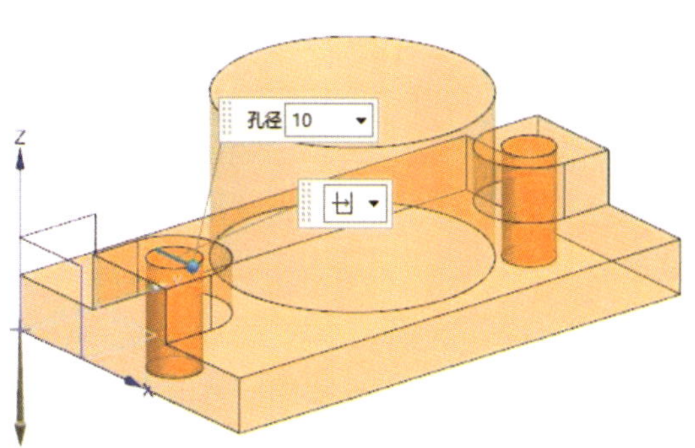

图 3-127　确定孔的位置点

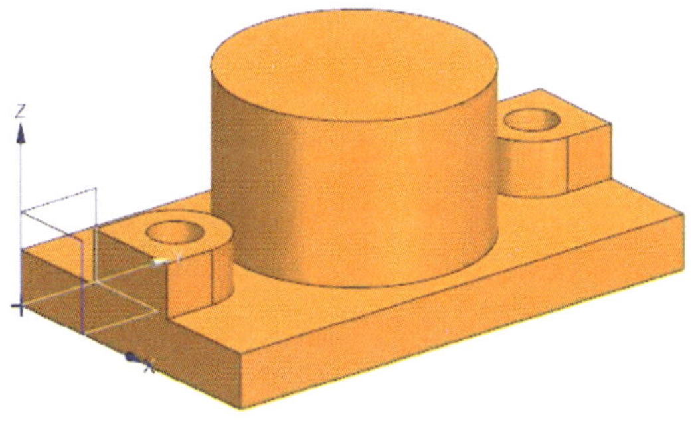

图 3-128　创建两个 ϕ10 mm 的孔

（4）按图 3–129 所示的“孔”对话框进行设置，并选择圆柱上表面的圆心为 ϕ35 mm 孔的位置点。

（5）单击【确定】按钮，完成 ϕ35 mm 孔的创建，结果如图 3–130 所示。

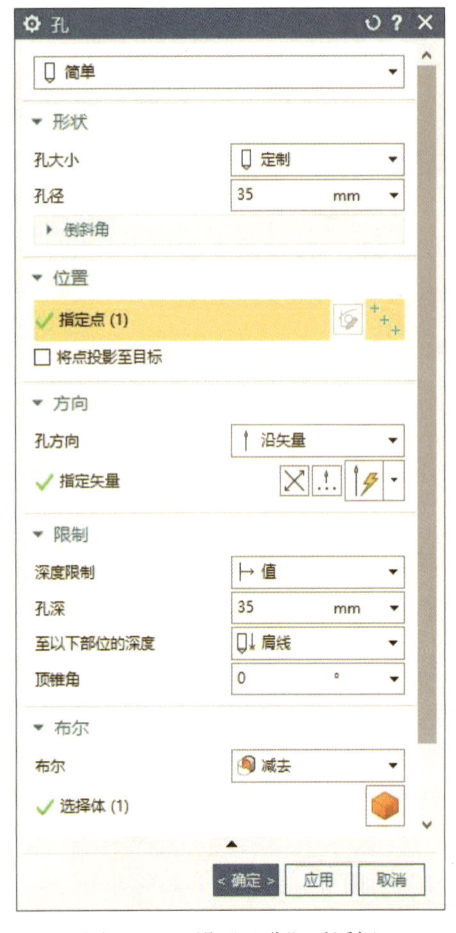

图 3–129 设置“孔”对话框

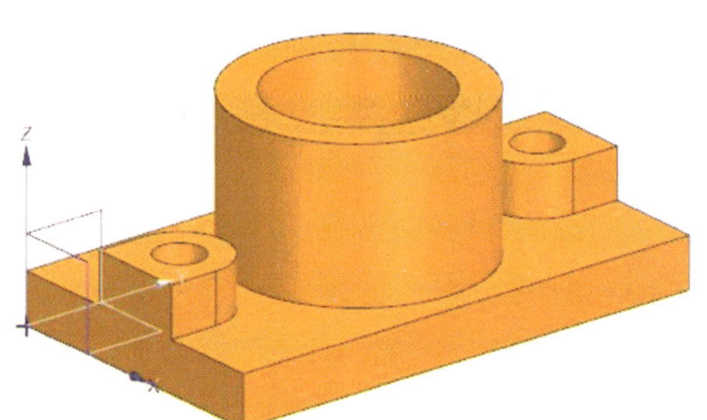

图 3–130 创建 ϕ35 mm 的孔

6. 创建球形端槽

（1）单击功能区“主页”选项卡“基本”面组中“更多”下拉菜单中的“槽”图标或选择［菜单］/［插入］/［设计特征］/［槽］菜单命令，系统弹出“槽”对话框，根据系统提示“选择槽类型”，选择“球形端槽”，如图 3–131 所示。

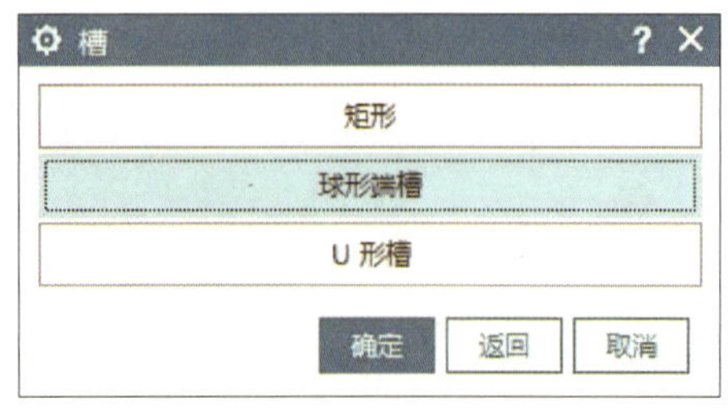

图 3–131 选择槽类型

（2）根据系统提示“选择放置面”，选择圆柱的外圆面为放置面，如图 3–132 所示。

（3）在“球形端槽”对话框中输入槽参数，如图 3–133 所示。

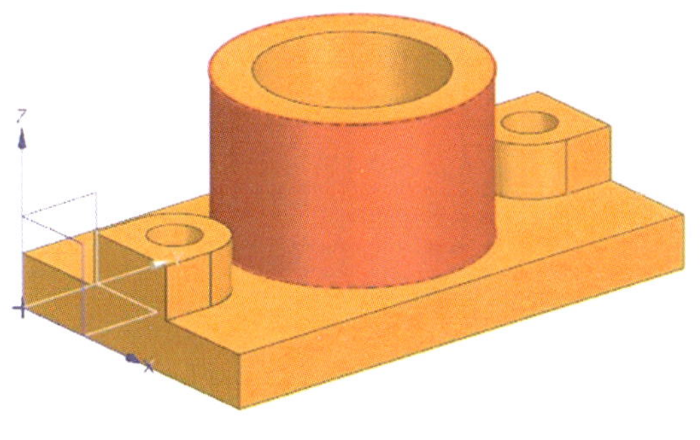

图 3–132　选择放置面

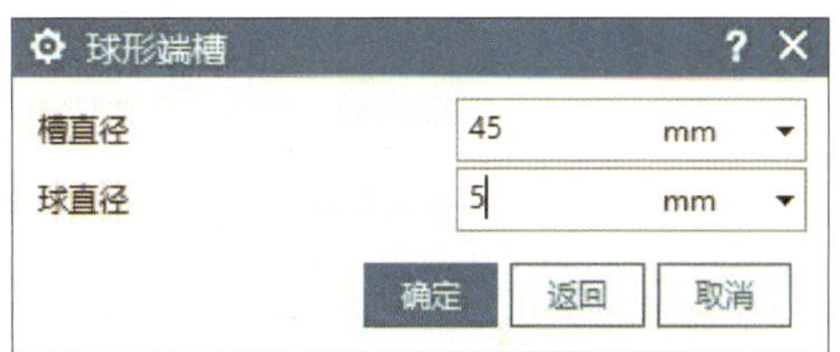

图 3–133　输入槽参数

（4）单击【确定】按钮，系统弹出“定位槽”对话框，如图 3–134 所示。

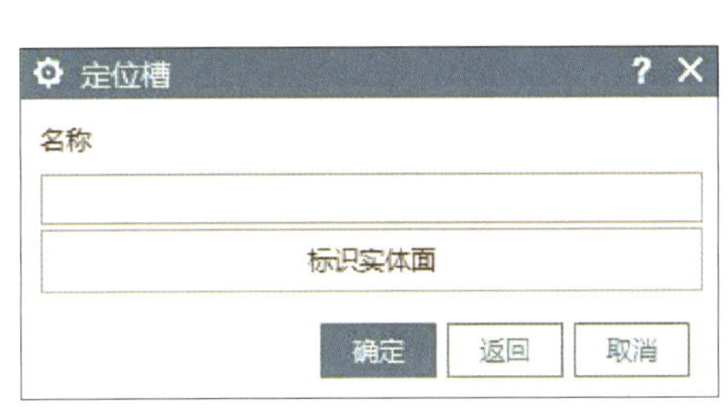

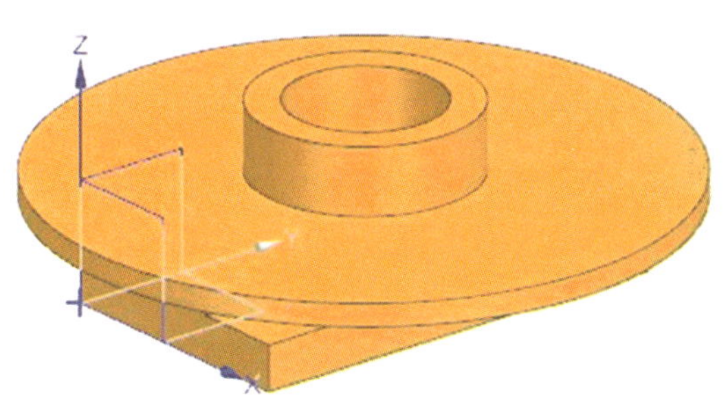

图 3–134　“定位槽”对话框

（5）根据系统提示“选择目标边或‘确定’接受初始位置”，选择圆柱的上边缘为目标边，如图 3–135 所示。

（6）单击鼠标左键确认，根据提示“选择刀具边”，选择槽上边缘作为刀具边，如图 3–136 所示。

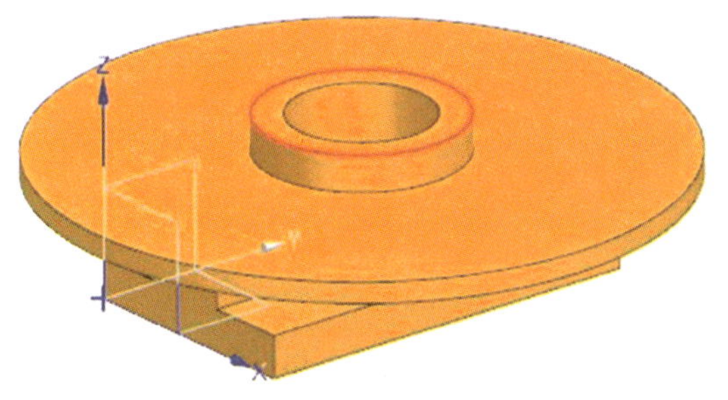

图 3–135　选择目标边

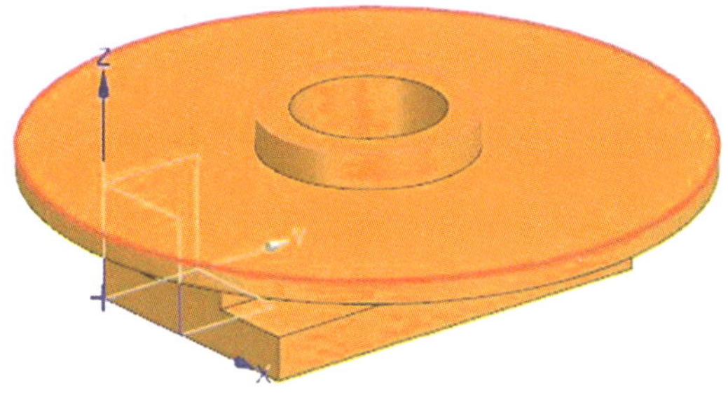

图 3–136　选择刀具边

（7）系统弹出“创建表达式”对话框，根据提示“输入新的定位值”，输入新的定位值“5 mm”，如图 3–137 所示。

（8）单击【确定】按钮，完成球形端槽的创建，如图 3–138 所示。

图 3-137　输入新的定位值

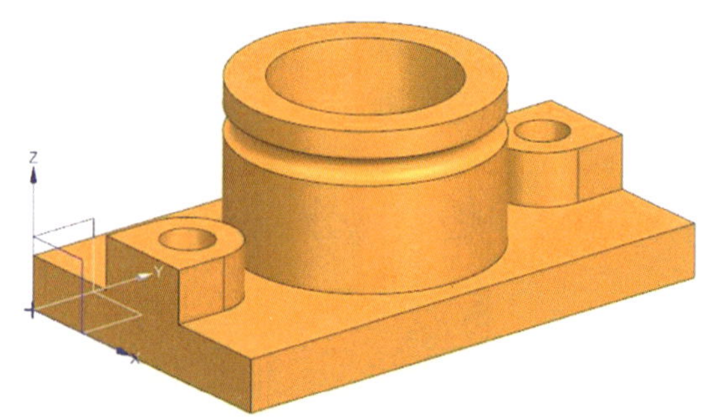

图 3-138　创建球形端槽

7. 创建筋板

（1）单击功能区“主页”选项卡“基本”面组中“更多”下拉菜单中的“筋板”图标或选择［菜单］/［插入］/［设计特征］/［筋板］菜单命令，系统弹出“筋板”对话框，如图 3-139 所示。

（2）根据系统提示“选择要绘制的平的面，或为截面选择曲线”，选择圆柱上表面为草图平面，如图 3-140 所示。

（3）单击鼠标左键确认，进入草图绘制环境，绘制图 3-141 所示的两条直线，直线长度可不做约束。

图 3-139　“筋板”对话框

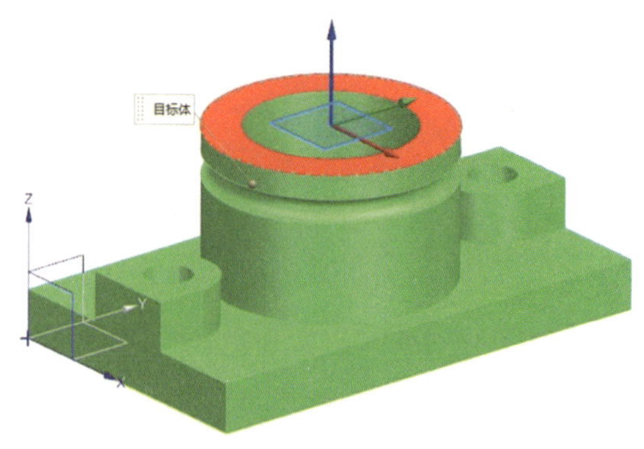

图 3-140　选择绘制截面

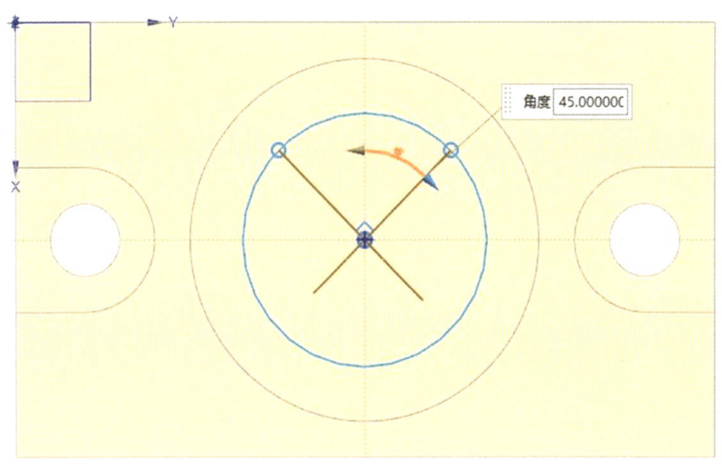

图 3-141　绘制截面草图

（4）单击功能区“主页”选项卡“草图”面组中的“完成”图标 ，结束草图绘制，截面曲线选择完成。

（5）设置“壁”选项组中的“厚度”为“2 mm”，其他采用默认设置，单击【确定】按钮，完成十字筋板的创建，结果如图 3-142 所示。

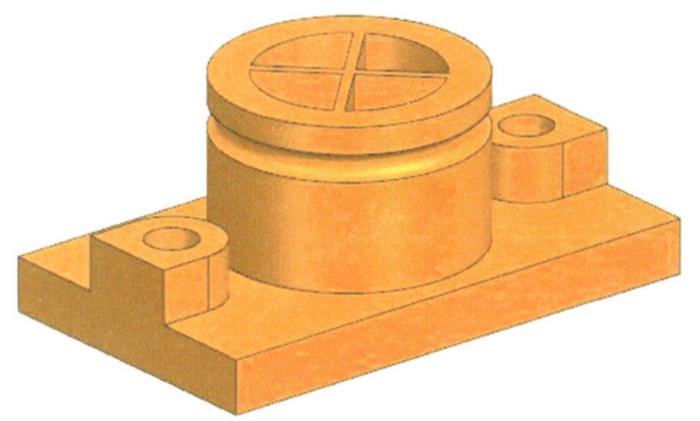

图 3-142　创建十字筋板

任务拓展

试用设计特征操作完成图 3-143 所示冰盒模型的创建，尺寸自定。

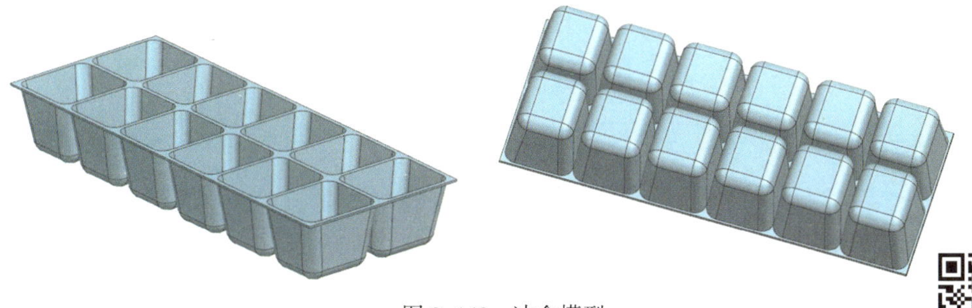

图 3-143　冰盒模型

课题 6　螺纹特征与特征引用操作

学习目标

1．能创建螺纹特征。

2．能操作特征引用。

工作任务

UG NX 2007 提供的螺纹特征可以在圆柱体、孔、圆台或扫描实体的表面生成螺纹。系统提供了两种螺纹类型：符号、详细。试用螺纹特征与特征引用操作完成图 3–144 所示三维实体模型的创建。

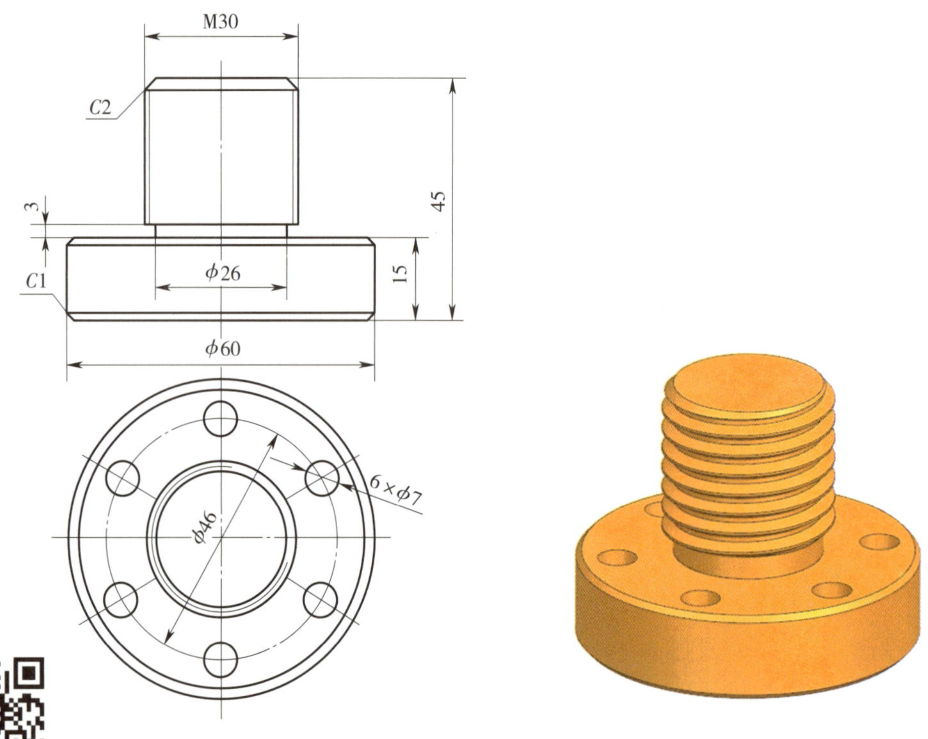

图 3–144　三维实体模型

任务实施

1．创建新文件

（1）双击快捷方式图标启动 UG NX 2007。

（2）新建名称为“螺纹特征”的部件文件。

（3）选择［菜单］/［首选项］/［草图］菜单命令，系统弹出“草图首选项”对话框。在“草图设置”选项卡中，将“尺寸标签”设置为“值”。

2. 创建旋转体

（1）单击功能区“主页”选项卡“构造”面组中的“草图”图标 ，系统弹出“创建草图”对话框，选择 *YZ* 平面为草图平面，单击【确定】按钮，进入草图绘制环境。

（2）绘制草图，并进行尺寸约束，如图 3-145 所示。

（3）单击功能区“主页”选项卡“草图”面组中的“完成”图标 ，结束草图绘制，结果如图 3-146 所示。

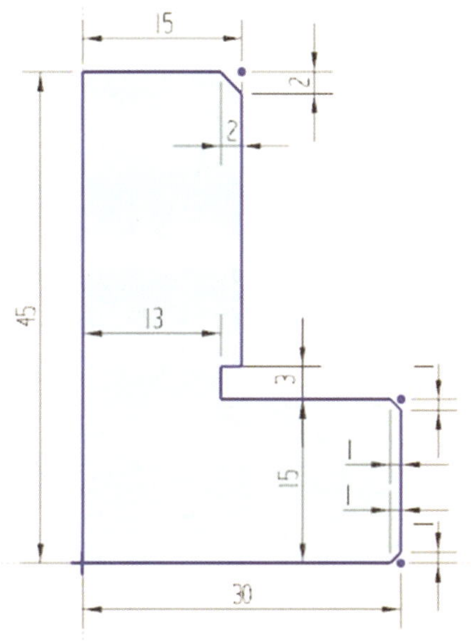

图 3-145　绘制草图并约束尺寸

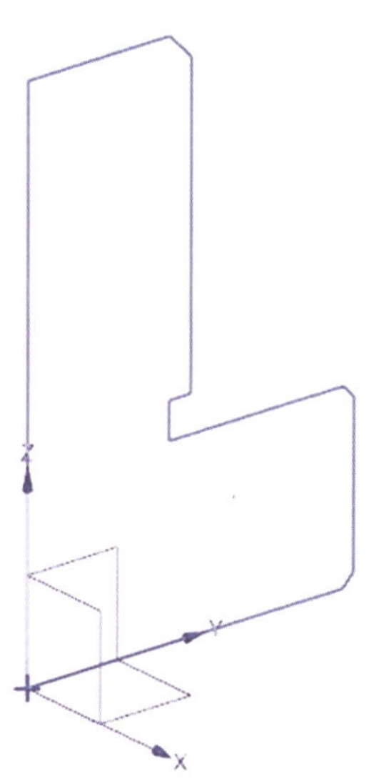

图 3-146　创建的草图

（4）单击功能区“主页”选项卡“基本”面组中的“旋转”图标 或选择［菜单］/［插入］/［设计特征］/［旋转］菜单命令，系统弹出“旋转”对话框，将“曲线规则”设置为“特征曲线”，选择创建的草图为截面曲线，设置 *Z* 轴为旋转轴，结果如图 3-147 所示。

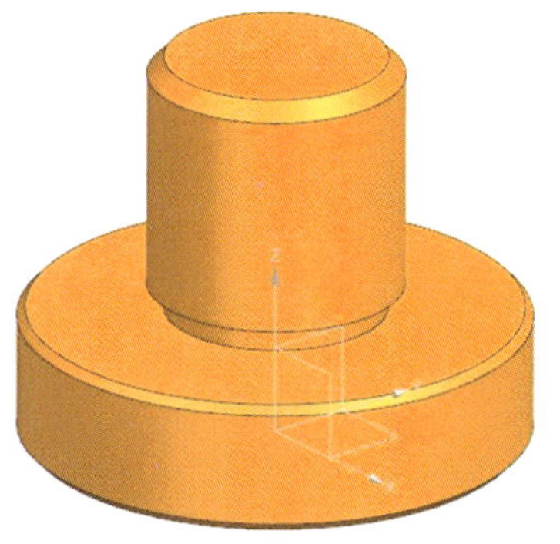

图 3-147　创建旋转体

3. 创建螺纹特征

（1）单击功能区“主页”选项卡“基本”面组中“更多”下拉菜单中的“螺纹”图标 或选择［菜单］/［插入］/［设计特征］/［螺纹］菜单命令，系统弹出“螺纹”对话框，如图 3-148 所示。

图 3-148 “螺纹”对话框

提示

“详细”类型用于创建详细螺纹。这种类型的螺纹显示得更加真实，但由于这种螺纹几何形状复杂，其创建和更新的速度较慢。

“符号”类型用于创建符号螺纹。符号螺纹用虚线表示，并不显示螺纹实体，在工程图中可用于表示螺纹和标注螺纹。这种螺纹只产生符号而不生成螺纹的实体，因此生成螺纹的速度快，一般创建螺纹时都选择该类型。

（2）根据提示，选择圆柱面为螺纹附着面，如图 3-149 所示，单击鼠标左键完成选择。

（3）根据提示，选择退刀槽的上端面为起始位置，如图 3-150 所示，单击鼠标左键完成选择。

图 3-149 选择圆柱面

图 3-150 选择起始对象

（4）设置“限制”选项组中的“螺纹限制”为“值”，“螺纹长度”为“30 mm”，其他参数默认，如图 3–151 所示。

（5）单击【确定】按钮，完成螺纹特征的创建，结果如图 3–152 所示。

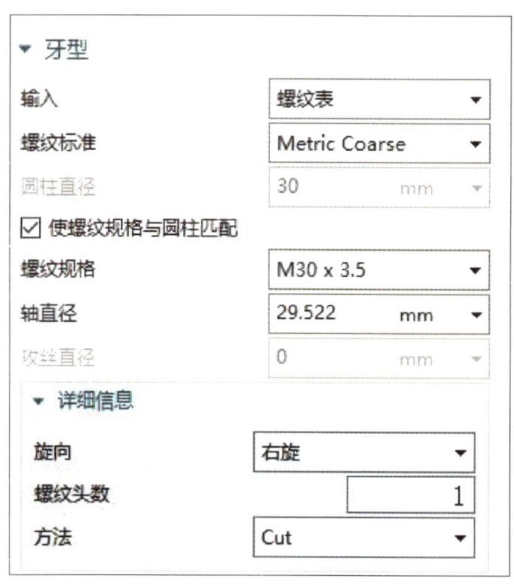

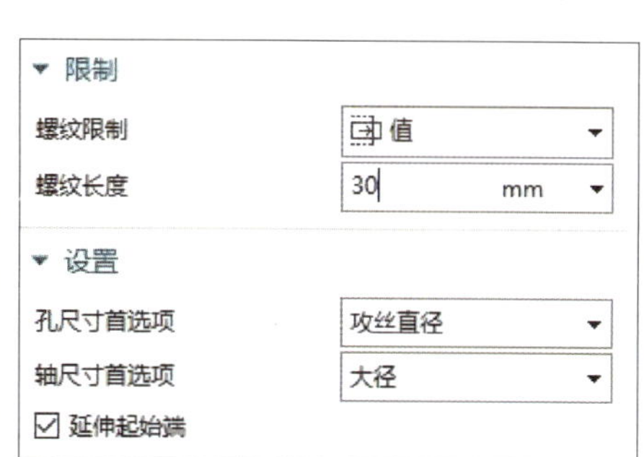

图 3–151 设置螺纹特征的参数

4. 创建孔

（1）单击功能区“主页”选项卡“构造”面组中的“草图”图标，系统弹出“创建草图”对话框，选择退刀槽下端面为草图平面，单击【确定】按钮，进入草图绘制环境。

（2）绘制草图，并进行尺寸约束，如图 3–153 所示。

（3）单击功能区“主页”选项卡“草图”面组中的“完成”图标，结束草图绘制。

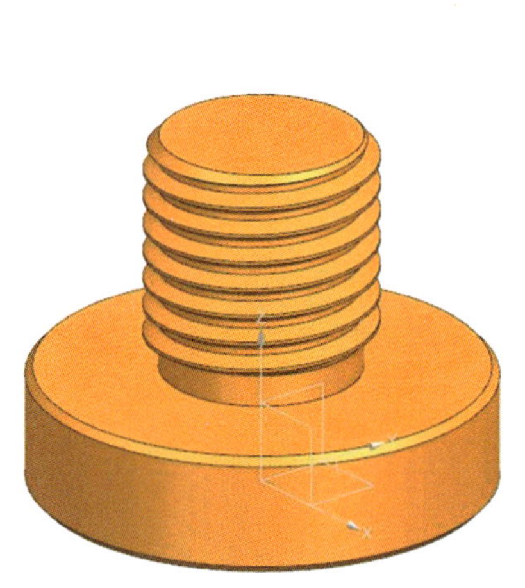

图 3–152 螺纹创建完成

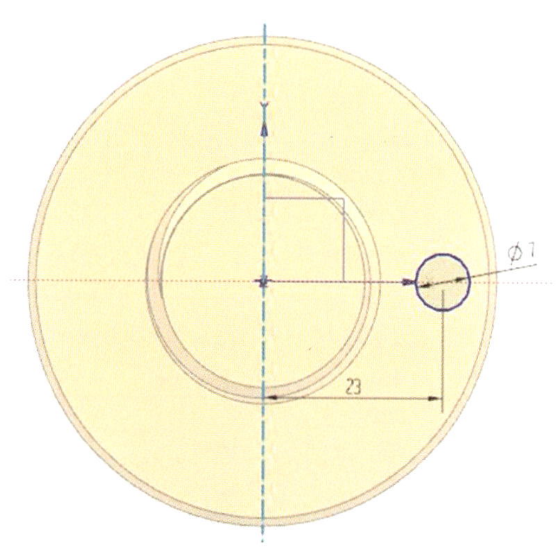

图 3–153 绘制草图并约束尺寸

（4）单击功能区“主页”选项卡“基本”面组中的“拉伸”图标 或选择［菜单］/［插入］/［设计特征］/［拉伸］菜单命令，系统弹出“拉伸”对话框，选择 $\phi 7$ mm 的圆为截面，方向为沿 Z 轴负方向，“终止”设置为“贯通”，“布尔”设置为“减去”，单击【确定】按钮，结果如图 3–154 所示。

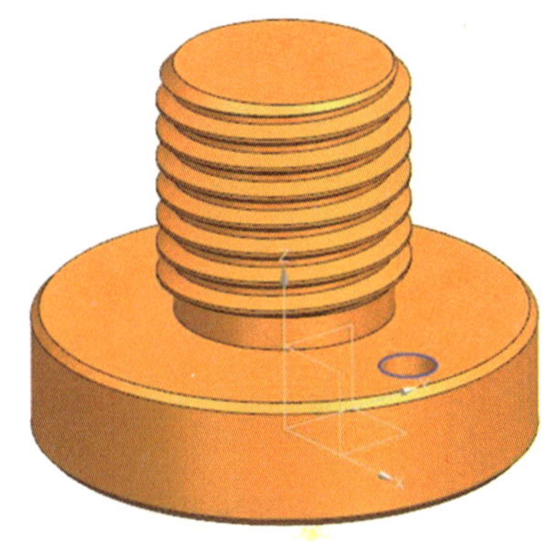

图 3–154　创建拉伸孔

5. 创建特征引用

（1）单击功能区“主页”选项卡“基本”面组中的“阵列特征”图标 或选择［菜单］/［插入］/［关联复制］/［阵列特征］菜单命令，系统弹出“阵列特征”对话框。

提示

引用操作可以对已有特征进行阵列（矩形阵列或圆形阵列）、镜像（实体镜像或特征镜像）等操作。引用操作功能对于有规律分布的相同特征来说，可以大大提高设计效率。引用操作产生的阵列特征是按照用户设置的特征分布位置和排列方式实现已有特征的复制，这些特征阵列对象称为特征的成员，当修改其中任何一个成员特征的参数时，所有成员特征的参数均会得到更新。

（2）选择拉伸孔为要形成阵列的特征，设置“布局”为“圆形”，选择 Z 轴为旋转轴，设置“斜角方向”下的“间距”为“数量和跨度”，“数量”为“6”，“跨角”为“360° ”，如图 3–155 所示。

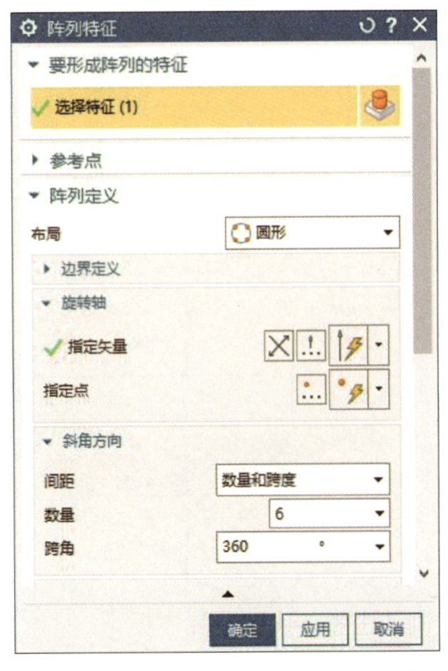

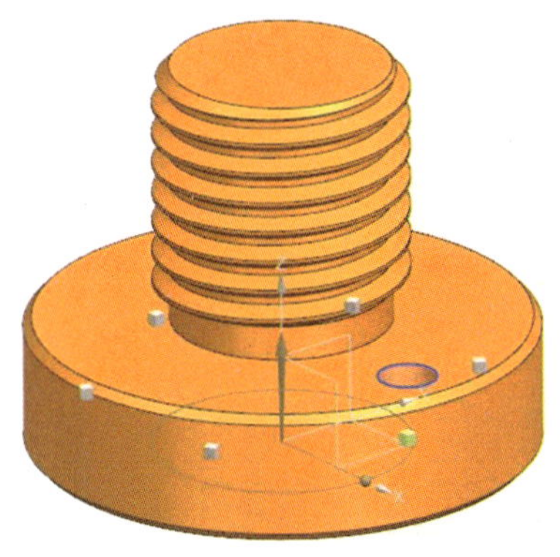

图 3–155　设置“阵列特征”对话框

（3）单击【确定】按钮，完成拉伸孔阵列特征的创建，结果如图 3–156 所示。

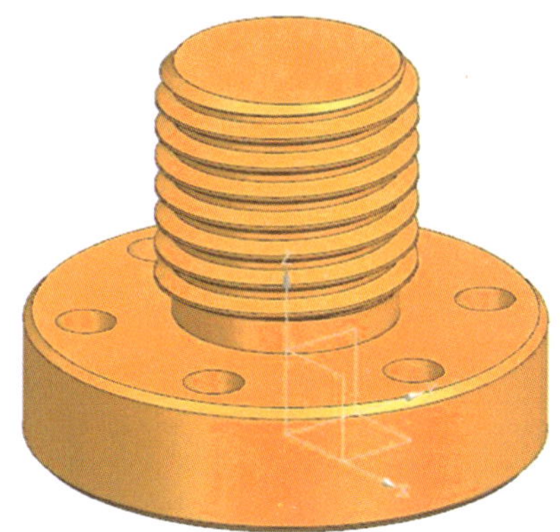

图 3–156　创建的阵列特征

任务拓展

试用螺纹特征与特征引用操作完成图 3–157 所示三维模型的创建，尺寸自定。

图 3–157　任务拓展模型

模块四　曲 面 造 型

课题 1　曲面创建（一）

学习目标

1．能创建有界平面。

2．能创建拉伸曲面。

3．能创建旋转曲面。

工作任务

设计形状复杂的零件，往往离不开 UG NX 2007 的曲面设计模块。曲面造型同绘制草图、创建特征及特征操作一样，是 CAD 模块中创建模型过程的重要组成部分，是体现 CAD/CAM 软件建模功能的重要标志。试完成图 4–1 所示曲面的创建。

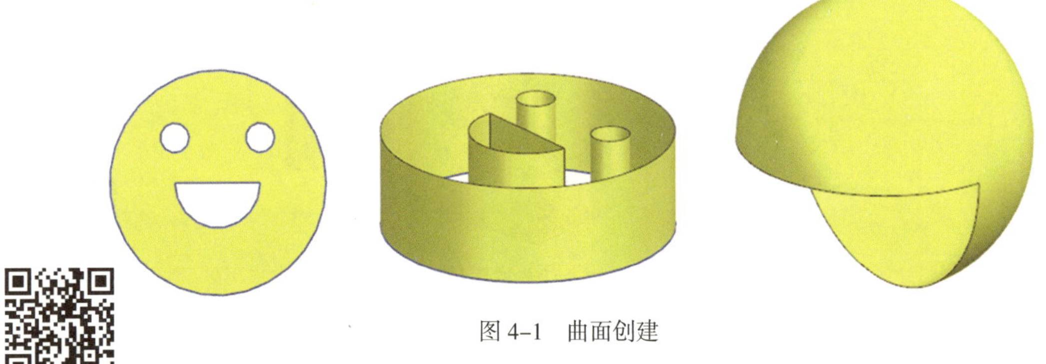

图 4–1　曲面创建

任务实施

1．创建新文件

（1）双击快捷方式图标启动 UG NX 2007。

（2）新建名称为“曲面 1”的部件文件。

（3）选择［文件］/［首选项］/［可视化］菜单命令，将视图窗口设置为白色背景。

2．创建有界平面

（1）单击“草图”图标 ，系统弹出“创建草图”对话框，选择 *XY* 平面为草图平面，如图 4–2 所示。

（2）绘制草图，并进行相应约束，如图 4–3 所示。

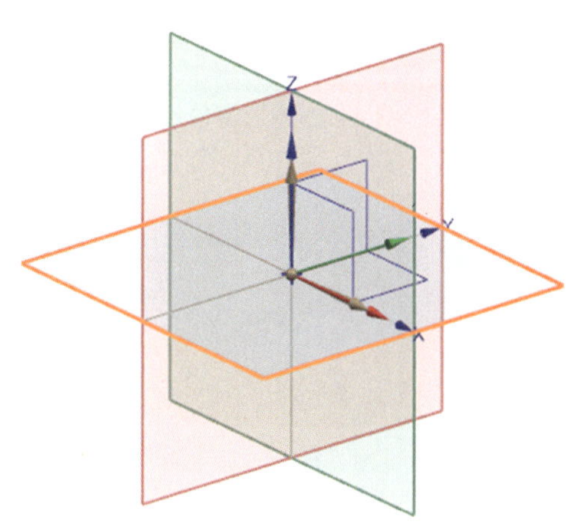

图 4–2　选择草图平面

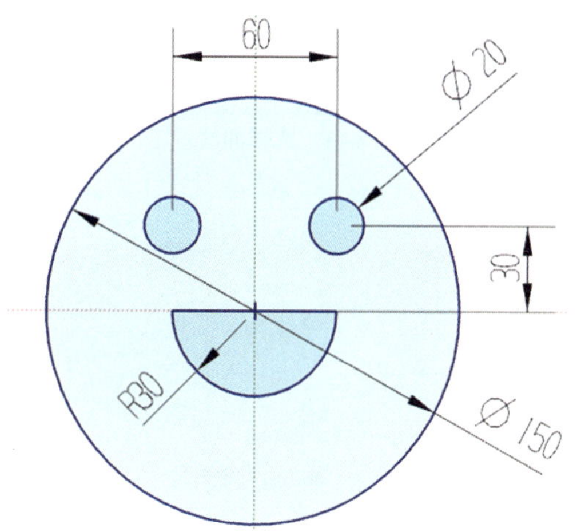

图 4–3　绘制草图

（3）单击“完成”图标 ，结束草图绘制。

（4）隐藏“基准坐标系”和“工作坐标系”，图形窗口如图 4–4 所示。

（5）单击功能区“曲面”选项卡“基本”面组中“更多”下拉菜单中的“有界平面”图标 或选择［菜单］/［插入］/［曲面］/［有界平面］菜单命令，系统弹出“有界平面”对话框，如图 4–5 所示。

图 4–4　图形窗口

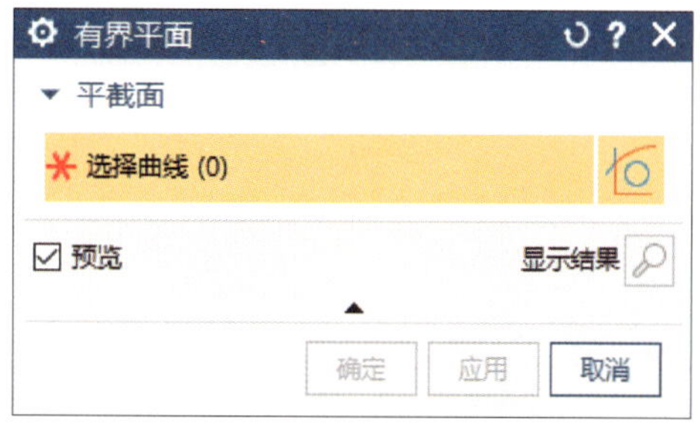

图 4–5　“有界平面”对话框

提示

“有界平面”命令可用于创建没有深度参数的二维平整曲面。

（6）根据提示“选择有界平面的曲线”，选择有界平面的曲线，如图 4–6 所示。

（7）单击鼠标左键确认，图形窗口如图 4–7 所示。

（8）根据提示继续选择有界平面的曲线，如图 4–8 所示。

（9）根据提示分别选择两个圆作为有界平面曲线。

（10）单击【确定】按钮，完成有界平面的创建，如图 4–9 所示。

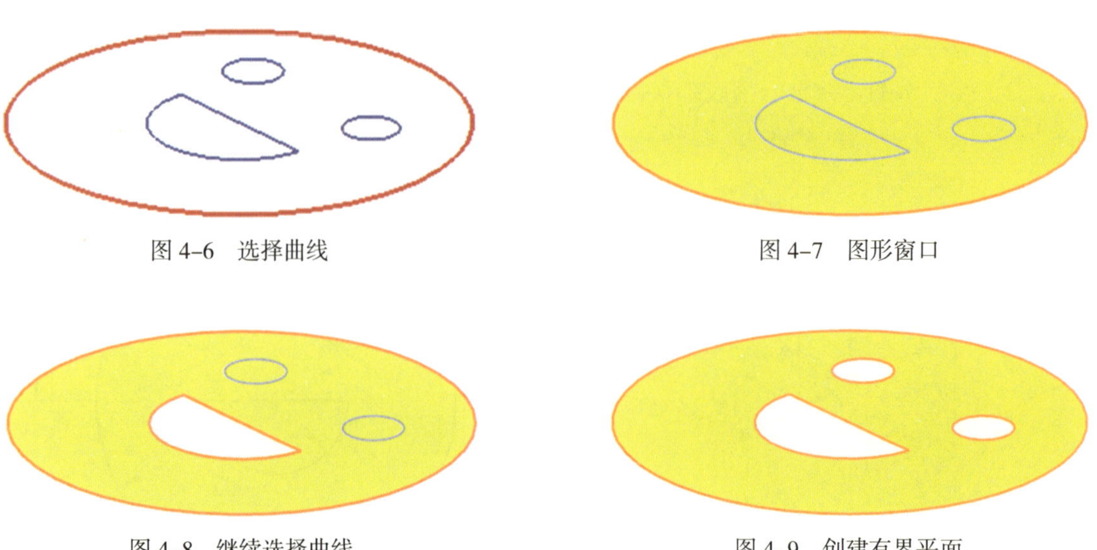

图 4-6　选择曲线

图 4-7　图形窗口

图 4-8　继续选择曲线

图 4-9　创建有界平面

（11）单击“撤销”图标，取消有界平面的创建，图形窗口如图 4-10 所示，为创建拉伸曲面做准备。

3. 创建拉伸曲面

（1）单击功能区“主页”选项卡“基本”面组中的“拉伸”图标或选择［菜单］/［插入］/［设计特征］/［拉伸］菜单命令，系统弹出“拉伸”对话框。

（2）设置“拉伸”对话框，如图 4-11 所示。

图 4-10　图形窗口

图 4-11　设置“拉伸”对话框

提示

拉伸可创建有深度参数的二维或三维曲面。拉伸曲面是将截面草图沿着草图平面的垂直方向拉伸而成的曲面。拉伸曲面的创建方法与相应的实体特征创建方法基本相同。

（3）根据提示“选择要绘制的平的面，或为截面选择曲线”，选择要拉伸的截面几何图形，如图 4–12 所示。

（4）根据提示继续选择要拉伸的截面几何图形，如图 4–13 所示。

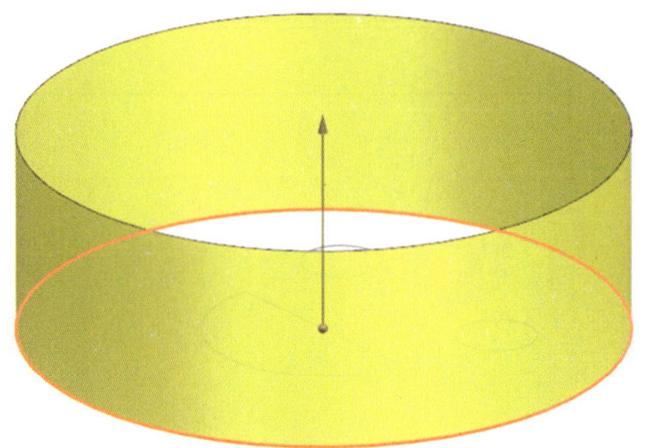

图 4–12　选择要拉伸的截面几何图形

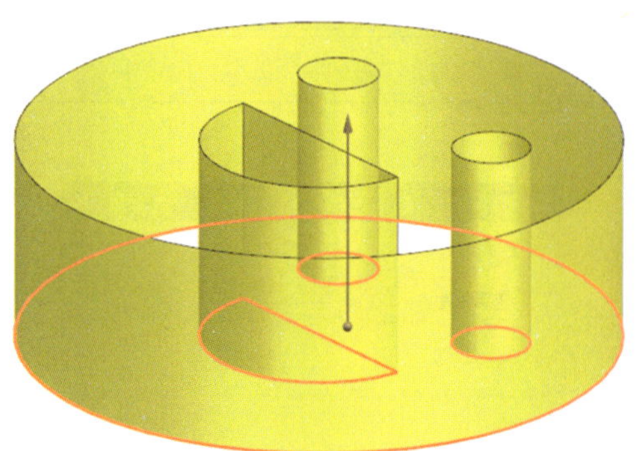

图 4–13　继续选择要拉伸的截面几何图形

（5）单击【确定】按钮，完成拉伸曲面的创建，如图 4–14 所示。

（6）单击“撤销”图标 ，取消拉伸曲面的创建，图形窗口如图 4–15 所示，为创建旋转曲面做准备。

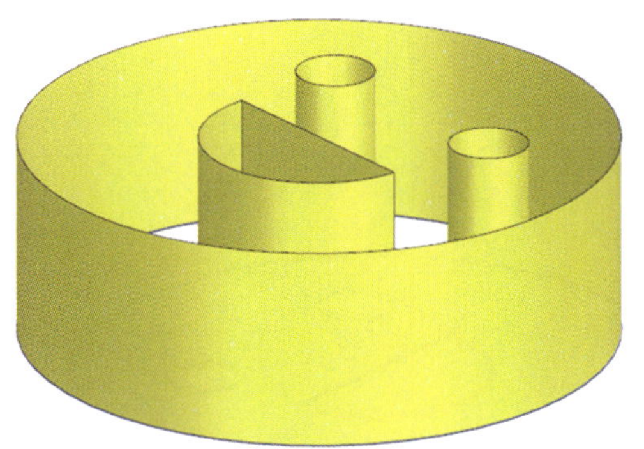

图 4–14　创建拉伸曲面

图 4–15　图形窗口

4. 创建旋转曲面

（1）单击功能区“主页”选项卡“基本”面组中的“旋转”图标 或选择［菜单］/［插入］/［设计特征］/［旋转］菜单命令，系统弹出“旋转”对话框。

提示

旋转曲面是将截面草图绕着一条中心轴线旋转而形成的曲面，旋转创建的是三维曲面。旋转曲面的创建方法与相应的实体特征创建方法基本相同。

（2）设置“旋转”对话框，如图 4-16 所示。

（3）根据提示“选择要绘制的平的面，或为截面选择曲线”，选择要旋转的截面曲线，如图 4-17 所示。

提示

将“曲线规则”设置为“单条曲线”。

图 4-16 设置“旋转”对话框

图 4-17 选择要旋转的截面曲线

（4）在“旋转”对话框中，单击“指定矢量”，如图 4-18 所示。

（5）选择旋转轴，如图 4-19 所示。

（6）单击鼠标左键确认后，图形窗口如图 4-20 所示。

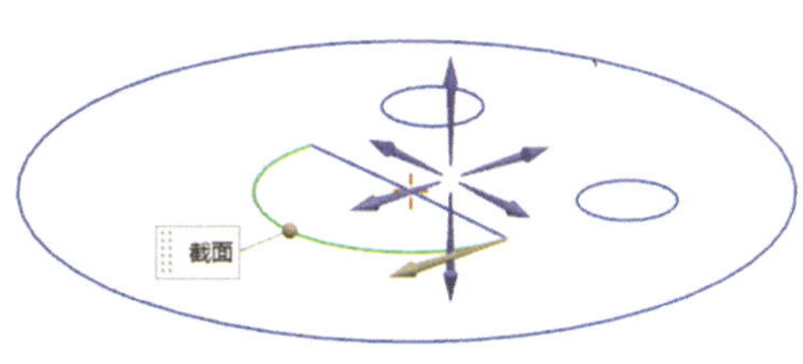

图 4-18　单击"指定矢量"

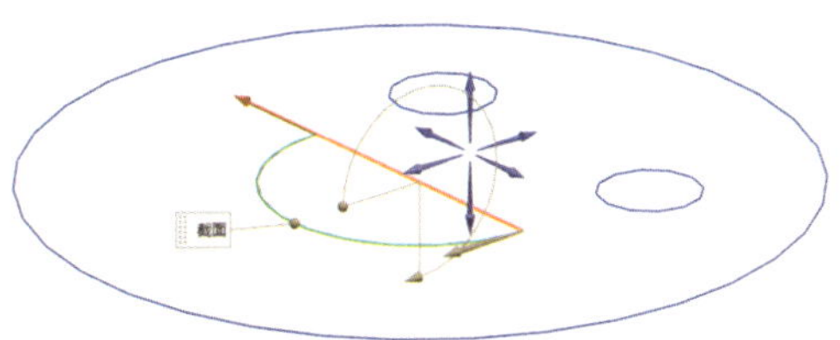

图 4-19　选择旋转轴

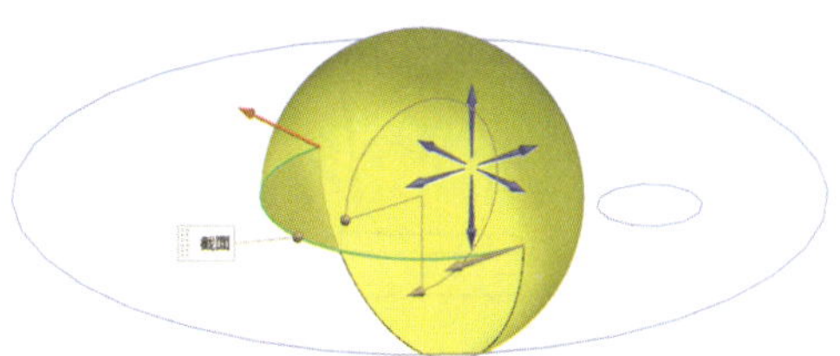

图 4-20　图形窗口

提示

系统按右手法则形成旋转曲面。

（7）单击【确定】按钮，完成旋转曲面的创建，如图 4-21 所示。

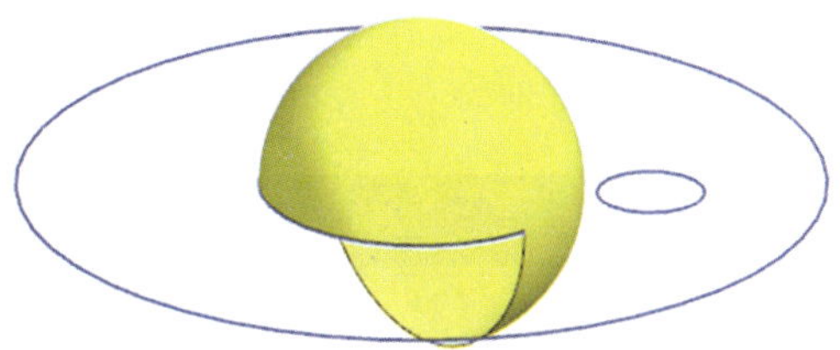

图 4-21　创建旋转曲面

任务拓展

1．试完成图 4–22 所示书挡曲面的创建。

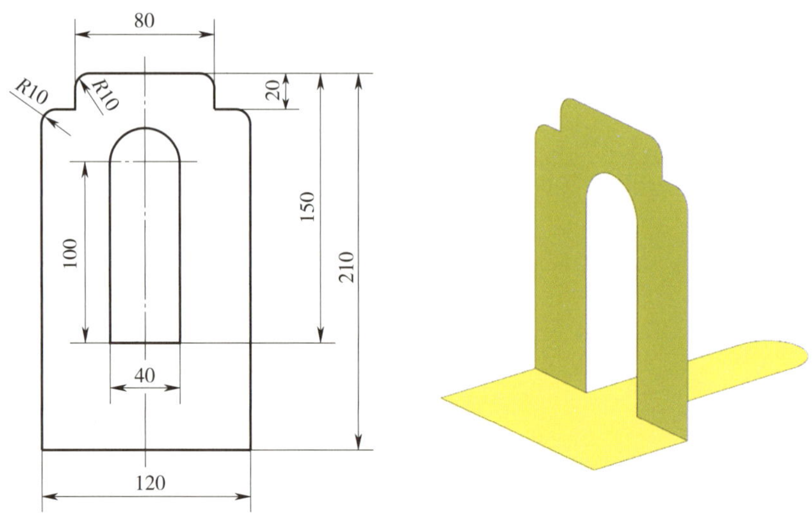

图 4–22　书挡

2．试完成图 4–23 所示国际象棋曲面的创建。

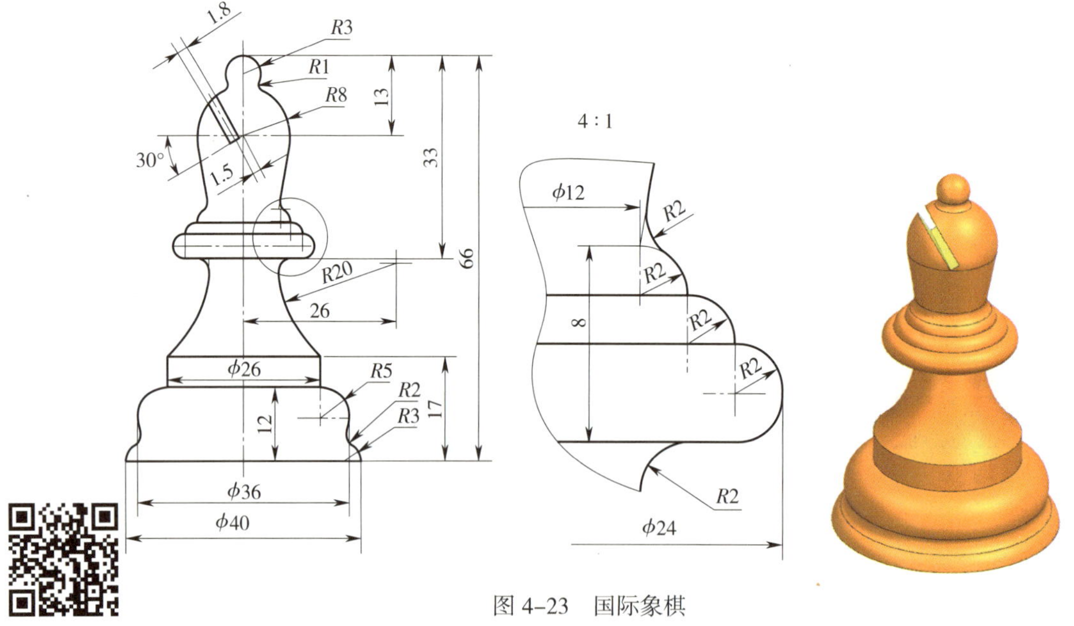

图 4–23　国际象棋

3．试完成图 4–24 所示水池曲面的创建。

提示

可通过［菜单］/［插入］/［修剪］/［修剪片体］菜单命令创建，将曲面作为目标选择片体，将圆作为边界对象。

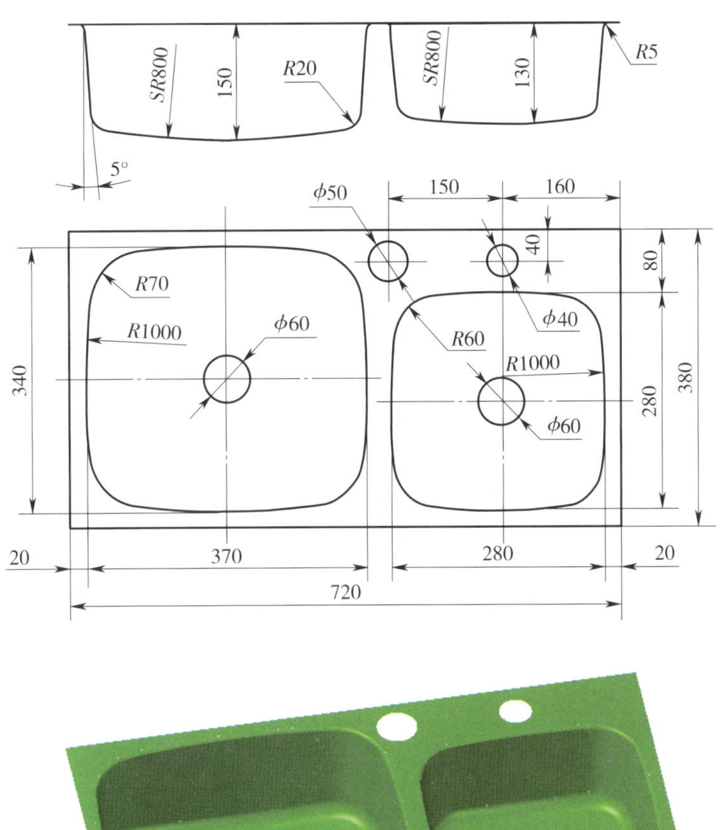

图 4-24 水池

课题 2 曲面创建（二）

学习目标

1．能创建投影曲线。

2．能创建样条曲线。

3．能创建直纹面。

4．能创建通过曲线组曲面。

5．能创建通过曲线网格曲面。

工作任务

曲线是构建曲面的基础，试在图 4-25 所示曲线的基础上，完成有关网格曲面的创建。

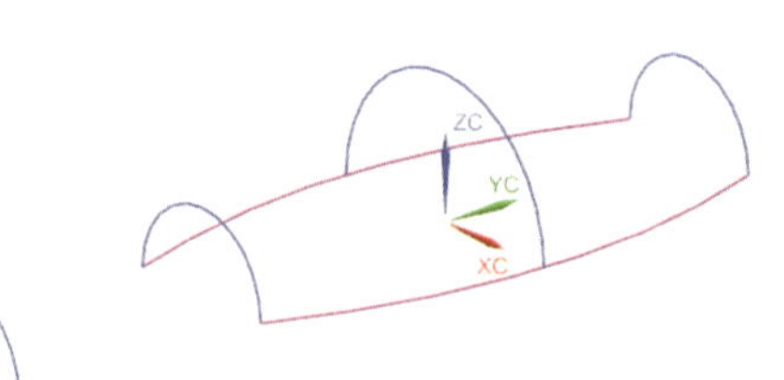

图 4–25　曲线素材

任务实施

1. 创建新文件

（1）双击快捷方式图标启动 UG NX 2007。

（2）新建名称为“曲面 2”的部件文件。

（3）选择［文件］/［首选项］/［可视化］菜单命令，将视图窗口设置为白色背景。

2. 创建曲线素材

（1）单击“草图”图标，系统弹出“创建草图”对话框，选择 *XZ* 平面为草图平面，如图 4–26 所示。

（2）绘制草图，并进行相应约束，如图 4–27 所示。

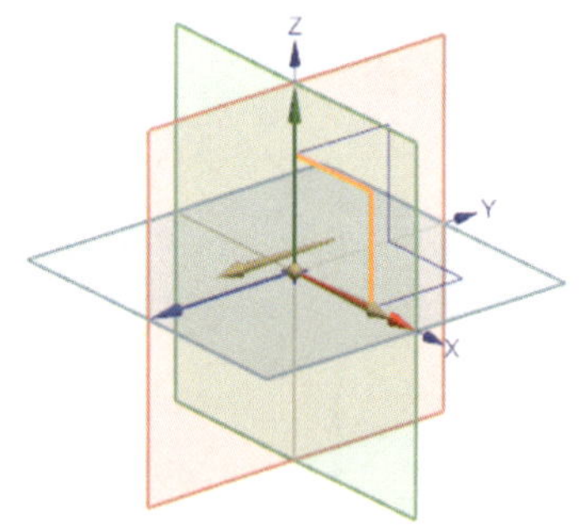

图 4–26　选择草图平面

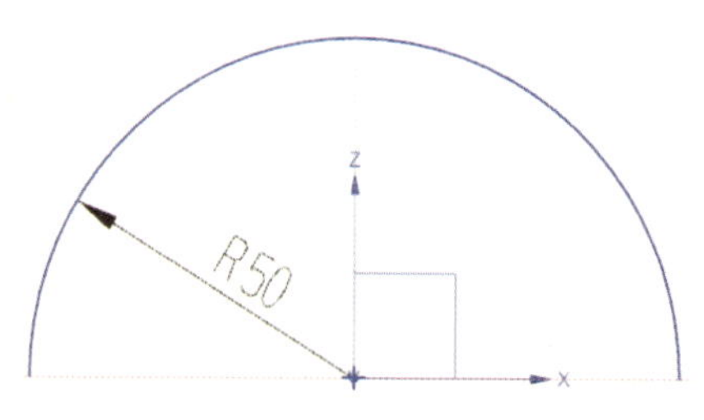

图 4–27　绘制草图 1

（3）单击“完成”图标，结束草图绘制，如图 4–28 所示。

（4）单击“基准平面”图标或选择［菜单］/［插入］/［基准］/［基准平面］菜单命令，创建一个距离 *XZ* 平面 100 mm 的基准平面，如图 4–29 所示。

（5）采用相同方法创建另一个基准平面，与第一个基准平面距离 100 mm，如图 4–30 所示。

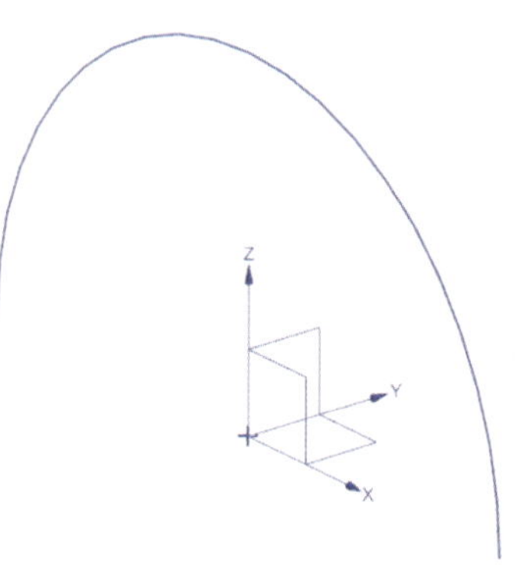

图 4–28　结束草图绘制

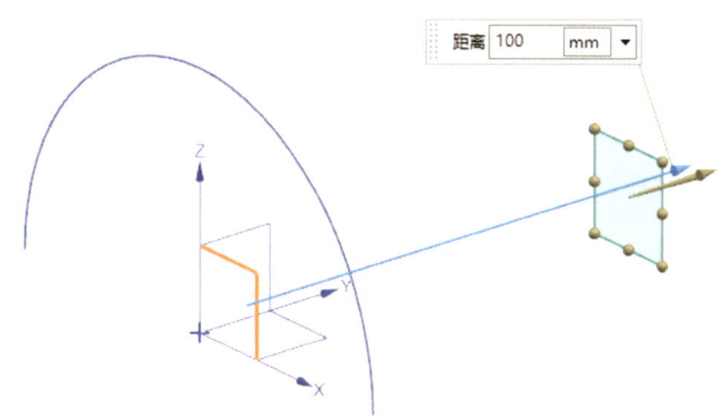

图 4-29　创建基准平面

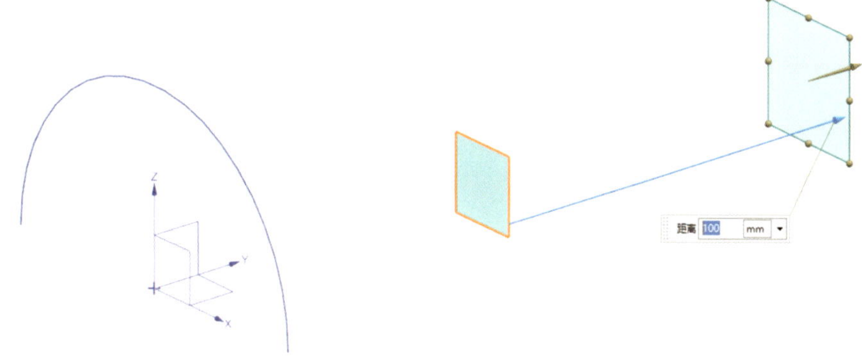

图 4-30　创建另一个基准平面

（6）同理，在 *XZ* 平面另一侧创建两个基准平面，如图 4-31 所示。

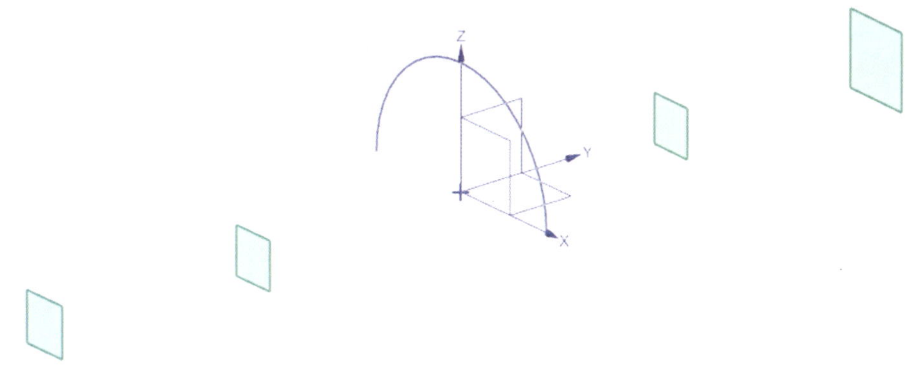

图 4-31　创建另一侧的基准平面

（7）单击“草图”图标，系统弹出“创建草图”对话框，选择第一个基准平面为草图平面，如图 4-32 所示。

（8）绘制草图，并进行相应约束，如图 4-33 所示。

（9）单击“完成”图标，结束草图绘制，如图 4-34 所示。

（10）单击“草图”图标，系统弹出“创建草图”对话框，选择第二个基准平面为草图平面，如图 4-35 所示。

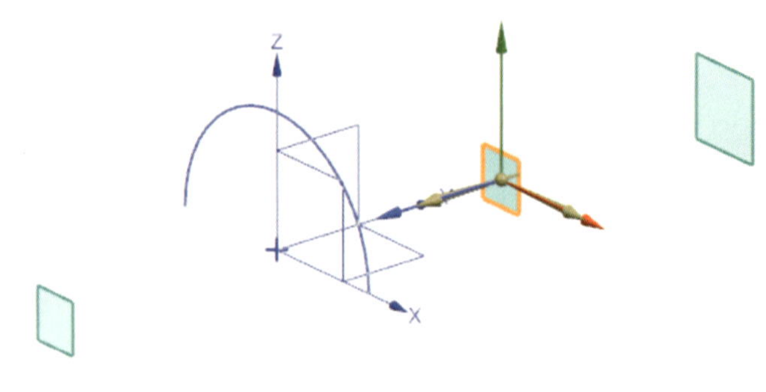

图 4-32　选择草图平面

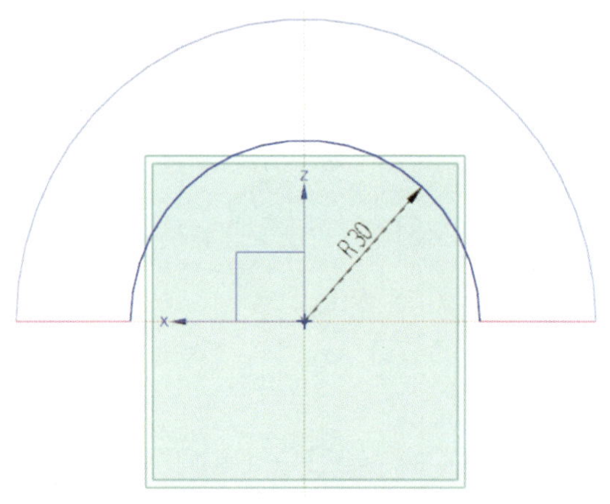

图 4-33　绘制草图 2

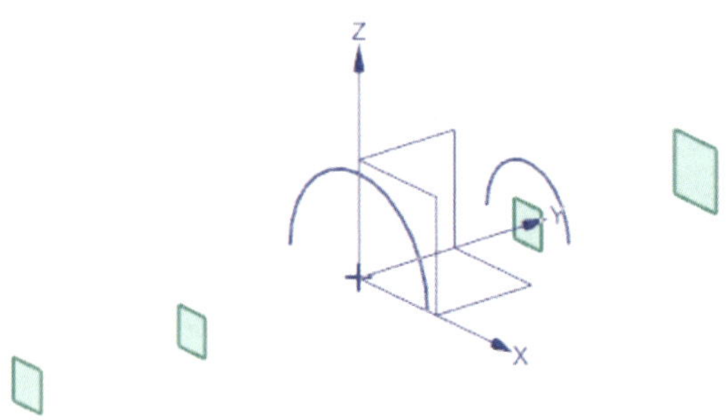

图 4-34　结束草图绘制

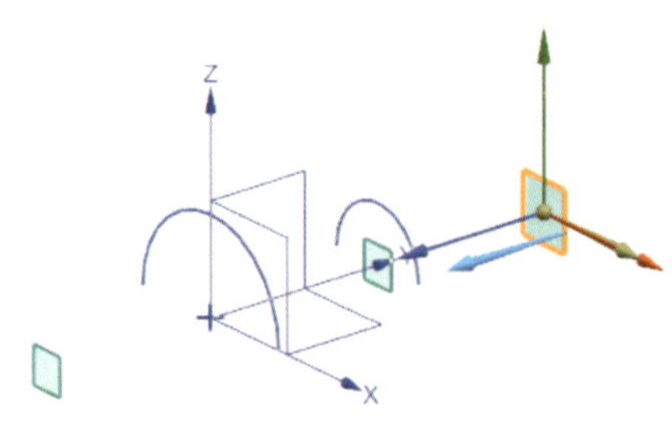

图 4-35　选择草图平面

（11）单击【确定】按钮，进入草图绘制环境。单击功能区“主页”选项卡“包含”面组中“更多”下拉菜单中的“投影曲线”图标，系统弹出“投影曲线”对话框，如图 4–36 所示。

（12）根据提示“选择要投影的曲线或点”，选择草图 2 作为要投影的曲线，如图 4–37 所示。

图 4–36　“投影曲线”对话框

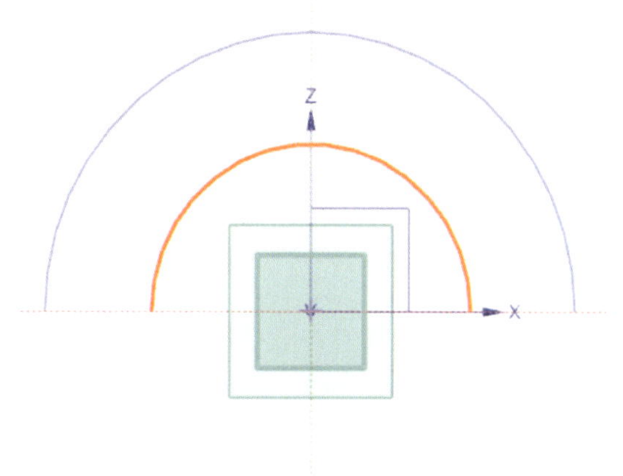

图 4–37　选择要投影的曲线

（13）单击【确定】按钮，绘制草图 3，单击“完成”图标，结束草图 3 的绘制，如图 4–38 所示。

（14）采用相同方法，完成其他两个草图曲线的绘制，如图 4–39 所示。

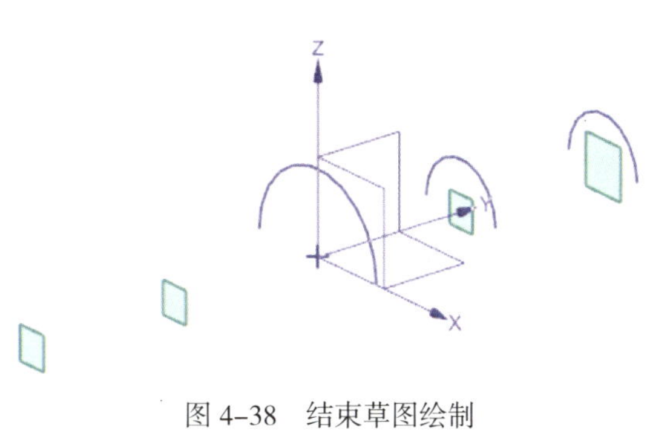

图 4–38　结束草图绘制

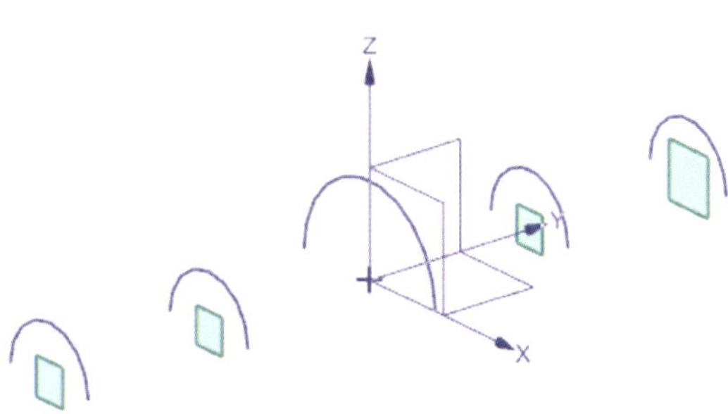

图 4–39　完成草图绘制

（15）隐藏所有基准平面、基准坐标系及工作坐标系，如图 4–40 所示。

图 4–40　隐藏操作结果

（16）单击功能区“主页”选项卡“曲线”面组中的“艺术样条”图标 ，绘制两条通过 3 个点的艺术样条曲线，如图 4–41 所示。

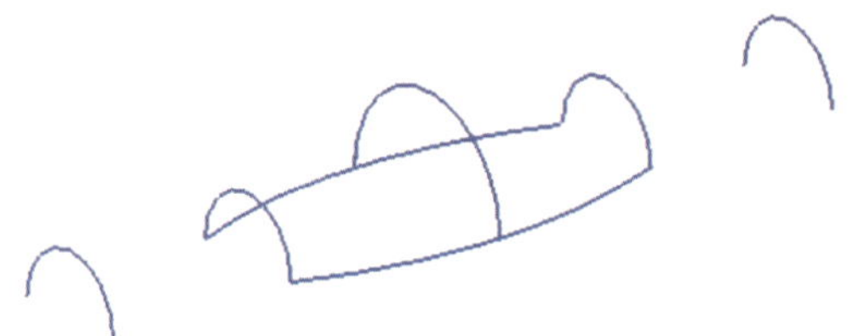

图 4–41　绘制两条艺术样条曲线

3. 创建直纹面

（1）单击功能区“曲面”选项卡“基本”面组中“更多”下拉菜单中的“直纹”图标 或选择［菜单］/［插入］/［网格曲面］/［直纹面］菜单命令，系统弹出“直纹”对话框，如图 4–42 所示。

图 4–42　“直纹”对话框

提示

直纹面可以理解为通过一系列直线连接两组线串而形成的曲面，创建直纹面时只能使用两组线串，这两组线串可以封闭，也可以不封闭。需要指出的是，“直纹”对话框中“对齐”选项组中各选项的选择不容忽视，相关说明见表 4-1。

表 4-1　“对齐”选项组各选项的说明

选项	说明
参数	沿定义曲线将等参数曲线要通过的点以相等的参数间隔隔开
圆弧长	两组截面线根据等弧长方式建立连接点
根据点	将不同形状截面线间的点对齐
距离	在指定矢量上将点沿每条曲线以等距离隔开
角度	在每条截面线上，绕着一个规定的轴等角度间隔生成
脊线	把点放在选择的曲线和正交于输入曲线的平面的交点上
可扩展	可定义起始与终止填料曲面类型

（2）根据提示“为截面 1 选择曲线”，选择截面线 1，如图 4-43 所示。

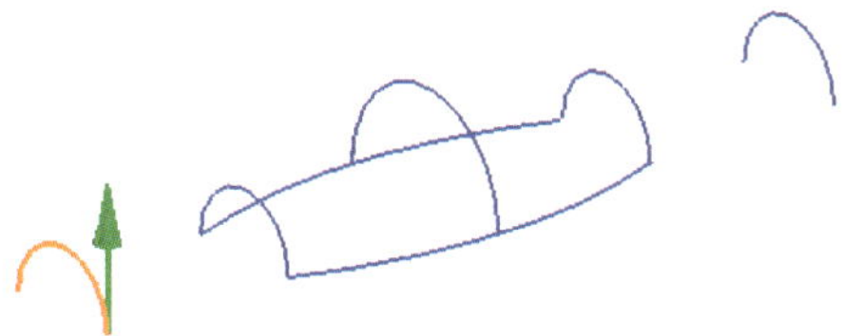

图 4-43　选择截面线 1

（3）单击“截面 2”选项组中的“选择曲线”，如图 4-44 所示。

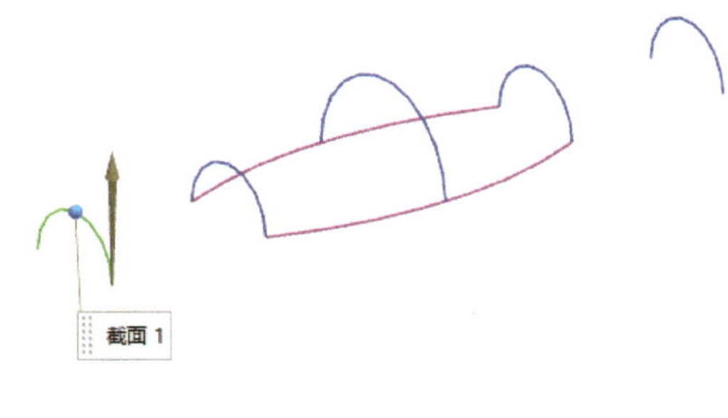

图 4-44　单击“选择曲线”

（4）根据提示选择截面线 2，如图 4-45 所示。

（5）单击鼠标左键确认，完成直纹面 1 的创建，如图 4-46 所示。

（6）单击【应用】按钮，图形窗口如图 4-47 所示。

（7）用相同方法，完成另一个直纹面的创建，如图 4-48 所示。

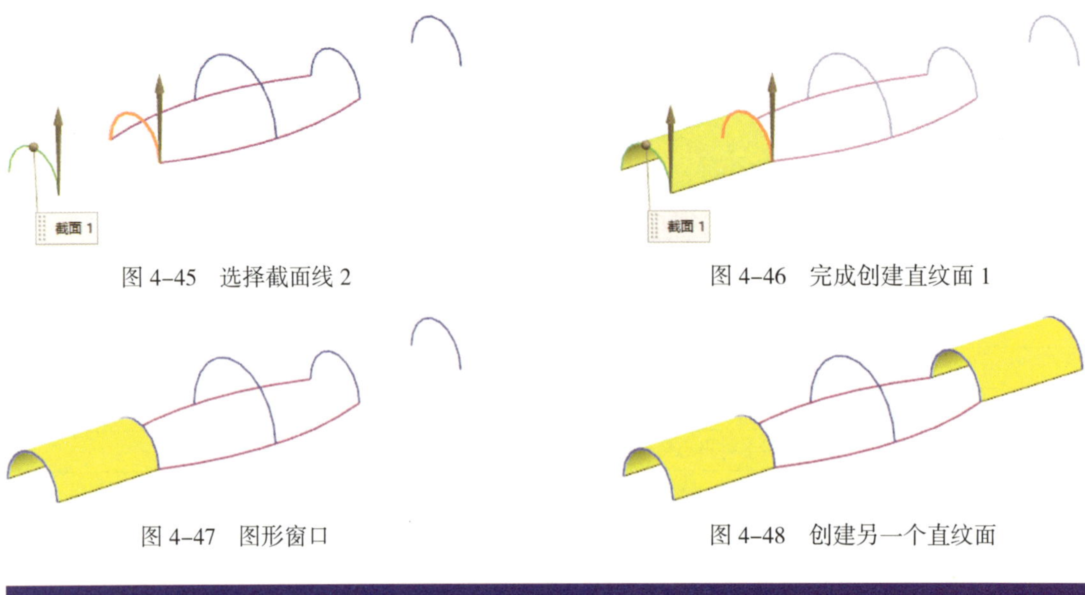

图 4-45　选择截面线 2　　图 4-46　完成创建直纹面 1

图 4-47　图形窗口　　图 4-48　创建另一个直纹面

提示

创建直纹面时，要在同一侧选取截面线，否则不能达到需要的效果。

4. 创建通过曲线组曲面

（1）单击功能区“曲面”选项卡“基本”面组中的“通过曲线组”图标 或选择［菜单］/［插入］/［网格曲面］/［通过曲线组］菜单命令，系统弹出“通过曲线组”对话框，如图 4-49 所示。

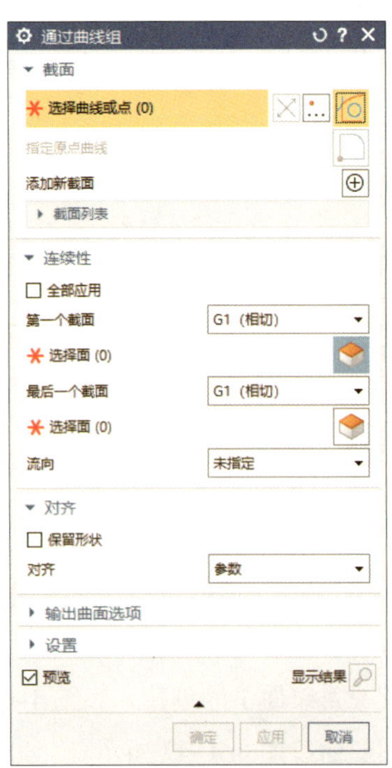

图 4-49　“通过曲线组”对话框

提示

通过曲线组用于通过同一方向上的一组曲线轮廓线创建曲面，曲线轮廓线称为截面线，截面线可由单个对象或多个对象组成，每个对象可以是曲线、实体边等。“通过曲线组”对话框中“连续性”选项组的设置说明见表 4–2。

表 4–2　“连续性”选项组的设置说明

约束条件	说明
G0（位置）	生成的曲面与指定面点连接，无约束
G1（相切）	生成的曲面与指定面相切连接
G2（曲率）	生成的曲面与指定面曲率相连

（2）根据提示“选择截面曲线或一个点”，选择曲线组的第一条截面曲线，如图 4–50 所示。

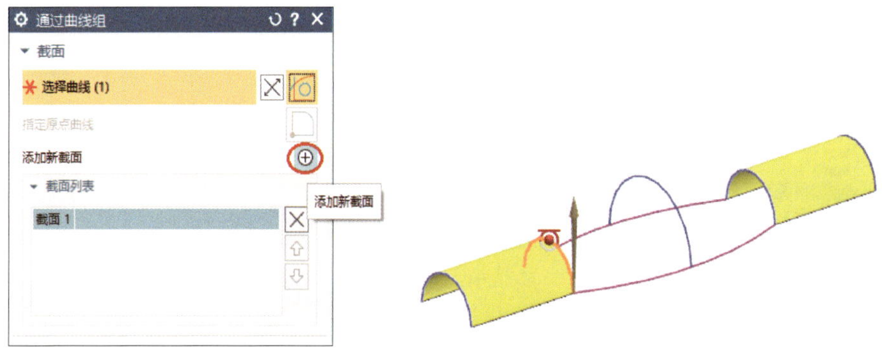

图 4–50　选择第一条截面曲线

（3）单击“添加新截面”按钮 ⊕ ，确认第一条截面曲线的选择，如图 4–51 所示。

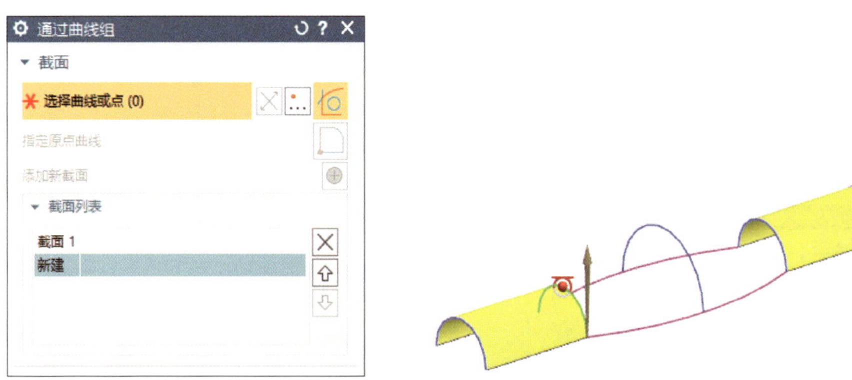

图 4–51　确认第一条截面曲线的选择

提示

也可通过单击鼠标滚轮来确认选择。

（4）根据提示选择曲线组的第二条截面曲线，如图 4–52 所示。

图 4–52　选择第二条截面曲线

提示

选择截面曲线时，图形区显示的箭头矢量应该处于截面曲线的同侧，否则生成的片体将被扭曲。创建通过曲线网格曲面时，同样如此。

（5）单击“添加新截面”按钮 ⊕ ，确认第二条截面曲线的选择，如图 4–53 所示。

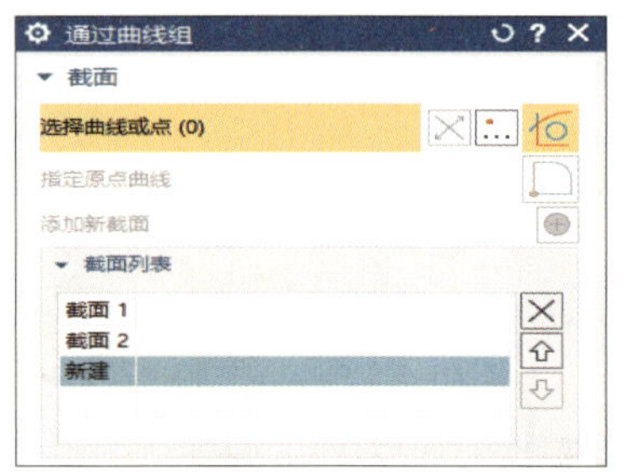

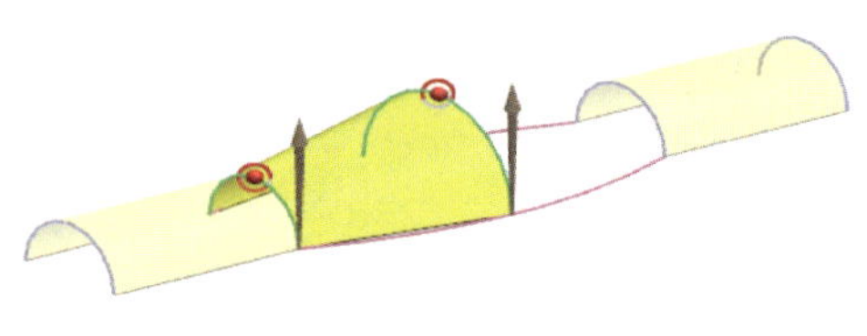

图 4–53　确认第二条截面曲线的选择

（6）根据提示选择曲线组的第三条截面曲线，如图 4–54 所示。

（7）单击“添加新截面”按钮 ⊕，确认第三条截面曲线的选择，如图 4–55 所示。

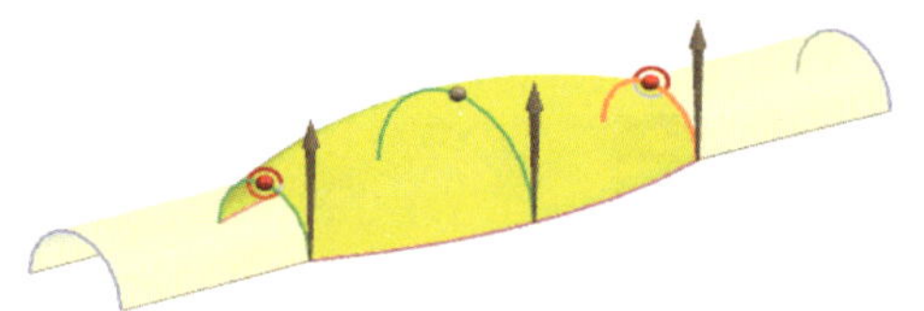

图 4–54　选择第三条截面曲线

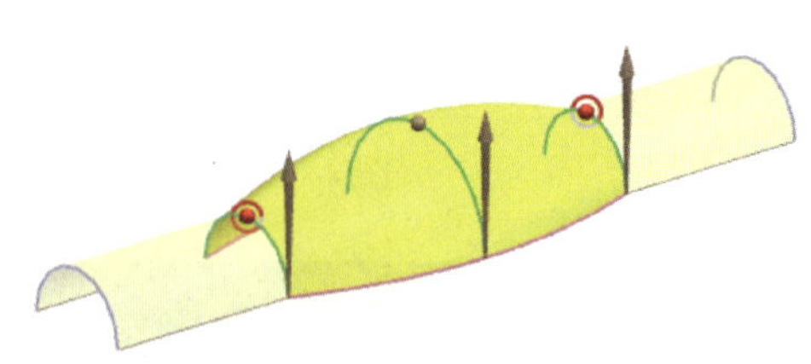

图 4–55　确认第三条截面曲线的选择

（8）在“连续性”选项组中，将“第一个截面”设置为“G1(相切)”，如图 4–56 所示。

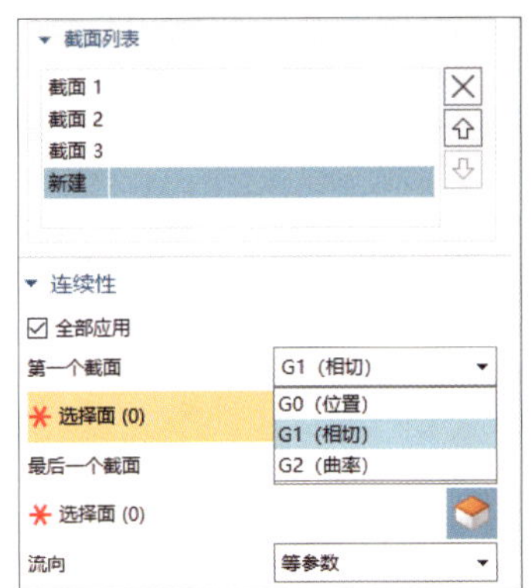

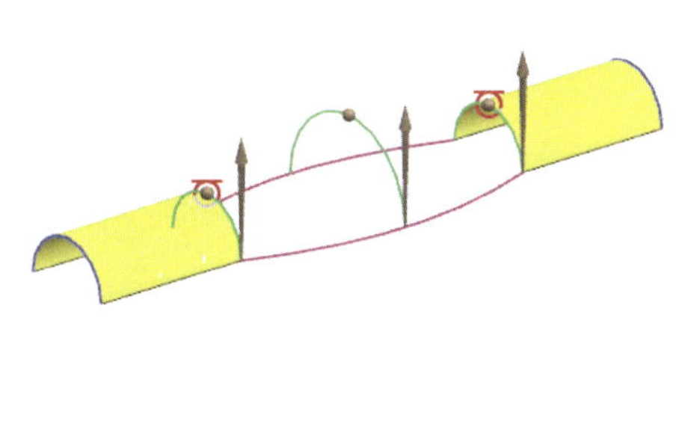

图 4–56 第一个截面的连续性设置

（9）根据提示“选择第一个截面的连续性约束面”，选择左侧直纹面为第一个截面的连续性约束面，如图 4–57 所示。

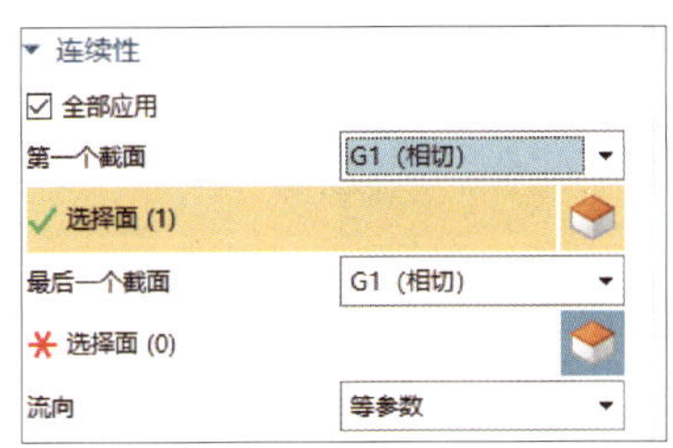

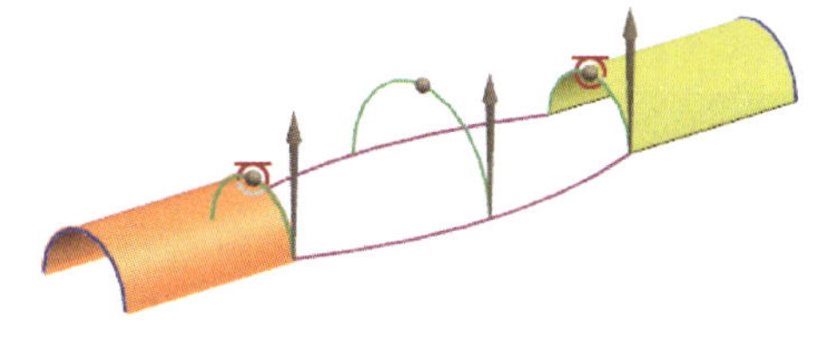

图 4–57 选择第一个截面的连续性约束面

（10）在“最后一个截面”下单击“选择面”，如图 4–58 所示。

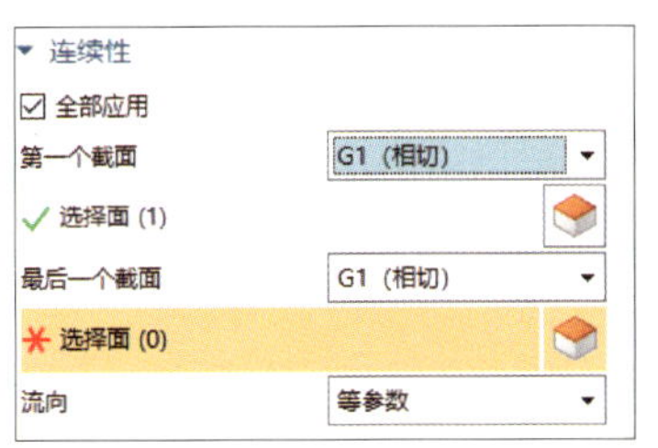

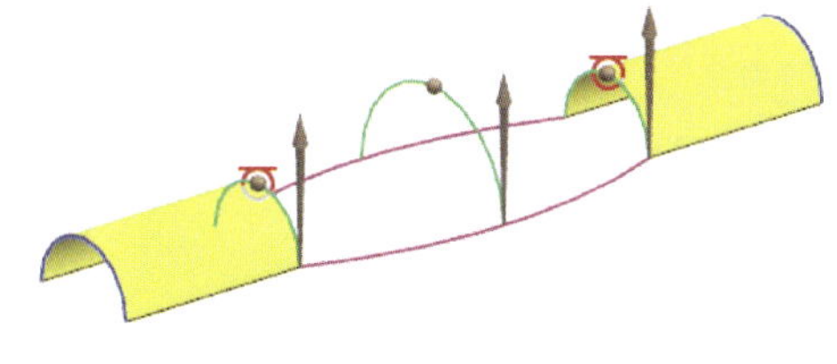

图 4–58 单击“选择面”

（11）根据提示选择右侧直纹面为最后一个截面的连续性约束面，如图 4–59 所示。

（12）单击鼠标左键确认，图形窗口如图 4–60 所示。

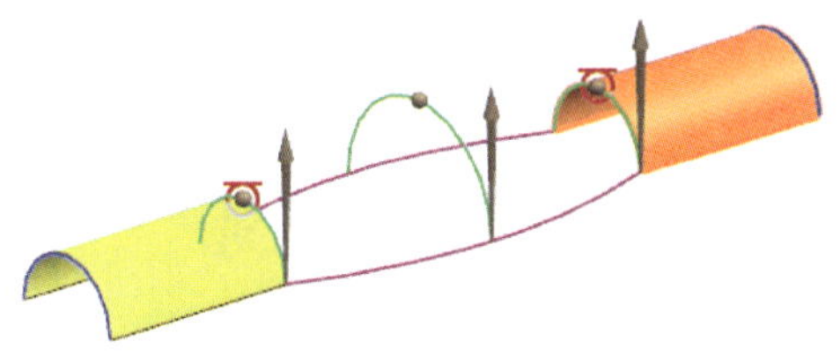

图 4–59 选择最后一个截面的连续性约束面

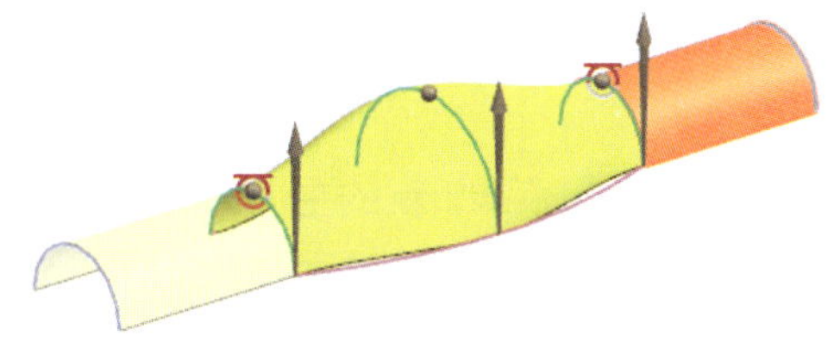

图 4–60 图形窗口

（13）单击【确定】按钮，完成通过曲线组曲面的创建，如图 4-61 所示。

（14）单击“撤销”图标，取消通过曲线组曲面的创建，图形窗口如图 4-62 所示，为创建通过曲线网格曲面做准备。

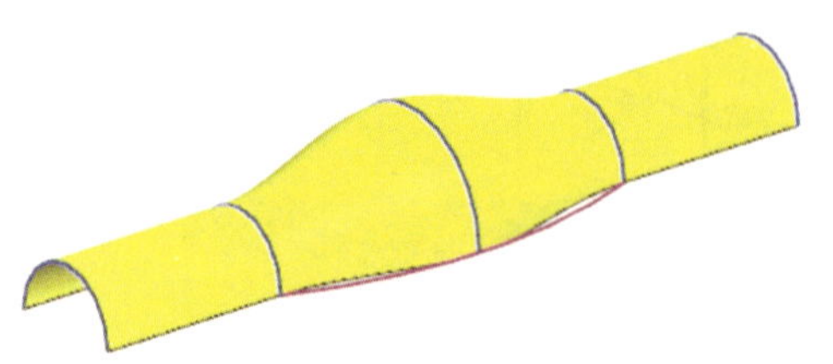
图 4-61　完成通过曲线组曲面的创建

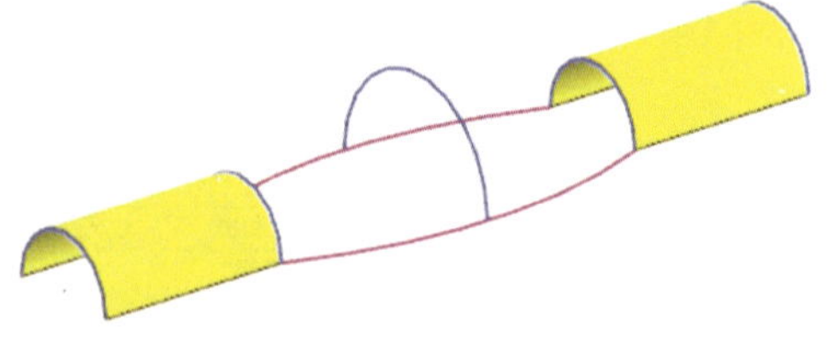
图 4-62　图形窗口

5. 创建通过曲线网格曲面

（1）单击功能区“曲面”选项卡“基本”面组中的“通过曲线网格”图标或选择［菜单］［插入］/［网格曲面］/［通过曲线网格］菜单命令，系统弹出“通过曲线网格”对话框，如图 4-63 所示。

提示

采用“通过曲线网格”创建曲面就是沿着不同方向的两组线串轮廓生成片体。一组方向的线串定义为主线串，另一组和主线串不在同一平面的线串定义为交叉线串。

（2）根据提示“选择主曲线”，选择第一条主曲线，如图 4-64 所示。

图 4-63　“通过曲线网格”对话框

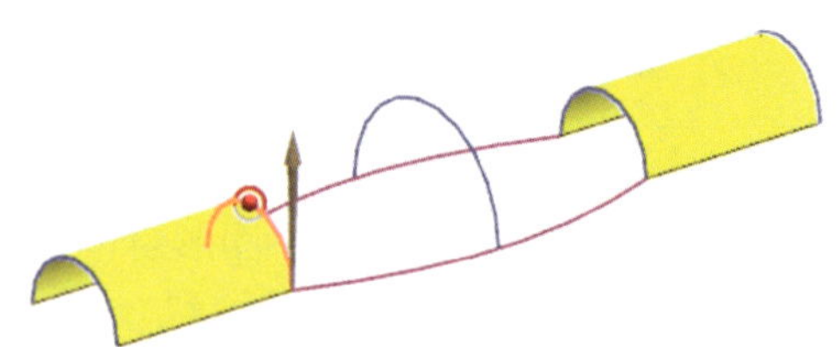
图 4-64　选择第一条主曲线

（3）单击“添加新的主曲线”按钮，完成第一条主曲线添加，如图 4-65 所示。

（4）根据提示选择第二条主曲线，如图 4-66 所示。

（5）单击“添加新的主曲线”按钮，完成第二条主曲线添加，如图 4-67 所示。

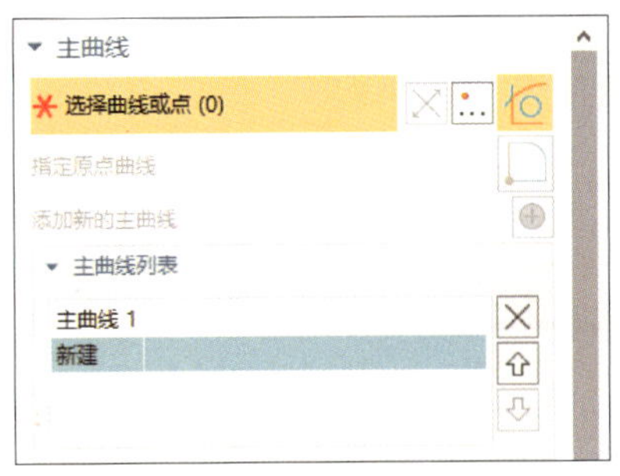

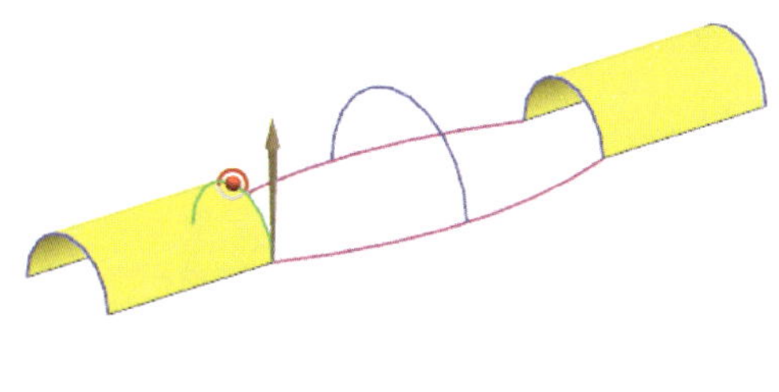

图 4-65　完成第一条主曲线添加

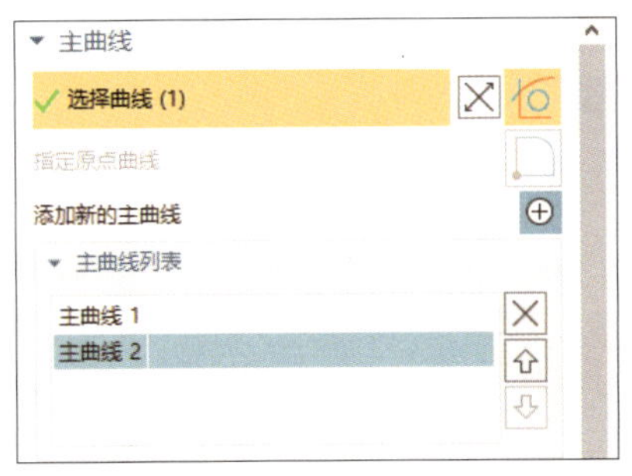

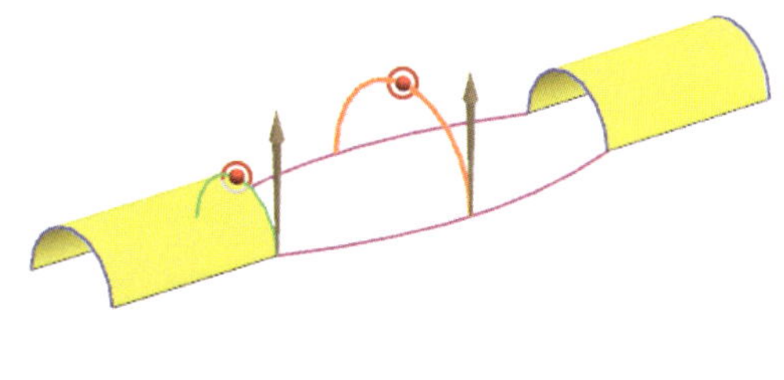

图 4-66　选择第二条主曲线

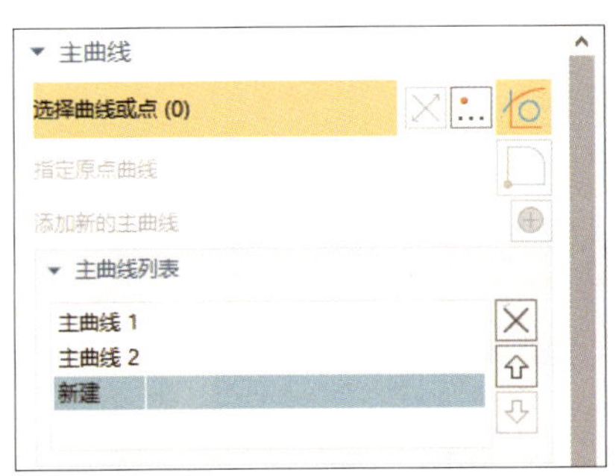

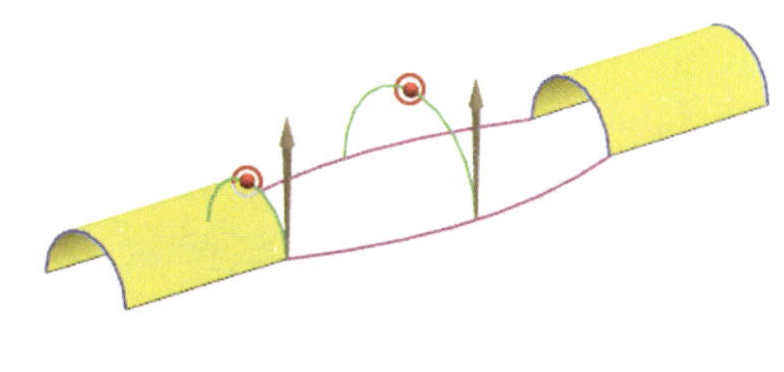

图 4-67　完成第二条主曲线添加

（6）根据提示选择第三条主曲线，如图 4-68 所示。

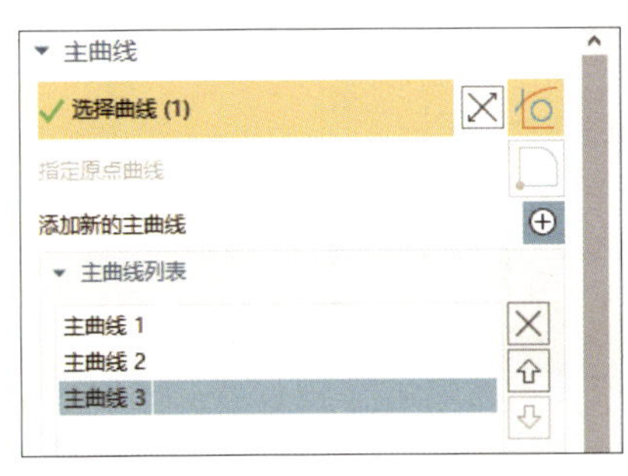

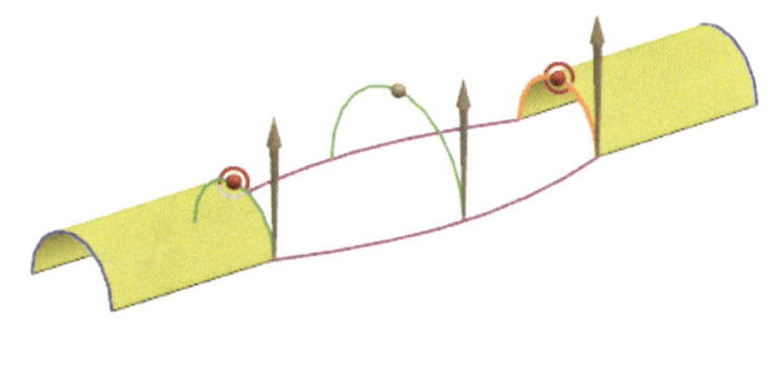

图 4-68　选择第三条主曲线

（7）单击“添加新的主曲线”按钮 ⊕ ，完成第三条主曲线添加，如图 4-69 所示。至此，完成主曲线添加。

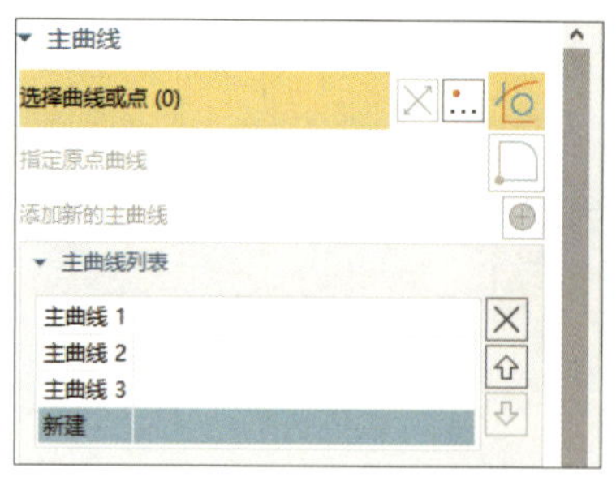

图 4–69　完成第三条主曲线添加

（8）在“交叉曲线”选项组中，单击“选择曲线”，如图 4–70 所示。

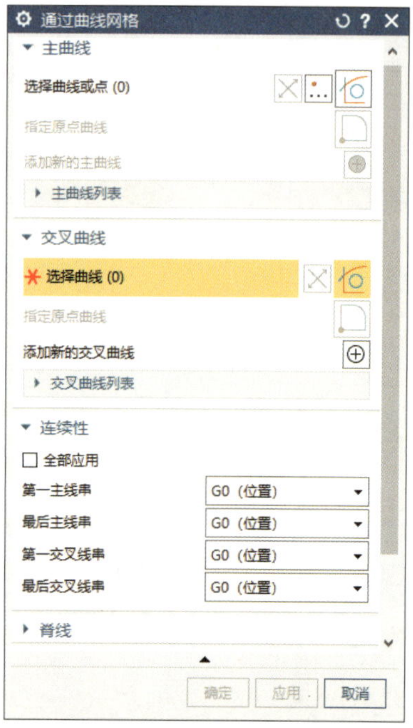

图 4–70　单击“选择曲线”

（9）根据提示“选择交叉曲线”，选择第一条交叉曲线，如图 4–71 所示。

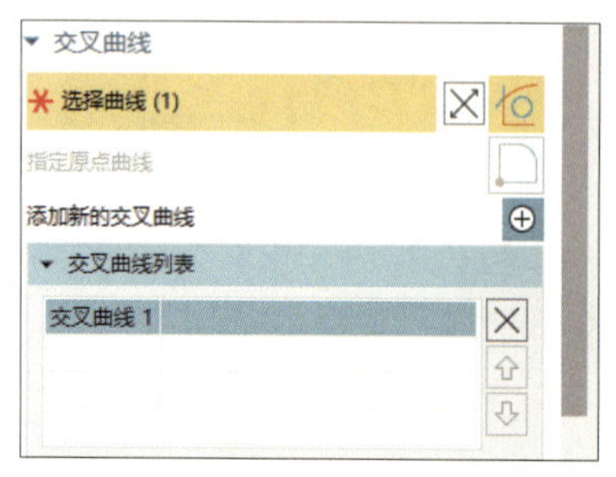

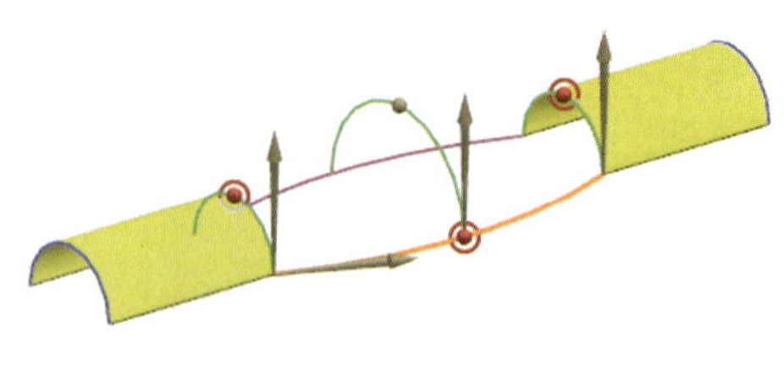

图 4–71　选择第一条交叉曲线

（10）单击“添加新的交叉曲线”按钮 ⊕，完成第一条交叉曲线添加，如图 4–72 所示。

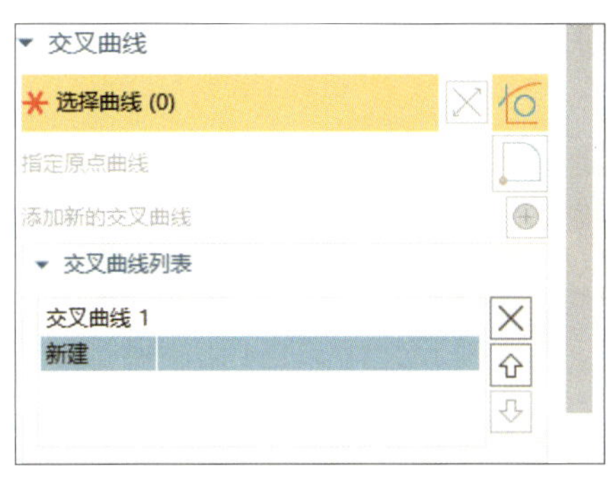

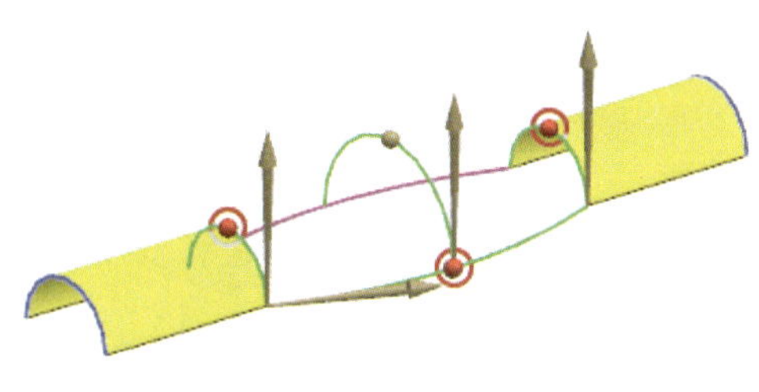

图 4–72 完成第一条交叉曲线添加

（11）根据提示选择第二条交叉曲线，如图 4–73 所示。

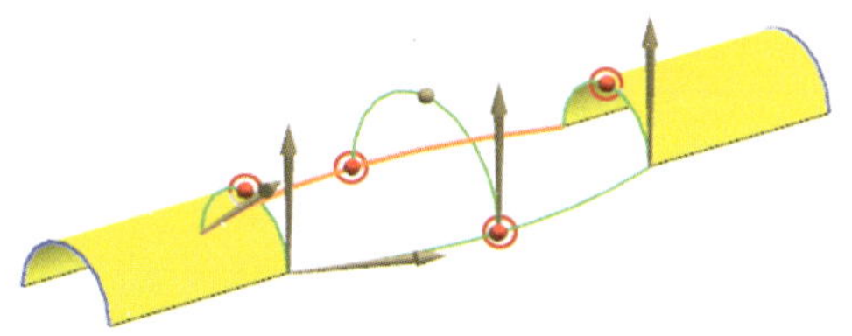

图 4–73 选择第二条交叉曲线

（12）单击鼠标左键确认，如图 4–74 所示。

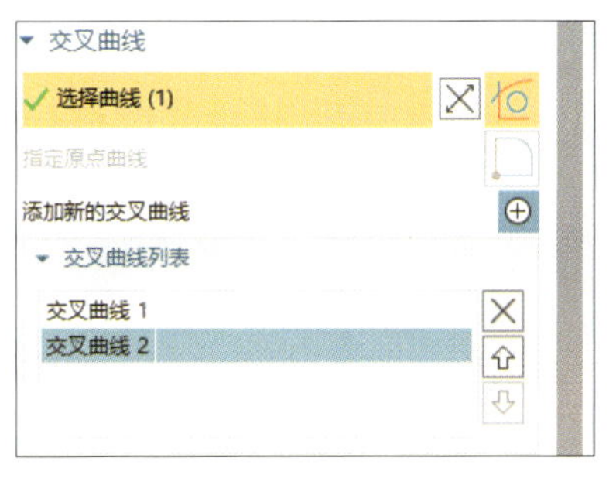

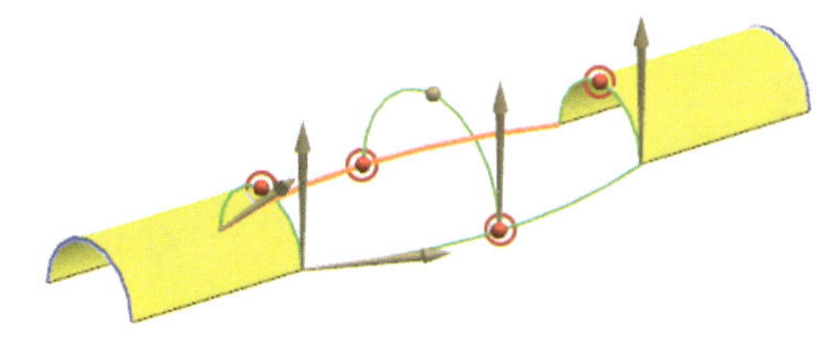

图 4–74 单击鼠标左键

（13）单击“添加新的交叉曲线”按钮 ⊕，完成第二条交叉曲线添加，如图 4–75 所示。至此，交叉曲线添加结束。

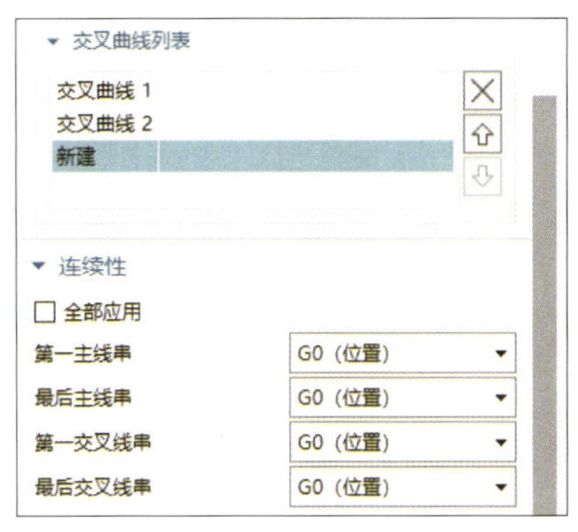

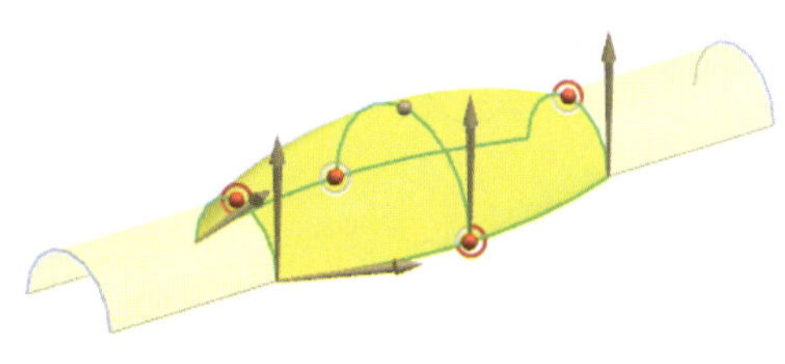

图 4–75 完成交叉曲线添加

（14）单击【确定】按钮，完成通过曲线网格曲面的创建，如图 4–76 所示。

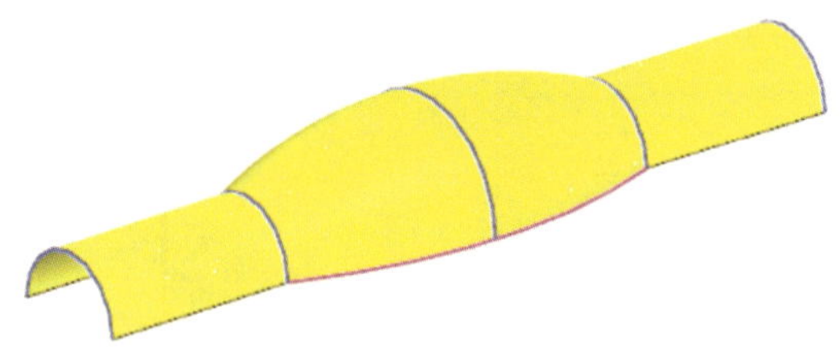

图 4–76　完成通过曲线网格曲面的创建

提示

类似于创建通过曲线组曲面，创建通过曲线网格曲面时，也可进行“连续性”设置，并进行相应约束面的选择。

任务拓展

1．试完成图 4–77 所示曲面的创建（外接圆半径为 100 mm，中心高度为 6 mm）。

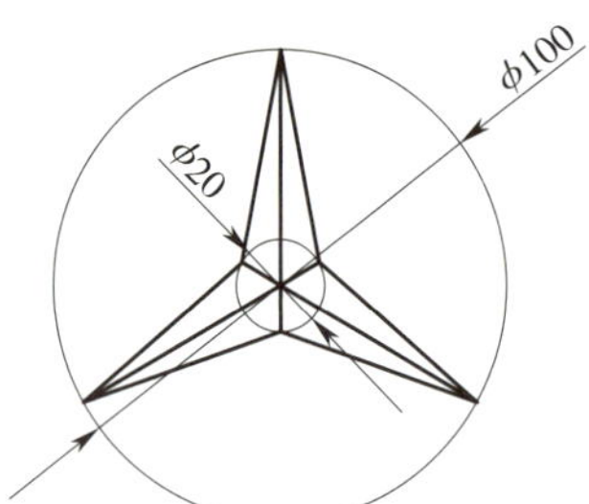

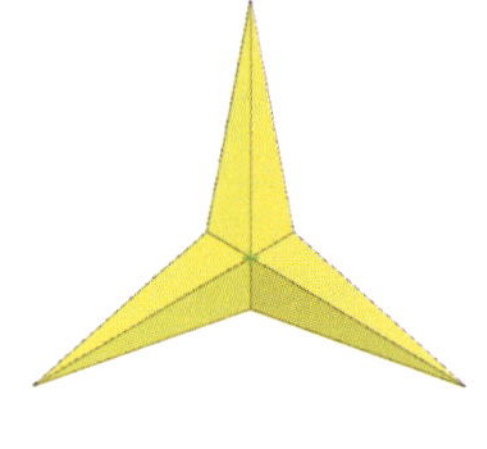

图 4–77　曲面

2．试完成图 4–78 所示曲面的创建。

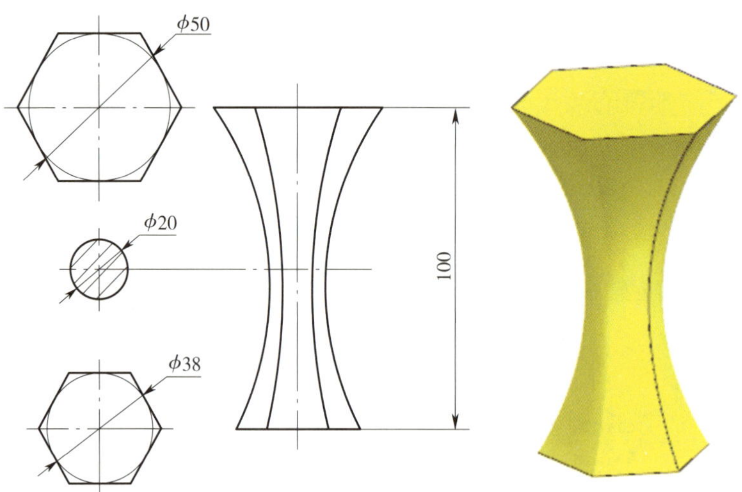

图 4–78　曲面

3．试完成图 4–79 所示可乐瓶底曲面的创建。

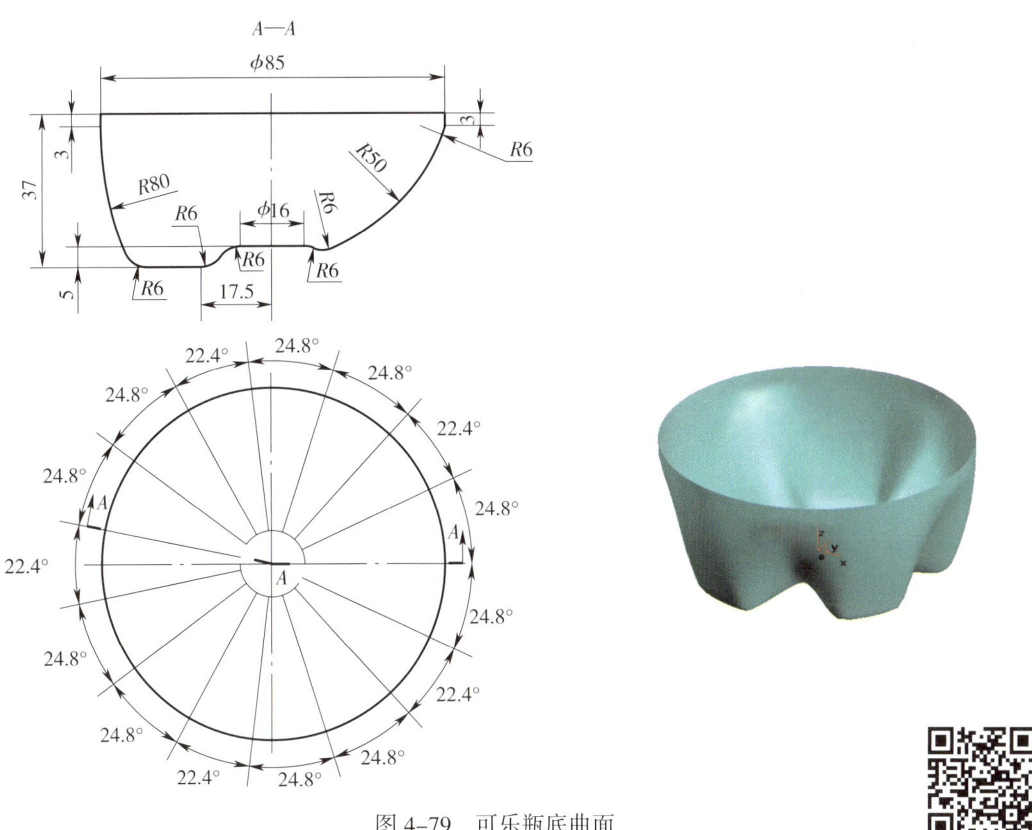

图 4–79　可乐瓶底曲面

课题 3　曲面创建（三）

学习目标

1．能创建一根引导线扫掠曲面。

2．能创建两根引导线扫掠曲面。

3．能设置缩放方法。

4．能设置定向方法。

工作任务

用规定的方式沿空间路径（引导线）移动一条曲线轮廓线（截面线）生成的轨迹，称为扫掠曲面。试根据图 4–80 所示曲线完成有关扫掠曲面的创建。

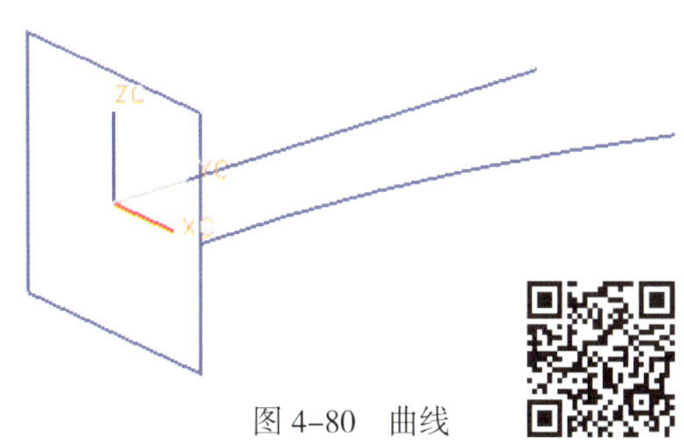

图 4–80　曲线

提示

创建扫掠曲面时，截面线可以由单个或多个对象组成，引导线在扫掠过程中控制着扫掠曲面的方向和比例。

任务实施

1. 创建新文件

（1）双击快捷方式图标启动 UG NX 2007。

（2）新建名称为“曲面 3”的部件文件。

（3）选择［文件］/［首选项］/［可视化］菜单命令，将视图窗口设置为白色背景。

（4）选择［文件］/［首选项］/［建模］菜单命令，将“体类型”设置为“片体”。

提示

扫掠也可用于实体创建。

2. 创建曲线素材

（1）单击“草图”图标 ，系统弹出“创建草图”对话框，选择 *XZ* 平面为草图平面，如图 4–81 所示。

（2）绘制草图，并进行相应约束，如图 4–82 所示。

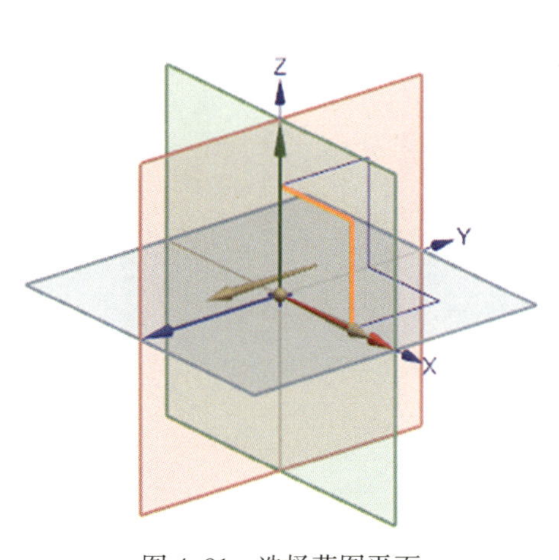

图 4–81　选择草图平面

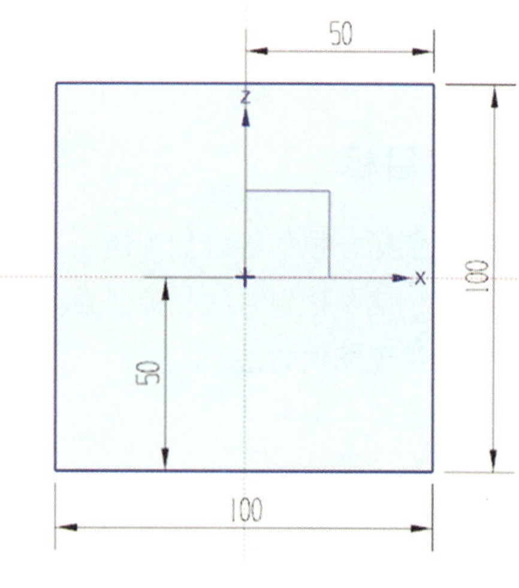

图 4–82　绘制草图

（3）单击“完成”图标 ，结束草图绘制，如图 4–83 所示。

（4）单击“草图”图标 ，选择 *XY* 平面为草图平面，绘制草图，并进行相应约束，如图 4–84 所示。

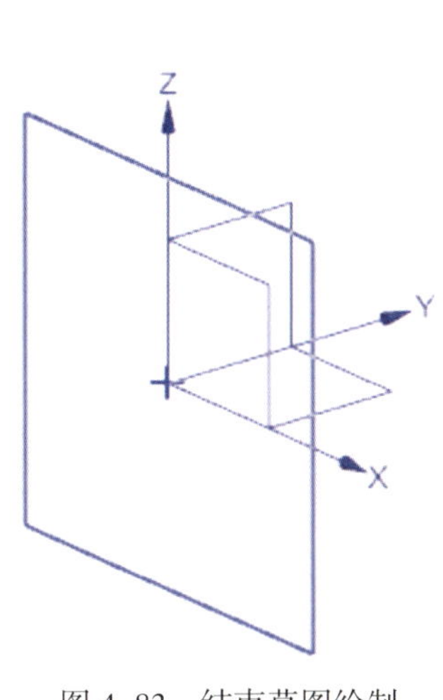

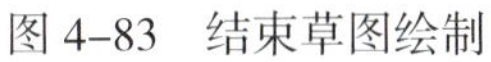
图 4–83　结束草图绘制

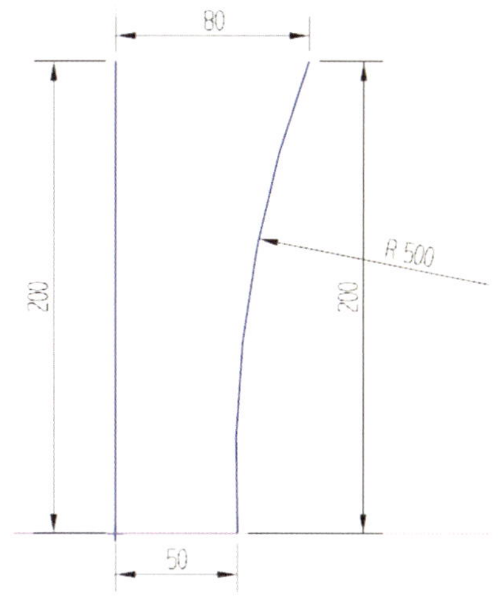

图 4–84　绘制草图

（5）单击“完成”图标 ，结束草图绘制，如图 4–85 所示。至此，曲线素材创建完毕。

（6）隐藏基准坐标系。

3. 创建一根引导线扫掠曲面

（1）单击功能区“曲面”选项卡“基本”面组中的“扫掠”图标 或选择［菜单］/［插入］/［扫掠］/［扫掠］菜单命令，系统弹出“扫掠”对话框，如图 4–86 所示。

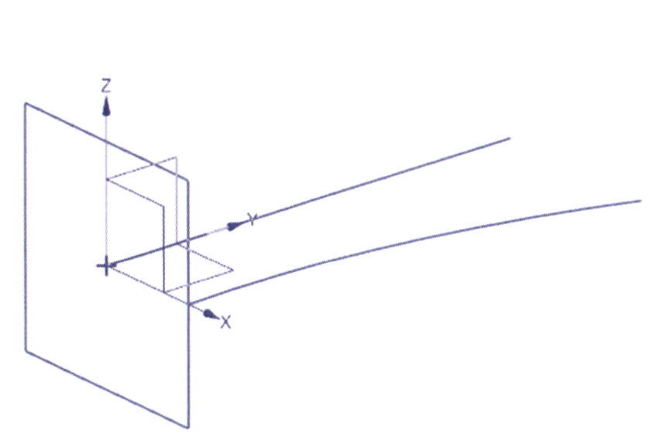

图 4–85　完成曲线素材创建

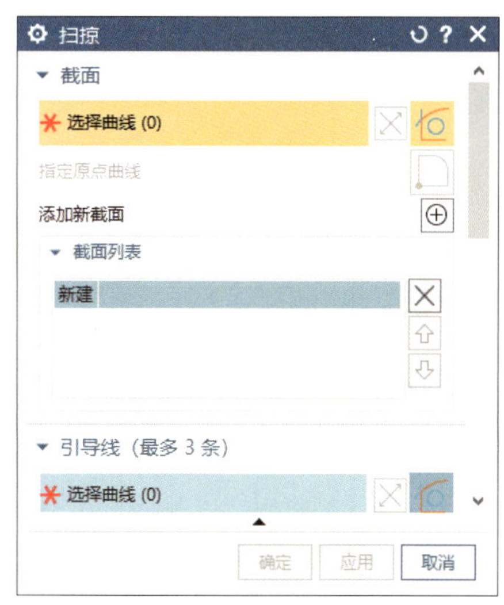

图 4–86　“扫掠”对话框

（2）根据提示“选择截面曲线”，选择矩形作为截面曲线，如图 4–87 所示。

（3）单击“添加新截面”按钮 ，确认截面曲线的选择，如图 4–88 所示。

（4）在“引导线”选项组中，单击“选择曲线”，如图 4–89 所示。

（5）根据提示“选择引导曲线”，选择直线作为引导线，如图 4–90 所示。

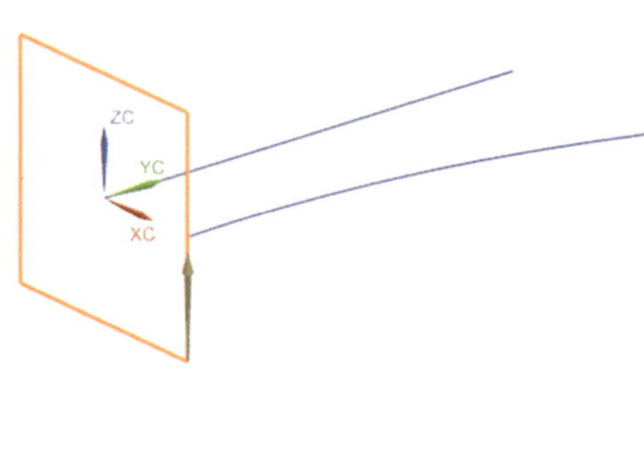

图 4-87　选择截面曲线

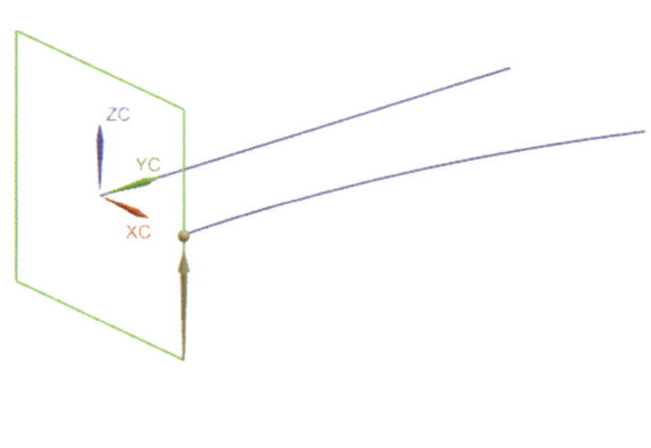

图 4-88　确认截面曲线

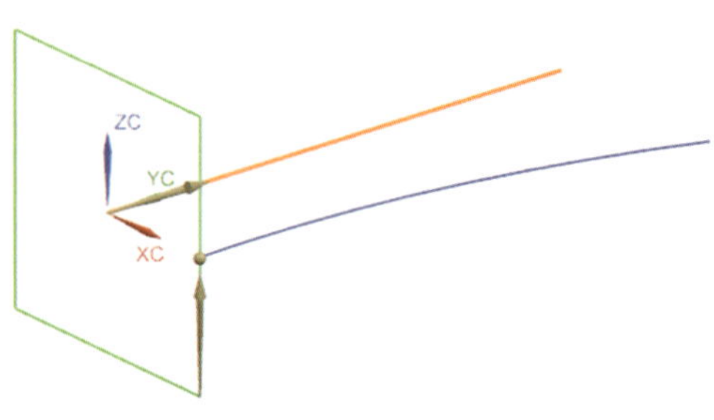

图 4-89　单击“选择曲线”

图 4-90　选择引导线

（6）单击鼠标左键确认，如图 4–91 所示。

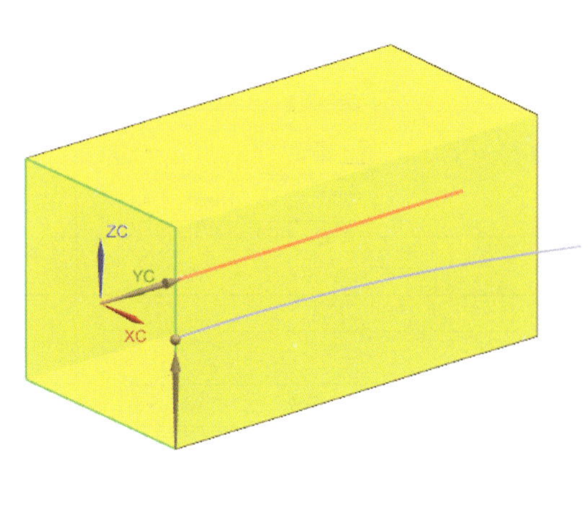

图 4–91　单击鼠标左键确认

（7）通过设置“缩放方法”改变扫掠截面，相关内容见表 4–3，其他选项设置如图 4–92 所示。

表 4–3　　通过设置“缩放方法”改变扫掠截面

设置“缩放方法”	效果图例
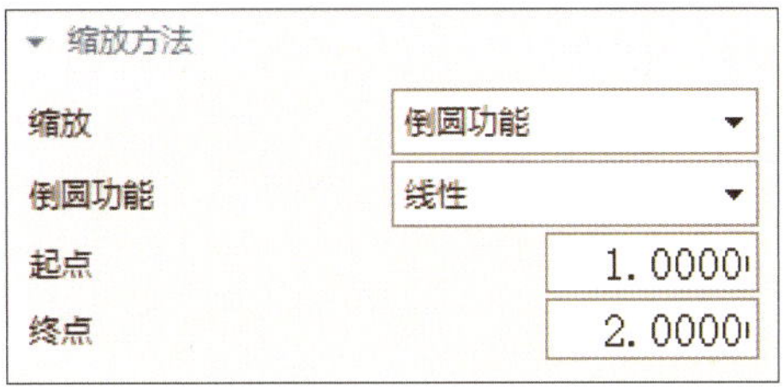 缩放方法 缩放：倒圆功能 倒圆功能：线性 起点：1.0000 终点：2.0000	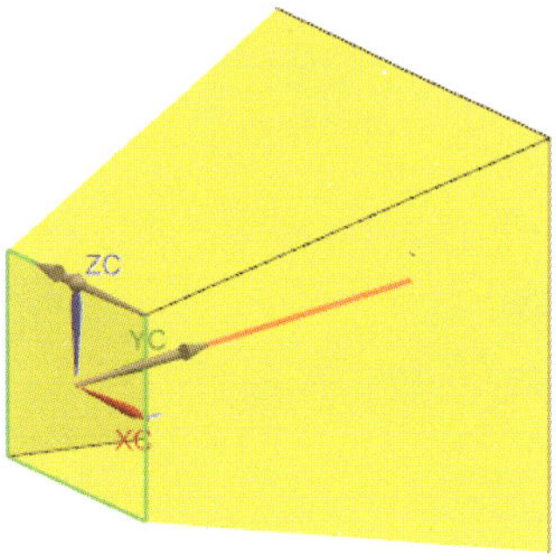 ZC YC XC
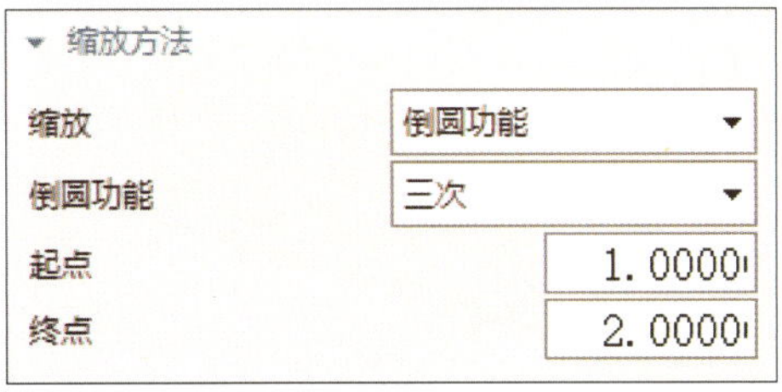 缩放方法 缩放：倒圆功能 倒圆功能：三次 起点：1.0000 终点：2.0000	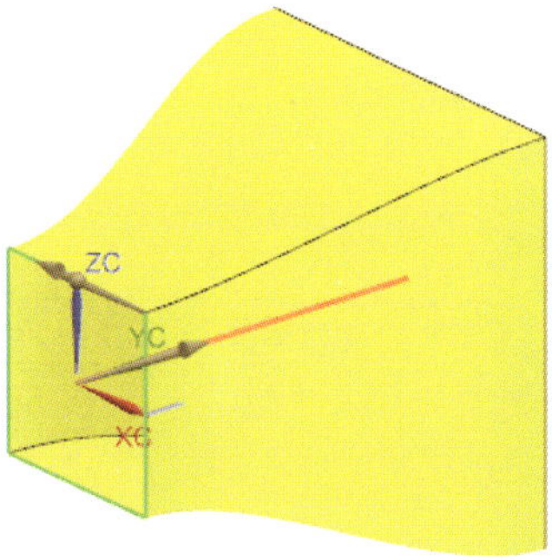 ZC YC XC

续表

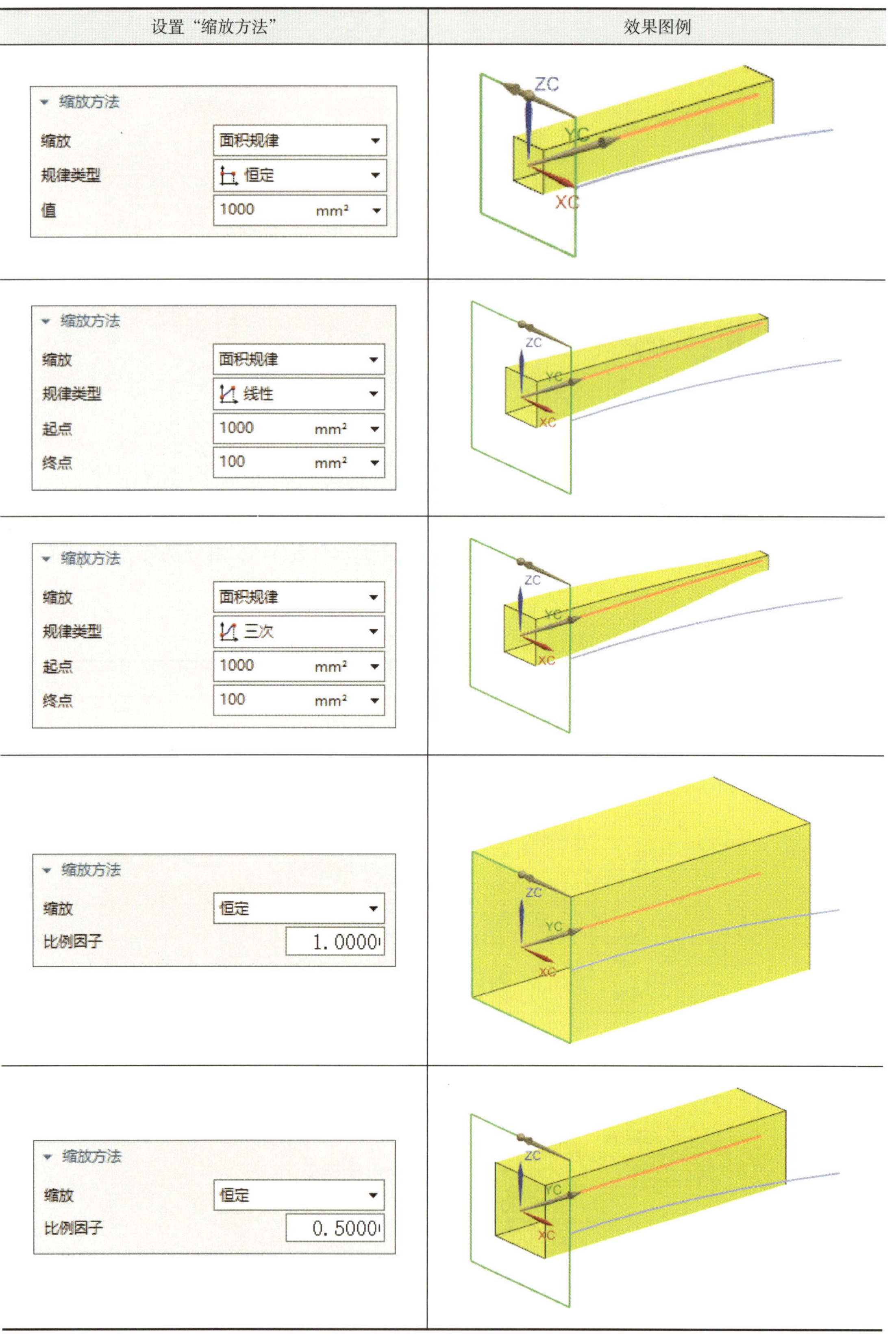

设置“缩放方法”	效果图例
▼ 缩放方法 缩放 面积规律 规律类型 恒定 值 1000 mm²	ZC YC XC
▼ 缩放方法 缩放 面积规律 规律类型 线性 起点 1000 mm² 终点 100 mm²	ZC YC XC
▼ 缩放方法 缩放 面积规律 规律类型 三次 起点 1000 mm² 终点 100 mm²	ZC YC XC
▼ 缩放方法 缩放 恒定 比例因子 1.0000	ZC YC XC
▼ 缩放方法 缩放 恒定 比例因子 0.5000	ZC YC XC

续表

设置“缩放方法”	效果图例

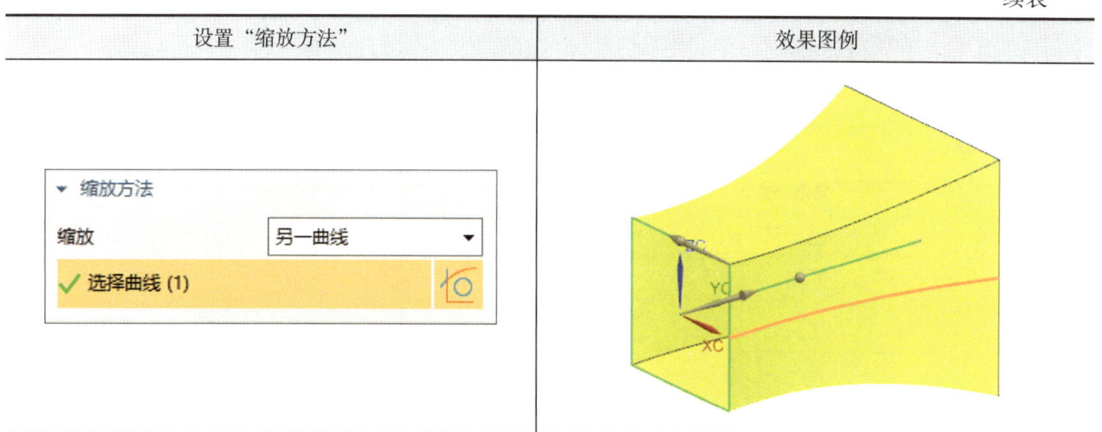

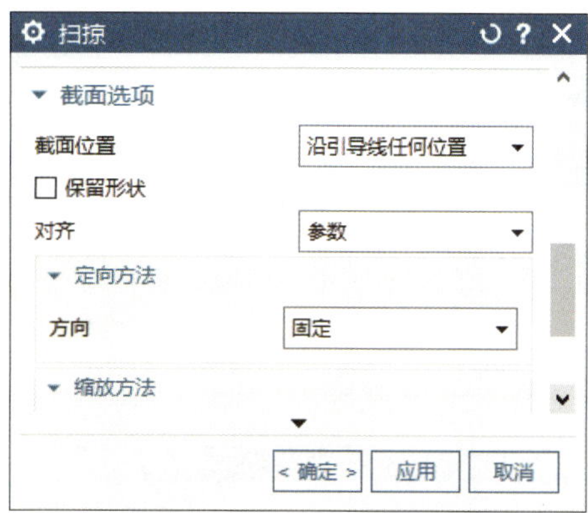

图 4–92　其他选项设置

提示

提供一条引导线不能完全控制截面大小和方向变化的趋势，需要进一步指定截面变化的方法。

（8）通过设置“定向方法”改变扫掠截面，相关内容见表 4–4，其他选项设置如图 4–93 所示。

表 4–4　　通过设置“定向方法”改变扫掠截面

设置“定向方法”	效果图例

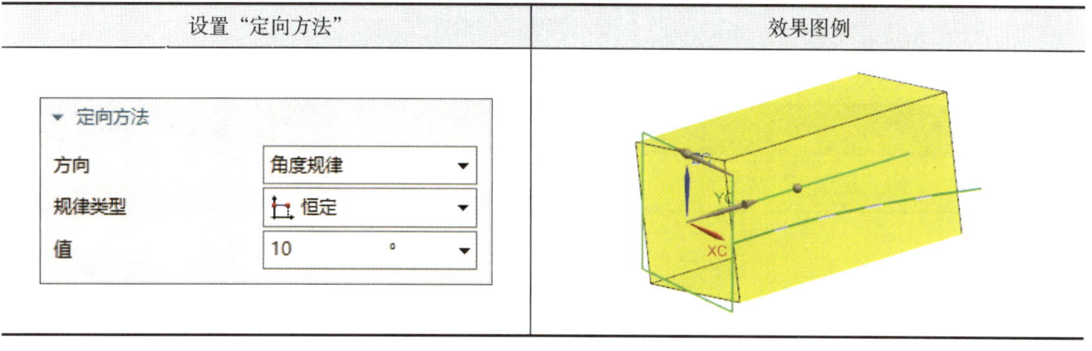

续表

设置“定向方法”	效果图例
定向方法 方向 角度规律 规律类型 三次 起点 0 ° 终点 720 °	
定向方法 方向 角度规律 规律类型 线性 起点 0 ° 终点 720 °	

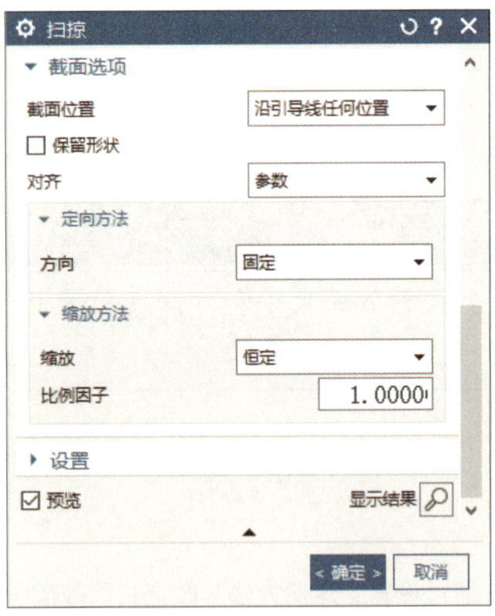

图 4–93　其他选项设置

提示

用户可通过“缩放方法”和“定向方法”的组合获得其他扫掠效果。

（9）单击【确定】按钮，结束创建一根引导线扫掠曲面的操作，图形窗口如图 4–94 所示。

（10）单击“撤销”图标，恢复草图曲线，图形窗口如图 4–95 所示，为创建两根引导线扫掠曲面做准备。

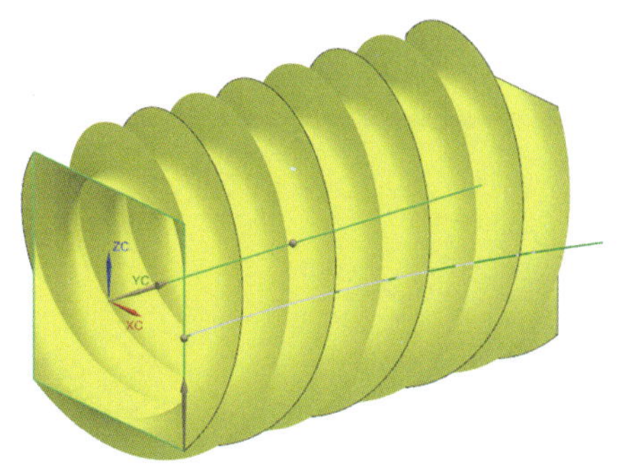

图 4–94　创建一根引导线扫掠曲面

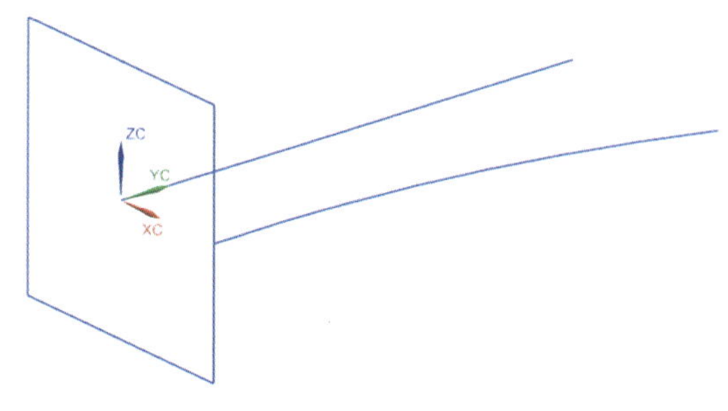

图 4–95　恢复草图曲线

4. 创建两根引导线扫掠曲面

（1）单击功能区“曲面”选项卡“基本”面组中的“扫掠”图标或选择［菜单］/［插入］/［扫掠］/［扫掠］菜单命令，系统弹出“扫掠”对话框，根据提示，选择矩形作为截面曲线，如图 4–96 所示。

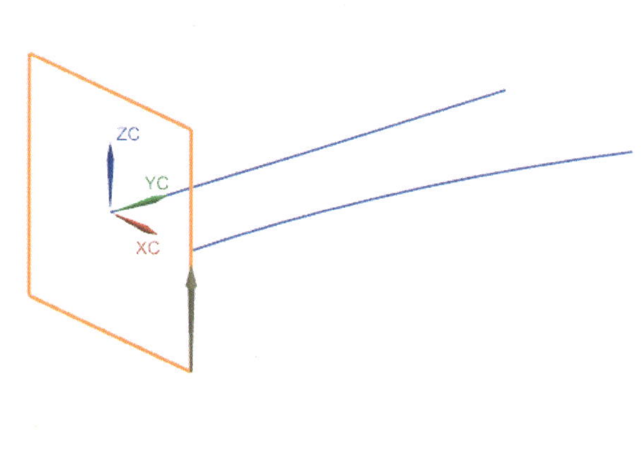

图 4–96　选择截面曲线

（2）在“引导线”选项组中，单击“选择曲线”，如图 4–97 所示。

（3）根据提示“选择引导曲线”，选择水平直线作为第一条引导线，如图 4–98 所示。

（4）单击“添加新引导”按钮，确认第一条引导线，图形窗口如图 4–99 所示。

（5）根据提示选择圆弧作为第二条引导线，如图 4–100 所示。

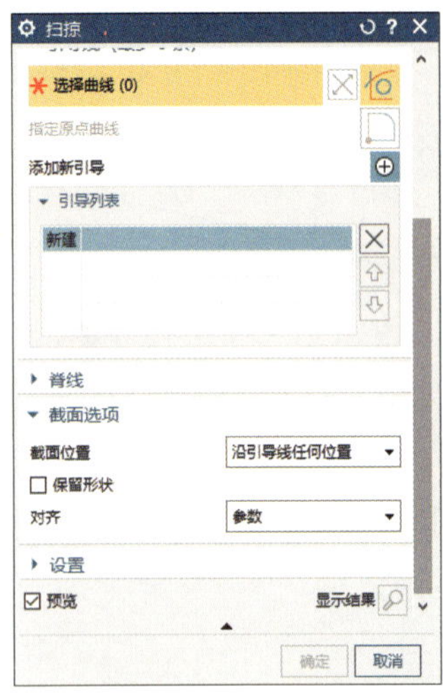

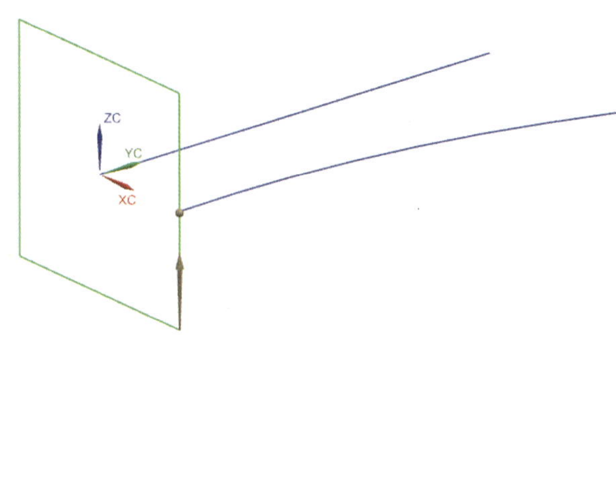

图 4-97 单击“选择曲线”

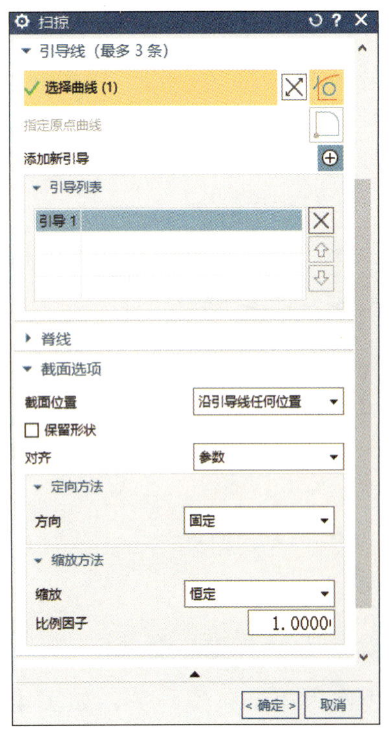

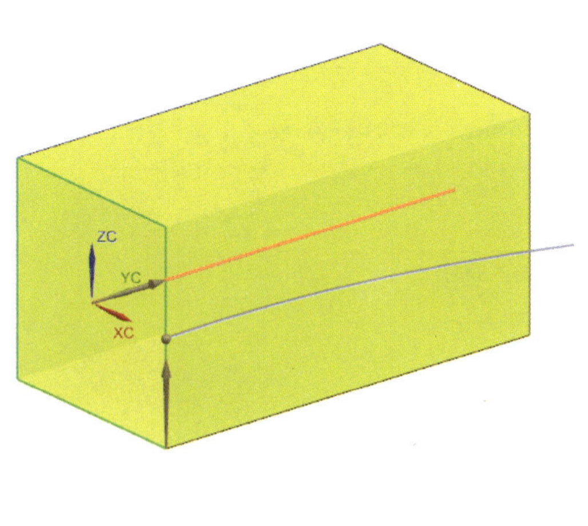

图 4-98 选择第一条引导线

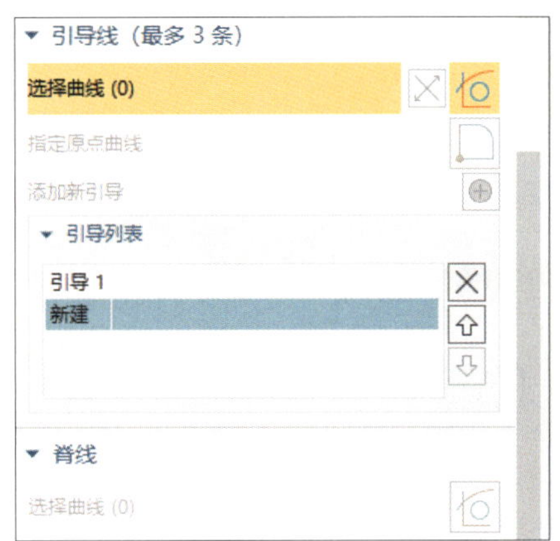

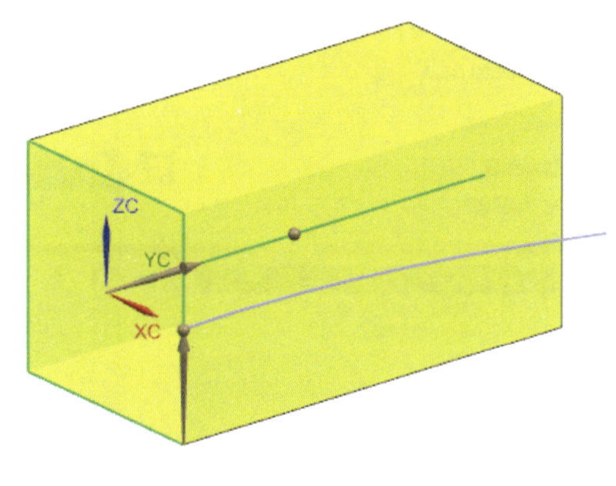

图 4-99　确认第一条引导线

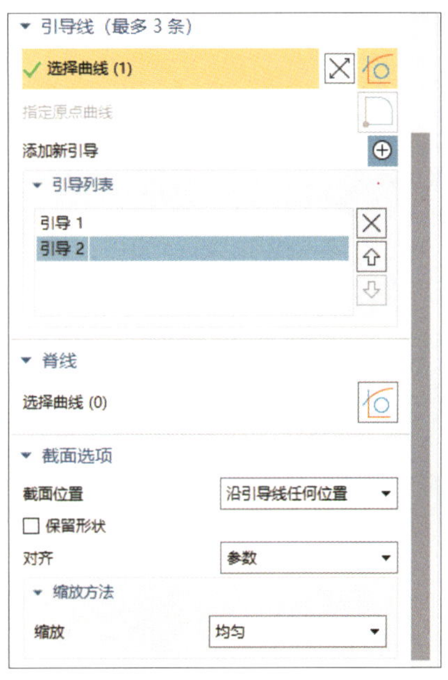

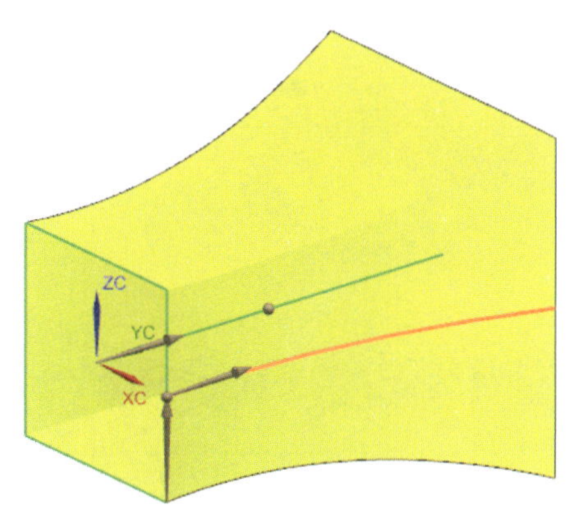

图 4-100　选择第二条引导线

提示

提供两条引导线时，可以确定截面线沿引导线扫描的方向趋势，且截面尺寸可以改变，还可以根据需要设置截面比例变化。

（6）将“缩放方法”选项组的“缩放”设置为“横向”，获得不同的扫掠效果，如图 4-101 所示。

（7）单击【确定】按钮，完成两根引导线扫掠曲面的创建，结果如图 4-102 所示。

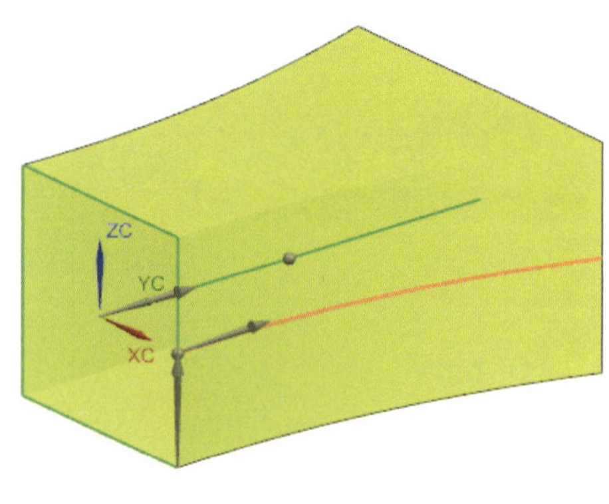

图 4-101 “横向”缩放效果

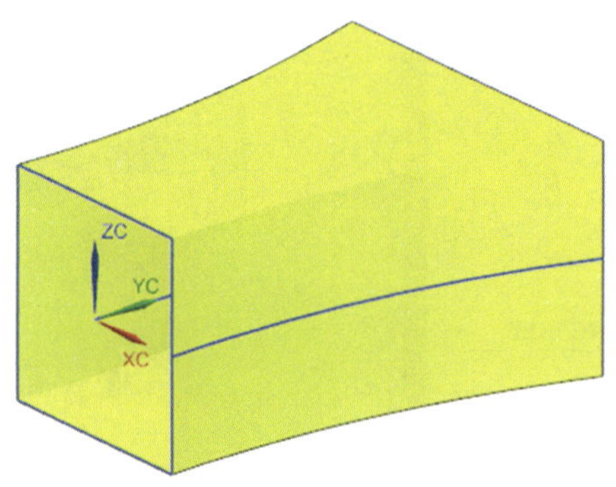

图 4-102 创建两根引导线扫掠曲面

提示

根据需要，扫掠时最多可采用三条引导线。提供三条引导线时，完全确定了截面线被扫掠时的方向和尺寸变化。

任务拓展

1．试完成图 4-103 所示果盘曲面的创建。

2．试完成图 4-104 所示螺旋曲面的创建。

3．试完成图 4-105 所示煤气灶旋钮曲面的创建。

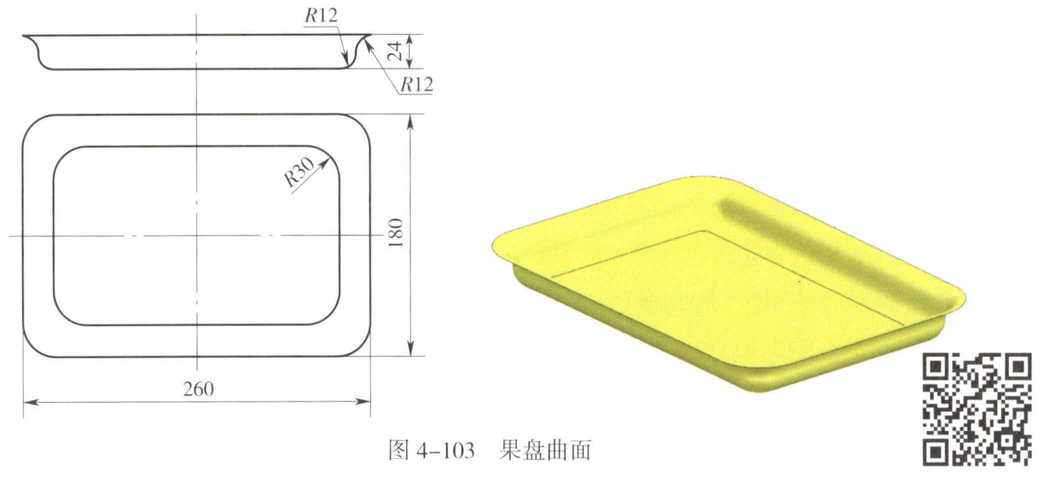

图 4–103　果盘曲面

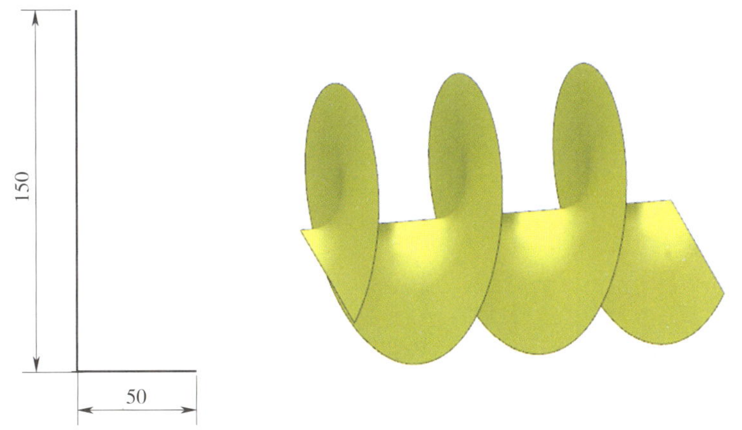

图 4–104　螺旋曲面

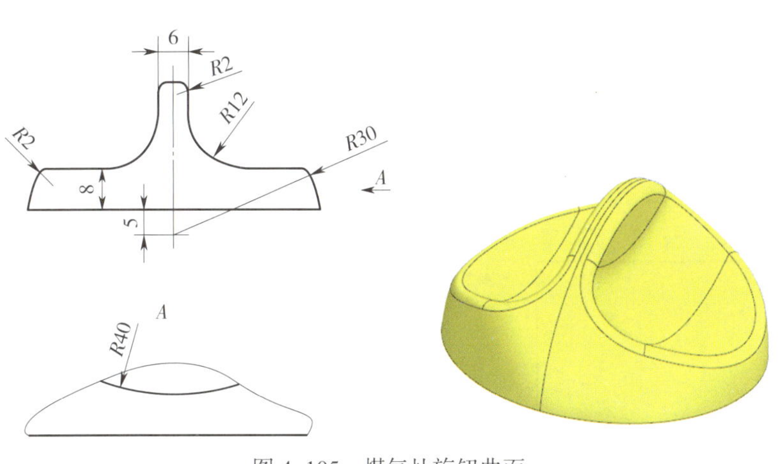

图 4–105　煤气灶旋钮曲面

课题 4　曲面创建（四）

学习目标

1．能创建 N 边曲面。
2．能创建偏置曲面、圆角曲面。
3．能进行曲面延伸、桥接曲面。
4．能进行扩大曲面、缝合曲面。

工作任务

试通过图 4-106 所示曲面的创建，掌握 N 边曲面、偏置曲面、圆角曲面、曲面延伸、桥接曲面、扩大曲面、缝合曲面等功能。

图 4-106　曲面创建

任务实施

1. 创建新文件

（1）双击快捷方式图标启动 UG NX 2007。

（2）新建名称为“曲面 4”的部件文件。

（3）选择［文件］/［首选项］/［可视化］菜单命令，将视图窗口设置为白色背景。

2. 创建曲线素材

（1）单击“草图”图标，以 *XY* 平面作为草图平面，创建图 4-107 所示草图。

（2）单击“完成”图标，结束绘制草图 1，如图 4-108 所示。

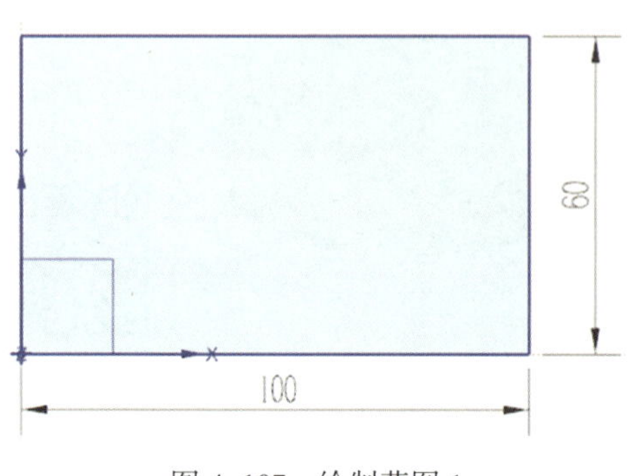

图 4-107　绘制草图 1

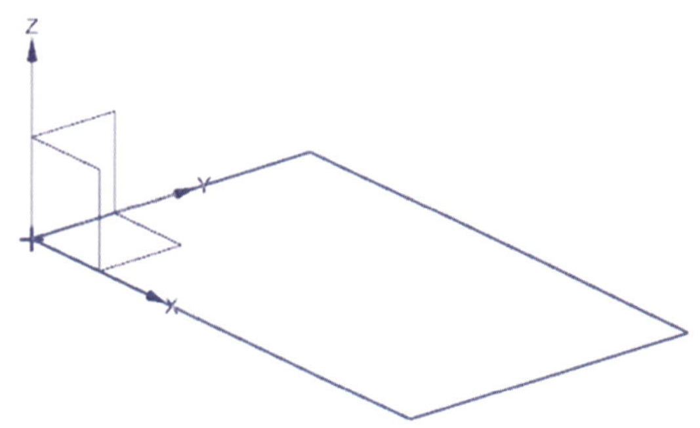

图 4-108　结束绘制草图 1

（3）单击“草图”图标，以 *YZ* 平面作为草图平面，创建图 4–109 所示草图。

（4）单击“完成”图标，结束绘制草图 2，如图 4–110 所示。

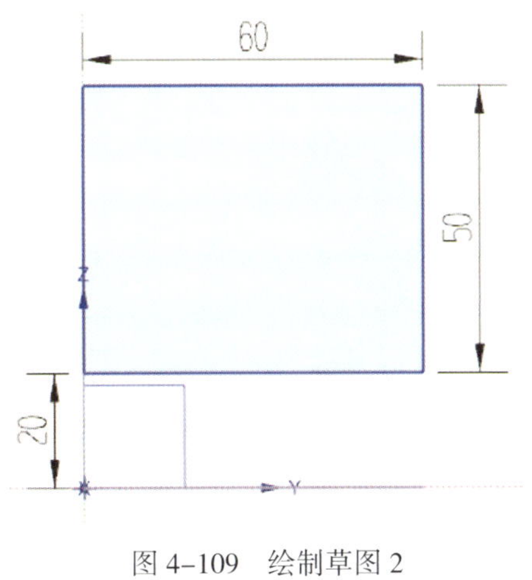

图 4–109　绘制草图 2

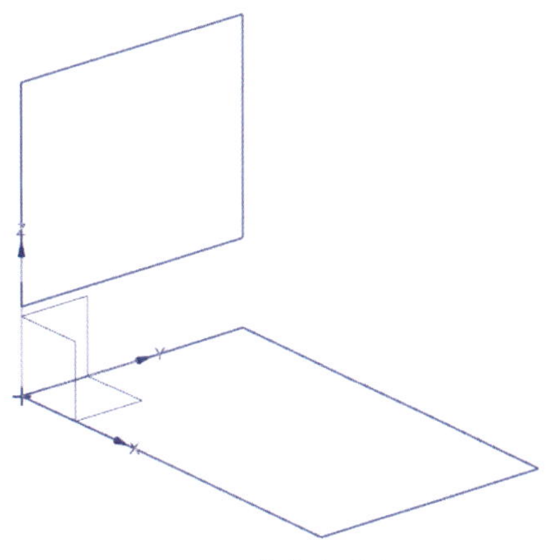

图 4–110　结束绘制草图 2

（5）隐藏基准坐标系。

3. 创建 N 边曲面

（1）单击功能区“曲面”选项卡“基本”面组中“更多”下拉菜单中的“N 边曲面”图标 **N 边曲面** 或选择［菜单］/［插入］/［网格曲面］/［N 边曲面］菜单命令，系统弹出“N 边曲面”对话框，如图 4–111 所示。

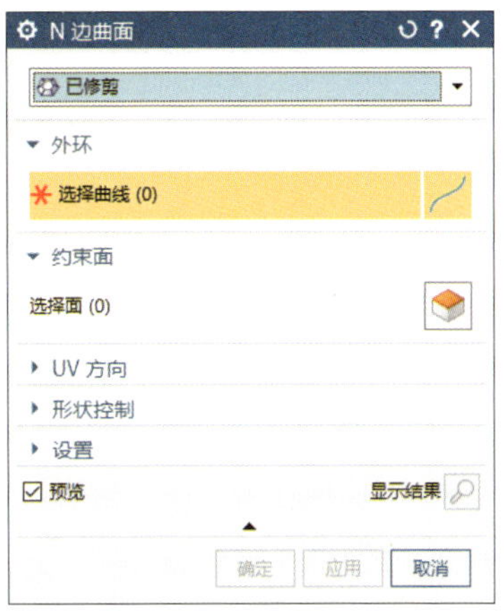

图 4–111　“N 边曲面”对话框

提示

N 边曲面是由一组端点相连曲线封闭的曲面。

（2）根据提示“选择外环的曲线链”，选择矩形草图 1，如图 4–112 所示。

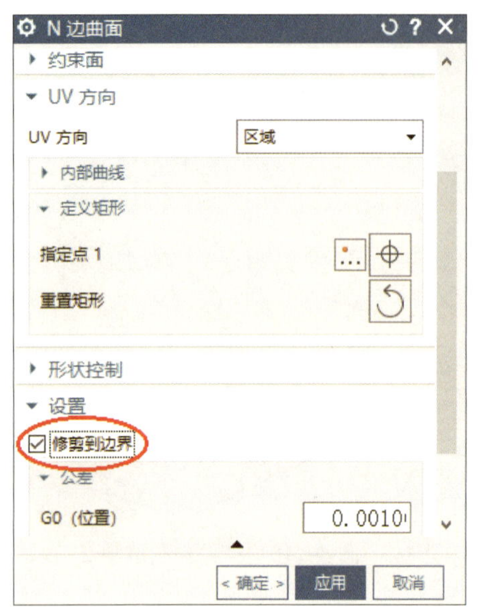

图 4-112　选择矩形草图 1

（3）单击【应用】按钮，结束一个 N 边曲面的创建。继续选择矩形草图 2，如图 4-113 所示。

（4）单击【确定】按钮，完成另一个 N 边曲面的创建，如图 4-114 所示。

图 4-113　选择矩形草图 2

图 4-114　完成创建两个 N 边曲面

4. 创建偏置曲面

（1）单击功能区“曲面”选项卡“基本”面组中的“偏置曲面”图标 或选择［菜单］/［插入］/［偏置 / 缩放］/［偏置曲面］菜单命令，系统弹出“偏置曲面”对话框，将“偏置 1”设置为“20 mm”，如图 4-115 所示。

图 4-115 “偏置曲面”对话框

提示

偏置曲面用于建立等距曲面。系统通过法向投影方式建立偏置曲面，输入的距离称为偏置距离，偏置所选择的曲面称为基面。

（2）根据提示“为新集选择面”，选择水平面作为偏置基面，如图 4-116 所示。

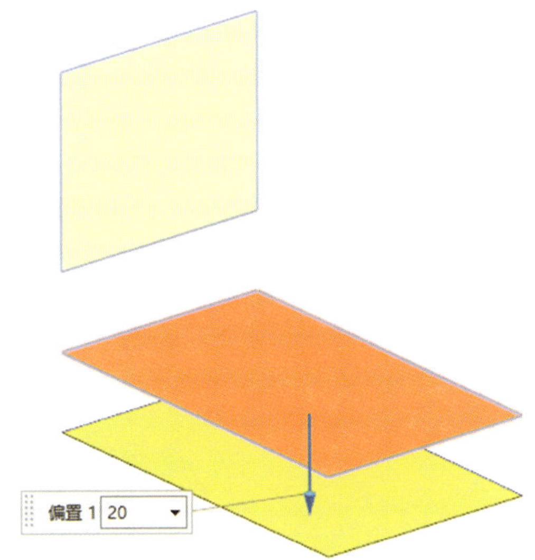

图 4-116 选择偏置基面

（3）单击【应用】按钮，完成一个偏置曲面的创建，如图 4-117 所示。

（4）采用相同操作方法，完成另一个偏置曲面的创建，如图 4-118 所示。

5. 创建圆角曲面

（1）单击功能区“曲面”选项卡“基本”面组中的“面倒圆”图标 或选择［菜单］/［插入］/［细节特征］/［面倒圆］菜单命令，系统弹出“面倒圆”对话框，如图 4-119 所示。

图 4-117　创建一个偏置曲面

图 4-118　完成创建偏置曲面

提示

面倒圆命令用于创建复杂的圆角曲面，该圆角曲面与两组输入曲面相切，并且可以对两组曲面进行裁剪和缝合。圆角曲面的横截面可以是圆弧或二次曲线。

（2）根据提示“选择要倒圆的面或边”，选择竖直面作为倒圆角面 1，单击鼠标滚轮确认，如图 4-120 所示。

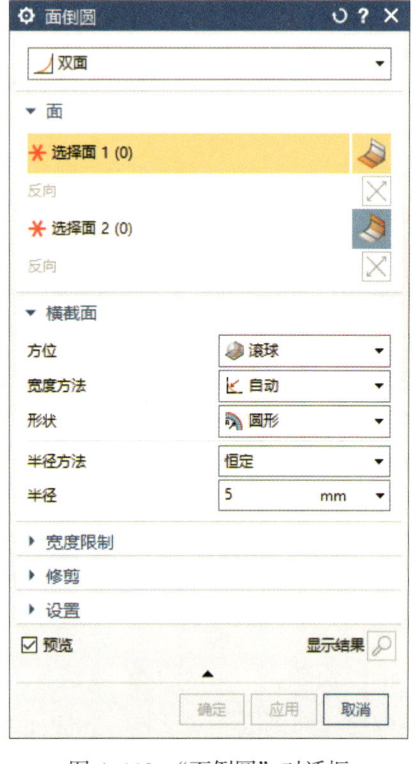

图 4-119　“面倒圆”对话框

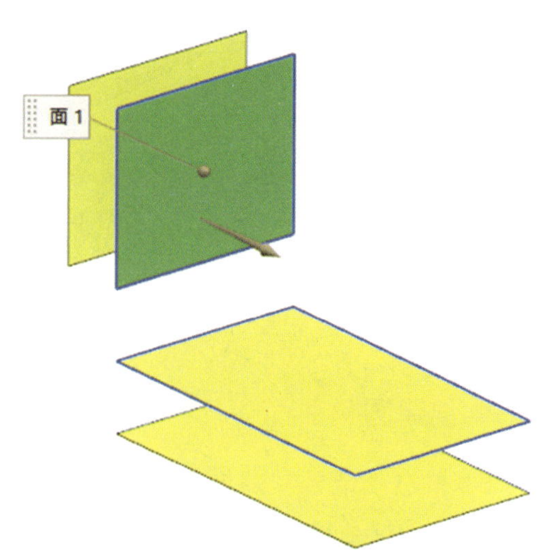

图 4-120　选择竖直面

（3）根据提示选择水平面作为倒圆角面 2，单击鼠标滚轮确认，如图 4–121 所示。

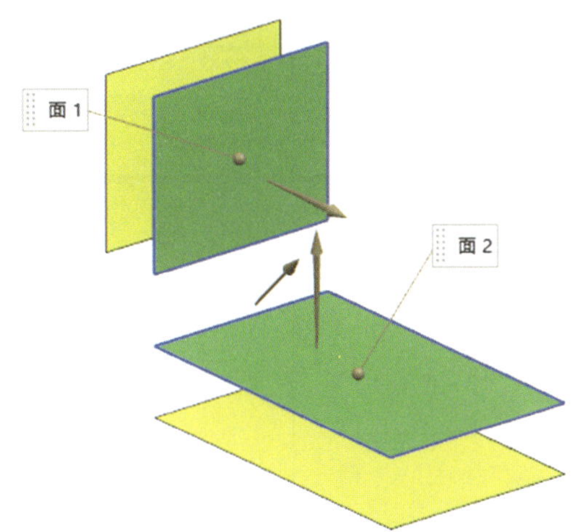

图 4–121　选择水平面

（4）通过设置“横截面”选项组改变圆角曲面的横截面，其相关内容见表 4–5。

表 4–5　通过设置“横截面”选项组改变圆角曲面的横截面

设置“横截面”选项组	效果图例
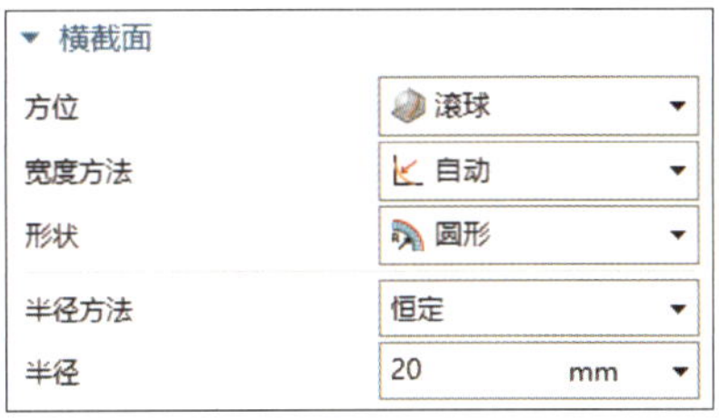 横截面 方位　滚球 宽度方法　自动 形状　圆形 半径方法　恒定 半径　20 mm	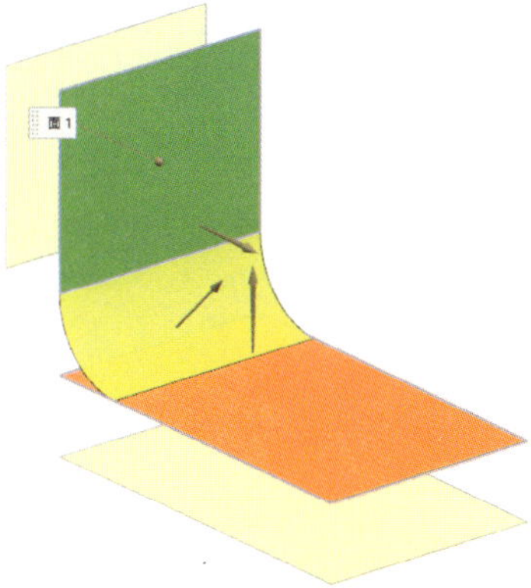 面 1
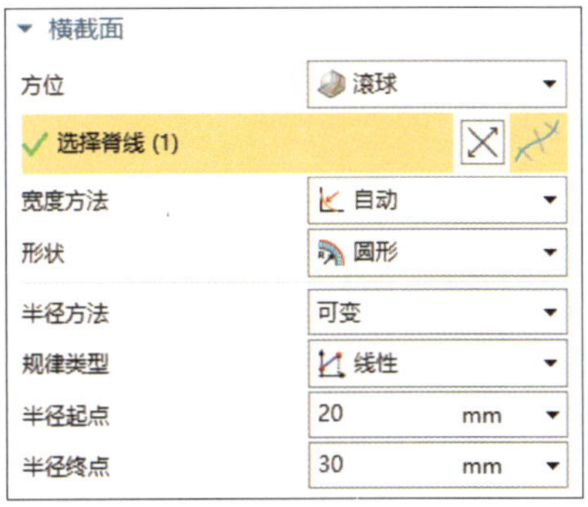 横截面 方位　滚球 选择脊线 (1) 宽度方法　自动 形状　圆形 半径方法　可变 规律类型　线性 半径起点　20 mm 半径终点　30 mm	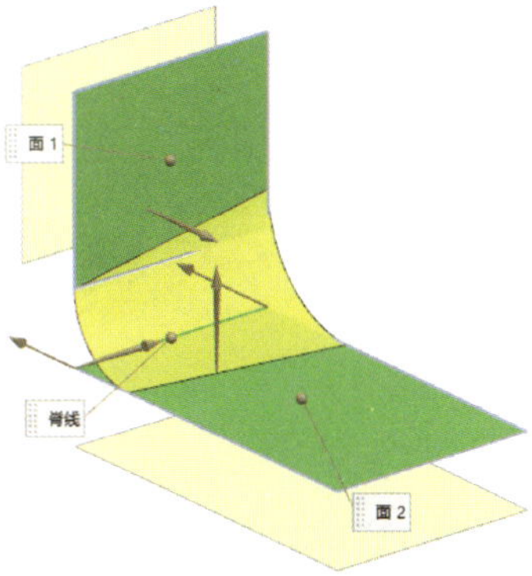 面 1 脊线 面 2

续表

设置“横截面”选项组	效果图例

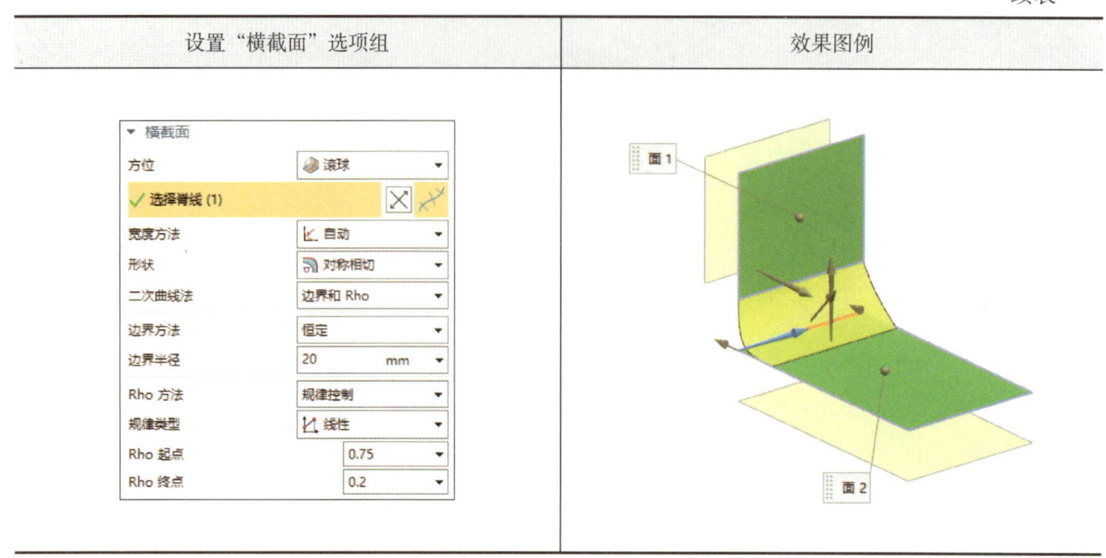

（5）单击【确定】按钮，完成创建圆形横截面圆角曲面，如图 4–122 所示。

6. 曲面延伸

（1）单击功能区“曲面”选项卡“基本”面组中的“规律延伸”图标 或选择［菜单］/［插入］/［弯边曲面］/［规律延伸］菜单命令，系统弹出“规律延伸”对话框，如图 4–123 所示。

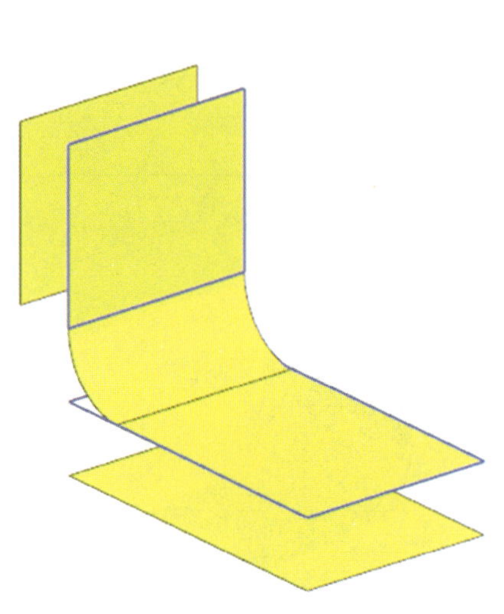

图 4–122 创建圆形横截面圆角曲面

图 4–123 “规律延伸”对话框

提示

> 规律延伸是动态地或基于距离和角度规律，为现有的基本片体创建规律控制的延伸。规律延伸可以创建弯边或者延伸。

（2）根据提示“选择延伸的源曲线”，选择水平面上的边沿曲线，单击鼠标滚轮确认，如图 4–124 所示。

（3）根据提示“选择延伸的源面”，选择水平面，单击鼠标滚轮确认，如图 4–125 所示。

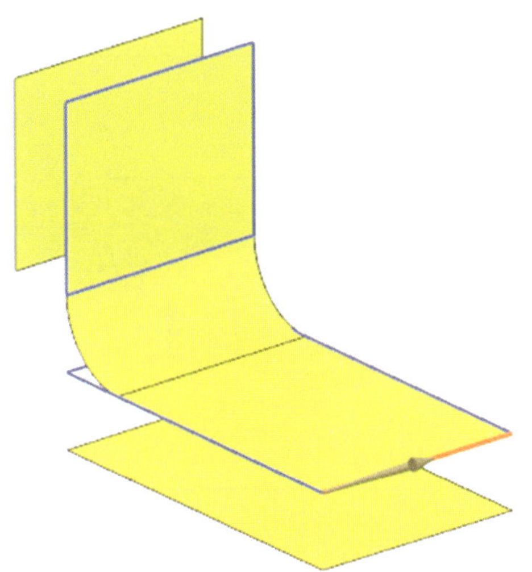

图 4–124　选择水平面上的边沿曲线

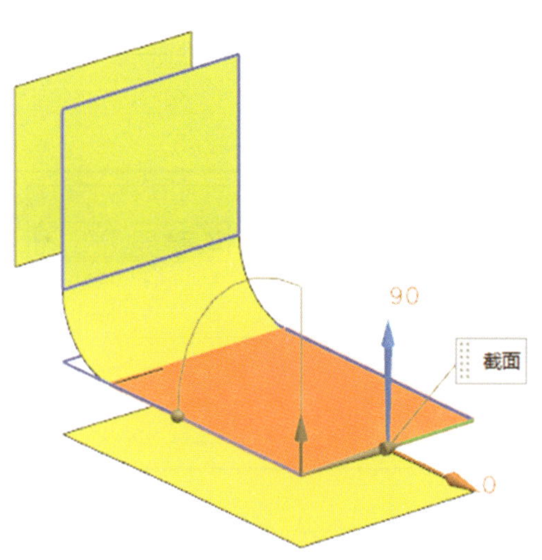

图 4–125　选择水平面

（4）通过设置“长度规律”选项组改变延伸的距离，其相关内容见表 4–6。

（5）通过设置“角度规律”选项组改变延伸的方向，其相关内容见表 4–7。

表 4–6　通过设置“长度规律”选项组改变延伸的距离

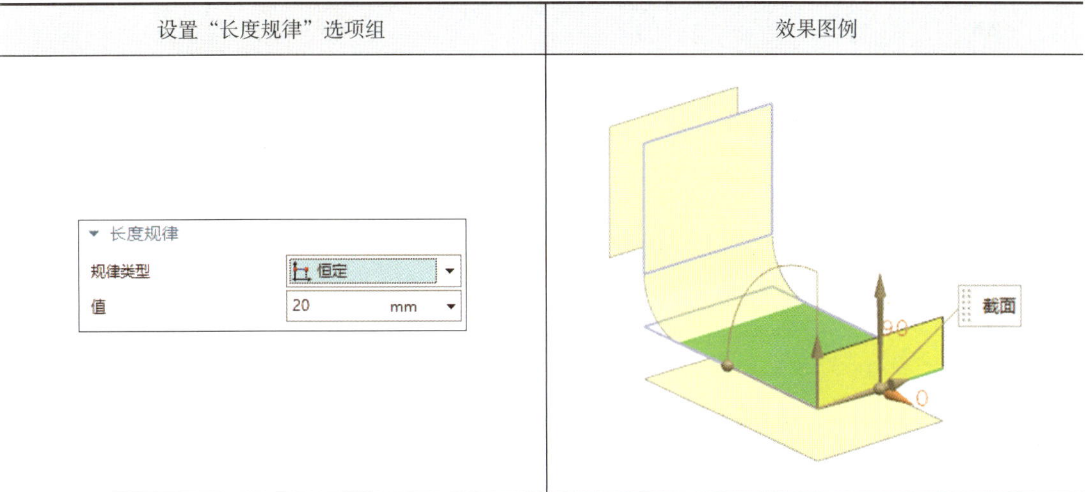

设置“长度规律”选项组	效果图例
▼ 长度规律 规律类型　恒定 值　20　mm	截面 90 0

续表

设置“长度规律”选项组	效果图例
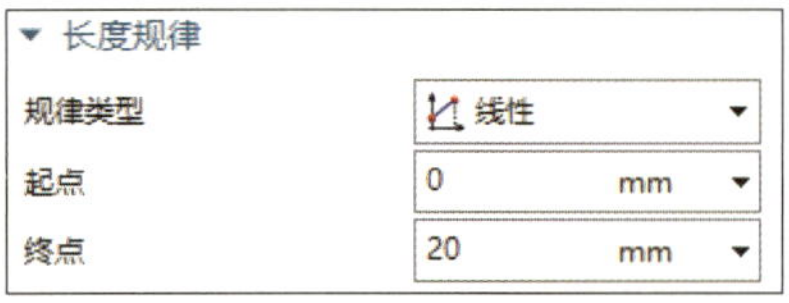 ▼ 长度规律 规律类型 线性 起点 0 mm 终点 20 mm	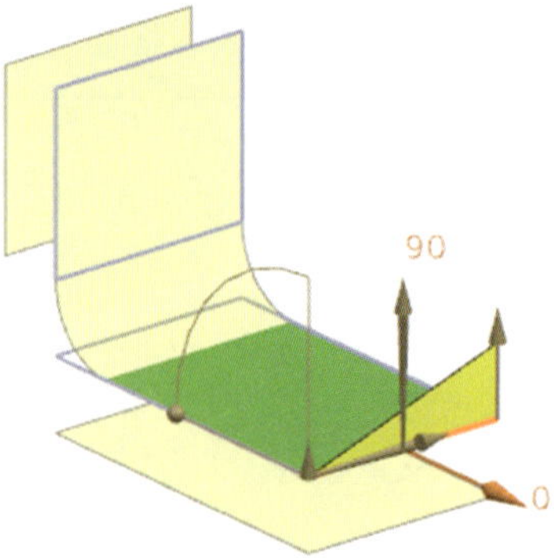 90 0
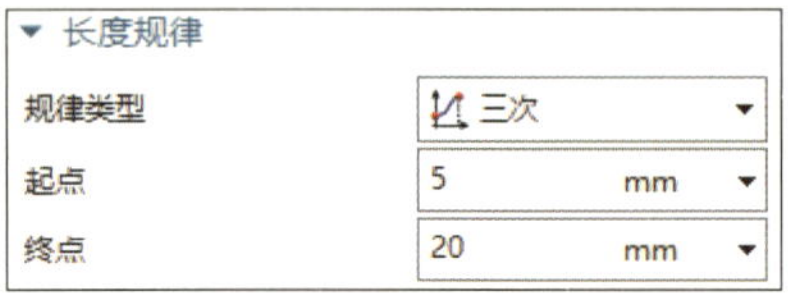 ▼ 长度规律 规律类型 三次 起点 5 mm 终点 20 mm	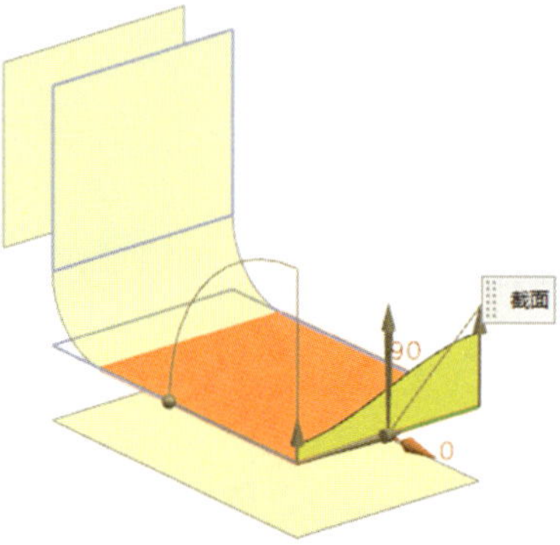 截面 90 0

表 4–7　　通过设置“角度规律”选项组改变延伸的方向

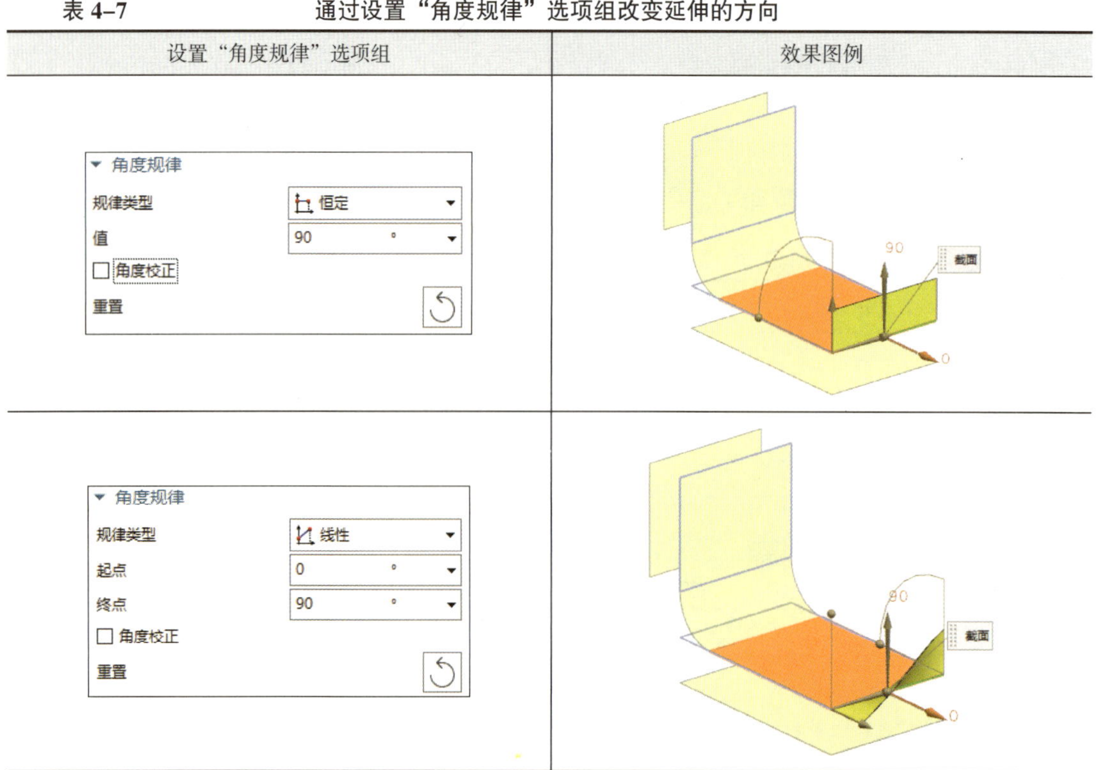

设置“角度规律”选项组	效果图例
▼ 角度规律 规律类型 恒定 值 90 ° ☐ 角度校正 重置	90 截面 0
▼ 角度规律 规律类型 线性 起点 0 ° 终点 90 ° ☐ 角度校正 重置	90 截面 0

续表

设置“角度规律”选项组	效果图例
角度规律 规律类型　三次 起点　0 ° 终点　90 ° 角度校正 重置	90 截面 0

（6）单击【确定】按钮，完成垂直向的曲面延伸，如图 4–126 所示。

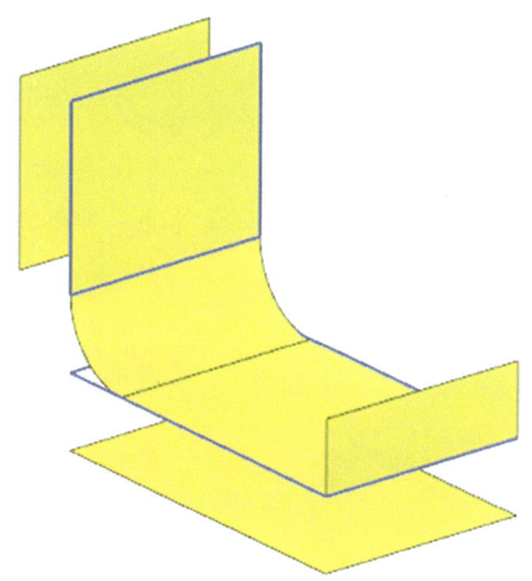

图 4–126　垂直向曲面延伸

（7）单击功能区“曲面”选项卡“基本”面组中“更多”下拉菜单中的“延伸曲面”图标 **延伸曲面** 或选择［菜单］/［插入］/［弯边曲面］/［延伸］菜单命令，系统弹出“延伸曲面”对话框，如图 4–127 所示。

提示

延伸曲面是在现有曲面的基础上，通过曲面的边界或曲面上的曲线进行延伸，扩大曲面。

（8）根据提示“选择靠近边的待延伸面”，选择延伸的竖直曲面，单击鼠标滚轮确认，如图 4–128 所示。

（9）将“长度”设置为“30 mm”，单击【确定】按钮，完成曲面延伸，如图 4–129 所示。

图 4–127　“延伸曲面”对话框

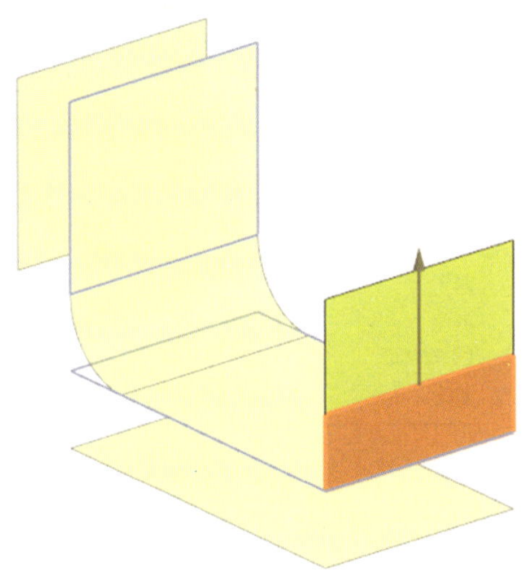

图 4–128　选择要延伸的面

7. 桥接曲面

（1）单击功能区“曲面”选项卡“基本”面组中的“桥接”图标 **桥接** 或选择［菜单］/［插入］/［细节特征］/［桥接］菜单命令，系统弹出“桥接曲面”对话框，如图 4–130 所示。

图 4–129　完成曲面延伸

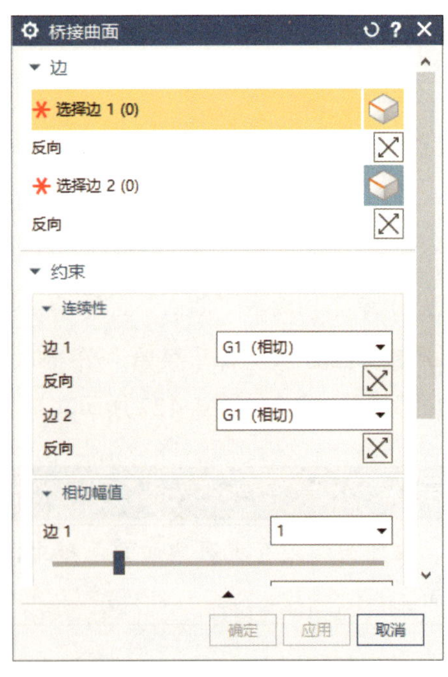

图 4–130　“桥接曲面”对话框

（2）根据提示“选择靠近边的面或选择一条边”，选择第一个主面，单击鼠标滚轮确认，如图 4–131 所示。

图 4-131 选择第一个主面

提示

桥接是在两个曲面间建立一个过渡曲面，并且可以在桥接片体和定义面之间指定位置、相切连续性或曲率连续性，还可以拖动选项来控制桥接片体的形状。

（3）根据提示选择第二个主面，如图 4-132 所示。

（4）单击【确定】按钮，完成桥接操作，结果如图 4-133 所示。

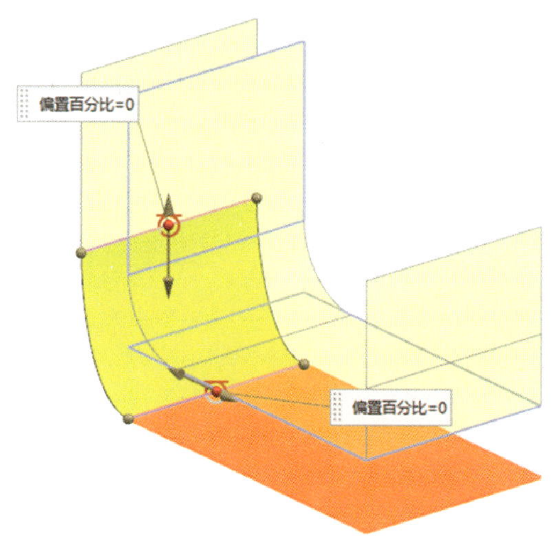

图 4-132 选择第二个主面

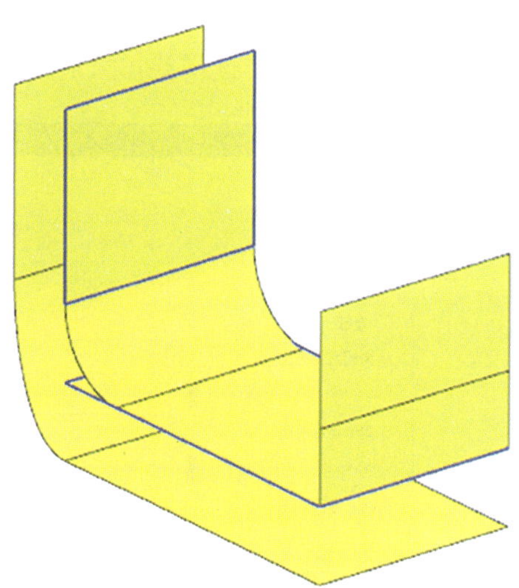

图 4-133 桥接结果

8. 扩大曲面

（1）单击功能区“曲面”选项卡“编辑”面组中“更多”下拉菜单中的“扩大”图标 扩大 或选择［菜单］/［编辑］/［曲面］/［扩大］菜单命令，系统弹出“扩大”对话框，如图 4-134 所示。

提示

扩大命令可以对未修剪过的曲面的大小进行编辑，编辑后的曲面将丢失参数，属于非参数化编辑命令。应选择“高级”角色。

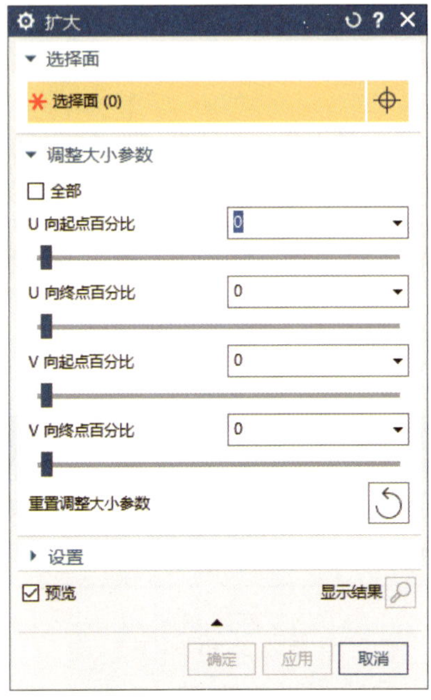

图 4–134 “扩大”对话框

（2）根据提示“选择要扩大的面”，选择要扩大的面，如图 4–135 所示。

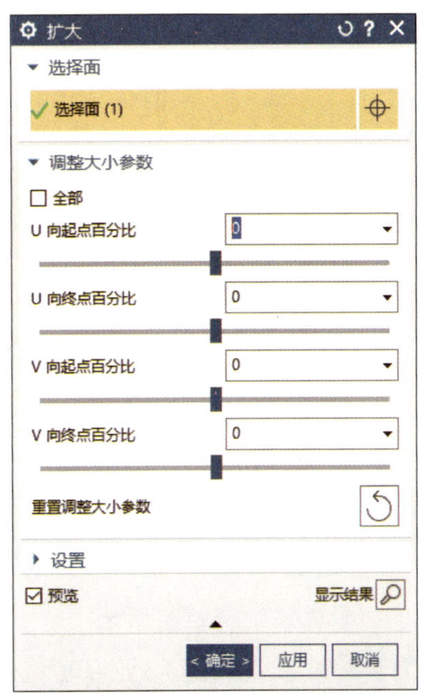

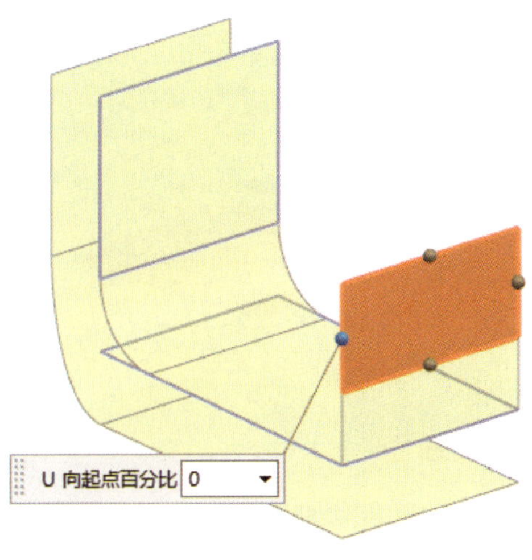

图 4–135 选择要扩大的面

（3）设置“调整大小参数”选项组，如图 4-136 所示。

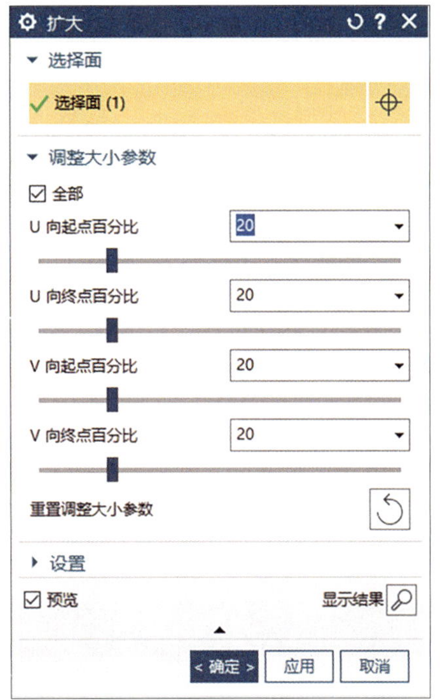

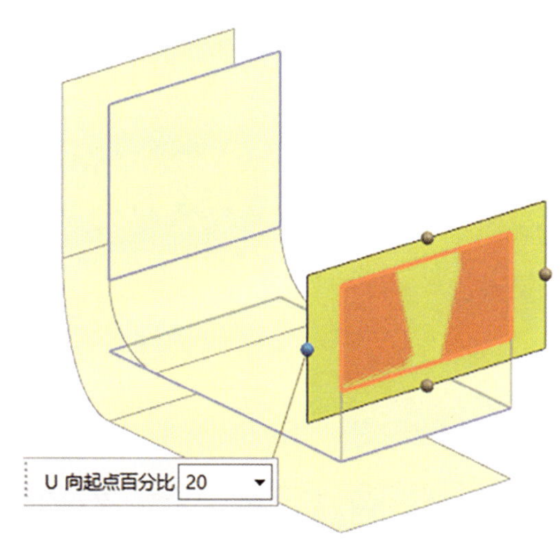

图 4-136　设置“调整大小参数”选项组

（4）单击【确定】按钮，完成扩大曲面操作，如图 4-137 所示。

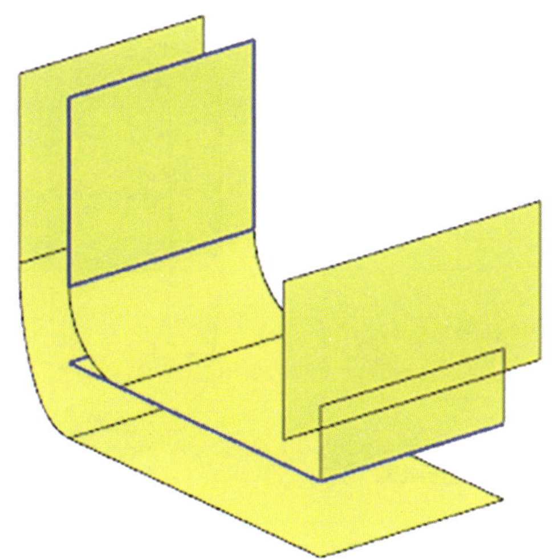

图 4-137　完成扩大曲面操作

9. 缝合曲面

（1）单击功能区“曲面”选项卡“组合”面组中的“缝合”图标或选择［菜单］/［插入］/［组合体］/［缝合］菜单命令，系统弹出“缝合”对话框，如图 4-138 所示。

图 4-138 “缝合”对话框

提示

缝合功能可以将两个或两个以上的曲面连接形成一个曲面。

（2）根据提示“选择目标片体”，选择目标片体，如图 4-139 所示。

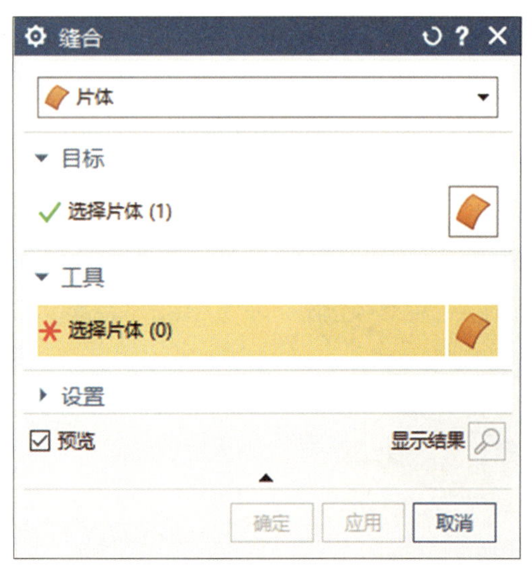

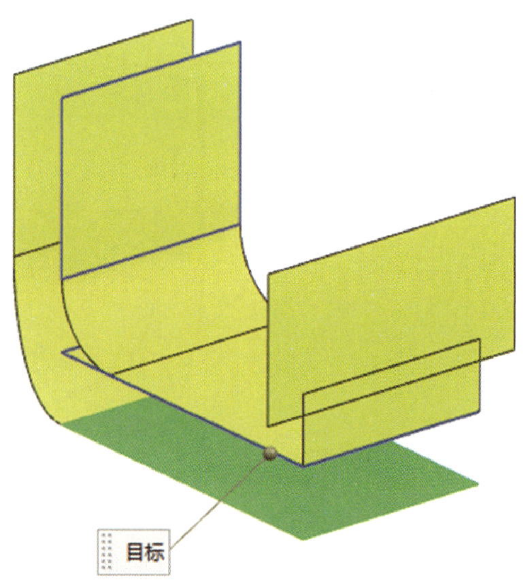

图 4-139 选择目标片体

（3）根据提示“选择工具片体”，选择工具片体，如图 4-140 所示。

（4）继续选择工具片体，如图 4-141 所示。

（5）单击【确定】按钮，完成曲面缝合操作，如图 4-142 所示。

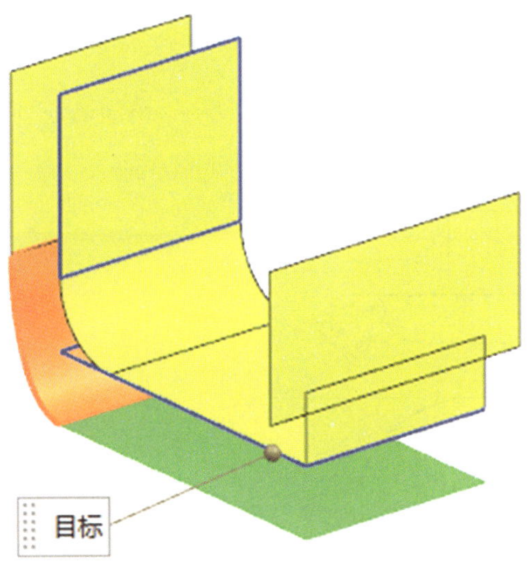

图 4-140　选择工具片体

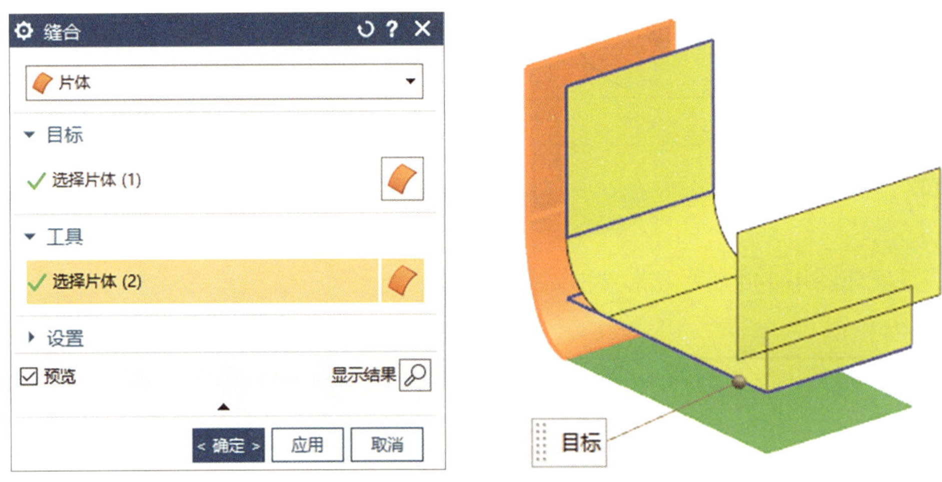

图 4-141　继续选择工具片体

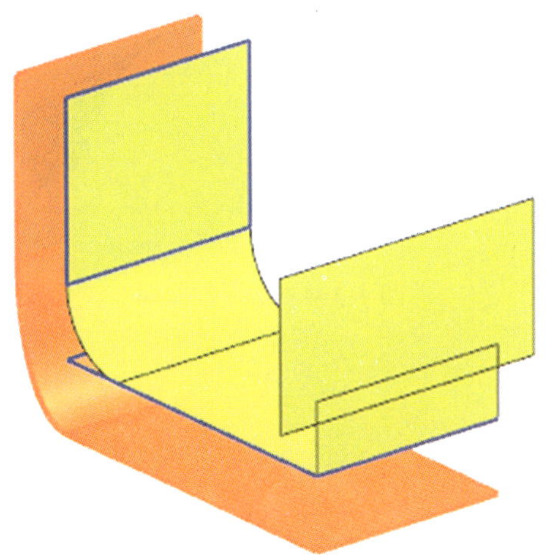

图 4-142　完成曲面缝合

任务拓展

1．试完成图 4–143 所示曲面的创建。

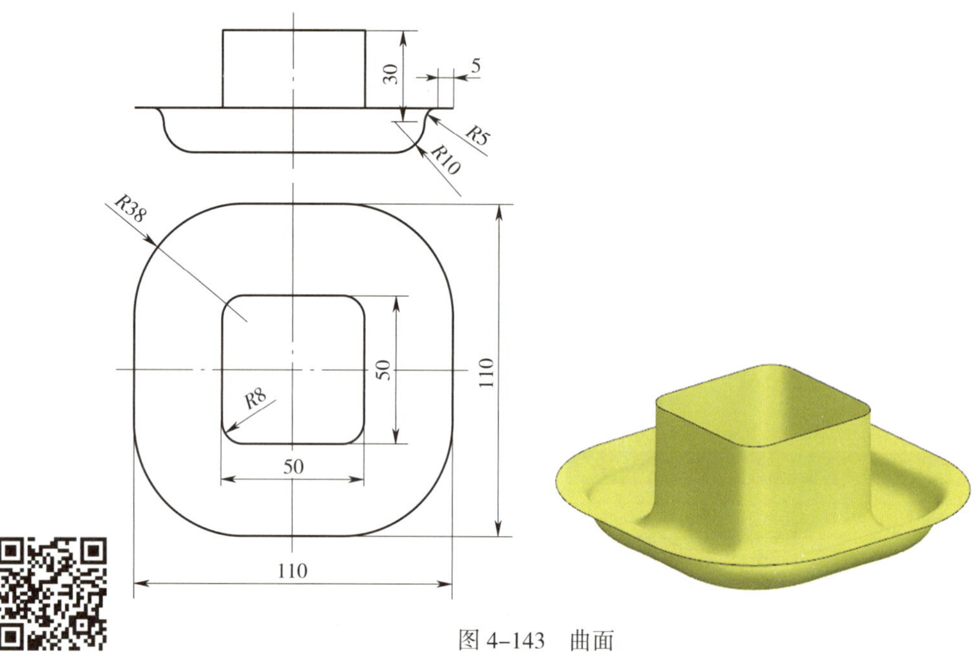

图 4–143　曲面

2．试完成图 4–144 所示盒形件曲面的创建。

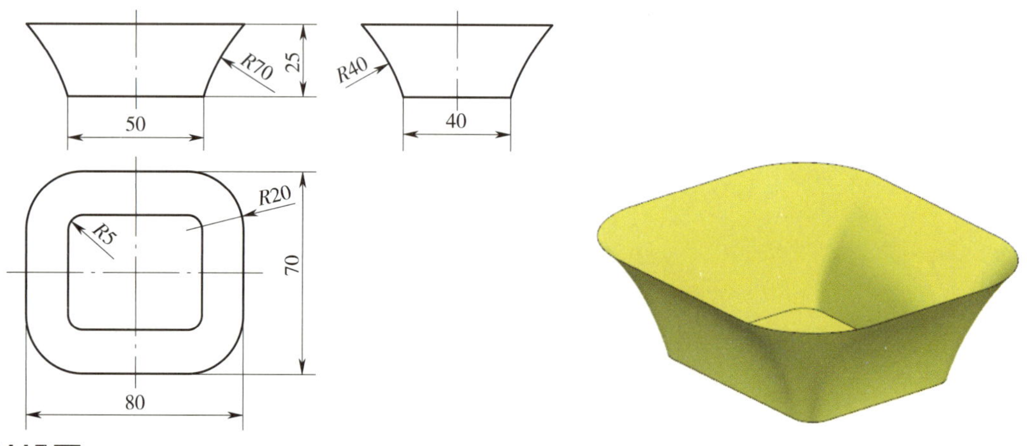

图 4–144　盒形件曲面

课题 5 曲面创建（五）

学习目标

1．能创建旋转曲面。

2．能创建拆分体。

3．能使用曲面加厚功能。

4．能使用对象显示功能。

工作任务

试用曲面创建方法完成图 4–145 所示皮球的建模。

图 4–145 皮球模型

任务实施

1. 创建新文件

（1）双击快捷方式图标启动 UG NX 2007。

（2）新建名称为“曲面 5”的部件文件。

（3）选择［文件］/［首选项］/［可视化］菜单命令，将视图窗口设置为白色背景。

2. 绘制草图

（1）单击“草图”图标，以 *XY* 平面作为草图平面，绘制图 4–146 所示草图。

（2）单击“完成”图标，结束草图绘制，如图 4–147 所示。

3. 创建旋转曲面

（1）单击功能区“主页”选项卡“基本”面组中的“旋转”图标或选择［菜单］/［插入］/［设计特征］/［旋转］菜单命令，系统弹出“旋转”对话框，进行图 4–148 所示设置。

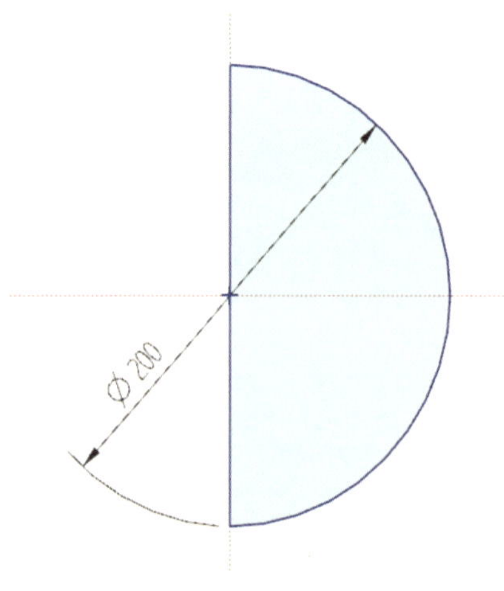

图 4–146　绘制草图

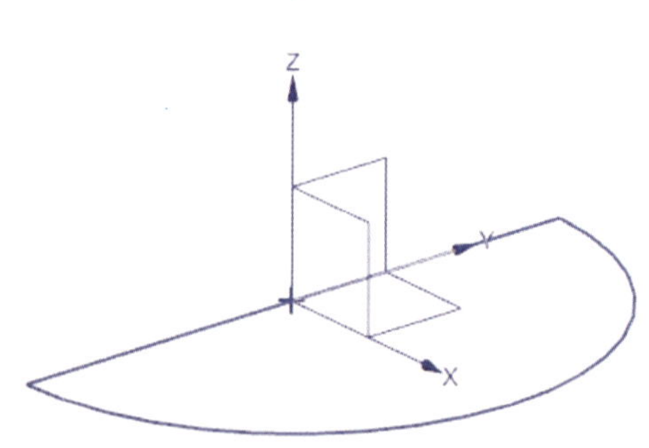

图 4–147　结束草图绘制

（2）根据提示完成旋转曲面创建操作，结果如图 4–149 所示。

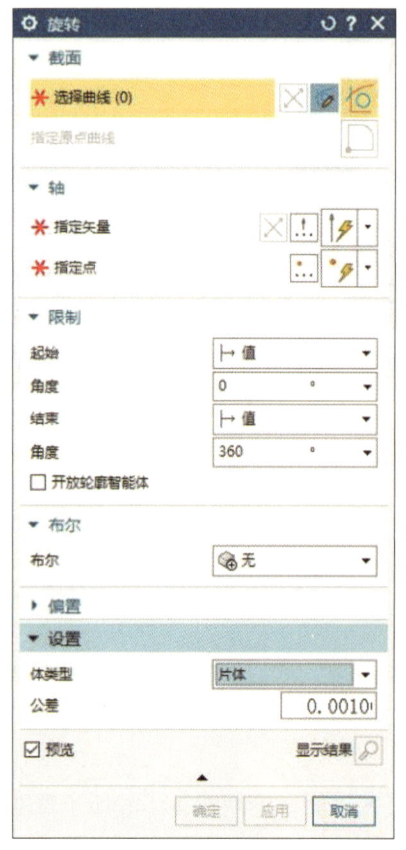

图 4–148　设置“旋转”对话框

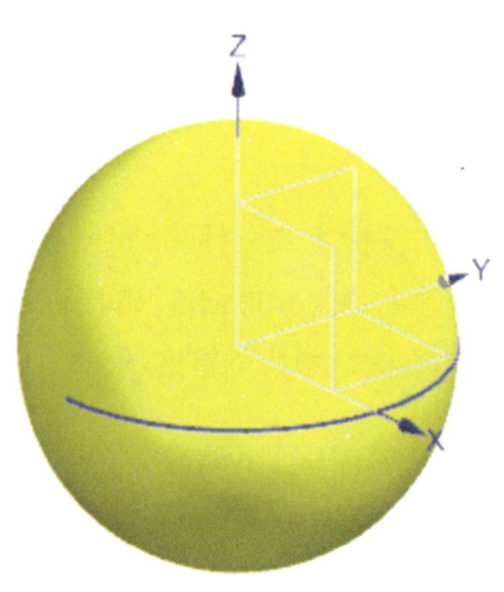

图 4–149　创建旋转曲面

提示

通过单击功能区“视图”选项卡“内容”面组中的“编辑截面”图标，可查看球曲面截面。

（3）隐藏草图。

4. 创建拆分体

（1）单击功能区“曲面”选项卡“组合”面组中“更多”下拉菜单中的“拆分体”图标 拆分体 或选择［菜单］/［插入］/［修剪］/［拆分体］菜单命令，系统弹出“拆分体”对话框，如图 4–150 所示，并要求选择要拆分的目标体。

提示

拆分体功能可通过面、基准平面或一个几何体将一个体分割为多个体，使用时，要注意它与修剪体功能的不同，后者是使用面或基准平面修剪掉一部分体。

（2）选择球形曲面作为拆分对象，如图 4–151 所示。

图 4–150　“拆分体”对话框

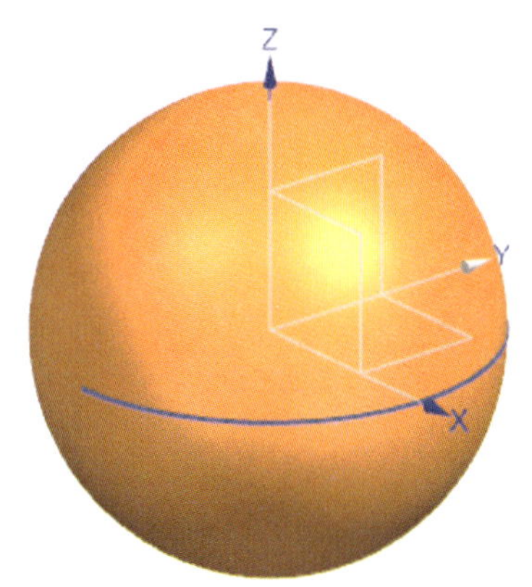

图 4–151　选择球形曲面作为拆分对象

（3）在“工具”选项组中单击“选择面或平面”，如图 4–152 所示。

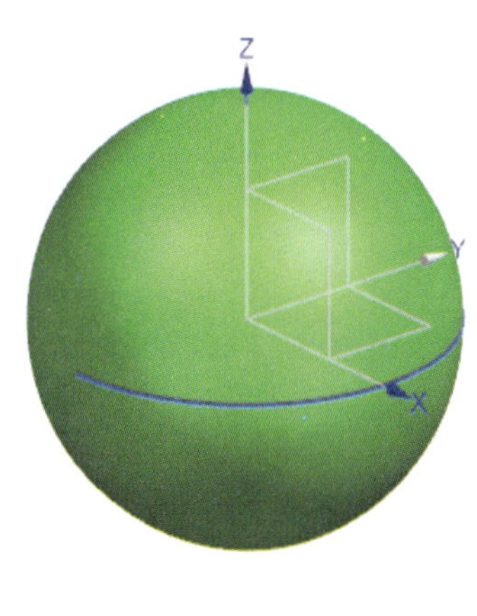

图 4–152　单击“选择面或平面”

（4）根据提示“选择拆分所用的工具面或基准平面”，选择 *XY* 平面作为拆分工具，如图 4–153 所示。

（5）单击【应用】按钮，完成第一次拆分，如图 4–154 所示。

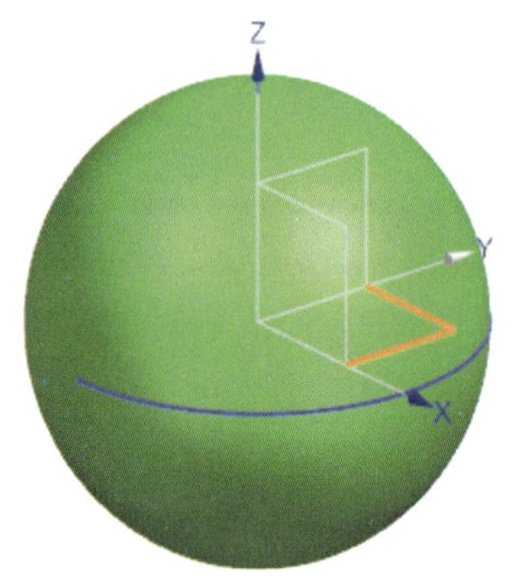

图 4–153　选择 *XY* 平面作为拆分工具

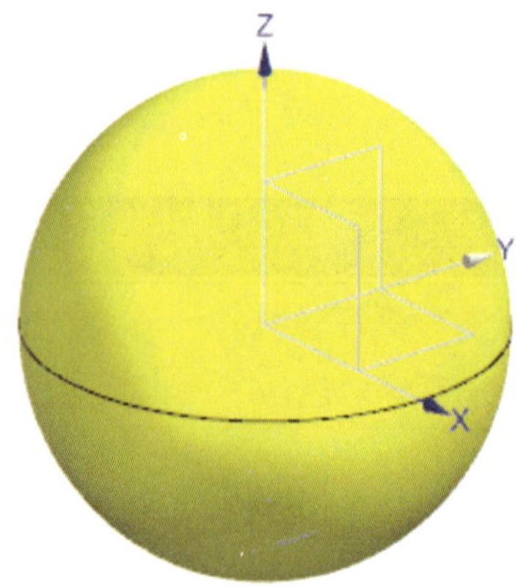

图 4–154　完成第一次拆分

（6）用类似方法，选择 *XZ* 平面作为拆分工具，完成第二次拆分，如图 4–155 所示。

（7）用类似方法，选择 *YZ* 平面作为拆分工具，完成第三次拆分，如图 4–156 所示。

（8）隐藏“基准坐标系”，关闭“显示 WCS”。

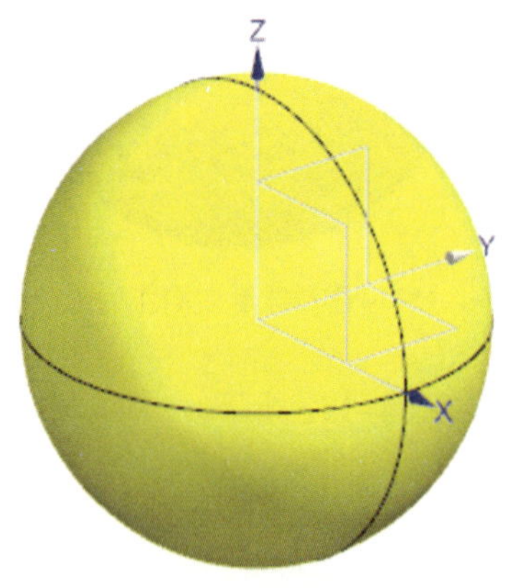

图 4–155　完成第二次拆分

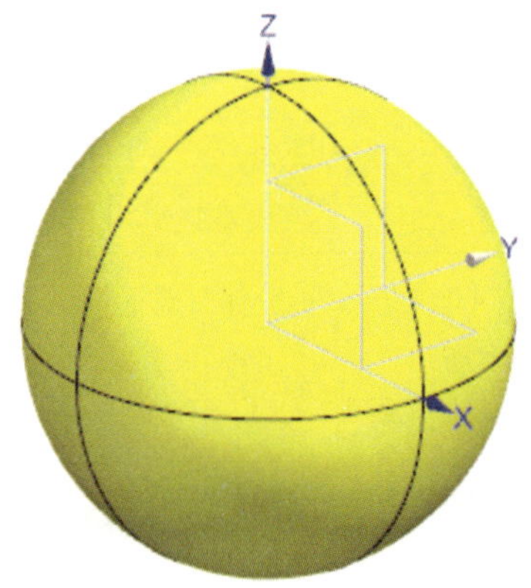

图 4–156　完成第三次拆分

5. 加厚曲面

（1）单击功能区“曲面”选项卡“基本”面组中的“加厚”图标 或选择［菜单］/［插入］/［偏置 / 缩放］/［加厚］菜单命令，系统弹出“加厚”对话框，进行图 4–157 所示设置。

提示

加厚功能可通过为一组面增加厚度来创建实体。

（2）根据提示“选择要加厚的面”，选择要加厚的面，如图 4–158 所示。

图 4–157　设置“加厚”对话框

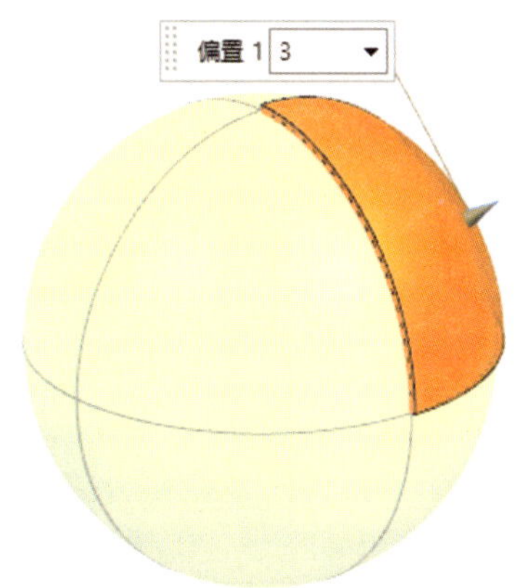

图 4–158　选择要加厚的面

（3）单击【应用】按钮，完成所选面的加厚，如图 4–159 所示。

（4）单击功能区“曲面”选项卡“基本”面组中的“边倒圆”图标 或选择［菜单］/［插入］/［细节特征］/［边倒圆］菜单命令，系统弹出“边倒圆”对话框，将倒圆半径设置为“2 mm”，完成加厚面的边倒圆操作，如图 4–160 所示。

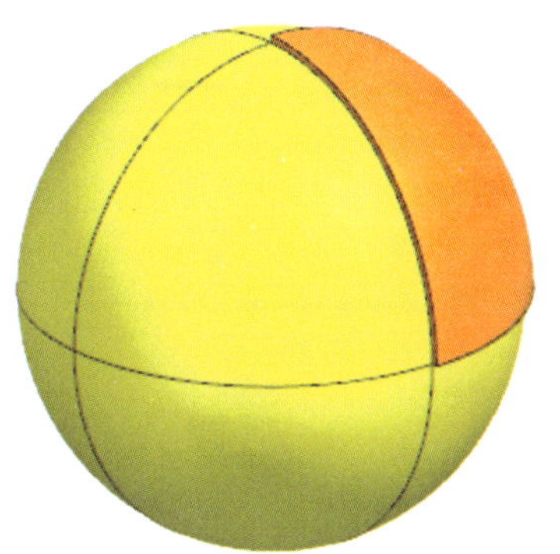

图 4–159　完成所选面的加厚

图 4–160　完成加厚面的边倒圆操作

（5）重复步骤（1）~（4），完成其他面的加厚和边倒圆，结果如图 4–161 所示。

6. 皮球上色

（1）单击功能区“视图”选项卡“对象”面组中的“编辑对象显示”图标 或选择［菜单］/［编辑］/［对象显示］菜单命令，系统弹出“类选择”对话框，如图 4–162 所示。

（2）根据提示选择要编辑的对象，如图 4–163 所示。

图 4-161　完成其他面的加厚和边倒圆

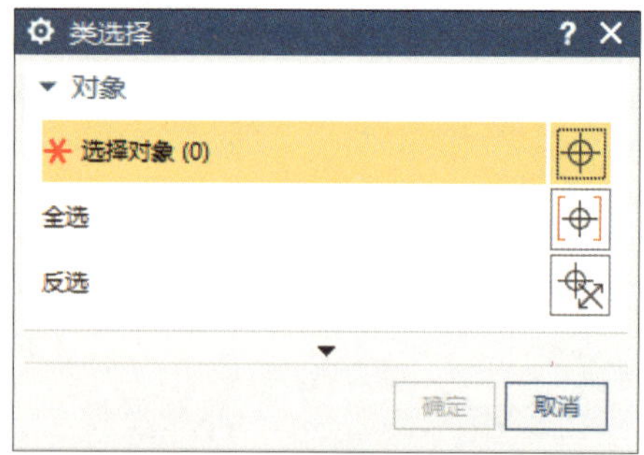

图 4-162　“类选择”对话框

提示

选择对象为 4 个经边倒圆的加厚曲面。

（3）单击【确定】按钮，系统弹出“编辑对象显示”对话框，如图 4-164 所示。

图 4-163　选择要编辑的对象

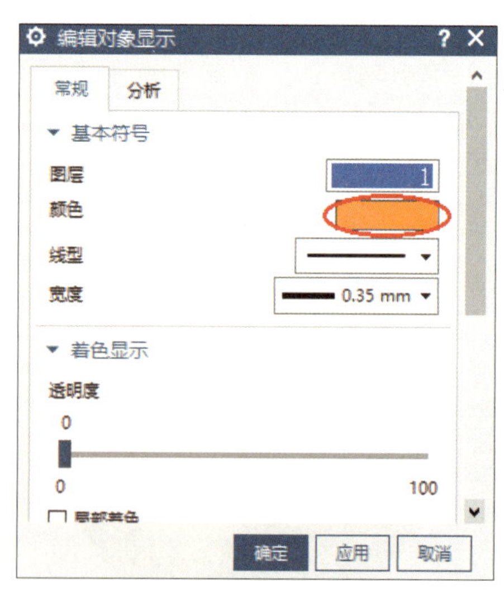

图 4-164　“编辑对象显示”对话框

（4）单击“常规”选项卡中的“颜色”条，系统弹出“对象颜色”对话框，根据提示“从调色板选择颜色”，选择白色，如图 4-165 所示。

（5）单击【确定】按钮，系统返回“编辑对象显示”对话框，单击【应用】按钮，图形窗口如图 4-166 所示。

（6）用类似方法，完成上黑色操作，结果如图 4-167 所示。

图 4-166　完成上白色

图 4-165　选择白色

图 4-167　完成上黑色

任务拓展

试完成图 4-168 所示彩色皮球模型的创建。

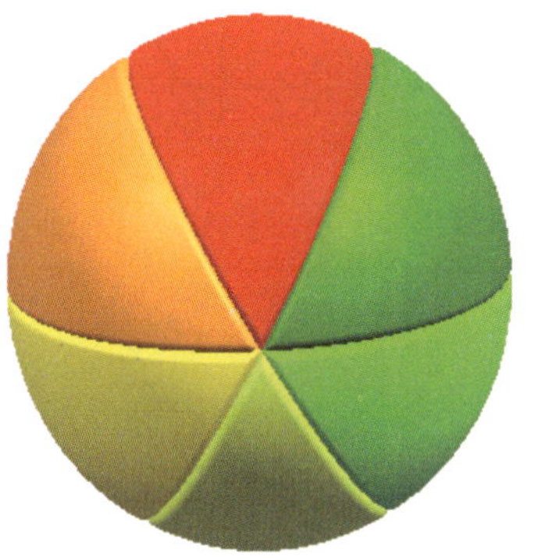

图 4-168　彩色皮球模型

课题 6　截 面 特 征

学习目标

1．能使用截面特征。

2．能使用“五点”模式创建截面。

3．能使用“四点－斜率”模式创建截面。

4．能使用“Rho”模式创建截面。

5．能使用“圆角－桥接”模式创建截面。

工作任务

截面特征把一个曲面（片体）想象成若干条截面曲线，每条截面曲线在一个平面上，截面曲线的起点、终点等分别位于指定的控制曲线上，截面特征示意图如图 4-169 所示。

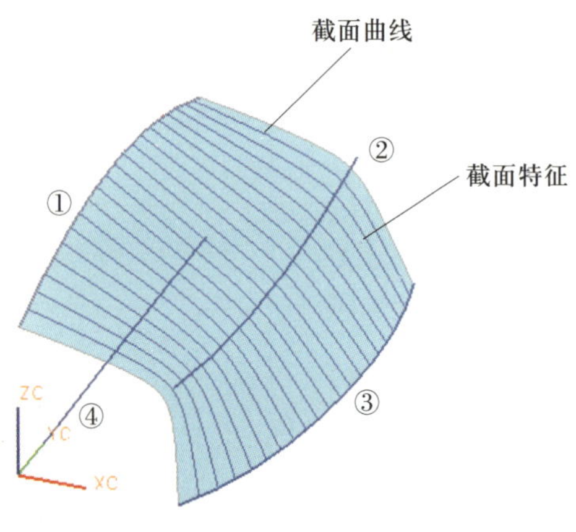

①②③④ 为控制曲线

图 4-169　截面特征示意图

截面曲面功能通过设置线性曲线、二次曲线、三次曲线和圆的参数来定义扫掠的截面，同时可以通过设置引导线、截面斜率控制曲线、肩曲线、脊线来控制曲面的形状。根据截面的定义类型和控制方法的不同，截面曲面的创建方法如图 4-170 所示。

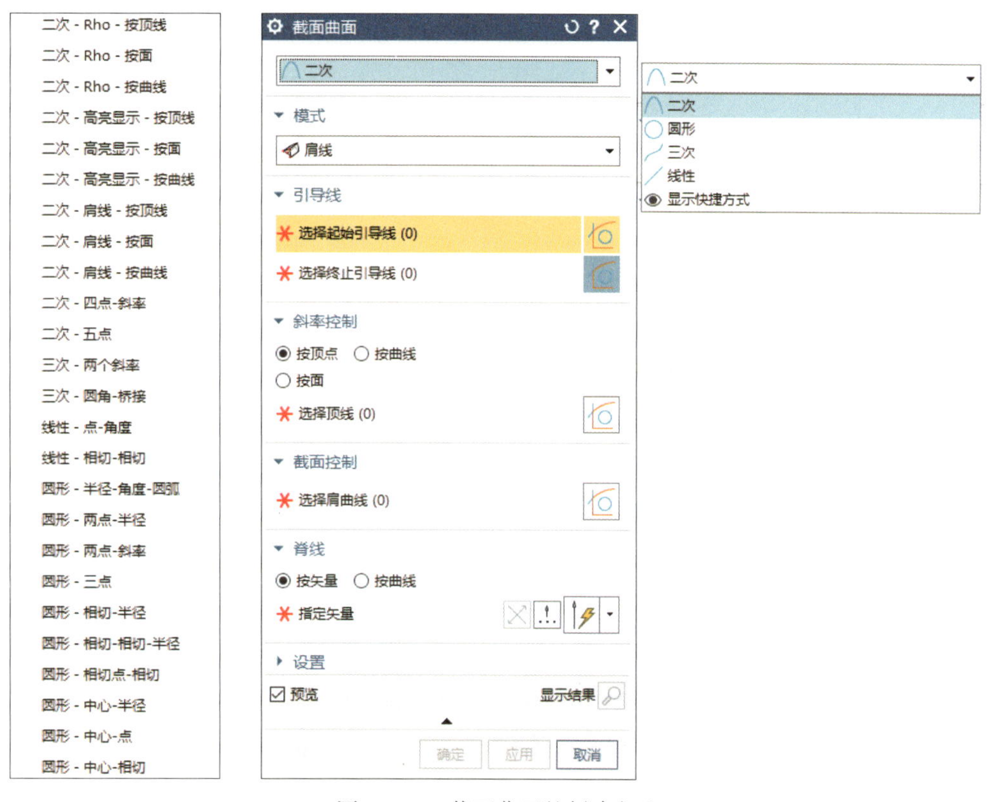

图 4-170　截面曲面的创建方法

任务实施

1. 创建新文件

（1）双击快捷方式图标启动 UG NX 2007。

（2）新建名称为“截面曲面”的部件文件。

（3）选择［文件］/［首选项］/［可视化］菜单命令，将视图窗口设置为白色背景。

2. 使用“五点”模式创建截面

（1）创建五条线串，作为建立片体的控制曲线，如图 4-171 所示。

提示

可通过若干草图创建。

（2）单击功能区“曲面”选项卡“基本”面组中“更多”下拉菜单中的“截面曲面”图标 **截面曲面** 或选择［菜单］/［插入］/［扫掠］/［截面］菜单命令，系统弹出“截面曲面”对话框，“模式”选择“五点”，如图 4-172 所示。

（3）根据提示选择起始引导线，单击鼠标滚轮确认，如图 4-173 所示。

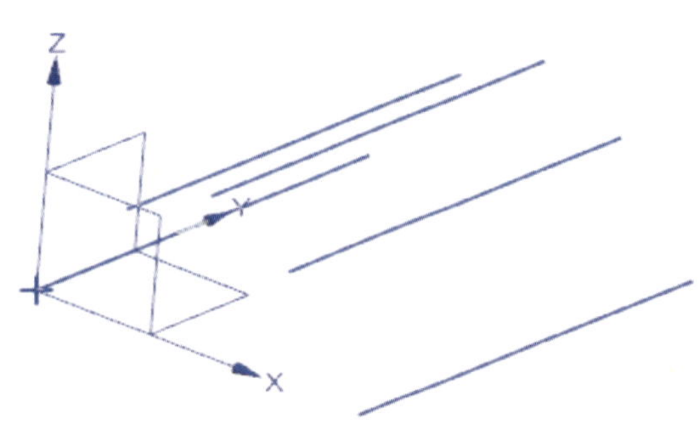

图 4–171　创建五条线串

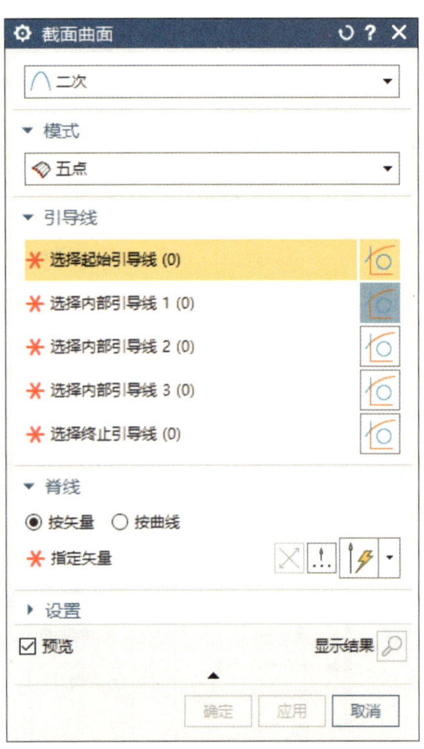

图 4–172　“截面曲面”对话框

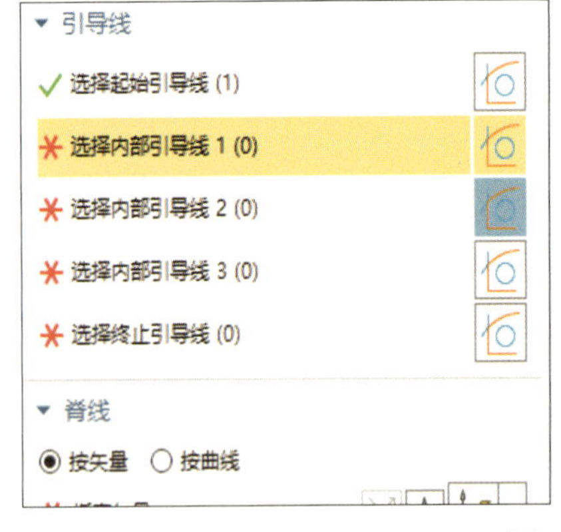

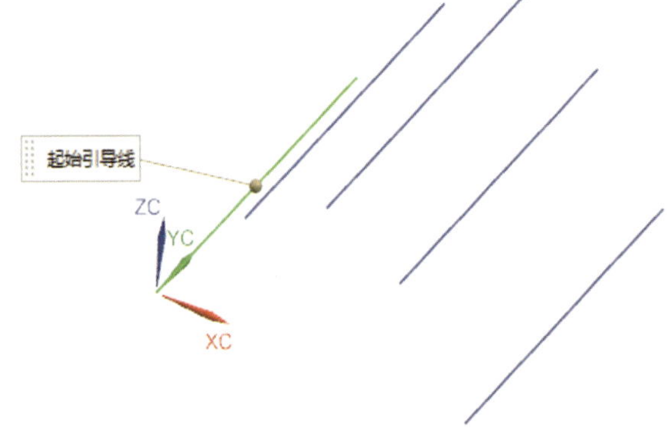

图 4–173　选择起始引导线

（4）根据提示选择第一内部引导线，单击鼠标滚轮确认，如图 4–174 所示。

（5）依次选择第二、第三内部引导线，单击鼠标滚轮确认，如图 4–175 所示。

（6）根据提示选择终止引导线，如图 4–176 所示。

（7）根据提示选择起始引导线作为脊线，如图 4–177 所示，或“按矢量”选择 *YC* 轴作为脊线。

（8）单击【确定】按钮，完成“五点”截面创建。

（9）单击“撤销”图标 ，撤销刚完成的“五点”截面创建，为使用“四点 – 斜率”模式创建截面做准备。

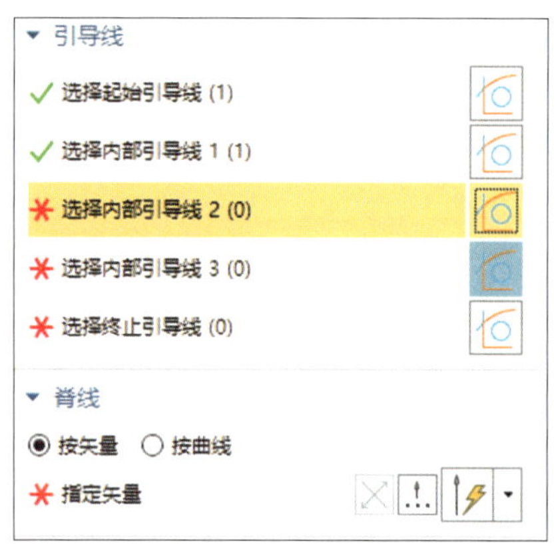

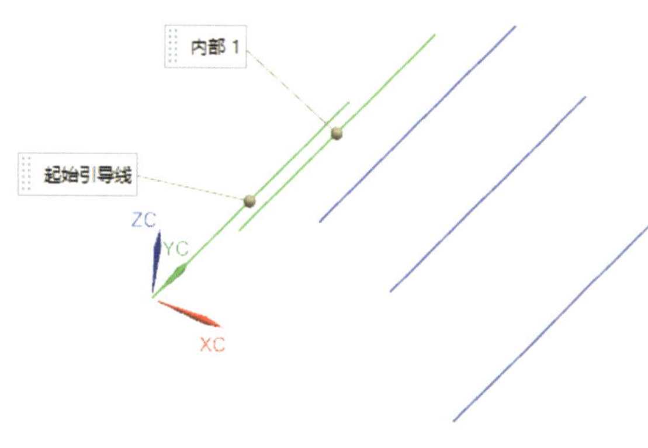

图 4-174 选择第一内部引导线

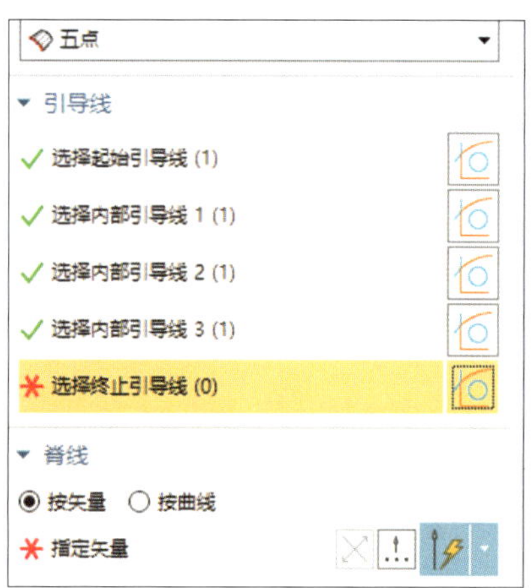

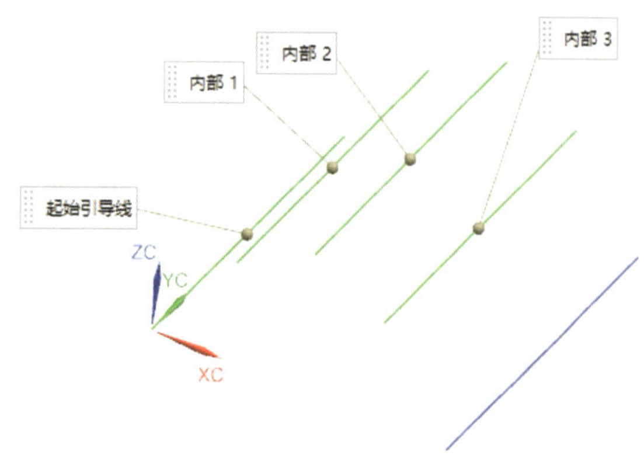

图 4-175 选择第二、第三内部引导线

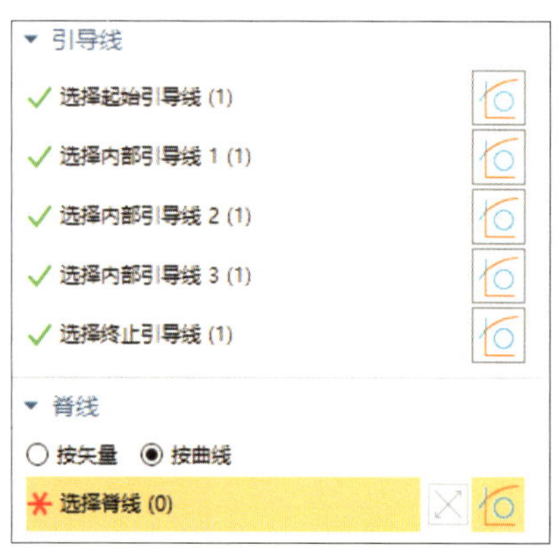

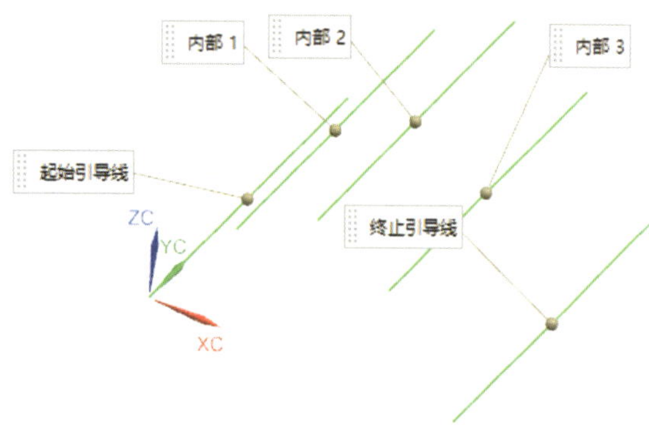

图 4-176 选择终止引导线

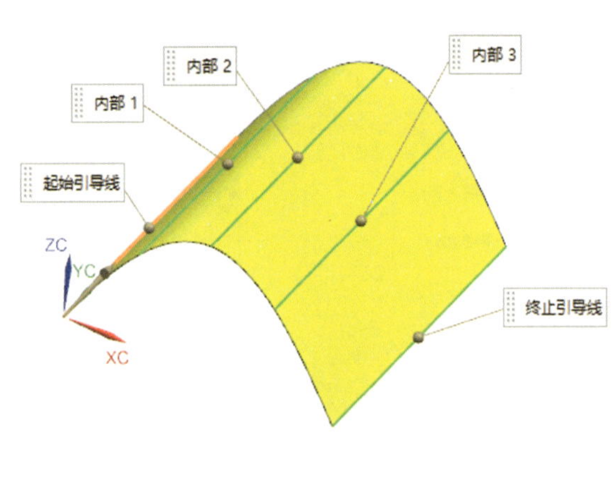

图 4–177　选择脊线

3. 使用“四点 – 斜率”模式创建截面

（1）单击功能区“曲面”选项卡“基本”面组中“更多”下拉菜单中的“截面曲面”图标 截面曲面 或选择［菜单］/［插入］/［扫掠］/［截面］菜单命令，系统弹出“截面曲面”对话框，“模式”选择“四点 – 斜率”，如图 4–178 所示。

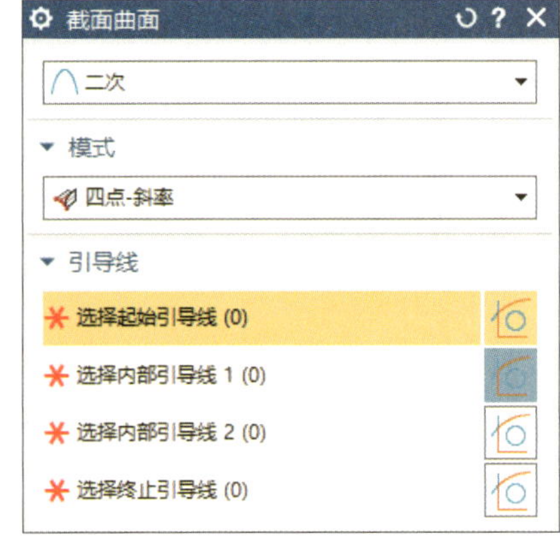

图 4–178　“截面曲面”对话框

（2）根据提示选择起始引导线，单击鼠标滚轮确认，如图 4–179 所示。

（3）根据提示选择第一内部引导线，单击鼠标滚轮确认，如图 4–180 所示。

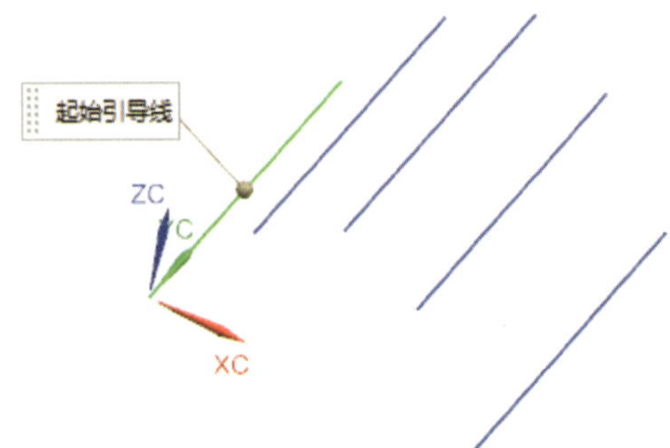

图 4–179　选择起始引导线

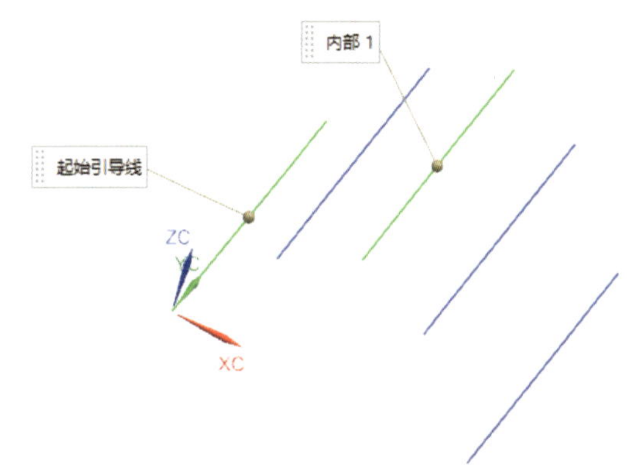

图 4-180　选择第一内部引导线

（4）根据提示选择第二内部引导线，单击鼠标滚轮确认，如图 4-181 所示。

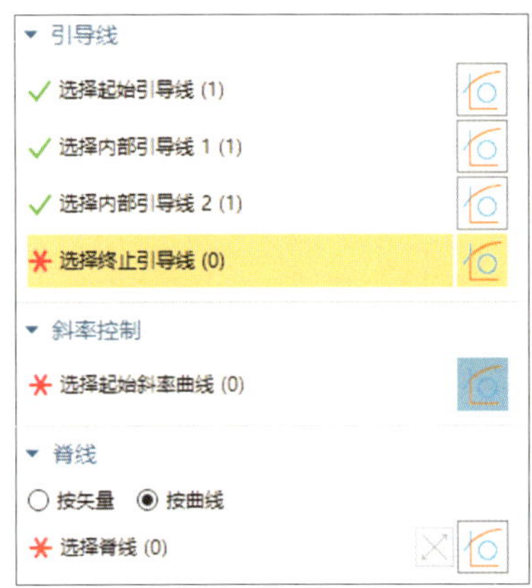

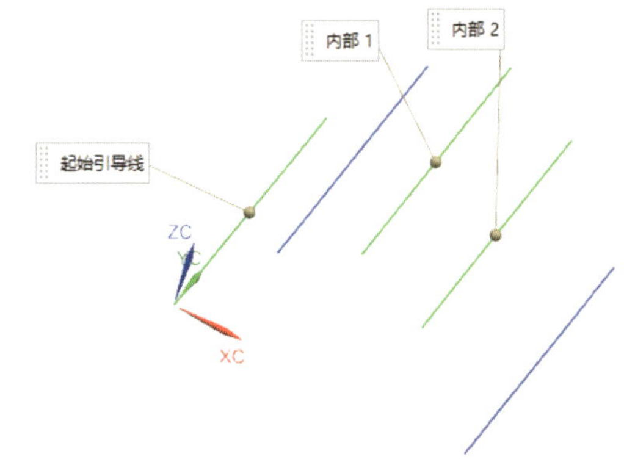

图 4-181　选择第二内部引导线

（5）根据提示选择终止引导线，单击鼠标滚轮确认，如图 4-182 所示。

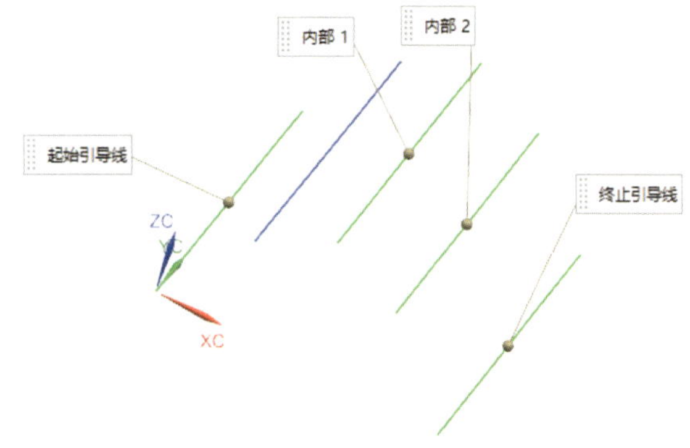

图 4-182　选择终止引导线

（6）根据提示选择起始斜率曲线，如图 4–183 所示。

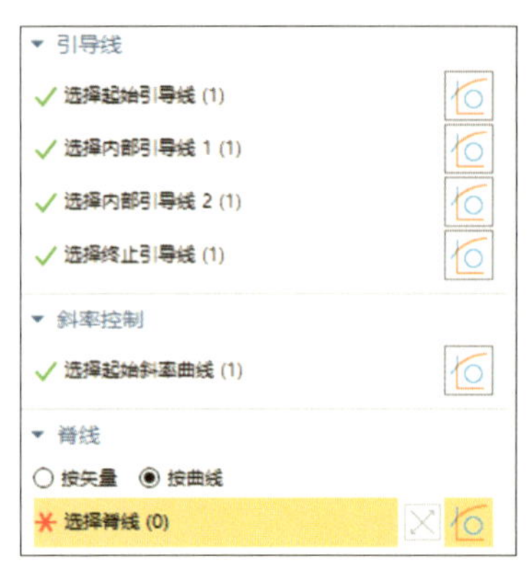

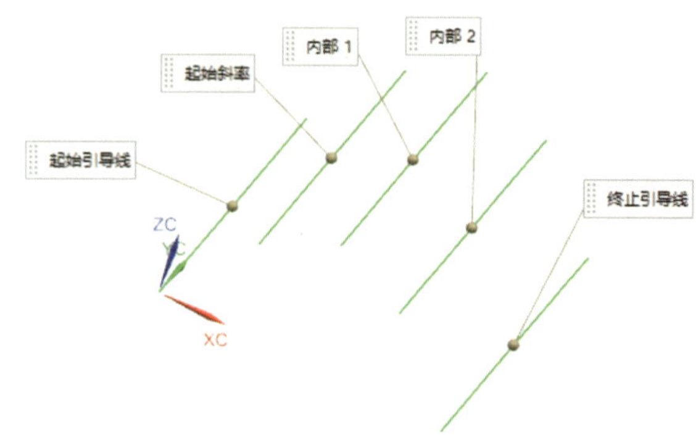

图 4–183　选择起始斜率曲线

（7）根据提示选择终止引导线作为脊线，如图 4–184 所示，或“按矢量”选择 *YC* 轴作为脊线。

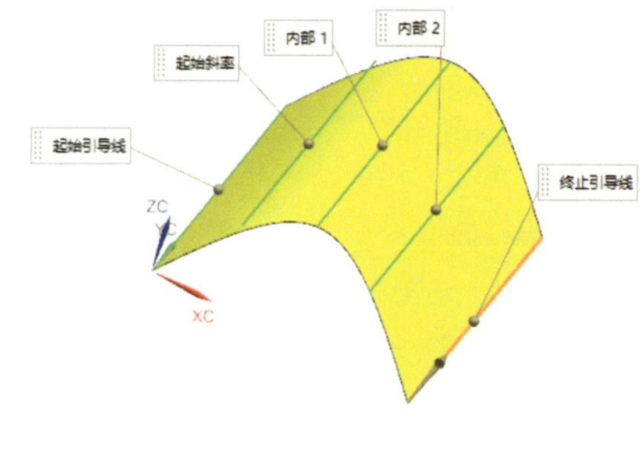

图 4–184　选择脊线

（8）单击【确定】按钮，完成“四点 – 斜率”截面创建。

（9）单击“撤销”图标 ，撤销刚完成的“四点 – 斜率”截面创建，为使用“Rho”模式创建截面做准备。

4. 使用“Rho”模式创建截面

（1）单击功能区“曲面”选项卡“基本”面组中“更多”下拉菜单中的“截面曲面”图标 **截面曲面** 或选择［菜单］/［插入］/［扫掠］/［截面］菜单命令，系统弹出“截面曲面”对话框，“模式”选择“Rho”，如图 4–185 所示。

模式

Rho

引导线

选择起始引导线 (0)

选择终止引导线 (0)

图 4–185　“截面曲面”对话框

（2）根据提示选择起始引导线，单击鼠标滚轮确认，如图 4–186 所示。

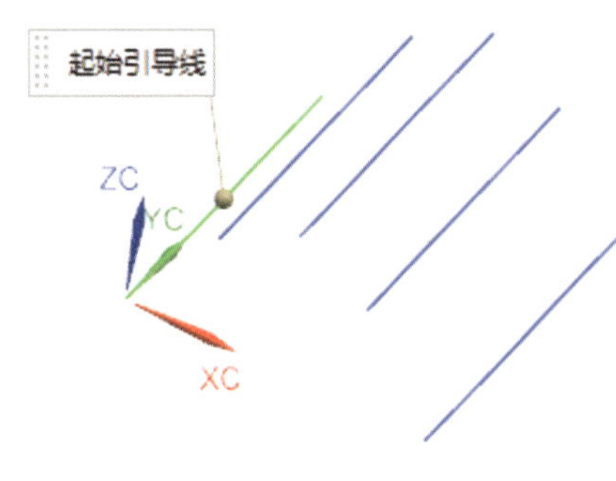

图 4–186　选择起始引导线

（3）根据提示选择终止引导线，单击鼠标滚轮确认，如图 4–187 所示。

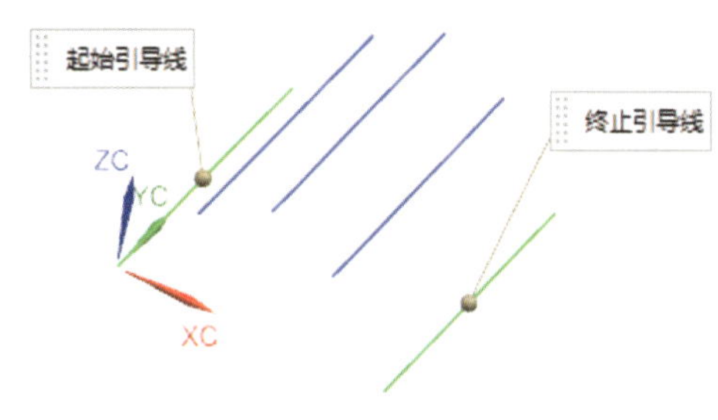

图 4–187　选择终止引导线

（4）“斜率控制”选择“按曲线”，根据提示选择起始斜率曲线，单击鼠标滚轮确认，如图 4–188 所示。

（5）根据提示选择终止斜率曲线，单击鼠标滚轮确认，如图 4–189 所示。

（6）“脊线”选择“按曲线”，根据提示选择脊线，单击鼠标滚轮确认，如图 4–190 所示。若选择“按矢量”，选择 *YC* 轴即可。

（7）将 Rho 值改为“0.75”，如图 4–191 所示。

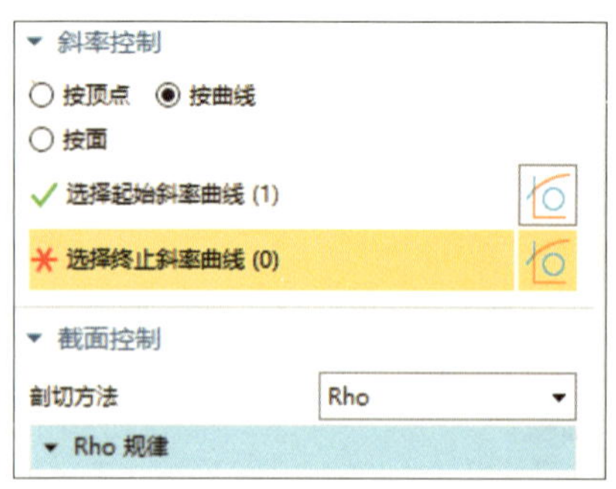

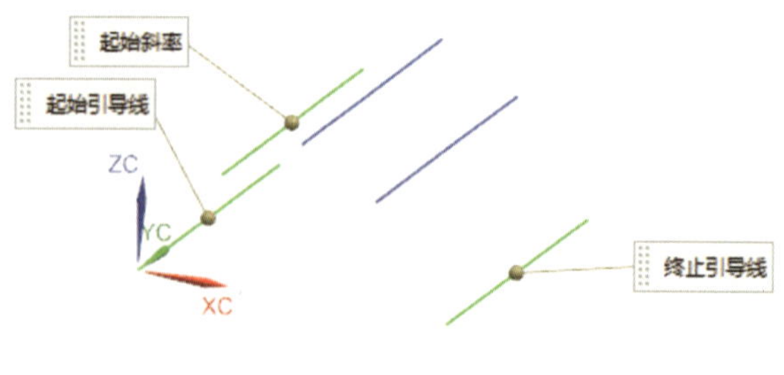

图 4-188　选择起始斜率曲线

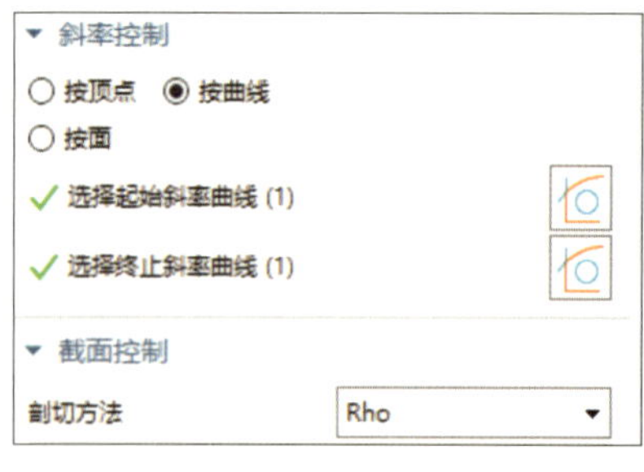

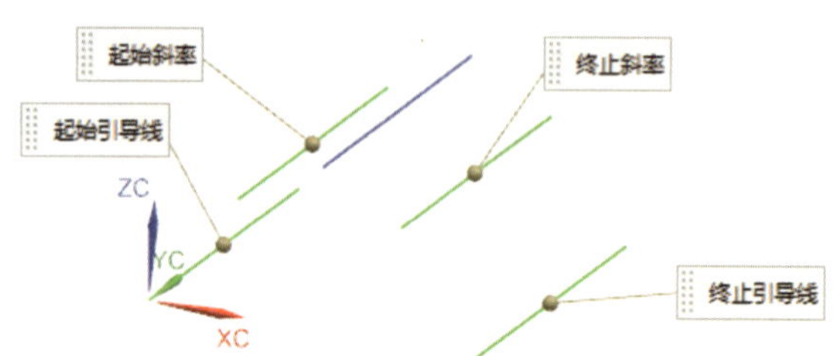

图 4-189　选择终止斜率曲线

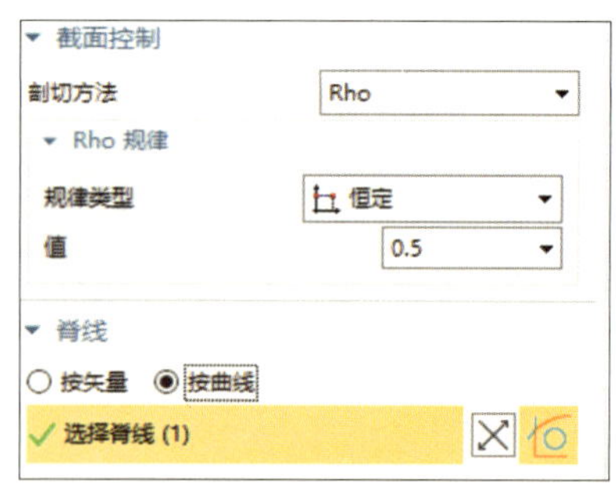

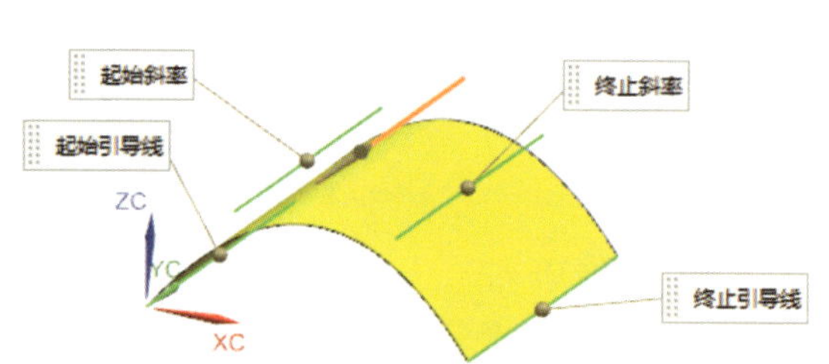

图 4-190　选择脊线

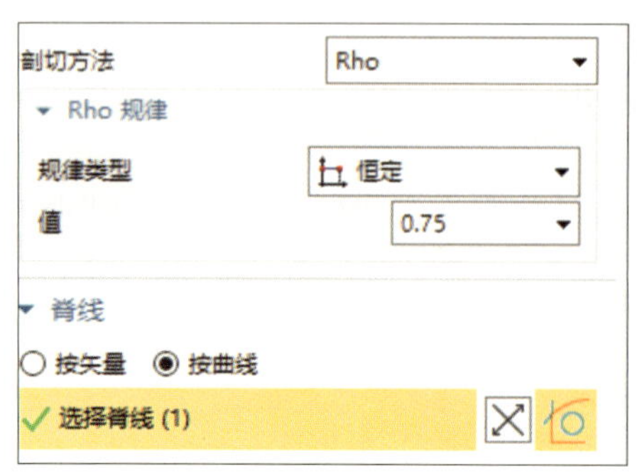

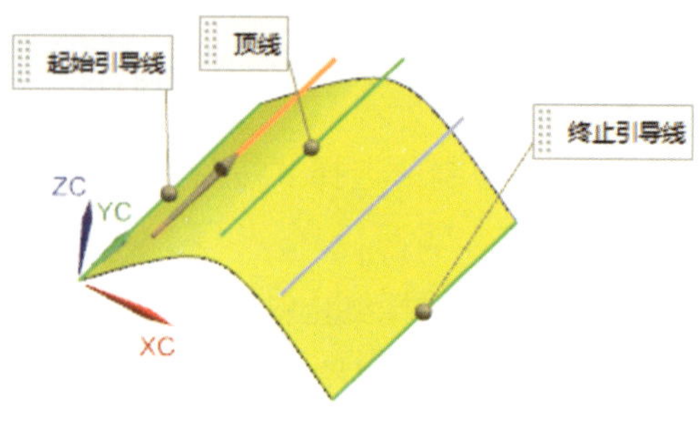

图 4-191　修改 Rho 值为“0.75”

（8）通过设置“截面控制”改变扫掠截面，相关内容见表 4–8。

表 4–8　　通过设置“截面控制”改变扫掠截面

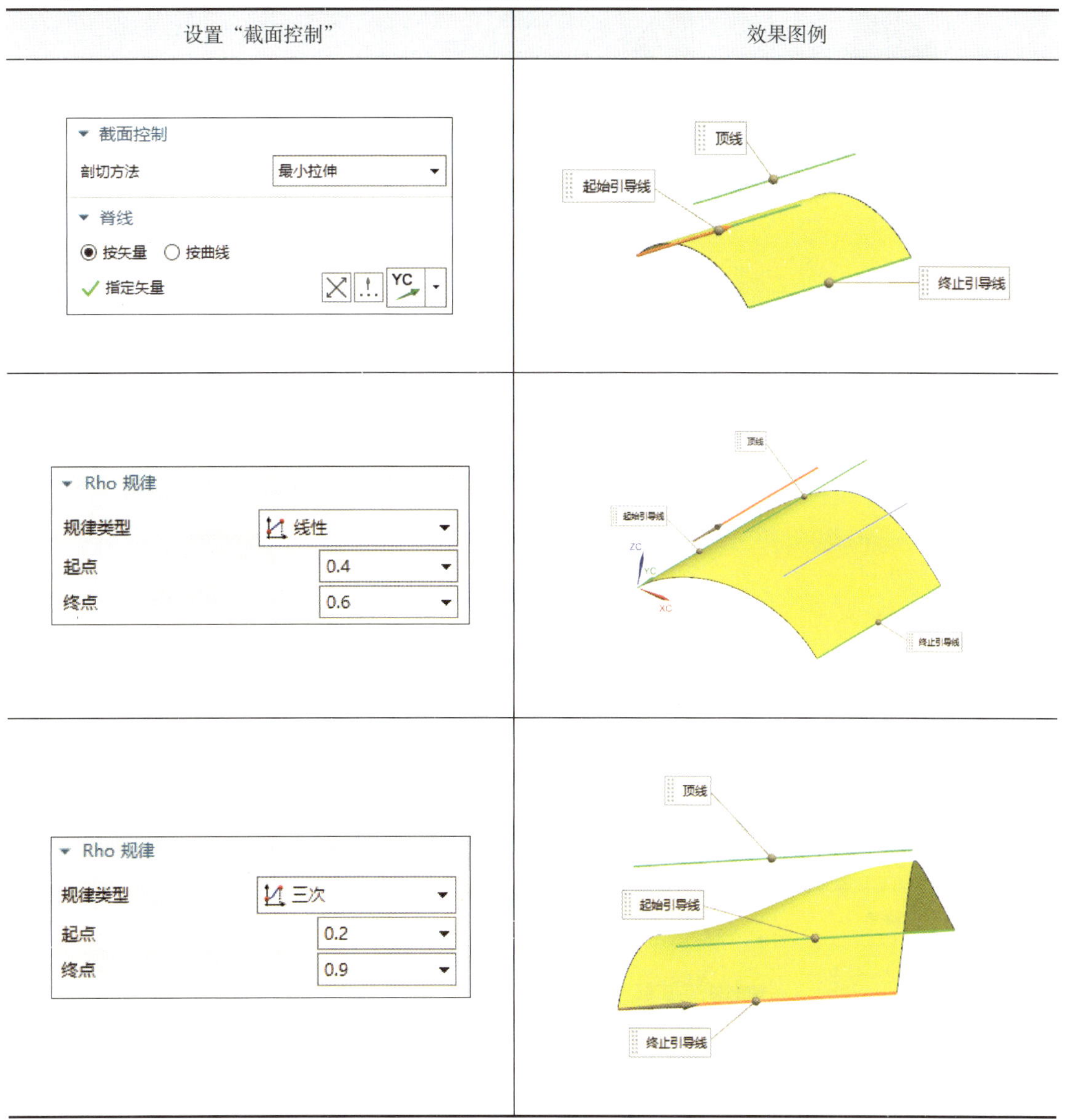

（9）单击【确定】按钮，完成截面创建。

任务拓展

根据本任务提供的五条线串，使用“圆角–桥接”模式创建截面，如图 4–192 所示。

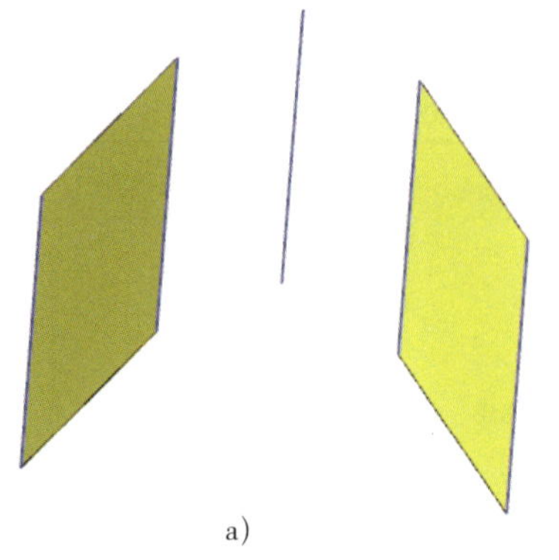

a）

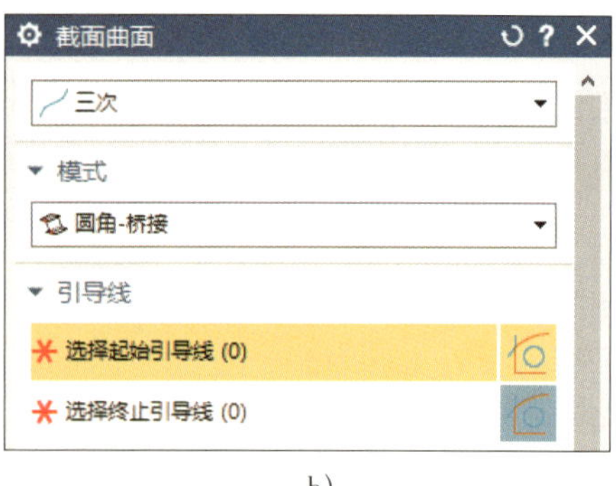

b）

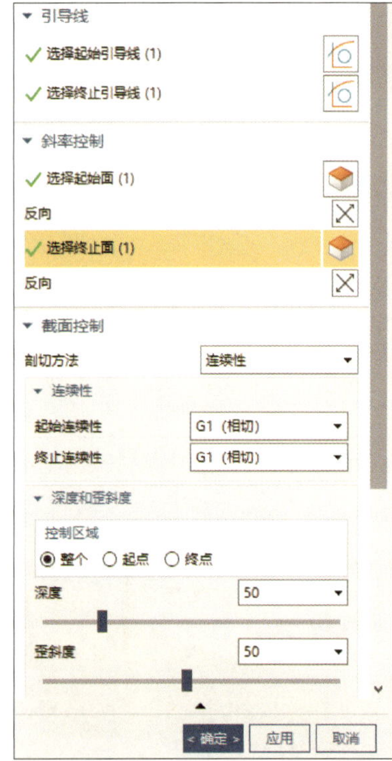

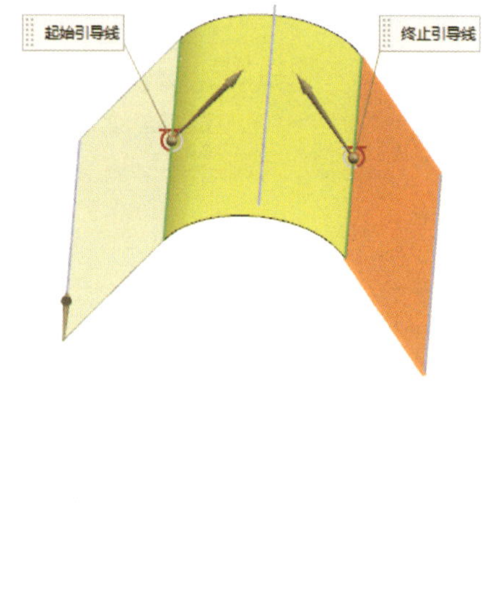

c）

图 4–192 使用“圆角 – 桥接”模式创建截面

a）创建两直纹面 b）选择“圆角 – 桥接”模式 c）创建截面

模块五　UG 建模综合练习

课题 1　笔 架 建 模

学习目标

1．能创建草图。

2．能使用拉伸实体建模。

3．能使用修剪体命令。

4．能使用边倒圆功能。

5．能使用抽壳操作命令。

工作任务

三维实体模型的建模方法并不是一成不变的。在实际建模过程中，应灵活运用各种建模方法，达到事半功倍的效果。

图 5-1 所示为笔架模型，试完成其 UG 建模。

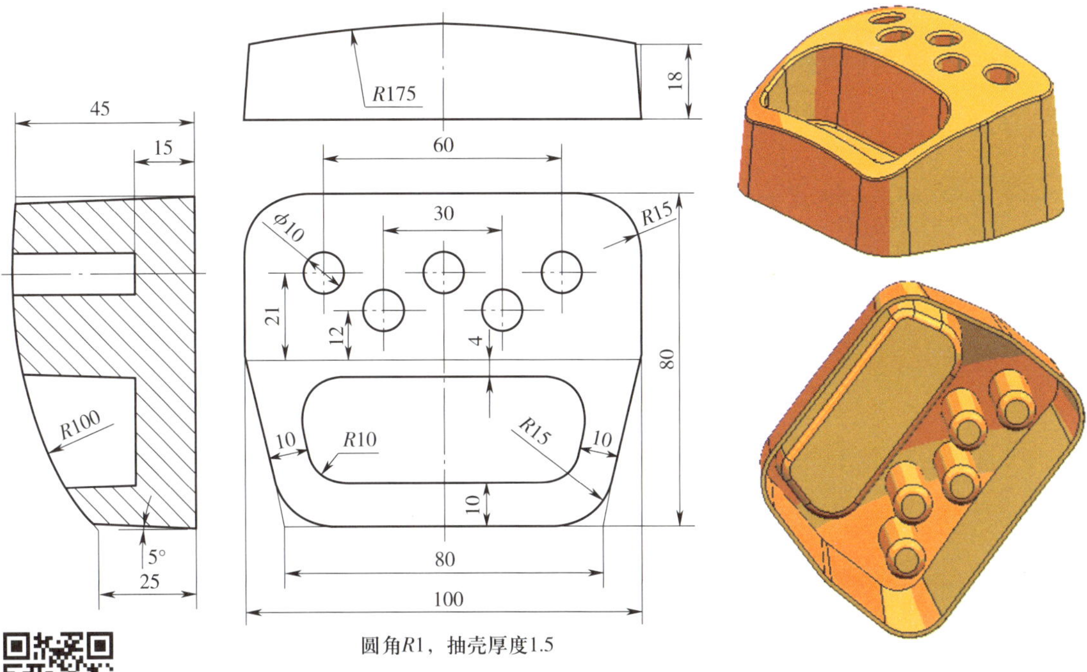

图 5-1　笔架三维模型

任务实施

1. 创建新文件

（1）双击快捷方式图标启动 UG NX 2007。

（2）新建名称为“笔架”的部件文件。

（3）选择［文件］/［首选项］/［草图］菜单命令，系统弹出“草图首选项”对话框。在“草图设置”选项卡中，将“尺寸标签”设置为“值”。

2. 创建草图

（1）单击“草图”图标 ，系统弹出“创建草图”对话框。选择 *XY* 平面作为草图平面，单击【确定】按钮，进入草图绘制环境。

（2）绘制草图，并进行尺寸约束，如图 5-2 所示。

（3）单击“完成”图标 ，结束草图绘制，结果如图 5-3 所示。

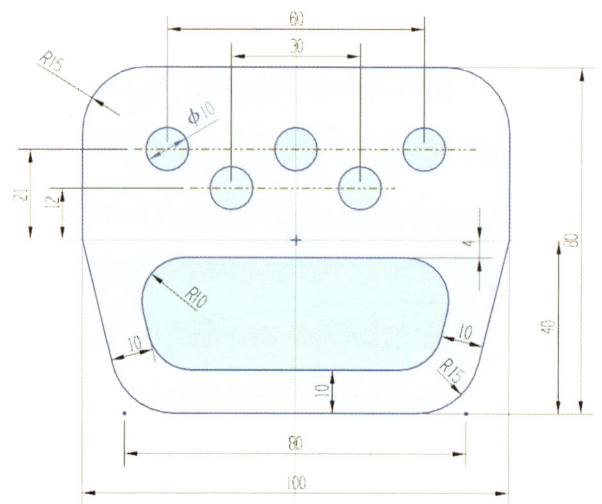

图 5-2　绘制草图并约束尺寸

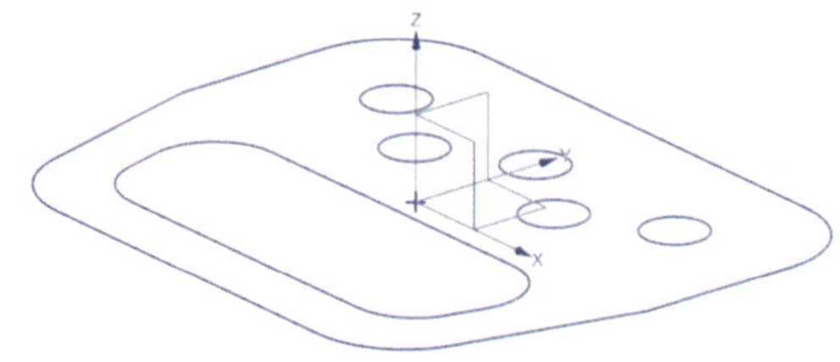

图 5-3　创建的草图

3. 创建拉伸体

（1）单击功能区“主页”选项卡“基本”面组中的“拉伸”图标 或选择［菜单］/

［插入］/［设计特征］/［拉伸］菜单命令，选择 100 mm×80 mm 外轮廓线框作为拉伸截面几何图形，并进行相应设置，如图 5-4 所示。

（2）单击【应用】按钮，完成拉伸体创建，图形窗口如图 5-5 所示。

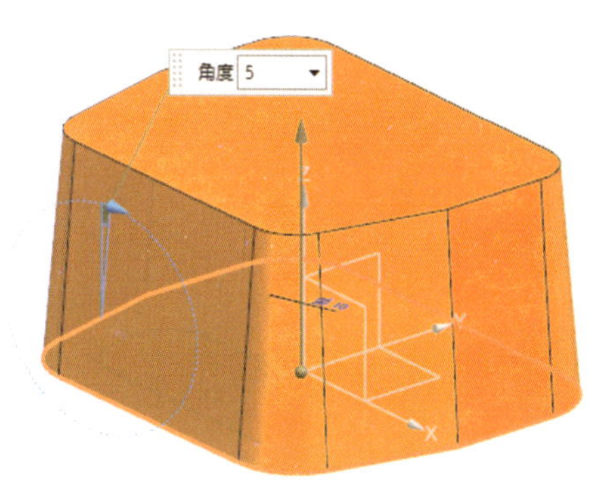

图 5-4 选择拉伸截面几何图形并设置

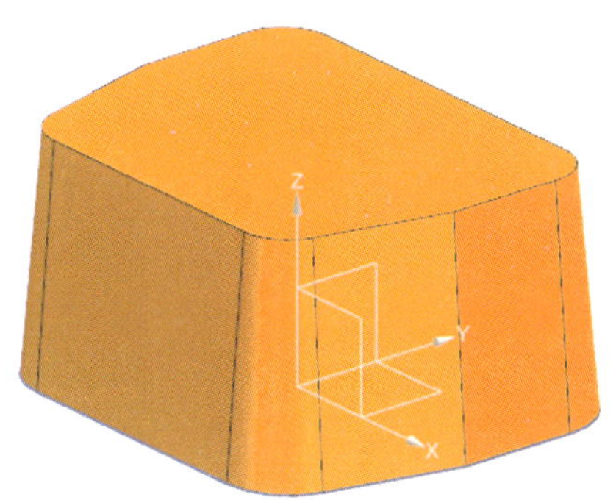

图 5-5 拉伸体

（3）将图形窗口设置为“静态线框”显示方式。

（4）选择直径 10 mm 的圆和内轮廓线框作为拉伸截面几何图形，并进行相应设置，如图 5-6 所示。

（5）单击【确定】按钮，将图形窗口设置为“带边着色”显示方式，图形窗口如图 5-7 所示。

4. 创建曲面

（1）单击“草图”图标 ，将“类型过滤器”设置为“基准”。

（2）选择 *YZ* 平面作为草图平面，如图 5-8 所示。

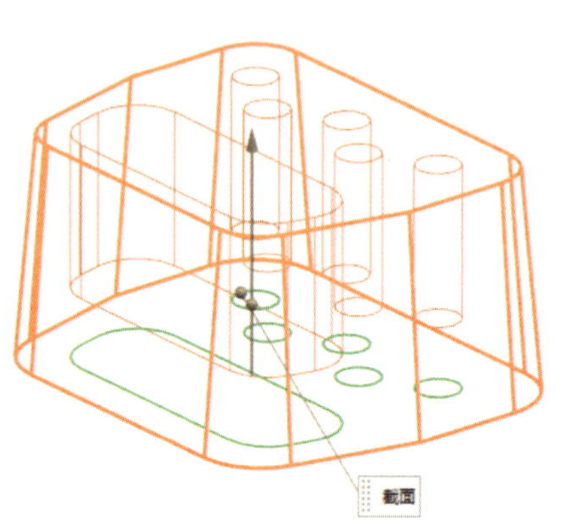

图 5-6　选择拉伸截面几何图形并设置

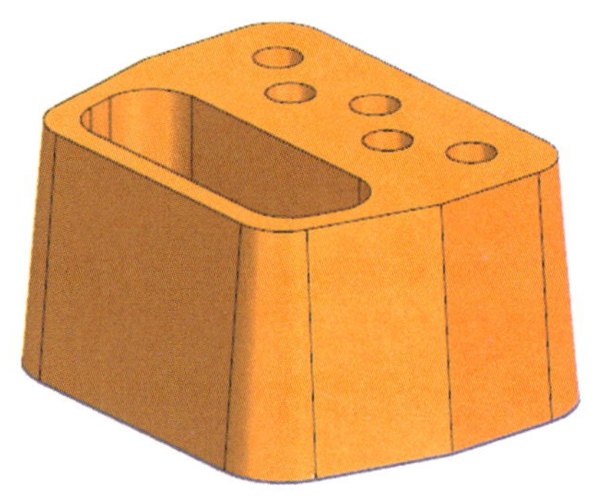

图 5-7　笔架体

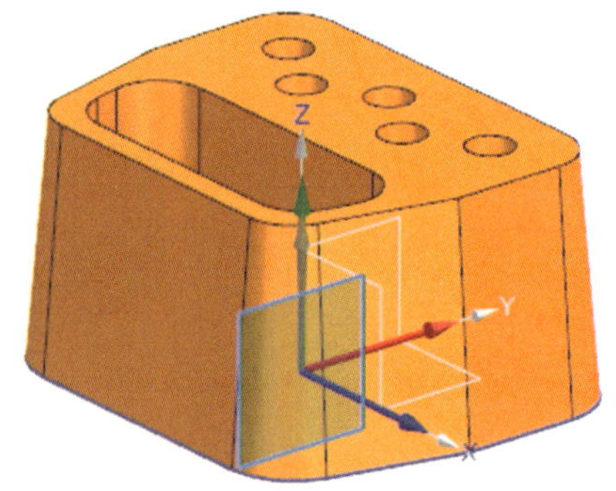

图 5-8　选择草图平面

（3）单击【确定】按钮，进入草图绘制环境，绘制草图并进行尺寸约束，如图 5-9 所示。

（4）单击“完成”图标 ，结束草图绘制，如图 5-10 所示。

（5）单击“基准平面”图标 ，系统弹出“基准平面”对话框，将类型设置为“按某一距离”，“距离”设置为“-40 mm”，单击“选择平面对象”，选择 XZ 平面，单击【确定】按钮，完成基准面创建，如图 5-11 所示。

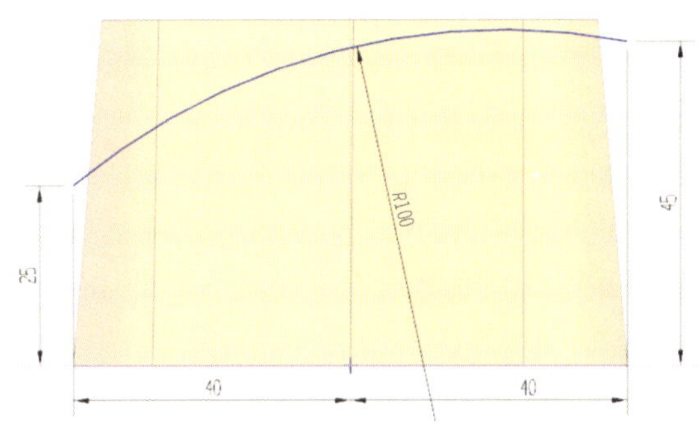

图 5-9 绘制草图并约束尺寸

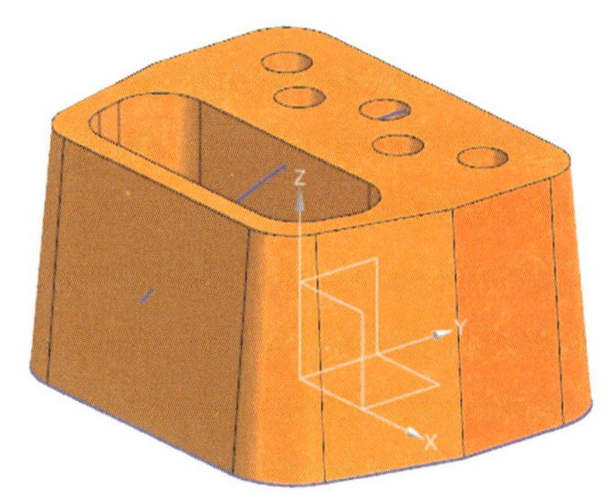

图 5-10 结束草图绘制

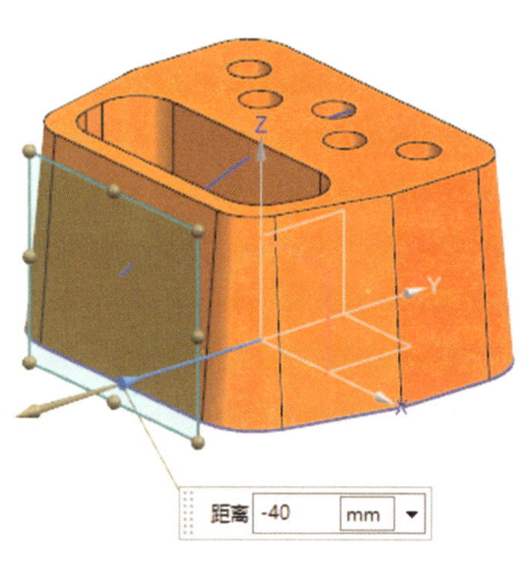

图 5-11 创建基准面

（6）选择刚创建的基准平面，单击“草图”图标 。

（7）单击【确定】按钮，进入草图绘制环境，绘制草图并进行尺寸约束，如图 5-12 所示。

（8）单击“完成”图标 ，结束草图绘制，如图 5-13 所示。

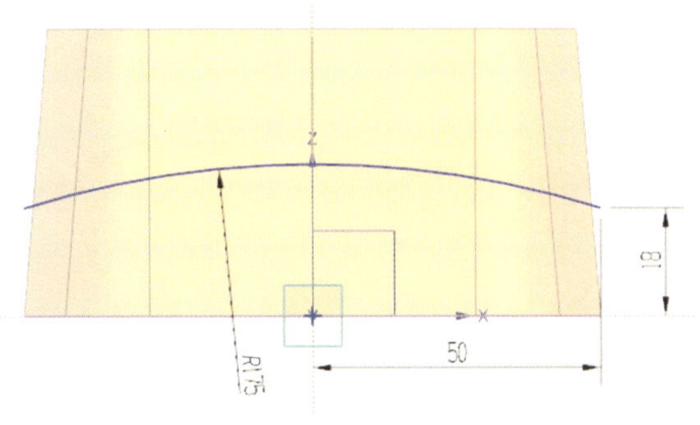

图 5-12 绘制草图并约束尺寸

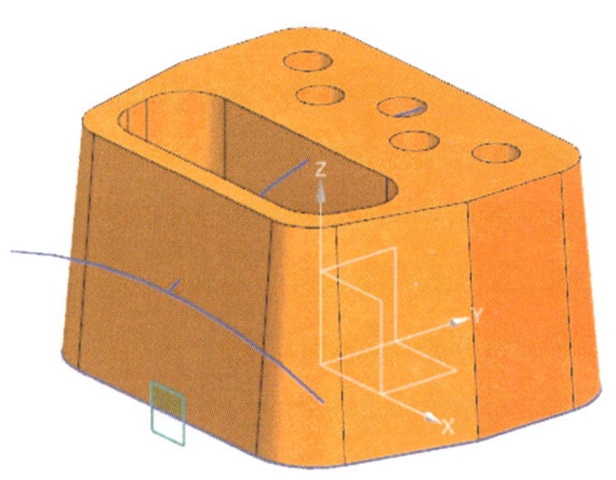

图 5-13 结束草图绘制

（9）单击功能区“曲面”选项卡“基本”面组中的“扫掠”图标 或选择［菜单］/［插入］/［扫掠］/［扫掠］菜单命令，选择 *R*175 mm 的圆弧作为扫掠截面几何图形，*R*100 mm 圆弧作为引导线，如图 5–14 所示。

（10）单击【确定】按钮，图形窗口如图 5–15 所示。

5. 创建修剪体

（1）单击功能区“主页”选项卡“基本”面组中的“修剪体”图标 或选择［菜单］/［插入］/［修剪］/［修剪体］菜单命令，系统弹出“修剪体”对话框，如图 5–16 所示。

（2）根据提示“选择要修剪的目标体”，选择笔架拉伸体作为修剪目标体，如图 5–17 所示。

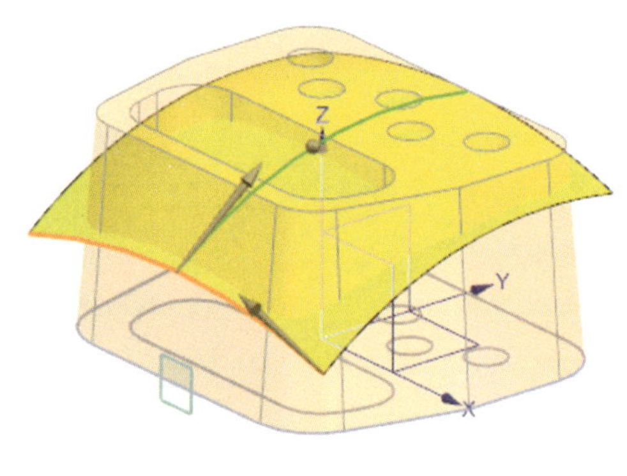

图 5–14 选择扫掠截面几何图形并设置

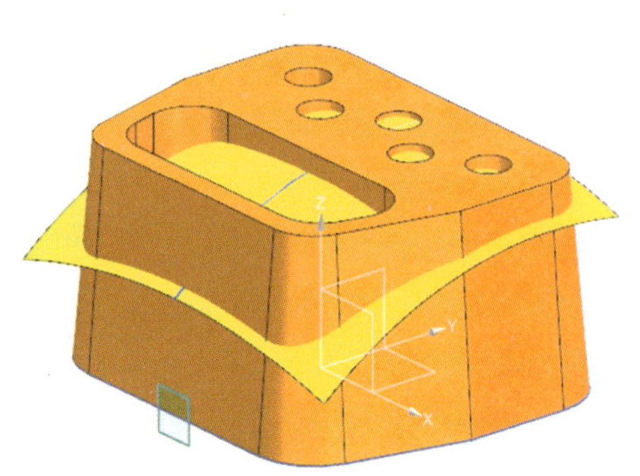

图 5–15 曲面图形窗口

图 5–16 “修剪体”对话框

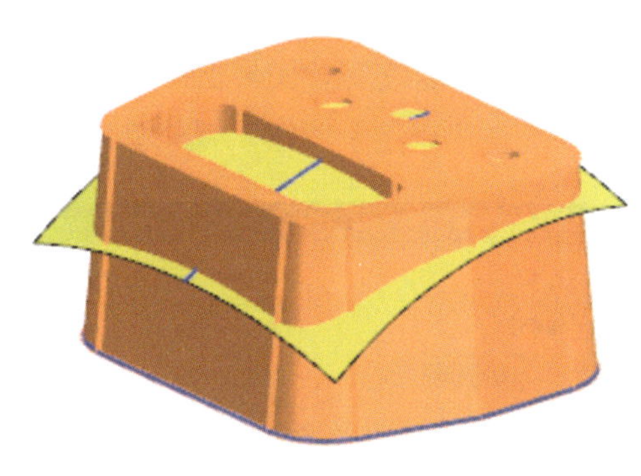

图 5-17　选择目标体

（3）选择曲面作为工具面，单击“反向”图标 ，如图 5-18 所示。

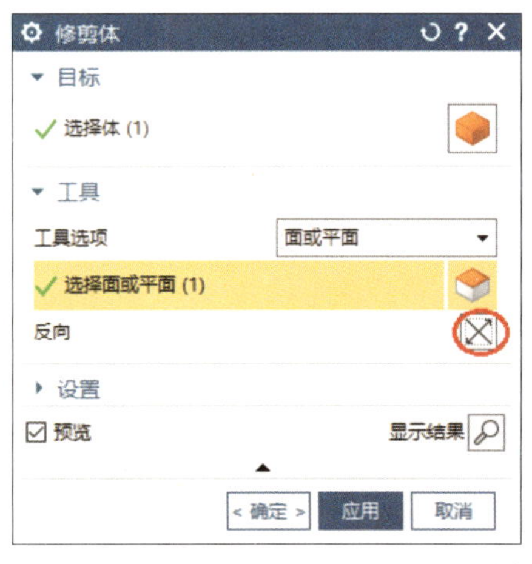

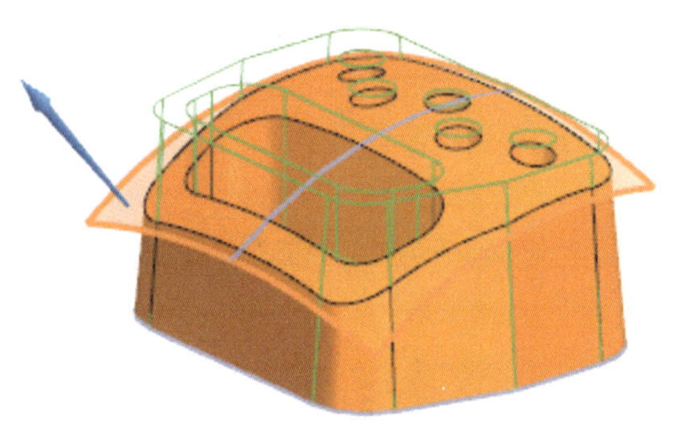

图 5-18　选择工具面

（4）单击【确定】按钮，完成实体修剪，隐藏扫掠曲面和草图，如图 5-19 所示。

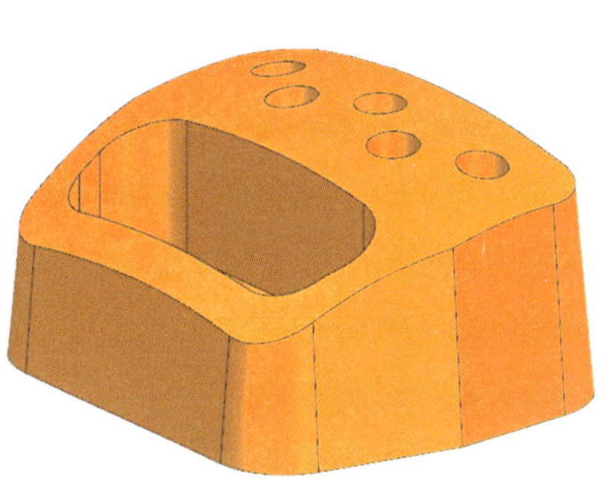

图 5-19　完成实体修剪

6. 创建边倒圆

（1）单击功能区“主页”选项卡“基本”面组中的“边倒圆”图标 或选择［菜单］/［插入］/［细节特征］/［边倒圆］菜单命令，系统弹出“边倒圆”对话框，将倒圆半径设置为“1 mm”。

（2）选择所有倒圆边，如图 5-20 所示。

（3）单击【确定】按钮，完成边倒圆，如图 5-21 所示。

7. 抽壳

（1）单击功能区“主页”选项卡“基本”面组中的“抽壳”图标 或选择［菜单］/［插

入］/［偏置 / 缩放］/［抽壳］菜单命令，系统弹出“抽壳”对话框，将“厚度”设为“1.5 mm”。

（2）旋转模型，选择模型底面作为要移除的面，如图 5–22 所示。

（3）单击鼠标左键，图形窗口如图 5–23 所示。

（4）单击【确定】按钮，完成笔架建模，如图 5–24 所示。

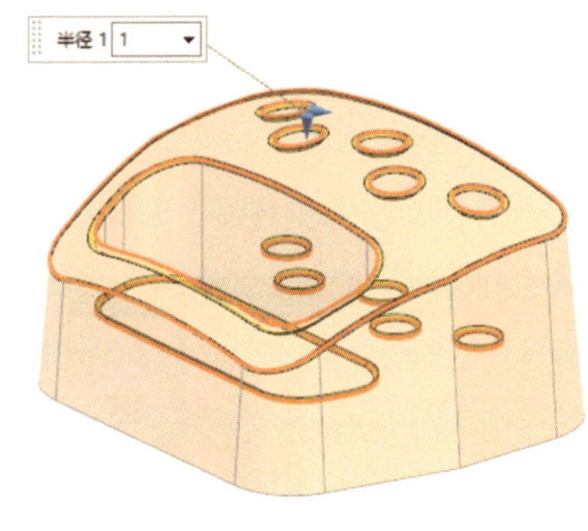

图 5–20　选择所有倒圆边

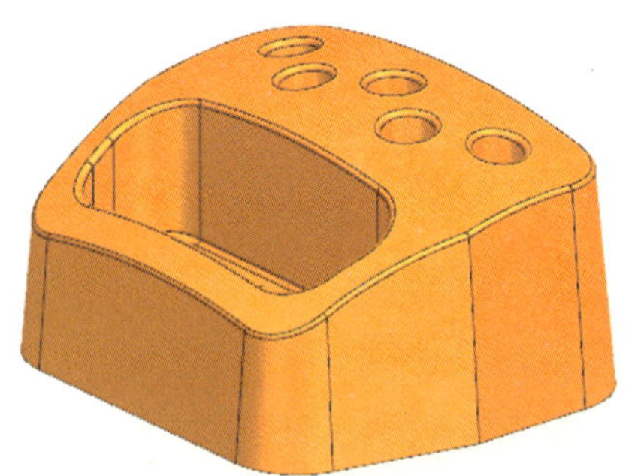

图 5–21　完成边倒圆

图 5–22　选择要移除的面

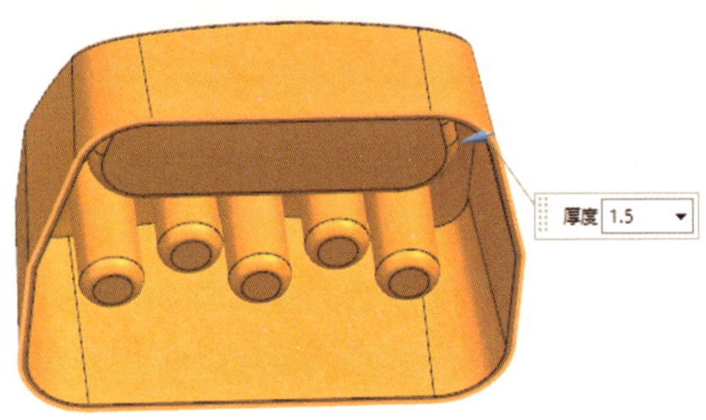

图 5–23　确定要移除的面

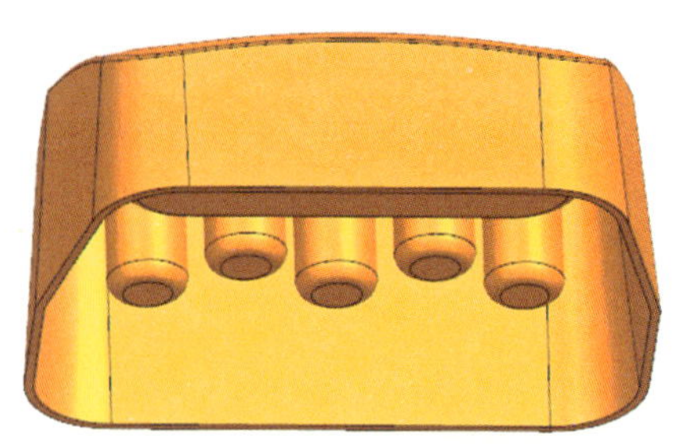

图 5–24　完成笔架建模

任务拓展

1．试完成图 5–25 所示三维实体模型的建模。

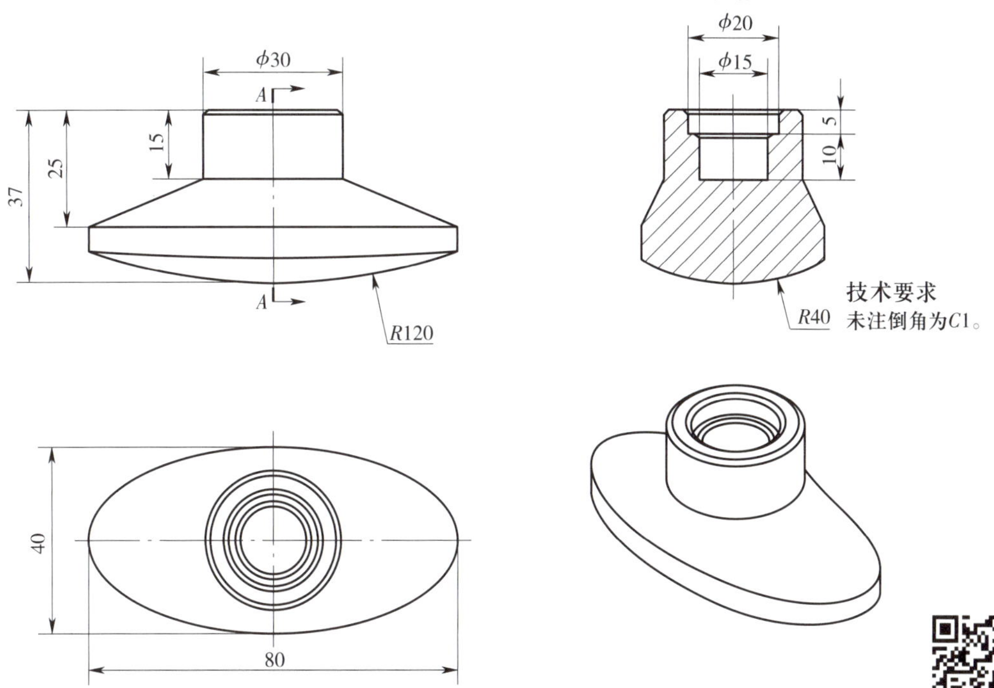

图 5–25　三维实体模型

2．试完成图 5–26 所示手机外壳模型的建模。

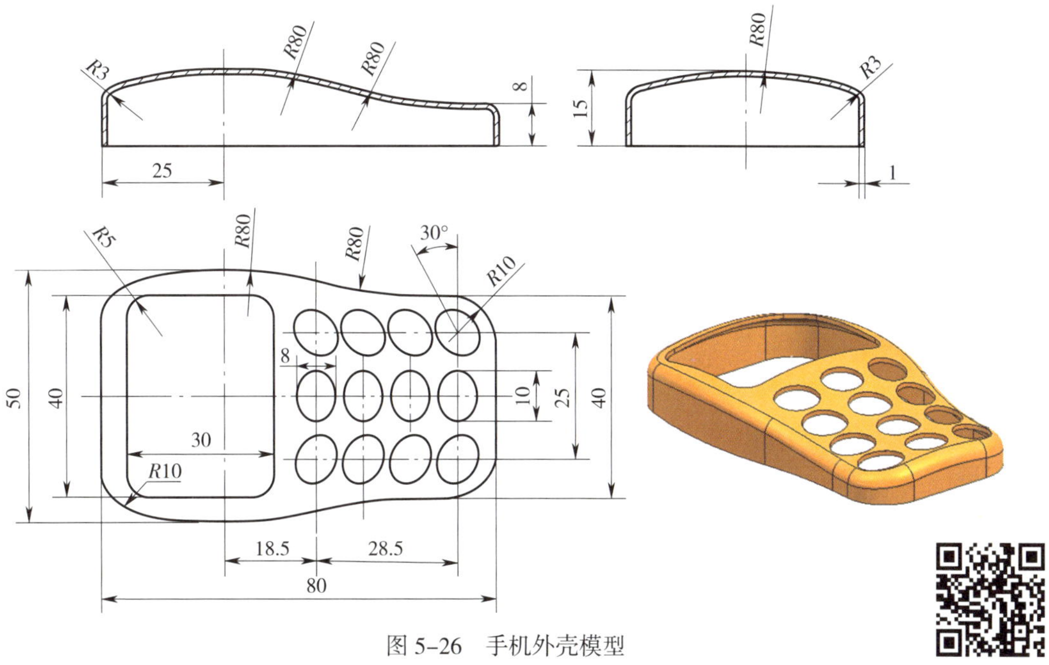

图 5–26　手机外壳模型

提示

建模思路如图 5-27 所示。

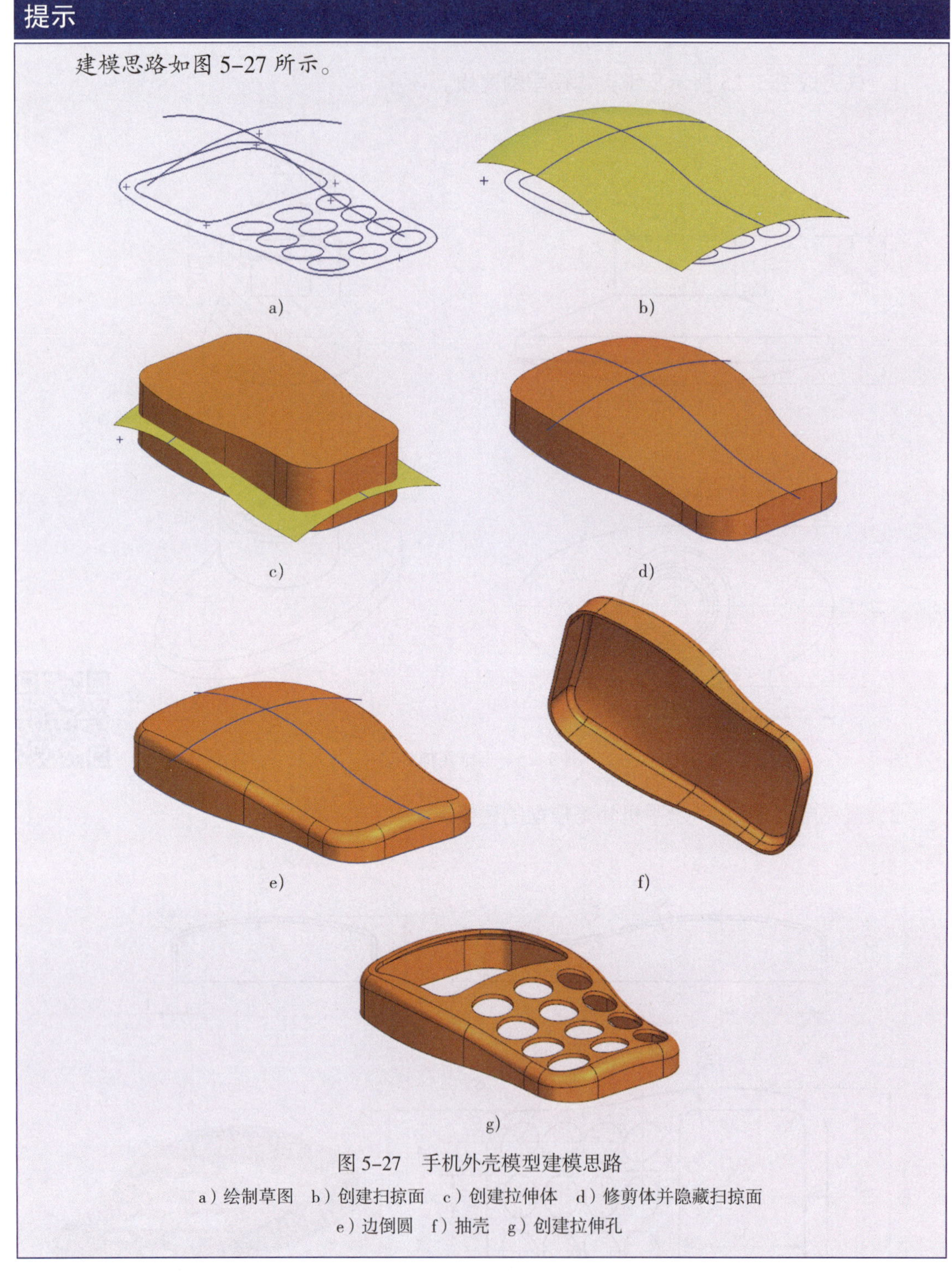

图 5-27 手机外壳模型建模思路

a）绘制草图 b）创建扫掠面 c）创建拉伸体 d）修剪体并隐藏扫掠面 e）边倒圆 f）抽壳 g）创建拉伸孔

课题 2　喷 头 建 模

学习目标

1．能创建草图。

2．能使用旋转体建模。

3．能使用抽壳操作命令。

4．能使用修剪体命令。

5．能使用阵列几何特征操作。

6．能使用布尔运算操作。

工作任务

喷头模型如图 5–28 所示，完成其 UG 建模。

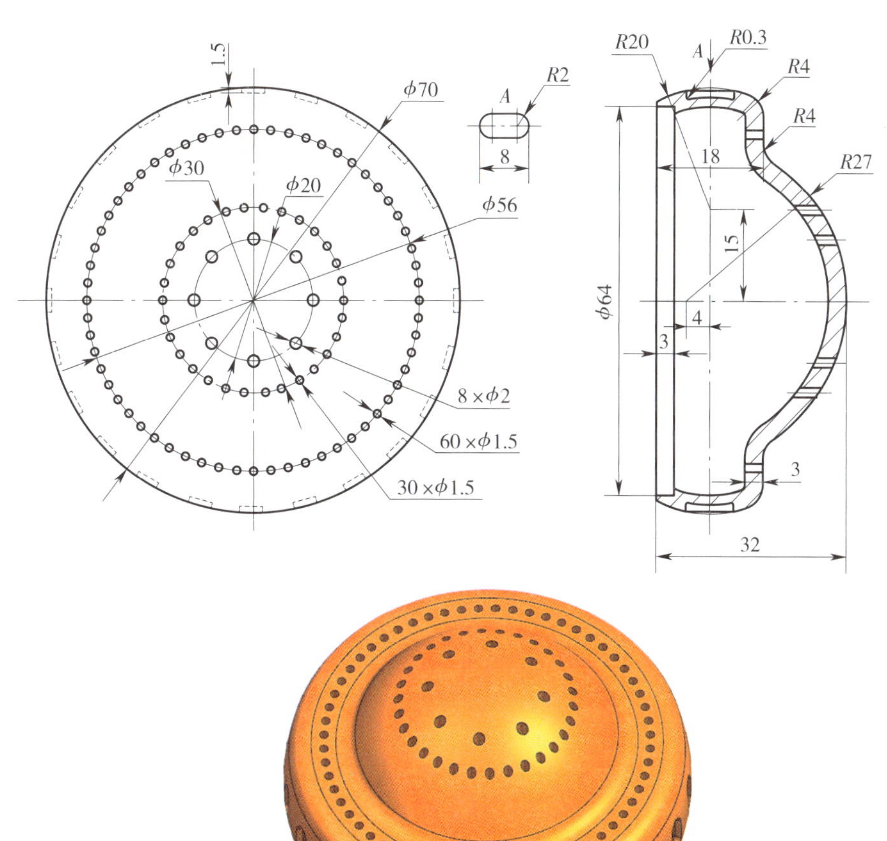

图 5–28　喷头模型

任务实施

1. 创建新文件

（1）双击快捷方式图标启动 UG NX 2007。

（2）新建名称为“喷头”的部件文件。

（3）选择［文件］/［首选项］/［草图］菜单命令，系统弹出“草图首选项”对话框。在“草图设置”选项卡中，将“尺寸标签”设置为“值”。

2. 创建草图

（1）单击“草图”图标，系统弹出“创建草图”对话框。选择 *XZ* 平面作为草图平面，单击【确定】按钮，进入草图绘制环境。

（2）绘制草图，并进行尺寸约束，如图 5–29 所示。

（3）单击“完成”图标，结束草图绘制，图形窗口如图 5–30 所示。

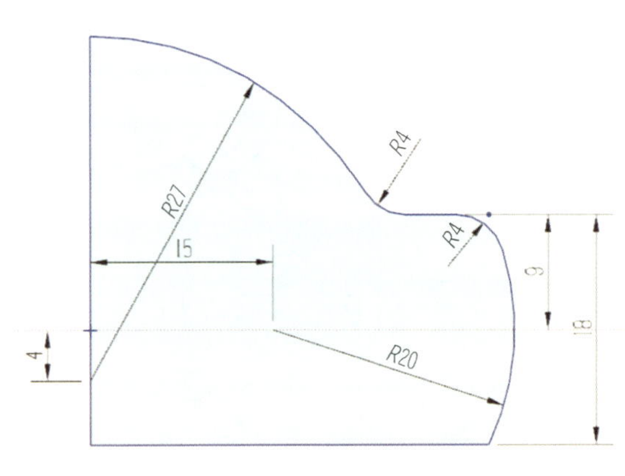

图 5–29　绘制草图并约束尺寸

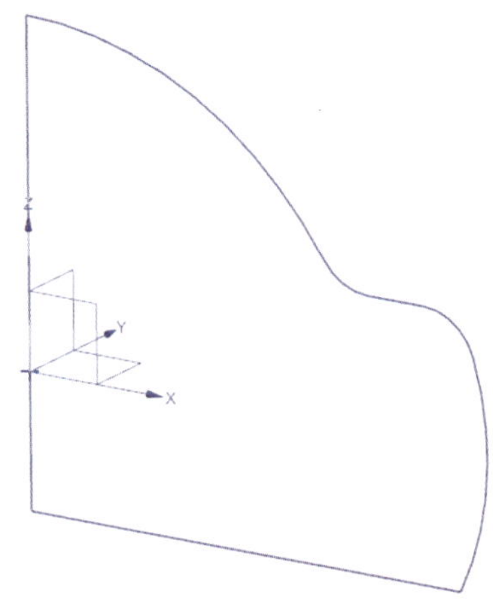

图 5–30　结束草图绘制

3. 创建旋转体

（1）单击功能区“主页”选项卡“基本”面组中的“旋转”图标或选择［菜单］/［插入］/［设计特征］/［旋转］菜单命令，选择草图作为旋转截面几何图形，并进行相应设置，如图 5–31 所示。

（2）单击【确定】按钮，完成旋转体创建，如图 5–32 所示。

4. 抽壳

（1）单击功能区“主页”选项卡“基本”面组中的“抽壳”图标或选择［菜单］/［插入］/［偏置 / 缩放］/［抽壳］菜单命令，系统弹出“抽壳”对话框，将“厚度”设为“3 mm”。

（2）旋转模型，选择模型底面作为要移除的面，如图 5–33 所示。

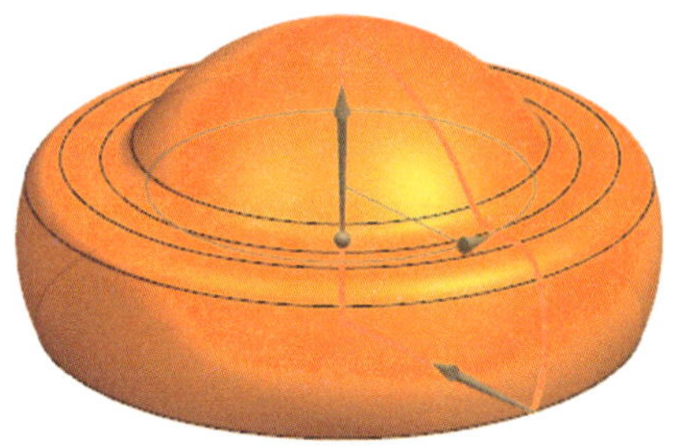

图 5-31　选择旋转截面几何图形并进行相应设置

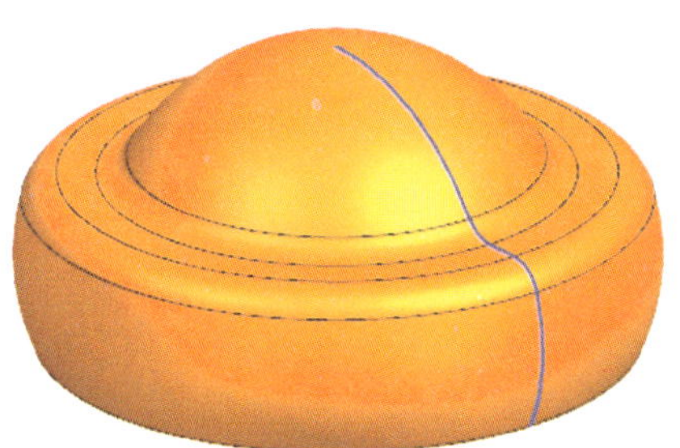

图 5-32　旋转体

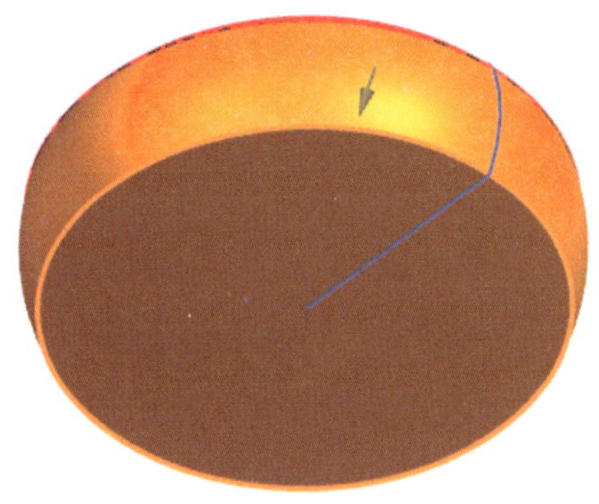

图 5-33　选择要移除的面

（3）单击【确定】按钮，完成抽壳，如图 5-34 所示。

5. 创建底部台阶面和孔

（1）单击“草图”图标，系统弹出“创建草图”对话框。选择 *XY* 平面作为草图平面，单击【确定】按钮，进入草图绘制环境。

（2）将图形窗口设置为“静态线框”显示方式。绘制草图，并进行尺寸约束，如图 5-35 所示。

（3）单击“完成”图标，结束草图绘制，如图 5-36 所示。

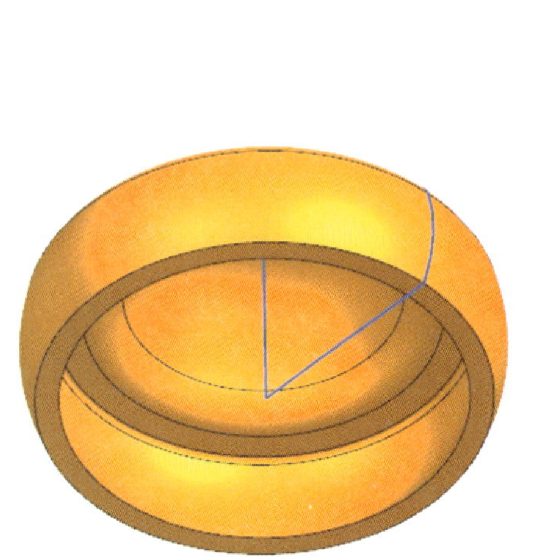

图 5-34 完成抽壳

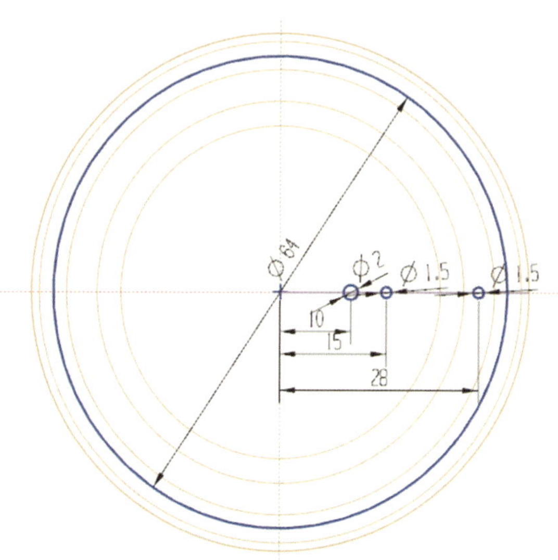

图 5-35 绘制草图并约束尺寸

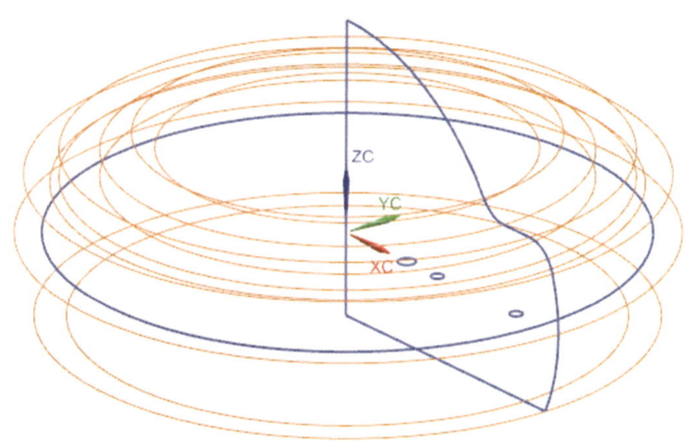

图 5-36 结束草图绘制

（4）单击功能区“主页”选项卡“基本”面组中的“拉伸”图标 或选择［菜单］/［插入］/［设计特征］/［拉伸］菜单命令，选择 ϕ64 mm 的圆作为拉伸截面几何图形，并进行相应设置，如图 5-37 所示。

（5）单击【应用】按钮，完成底部台阶面创建，如图 5-38 所示。

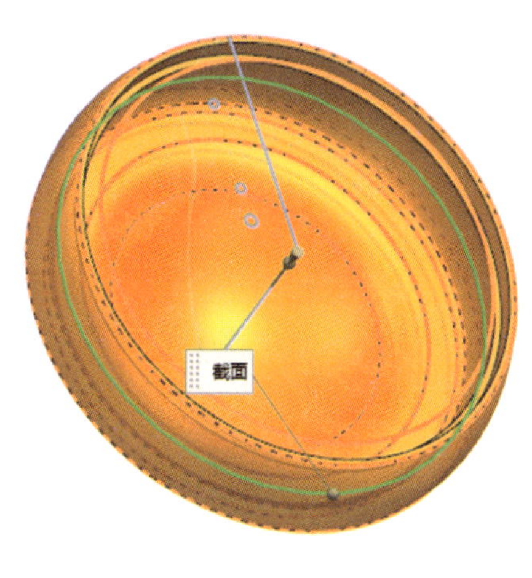

图 5-37　选择拉伸截面几何图形并进行相应设置

图 5-38　完成底部台阶面创建

（6）选择 ϕ2 mm 的圆作为拉伸截面几何图形，并进行相应设置，如图 5-39 所示。

（7）单击【应用】按钮，完成一个孔的创建。

（8）采用同样的方法，完成另外两个孔的创建，如图 5-40 所示。

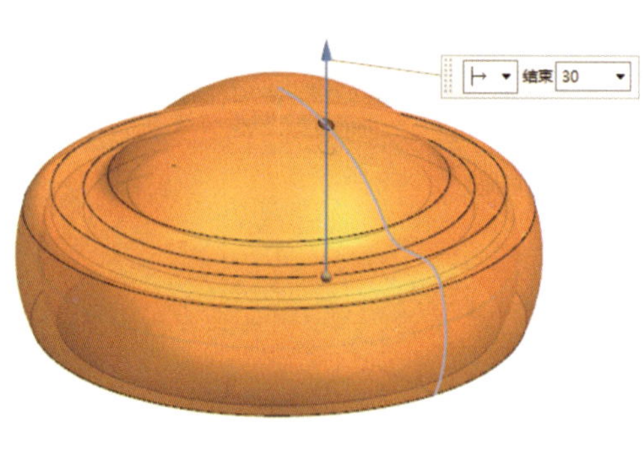

图 5-39　选择拉伸截面几何图形并进行相应设置

图 5-40　完成三个孔的创建

提示

此处三个孔须单独创建，以方便每个孔的圆形阵列。

（9）创建阵列特征

1）单击功能区“主页”选项卡“基本”面组中的“阵列特征”图标 或选择［菜单］/［插入］/［关联复制］/［阵列特征］菜单命令，系统弹出“阵列特征”对话框，如图 5-41 所示。

2）根据提示“选择要形成阵列的特征”，选择 $\phi 2$ mm 的内孔表面作为阵列特征。

3）设置“阵列定义”选项组中的“布局”为“圆形”，选择矢量方向为 ZC 方向，指定点为原点。

4）设置“斜角方向”选项组中的“间距”为“数量和跨度”，“数量”为“8”，“跨角”为“360°　”。

5）单击【应用】按钮，完成一个孔的圆形阵列，如图 5-42 所示。

6）采用同样的方式完成另两个孔的圆形阵列，如图 5-43 所示。

图 5-41　“阵列特征”对话框

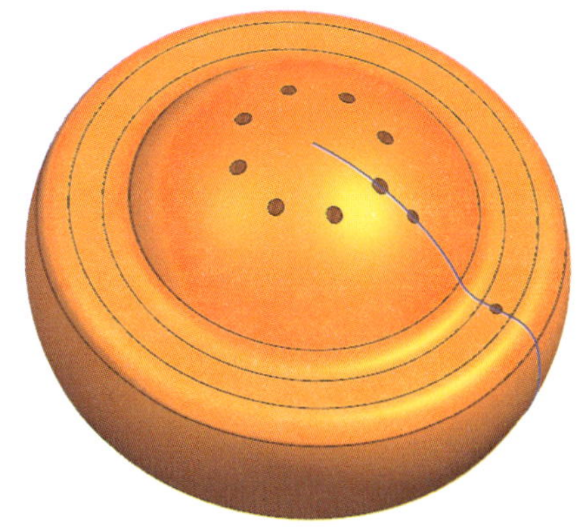

图 5-42　完成一个孔的圆形阵列

图 5-43　完成孔的圆形阵列

6. 创建侧面凹槽

（1）拉伸单个键形实体

1）单击“草图”图标 ，系统弹出“创建草图”对话框。选择 *XZ* 平面作为草图平面，单击【确定】按钮，进入草图绘制环境。

2）绘制草图，并进行尺寸约束，如图 5–44 所示。

3）单击“完成”图标 ，结束草图绘制。

4）单击功能区“主页”选项卡“基本”面组中的“拉伸”图标 或选择［菜单］/［插入］/［设计特征］/［拉伸］菜单命令，选择草图作为拉伸截面几何图形，并进行相应设置，如图 5–45 所示。

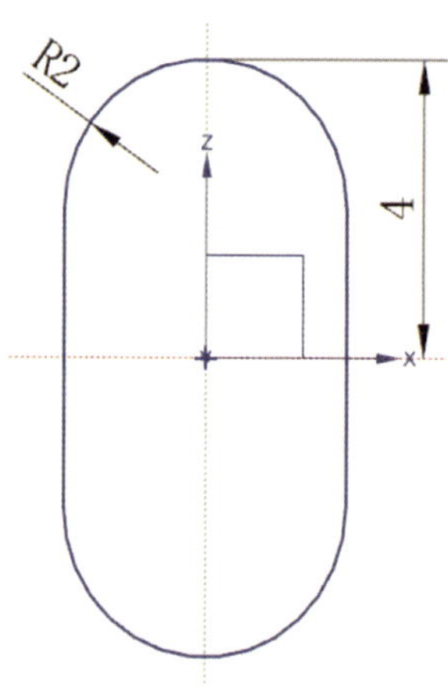

图 5–44　绘制草图并约束尺寸

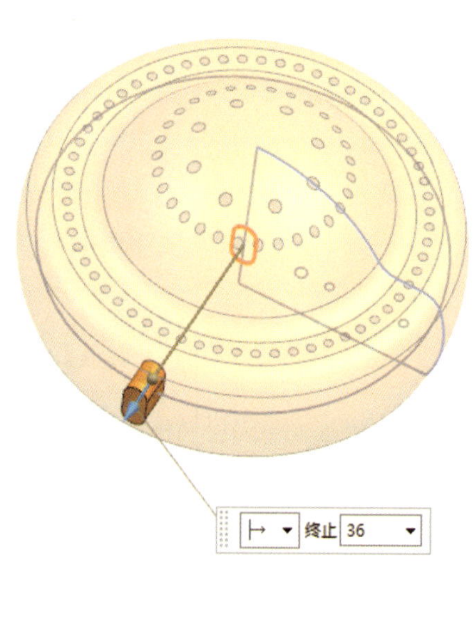

图 5–45　选择拉伸截面几何图形并进行相应设置

5）单击【确定】按钮，完成单个键形实体创建，如图 5–46 所示。

（2）生成分割曲面

1）单击功能区“曲面”选项卡“基本”面组中的“偏置曲面”图标 或选择［菜单］/［插入］/［偏置 / 缩放］/［偏置曲面］菜单命令，系统弹出“偏置曲面”对话框，将“偏置 1”设置为“1.5 mm”，如图 5–47 所示。

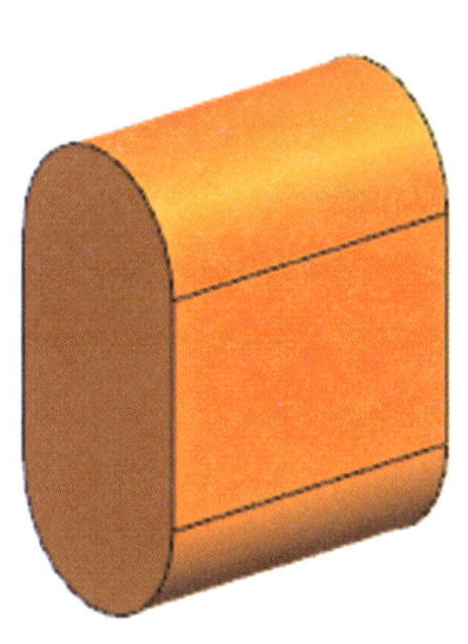
图 5-46 键形实体

图 5-47 “偏置曲面”对话框

2）将“曲面规则”设置为“单个面”，如图 5-48 所示。

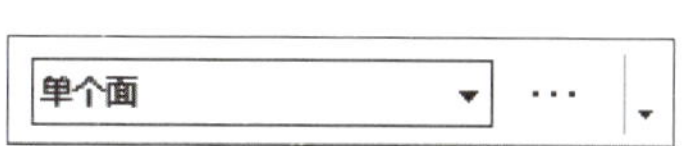

图 5-48 设置曲面规则

3）选择偏置曲面，如图 5-49 所示。

4）单击【确定】按钮，完成分割曲面的创建，同时隐藏实体，如图 5-50 所示。

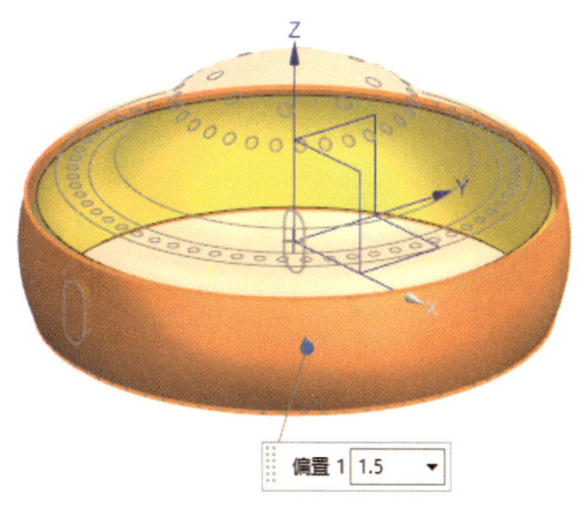

图 5-49 选择偏置曲面

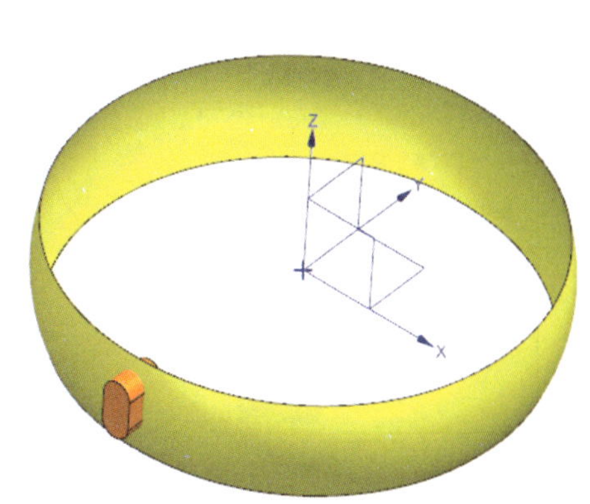

图 5-50 创建分割曲面

（3）曲面修剪实体

1）单击功能区“主页”选项卡“基本”面组中的“修剪体”图标 或选择［菜单］/［插入］/［修建］/［修剪体］菜单命令，系统弹出“修剪体”对话框，如图 5-51 所示。

2）根据提示“选择要修剪的目标体”，选择键形实体作为修剪目标体，如图 5-52 所示。

3）选择分割曲面作为工具面，单击“反向”图标 ，如图 5-53 所示。

4）单击【确定】按钮，完成实体修剪。

5）隐藏分割曲面和草图，图形窗口如图 5-54 所示。

6）单击功能区“主页”选项卡“基本”面组中的“边倒圆”图标 或选择［菜单］/

［插入］/［细节特征］/［边倒圆］菜单命令，系统弹出“边倒圆”对话框，将倒圆半径设置为“0.3 mm”。

7）单击【确定】按钮，完成实体倒圆角，如图 5-55 所示。

图 5-51 “修剪体”对话框

图 5-52 选择目标体

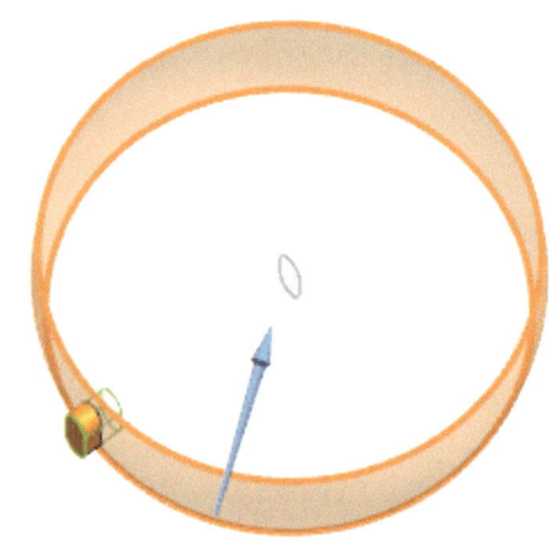

图 5-53 选择工具面

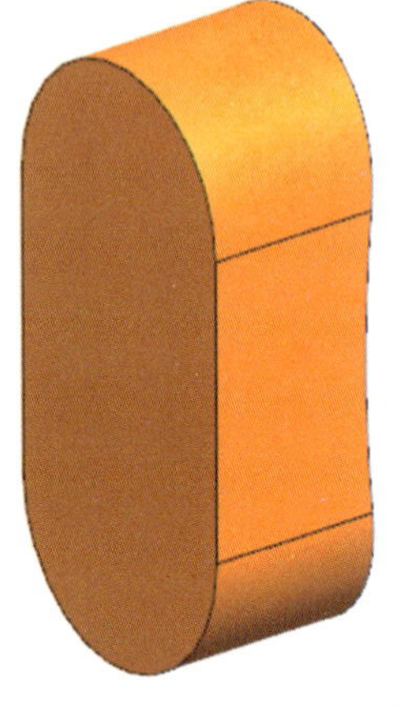

图 5-54 曲面分割后的实体

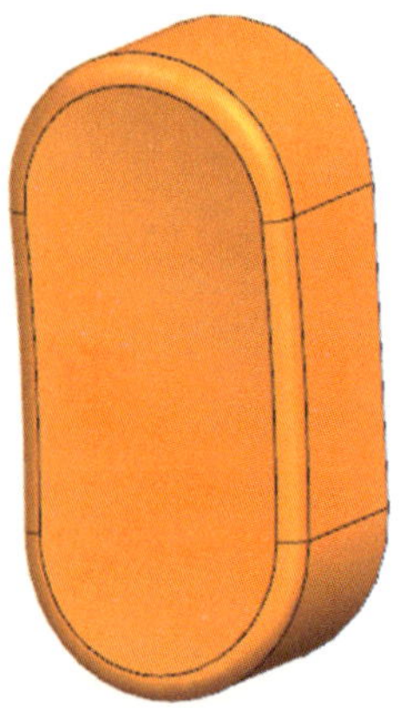

图 5-55 实体倒圆角

（4）创建阵列几何特征

1）单击功能区“主页”选项卡“基本”面组中“更多”下拉菜单中的“阵列几何特征”图标 或选择［菜单］/［插入］/［关联复制］/［阵列几何特征］菜单命令，系统弹出“阵列几何特征”对话框，如图 5-56 所示。

2）根据提示“选择要形成阵列的特征”，选择倒圆角后的键形实体作为阵列特征。

3）设置“阵列定义”选项组中的“布局”为“圆形”，选择矢量方向为 *ZC* 方向，指定点为原点。

4）设置“斜角方向”选项组中的“间距”为“数量和跨度”，“数量”为“24”，“跨角”为“360°”。

5）单击【确定】按钮，完成实体几何阵列，图形窗口如图 5-57 所示。

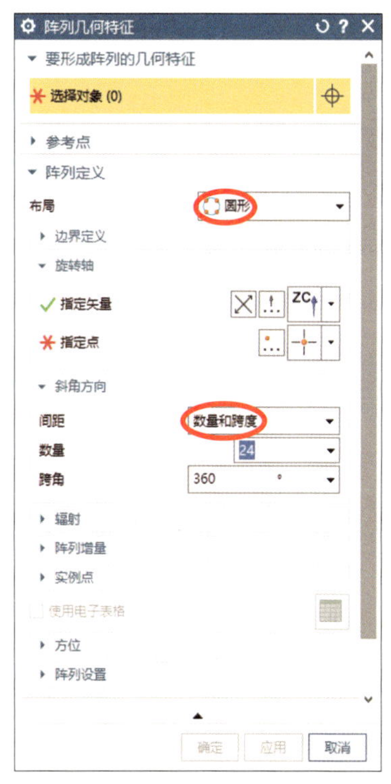

图 5-56 “阵列几何特征”对话框

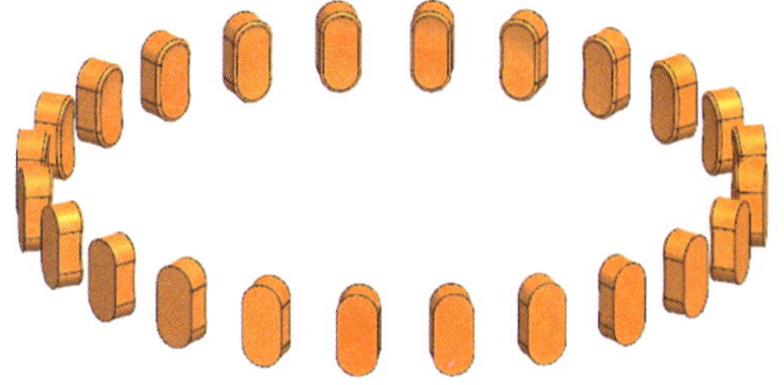

图 5-57 完成键形实体几何阵列

（5）实体布尔运算

1）显示所有实体。

2）单击功能区“主页”选项卡“基本”面组中的布尔运算“减去”图标 或选择［菜单］/［插入］/［组合］/［减去］菜单命令，系统弹出“减去”对话框，如图 5-58 所示。

3）根据提示“选择目标体”，选择旋转实体作为目标体，单击鼠标滚轮确认，如图 5-59 所示。

4）选择所有键形实体作为工具。

5）单击【确定】按钮，完成实体布尔运算，如图 5-60 所示。

图 5-58 “减去”对话框

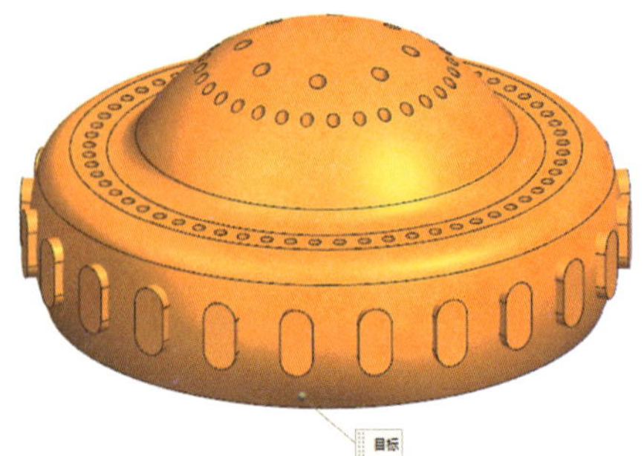

图 5-59 选择目标体

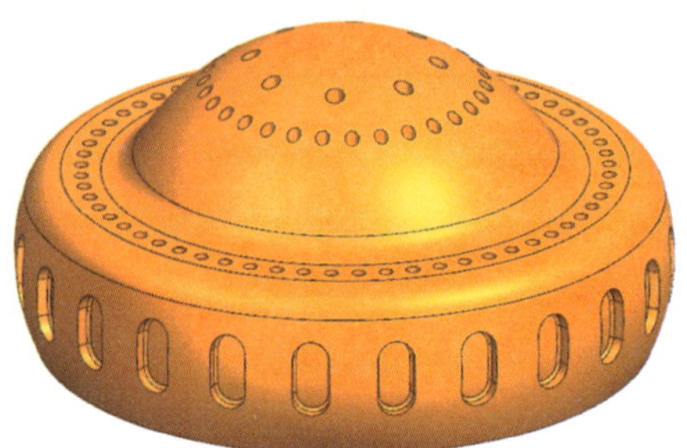

图 5-60 完成实体布尔运算

任务拓展

1．试完成图 5-61 所示三维实体模型的建模。

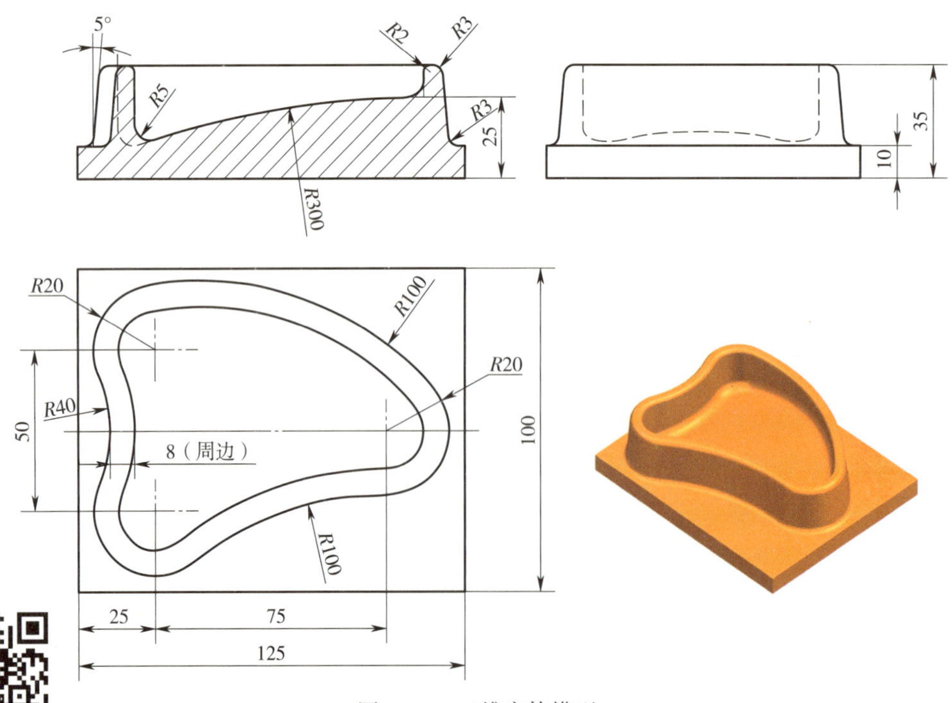

图 5-61 三维实体模型

提示

建模思路如图 5-62 所示。

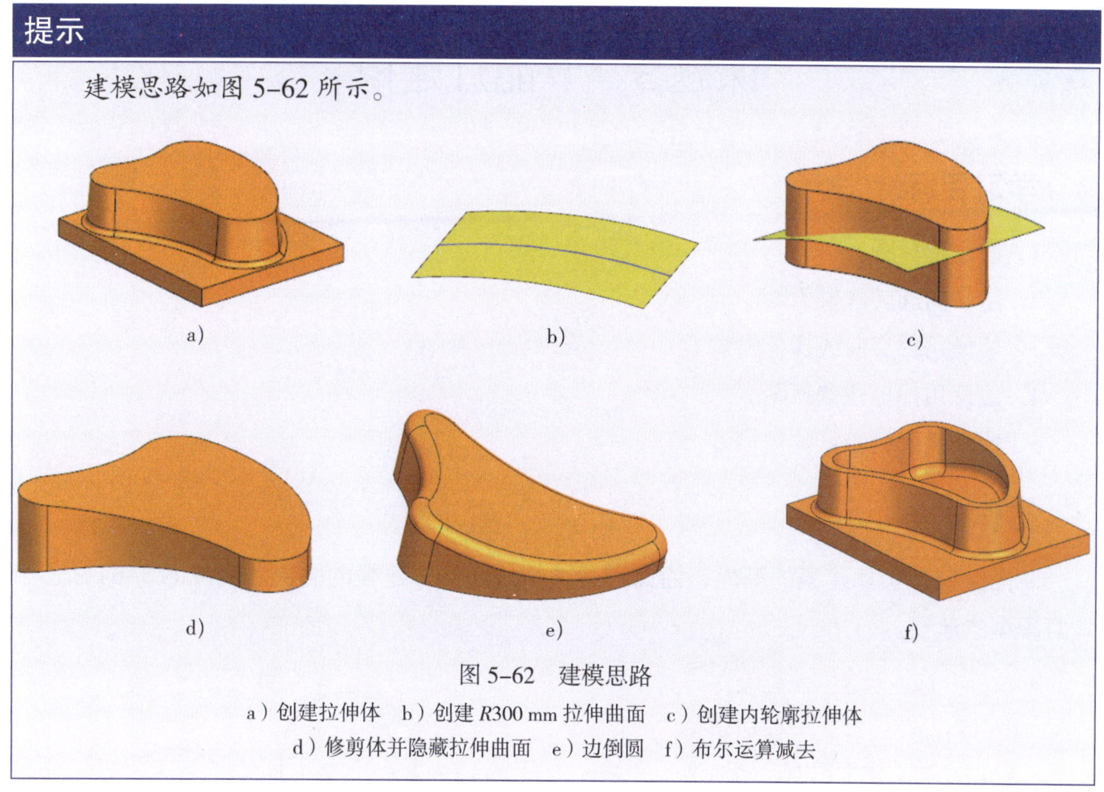

图 5-62　建模思路

a）创建拉伸体　b）创建 R300 mm 拉伸曲面　c）创建内轮廓拉伸体
d）修剪体并隐藏拉伸曲面　e）边倒圆　f）布尔运算减去

2．完成图 5-63 所示瓶底的实体建模。

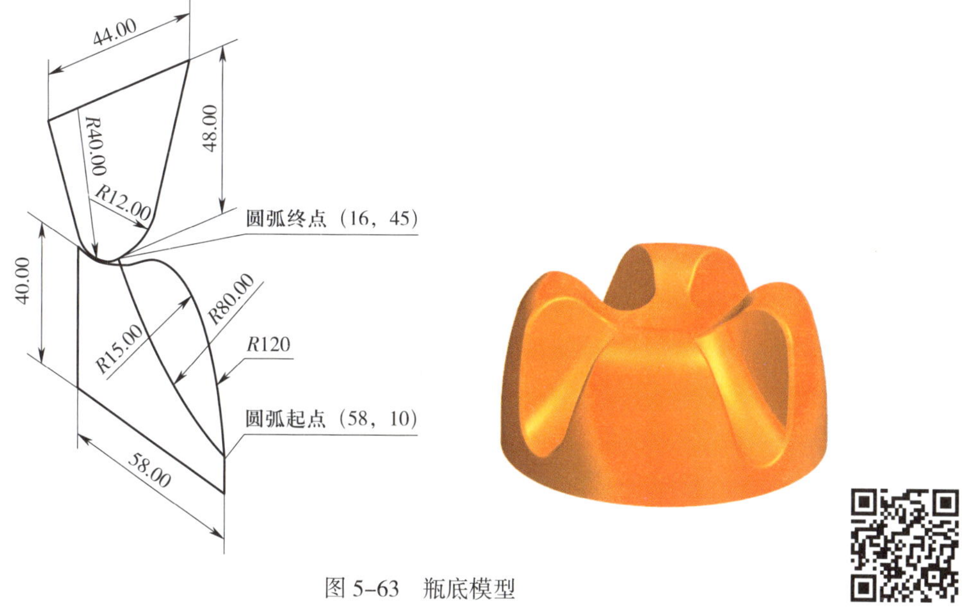

图 5-63　瓶底模型

课题 3　节能灯建模

学习目标

1．能创建草图。

2．能使用旋转建模策略。

3．能使用相交曲线操作命令。

4．能使用扫掠建模策略。

5．能使用阵列特征操作命令。

工作任务

草图绘制是实体建模的基础，曲面创建往往成为实体建模的关键。完成图 5-64 所示节能灯模型的建模。

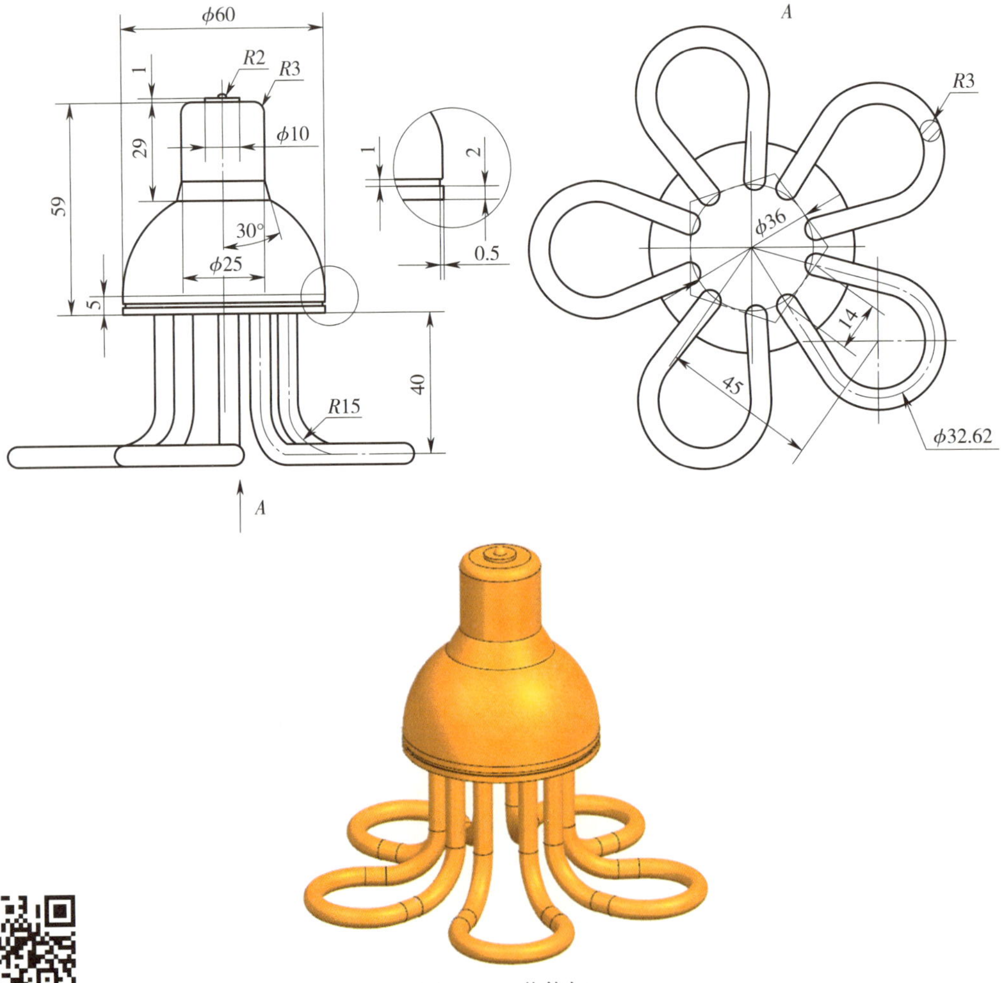

图 5-64　节能灯

任务实施

1. 创建新文件

（1）双击快捷方式图标启动 UG NX 2007。

（2）新建名称为“节能灯”的部件文件。

（3）选择［文件］/［首选项］/［草图］菜单命令，系统弹出“草图首选项”对话框。在“草图设置”选项卡中，将“尺寸标签”设置为“值”。

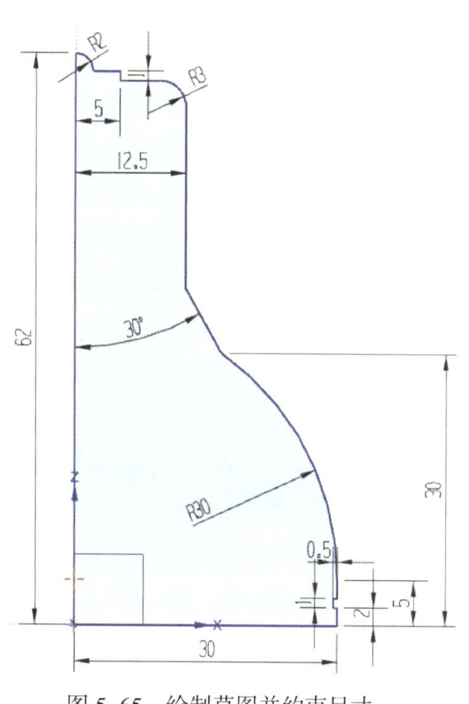

图 5-65　绘制草图并约束尺寸

2. 创建旋转灯体

（1）单击“草图”图标，选择 *XZ* 平面作为草图平面，绘制草图，并进行尺寸约束，如图 5-65 所示。

（2）单击“完成”图标，结束草图绘制。

（3）单击功能区“主页”选项卡“基本”面组中的“旋转”图标或选择［菜单］/［插入］/［设计特征］/［旋转］菜单命令，选择草图作为旋转截面几何图形，并进行相应设置，如图 5-66 所示。

（4）单击【确定】按钮，完成旋转灯体创建，如图 5-67 所示。

（5）隐藏旋转灯体和草图。

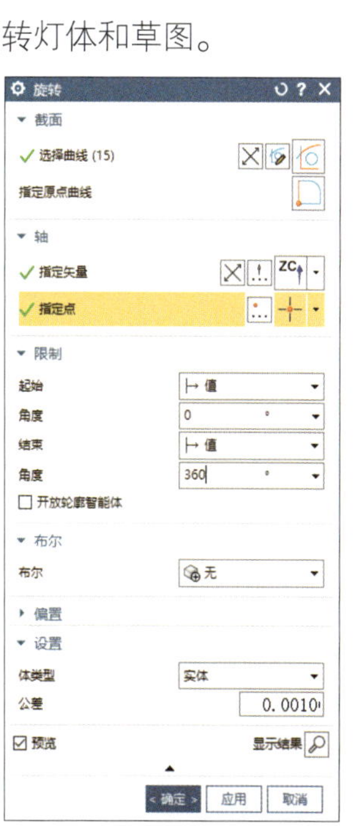

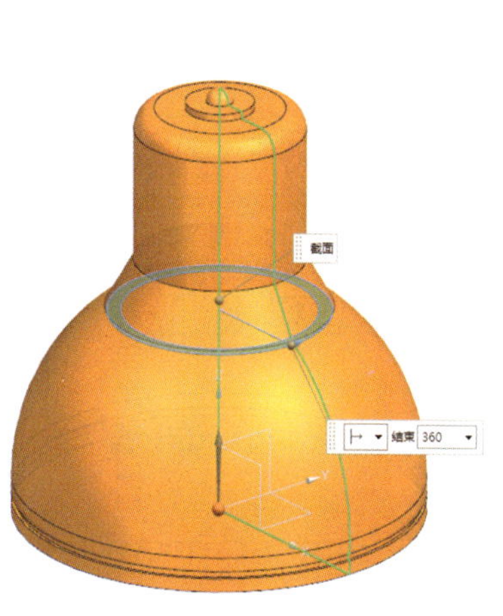

图 5-66　选择旋转截面几何图形并进行设置

3. 绘制灯管中心线

（1）创建前后方向拉伸曲面

1）单击“草图”图标 ，选择 *XZ* 平面作为草图平面，绘制 L 形草图，并进行尺寸约束，如图 5-68 所示。

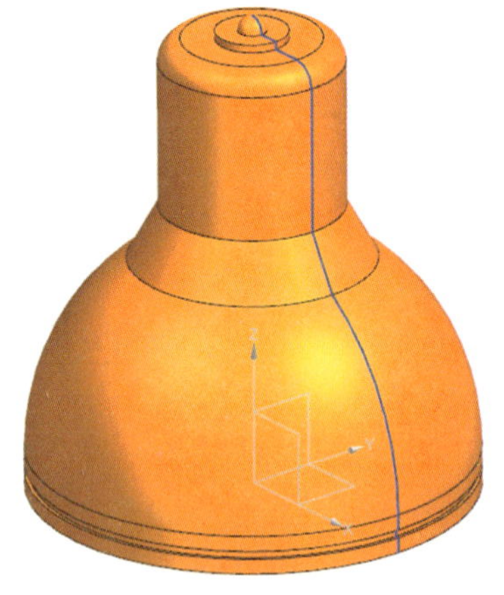

图 5-67　创建旋转灯体

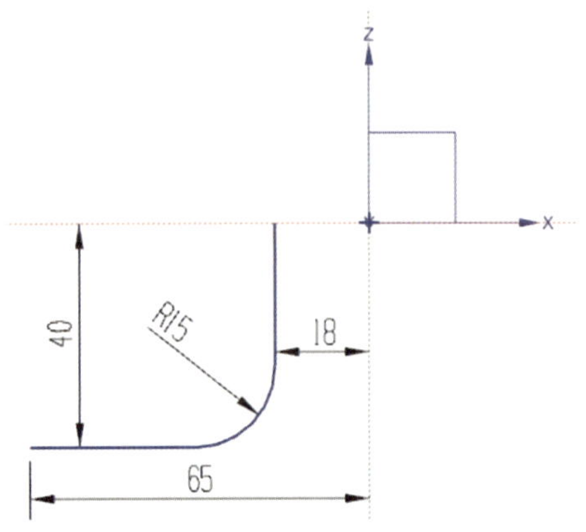

图 5-68　绘制 L 形草图并约束尺寸

2）单击“完成”图标 ，结束草图绘制。

3）单击功能区“主页”选项卡“基本”面组中的“拉伸”图标 或选择［菜单］/［插入］/［设计特征］/［拉伸］菜单命令，选择 L 形草图作为拉伸截面几何图形，并进行相应设置，如图 5-69 所示。

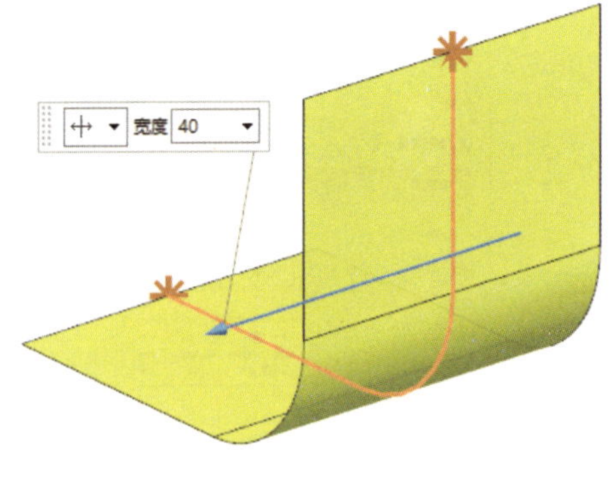

图 5-69　选择拉伸截面几何图形并进行设置

4）单击【确定】按钮，完成前后方向拉伸曲面的创建，如图 5-70 所示。

（2）创建上下方向拉伸曲面

1）单击“草图”图标 ，选择 *XY* 平面作为草图平面，绘制扇形草图，并进行尺寸约束，如图 5-71 所示。

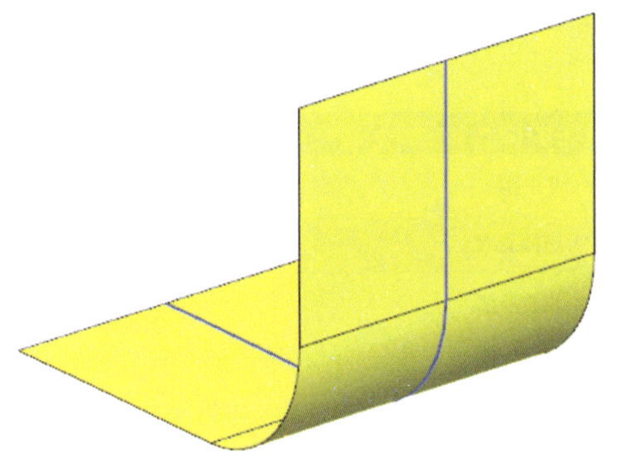

图 5-70　前后方向拉伸曲面

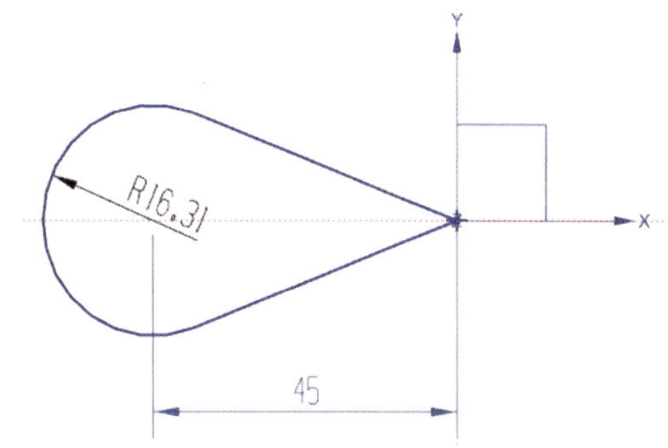

图 5-71　绘制扇形草图并约束尺寸

2）单击“完成”图标 ，结束草图绘制。

3）单击功能区“主页”选项卡“基本”面组中的“拉伸”图标 或选择［菜单］/［插入］/［设计特征］/［拉伸］菜单命令，选择扇形草图作为拉伸截面几何图形，并进行相应设置，如图 5-72 所示。

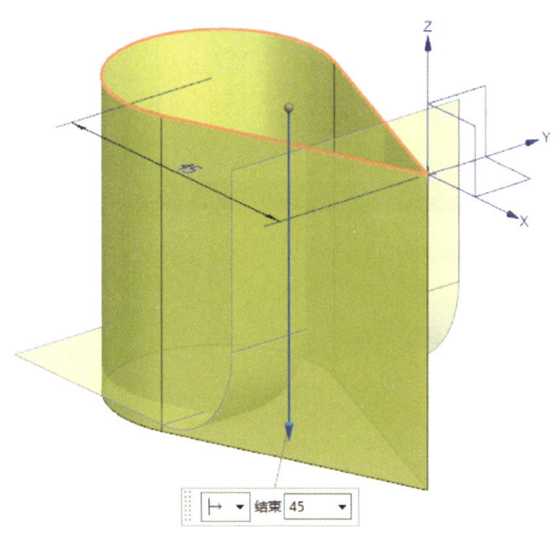

图 5-72　选择拉伸截面几何图形并进行设置

4）单击【确定】按钮，完成上下方向拉伸曲面的创建，如图 5–73 所示。

（3）生成曲面相交线

1）单击功能区“曲线”选项卡“派生”面组中的“相交曲线”图标 或选择［菜单］/［插入］/［派生曲线］/［相交曲线］菜单命令，系统弹出“相交曲线”对话框，如图 5–74 所示。

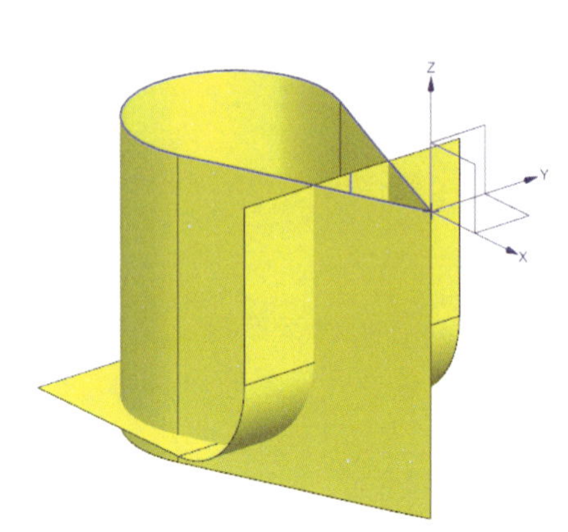

图 5–73　上下方向拉伸曲面

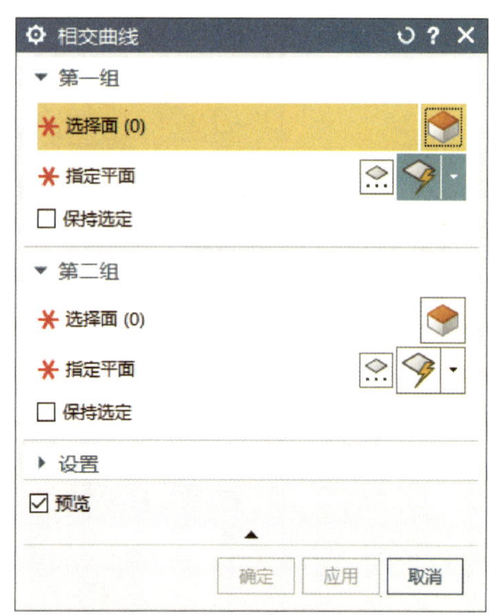

图 5–74　“相交曲线”对话框

2）根据提示选择前后方向拉伸曲面作为第一组面，选择上下方向拉伸曲面作为第二组面，如图 5–75 所示。

3）单击【确定】按钮，完成曲面相交线的创建。

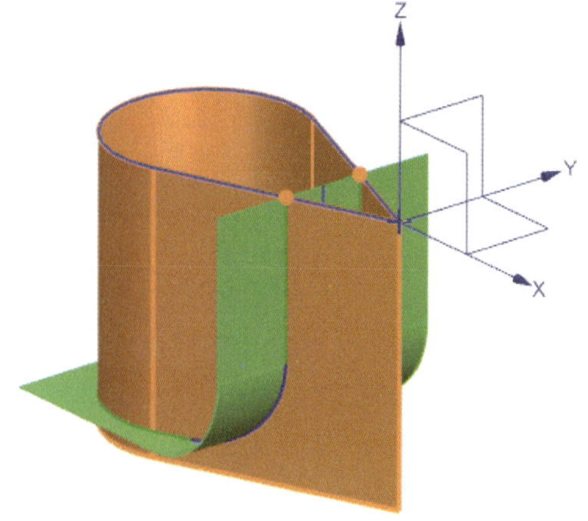

图 5–75　选择相交曲面

4）隐藏基准坐标系、曲面和所有草图，绘图区显示图 5-76 所示相交曲线。

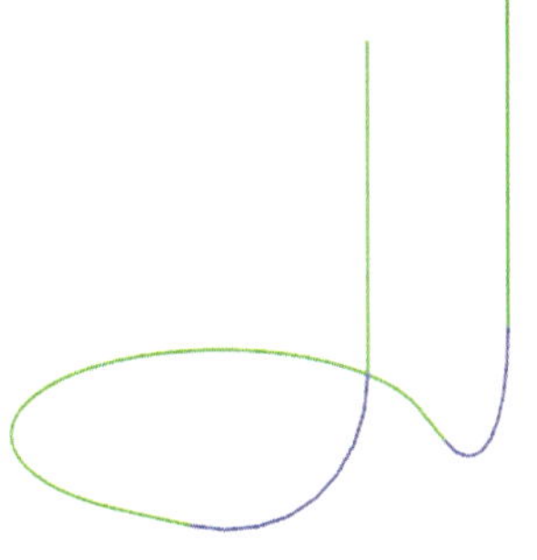

图 5-76　灯管中心线

4. 创建灯管

（1）扫掠单个灯管

1）单击“草图”图标 ，选择 *XY* 平面作为草图平面，以灯管中心线的一个端点作为原点，如图 5-77 所示。

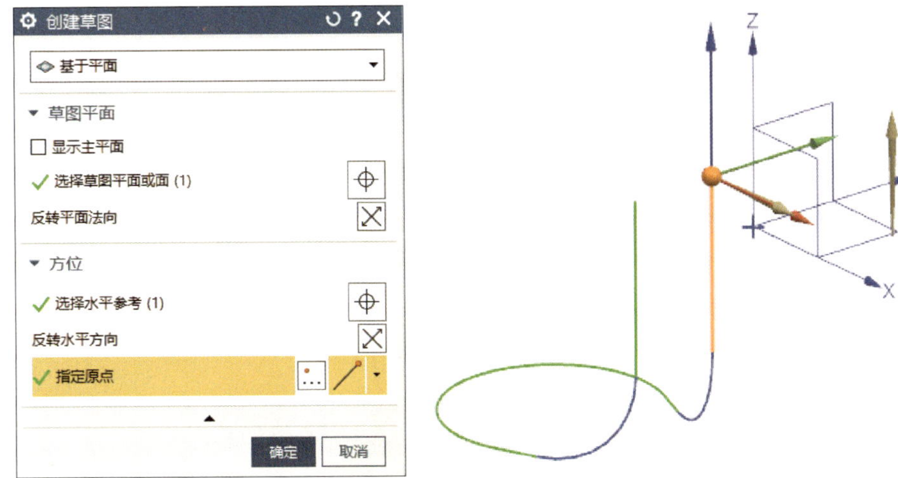

图 5-77　创建草图平面

2）单击【确定】按钮，进入草图绘制环境，绘制图 5-78 所示直径为 6 mm 的圆。

3）显示旋转灯体。

4）单击功能区“曲面”选项卡“基本”面组中的“沿引导线扫掠”图标 或选择［菜单］/［插入］/［扫掠］/［沿引导线扫掠］菜单命令，选择 6 mm 的圆作为扫掠截面几何图形，灯管中心线作为引导线，如图 5-79 所示。

5）单击【确定】按钮，完成单个灯管扫掠，如图 5-80 所示。

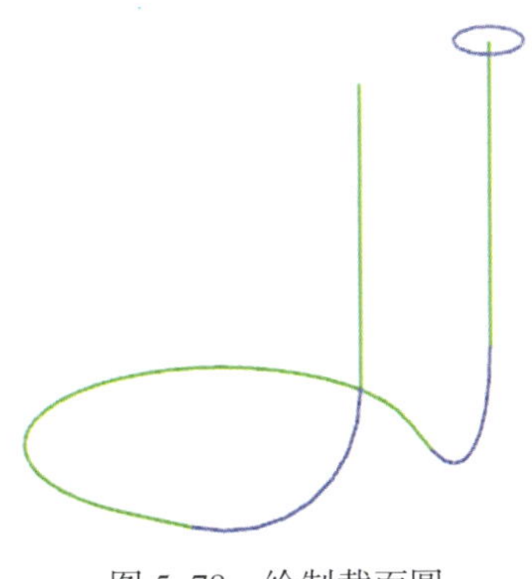

图 5-78　绘制截面圆

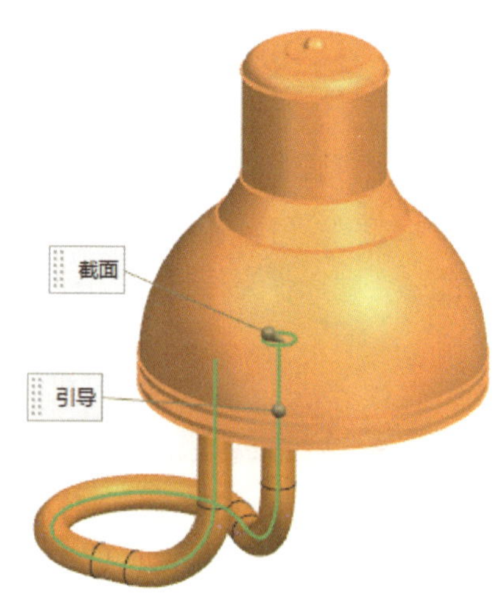

图 5-79　选择扫掠截面几何图形并进行设置

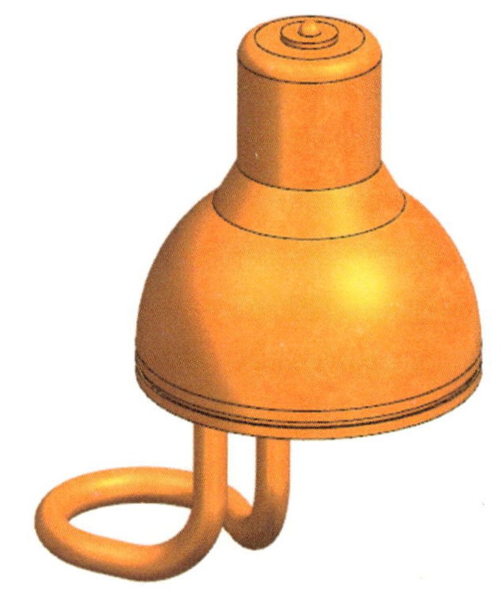

图 5-80　单个灯管扫掠

（2）阵列灯管

1）单击功能区“主页”选项卡“基本”面组中的“阵列特征”图标或选择［菜单］/［插入］/［关联复制］/［阵列特征］菜单命令，系统弹出“阵列特征”对话框，如图 5-81 所示。

2）根据提示选择单个灯管作为阵列特征。

3）设置“阵列定义”选项组中的“布局”为“圆形”，选择矢量方向为 *ZC* 方向，指定点为原点。

4）设置“斜角方向”选项组中的“间距”为“数量和跨度”，“数量”为“5”，“跨角”为“360°”。

5）单击【确定】按钮，完成灯管阵列，完成后的实体如图 5-82 所示。

图 5-81　“阵列特征”对话框

图 5-82　完成后的实体

任务拓展

1．完成图 5-83 所示零件的实体造型（直径均为 2 mm 圆管）。

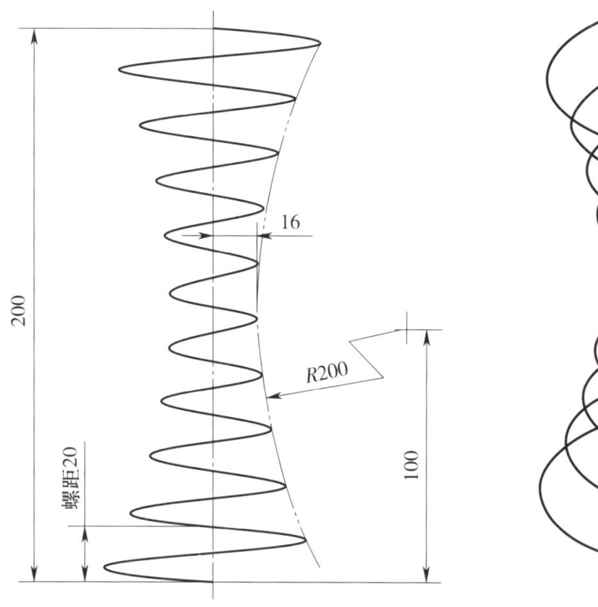

图 5-83　三维实体模型

2．完成图 5-84 所示零件的实体造型。

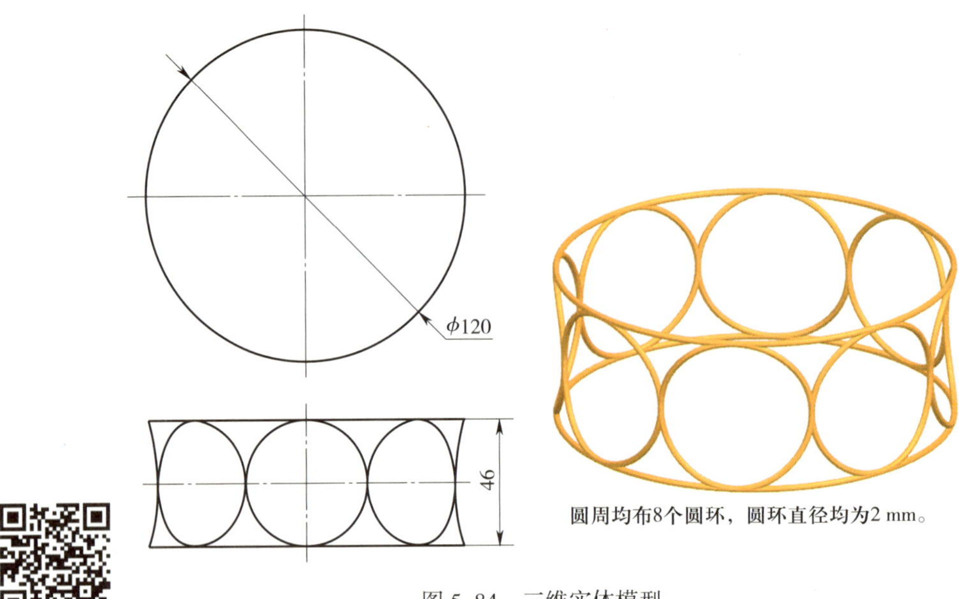

图 5-84　三维实体模型

课题 4　勺 子 建 模

学习目标

1．能创建基准平面。

2．能创建点。

3．能创建圆弧 / 圆。

4．能创建网格曲面。

5．能使用缝合操作、曲面加厚操作。

工作任务

曲面加厚是经常采用的建模操作，本课题通过图 5-85 所示勺子模型的建模操作，初步领略曲面建模的灵活性。

任务实施

1．创建新文件

（1）双击快捷方式图标启动 UG NX 2007。

（2）新建名称为“勺子”的部件文件。

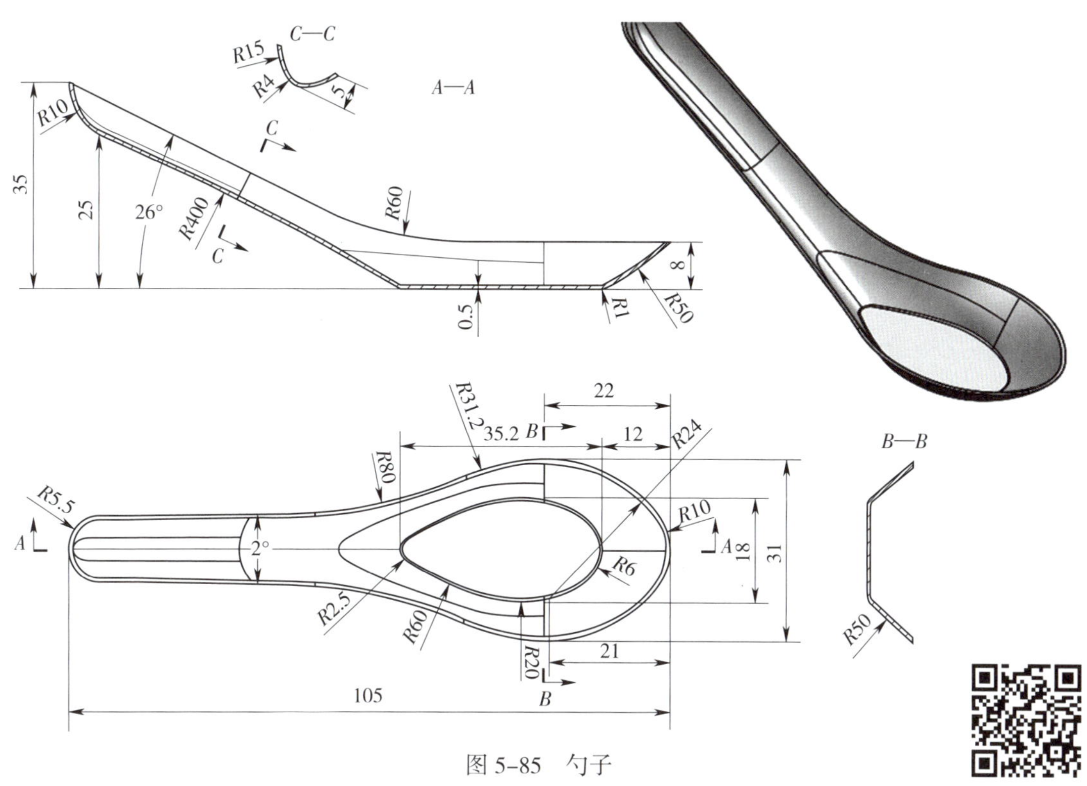

图 5-85　勺子

（3）选择［文件］/［首选项］/［草图］菜单命令，系统弹出“草图首选项”对话框。在“草图设置”选项卡中，将“尺寸标签”设置为“值”。

2. 创建草图

（1）单击功能区“主页”选项卡“构造”面组中的“草图”图标，选择 *XY* 平面作为草图平面，绘制草图并进行相应约束，如图 5-86 所示。

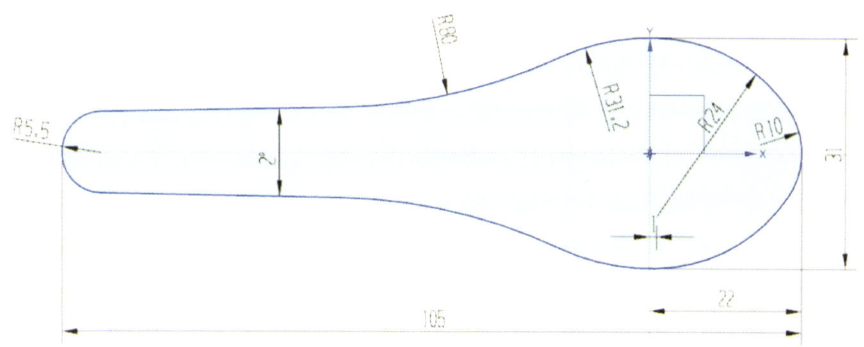

图 5-86　在 *XY* 平面内绘制草图

（2）单击“完成”图标，结束草图绘制，草图如图 5-87 所示。

（3）单击功能区“主页”选项卡“构造”面组中的“草图”图标，选择 *XY* 平面作为草图平面，绘制草图并进行相应约束，如图 5-88 所示。

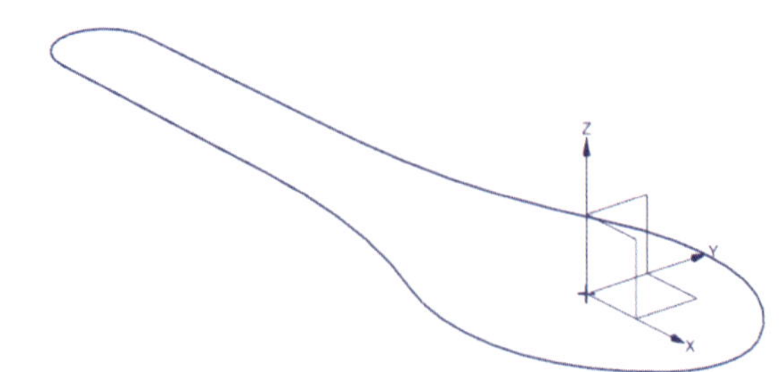

图 5-87　草图（一）

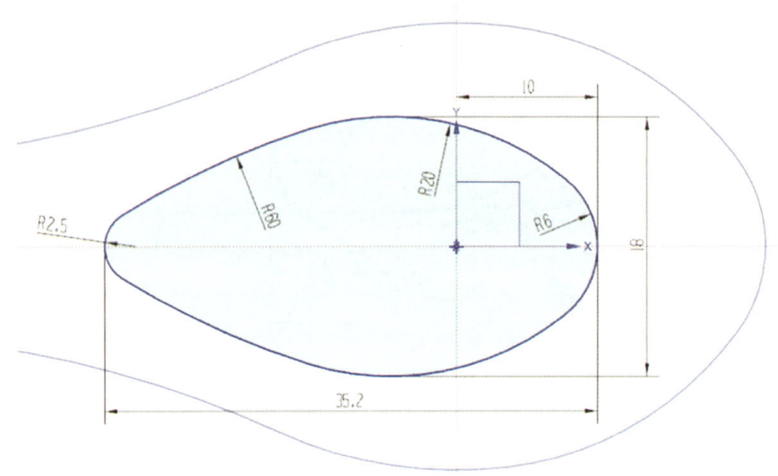

图 5-88　绘制草图

（4）单击“完成”图标 ，结束草图绘制，草图如图 5-89 所示。

（5）单击功能区“主页”选项卡“构造”面组中的“草图”图标 ，选择 *XZ* 平面作为草图平面，绘制草图并进行相应约束，如图 5-90 所示。

（6）单击“完成”图标 ，结束草图绘制，草图如图 5-91 所示。

3. 创建组合投影曲线

（1）单击功能区“曲线”选项卡“派生”面组中“更多”下拉菜单中的“组合投影”图标 或选择［菜单］/［插入］/［派生曲线］/［组合投影］菜单命令，系统弹出“组合投影”对话框。

（2）根据提示选择要投影的第一条曲线，“投影方向 1”选项组中的“投影方向”选择“垂直于曲线平面”，如图 5-92 所示。

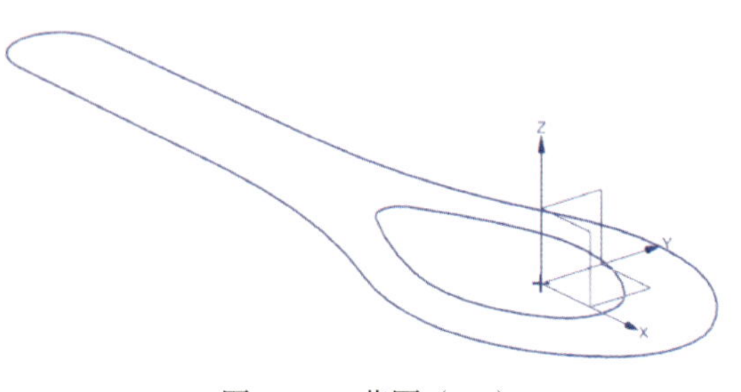

图 5-89　草图（二）

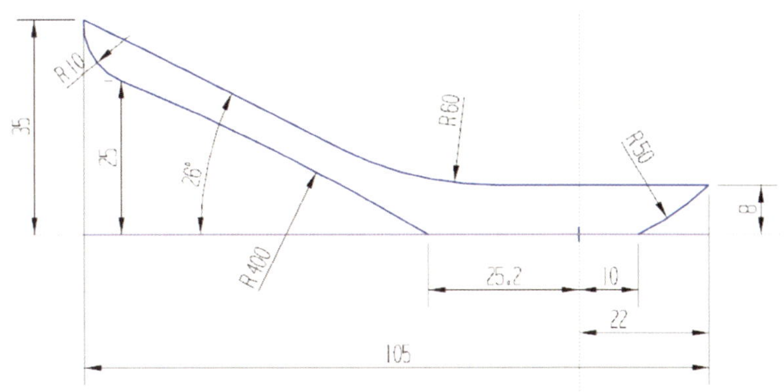

图 5-90　在 *XZ* 平面内绘制草图

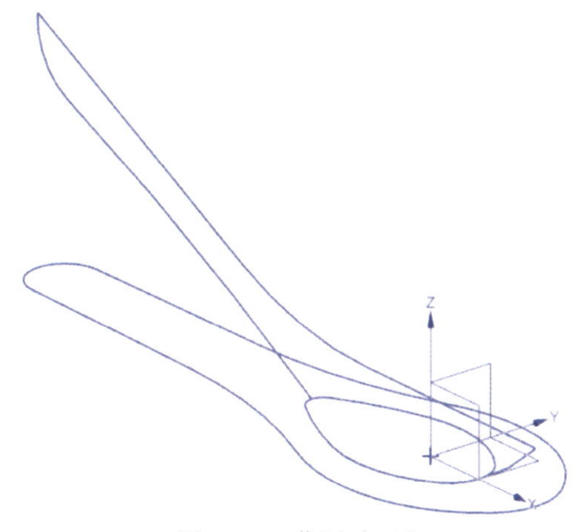

图 5-91　草图（三）

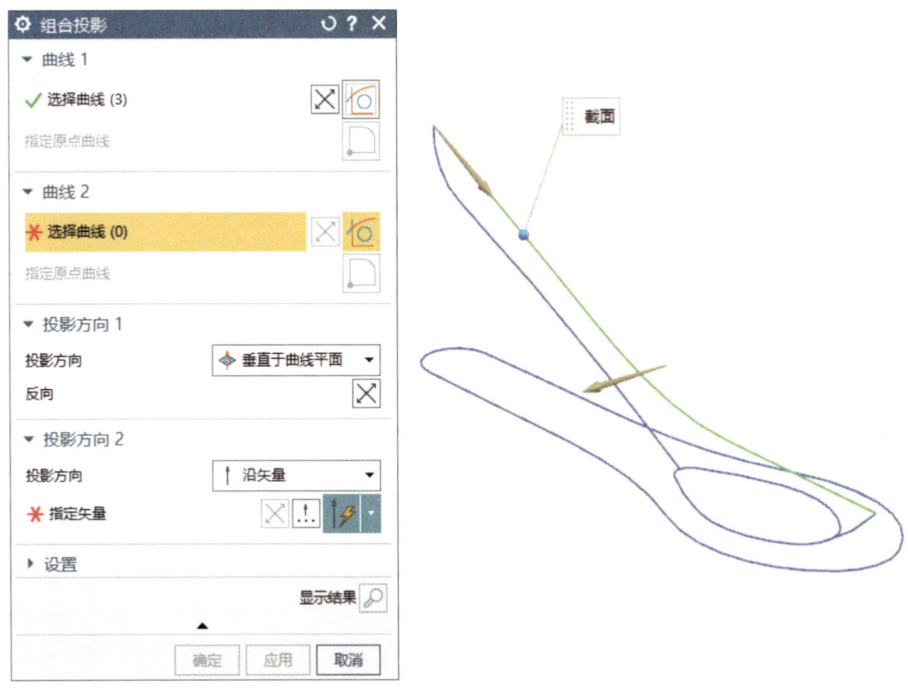

图 5-92　选择要投影的第一条曲线

（3）单击“曲线 2”选项组中的“选择曲线”，选择要投影的第二条曲线，“投影方向 2”选项组中的“投影方向”选择“垂直于曲线平面”，如图 5-93 所示。

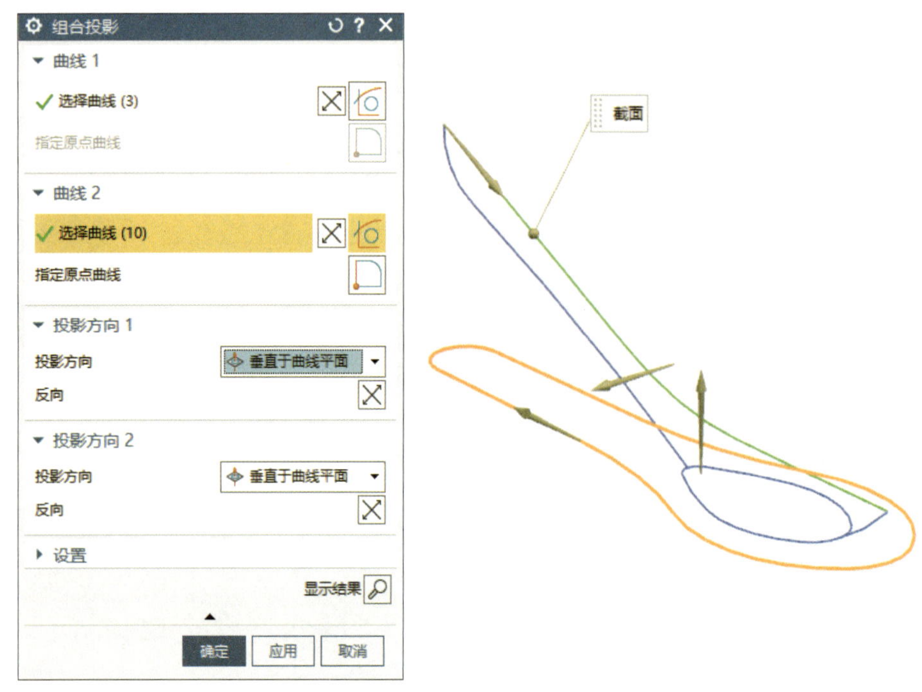

图 5-93　选择要投影的第二条曲线

（4）单击【确定】按钮，完成组合投影曲线的创建，如图 5-94 所示。

（5）隐藏底部轮廓曲线，如图 5-95 所示。

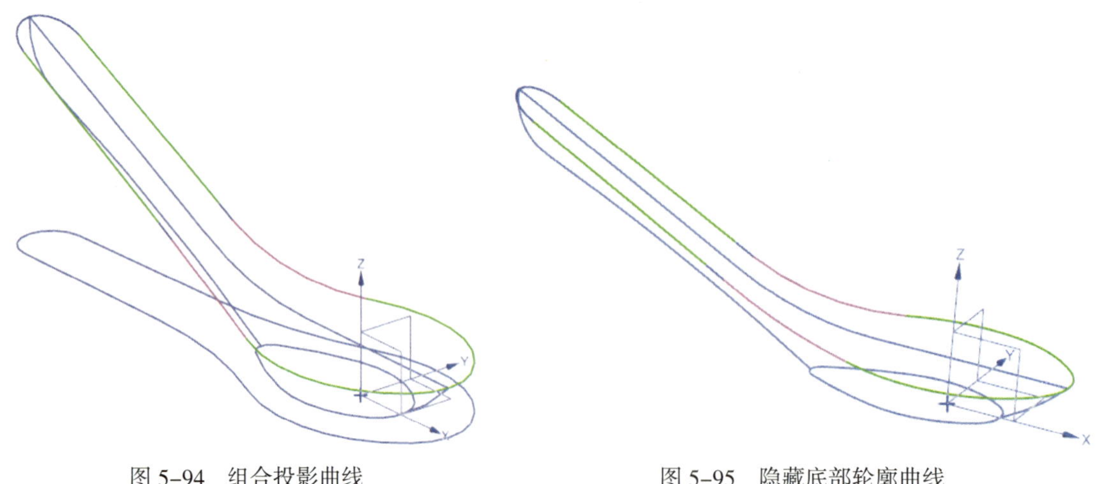

图 5-94　组合投影曲线　　图 5-95　隐藏底部轮廓曲线

4. 创建勺壁圆弧

（1）单击功能区“曲线”选项卡“构造”面组中的“草图”图标，选择 *ZY* 平面作为草图平面，单击【确定】按钮，进入草图绘制环境。

（2）单击功能区“主页”选项卡“包含”面组中“更多”下拉菜单中的“交点”图标 或选择［菜单］/［插入］/［来自曲线集的曲线］/［交点］菜单命令，系统弹出“交点”对话框。根据提示，选择 $R31.2$ mm 的圆弧作为与草图面相交的线，如图 5–96 所示。

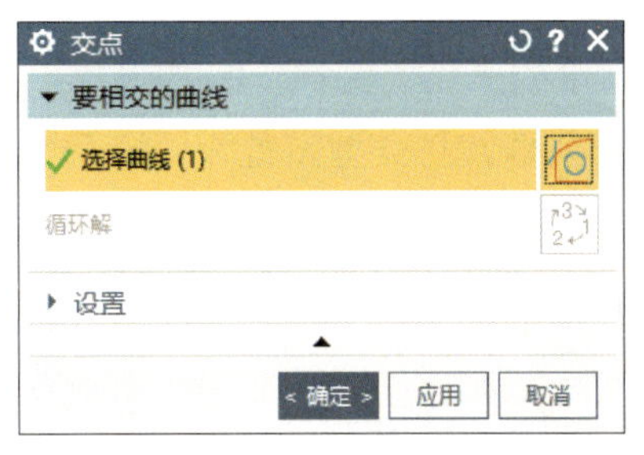

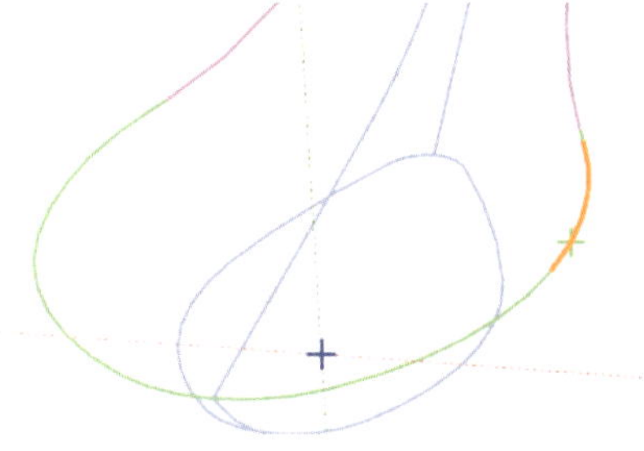

图 5–96　选择相交的曲线

（3）单击【应用】按钮，完成交点的创建，如图 5–97 所示。

（4）同理，创建另一个交点，如图 5–98 所示。

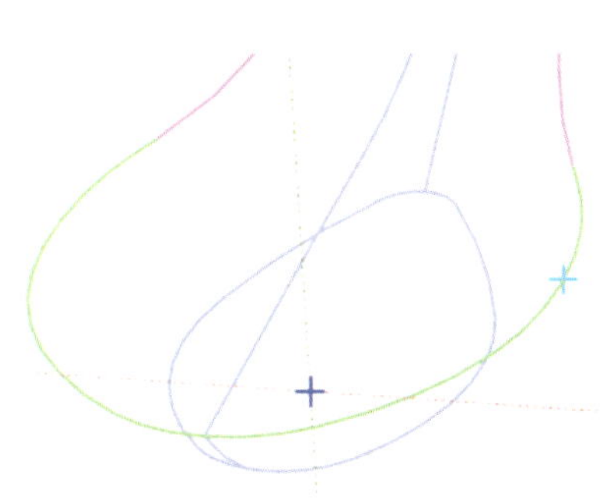

图 5–97　创建交点（一）

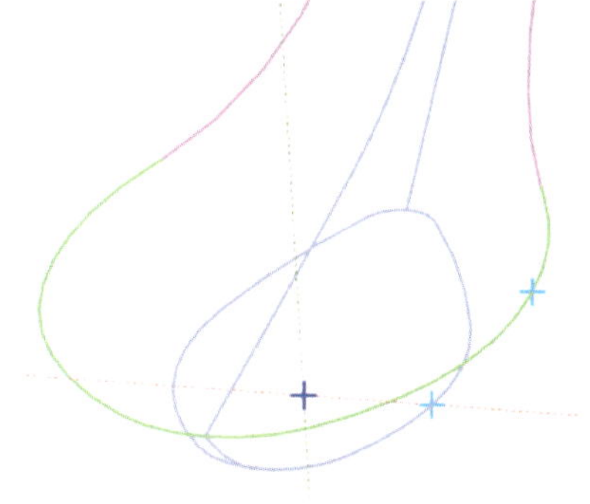

图 5–98　创建交点（二）

（5）过两交点绘制 $R50$ mm 的圆弧，如图 5–99 所示。

（6）单击功能区“主页”选项卡“曲线”面组中的“镜像”图标 镜像，镜像另一个圆弧，如图 5–100 所示。

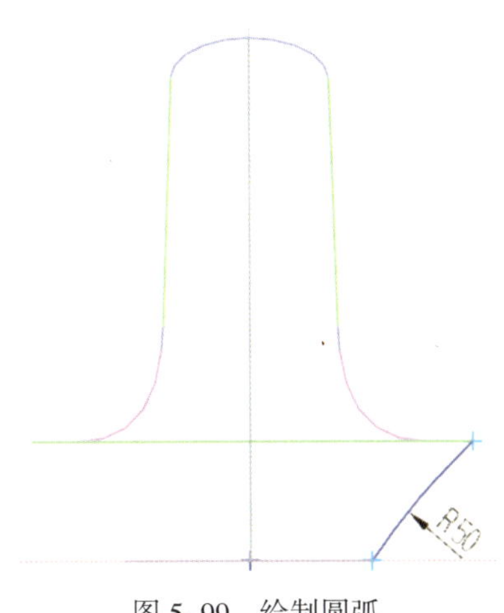

图 5–99　绘制圆弧

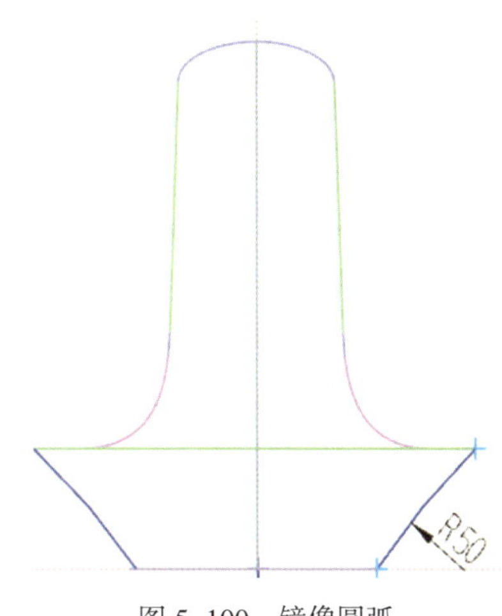

图 5–100　镜像圆弧

（7）单击“完成”图标 ，完成圆弧的创建。

5. 创建点和勺柄圆弧

（1）创建点

1）单击功能区“曲线”选项卡“基本”面组中的“点”图标 ＋ 或选择［菜单］/［插入］/［基准］/［点］菜单命令，系统弹出“点”对话框，将类型设置为“端点”，根据提示，选择 R10 mm 的圆弧，如图 5-101 所示。

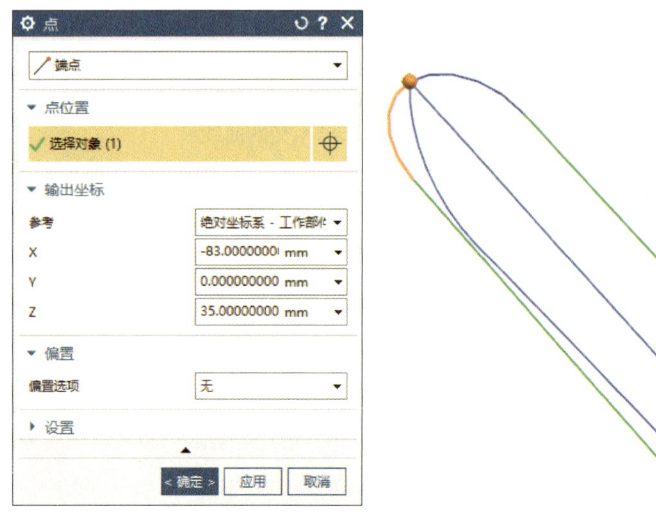

图 5-101　类型设置及曲线选择

2）单击【确定】按钮，完成点的创建，如图 5-102 所示。

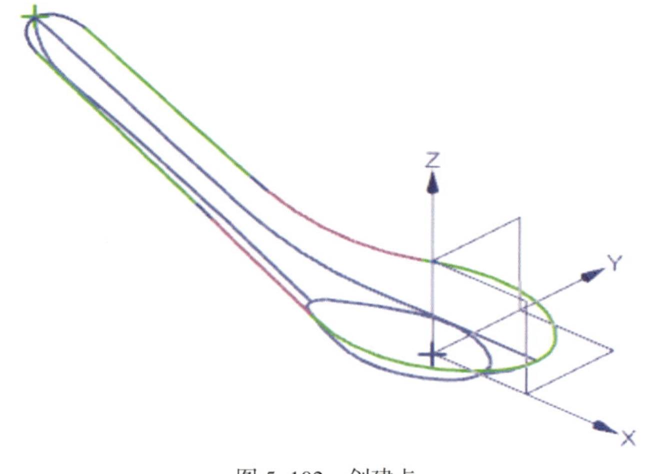

图 5-102　创建点

（2）创建勺柄圆弧

1）单击功能区“曲线”选项卡“构造”面组中的“草图”图标 ，系统弹出“创建草图”对话框，将类型设置为“基于路径”。

2）根据提示，选择 R400 mm 圆弧作为路径，如图 5-103 所示。

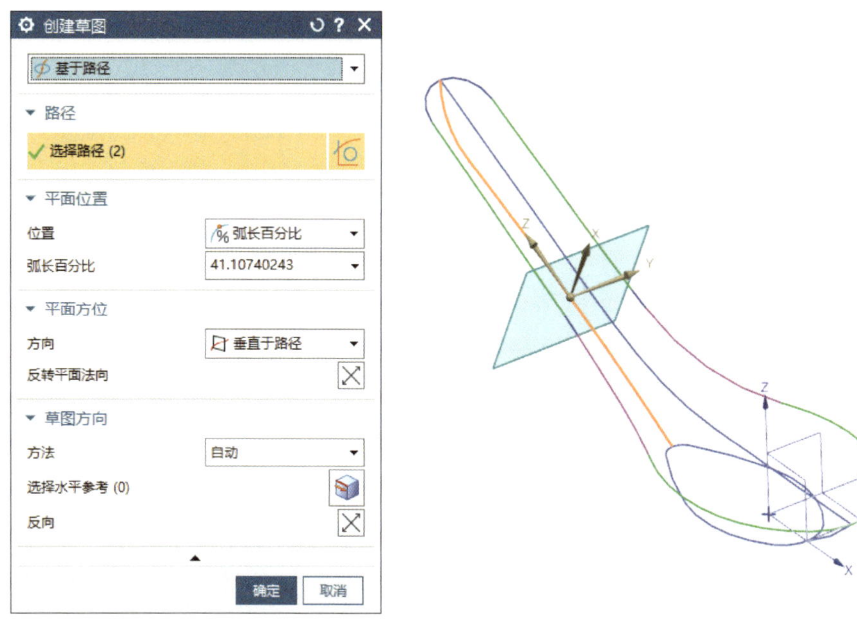

图 5-103　选择路径

3）单击【确定】按钮，进入草图绘制环境。

4）单击功能区“主页”选项卡“包含”面组中“更多”下拉菜单中的“交点”图标 或选择［菜单］/［插入］/［来自曲线集的曲线］/［交点］菜单命令，系统弹出“交点”对话框。

5）分别选择两条组合投影曲线，创建两个交点，如图 5-104 所示。

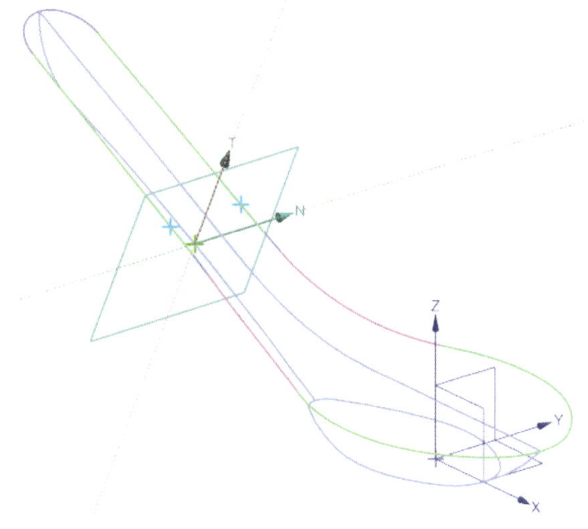

图 5-104　创建交点

6）单击功能区“主页”选项卡“曲线”面组中的“圆弧 / 圆”图标 或选择［菜单］/［插入］/［曲线］/［圆弧］菜单命令，过两交点绘制 3 段圆弧，并进行相应约束，如图 5-105 所示。

7）单击“完成”图标 ，完成圆弧的创建。

8）隐藏基准坐标系，如图 5-106 所示。

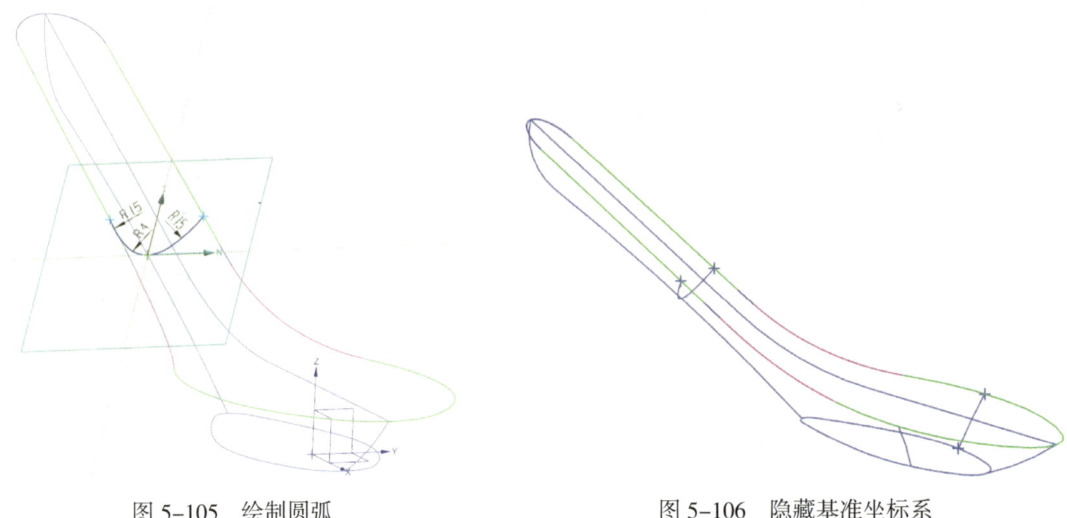

图 5-105　绘制圆弧　　　　图 5-106　隐藏基准坐标系

6. 创建网格曲面

（1）单击功能区“曲面”选项卡“基本”面组中的“通过曲线网格”图标 或选择［菜单］/［插入］/［网格曲面］/［通过曲线网格］菜单命令，系统弹出“通过曲线网格”对话框。

（2）根据提示选择主曲线（一点一圆弧），如图 5-107 所示。

（3）根据提示选择交叉曲线（三条多段曲线），如图 5-108 所示。

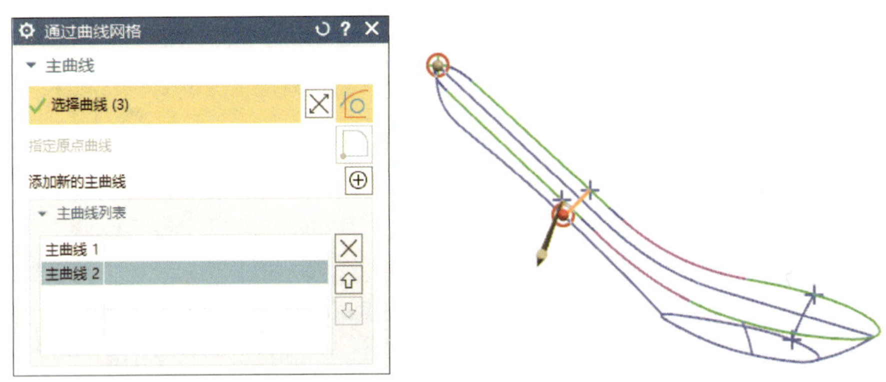

图 5-107　选择主曲线

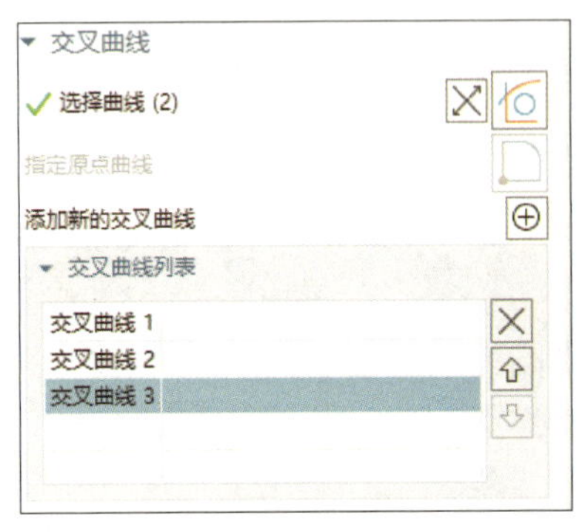

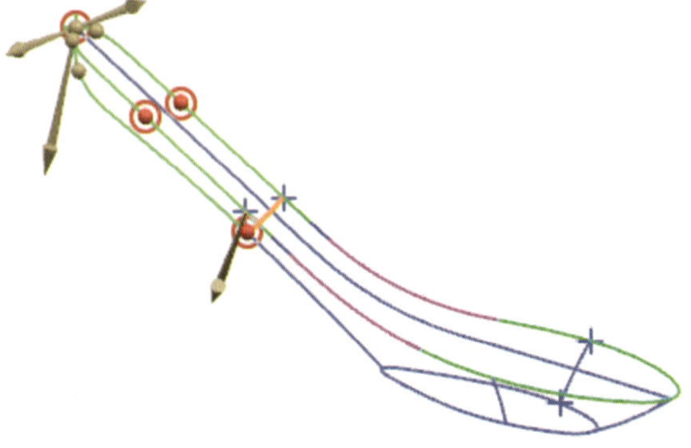

图 5-108　选择交叉曲线

（4）进行连续性设置，如图 5–109 所示。

（5）单击【确定】按钮，完成网格曲面创建，如图 5–110 所示。

（6）同理创建另一网格曲面，如图 5–111 所示。

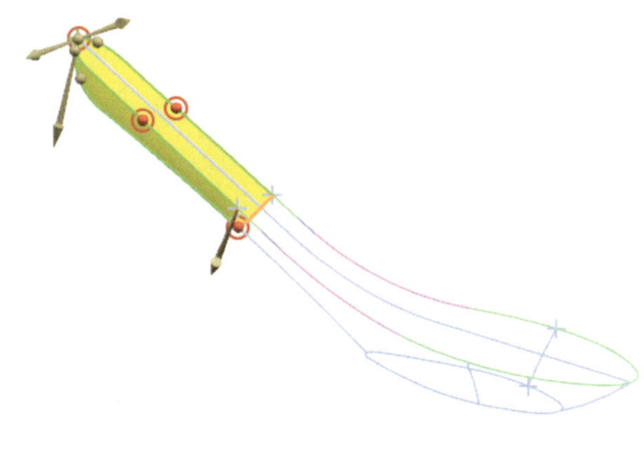

图 5–109　进行连续性设置

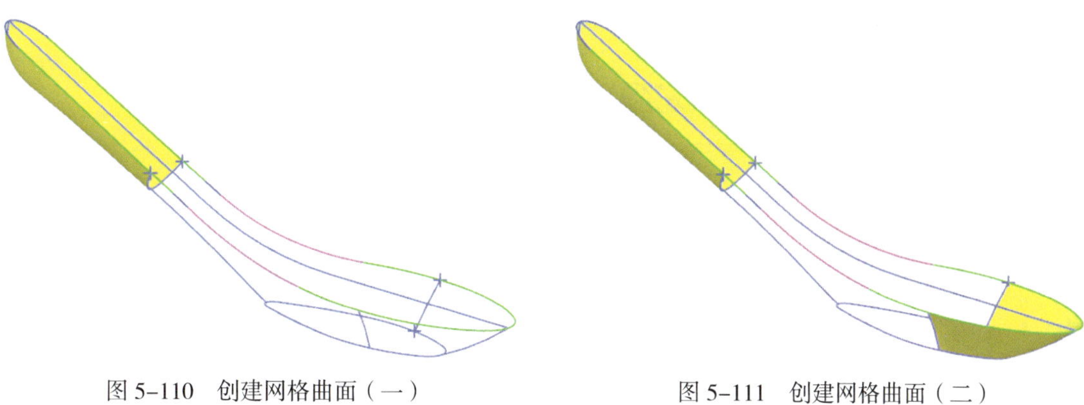

图 5–110　创建网格曲面（一）　　　图 5–111　创建网格曲面（二）

7. 创建样条曲线

（1）创建第一条样条曲线

1）单击功能区“曲线”选项卡“基本”面组中的“艺术样条”图标 或选择［菜单］/［插入］/［曲线］/［艺术样条］菜单命令，系统弹出“艺术样条”对话框。

2）根据提示选择 *R*50 mm 圆弧端点为第一点，设置“连续类型”为“G1（相切）”，如图 5–112 所示。

3）根据提示选择另一个 *R*50 mm 圆弧端点为第二点，设置“连续类型”为“G1（相切）”，如图 5–113 所示。

4）单击【确定】按钮，完成样条曲线的创建，如图 5–114 所示。

（2）创建第二条样条曲线

1）单击功能区“曲线”选项卡“基本”面组中的“点”图标 或选择［菜单］/［插入］/

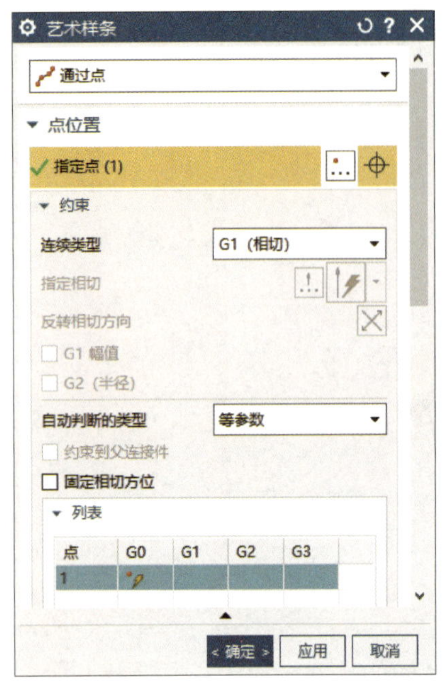

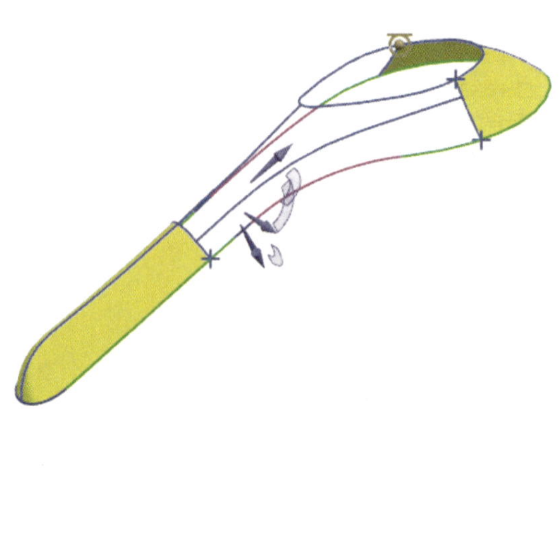

图 5-112　选择点 1

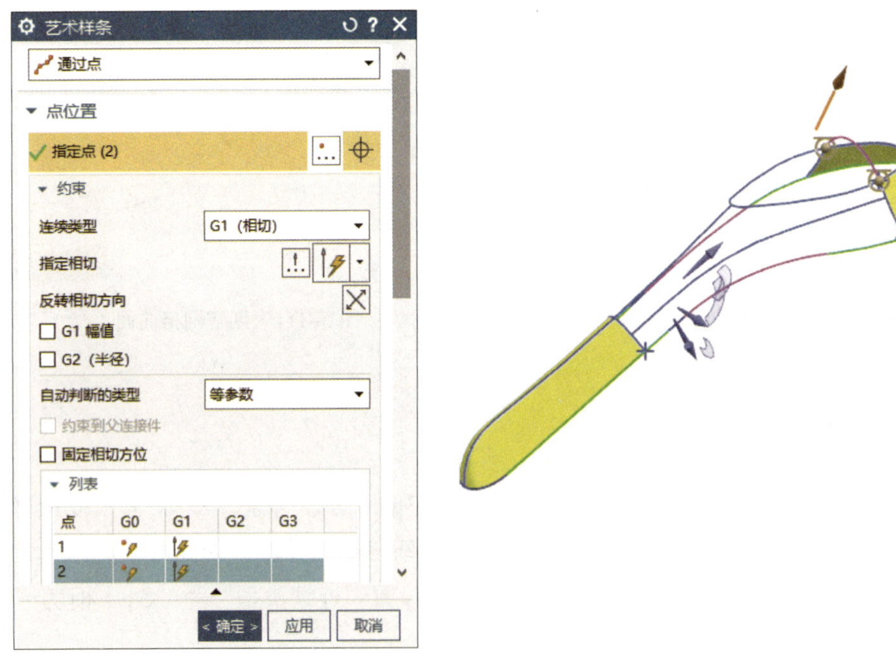

图 5-113　选择点 2

［基准］/［点］菜单命令，系统弹出“点”对话框，将类型设置为“交点”，根据提示，选择 *XZ* 平面作为相交的面，如图 5-115 所示。

2）单击“要相交的曲线”选项组中的“选择曲线”，选择样条曲线作为相交的线，如图 5-116 所示。

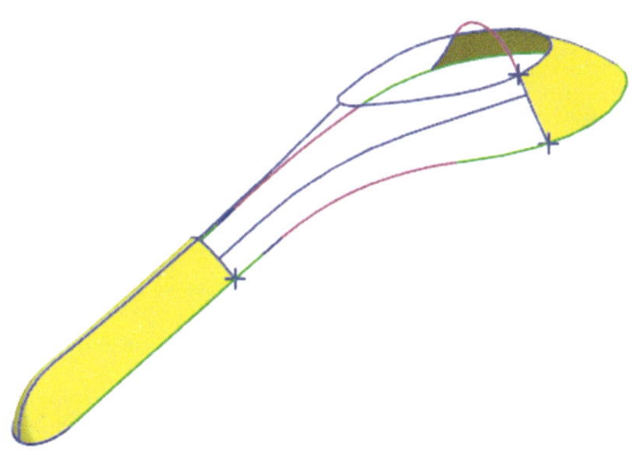

图 5-114　创建样条曲线（一）

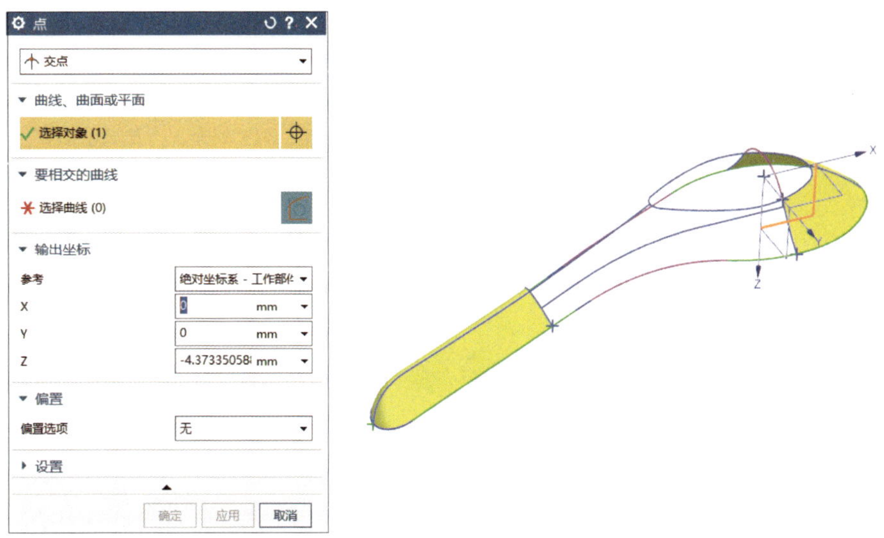

图 5-115　选择相交的面

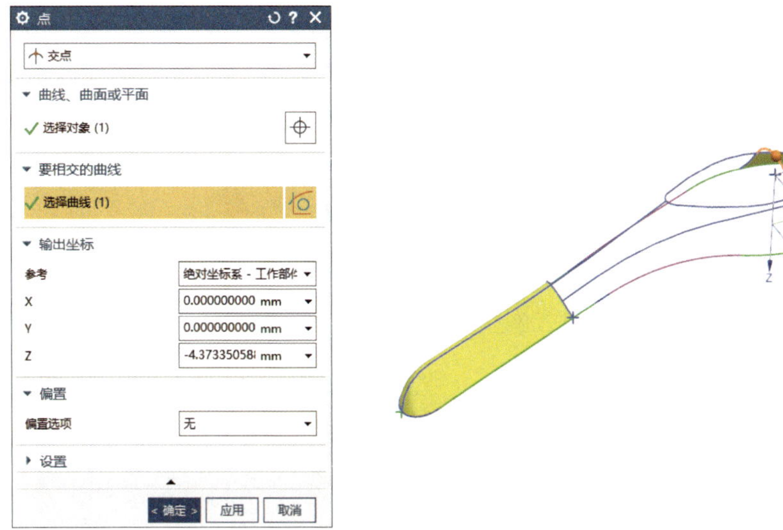

图 5-116　选择相交的线

3）单击【确定】按钮，完成点的创建，如图 5-117 所示。

4）单击功能区“曲线”选项卡“基本”面组中的“艺术样条”图标 ，依次选择 3 点，设置点 1、点 3 的“连续类型”为“G1（相切）”和“G2（曲率）”，点 2 无连续类型，如图 5-118 所示。

5）单击【确定】按钮，完成另一样条曲线的创建，如图 5-119 所示。

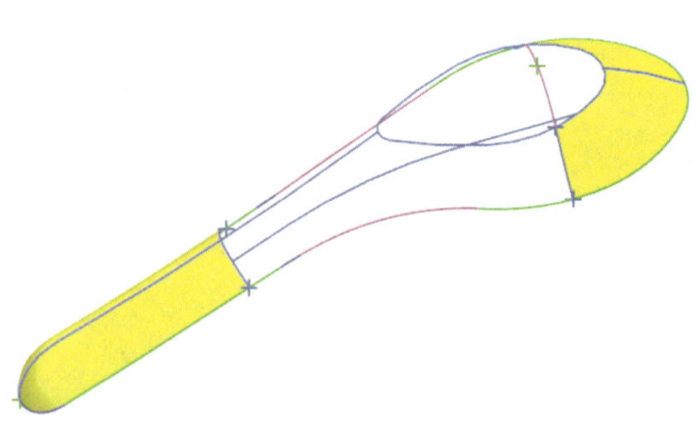

图 5-117　创建点

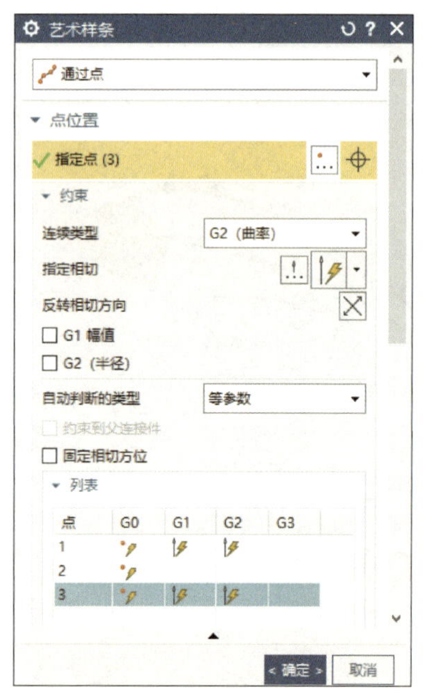

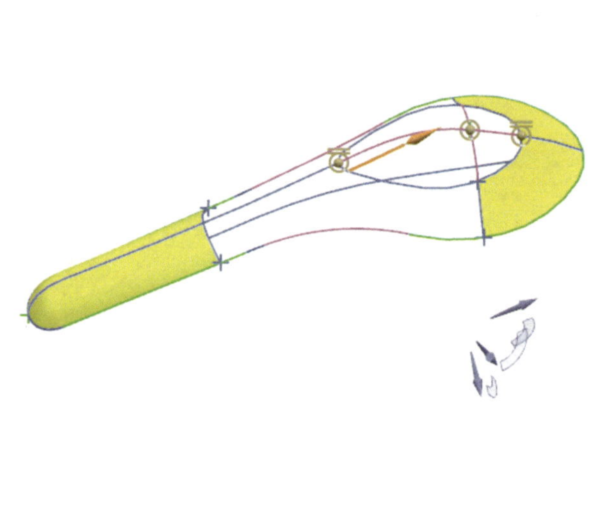

图 5-118　选择点并设置“连续类型”

8. 创建网格曲面

（1）单击功能区“曲面”选项卡“基本”面组中的“通过曲线网格”图标 或选择［菜单］/［插入］/［网格曲面］/［通过曲线网格］菜单命令，系统弹出“通过曲线网格”对话框。

（2）根据提示选择主曲线（两条多段曲线），如图 5-120 所示。

（3）根据提示选择交叉曲线（三条多段曲线），如图 5-121 所示。

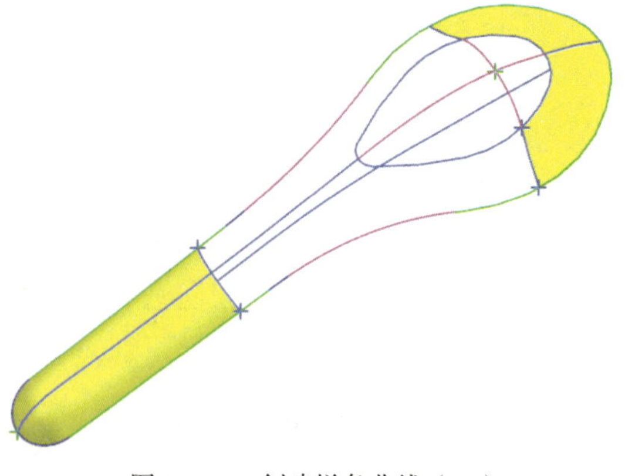

图 5-119　创建样条曲线（二）

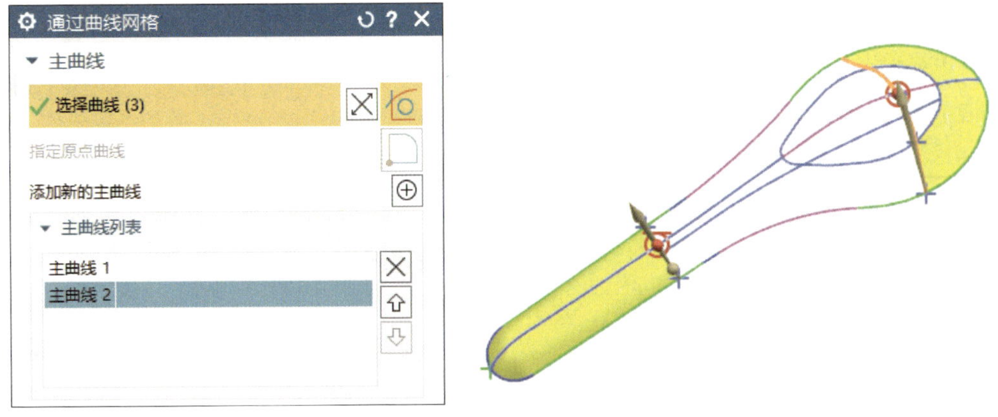

图 5-120　选择主曲线

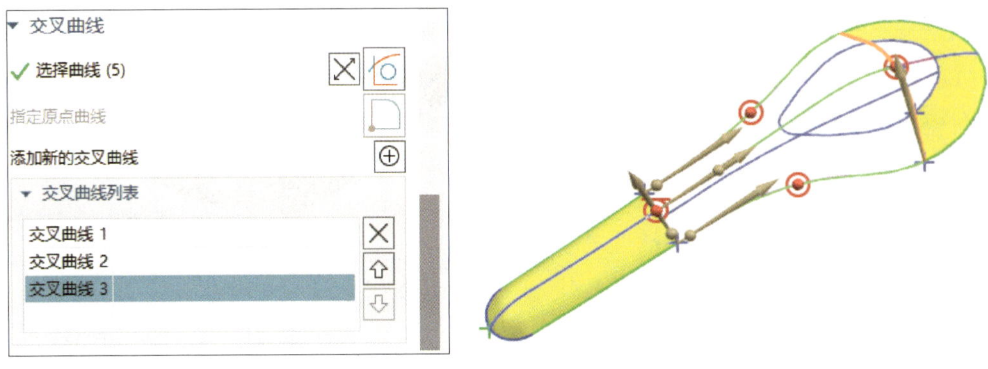

图 5-121　选择交叉曲线

（4）进行连续性设置，如图 5-122 所示。

（5）单击【确定】按钮，完成网格曲面创建，如图 5-123 所示。

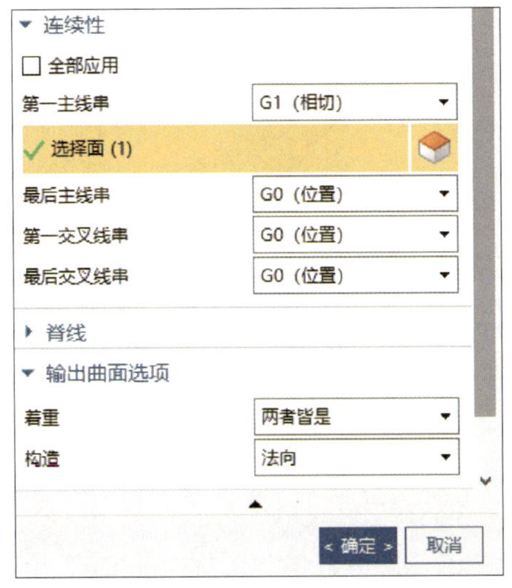

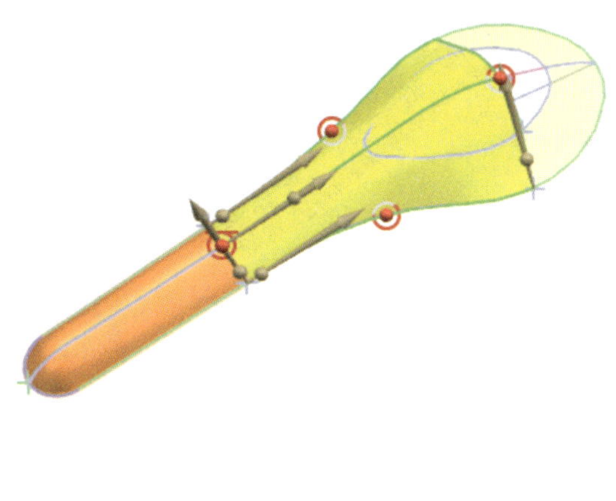

图 5-122　进行连续性设置

9. 修正曲面

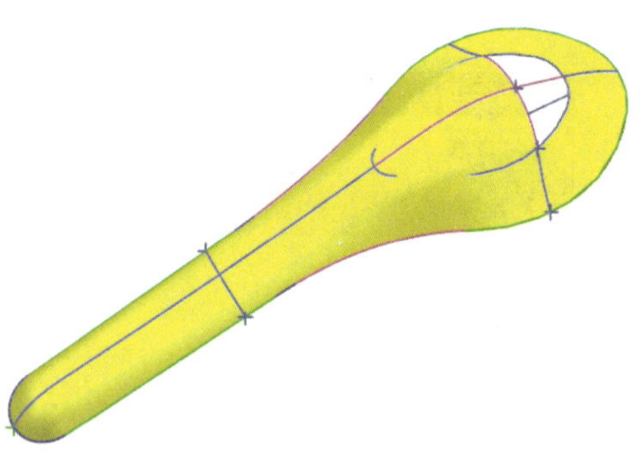

图 5-123　创建网格曲面（三）

（1）显示基准坐标系。

（2）单击功能区“曲面”选项卡“构造”面组中的“基准平面”图标 或选择［菜单］/［插入］/［基准］/［基准平面］菜单命令，系统弹出“基准平面”对话框，将类型设置为“按某一距离”，根据提示，选择 *XY* 平面，设置“距离”为“4 mm”，如图 5-124 所示。

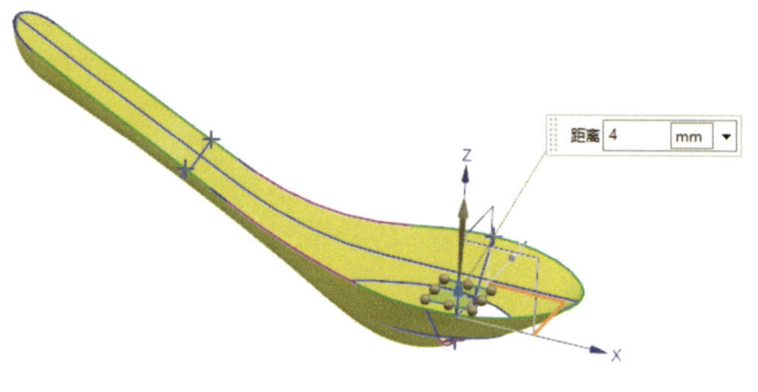

图 5-124　设置“基准平面”对话框

（3）单击【确定】按钮，完成基准平面的创建，如图 5-125 所示。

（4）同理创建另一基准平面，如图 5-126 所示。

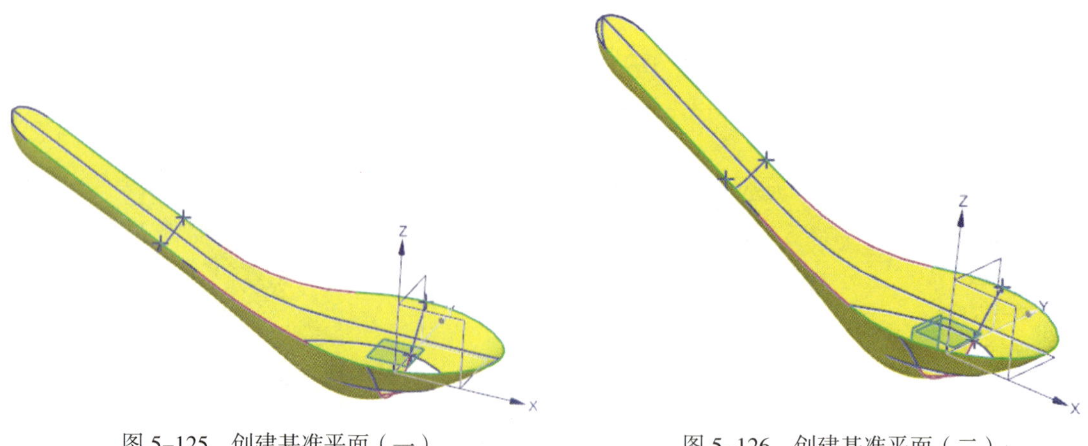

图 5-125　创建基准平面（一）

图 5-126　创建基准平面（二）

（5）隐藏基准坐标系。

（6）修剪片体

1）单击功能区“曲面”选项卡“组合”面组中的“修剪片体”图标 或选择［菜单］/［插入］/［修剪］/［修剪片体］菜单命令，系统弹出“修剪片体”对话框。

2）根据提示选择网格曲面（三）作为修剪的目标体，如图 5-127 所示。

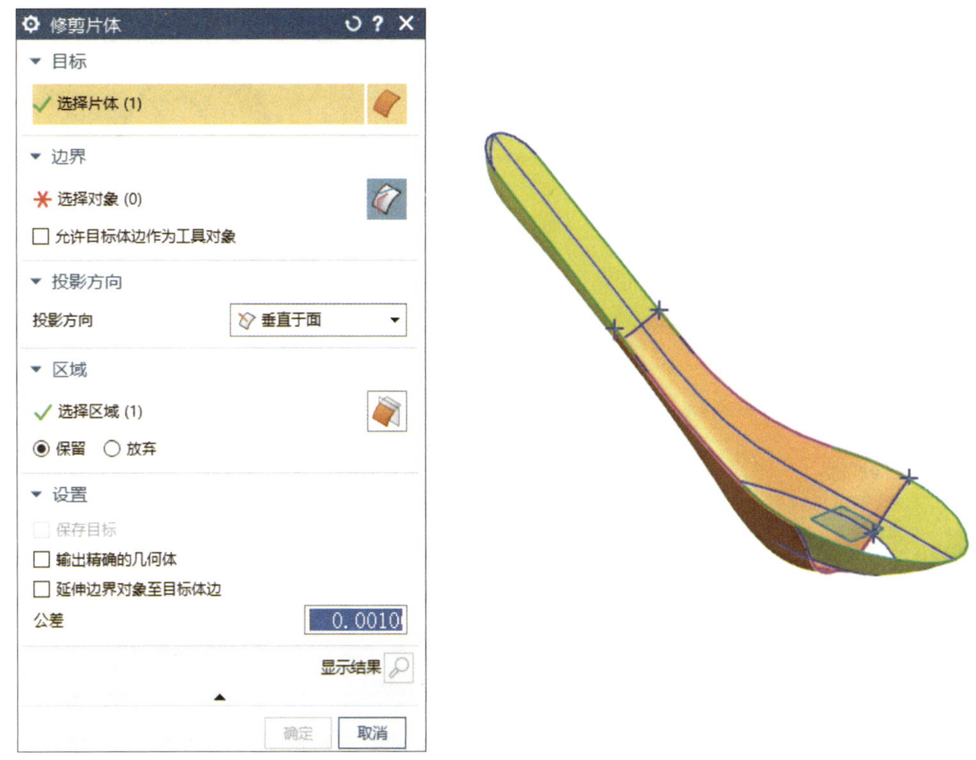

图 5-127　选择要修剪的片体

3）单击“边界”选项组中的“选择对象”，选择基准平面（一）作为修剪边界。

4）单击【确定】按钮，完成片体的修剪，如图 5-128 所示。

（7）单击功能区“曲面”选项卡“基本”面组中的“通过曲线网格”图标 或选择［菜单］/［插入］/［网格曲面］/［通过曲线网格］菜单命令，完成修剪处的网格曲面创建，如图 5-129 所示。

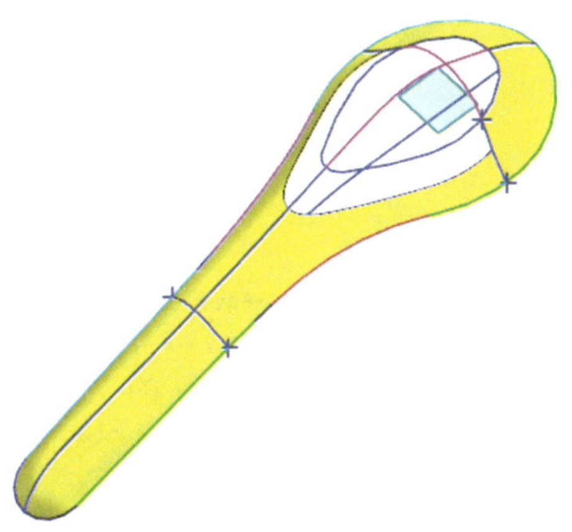

图 5-128　修剪片体

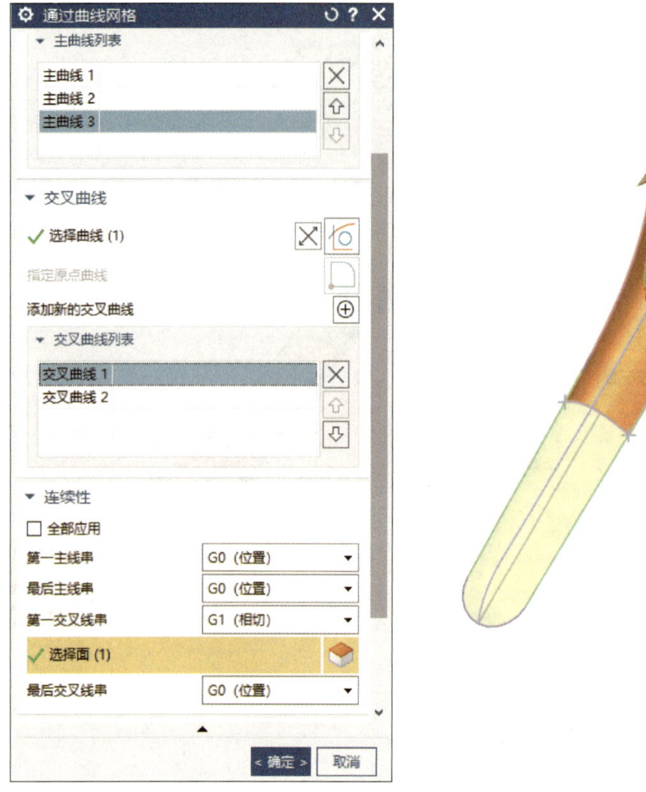

图 5-129　创建网格曲面

（8）单击功能区“曲面”选项卡“组合”面组中的“修剪片体”图标 ，选择基准平面（二）作为修剪边界，完成图 5-130 所示的片体修剪。

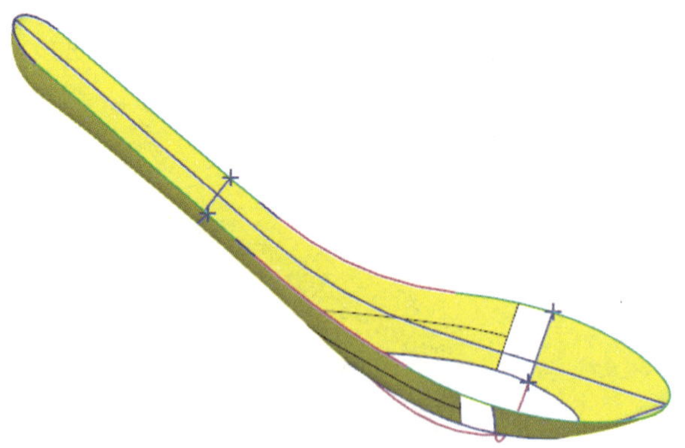

图 5-130　修剪片体

（9）单击功能区“曲面”选项卡“基本”面组中的“通过曲线网格”图标 或选择［菜单］/［插入］/［网格曲面］/［通过曲线网格］菜单命令，完成缺口处的网格曲面创建，如图 5-131 所示。

（10）同理，创建另一缺口处的网格曲面，如图 5-132 所示。

（11）单击功能区“曲面”选项卡“组合”面组中的“缝合”图标 或选择［菜单］/

[插入] / [组合] / [缝合] 菜单命令，系统弹出“缝合”对话框。根据提示，将所有网格曲面缝合成一体。

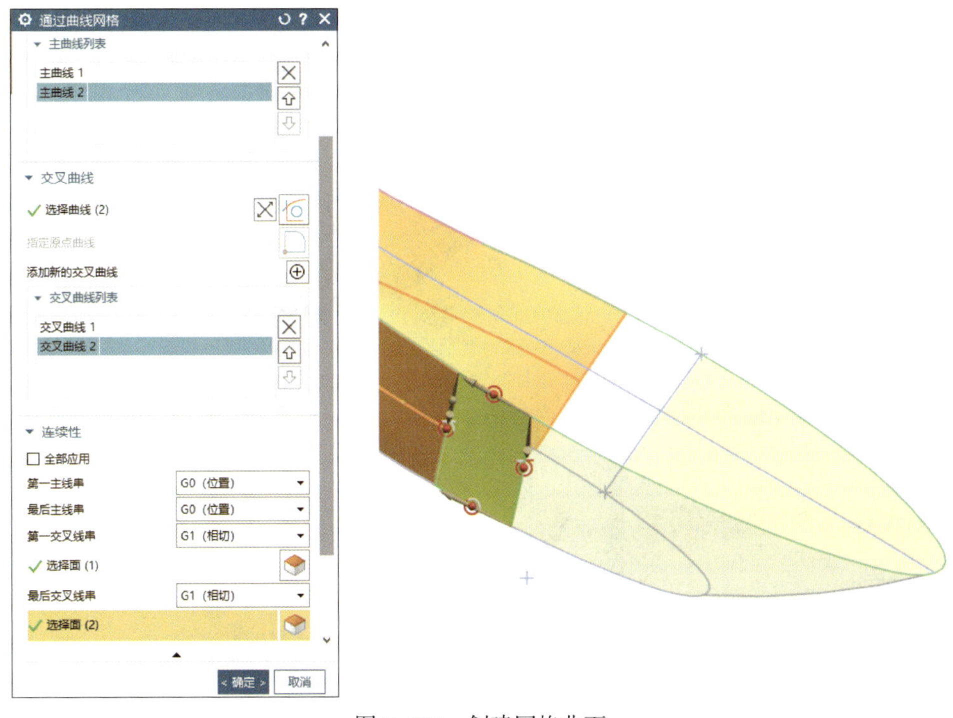

图 5–131 创建网格曲面

10. 创建有界平面及面倒圆角

（1）创建有界平面

1）单击功能区“曲面”选项卡“基本”面组中“更多”下拉菜单中的“有界平面”图标 或选择 [菜单] / [插入] / [曲面] / [有界平面] 菜单命令，系统弹出“有界平面”对话框，选择底面曲线。

2）单击【确定】按钮，完成勺子底面的创建，并隐藏所有草图、圆弧和点，如图 5–133 所示。

（2）面倒圆角

1）单击功能区“曲面”选项卡“基本”面组中的“面倒圆”图标 或选择 [菜单] / [插入] / [细节特征] / [面倒圆] 菜单命令，系统弹出“面倒圆”对话框。

2）根据提示选择图 5–134 所示的倒圆面，并设置半径为 1 mm。

3）单击【确定】按钮，完成倒圆角的创建，如图 5–135 所示。

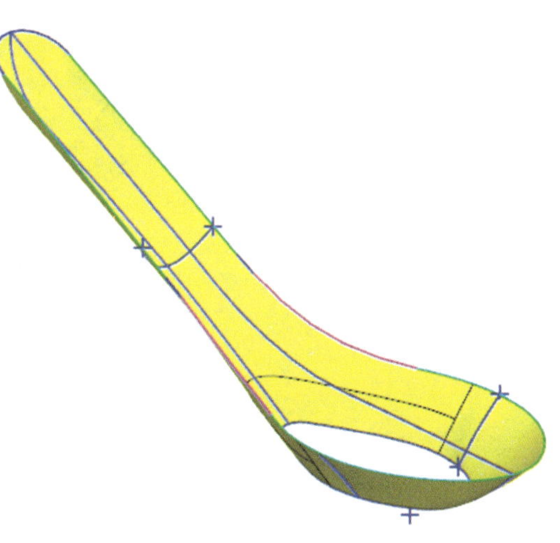

图 5–132 创建网格曲面

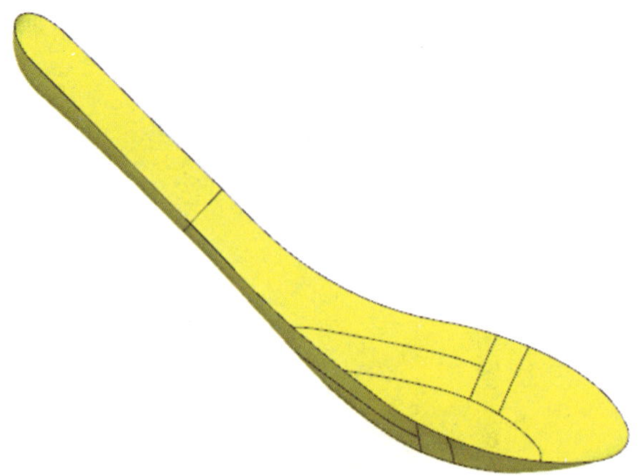

图 5-133　创建底面

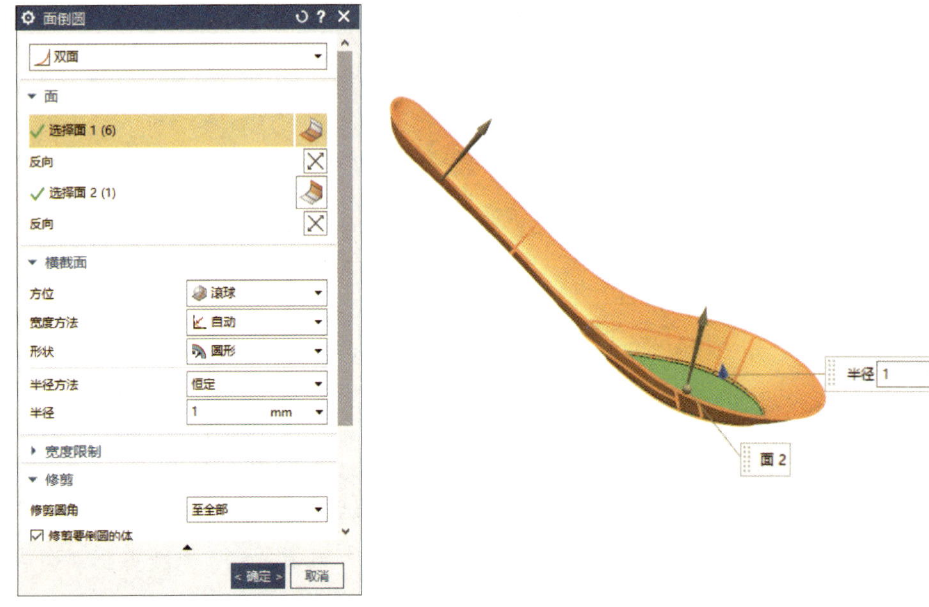

图 5-134　选择倒圆面

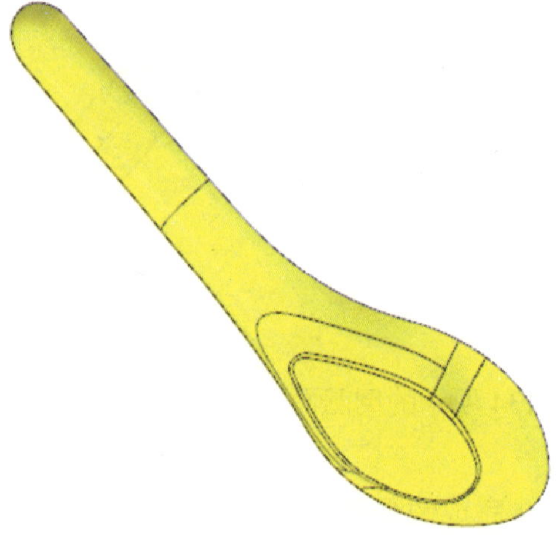

图 5-135　创建倒圆角

11. 曲面加厚

（1）单击功能区“曲面”选项卡“基本”面组中的“加厚”图标 或选择［菜单］/［插入］/［偏置 / 缩放］/［加厚］菜单命令，系统弹出“加厚”对话框，将“厚度”选项组中的“偏置 1”设置为“0.5 mm”，根据提示，选择缝合后的网格曲面，如图 5-136 所示。

（2）单击【确定】按钮，并隐藏缝合面，如图 5-137 所示。至此，勺子创建完成。

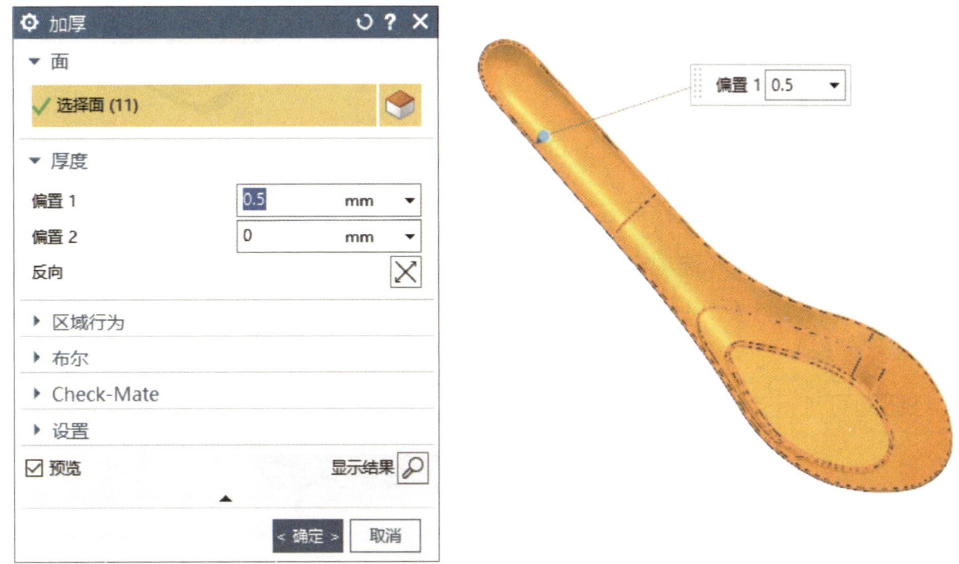

图 5-136　设置“加厚”对话框

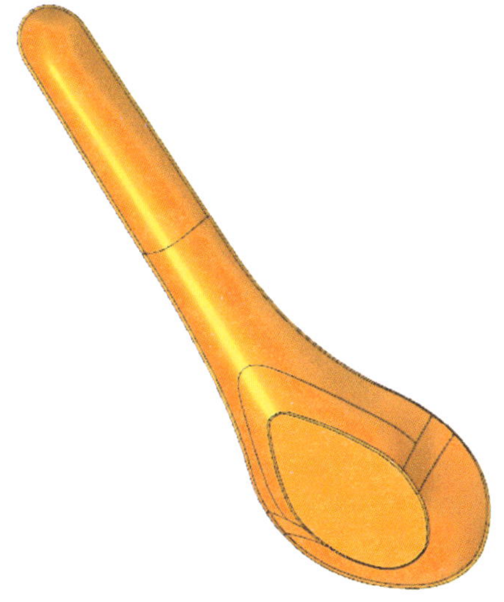

图 5-137　完成曲面加厚

任务拓展

试通过 UG NX 2007 提供的自动特征重放功能了解图 5-138 所示自行车车座模型的建模过程。

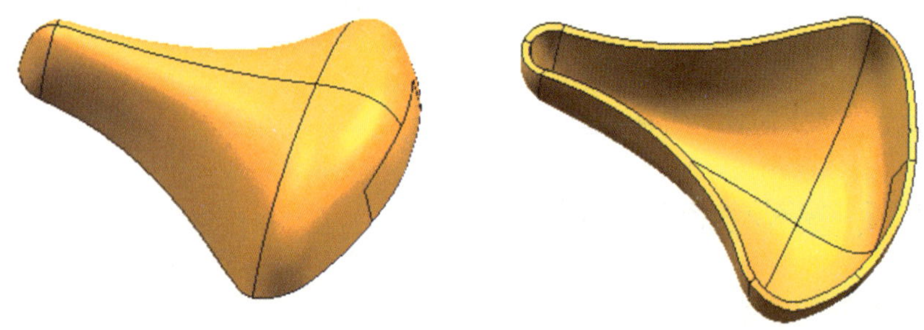

图 5-138　自行车车座模型

注：①自行车车座模型文件可在技工教育网下载。

②单击功能区“主页”选项卡“特征重播”面组中的“特征重播”图标 或选择［菜单］/［工具］/［更新］/［自动特征重放］菜单命令。

③“特征重播”对话框如图 5-139 所示，步骤之间的秒数可根据需要进行设置，单击【播放】按钮即可进行自动特征重播。

图 5-139　“特征重播”对话框

模块六　零部件装配

课题 1　机械手模型装配

学习目标

1．能创建装配文件。

2．能添加装配组件。

3．能添加装配约束。

工作任务

一个产品（组件）通常由多个部件组合（装配）而成，UG NX 2007 中的装配模块用来建立部件间的相对位置关系，从而形成复杂的装配体。部件间位置关系的确定主要通过添加约束来实现。

试完成图 6–1 所示机械手模型的装配工作。

图 6–1　机械手模型

提示

机械手零件图可在技工教育网下载，进行本课题前，先进行相关零件的造型，并建议将其保存在相应文件夹下，例如“机械手”。

任务实施

1. 创建新文件

（1）双击快捷方式图标启动 UG NX 2007。

（2）新建名称为“机械手”的装配文件，如图 6–2 所示。

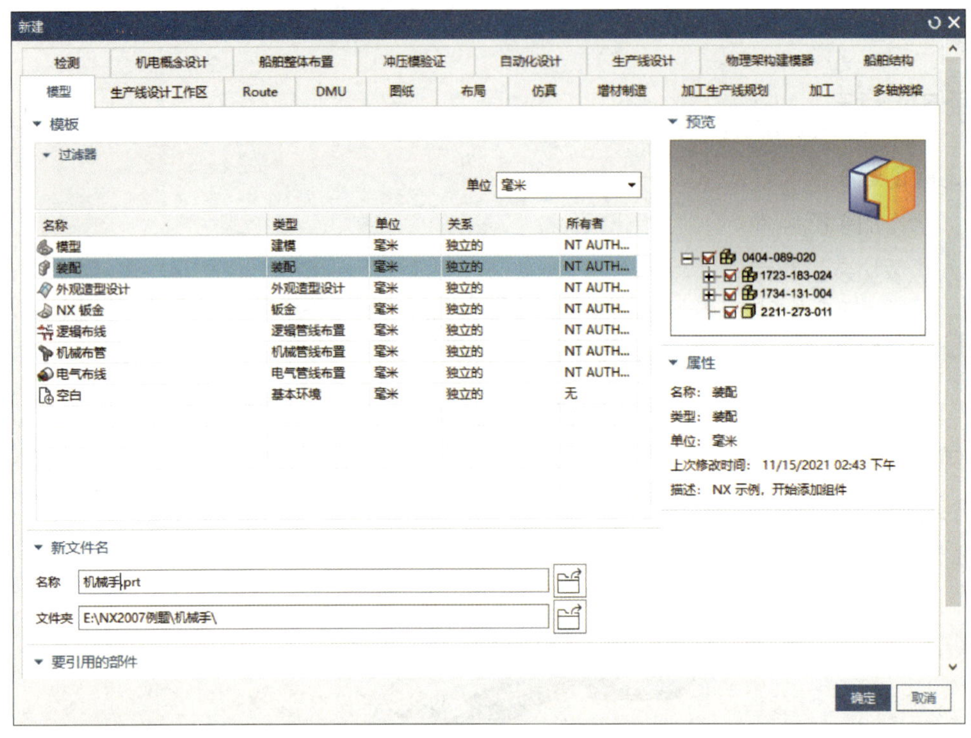

图 6–2　新建装配文件

（3）单击【确定】按钮，系统进入装配环境，并弹出“装配”对话框，如图 6–3 所示。

2. 装配基座零件

（1）单击功能区“装配”选项卡“基本”面组中的“添加组件”图标 ，系统弹出“添加组件”对话框，如图 6–4 所示。

（2）单击“要放置的部件”选项组中的“打开”图标 ，系统弹出“部件名”对话框，选择基座零件，如图 6–5 所示。

（3）单击【确定】按钮，完成基座零件的选择，系统又弹出“组件预览”窗口，如图 6–6 所示。

（4）设置“位置”选项组中的“组件锚点”为“绝对”，“装配位置”为“绝对坐标系－工作部件”，“循环定向”为“将组件定向至 WCS”图标 ，在“放置”选项组中选择“约束”，单击选择“固定” ，如图 6–7 所示。

图 6–3　“装配”对话框

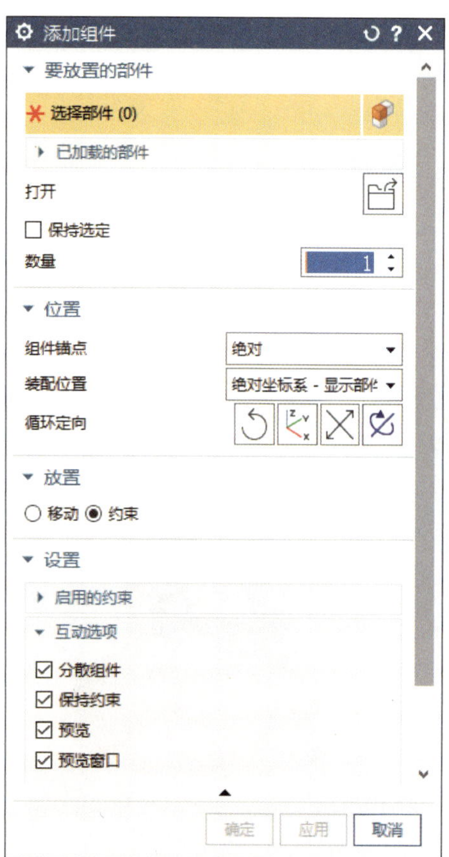

图 6–4　“添加组件”对话框

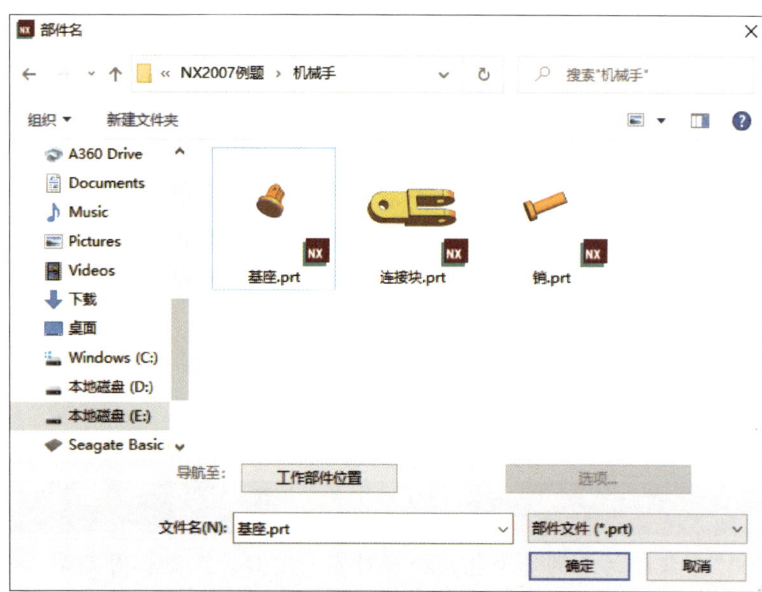

图 6–5　选择基座零件

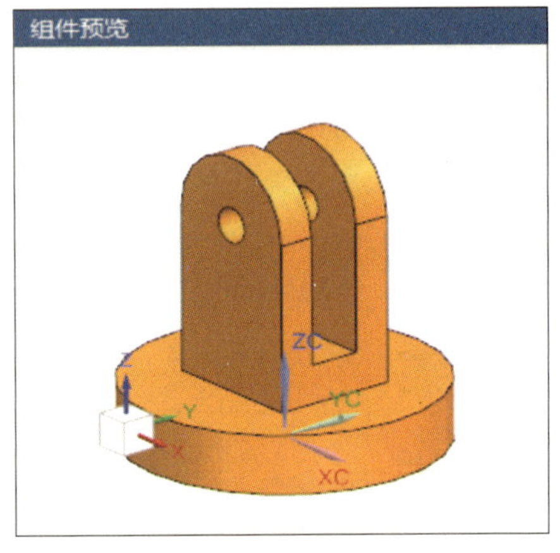

图 6-6 “组件预览”窗口

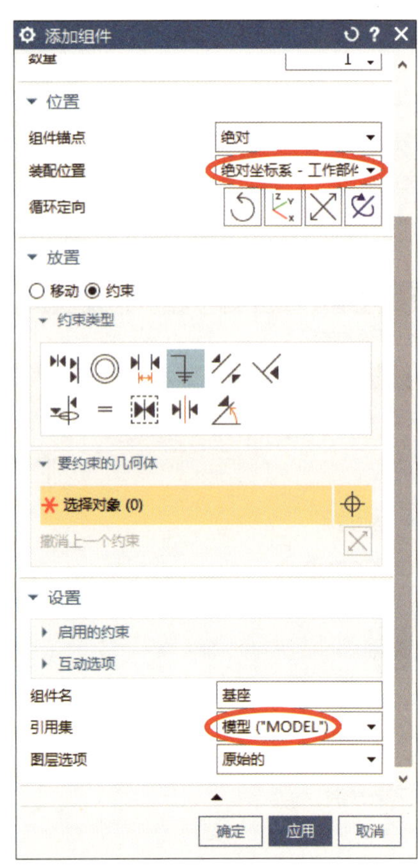

图 6-7 设置“添加组件”对话框

（5）根据提示，选择基座零件为固定对象。

（6）单击【应用】按钮，图形窗口如图 6-8 所示。

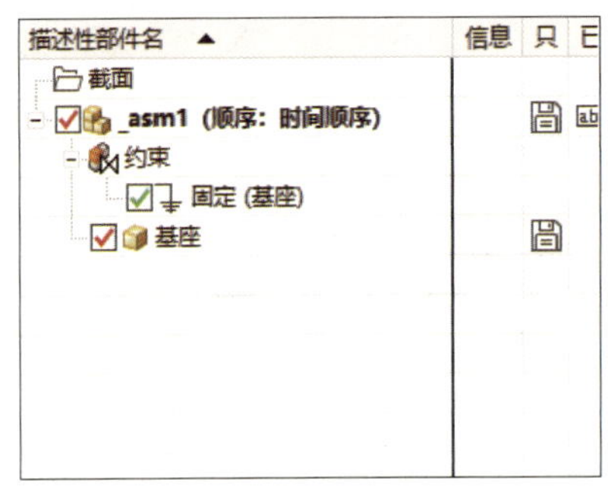

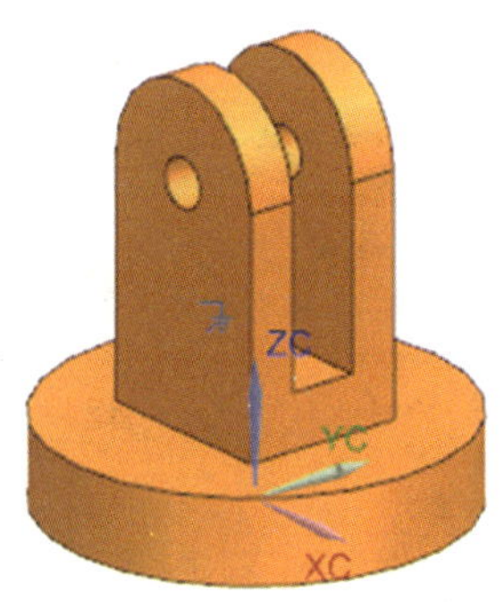

图 6-8 图形窗口

提示

UG NX 2007 中装配约束的类型包括接触对齐、同心、距离、固定等。每个组件都由一个或多个约束组成。每个约束都会限制组件在装配体中的一个或几个自由度，从而确定组件的位置。装配约束的类型说明见表 6-1。

表 6-1　　装配约束类型说明

<table>
<tr><th>类型</th><th>相关说明</th><th colspan="2">有关选项说明</th></tr>
<tr><td rowspan="4">接触对齐</td><td rowspan="4">该约束用于两个组件，使其彼此接触或对齐</td><td>首选接触</td><td>若选择该选项，则当接触约束和对齐约束都有可能时显示接触约束（在大多数模型中，接触约束比对齐约束更常用）；当接触约束过度约束时，将显示对齐约束</td></tr>
<tr><td>接触</td><td>若选择该选项，则约束对象的曲面法向在相反方向上</td></tr>
<tr><td>对齐</td><td>若选择该选项，则约束对象的曲面法向在相同方向上</td></tr>
<tr><td>自动判断中心 / 轴</td><td>该选项主要用于定义两圆柱面、两圆锥面或圆柱面与圆锥面同轴约束</td></tr>
<tr><td>同心</td><td colspan="3">该约束用于定义两个组件的圆形边界或椭圆边界的中心重合，并使边界的面共面</td></tr>
<tr><td>距离</td><td colspan="3">该约束用于设定两个接触对象间的最小 3D 距离</td></tr>
<tr><td>固定</td><td colspan="3">该约束用于将组件固定在其当前位置，一般用在第一个装配元件上</td></tr>
<tr><td>平行</td><td colspan="3">该约束用于使两个目标对象的矢量方向平行</td></tr>
<tr><td>垂直</td><td colspan="3">该约束用于使两个目标对象的矢量方向垂直</td></tr>
<tr><td>对齐 / 锁定</td><td colspan="3">该约束用于对齐不同对象中的两个轴，同时防止绕公共轴旋转</td></tr>
<tr><td>等尺寸配对
=</td><td colspan="3">该约束用于约束两个具有等半径的对象，例如圆边、椭圆边、圆柱面、球面</td></tr>
<tr><td>胶合</td><td colspan="3">该约束用于将对象约束到一起以使它们作为刚体移动</td></tr>
<tr><td rowspan="3">中心</td><td rowspan="3">该约束用于使一对对象之间的一个或两个对象居中，或使一对对象沿另一个对象居中</td><td>1 对 2</td><td>该选项用于定义在后两个所选对象之间使第一个所选对象居中</td></tr>
<tr><td>2 对 1</td><td>该选项用于定义将两个所选对象沿第三个所选对象居中</td></tr>
<tr><td>2 对 2</td><td>该选项用于定义将两个所选对象在两个其他所选对象之间居中</td></tr>
</table>

续表

类型	相关说明	有关选项说明	
角度	用于约束两对象间的旋转角	3D 角	该选项用于指定“源”几何体和“目标”几何体之间的角度，不指定旋转轴；可以任意选择满足指定几何体之间角度的位置
		方向角度	该选项用于指定“源”几何体和“目标”几何体之间的角度，还需要一个定义旋转轴的预先约束，否则创建定位角约束失败

3. 装配其他零件

（1）单击功能区“装配”选项卡“基本”面组中的“添加组件”图标 ，系统弹出“添加组件”对话框，单击“打开”图标 ，系统弹出“部件名”对话框，选择装配零件销，如图 6–9 所示。

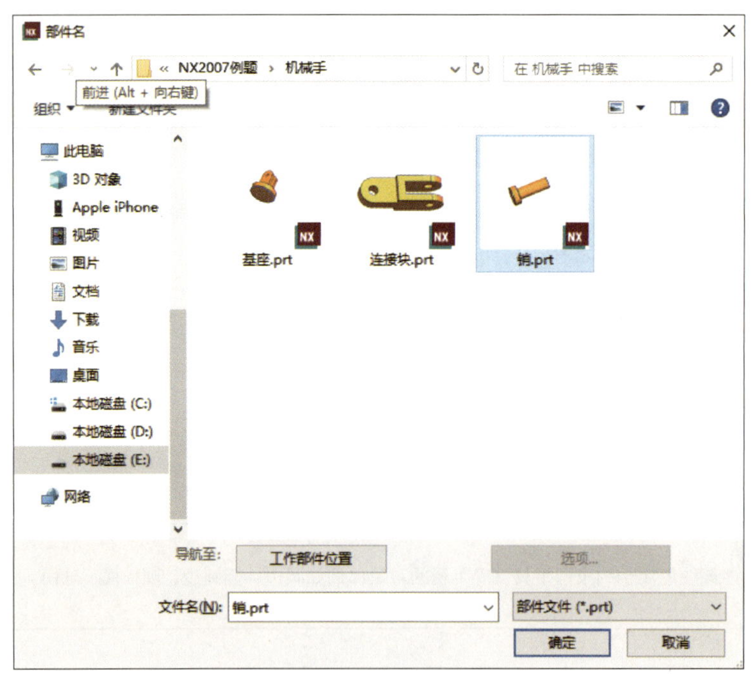

图 6–9 选择装配零件销

（2）单击【确定】按钮，系统弹出“组件预览”窗口，如图 6–10 所示。

（3）在“放置”选项组中选择“约束”，单击选择“接触对齐” ，设置“方位”为“自动判断中心 / 轴”，如图 6–11 所示。

（4）根据提示“为‘接触 / 对齐’选择第一个对象或拖动几何体”，选择销的轴线，如图 6–12 所示。

（5）根据提示，选择基座上孔的轴线，如图 6–13 所示。

（6）单击鼠标左键确认，图形窗口如图 6–14 所示。

（7）设置“方位”为“接触”，如图 6–15 所示。

（8）根据提示，选择销的接触对齐表面，如图 6–16 所示。

（9）根据提示，选择基座的接触对齐表面，如图 6–17 所示。

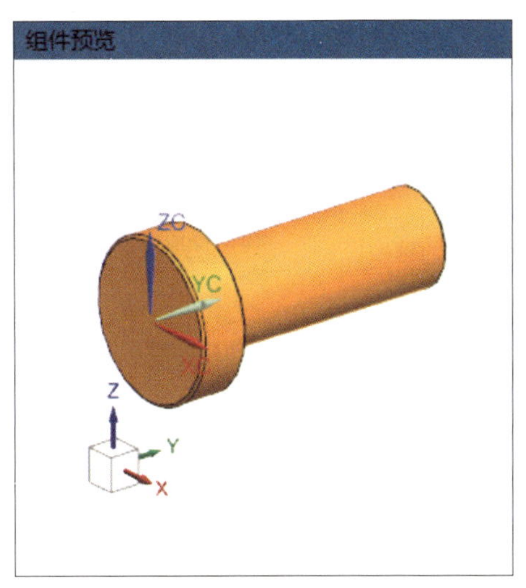

图 6–10　“组件预览”窗口

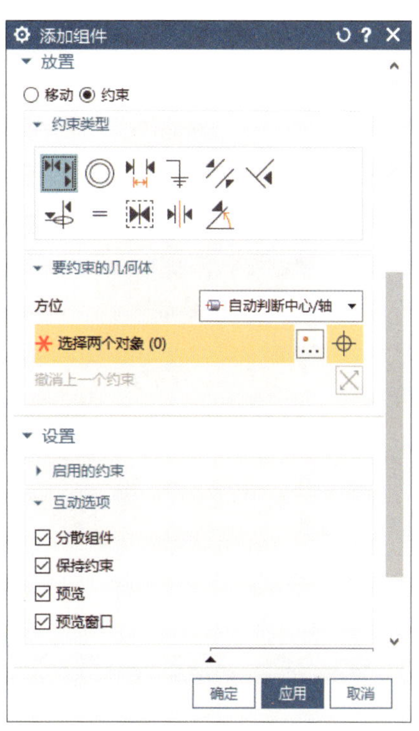

图 6–11　设置“添加组件”对话框

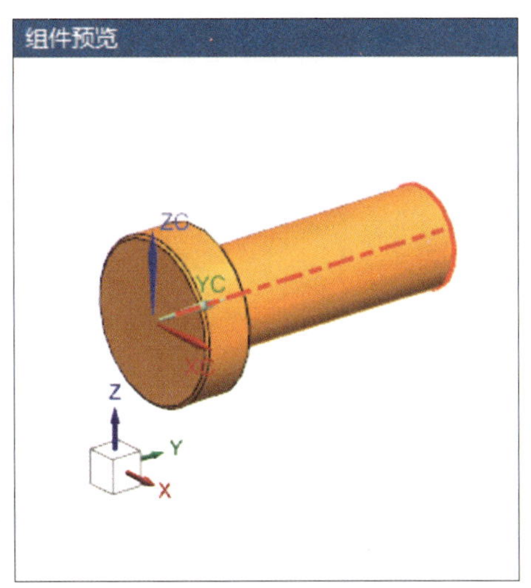

图 6–12　选择销的轴线

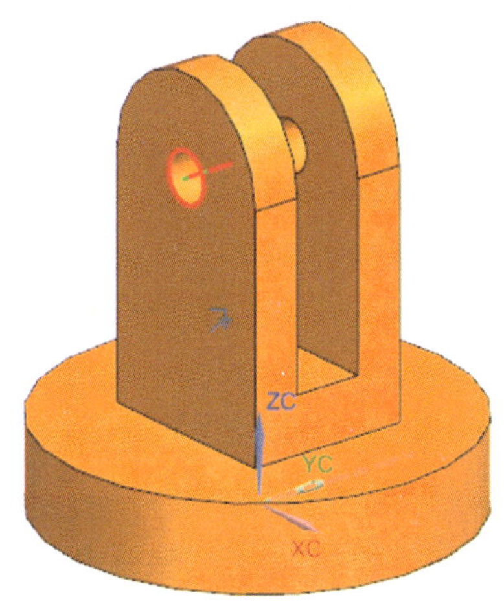

图 6–13　选择基座上孔的轴线

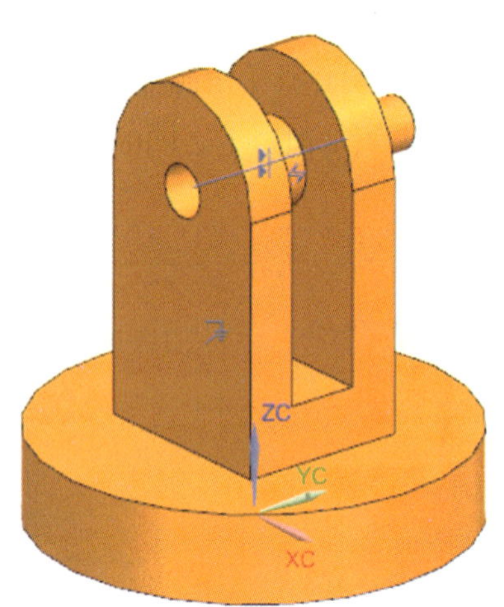

图 6–14　图形窗口

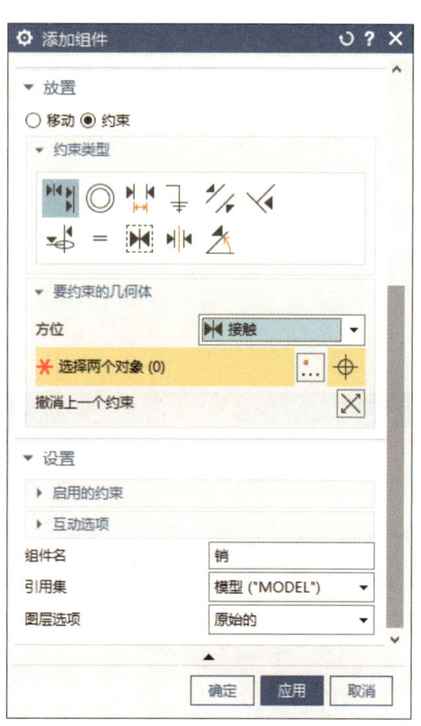

图 6–15　设置“添加组件”对话框

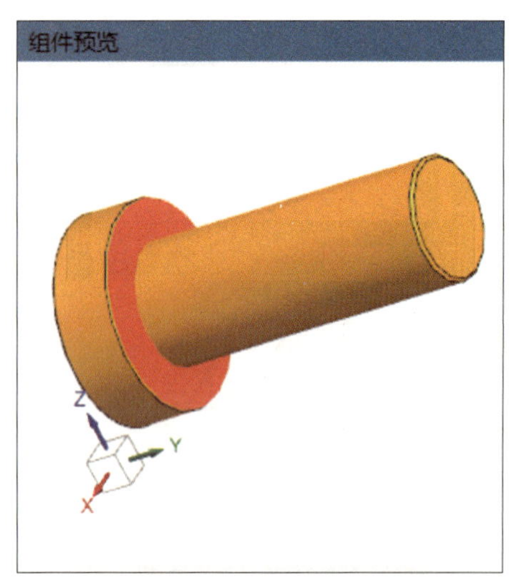

图 6–16　选择销的接触对齐表面

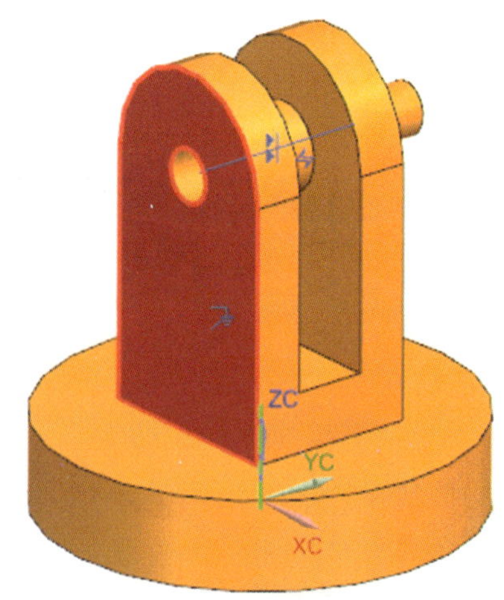

图 6–17　选择基座的接触对齐表面

提示

为方便选择组件，在“组件预览”窗口中可使用“旋转”功能。

（10）单击鼠标左键确认，单击【应用】按钮，完成所选零件装配，如图 6–18 所示。

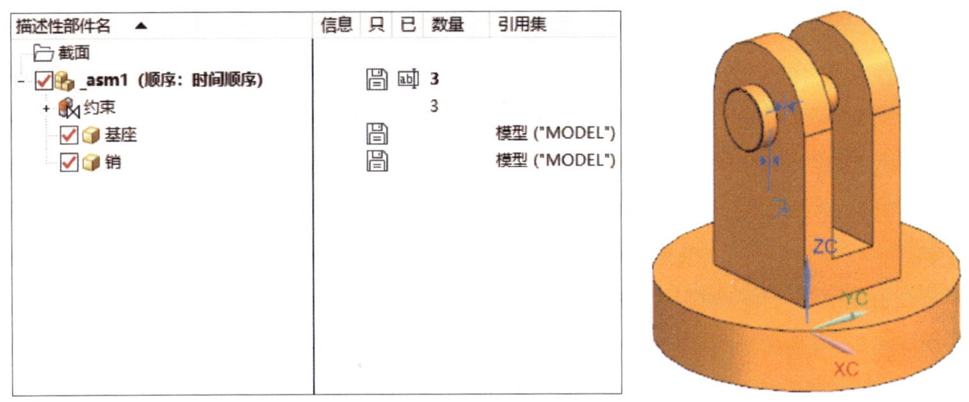

图 6–18 完成所选零件装配

（11）在“添加组件”对话框中单击“要放置的部件”选项组中的“打开”图标 ，系统弹出“部件名”对话框，选择装配零件连接块，如图 6–19 所示。

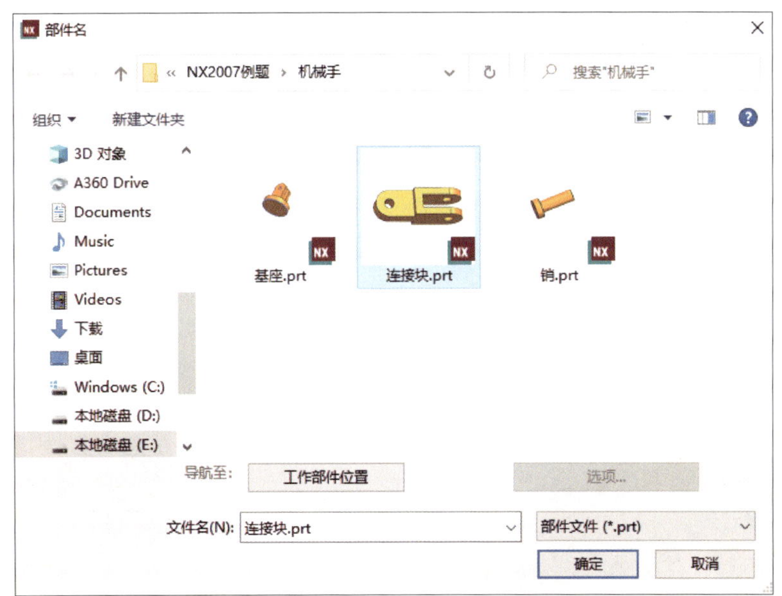

图 6–19 选择装配零件连接块

（12）单击【确定】按钮，系统弹出“组件预览”窗口，如图 6–20 所示。

（13）在“放置”选项组中选择“约束”，单击选择“接触对齐” ，设置“方位”为“自动判断中心 / 轴”，如图 6–21 所示。

（14）根据提示“为‘接触 / 对齐’选择第一个对象或拖动几何体”，选择第一个对象连接块的中心线，如图 6–22 所示。

（15）根据提示，选择第二个对象基座和销的组合件的中心线，如图 6–23 所示。

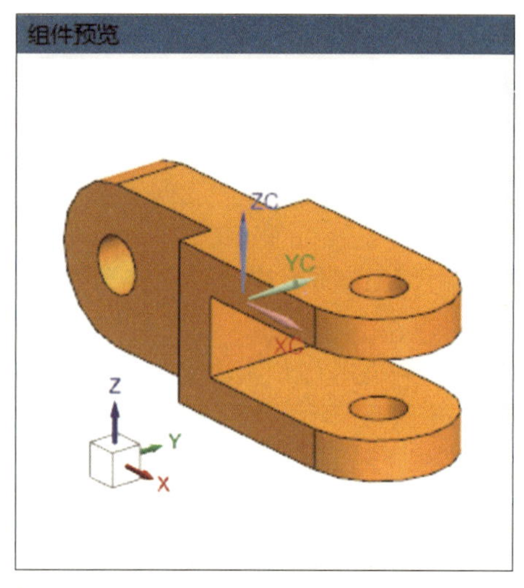

图 6-20 “组件预览”窗口

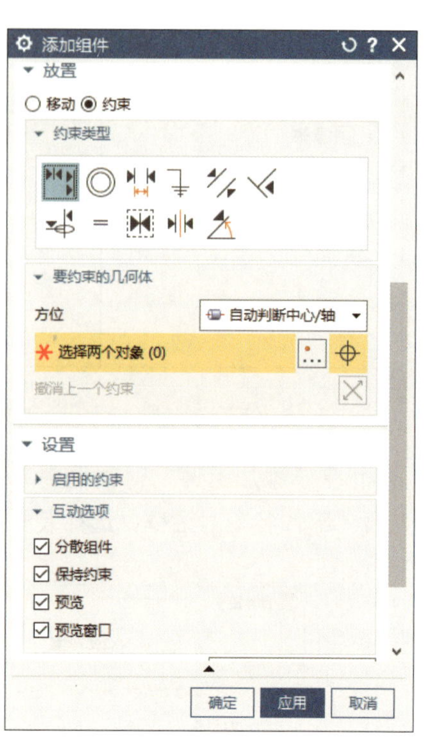

图 6-21 设置“添加组件”对话框

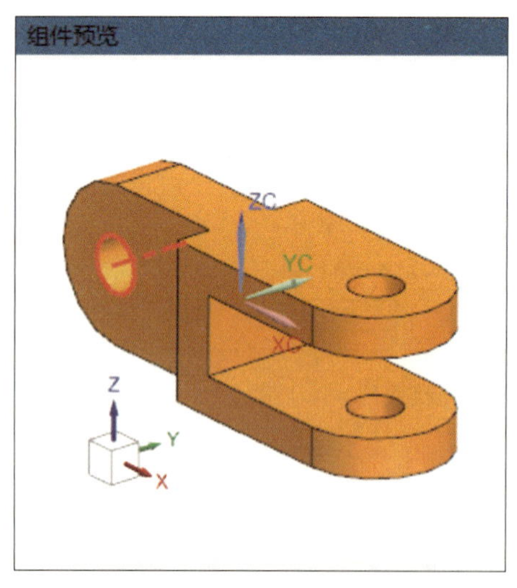

图 6-22 选择连接块的中心线

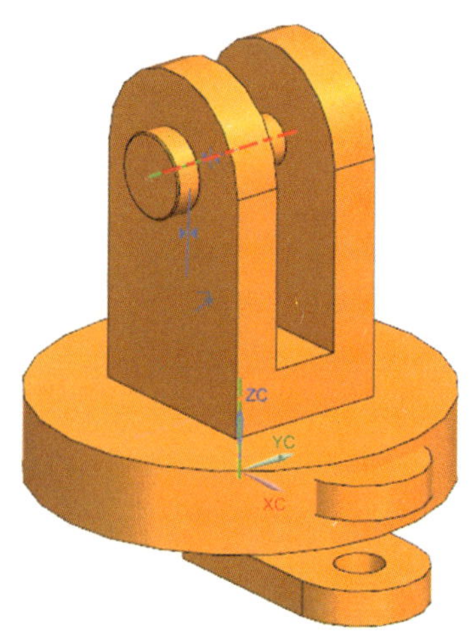

图 6-23 选择基座和销的组合件的中心线

（16）单击鼠标左键确认，图形窗口如图 6-24 所示。

（17）单击选择“约束类型”中的“中心” ，设置“子类型”为“2 对 2”，如图 6-25 所示。

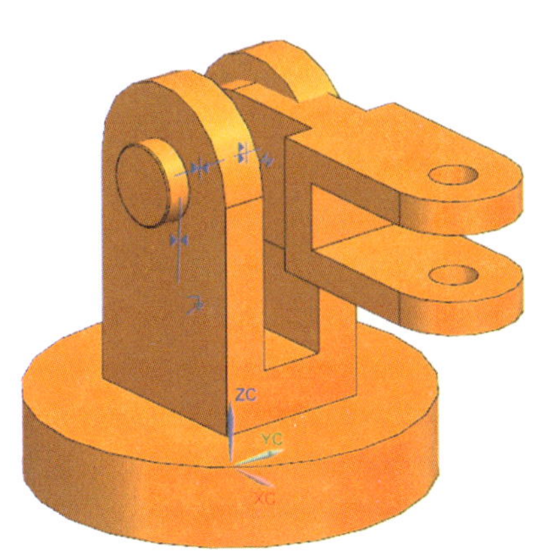

图 6-24　图形窗口

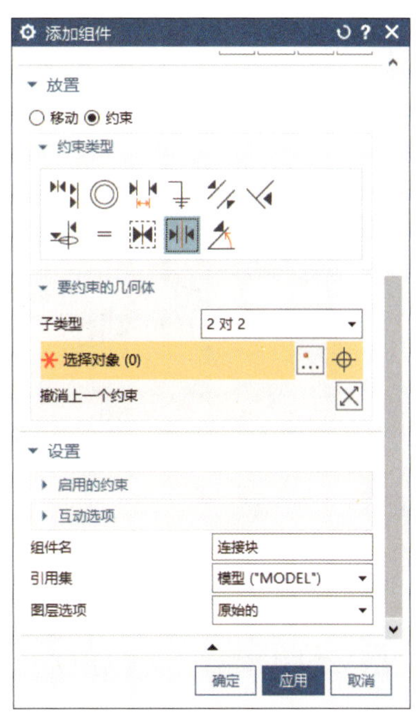

图 6-25　设置“添加组件”对话框

（18）根据提示“为‘中心’从第一个对象中选择第一个参考或拖动几何体”，分别选择第一个对象的两个面，如图 6-26 所示。

（19）分别选择第二个对象的两个面，如图 6-27 所示。

（20）单击鼠标左键确认，图形窗口如图 6-28 所示。

（21）单击选择“约束类型”中的“角度”，设置“子类型”为“3D 角”，如图 6-29 所示。

（22）根据提示“为‘角度’选择第一个对象或拖动几何体”，选择第一个对象表面，如图 6-30 所示。

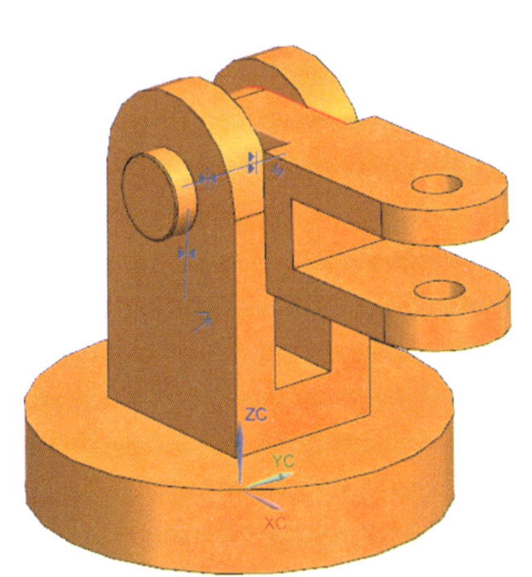

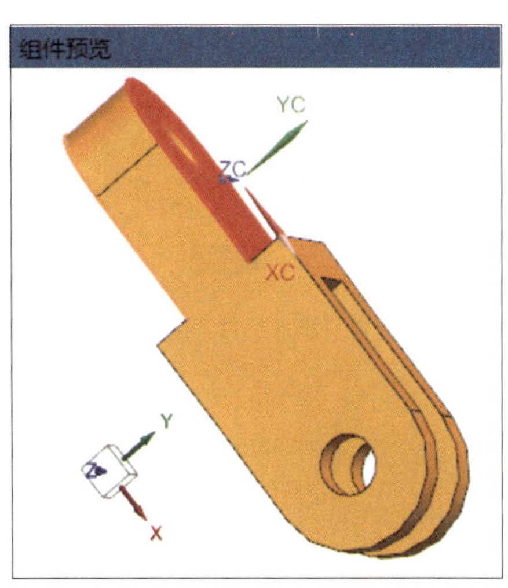

图 6-26　选择第一个对象的两个面

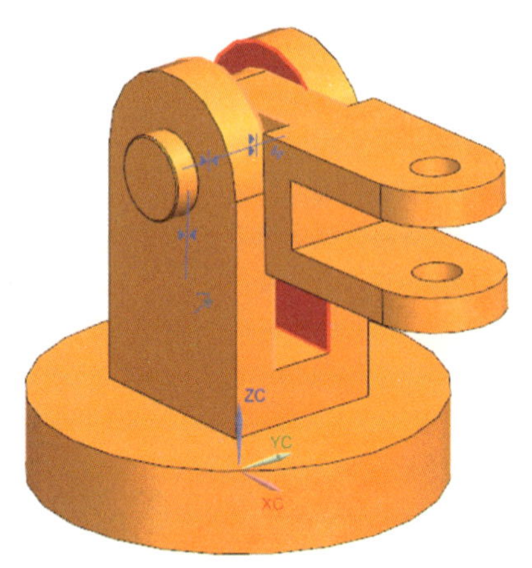

图 6-27　选择第二个对象的两个面

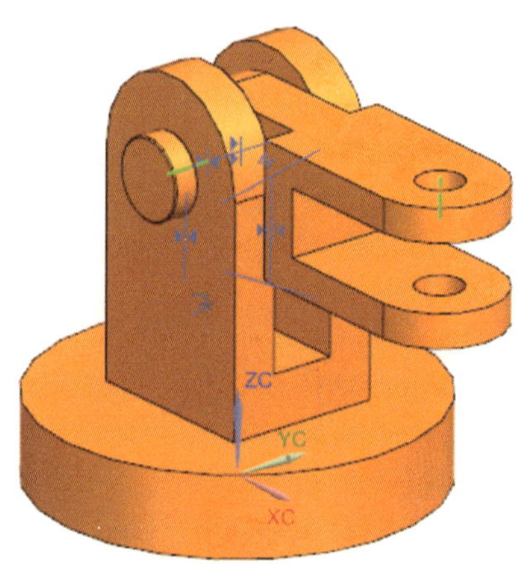

图 6-28　图形窗口

图 6-29　设置“添加组件”对话框

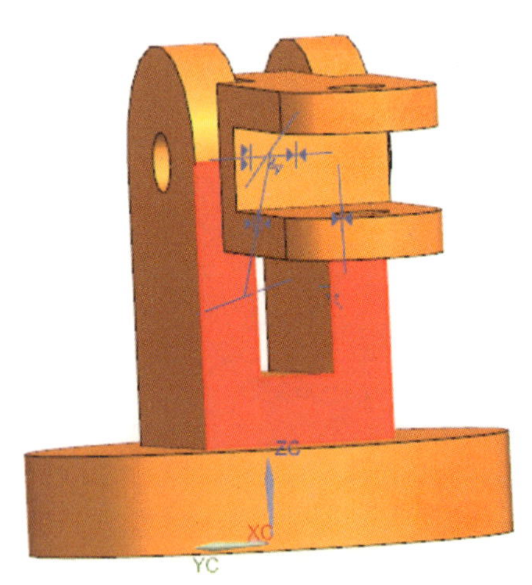

图 6-30　选择第一个对象表面

（23）根据提示，为角度选择第二个对象表面，如图 6–31 所示。

（24）单击鼠标左键确认，系统弹出“角度”文本框，将其修改为“135”，如图 6–32 所示。

（25）单击【应用】按钮，完成该零件的装配，如图 6–33 所示。

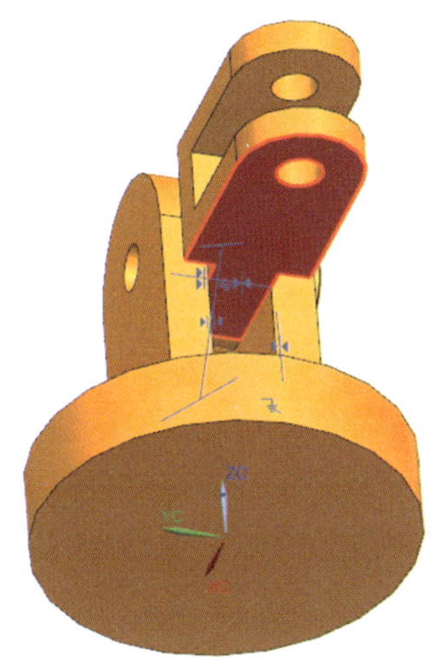

图 6–31　选择第二个对象表面

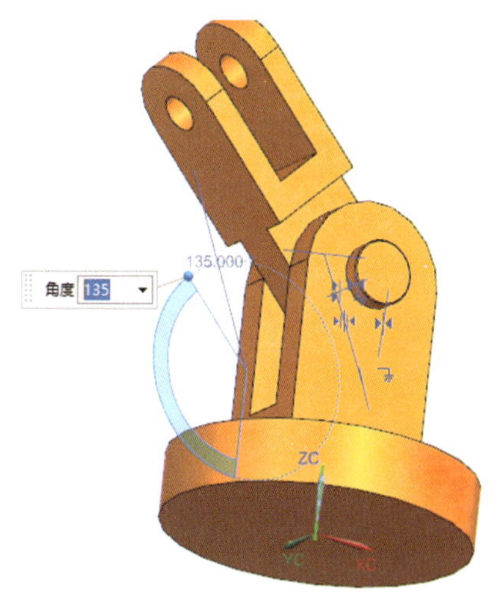

图 6–32　将角度设为 135°

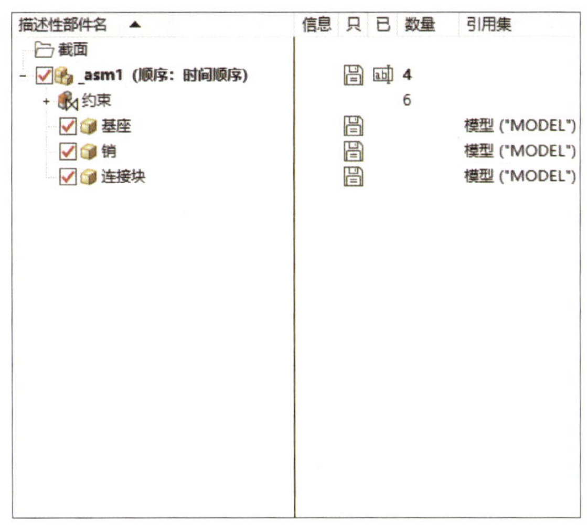

图 6–33　完成零件装配

（26）同理，完成图 6–34 所示装配。

（27）同理，完成图 6–35 所示装配。

（28）同理，完成图 6–36 所示装配。

描述性部件名	信息	只	已	数量	引用集
截面					
_asm1 (顺序: 时间顺序)				5	
约束				8	
固定 (基座)					
接触 (销, 基座)					
接触 (基座, 销)					
接触 (连接块, 销)					
中心 (连接块, 基座)					
角度 (连接块, 基座)					
对齐 (销, 连接块)					
接触 (连接块, 销)					
基座					模型 ("MODEL")
销 x 2					模型 ("MODEL")
连接块					模型 ("MODEL")

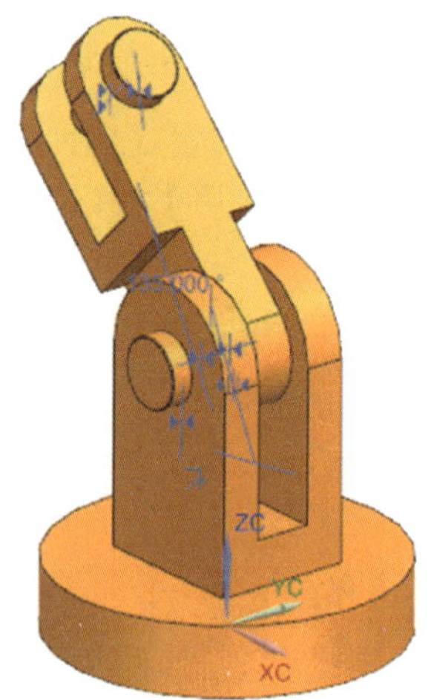

图 6-34　完成零件装配

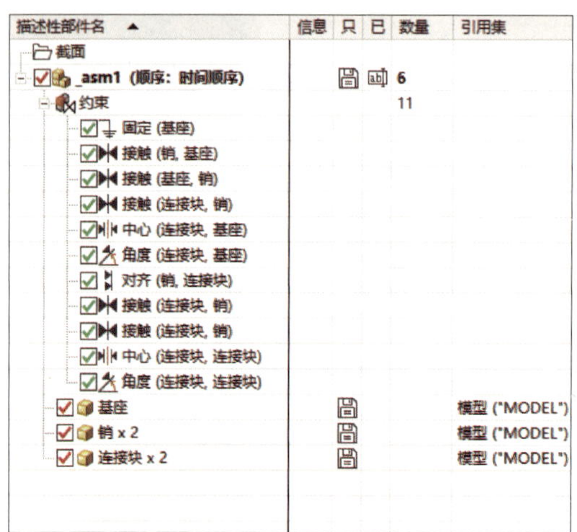

描述性部件名	信息	只	已	数量	引用集
截面					
_asm1 (顺序: 时间顺序)				6	
约束				11	
固定 (基座)					
接触 (销, 基座)					
接触 (基座, 销)					
接触 (连接块, 销)					
中心 (连接块, 基座)					
角度 (连接块, 基座)					
对齐 (销, 连接块)					
接触 (连接块, 销)					
接触 (连接块, 销)					
中心 (连接块, 连接块)					
角度 (连接块, 连接块)					
基座					模型 ("MODEL")
销 x 2					模型 ("MODEL")
连接块 x 2					模型 ("MODEL")

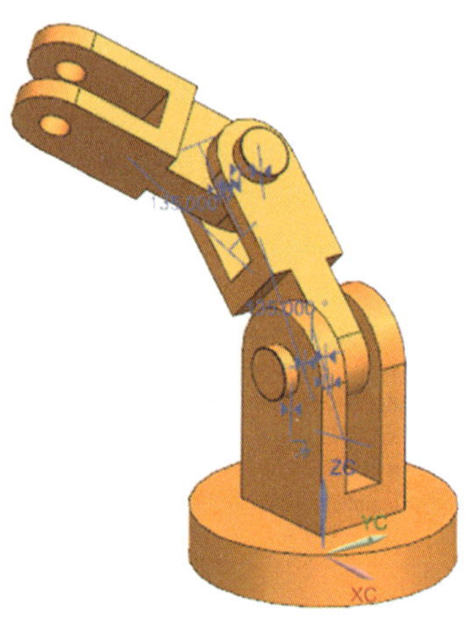

图 6-35　完成零件装配

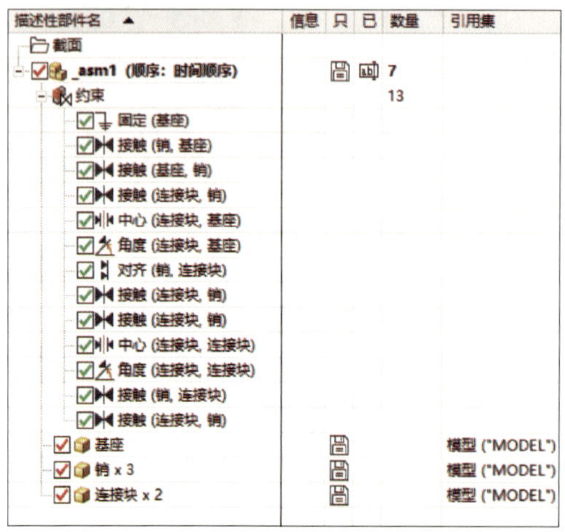

描述性部件名	信息	只	已	数量	引用集
截面					
_asm1 (顺序: 时间顺序)				7	
约束				13	
固定 (基座)					
接触 (销, 基座)					
接触 (基座, 销)					
接触 (连接块, 销)					
中心 (连接块, 基座)					
角度 (连接块, 基座)					
对齐 (销, 连接块)					
接触 (连接块, 销)					
接触 (连接块, 销)					
中心 (连接块, 连接块)					
角度 (连接块, 连接块)					
接触 (销, 连接块)					
接触 (连接块, 销)					
基座					模型 ("MODEL")
销 x 3					模型 ("MODEL")
连接块 x 2					模型 ("MODEL")

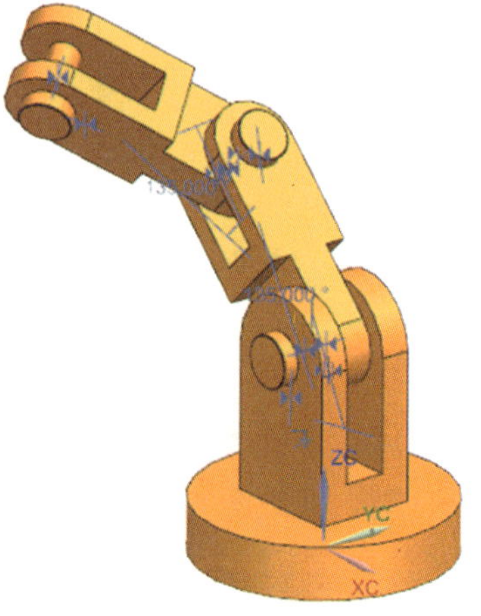

图 6-36　完成零件装配

（29）同理，完成图 6–37 所示装配。

至此，机械手模型装配完成。

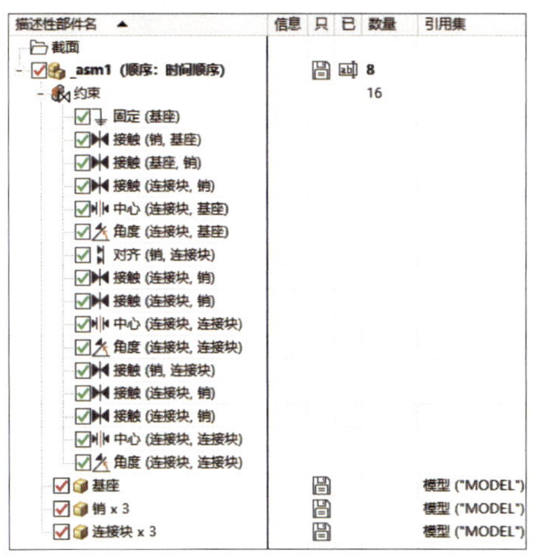

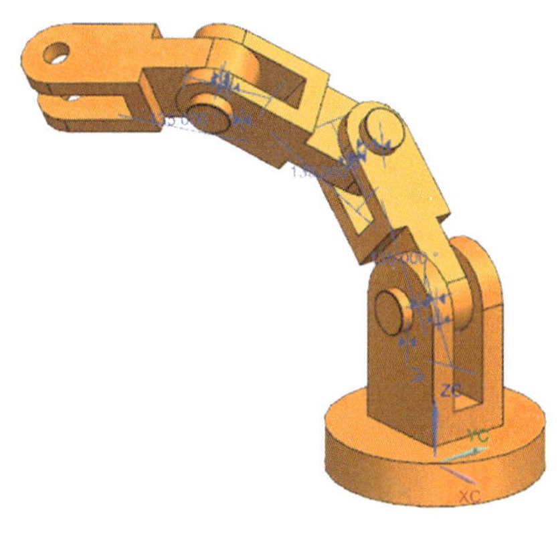

图 6–37　完成零件装配

提示

在装配中，部件的几何体是被装配引用，而不是复制到装配中。不管如何编辑部件和在何处编辑部件，整个装配部件都保持关联性，如果某部件被修改，则引用它的装配部件将自动更新，以反映部件的最新变化。

任务拓展

1．试完成图 6–38 所示平口钳模型的装配，有关零件素材可在技工教育网下载。

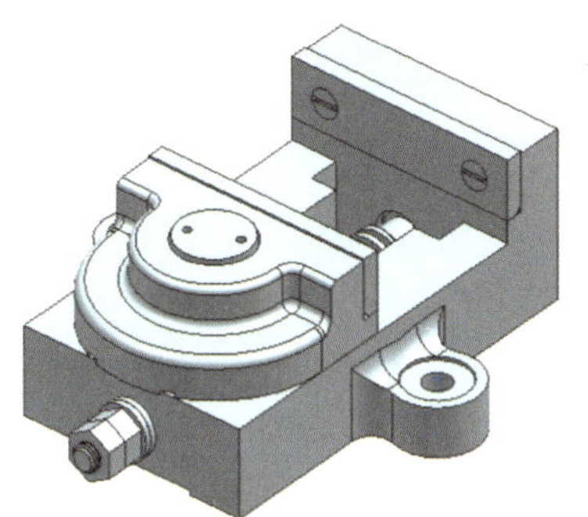
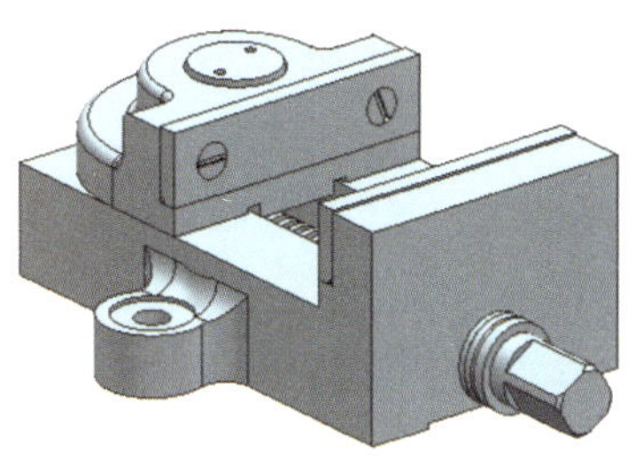

图 6–38　平口钳模型

提示

装配顺序如图 6–39 所示。

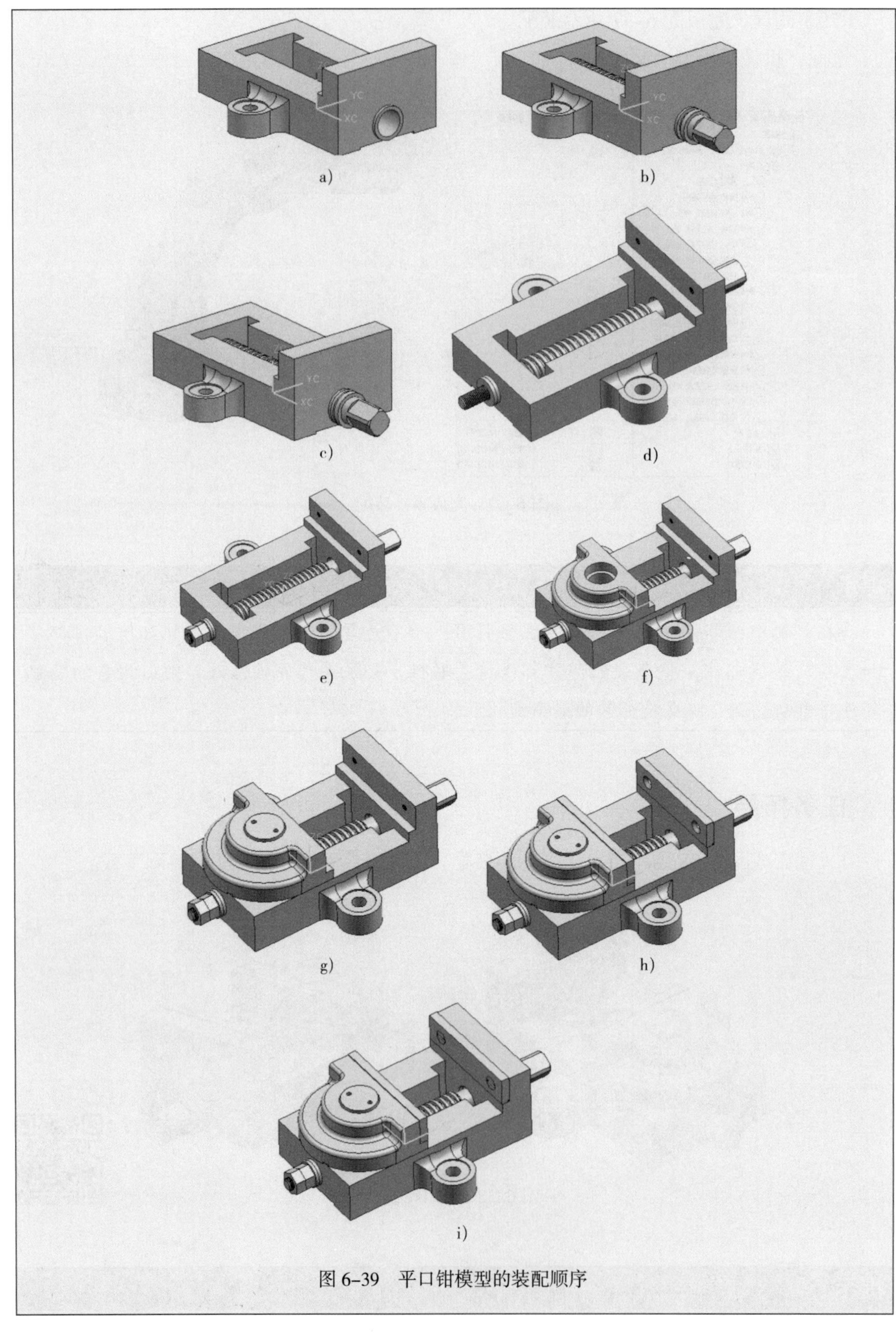

图 6-39　平口钳模型的装配顺序

2．试完成图 6-40 所示真空泵的装配，有关零件素材可在技工教育网下载。

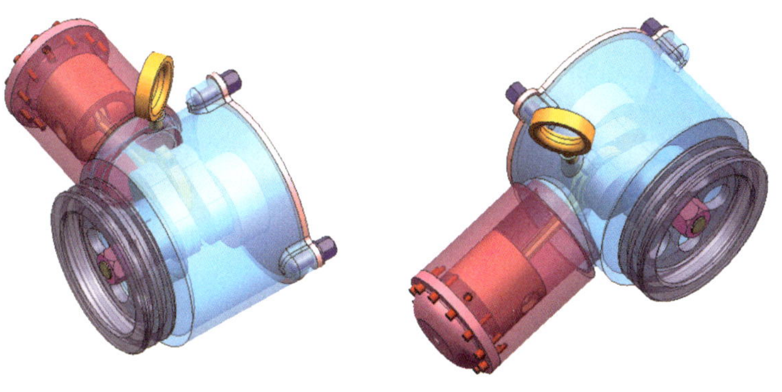

图 6-40　真空泵模型

提示

装配顺序如图 6-41 所示。

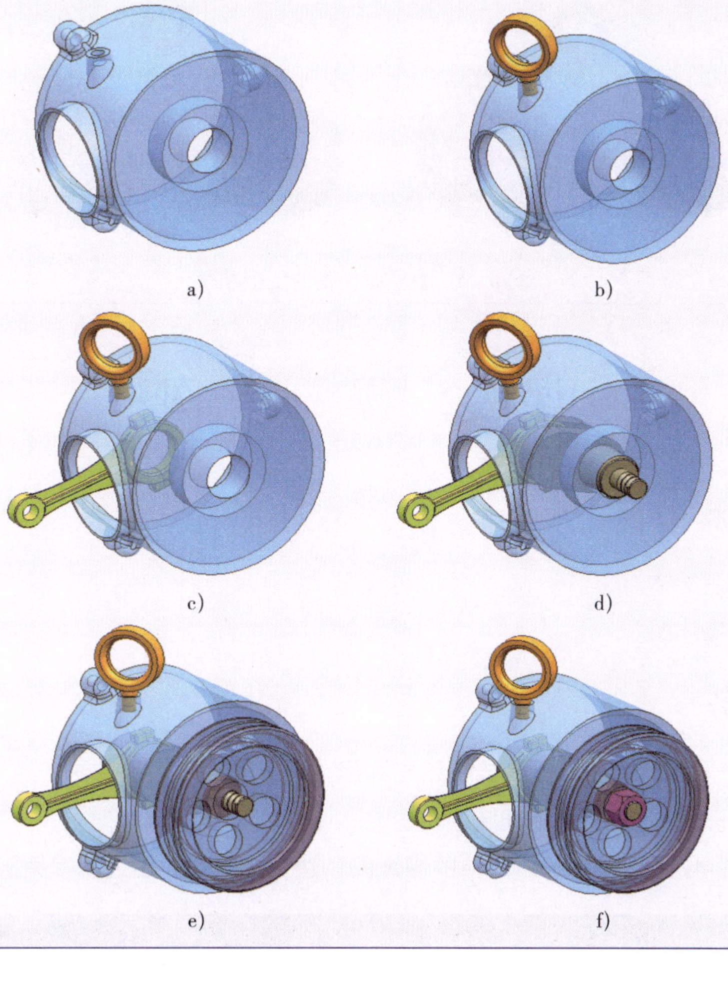

a)　b)

c)　d)

e)　f)

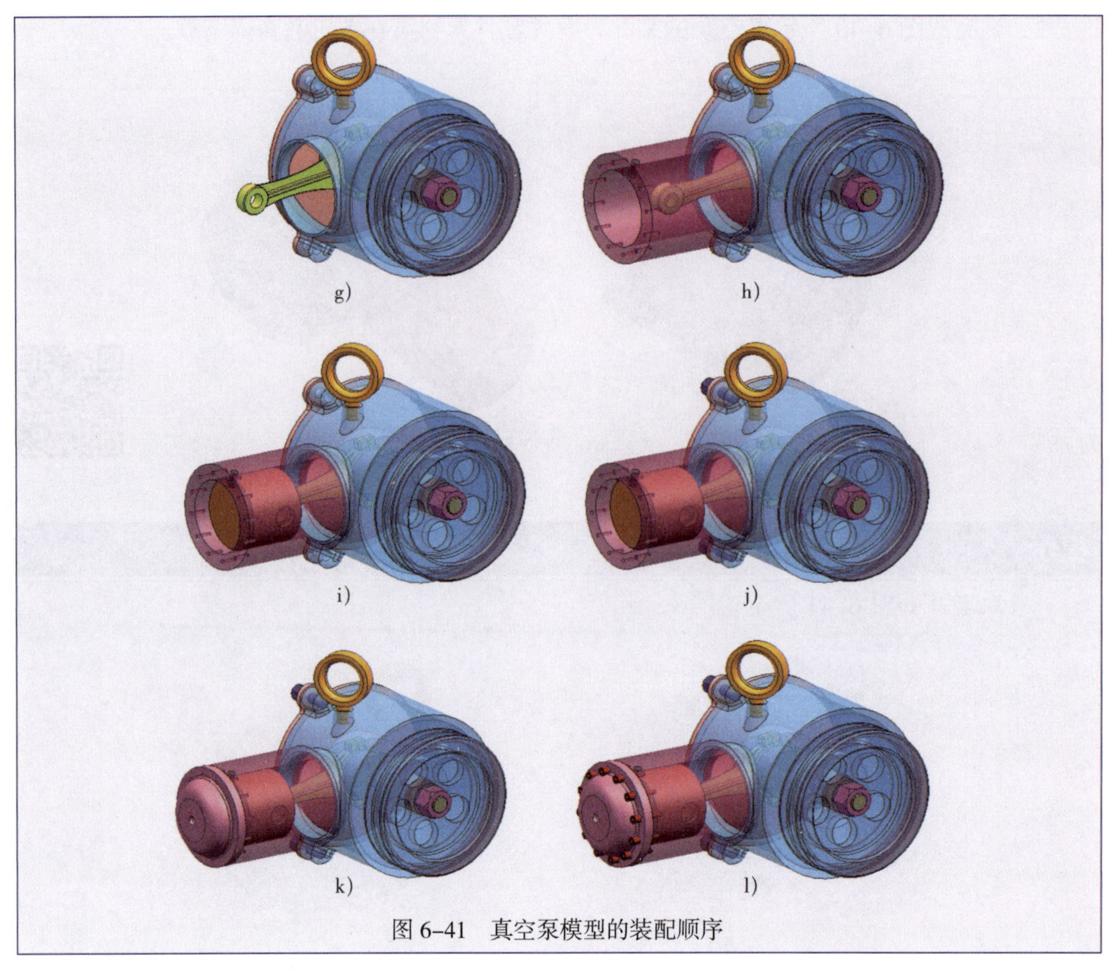

图 6-41　真空泵模型的装配顺序

课题 2　爆　炸　图

学习目标

1．能创建装配体。

2．能创建爆炸图。

工作任务

爆炸图是一种用于展示装配体内部结构和组成部分的图形表示方法，通过将装配体中的各个部分分解开来，以清晰展示其结构和功能。

试完成图 6-42 所示小车轮装配体的爆炸图创建，并对爆炸图进行相关操作。

提示

小车轮零件图可在技工教育网下载，进行本课题前，先进行相关零件的造型。

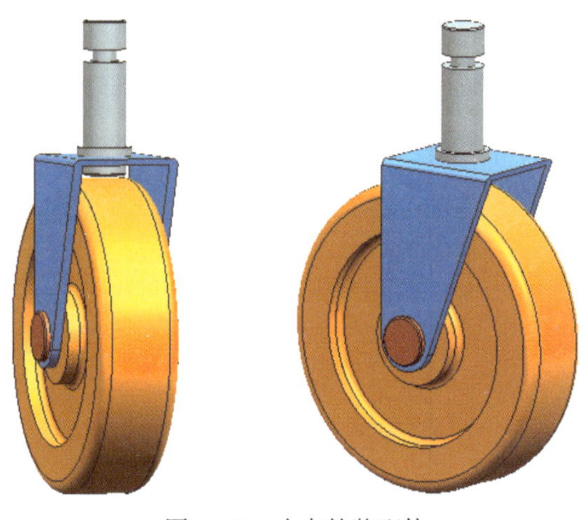

图 6-42　小车轮装配体

任务实施

1. 创建新文件

（1）双击快捷方式图标启动 UG NX 2007。

（2）新建名称为“小车轮”的装配文件。

2. 装配小车轮

（1）添加第一个组件，并进行装配约束，如图 6-43 所示。

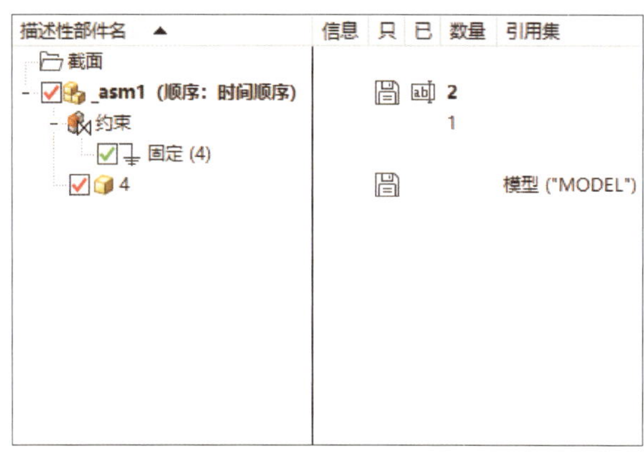

图 6-43　添加第一个组件并进行装配约束

（2）添加第二个组件，并进行装配约束，如图 6-44 所示。

（3）添加第三个组件，并进行装配约束，如图 6-45 所示。

（4）添加第四个组件，并进行装配约束，如图 6-46 所示。

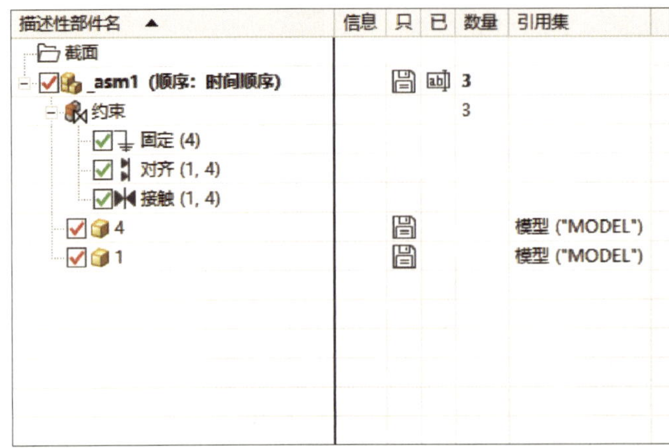

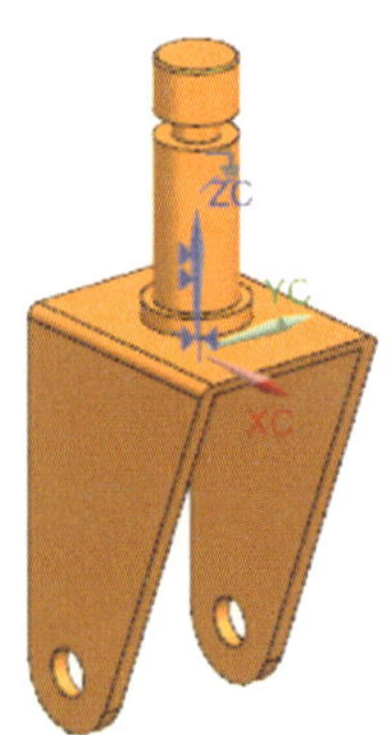

图 6-44 添加第二个组件并进行装配约束

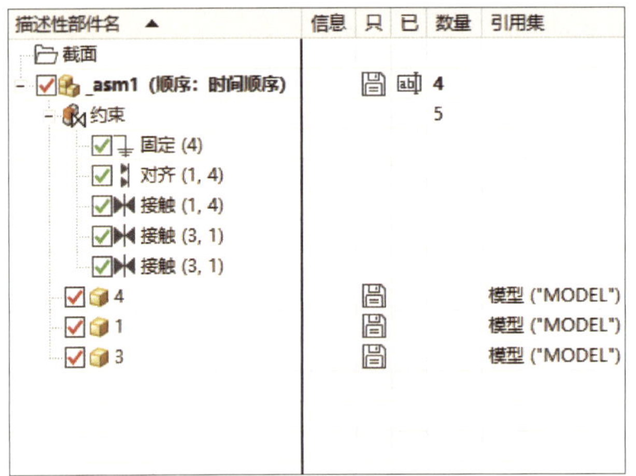

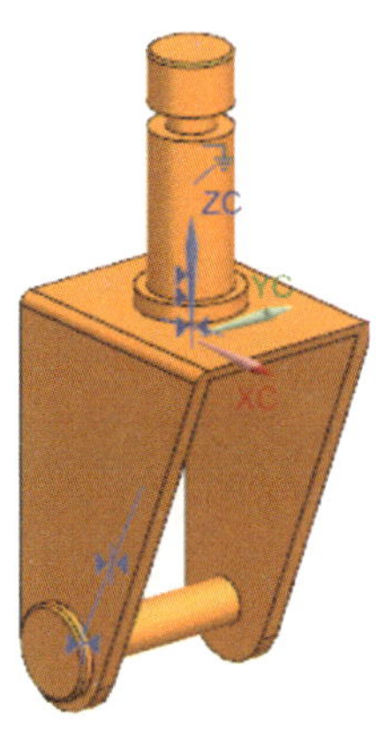

图 6-45 添加第三个组件并进行装配约束

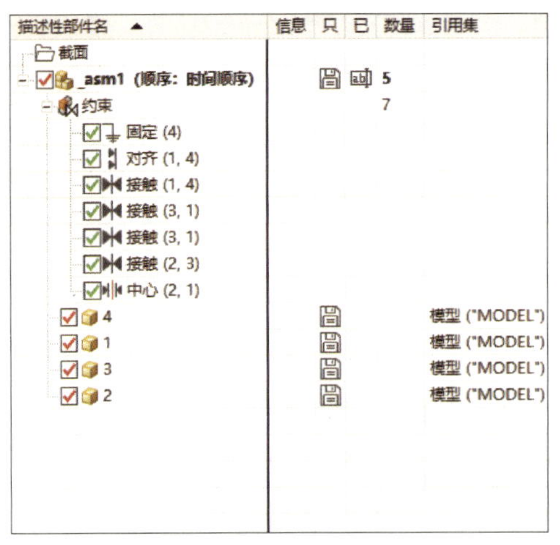

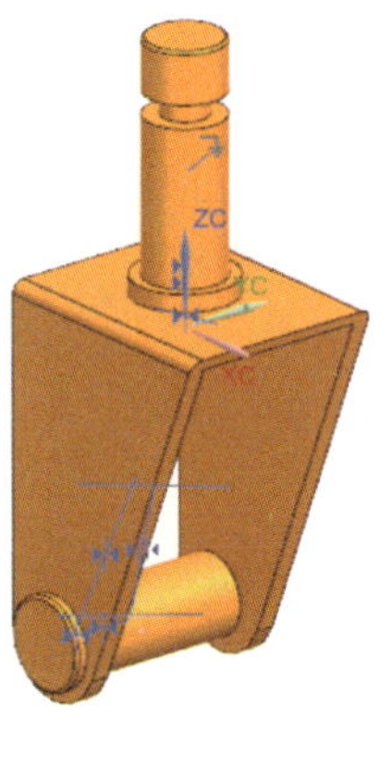

图 6-46 添加第四个组件并进行装配约束

（5）添加第五个组件，并进行装配约束，如图 6-47 所示。

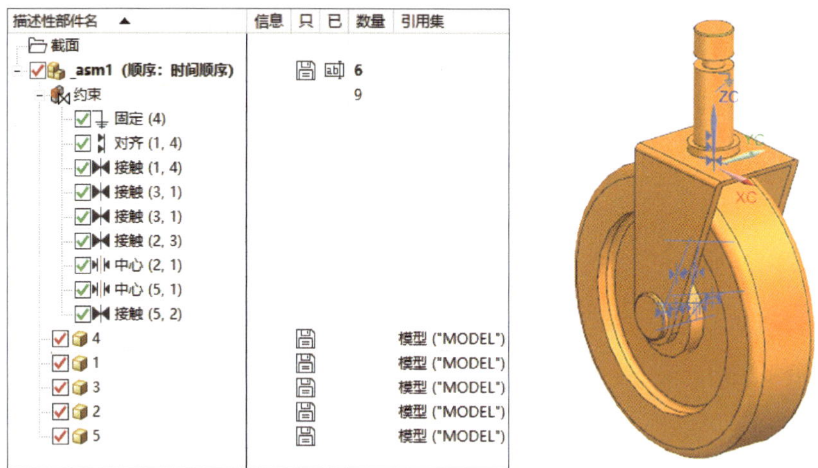

图 6-47　添加第五个组件并进行装配约束

（6）选择［文件］/［保存］菜单命令，至此，完成小车轮装配体的装配。

3. 显示和隐藏约束

（1）在装配导航器的“约束”处单击鼠标右键，弹出快捷菜单，如图 6-48 所示。

（2）单击鼠标左键，取消“在图形窗口中显示约束”，此时图形窗口中约束被隐藏，如图 6-49 所示。

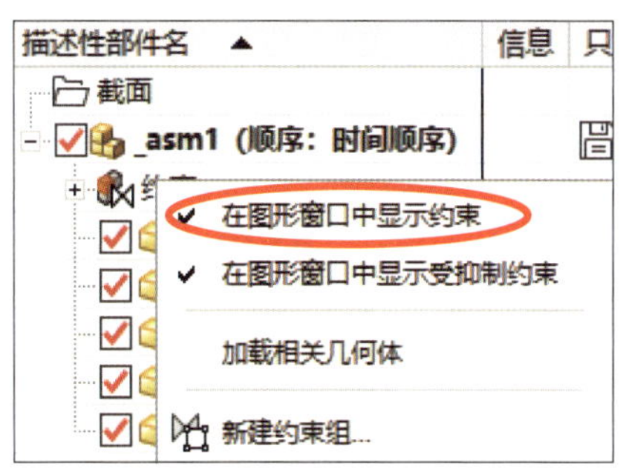

图 6-48　约束显示与隐藏快捷菜单

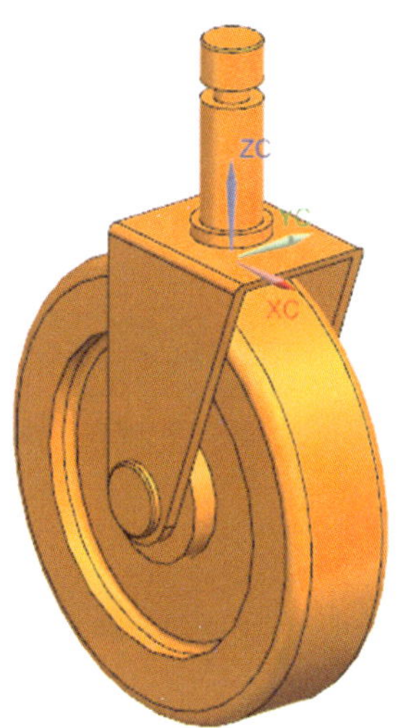

图 6-49　隐藏约束

4. 创建爆炸图

（1）单击功能区“装配”选项卡“爆炸”面组中的“爆炸”图标 或选择［菜单］/［装配］/［爆炸］菜单命令，系统弹出“爆炸”对话框，如图 6-50 所示。

（2）单击“新建爆炸”图标 ，系统弹出“编辑爆炸”对话框，如图 6-51 所示。

（3）设置“移动组件”选项组中的“爆炸类型”为“自动”。

（4）根据提示“选择要爆炸的一个或多个组件和子装配”，选择图形窗口中的两个组件，如图 6–52 所示。

（5）单击“自动爆炸选定项”图标 ，自动爆炸所选组件，如图 6–53 所示。

（6）单击【应用】按钮，系统立即生成以上组件的爆炸图，如图 6–54 所示。

图 6–50 “爆炸”对话框

图 6–51 “编辑爆炸”对话框

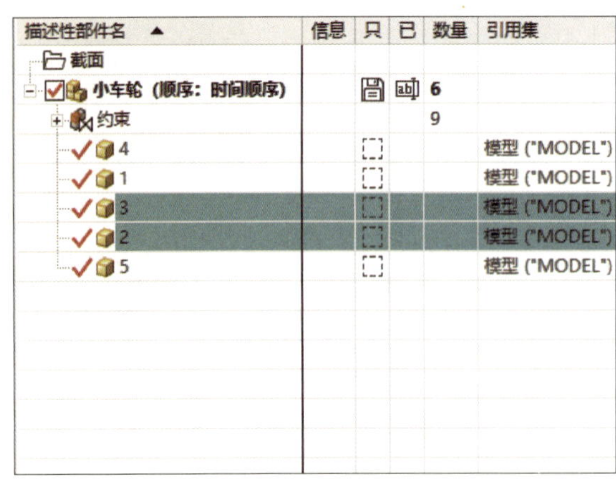

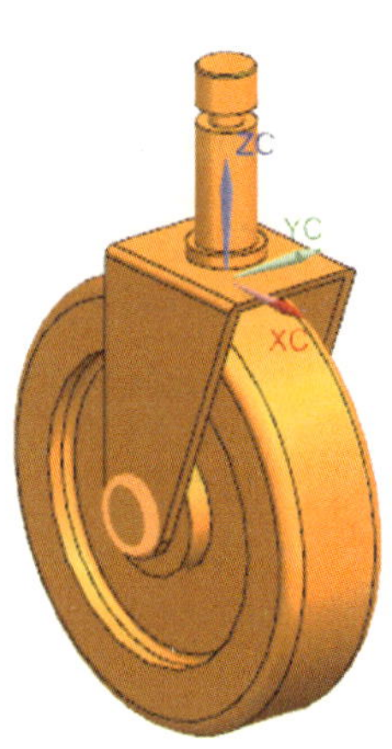

图 6–52 选择爆炸组件

图 6-53　单击"自动爆炸选定项"图标 

图 6-54　自动爆炸图

提示

爆炸的类型分为自动和手动两种。自动爆炸只需用户输入很少的内容，就能快速生成爆炸图。不过，自动爆炸不一定能获得满意的效果，需结合手动调整，使零件沿某个方向移动，或移动到新指定的位置。

（7）设置"移动组件"选项组中的"爆炸类型"为"手动"。

（8）根据提示"选择要爆炸的一个或多个组件和子装配"，选择要移动的轮子组件，如图 6-55 所示。

（9）单击"指定方位"的"操控器"图标，系统显示移动手柄，如图 6-56 所示。

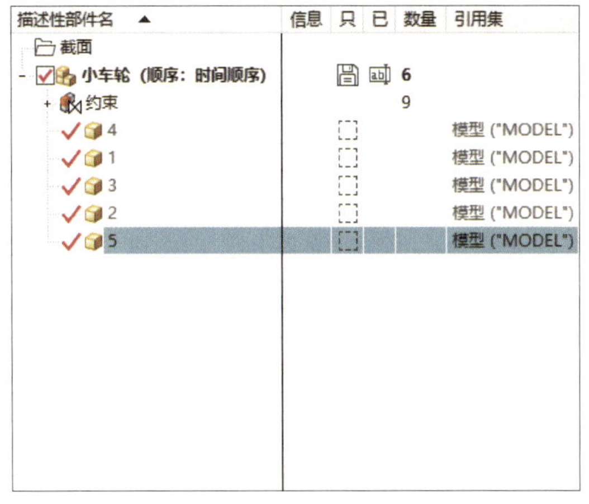

图 6-55　选择要移动的组件

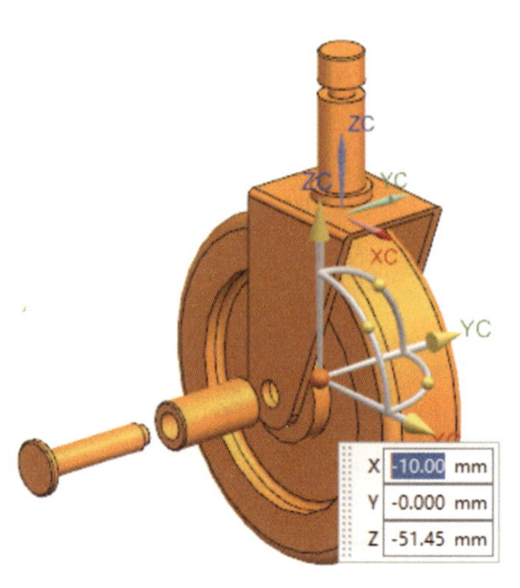

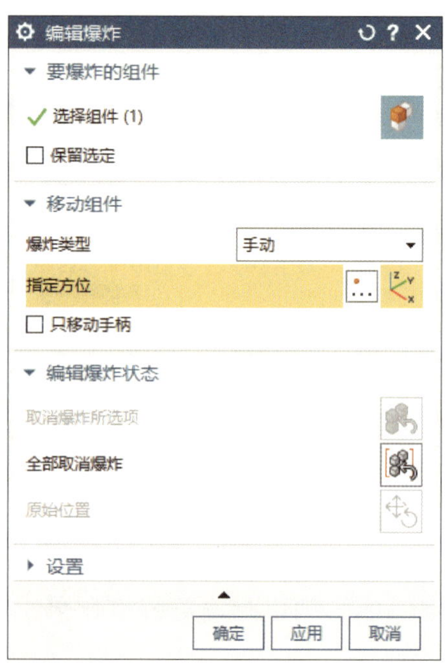

图 6–56　显示移动手柄

（10）单击手柄上的 ZC 向上箭头，“距离”文本框被激活，输入距离值“–50 mm”，如图 6–57 所示。

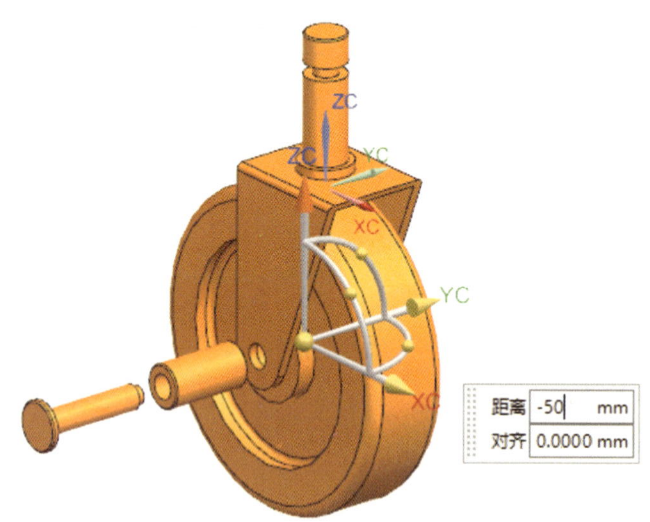

图 6–57　选择移动方向并输入移动距离

（11）按键盘上的 Alt 键或 Enter 键，完成组件移动，如图 6–58 所示。

（12）根据提示，选择要移动的组件，如图 6–59 所示。

（13）单击“指定方位”的“操控器”图标 ，系统显示移动手柄，如图 6–60 所示。

（14）单击手柄上的 ZC 向上箭头，“距离”文本框被激活，输入距离值“20 mm”，如图 6–61 所示。

图 6-58 完成组件移动

图 6-59 选择要移动的组件

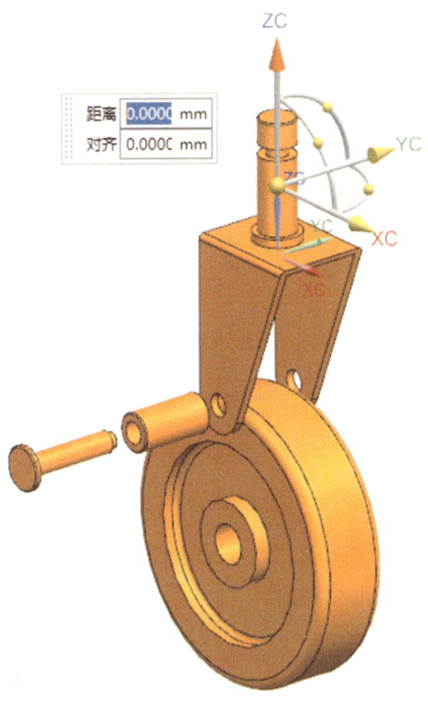

图 6-60 显示移动手柄

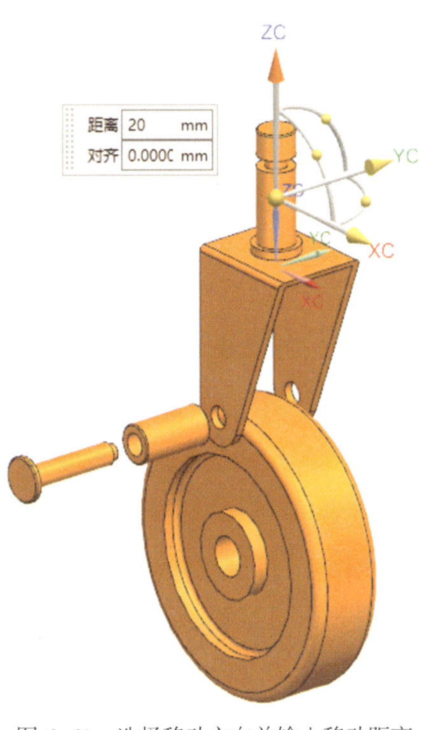

图 6-61 选择移动方向并输入移动距离

（15）按键盘上的 Alt 键或 Enter 键，完成组件移动，如图 6–62 所示。

（16）单击【确定】按钮，完成爆炸图的创建。

5. 爆炸图的相关操作

（1）取消爆炸

1）单击功能区“装配”选项卡“爆炸”面组中的“爆炸”图标 或选择［菜单］/［装配］/［爆炸］菜单命令，系统弹出“爆炸”对话框，单击“编辑爆炸”图标 ，系统弹出“编辑爆炸”对话框，如图 6–63 所示。

图 6–62　完成组件移动

图 6–63　“编辑爆炸”对话框

2）单击“编辑爆炸状态”选项组中的“全部取消爆炸”图标 ，组件恢复到原先的未爆炸位置，如图 6–64 所示。

（2）隐藏视图中的组件

1）单击功能区“装配”选项卡“关联”面组中的“隐藏视图中的组件”图标 ，系统弹出“隐藏视图中的组件”对话框，如图 6–65 所示。

2）选择要隐藏的组件，如图 6–66 所示。

3）单击【确定】按钮，隐藏所选的组件，如图 6–67 所示。

（3）显示视图中的组件

1）单击功能区“装配”选项卡“关联”面组中的“显示视图中的组件”图标 ，系统弹出“显示视图中的组件”对话框，如图 6–68 所示。

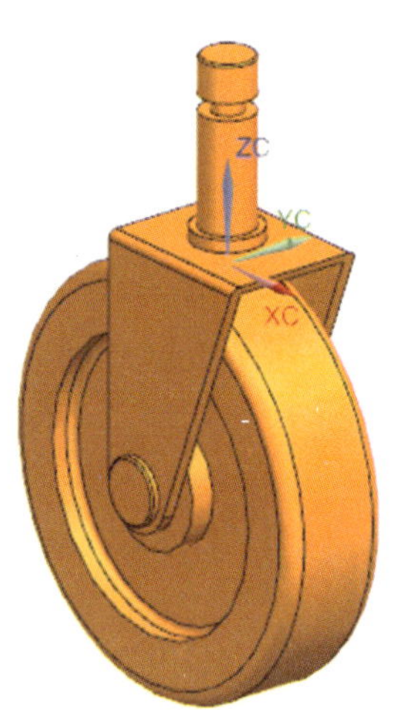

图 6–64　取消爆炸

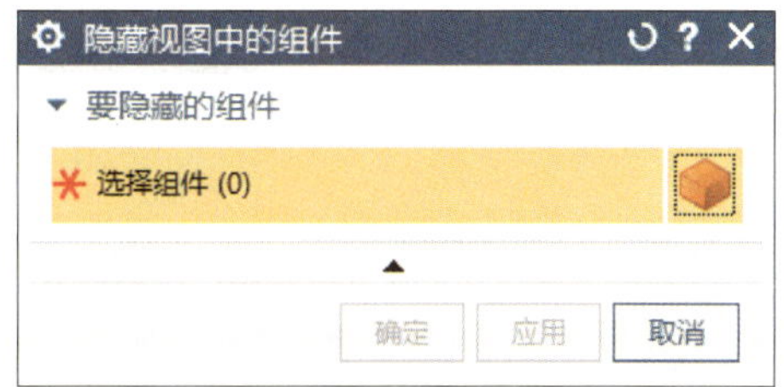

图 6-65　“隐藏视图中的组件”对话框

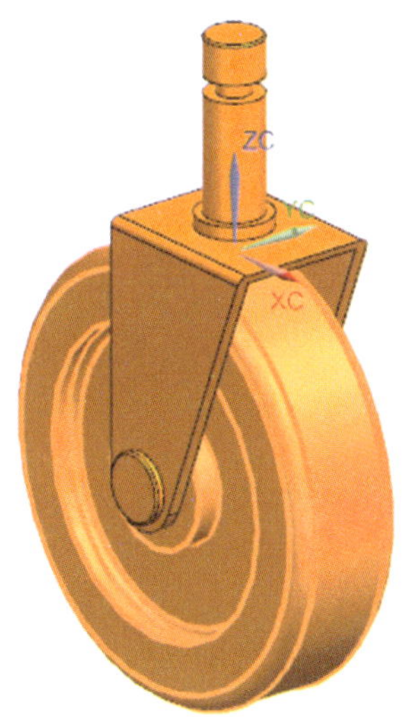

图 6-66　选择要隐藏的组件

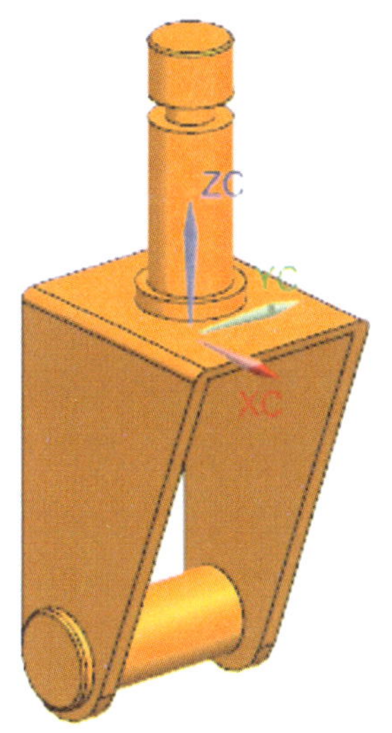

图 6-67　隐藏所选的组件

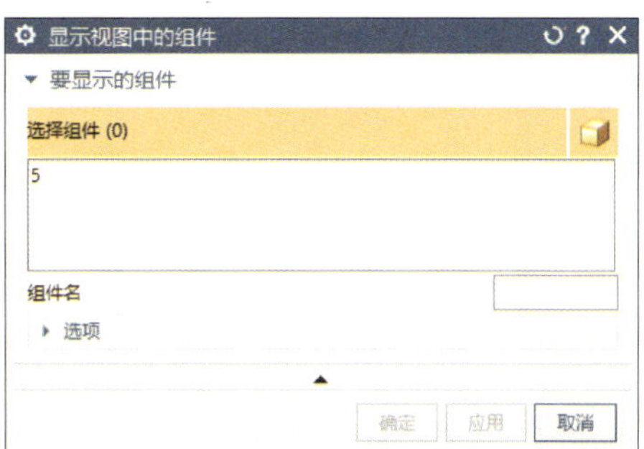

图 6-68　“显示视图中的组件”对话框

2）单击【确定】按钮，完成组件的显示，如图 6-69 所示。

（4）创建追踪线

1）单击“爆炸”对话框中的“创建追踪线”图标 ，系统弹出“追踪线”对话框，如图 6-70 所示。

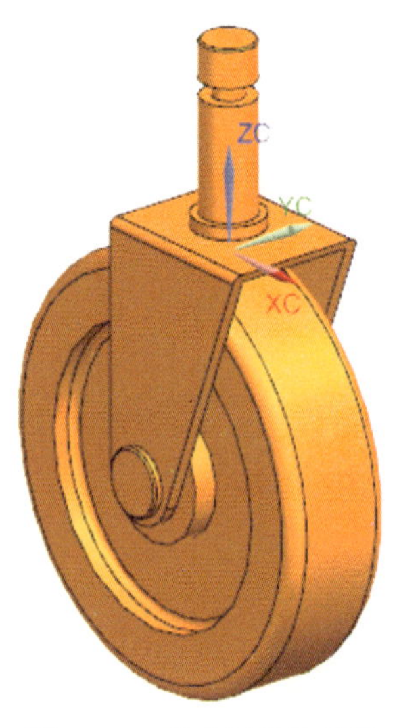

图 6–69　完成组件的显示

图 6–70　“追踪线”对话框

2）根据提示“选择对象以自动判断点”，在“起始”选项组中，选中组件 3 一端的端面圆心作为追踪线的起始点，如图 6–71 所示。

3）根据提示“选择对象以自动判断点”，在“终止”选项组中，选中组件 1 一端的端面圆心作为追踪线的终止点，并更改矢量方向，如图 6–72 所示。

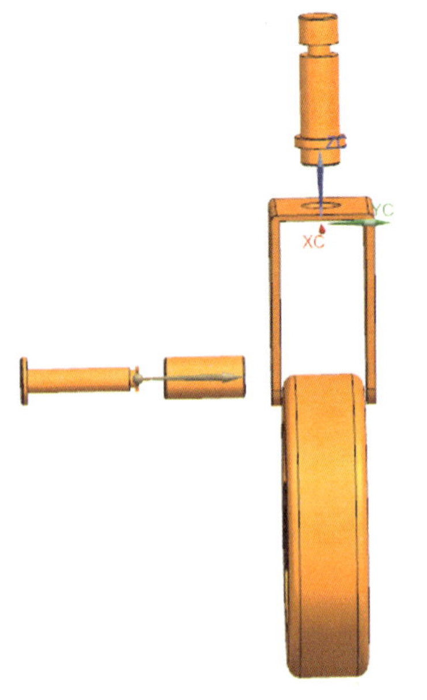

图 6–71　指定起始点

图 6–72　指定终止点

4）在“路径”选项组中单击“备选解”图标，选择最佳路径，如图 6–73 所示。

5）单击【应用】按钮，完成创建第一条追踪线，如图 6–74 所示。

6）同理，完成其他追踪线的创建，如图 6–75 所示。

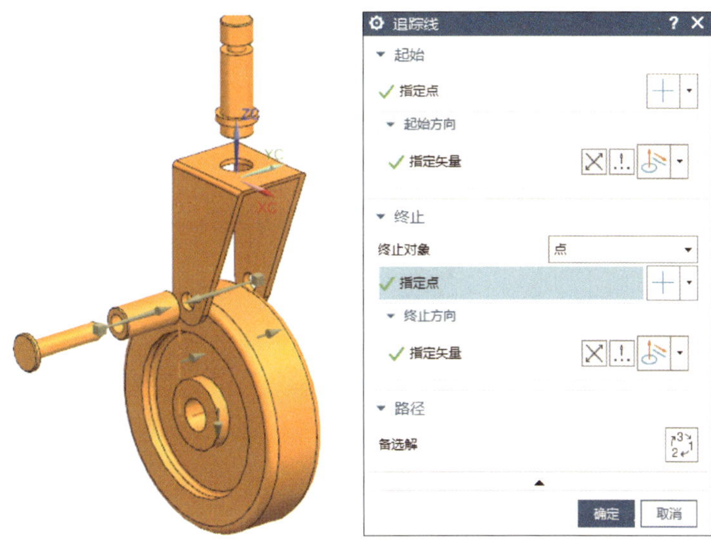

图 6-73 选择最佳路径

图 6-74 完成创建第一条追踪线

图 6-75 完成创建其他追踪线

任务拓展

试完成图 6-76 所示真空泵爆炸图的创建，距离尺寸自定。

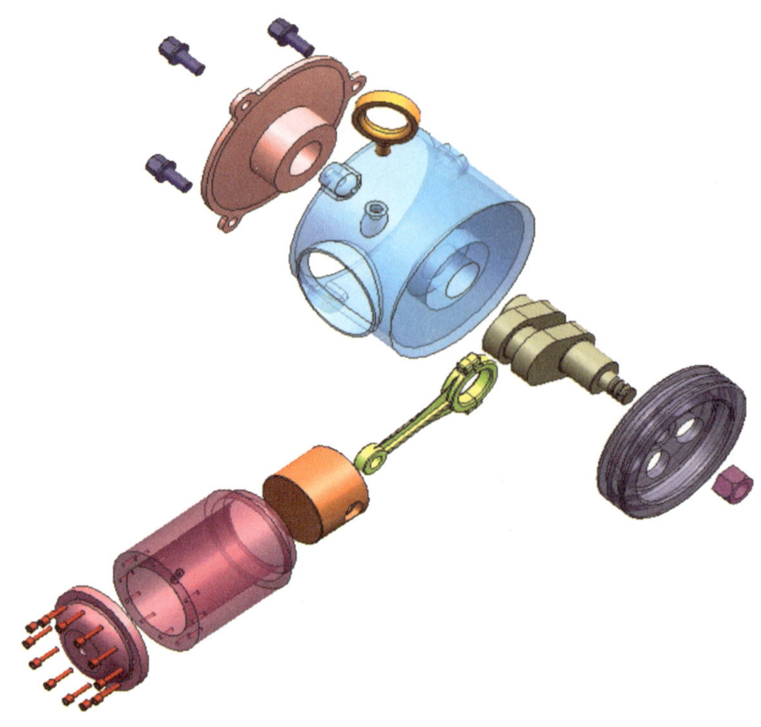

图 6-76　真空泵爆炸图

模块七　工程图基础

课题 1　工程图创建

学习目标

1．能启动“制图”应用模块。

2．能设置工作表。

3．能创建基本视图。

4．能创建投影视图。

工作任务

利用 UG NX 2007 实体建模功能创建的零件和装配模型，可以引用到工程图块中，快速地生成二维工程图，并且二维工程图与三维实体模型完全关联，实体模型的尺寸、形状和位置的任何改变，都会引起二维工程图做出相应变化。

在 UG 环境中，任何一个三维模型都可以通过不同的投影方法、不同的图样尺寸和不同的比例建立多样的二维工程图。

图 7–1 所示为联轴器、底座、阶梯轴三维模型，试通过它们完成相关工程图的创建。

提示

相关零件图可在技工教育网下载，可预先完成建模工作。

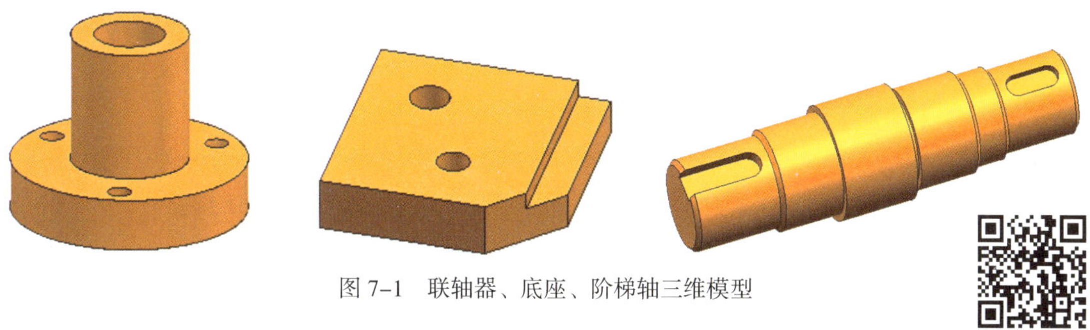

图 7–1　联轴器、底座、阶梯轴三维模型

任务实施

1. 进入“制图”应用模块

进入“制图”应用模块，有两种方式：一种是新建一个图纸类型的文档；另一种是从模型文档中选择“制图”应用模块进行切换。

（1）新建图纸文档

1）启动 UG NX 2007 后，单击功能区“主页”选项卡“标准”面组中的“新建”图标 ，系统弹出“新建”对话框。

2）在该对话框中单击“图纸”选项卡，选择适当的图样并输入名称，导入要创建图纸的部件“联轴器”，如图 7–2 所示。

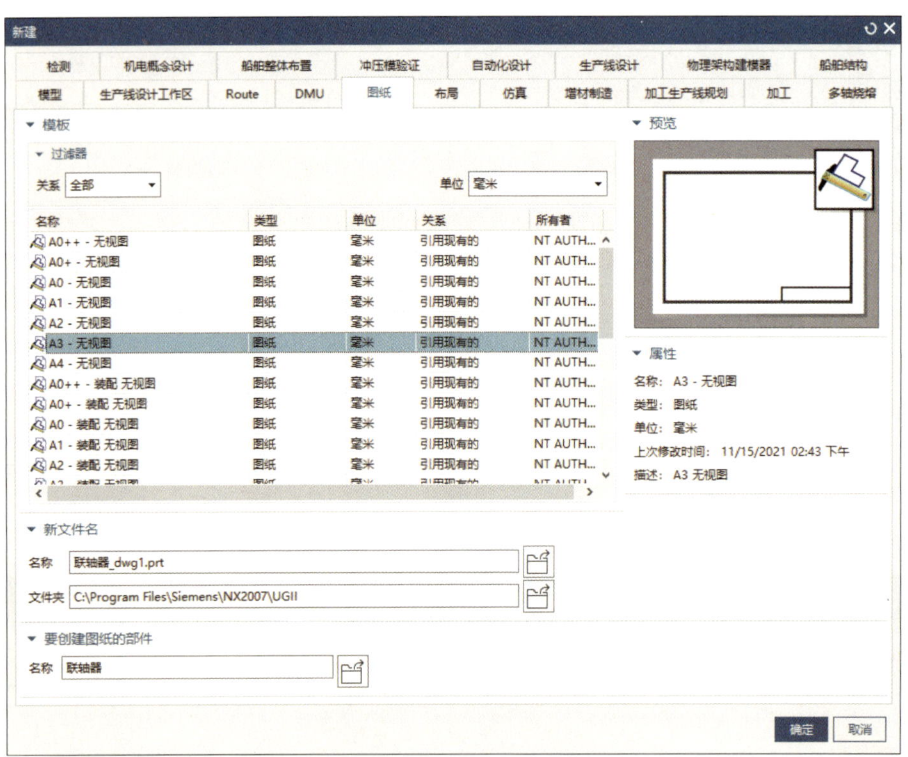

图 7–2 “新建”对话框

3）单击【确定】按钮，进入工程图环境。

（2）应用模块切换

1）启动 UG NX 2007，进入 UG NX 2007 的基本操作界面后，新建或打开联轴器三维模型，如图 7–3 所示。

2）单击功能区“应用模块”选项卡“文档”面组中的“制图”图标 ，启动“制图”应用模块，如图 7–4 所示。

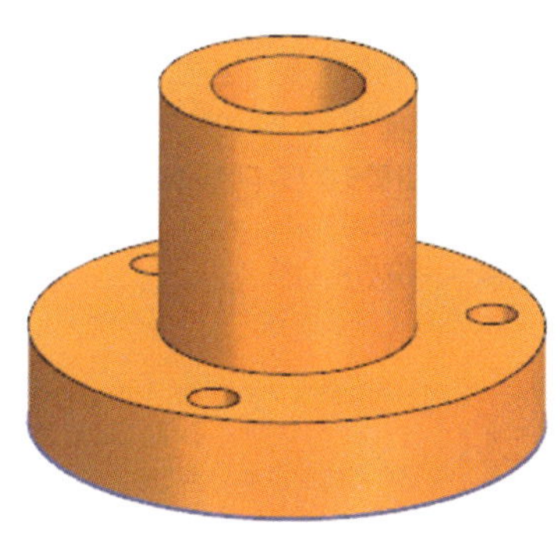

图 7-3 联轴器三维模型

图 7-4 启动“制图”应用模块

2. 创建联轴器相关工程图

（1）新建图纸

1）单击“制图”应用模块功能区“主页”选项卡“片体”面组中的“新建图纸页”图标，弹出“图纸页”对话框。

2）设置“图纸页”对话框，如图 7-5 所示。

3）单击【确定】按钮，进入制图环境，图形窗口如图 7-6 所示。

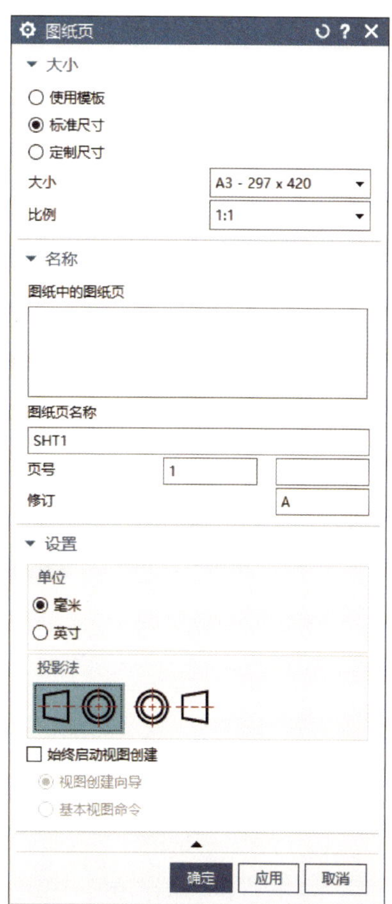

图 7-5 设置“图纸页”对话框

提示

如果对图纸的大小、比例不满意，需要修改时，可以采用编辑图纸页的方法进行修改。可在“部件导航器”中选择需要打开的图纸页，单击鼠标右键，在弹出的快捷菜单中选择“编辑图纸页”命令；或单击“主页”选项卡“片体”面组中的“编辑图纸页”图标，系统弹出图 7-5 所示的“图纸页”对话框。

（2）创建基本视图

1）单击“制图”应用模块功能区“主页”选项卡“视图”面组中的“基本视图”图标，或选择［菜

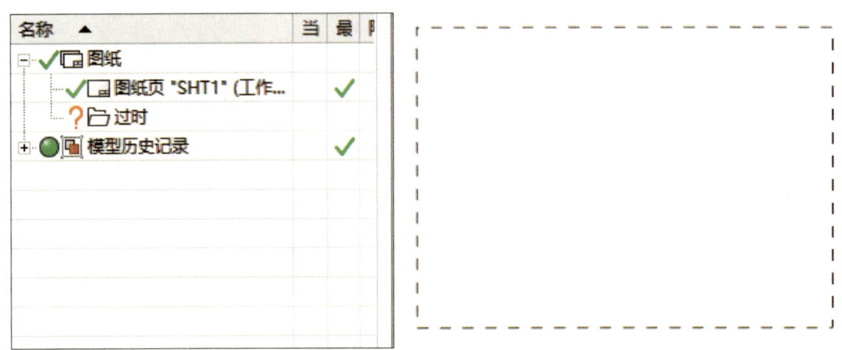

图 7-6　进入制图环境后的图形窗口

单］/［插入］/［视图］/［基本］菜单命令，系统弹出“基本视图”对话框，如图 7-7 所示。

2）根据提示“指定放置视图的位置”，将光标移动到视图的放置位置，单击鼠标左键确认，如图 7-8 所示。

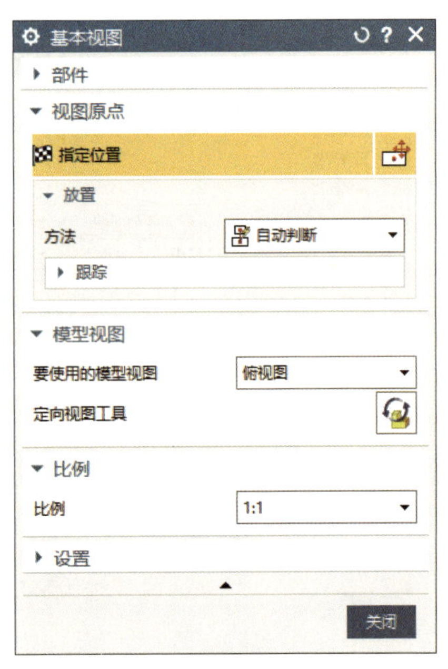

图 7-7　“基本视图”对话框

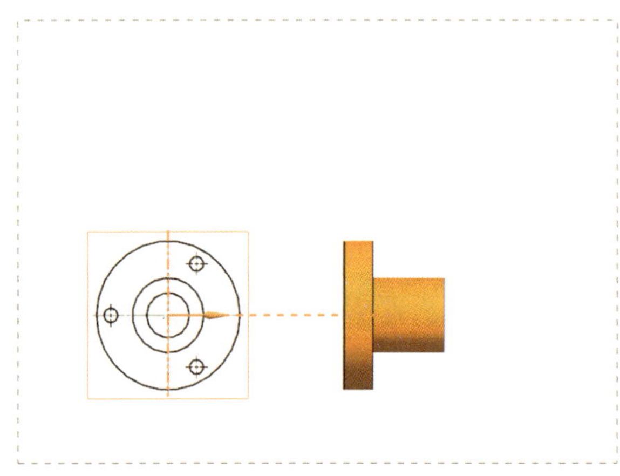

图 7-8　放置俯视图

3）此时，“基本视图”对话框转变为“投影视图”对话框，移动光标至相应位置，进行相应投影视图的创建，如图 7-9 所示。

4）单击【关闭】按钮，完成投影视图的创建，如图 7-10 所示。

（3）创建剖视图

1）在“部件导航器”中选择投影视图，单击鼠标右键，在弹出的快捷菜单中选择“删除”，删除投影视图，如图 7-11 所示。

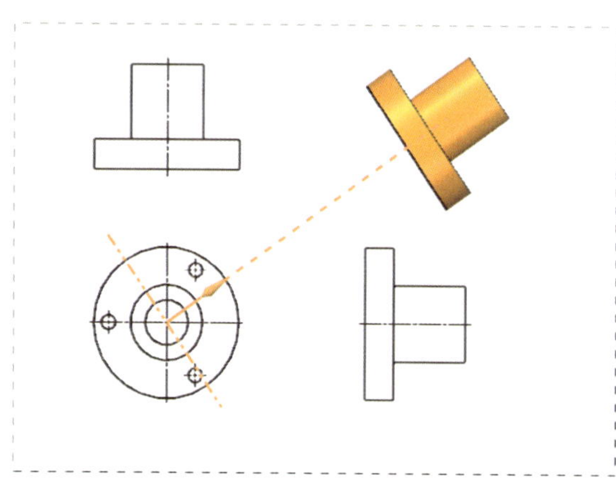

图 7–9　进行相应投影视图的创建

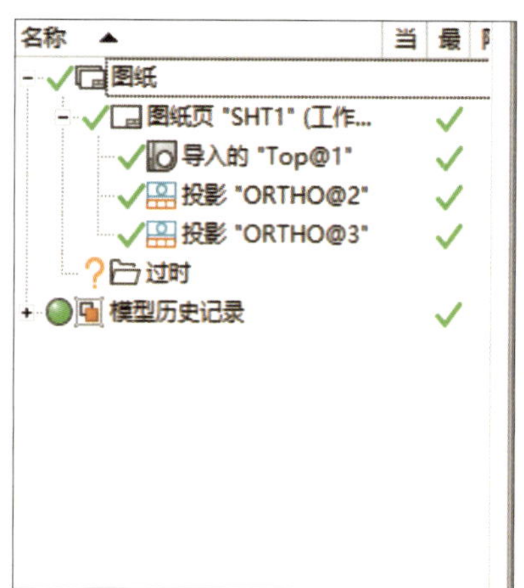

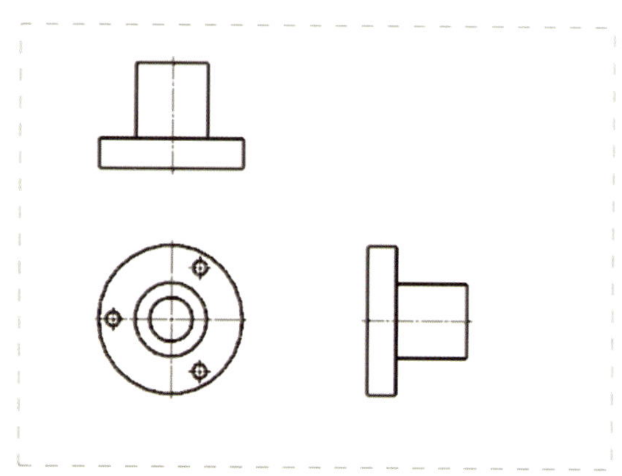

图 7–10　创建投影视图

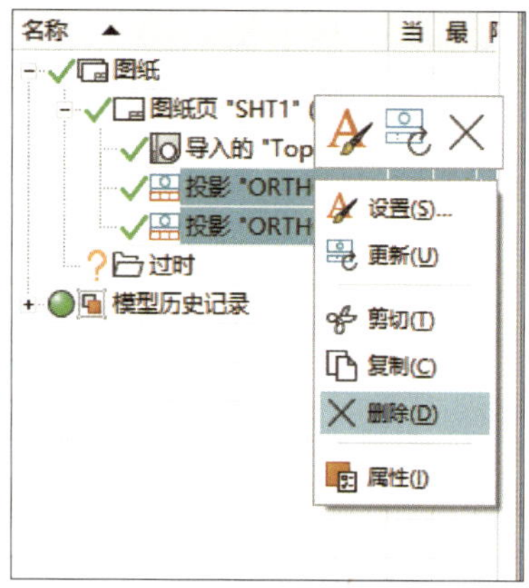

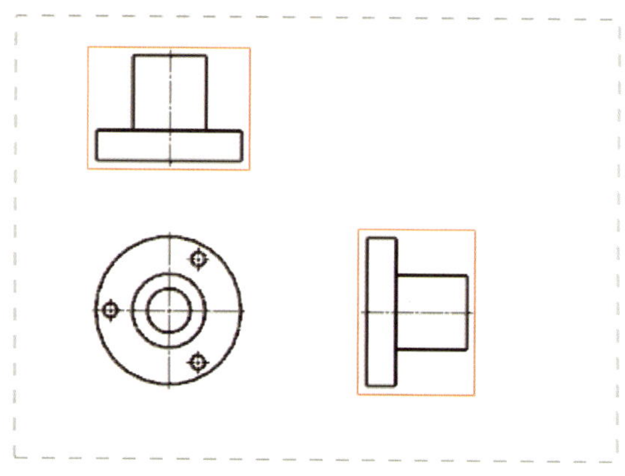

图 7–11　删除投影视图

2）单击“制图”应用模块功能区“主页”选项卡“视图”面组中的“剖视图”图标，或选择［菜单］/［插入］/［视图］/［剖视图］菜单命令，系统弹出“剖视图”对话框。

3）设置“剖视图”对话框，如图 7–12 所示。

4）根据提示“指定点作为截面线段位置”，选择父视图的圆心作为截面线段位置，如图 7–13 所示。

图 7–12　设置“剖视图”对话框

图 7–13　指定截面线段位置

5）单击鼠标左键确认，并向上移动光标到适当位置，如图 7–14 所示。

6）单击鼠标左键确认，完成剖视图的创建，如图 7–15 所示。

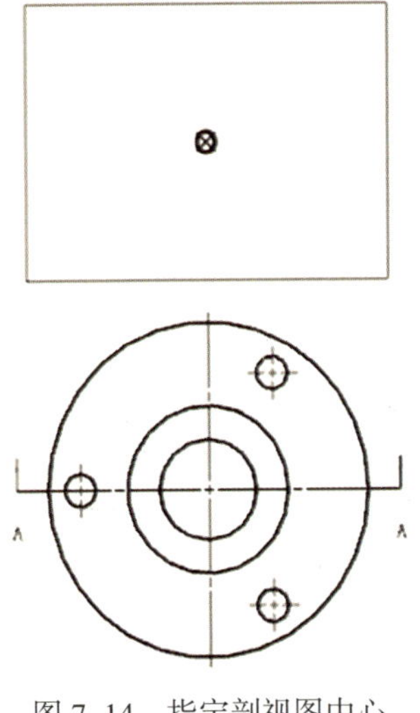

图 7–14　指定剖视图中心

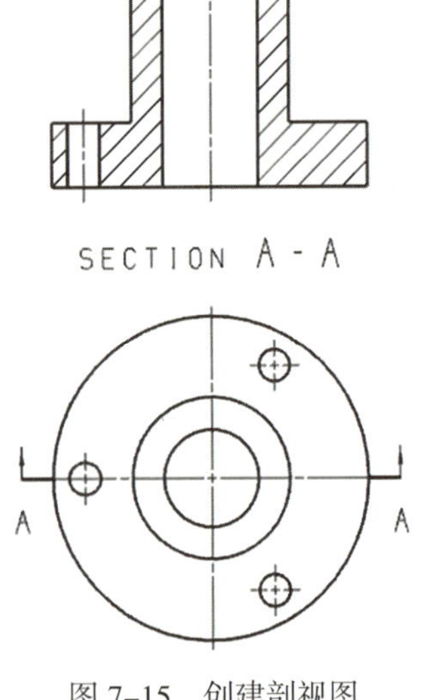

图 7–15　创建剖视图

（4）创建半剖视图

1）单击“撤销”图标，取消剖视图的创建。

2）单击“制图”应用模块功能区“主页”选项卡“视图”面组中的“剖视图”图标，或选择［菜单］/［插入］/［视图］/［剖视图］菜单命令，系统弹出“剖视图”对话框。

3）设置“剖切线”选项组中的“方法”为“半剖”，如图 7–16 所示。

4）根据提示“指定点作为截面线段位置”，选择父视图外圆的象限点作为截面线段位置，如图 7–17 所示。

5）单击鼠标左键确认，并向右移动光标，选择圆心作为折弯位置，如图 7–18 所示。

图 7–16　设置“剖视图”对话框

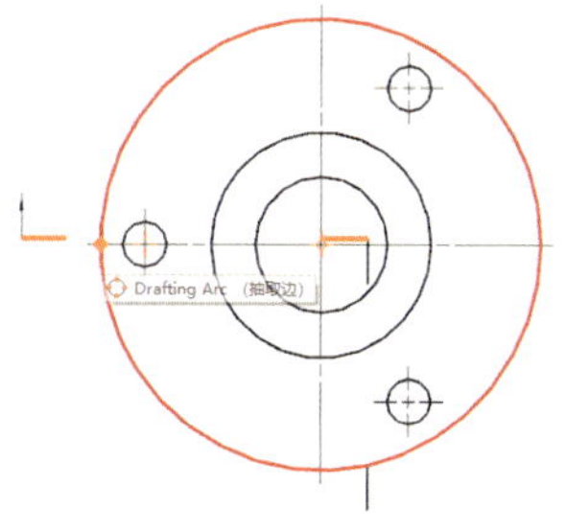

图 7–17　定义剖切位置

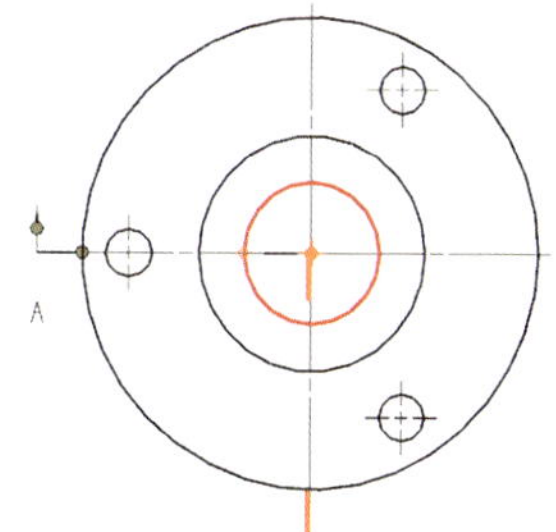

图 7–18　定义折弯位置

6）单击鼠标左键确认，并向上移动光标到剖视图中心，如图 7–19 所示。

7）单击鼠标左键确认，完成半剖视图的创建，如图 7–20 所示。

（5）创建旋转剖视图

1）单击“撤销”图标，取消半剖视图的创建。

2）单击“制图”应用模块功能区“主页”选项卡“视图”面组中的“剖视图”图标，或选择［菜单］/［插入］/［视图］/［剖视图］菜单命令，系统弹出“剖视图”对话框。

3）设置“剖切线”选项组中的“方法”为“旋转”，如图 7–21 所示。

4）根据提示“选择对象以自动判断点”，选择圆心作为旋转点，如图 7–22 所示。

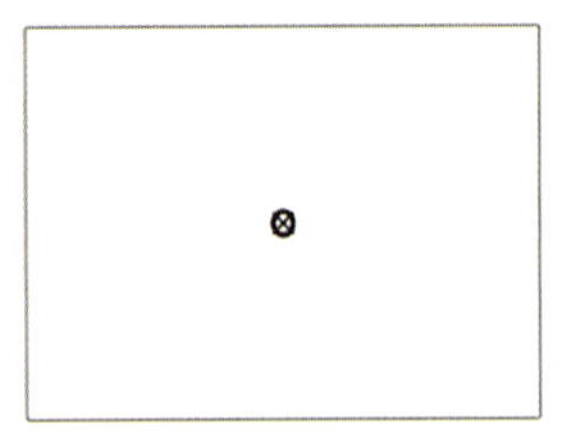

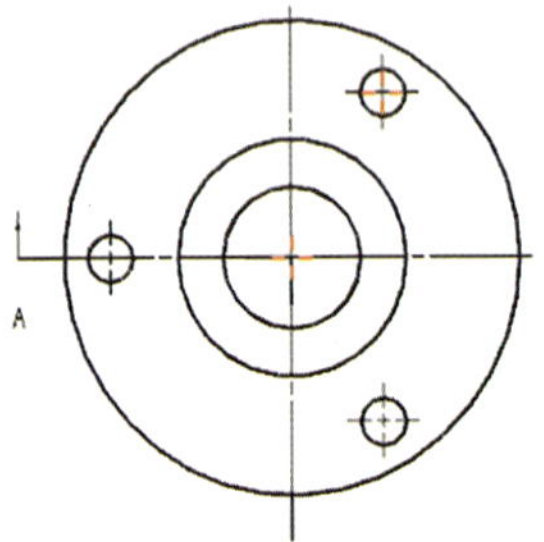

图 7-19　指定剖视图中心

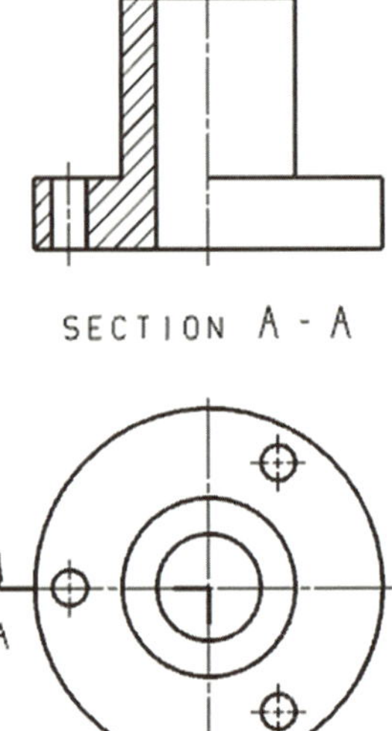

图 7-20　创建半剖视图

图 7-21　设置“剖视图”对话框

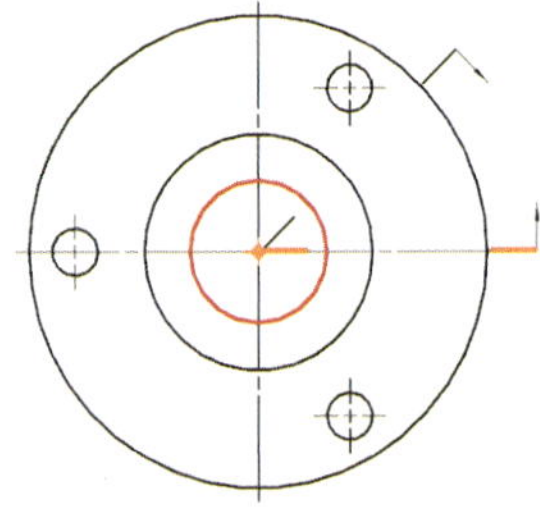

图 7-22　选择旋转点

5）单击鼠标左键确认，根据提示，移动光标捕捉到支线 1 的位置，如图 7-23 所示。

6）单击鼠标左键确认，根据提示，继续移动光标捕捉到支线 2 的位置，如图 7-24 所示。

7）单击鼠标左键确认，并向上移动光标到剖视图中心位置，如图 7-25 所示。

8）单击鼠标左键确认，完成旋转剖视图的创建，如图 7-26 所示。

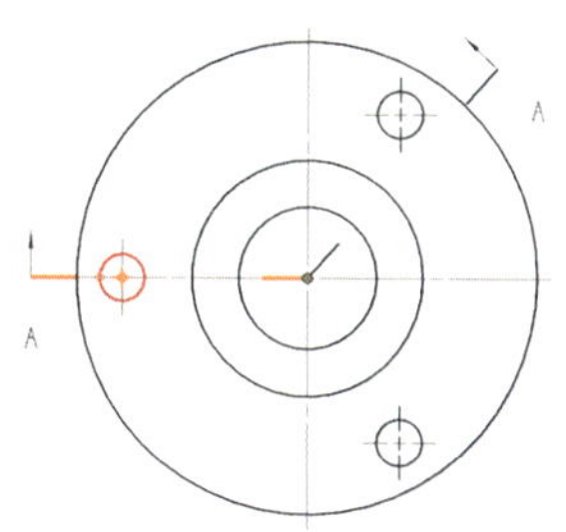

图 7-23　指定支线 1 位置

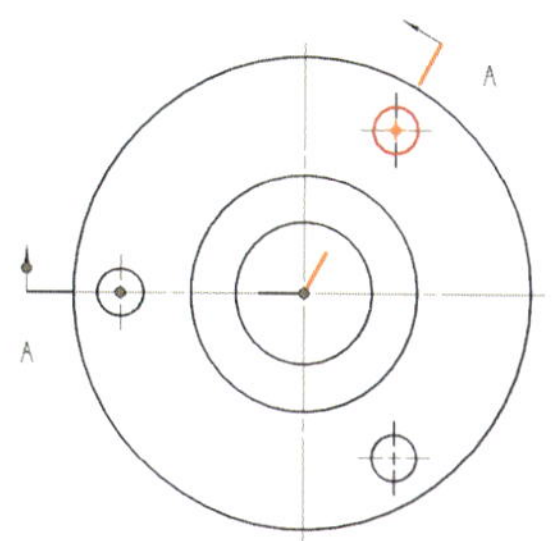

图 7-24　指定支线 2 位置

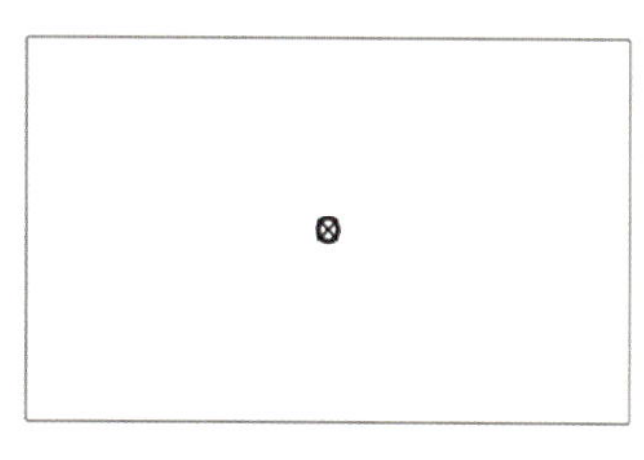

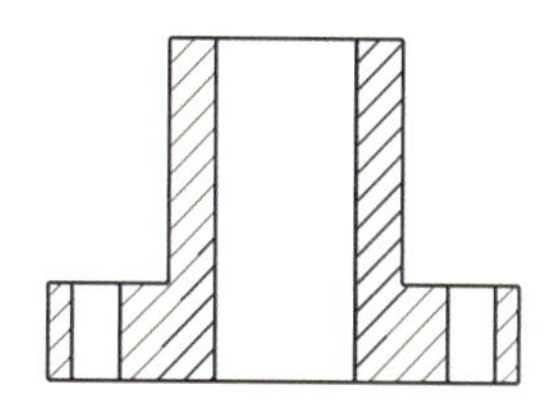

图 7-25　指定剖视图中心

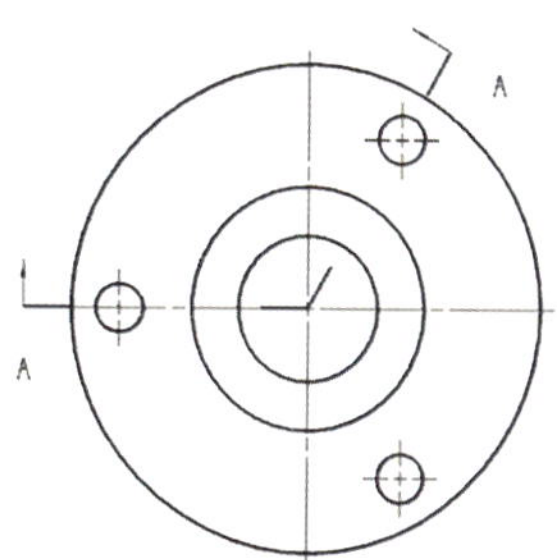

图 7-26　创建旋转剖视图

9）选择［文件］/［保存］菜单命令，完成旋转剖视图的保存。

3. 创建底座相关工程图

（1）新建或打开名称为“底座”的三维模型，如图 7-27 所示。

图 7-27　底座三维模型

（2）创建基本视图

1）单击“制图”应用模块功能区“主页”选项卡“片体”面组中的“新建图纸页”图标，弹出“图纸页”对话框。

2）设置“图纸页”对话框，如图 7–28 所示。

3）单击【确定】按钮，进入制图环境。

4）单击“制图”应用模块功能区“主页”选项卡“视图”面组中的“基本视图”图标，或选择［菜单］/［插入］/［视图］/［基本］菜单命令，系统弹出“基本视图”对话框，将“要使用的模型视图”设置为“俯视图”。

5）根据提示，将光标移动到视图的放置位置，单击鼠标左键确认，如图 7–29 所示。

6）单击【关闭】按钮，图形窗口如图 7–30 所示。

（3）创建阶梯剖视图

1）单击“制图”应用模块功能区“主页”选项卡“视图”面组中的“剖视图”图标，或选择［菜单］/［插入］/［视图］/［剖视图］菜单命令，系统弹出“剖视图”对话框。

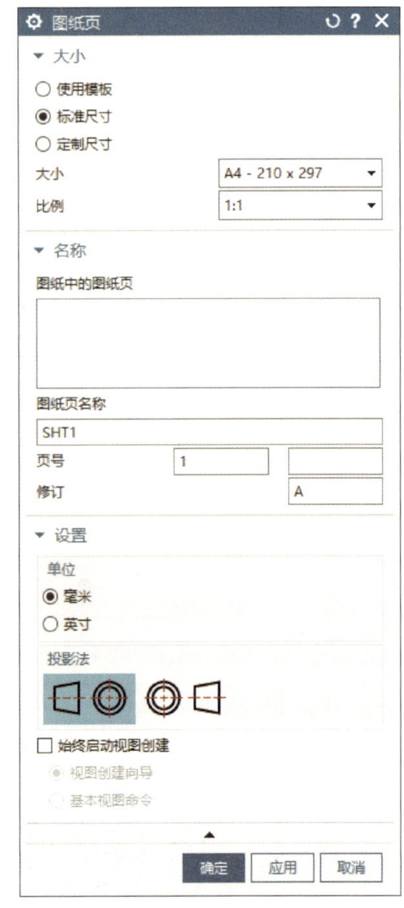

图 7–28　设置“图纸页”对话框

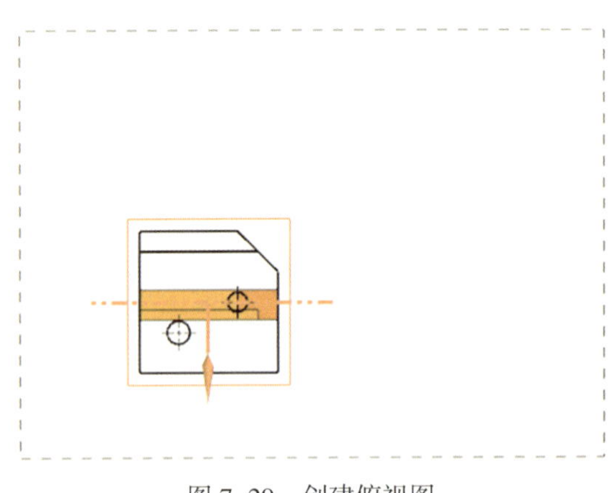

图 7–29　创建俯视图

2）设置“剖切线”选项组中的“方法”为“简单剖 / 阶梯剖”，如图 7–31 所示。

3）根据提示“指定点作为截面线段位置”，选择父视图的圆心作为截面线段位置，如图 7–32 所示。

4）单击鼠标左键确认，根据提示“指定放置位置”向上移动光标，如图 7–33 所示。

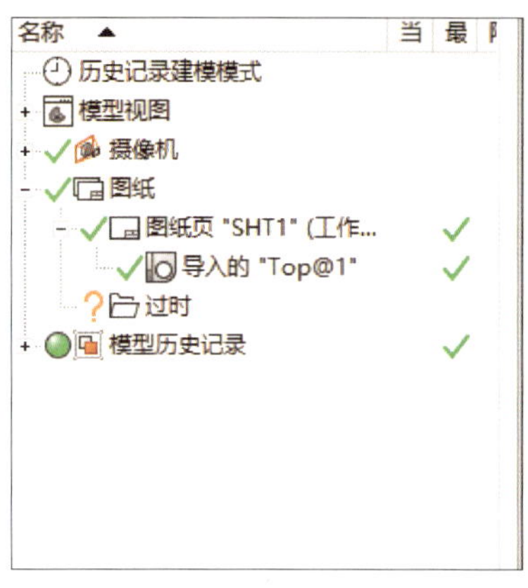

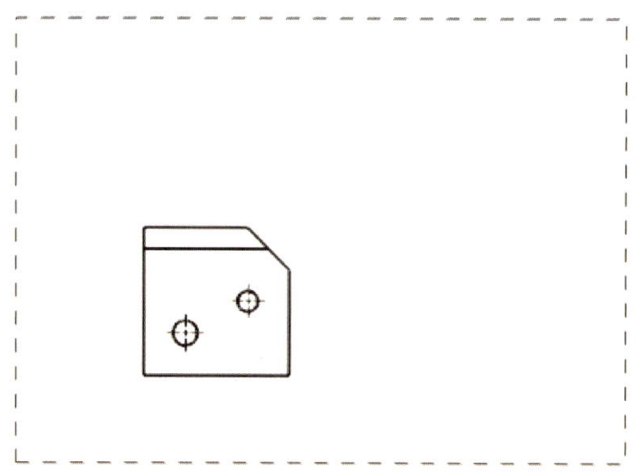

图 7-30 图形窗口

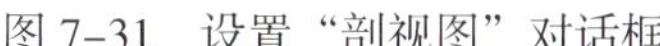

图 7-31 设置“剖视图”对话框

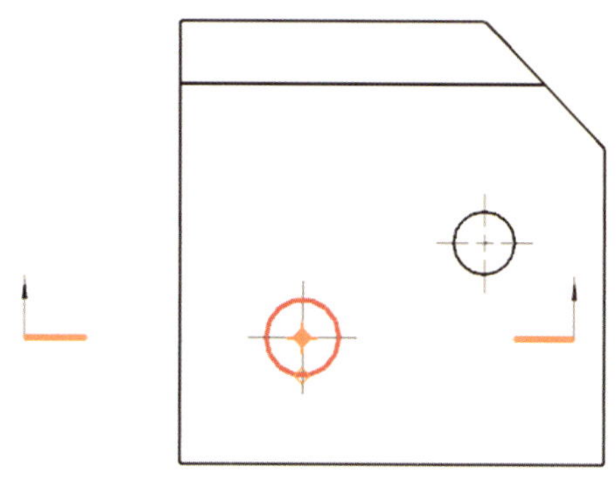

图 7-32 定义剖切位置

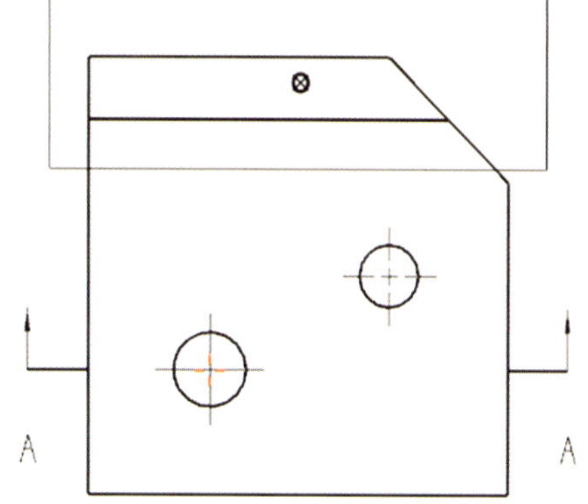

图 7-33 指定放置位置

5）单击鼠标右键，系统弹出快捷菜单，选择“截面线段”，如图 7-34 所示。

6）根据提示“指定点作为截面线段位置”，选择圆心，如图 7-35 所示。

7）单击鼠标左键确认。

8）单击“视图原点”选项组中的“指定位置”图标，如图 7-36 所示。

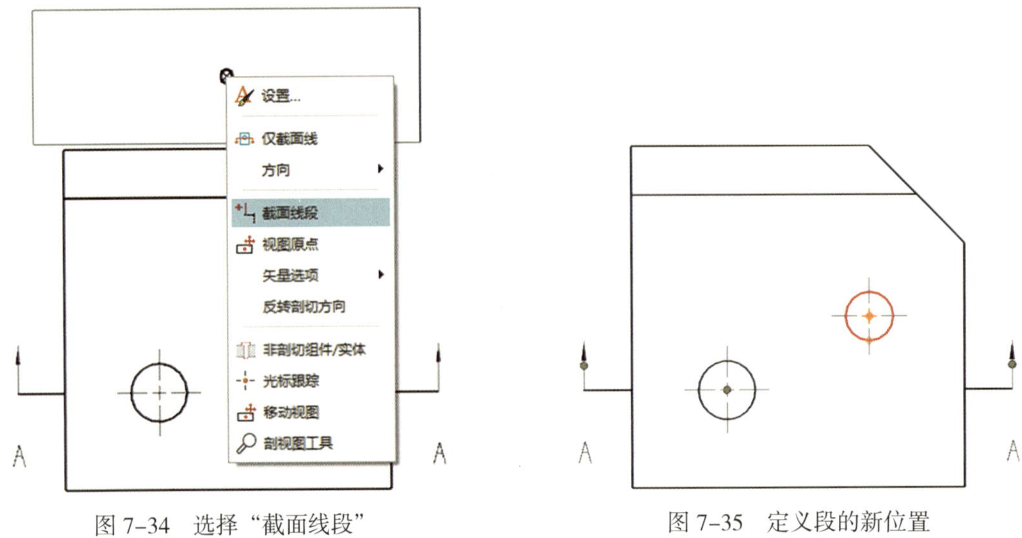

图 7-34　选择“截面线段”　　图 7-35　定义段的新位置

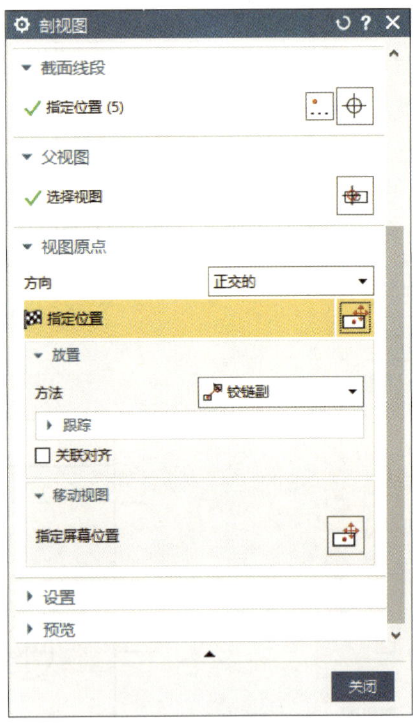

图 7-36　指定位置

9）根据提示“指定放置视图的位置”，移动光标至剖视图的中心位置，如图 7-37 所示。

10）单击鼠标左键确认，并单击【关闭】按钮，完成阶梯剖视图的创建，如图 7-38 所示。

（4）创建向视图

1）单击“制图”应用模块功能区“主页”选项卡“视图”面组中的“投影视图”图标，或选择［菜单］/［插入］/［视图］/［投影］菜单命令，系统弹出“投影视图”对话框，根据提示指定放置视图的位置，如图 7-39 所示。

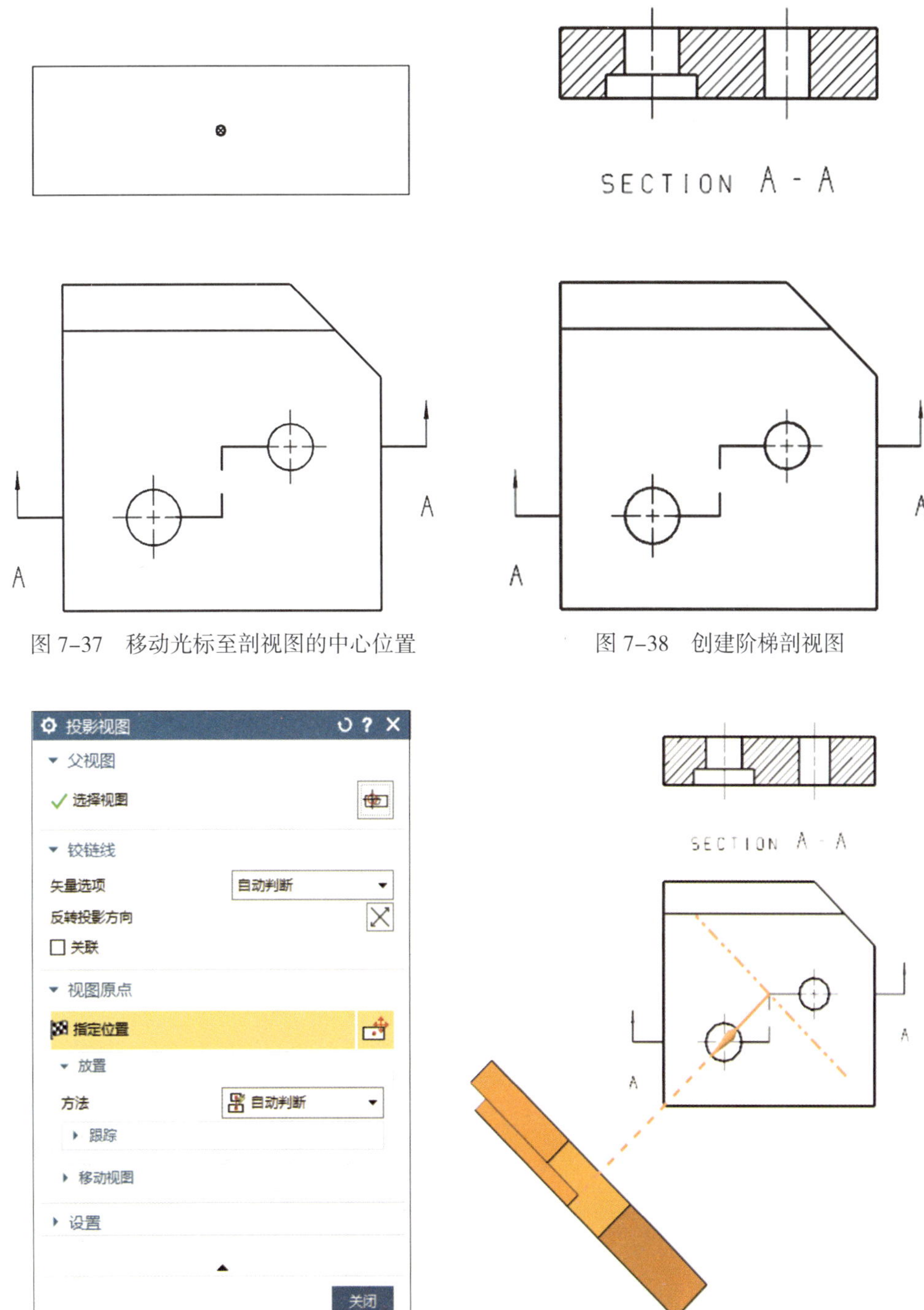

图 7-37　移动光标至剖视图的中心位置

图 7-38　创建阶梯剖视图

图 7-39　指定放置视图的位置

2）单击鼠标左键确认，单击【关闭】按钮，完成向视图的创建，如图 7-40 所示。

3）选择［文件］/［保存］菜单命令，完成文件的保存。

4. 创建阶梯轴相关工程图

（1）新建或打开名称为“阶梯轴”的三维模型，如图 7-41 所示。

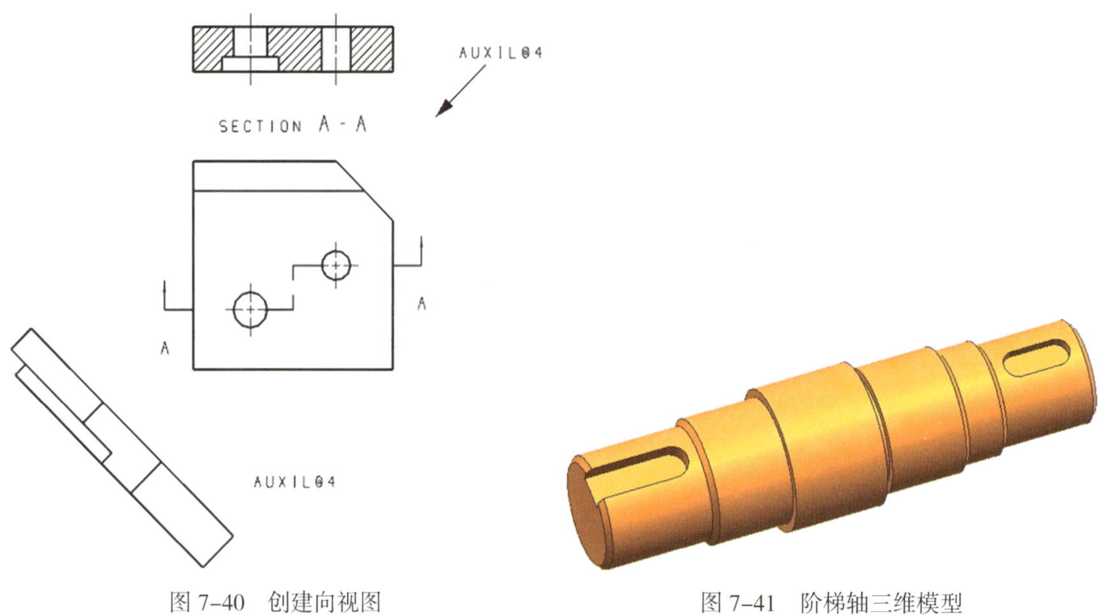

图 7-40　创建向视图　　　　图 7-41　阶梯轴三维模型

图 7-42　设置“图纸页”对话框

（2）创建基本视图

1）单击“制图”应用模块功能区“主页”选项卡“片体”面组中的“新建图纸页”图标，弹出“图纸页”对话框。

2）设置“图纸页”对话框，如图 7-42 所示。

3）单击【确定】按钮，系统弹出“基本视图”对话框，并提示“指定放置视图的位置”。

4）移动光标到适当位置，单击鼠标左键确认，并向上移动光标，如图 7-43 所示。

5）单击鼠标左键确认，并单击【关闭】按钮，结束基本视图的绘制，如图 7-44 所示。

（3）创建局部剖视图

1）选择上方基本视图，单击鼠标右键，系统弹出快捷菜单，单击“活动草图视图”图标，如图 7-45 所示。

2）单击“制图”应用模块功能区“草图”选项卡中的“样条”图标，系统弹出“艺术样条”对话框，设置“艺术样条”对话框，如图 7-46 所示。

3）绘制图 7-47 所示的封闭样条曲线作为局部剖边界曲线。

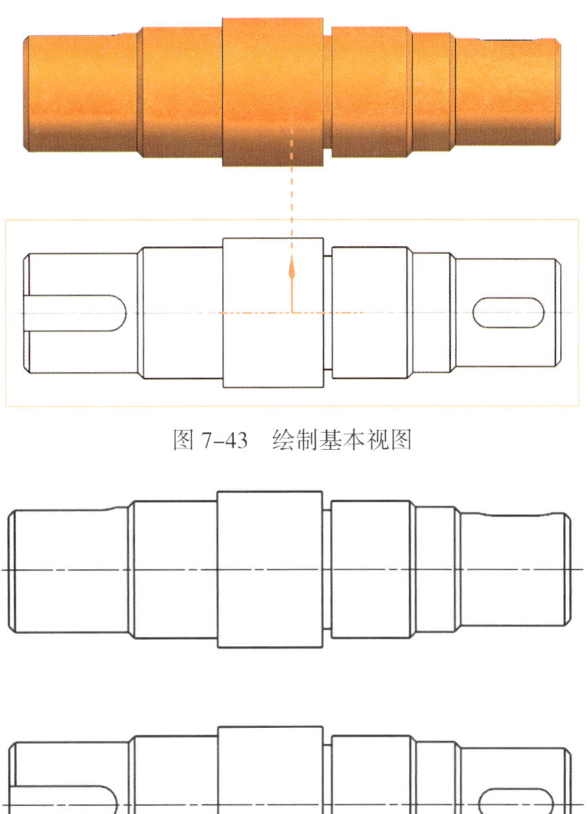

图 7-43　绘制基本视图

图 7-44　结束基本视图绘制

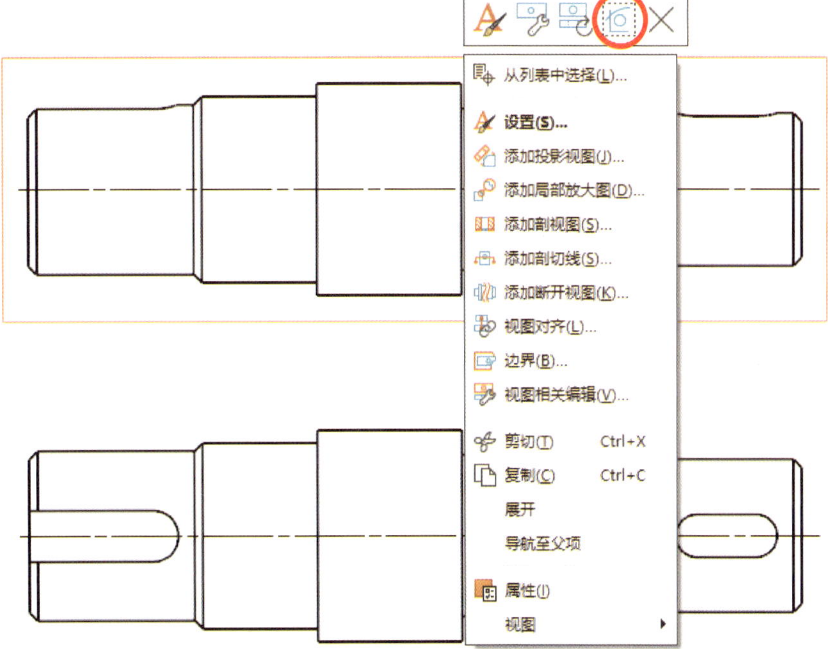

图 7-45　激活活动草图视图

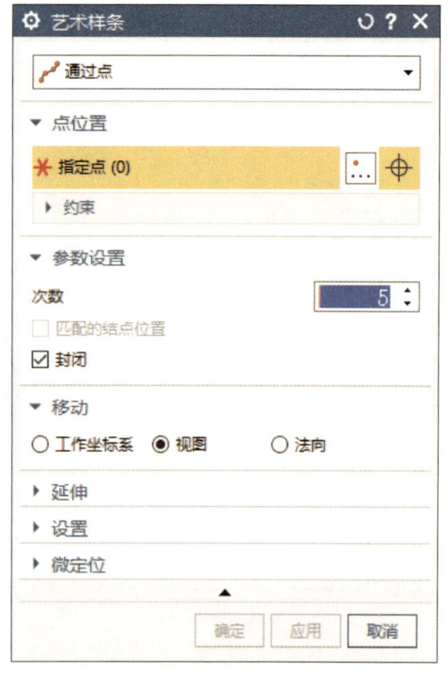

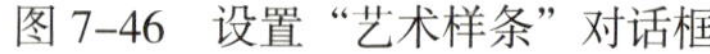
图 7-46　设置“艺术样条”对话框

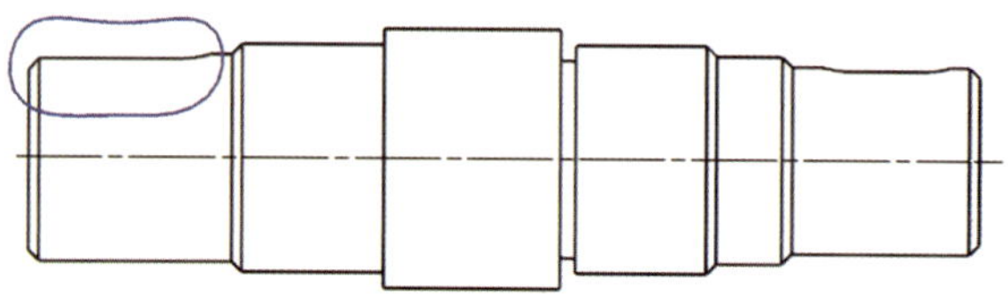
图 7-47　绘制封闭样条曲线

提示

为创建局部剖视图做准备。

4）单击“完成”图标，完成曲线的创建。

5）单击“制图”应用模块功能区“主页”选项卡“视图”面组中的“局部剖”图标，或选择［菜单］/［插入］/［视图］/［局部剖］菜单命令，系统弹出“局部剖”对话框，如图 7-48 所示。

图 7-48　“局部剖”对话框

6）根据提示“选择一个生成局部剖的视图”，选择生成局部剖的视图，随即系统改变“局部剖”对话框，如图 7–49 所示。

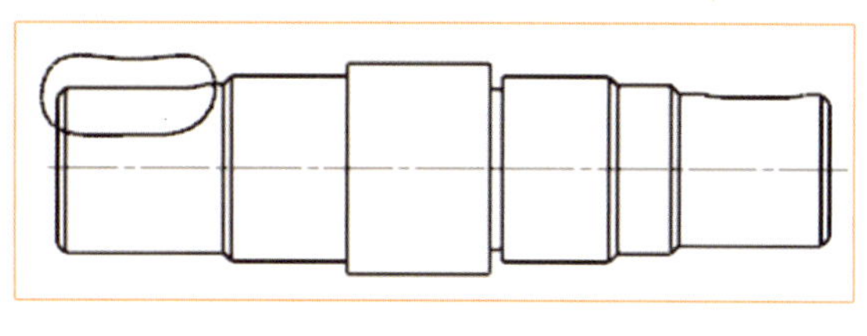

图 7–49　选择生成局部剖视图及“局部剖”对话框

7）根据提示“定义基点—选择对象以自动判断点”，选择基点，如图 7–50 所示。

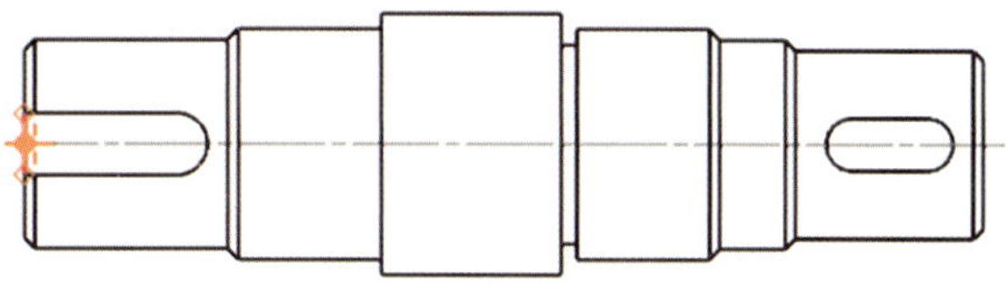

图 7–50　选择基点

8）单击鼠标左键确认，图形窗口如图 7–51 所示。

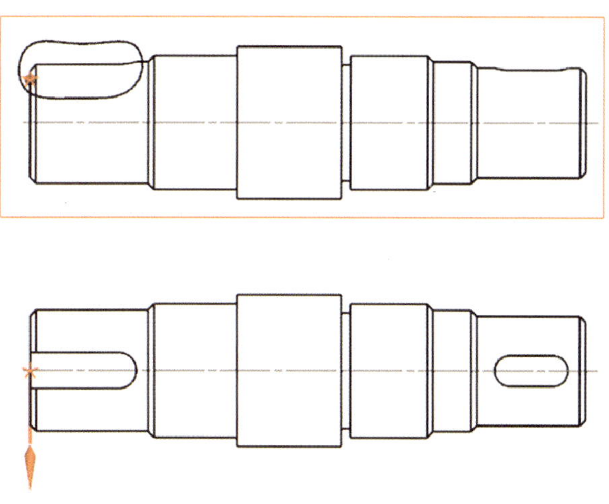

图 7–51　图形窗口

9）在“局部剖”对话框中，单击“选择曲线”图标，如图 7–52 所示。

10）根据提示选择断裂线，如图 7–53 所示。

11）单击【应用】按钮，完成局部剖视图的创建，如图 7–54 所示。

（4）创建局部放大图

1）单击“制图”应用模块功能区“主页”选项卡“视图”面组中的“局部放大图”图标，或选择［菜单］/［插入］/［视图］/［局部放大图］菜单命令，系统弹出“局部放大图”对话框，如图 7–55 所示。

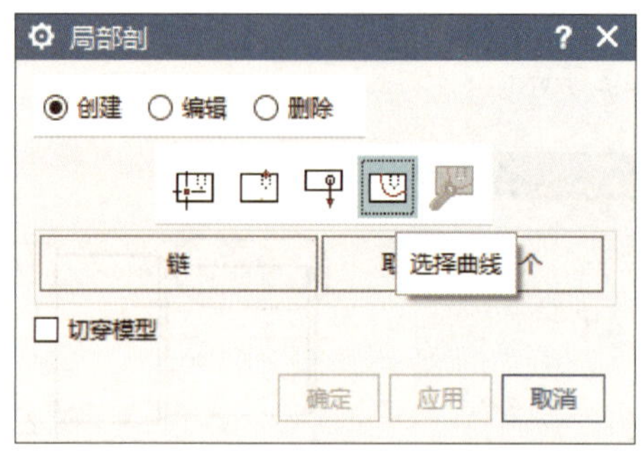

图 7-52 “局部剖”对话框

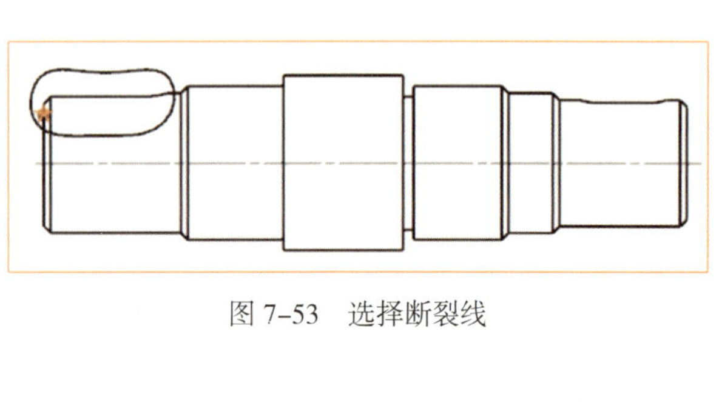

图 7-53 选择断裂线

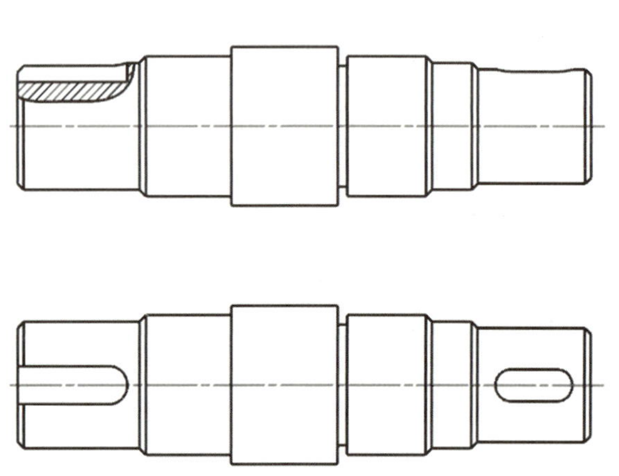

图 7-54 创建局部剖视图

图 7-55 “局部放大图”对话框

2）根据提示“选择对象以自动判断点”选择中心点，如图 7-56 所示。

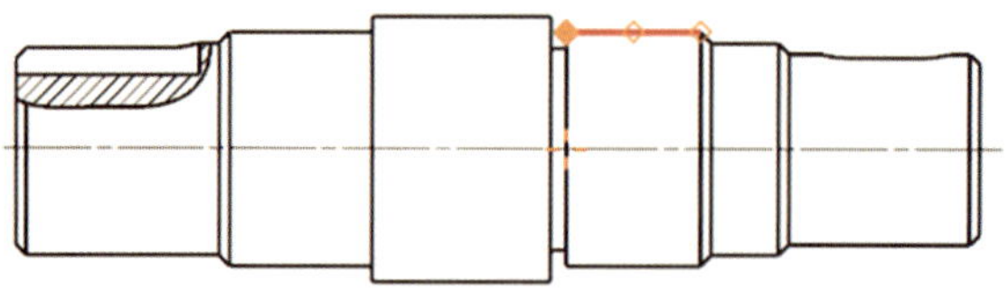

图 7-56 选择中心点

3）单击鼠标左键确认，并拖动鼠标拉出一个圆，定义放大区域，如图 7–57 所示。

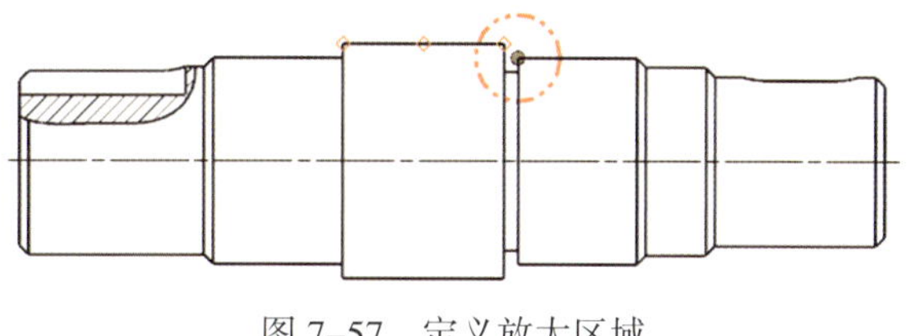

图 7–57　定义放大区域

4）单击鼠标左键确认，并拖动鼠标到合适位置，如图 7–58 所示。

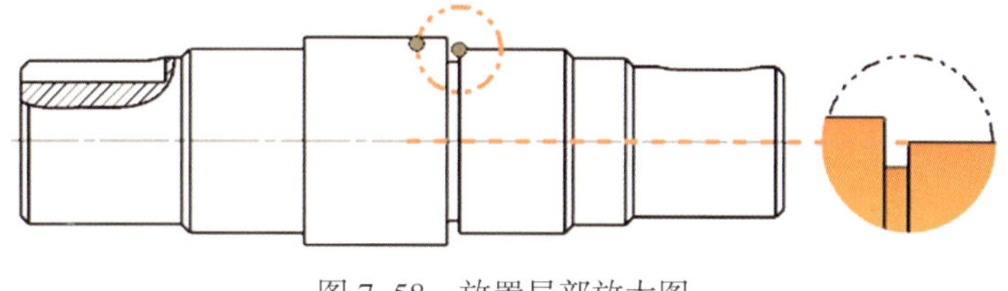

图 7–58　放置局部放大图

5）单击鼠标左键确认，完成局部放大图的创建，如图 7–59 所示。

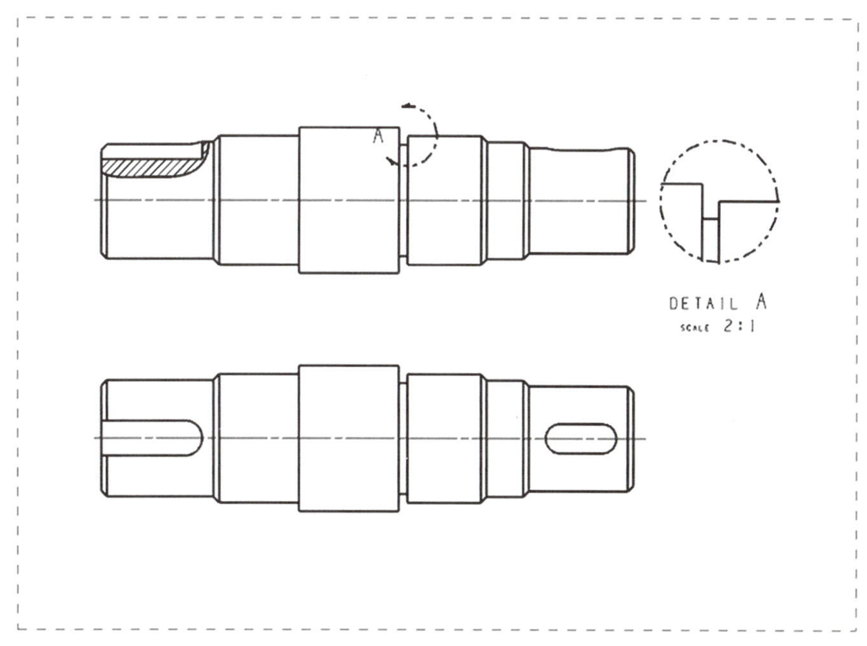

图 7–59　创建局部放大图

6）选择［文件］/［保存］菜单命令，完成文件的保存。

任务拓展

1．试完成图 7–60 所示盘类零件工程图的创建，零件图可在技工教育网下载。

2．试完成图 7–61 所示支架零件工程图的创建，零件图可在技工教育网下载。

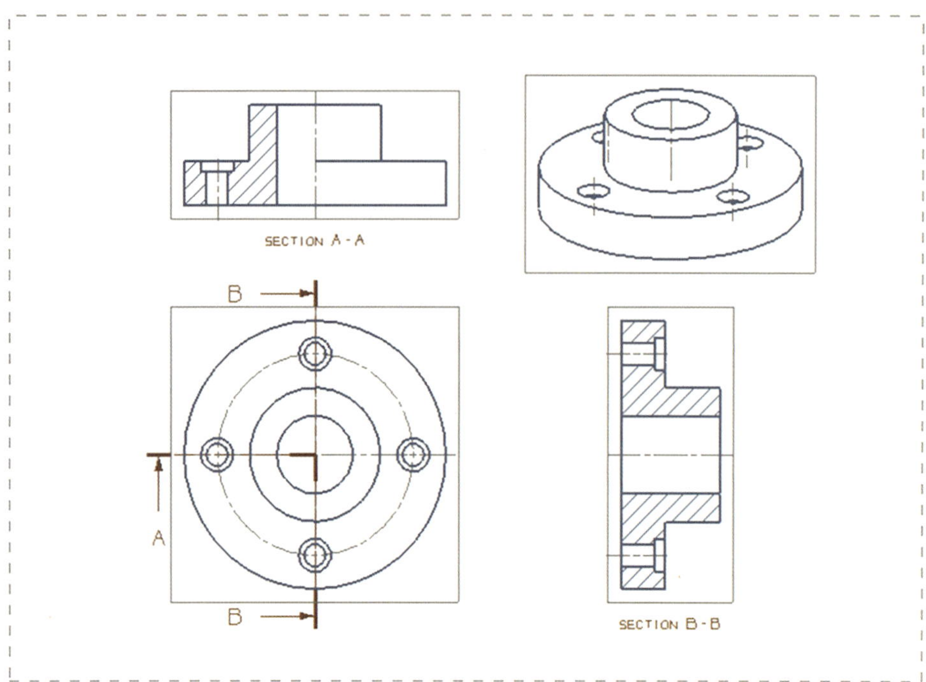

图 7-60 盘类零件工程图

图 7-61 支架零件工程图

提示

工程图中各视图的矩形边界，可通过下面的操作隐藏。

①选择［菜单］/［首选项］/［制图］菜单命令，系统弹出“制图首选项”对话框。

②选择“图纸视图”选项卡。

③取消“边界”选项组中的“显示”选项，如图 7–62 所示。

图 7–62　取消视图边界显示

课题 2　工程图标注

学习目标

1．能标注尺寸。

2．能标注几何公差。

3．能标注表面粗糙度。

4．能加入文字。

工作任务

试完成图 7-63 所示底座工程图的创建。

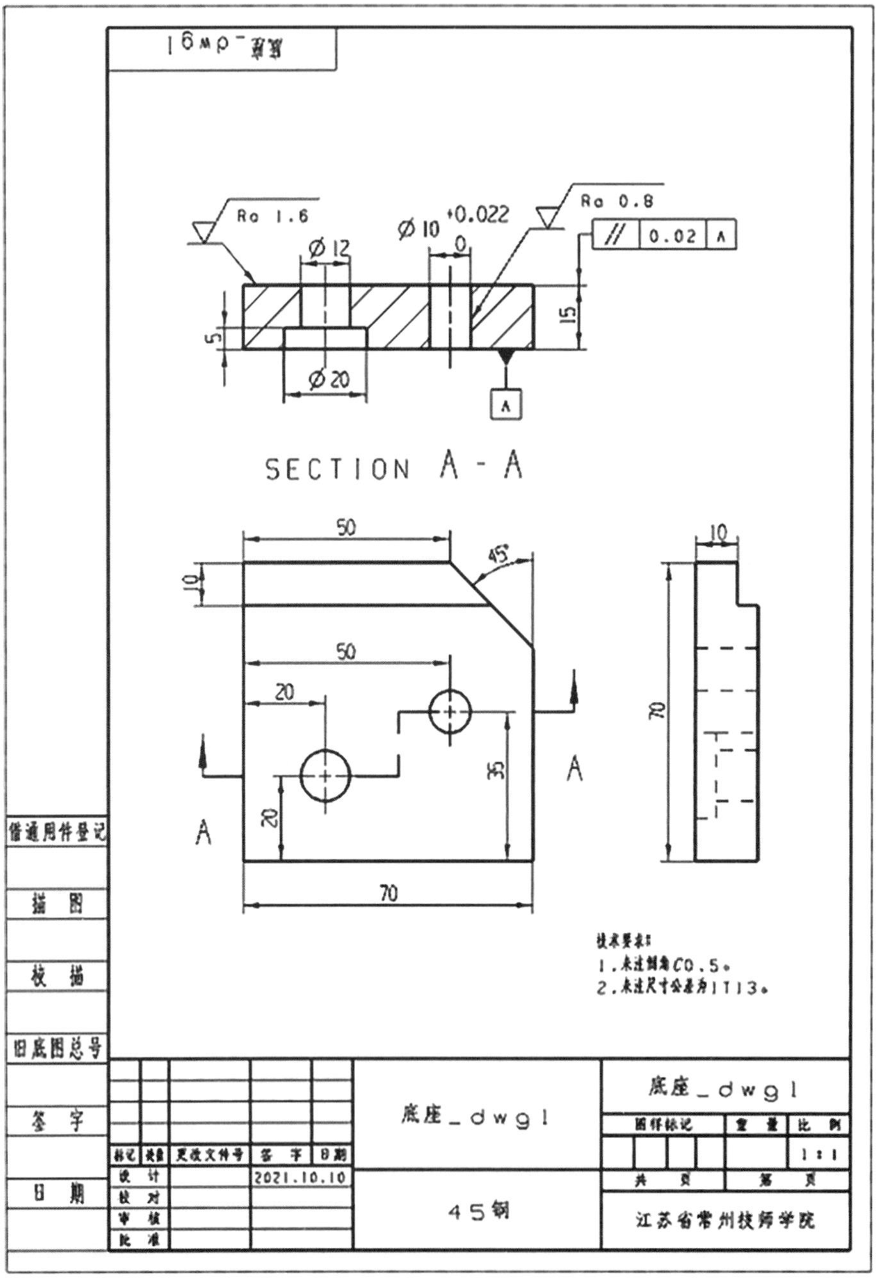

技术要求：
1. 未注倒角C0.5。
2. 未注尺寸公差为IT13。

图 7-63　底座工程图

任务实施

1. 创建底座工程图

（1）启动 UG NX 2007 后，单击功能区“主页”选项卡“标准”面组中的“新建”图标，系统弹出“新建”对话框。

（2）在该对话框中单击“图纸”选项卡，在“关系”下拉列表中选择“引用现有部件”，从“模板”列表中选择“A4- 无视图”，设定文件名及指定要保存的文件夹，如图 7-64 所示。

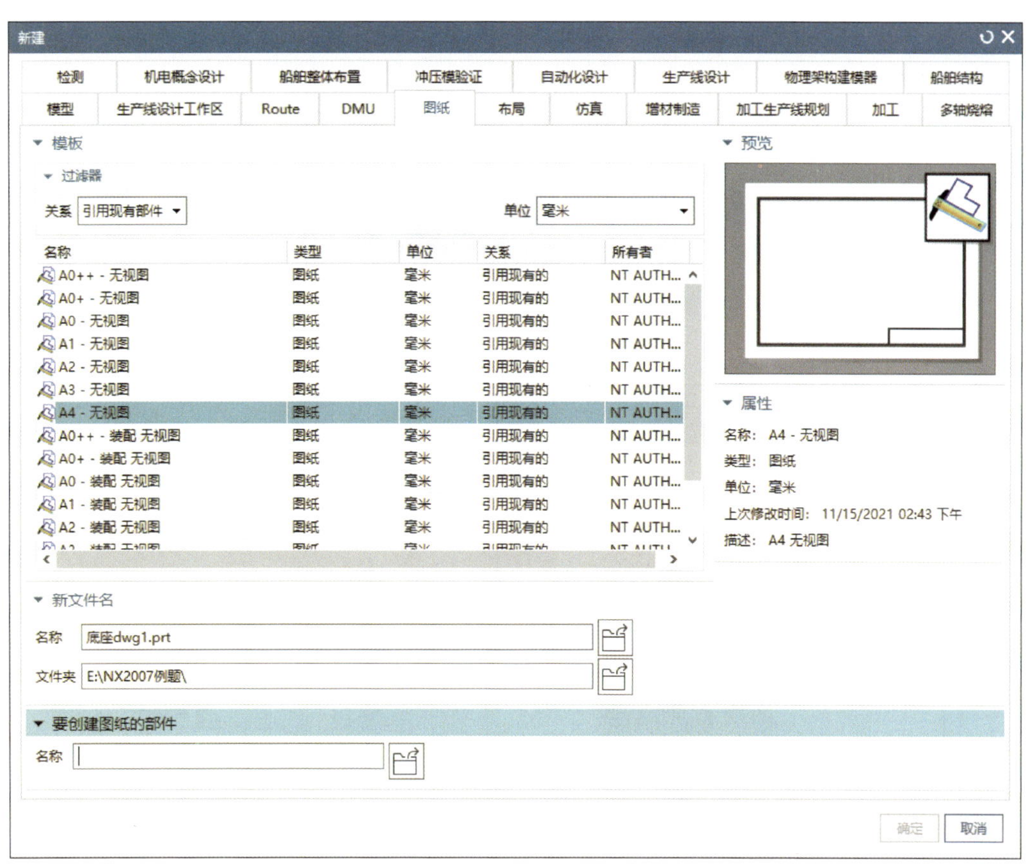

图 7-64　“新建”对话框

（3）单击“要创建图纸的部件”选项组中的“打开”图标，系统弹出“选择主模型部件”对话框。

（4）单击“选择主模型部件”对话框中的“打开”图标，选择“底座 .prt”，此时“选择主模型部件”对话框如图 7-65 所示。

（5）单击【确定】按钮，然后在“新建”对话框中单击【确定】按钮，系统弹出“基本视图”对话框，如图 7-66 所示。

（6）添加相关视图，并删除“其余”两字和表面粗糙度符号，如图 7-67 所示。

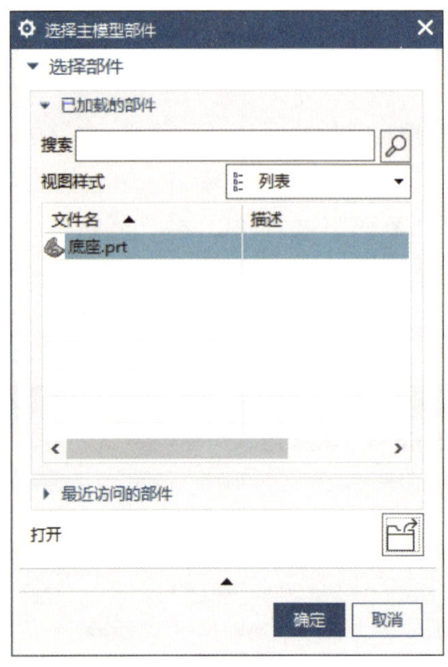

图 7-65 “选择主模型部件”对话框

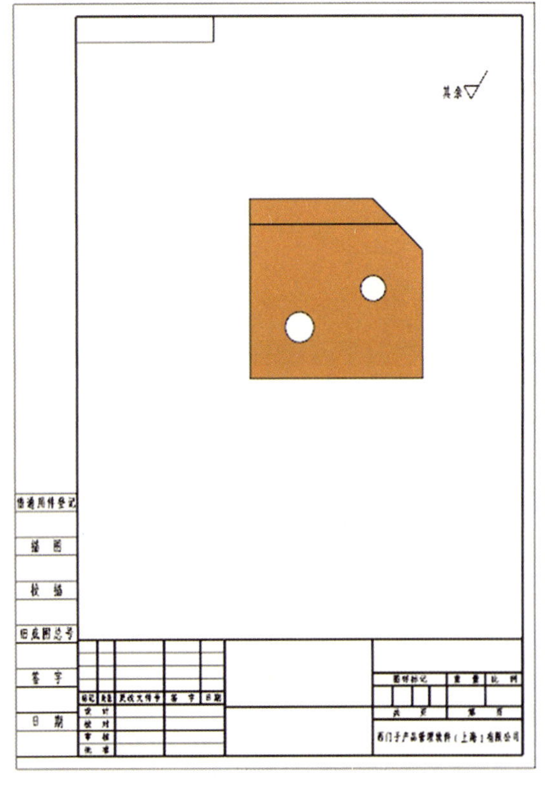

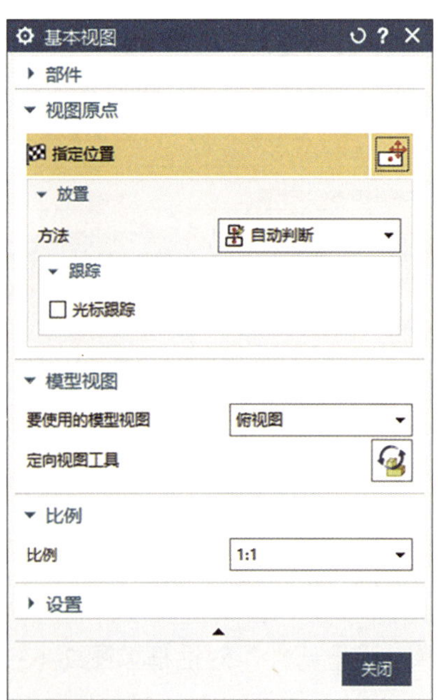

图 7-66 图形窗口和“基本视图”对话框

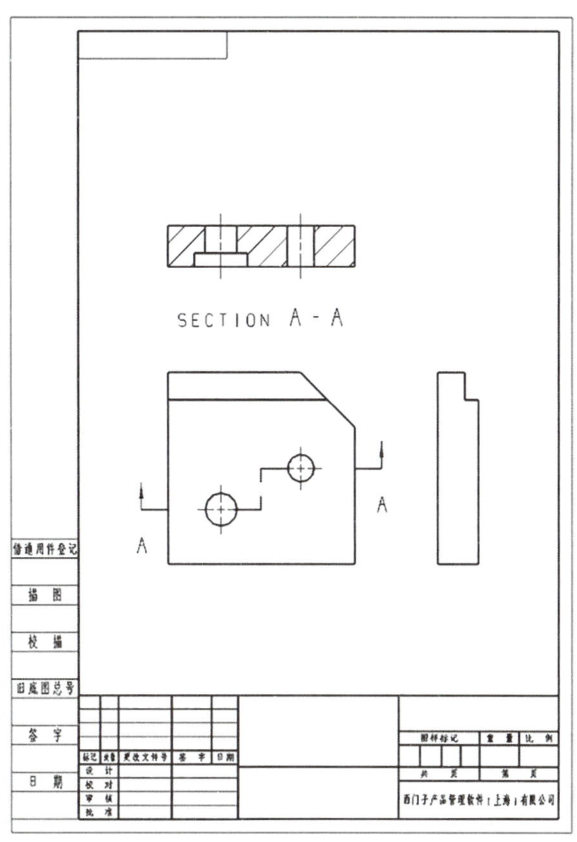

图 7–67 添加相关视图

提示

选中视图边界后，可通过拖动光标来平移视图，以调整视图位置。

（7）选择左视图（光标放在视图边界处），单击鼠标右键，系统弹出快捷菜单，选择“设置”，如图 7–68 所示。

（8）系统弹出“设置”对话框，选择“隐藏线”，将其设置为“虚线”，如图 7–69 所示。

（9）单击【确定】按钮，显示隐藏线，如图 7–70 所示。

2. 标注尺寸

（1）使用“快速”工具标注尺寸

1）单击功能区“主页”选项卡“尺寸”面组中的“快速”图标，或选择［菜单］/［插入］/［尺寸］/［快速］菜单命令，系统弹出“快速尺寸”对话框，如图 7–71 所示。

2）根据提示“选择要标注快速尺寸的第一个对象或双击编辑驱动值”，将光标移动到图 7–72 所示水平线上。

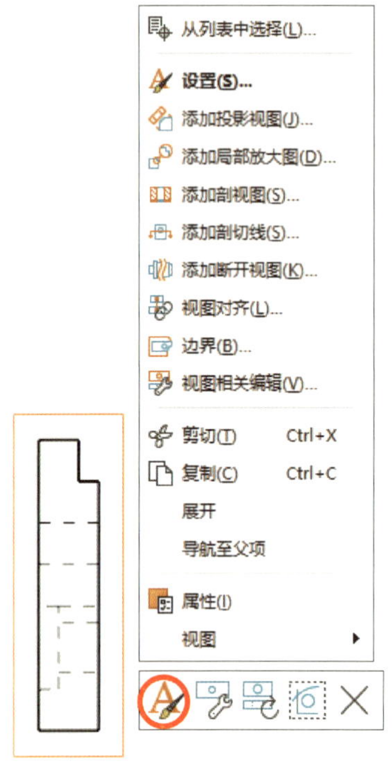

图 7-68 选择“设置”

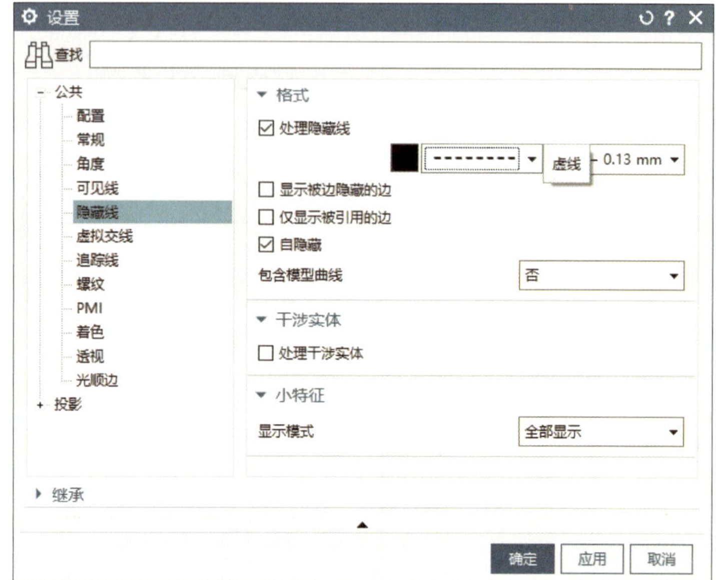

图 7-69 “设置”对话框

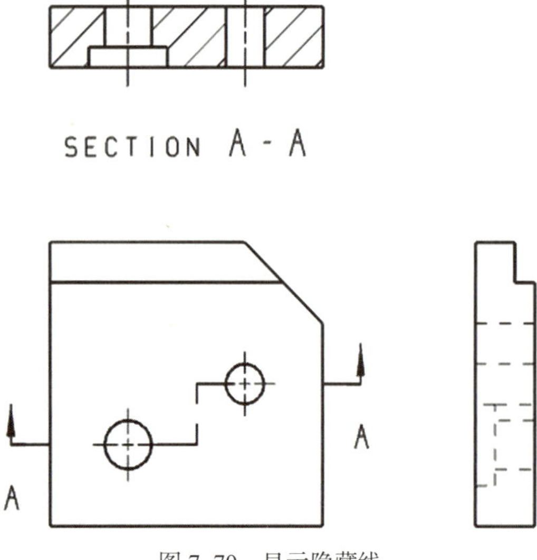

图 7-70 显示隐藏线

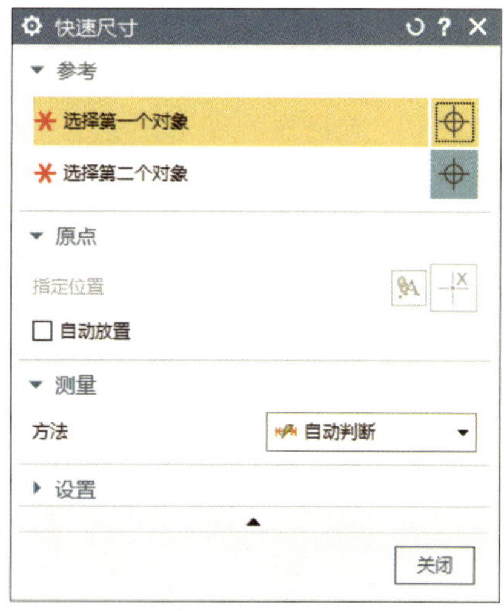

图 7-71 “快速尺寸”对话框

3）单击鼠标左键确认，移动光标到尺寸放置位置，单击鼠标左键确认，完成水平尺寸“70”的标注，如图 7–73 所示。

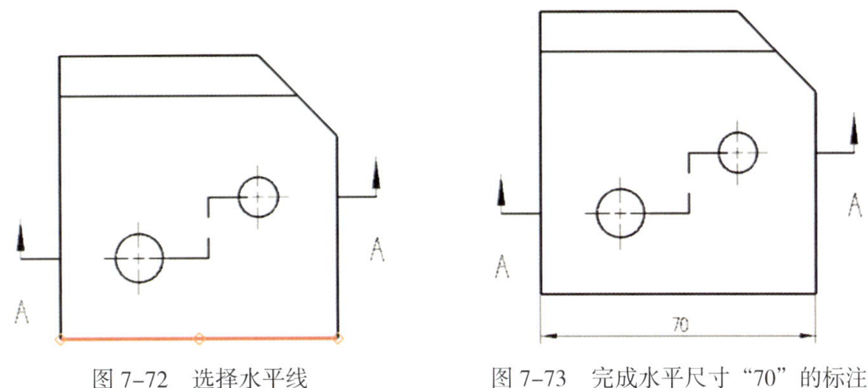

图 7–72　选择水平线　　图 7–73　完成水平尺寸“70”的标注

4）采用类似方法，完成其他尺寸的标注，如图 7–74 所示。

（2）标注角度

1）单击功能区“主页”选项卡“尺寸”面组中的“角度”图标，或选择［菜单］/［插入］/［尺寸］/［角度］菜单命令，系统弹出“角度尺寸”对话框，如图 7–75 所示。

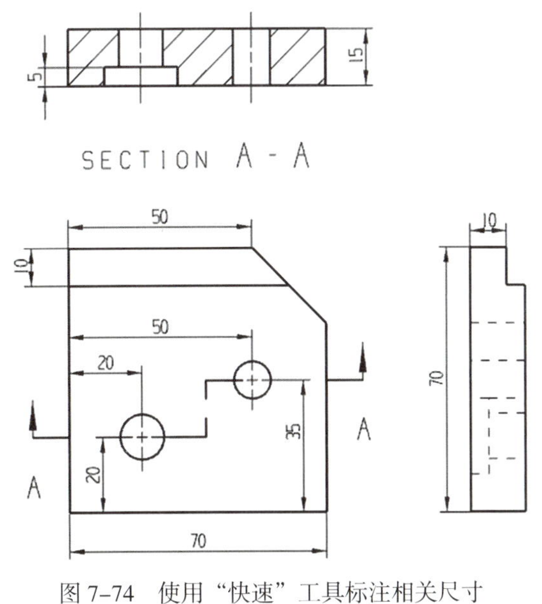

图 7–74　使用“快速”工具标注相关尺寸

图 7–75　“角度尺寸”对话框

2）根据提示“选择要标注角度尺寸的第一个对象或双击编辑驱动值”，完成角度尺寸“45°”的标注，如图 7–76 所示。

（3）标注圆柱尺寸

1）单击功能区“主页”选项卡“尺寸”面组中的“快速”图标，或选择［菜单］/［插入］/［尺寸］/［快速］菜单命令，系统弹出“快速尺寸”对话框。

2）设置“测量”选项组中的“方法”为“圆柱式”，如图 7–77 所示。

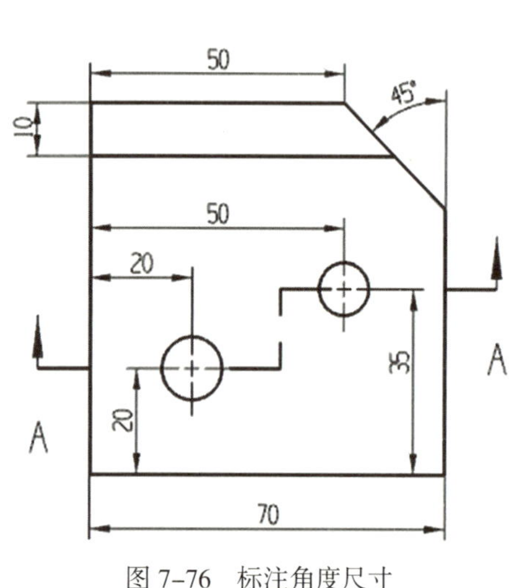

图 7–76　标注角度尺寸

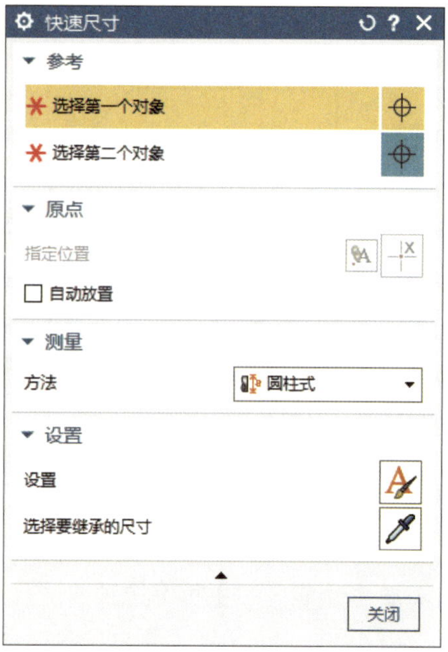

快速尺寸

▼ 参考

✱ 选择第一个对象

✱ 选择第二个对象

▼ 原点

指定位置

☐ 自动放置

▼ 测量

方法　圆柱式

▼ 设置

设置

选择要继承的尺寸

关闭

图 7–77　设置“快速尺寸”对话框

3）根据提示“选择要标注快速尺寸的第一个对象或双击编辑驱动值”，为圆柱尺寸选择第一个对象，如图 7–78 所示。

4）根据提示，为圆柱尺寸选择第二个对象，如图 7–79 所示。

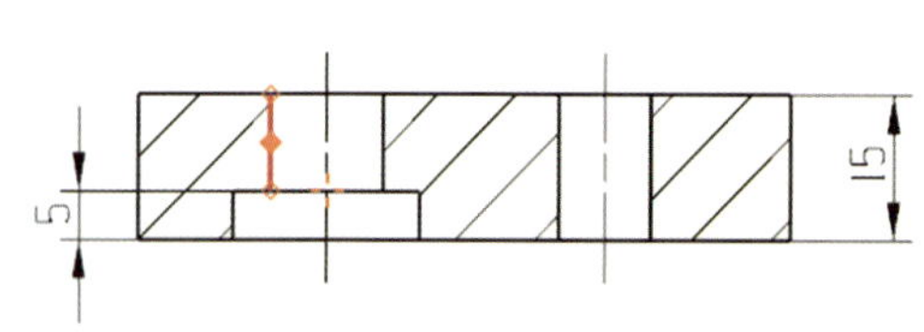

图 7–78　为圆柱尺寸选择第一个对象

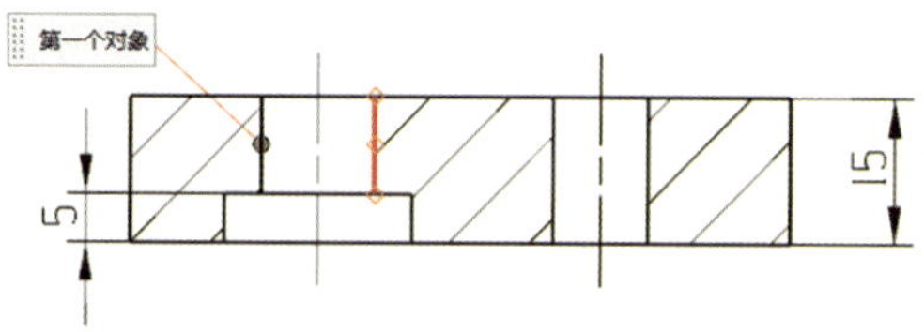

图 7–79　为圆柱尺寸选择第二个对象

5）单击鼠标左键确认，并移动光标到适当位置，单击鼠标左键确认，完成圆柱尺寸“ϕ12”的标注，如图 7–80 所示。

6）采用类似方法，完成圆柱尺寸“ϕ20”的标注，如图 7–81 所示。

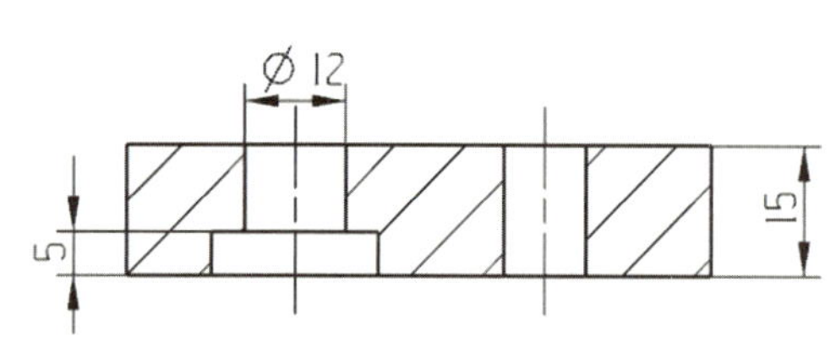

图 7–80　标注圆柱尺寸“ϕ12”

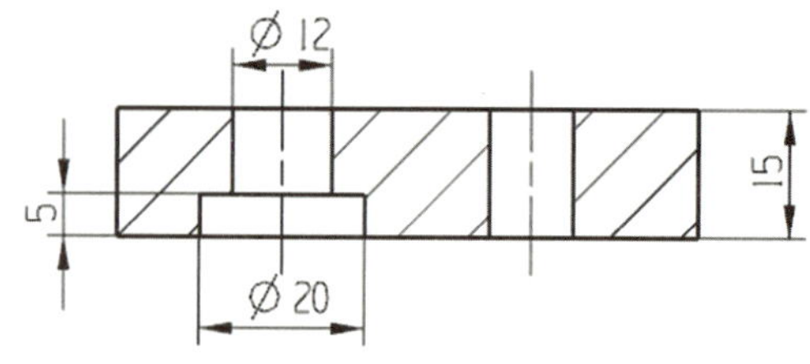

图 7–81　标注圆柱尺寸“ϕ20”

（4）标注带公差的尺寸

1）单击功能区“主页”选项卡“尺寸”面组中的“快速”图标，或选择［菜单］/［插入］/［尺寸］/［快速］菜单命令，系统弹出“快速尺寸”对话框。

2）设置“测量”选项组中的“方法”为“圆柱式”。

3）根据提示，选择要标注快速尺寸的第一个对象和第二个对象，移动光标拟指定放置尺寸的位置。

4）弹出“尺寸编辑栏”对话框，将公差选项设置为“双向公差”，并设置公差小数位数为“3”，输入上偏差为“0.022”，下偏差为“0”，如图 7–82 所示。

5）单击鼠标左键指定该尺寸的放置位置，图形窗口如图 7–83 所示。

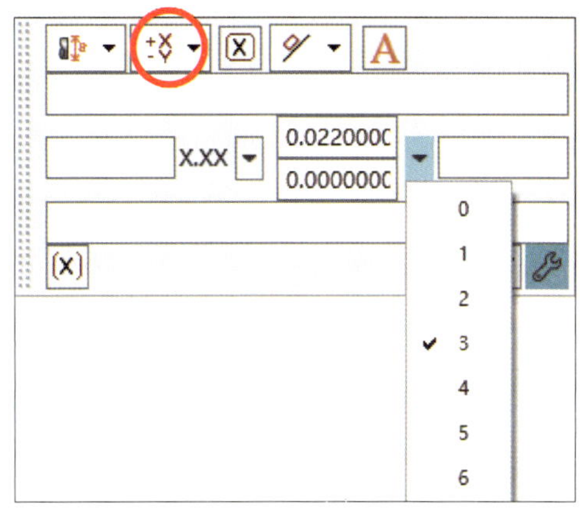

图 7–82　设置“尺寸编辑栏”对话框

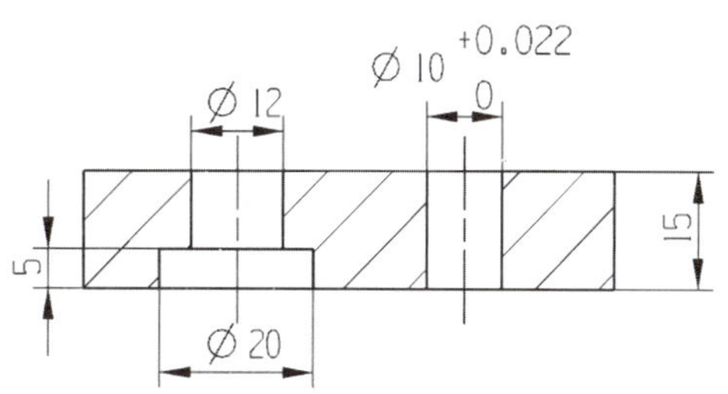

图 7–83　标注带公差的尺寸

3. 标注几何公差

（1）创建基准

1）单击功能区“主页”选项卡“注释”面组中的“基准特征符号”图标，或选择［菜单］/［插入］/［注释］/［基准特征符号］菜单命令，系统弹出“基准特征符号”对话框，按图 7–84 所示进行相应设置。

2）根据提示“指定原点或按住并拖动对象以创建指引线”，选择放置基准的边线，如图 7–85 所示。

3）按住鼠标左键将基准符号图框拖到合适位置，如图 7–86 所示。

4）单击鼠标左键确认，完成基准特征创建，如图 7–87 所示。

5）单击【关闭】按钮。

图 7–84　设置“基准特征符号”对话框

（2）创建几何公差

1）单击功能区“主页”选项卡“注释”面组中的“特征控制框”图标，或选择［菜单］/［插入］/［注释］/［特征控制框］菜单命令，系统弹出“特征控制框”对话框。

2）设置“框”选项组中的“特性”为“平行度”，并设置公差值为“0.02”，第一基准参考为“A”，如图 7-88 所示。

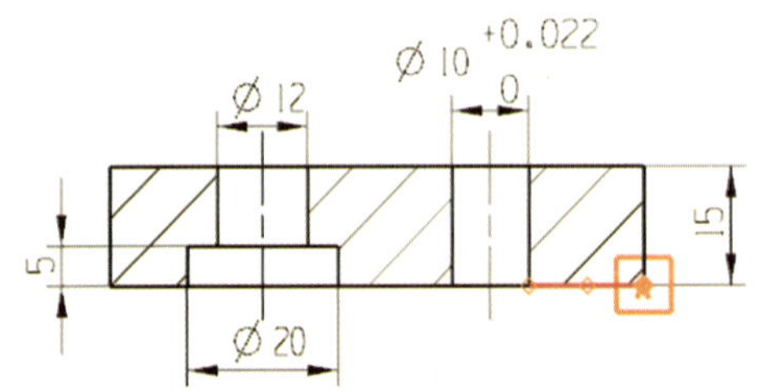

图 7-85　选择放置基准的边线

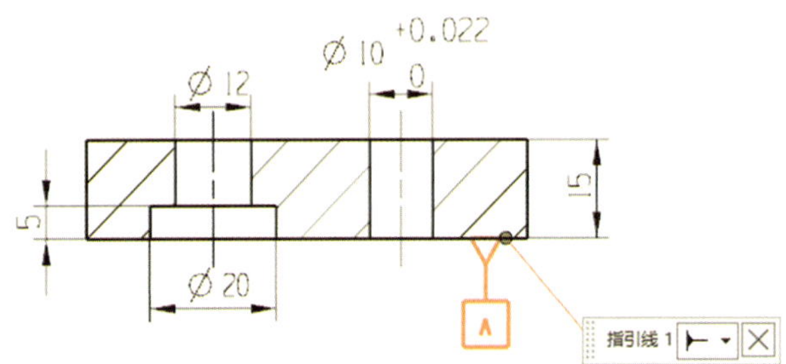

图 7-86　按住鼠标左键拖动基准符号图框

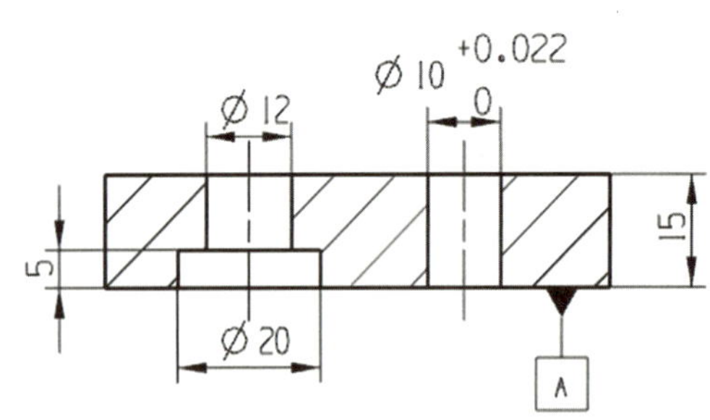

图 7-87　完成基准特征创建

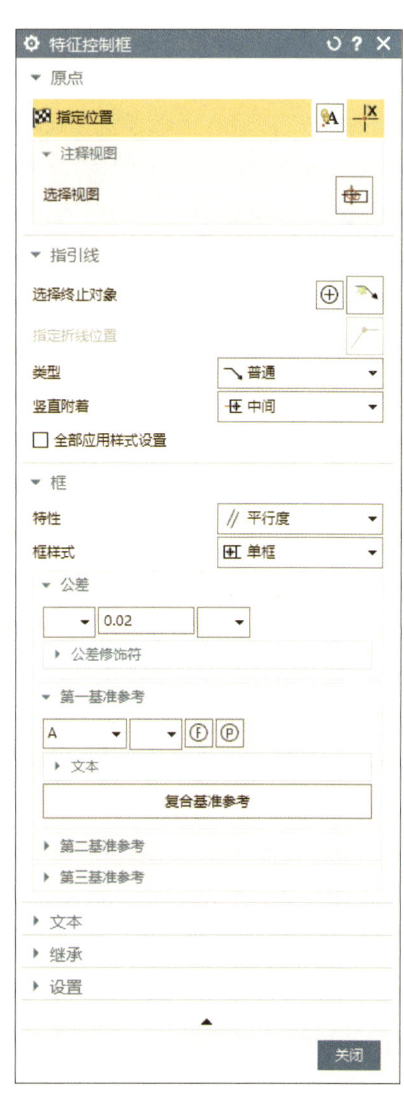

图 7-88　设置“特征控制框”对话框

3）根据提示“指定原点或按住并拖动对象以创建指引线”，指定几何公差放置位置，如图 7-89 所示。

4）按住鼠标左键，并向上拖动光标，如图 7-90 所示。

5）单击鼠标左键确认，完成几何公差的标注，如图 7-91 所示。

6）单击【关闭】按钮。

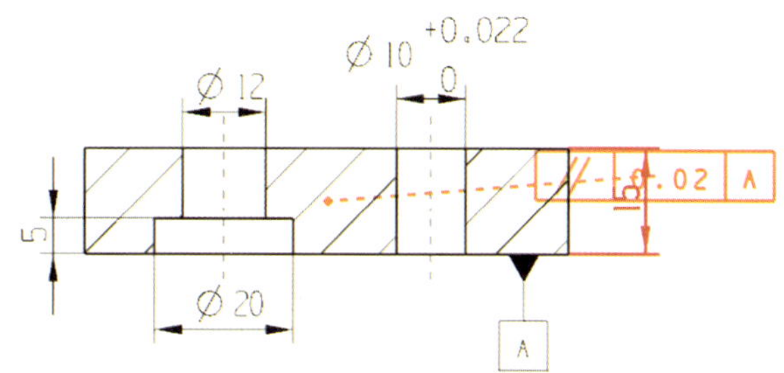

图 7-89　指定几何公差放置位置

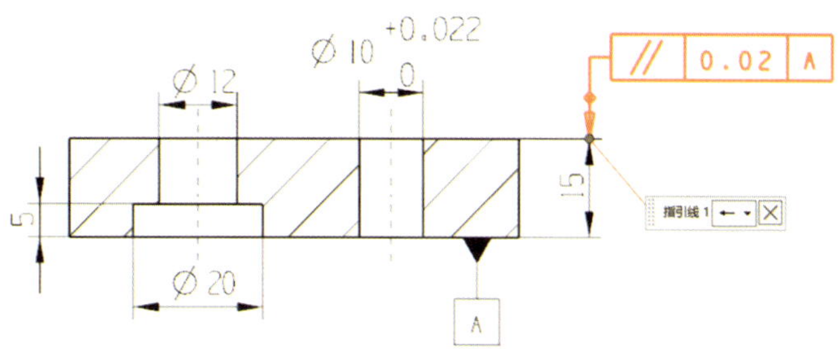

图 7-90　放置几何公差

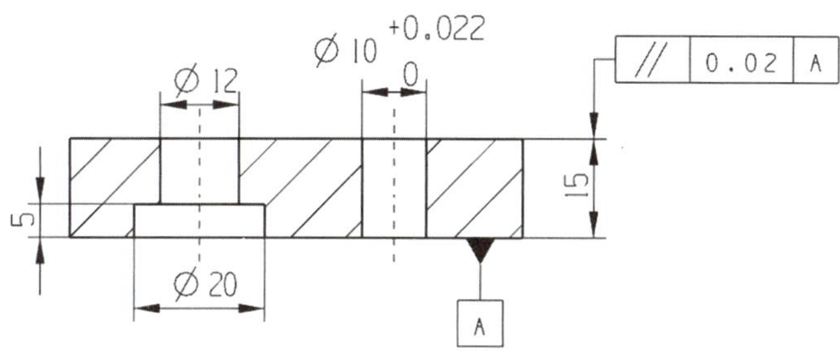

图 7-91　标注几何公差

4. 标注表面粗糙度

（1）单击功能区“主页”选项卡“注释”面组中的“表面粗糙度符号”图标 √，或选择［菜单］/［插入］/［注释］/［表面粗糙度符号］菜单命令，系统弹出“表面粗糙度”对话框，如图 7-92 所示。

（2）设置“属性”选项组中的“除料”为“修饰符，需要除料”，“波纹（c）”为“Ra1.6”。

（3）设置“设置”选项组中的“角度”为“0°”，“圆括号”为“无”，如图 7-93 所示。

（4）根据系统提示“指定原点或按住并拖动对象以创建指引线”，选择边，如图 7-94 所示。

（5）按住鼠标左键，并向上拖动光标，如图 7-95 所示。

（6）单击鼠标左键确认，完成表面粗糙度的标注，如图 7-96 所示。

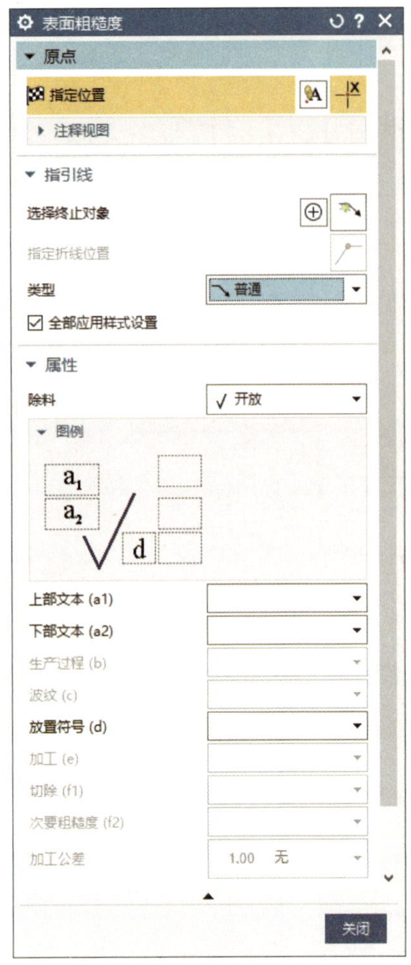

图 7–92 “表面粗糙度”对话框

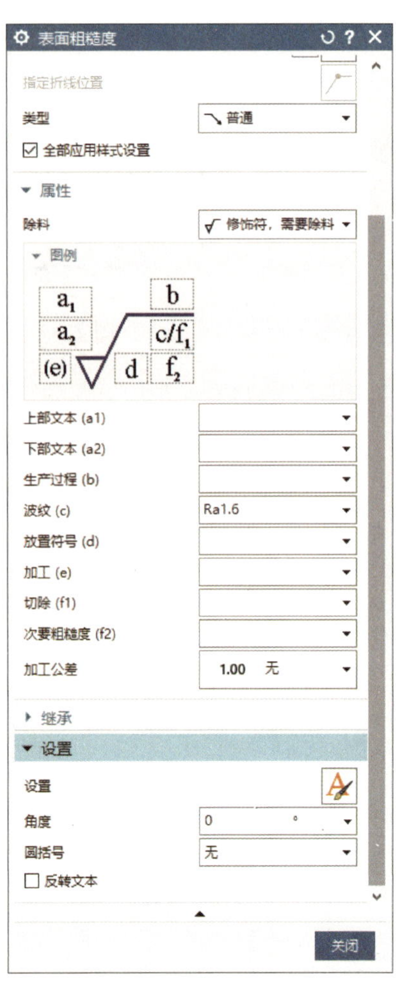

图 7–93 对话框设置

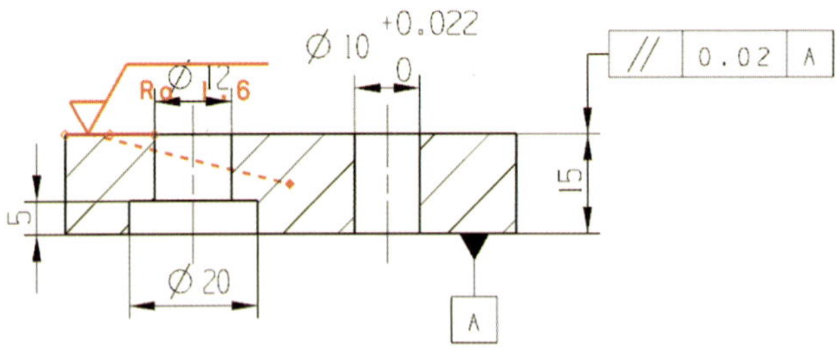

图 7–94 选择边

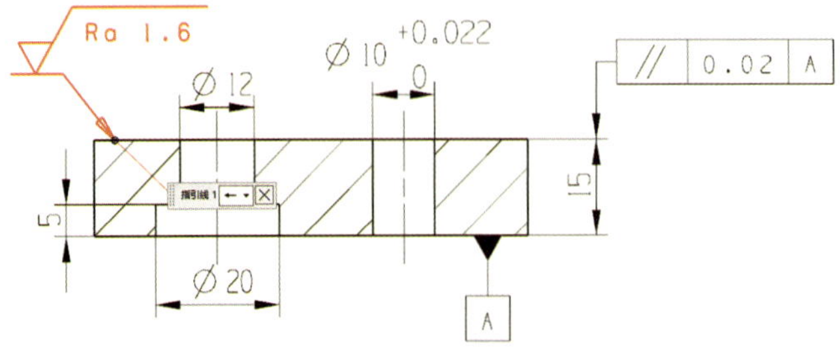

图 7–95 放置表面粗糙度符号

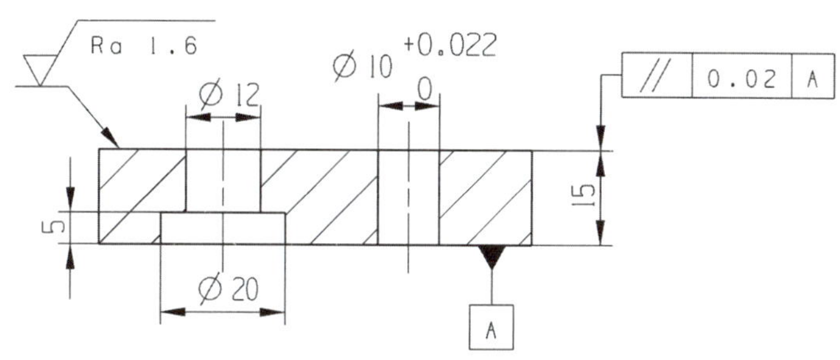

图 7–96　标注表面粗糙度

（7）采用类似方法，完成其他表面粗糙度的标注，如图 7–97 所示。

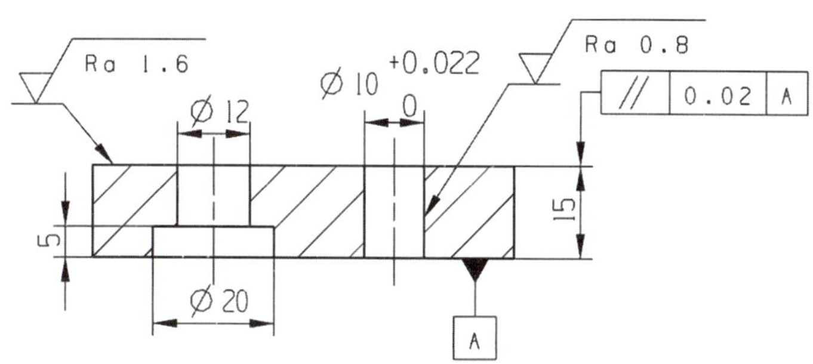

图 7–97　完成表面粗糙度的标注

5. 标注技术要求

（1）单击功能区“主页”选项卡“注释”面组中的“注释”图标 A，或选择［菜单］/［插入］/［注释］/［注释］菜单命令，系统弹出“注释”对话框。

（2）在“文本输入”选项组的文本输入框内输入技术要求的内容，如图 7–98 所示。

（3）单击“设置”选项组中的“设置”图标，弹出“注释设置”对话框，可以编辑文字高度等，如图 7–99 所示。

（4）根据提示，移动光标到合适位置，单击鼠标左键确认，单击【关闭】按钮，完成技术要求的标注。

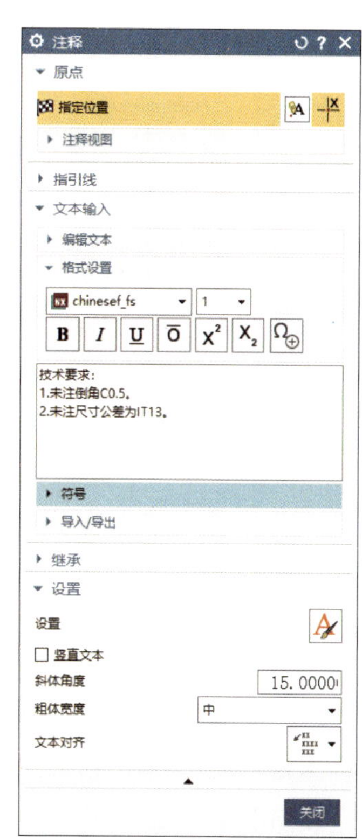

图 7–98　设置“注释”对话框

6. 修改标题栏

（1）单击功能区“视图”选项卡“层”面组中的“图层设置”图标，或选择［菜单］/［格式］/［图层设置］菜单命令，系统弹出“图层设置”对话框，如图 7–100 所示。

（2）在图层列表中单击“170”左侧的复选框，使该复选框的√由灰色变亮（此时表示其处于勾选激活状态），其对应的“仅可见”复选框则自动被取消了勾选状态，如图 7–101 所示。

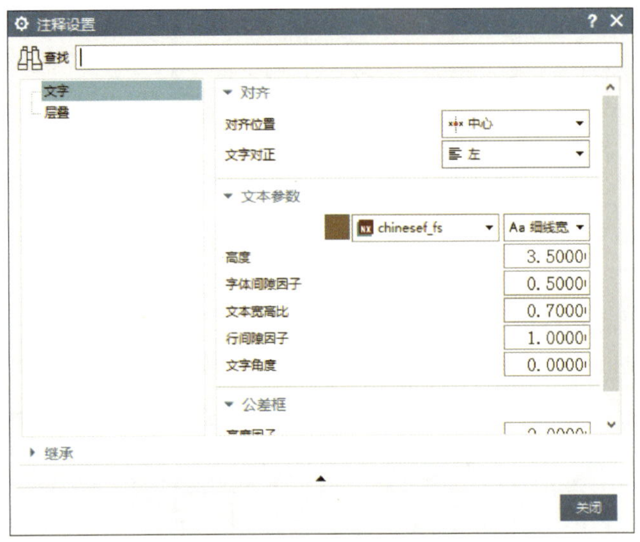

图 7–99 “注释设置”对话框

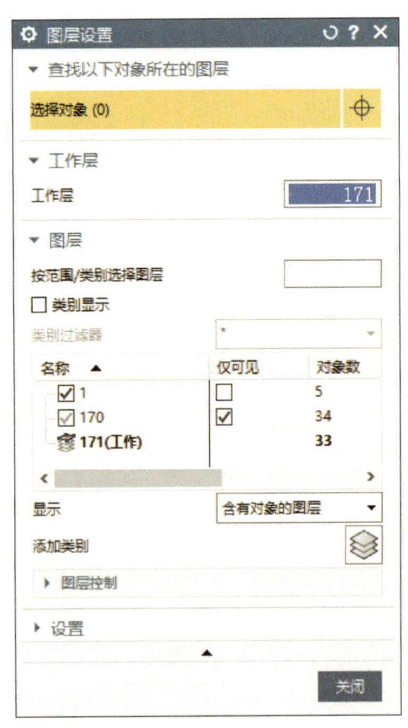

图 7–100 “图层设置”对话框

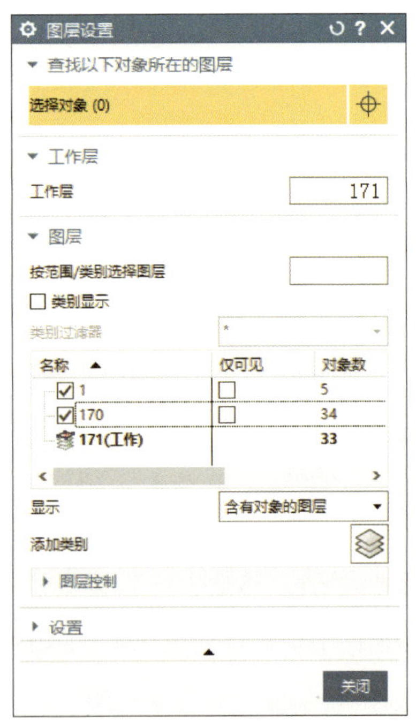

图 7–101 激活图层

（3）双击标题栏最右下角的单元格栏目，弹出“注释编辑”文本框，在该文本框中将“〈F2〉”字符和“〈F〉”之间的文本更改为新的注释文本，如“江苏省常州技师学院”，按鼠标滚轮确认，如图 7–102 所示。

（4）采用类似方法，编辑标题栏中其他单元格的注释文本，完成修改的标题栏如图 7–103 所示。

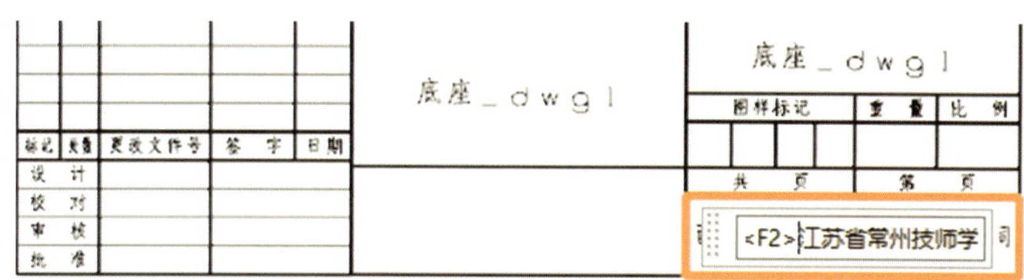

图 7-102 “注释编辑”文本框

标记	处数	更改文件号	签 字	日期	底座_dwgl	底座_dwgl		
						图样标记	重 量	比 例
设 计			2021.10.10		45钢			1:1
校 对						共 页	第 页	
审 核						江苏省常州技师学院		
批 准								

图 7-103 完成修改的标题栏

任务拓展

试完成图 7-104 所示工程图的创建。

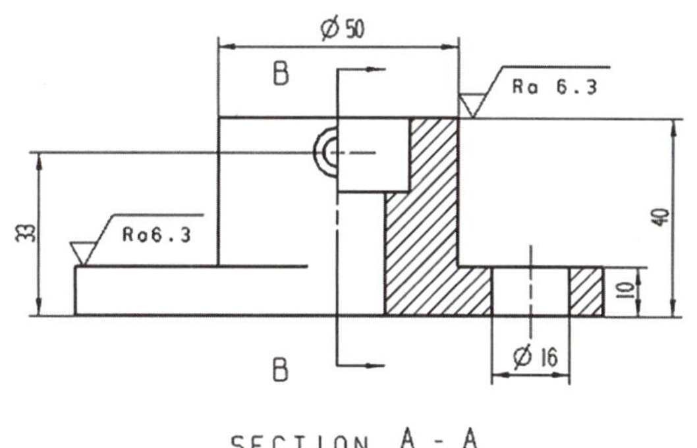

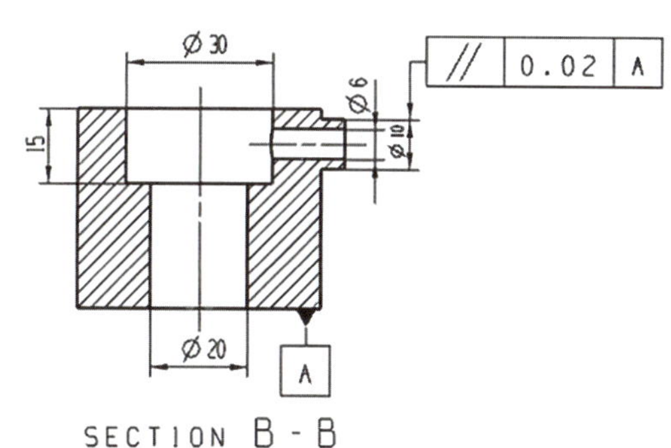

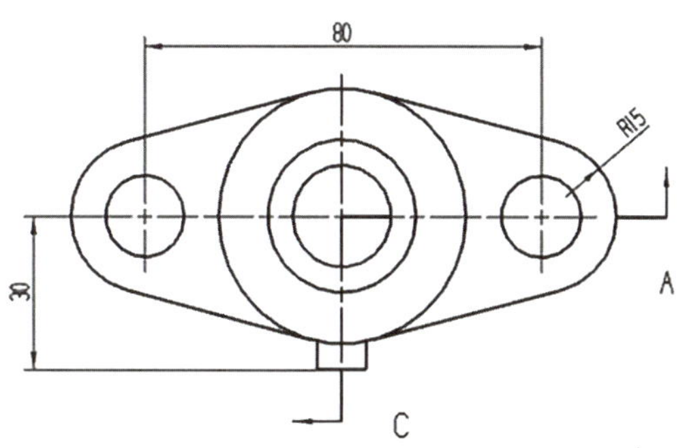

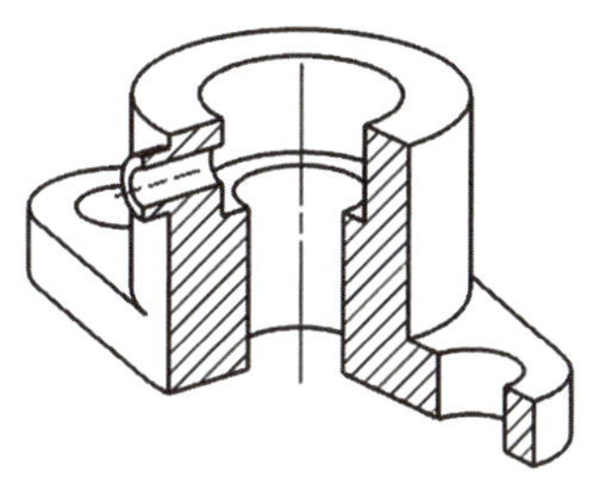

铸件不得有裂纹、砂眼等缺陷。

图 7-104 工程图

模块八　数控铣削加工

课题 1　平面铣削加工

学习目标

1．能根据加工任务设置加工环境。

2．能根据加工方案，利用“平面铣”工序设置参数生成粗加工刀路。

3．能根据加工方案，利用“平面铣”工序设置参数生成精加工刀路。

4．能利用仿真操作进行模拟切削。

5．能利用 UG NX 2007 提供的后处理生成程序。

工作任务

UG NX 2007 除有强大的 CAD 功能外，还具备了完善的 CAM 功能，能够实现三维造型、参数管理、刀位点计算、图形仿真加工、刀具轨迹的编辑和修改、后处理、工艺文档生成等。

平面铣削加工是最常用的铣削加工方式，主要加工直壁平底零件，可用作粗加工和精加工。平面铣削加工方式用边界定义被加工材料，刀轴垂直于零件底平面。平面铣削加工方式包括多种加工类型，其中最常用的是平面铣。

通过对图 8-1 所示零件的数控铣削加工，了解平面铣削加工功能。已知毛坯尺寸为 100 mm×100 mm×24 mm，零件材料为 45 钢。

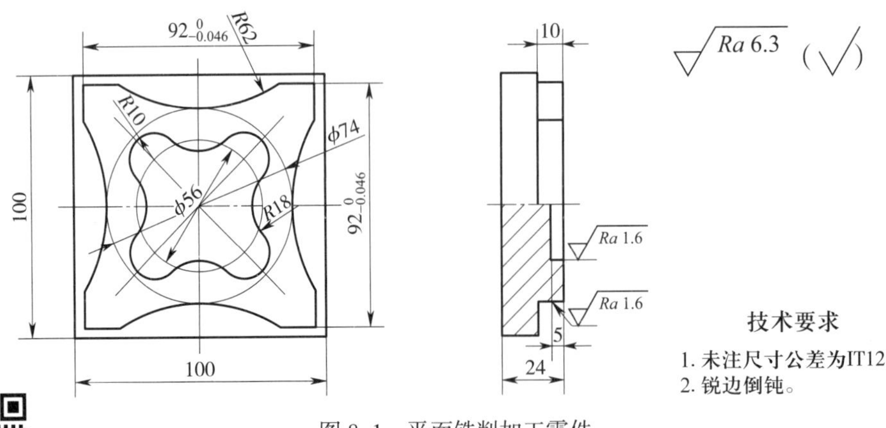

图 8-1　平面铣削加工零件

任务分析

1. 加工方案设计

本任务需要完成内外轮廓的加工。工件只需要一次装夹，因此只需要建立一个加工坐标系。加工坐标系原点可以选择零件上表面的对称中心。

可先进行粗加工，再进行内外轮廓侧壁的精加工。

2. 刀具及切削用量选取

零件材料为 45 钢，可选用高速钢或硬质合金刀具。刀具及切削用量见表 8–1。

表 8–1　刀具及切削用量

加工工序		刀具与切削用量					
序号	加工内容	刀具规格			主轴转速 /（r/min）	进给速度 /（mm/min）	最大切削深度 / mm
		刀号	刀具名称	材料			
1	轮廓外部粗加工	T1	ϕ10 mm 立铣刀	高速钢	600	80	10
2	轮廓内部粗加工	T1	ϕ10 mm 立铣刀	高速钢	600	80	10
3	外轮廓精加工	T1	ϕ10 mm 立铣刀	高速钢	800	80	10
4	内轮廓精加工	T1	ϕ10 mm 立铣刀	高速钢	800	80	10

任务实施

1. 零件三维造型

（1）双击快捷方式图标启动 UG NX 2007。

（2）新建名称为“pingmianxixue”的部件文件。

（3）选择［菜单］/［首选项］/［场景］菜单命令，将视图窗口设置为白色背景。

（4）完成加工零件的三维造型，如图 8–2 所示。

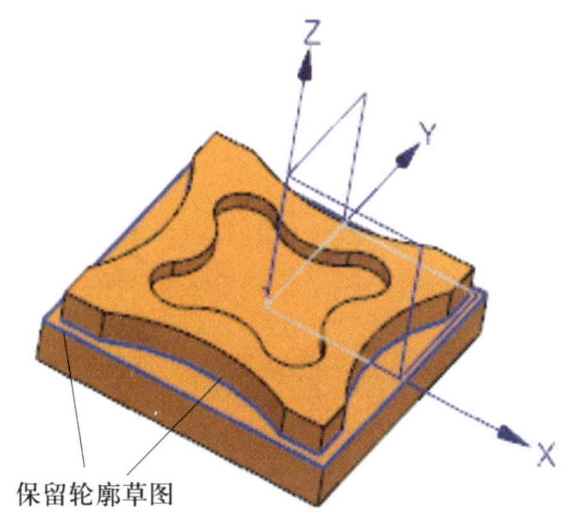

图 8–2　平面铣削零件三维造型

（5）隐藏基准坐标系。

2. 初始化加工环境

（1）单击功能区“应用模块”选项卡“加工”面组中的“加工”图标，启动“加工”应用模块，如图 8-3 所示。

（2）系统弹出“加工环境”对话框，如图 8-4 所示。

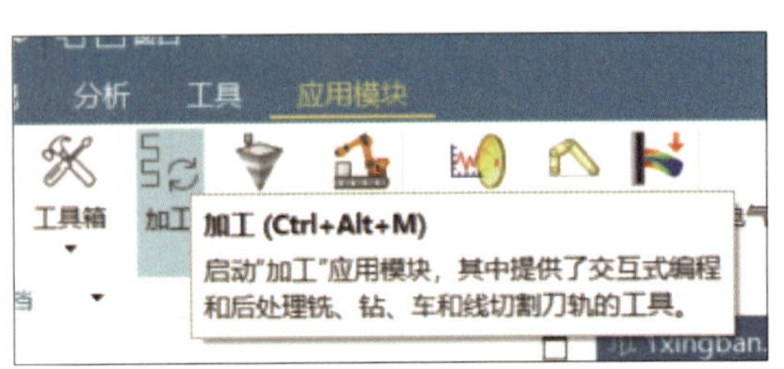

图 8-3 启动“加工”应用模块

图 8-4 “加工环境”对话框

（3）根据提示，“CAM 会话配置”选择“cam_general”，“要创建的 CAM 组装”选择“mill_planar”。

（4）单击【确定】按钮，进入加工操作环境，同时出现“插入”“预测工序”“工序”等面组，如图 8-5 所示。

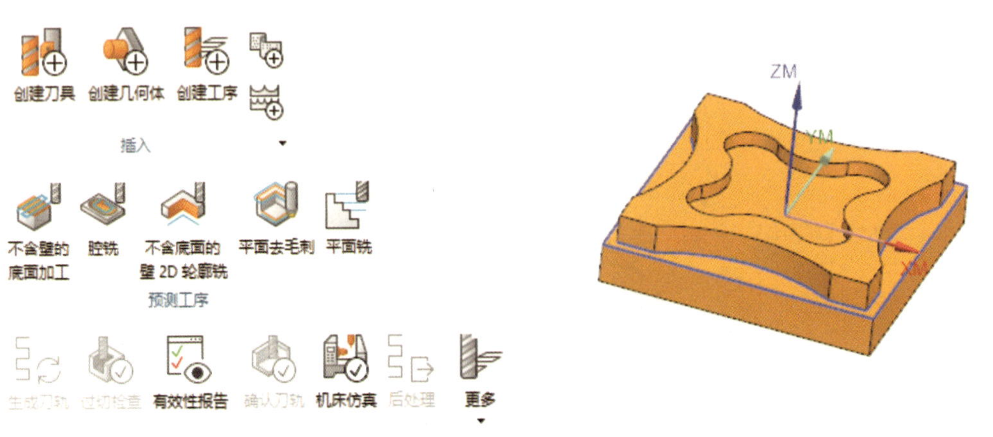

图 8-5 加工操作环境面组及图形窗口

提示

进入加工操作环境后，资源条中添加了“工序导航器”，如图 8-6 所示。

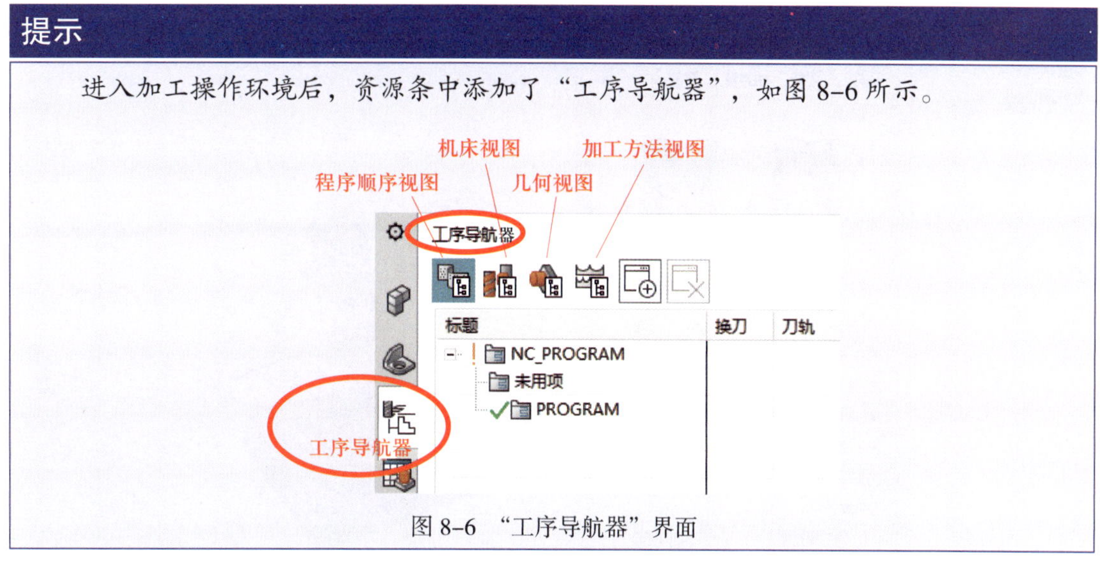

图 8-6　“工序导航器”界面

提示

对于刚接触自动编程的学员，创建铣削刀具轨迹主要从三个方面进行操作，分别是创建刀具、创建几何组、创建工序。

3. 创建刀具

（1）单击“插入”面组中的“创建刀具”图标，系统弹出“创建刀具”对话框，如图 8-7 所示，在“名称”文本框中输入刀具名称“D10”。

（2）单击【确定】按钮，系统弹出“铣刀 -5 参数”对话框，如图 8-8 所示。

（3）在“直径”文本框中输入“10”，单击【确定】按钮，结束刀具的创建。单击“机床视图”图标，“工序导航器”界面发生改变，如图 8-9 所示。

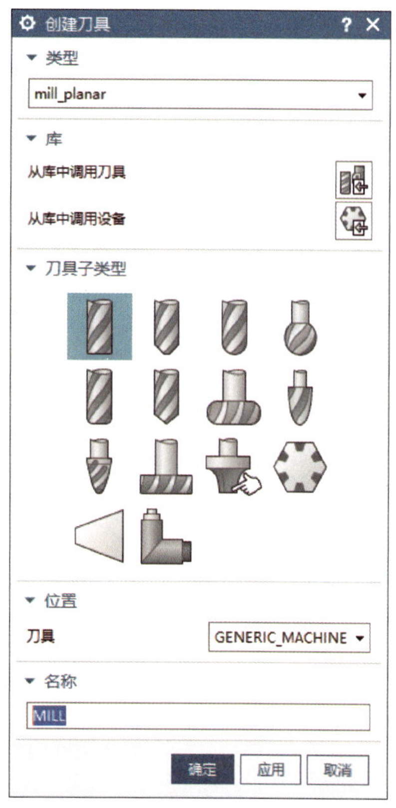

图 8-7　“创建刀具”对话框

提示

根据需要，可创建多把刀具。

4. 创建几何组

（1）进入几何视图

1）在“工序导航器”空白处单击鼠标右键，系统弹出快捷菜单，如图 8-10 所示，单击［几何视图］。

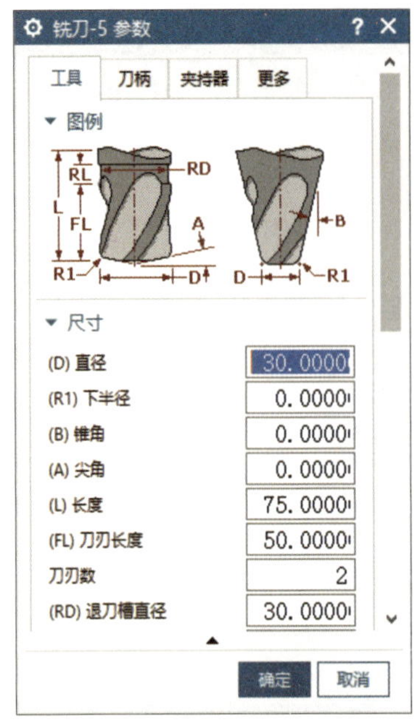

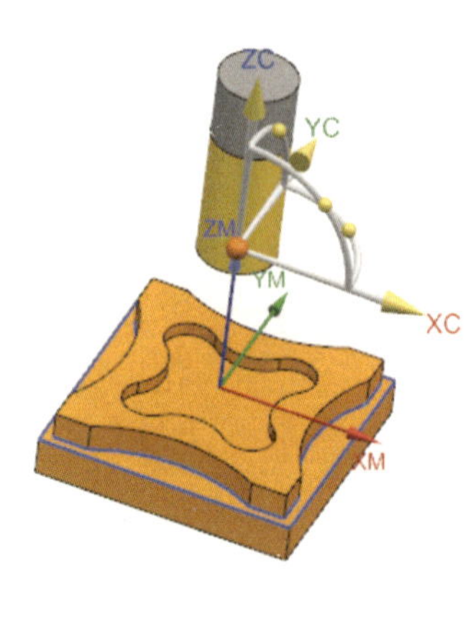

图 8–8 “铣刀 -5 参数”对话框

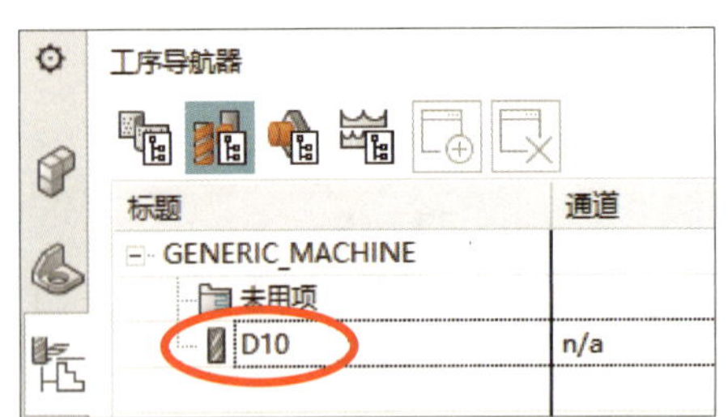

图 8–9 “工序导航器”界面

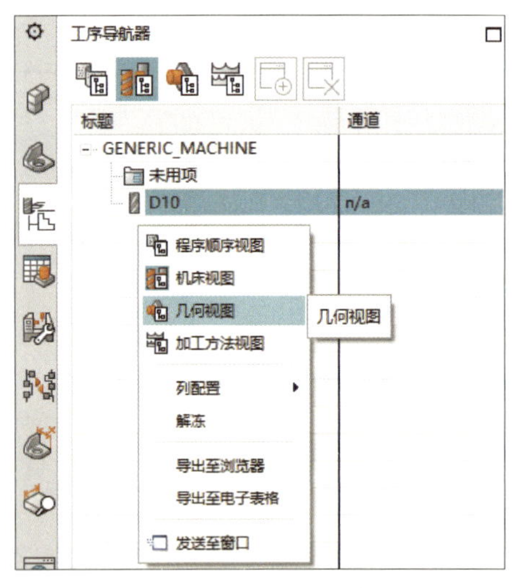

图 8–10 快捷菜单

2）“工序导航器”界面发生改变，如图 8–11 所示。

（2）创建机床坐标系

1）在“工序导航器”中，双击“MCS_MAIN”。

2）系统弹出“MCS Main”对话框，如图 8–12 所示。

3）单击“指定机床坐标系”右侧的“坐标系对话框”图标，系统弹出“坐标系”对话框，如图 8–13 所示。

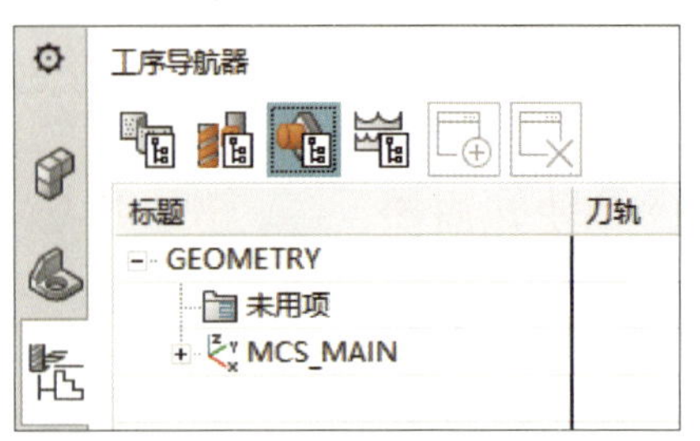

图 8–11 “工序导航器”界面

图 8–12　“MCS Main”对话框

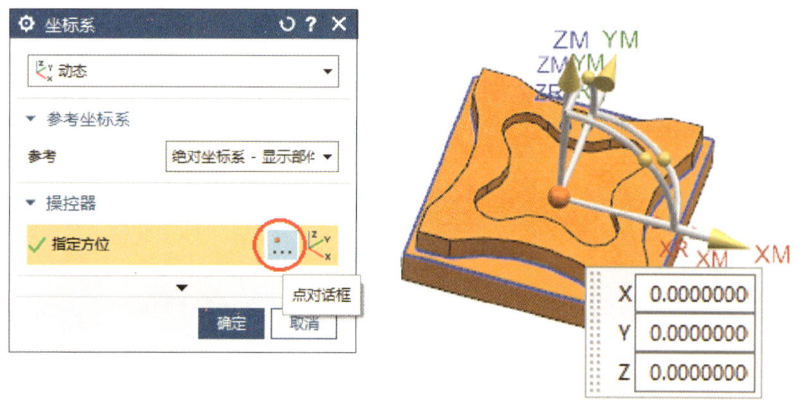

图 8–13　“坐标系”对话框

4）在“坐标系”对话框中，单击“指定方位”右侧的“点对话框”图标 ，系统弹出“点”对话框，如图 8–14 所示。

5）在下拉列表中选择“两点之间”设置方式设置坐标系原点位置。

6）在实体模型上依次拾取 *A* 点（模型角点）、*B* 点（模型角点），创建机床坐标系原点，如图 8–15 所示。

7）单击【确定】按钮，系统返回“坐标系”对话框。继续单击【确定】按钮，系统返回“MCS Main”对话框，绘图窗口预显机床坐标系，如图 8–16 所示。

8）单击【确定】按钮，完成机床坐标系创建。

（3）创建部件几何体

1）在“工序导航器”中，单击“MCS_MAIN”前的“+”号，展开“WORKPIECE”，如图 8–17 所示。

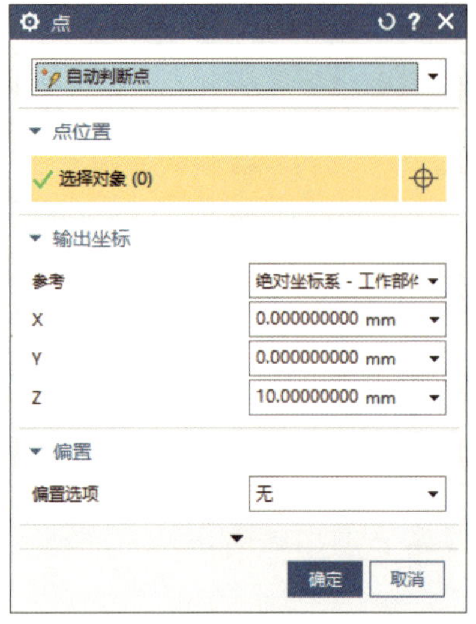

图 8-14 “点”对话框

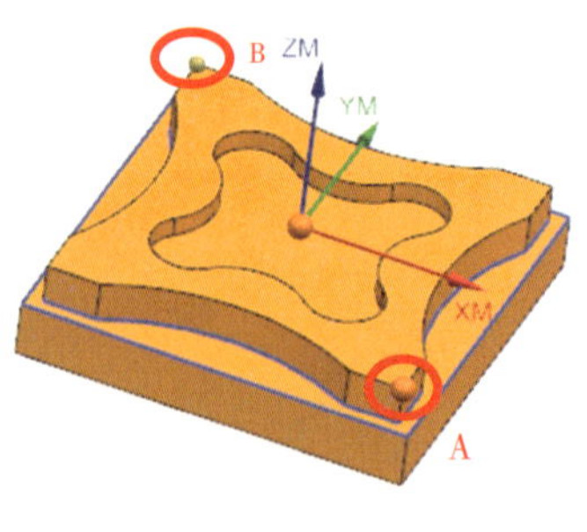

图 8-15 创建机床坐标系原点

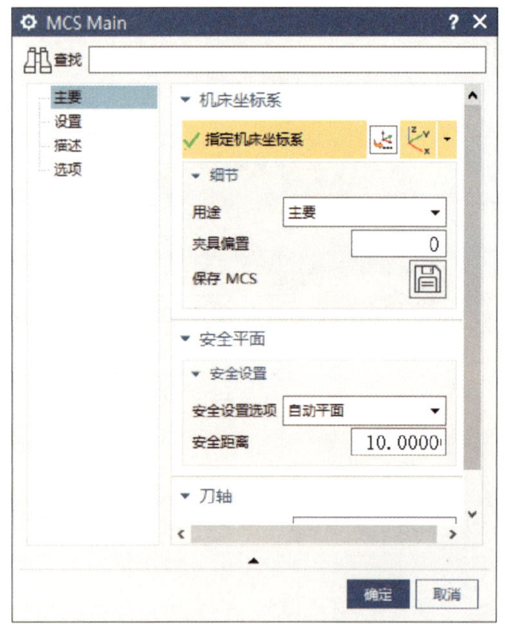

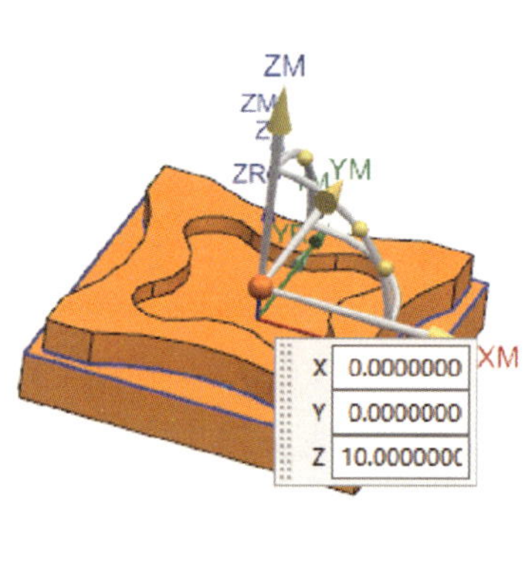

图 8-16 预显机床坐标系

图 8-17 展开“WORKPIECE”

2）双击“WORKPIECE”，系统弹出“工件”对话框，如图 8–18 所示。

3）单击“几何体”选项组中的“指定部件”图标，系统弹出“部件几何体”对话框，如图 8–19 所示。

图 8–18　“工件”对话框

图 8–19　“部件几何体”对话框

4）移动光标，捕捉加工零件模型，单击选择零件模型作为部件几何体，如图 8–20 所示。

5）单击【确定】按钮，结束部件几何体的选择，系统返回“工件”对话框。

（4）创建毛坯几何体

1）在“工件”对话框中，单击“几何体”选项组中的“指定毛坯”图标，系统弹出“毛坯几何体”对话框，如图 8–21 所示。

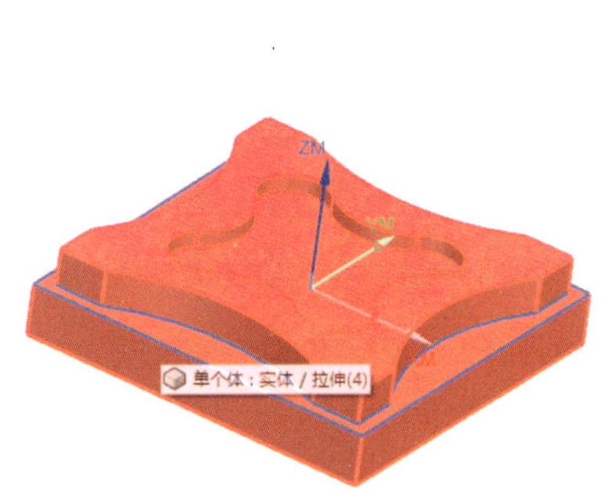

图 8–20　选择部件几何体

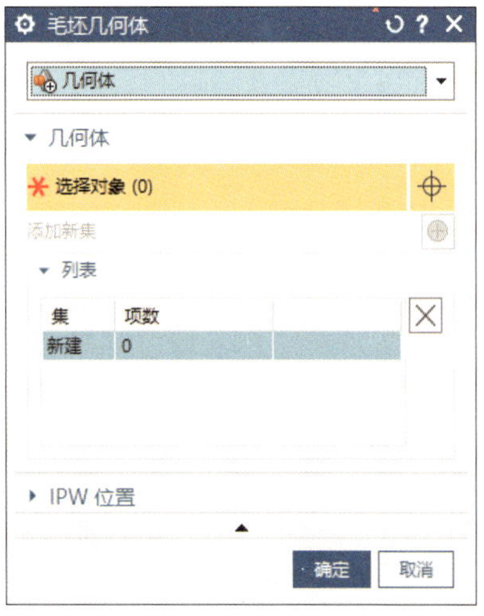

图 8–21　“毛坯几何体”对话框

2）在下拉列表中选择“包容块”，对话框进入包容块设置界面，如图 8–22 所示。

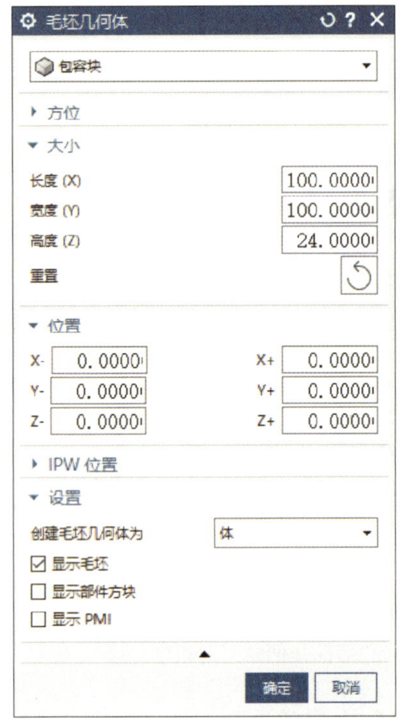

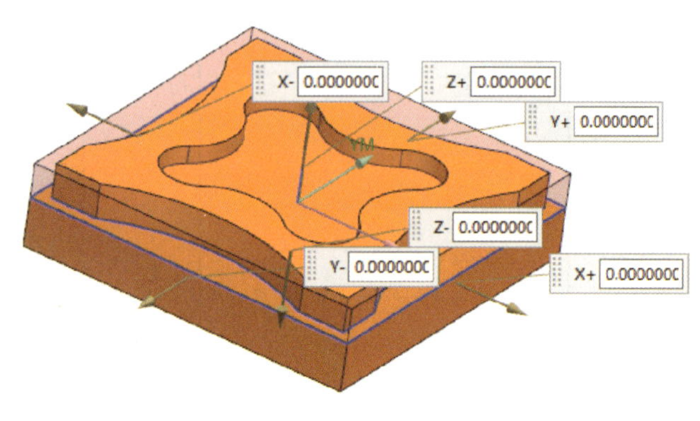

图 8–22　选用包容块方式确定毛坯几何体

3）在“设置”选项组中，单击“显示毛坯”复选框（去除显示毛坯的“勾选”），单击【确定】按钮，完成毛坯几何体的创建，系统返回“工件”对话框。

4）单击【确定】按钮，退出“工件”对话框。

提示

创建几何组主要包括创建机床坐标系、创建部件几何体、创建毛坯几何体等。需要时，还可以考虑创建程序组。

5. 创建工序

（1）创建轮廓外部粗加工刀具轨迹

1）单击“插入”面组中的“创建工序”图标 ，系统弹出“创建工序”对话框，如图 8–23 所示。

2）在“工序子类型”中，单击“平面铣”图标，在“位置”选项组中，将“刀具”设置为“D10（铣刀 -5 参数）”，将“几何体”设置为“WORKPIECE”，其他则采用系统默认值，如图 8–24 所示。

3）单击【确定】按钮，系统弹出“平面铣”对话框，如图 8–25 所示。

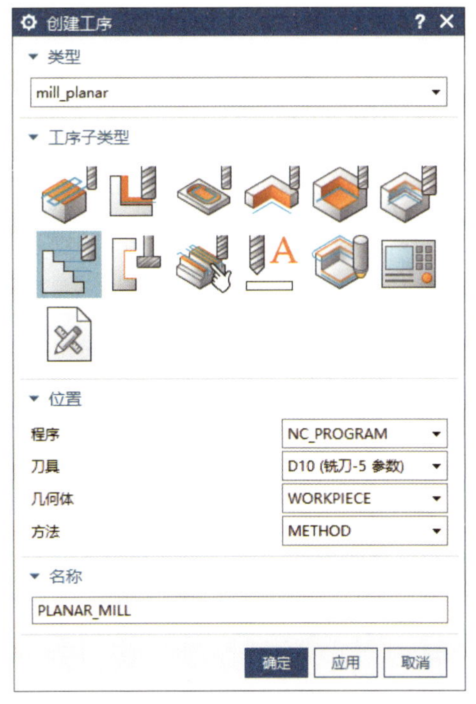

图 8-23　“创建工序”对话框

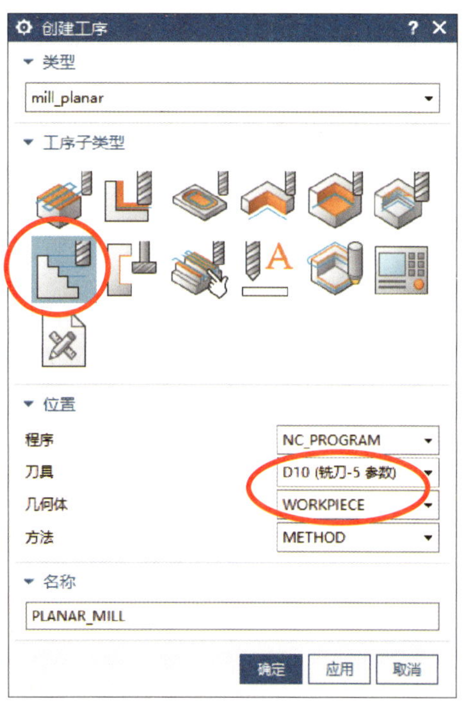

图 8-24　设置“创建工序”对话框

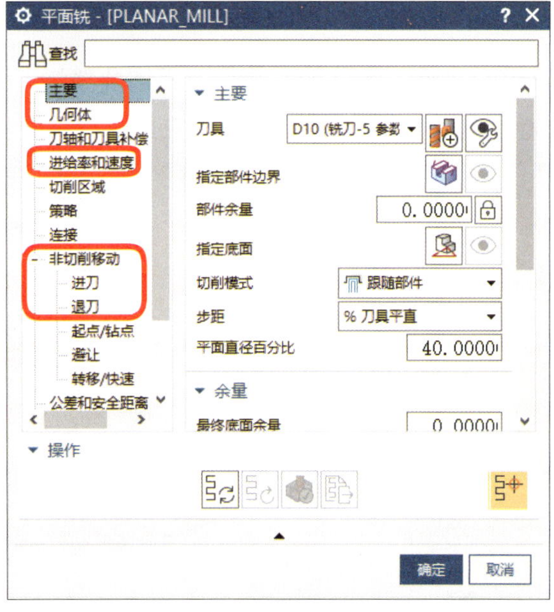

图 8-25　“平面铣”对话框

提示

本次任务工序操作主要对“主要”“几何体”“进给率和速度”“非切削移动”四个选项进行参数设置。

4）在“主要”选项中，单击“指定部件边界”右侧的“选择或编辑部件边界”图标，系统弹出“部件边界”对话框，如图 8–26 所示。

5）在“选择方法”的下拉列表中选择“曲线”，如图 8–27 所示。

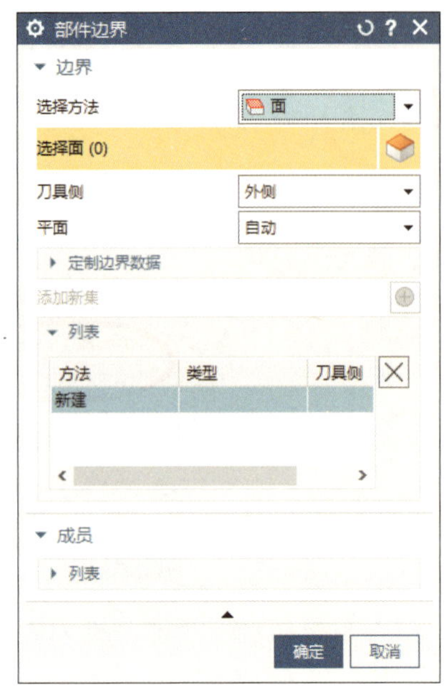

图 8–26 “部件边界”对话框

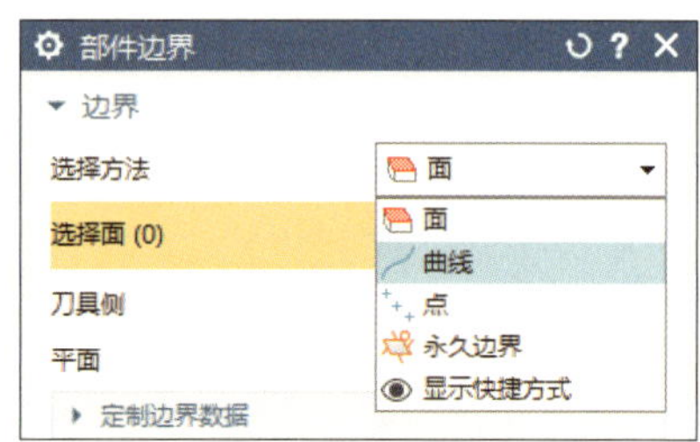

图 8–27 “选择方法”下拉列表

6）将图形窗口弹出的“类型过滤器”设置为“相连曲线”，移动光标捕捉外轮廓边界草图图素，如图 8–28 所示。单击拾取，系统自动完成外轮廓边界的草图线串拾取，如图 8–29 所示。

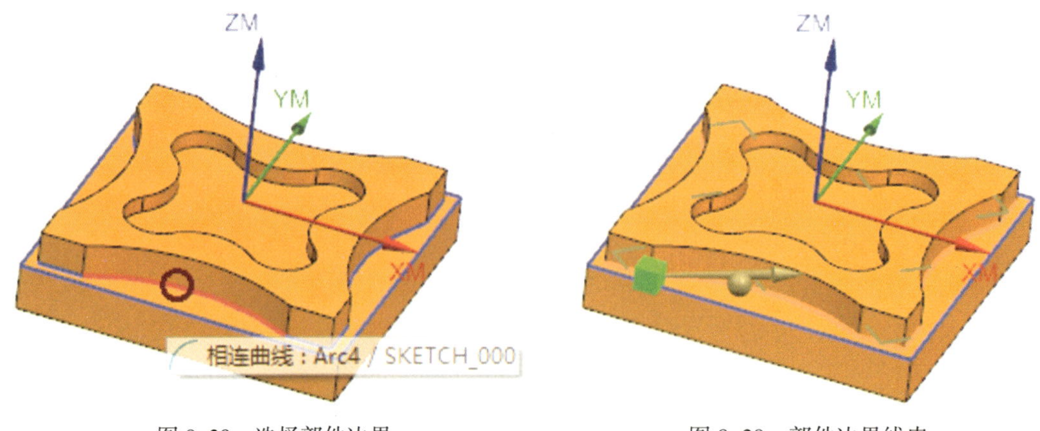

图 8–28 选择部件边界

图 8–29 部件边界线串

7）确认“边界类型”为“封闭”，“刀具侧”为“外侧”，如图 8–30 所示。单击【确定】按钮，系统返回“平面铣”对话框。

8）单击“指定底面”右侧的“选择或编辑底平面几何体”图标，系统弹出“平面”对话框，如图 8–31 所示。

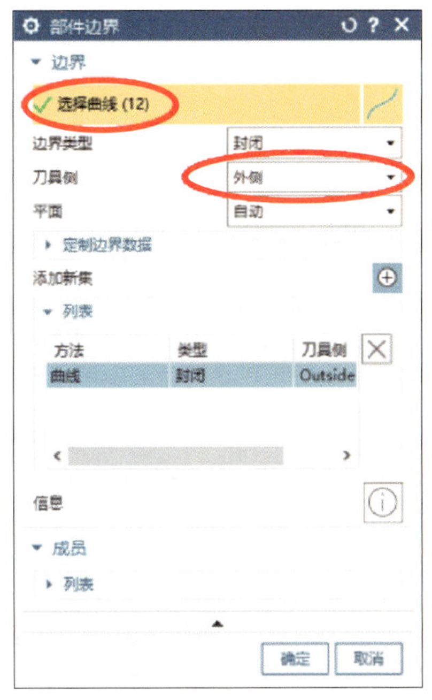

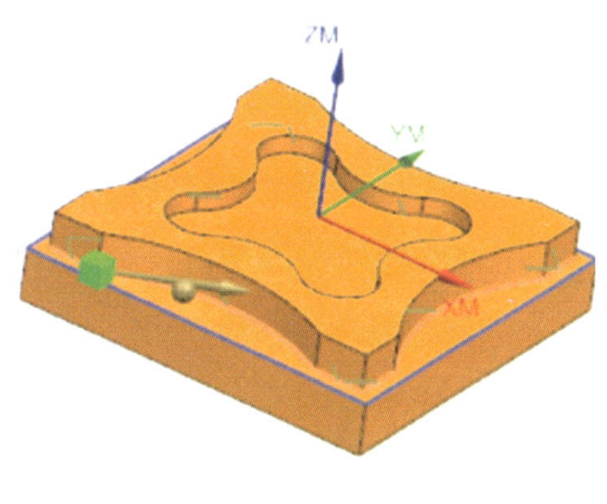

图 8-30　部件边界参数设置

9）系统提示“选择一个平面的对象”，移动光标捕捉加工底平面，如图 8-32 所示，单击完成拾取。

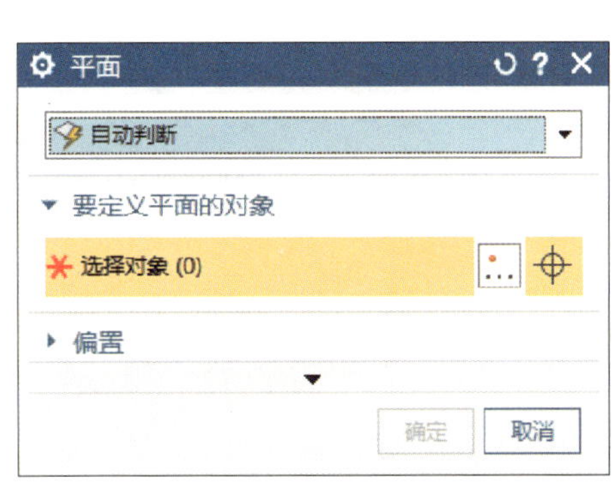

图 8-31　“平面”对话框

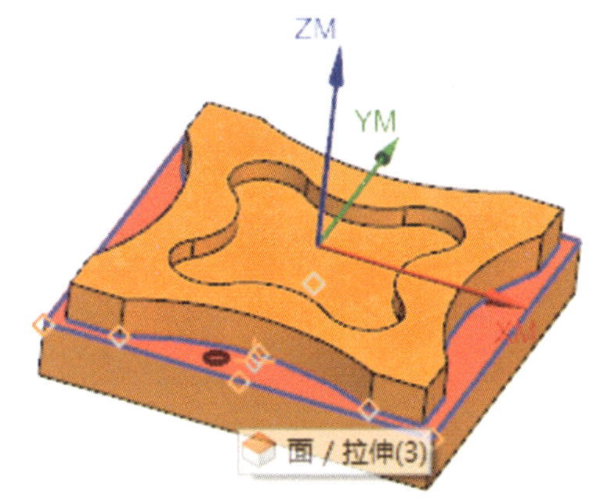

图 8-32　选择加工底平面

10）单击【确定】按钮，结束底平面的选择，系统返回“主要”参数设置界面。

11）完成“主要”选项中的相应加工参数设置，其他则采用系统默认值，如图 8-33 所示。

12）单击“几何体”选项，“几何体”选项参数设置如图 8-34 所示。

13）单击“指定毛坯边界”右侧的“选择或编辑毛坯边界”图标 ，系统弹出“毛坯边界”对话框。

14）在“选择方法”的下拉列表中选择“曲线”选项。将图形窗口弹出的“类型过滤器”选项设置为“相连曲线”，移动光标捕捉毛坯边界草图图素，如图 8-35 所示。单击拾取，系统自动完成毛坯边界的草图线串拾取，如图 8-36 所示。

图 8-33 “主要”选项参数设置

图 8-34 “几何体”选项参数设置

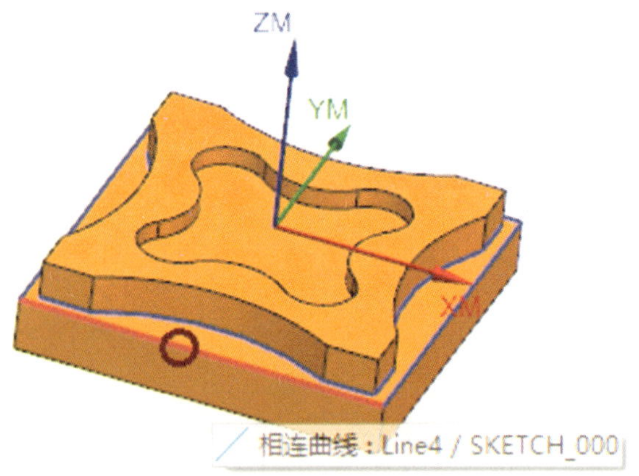

图 8-35 选择毛坯边界

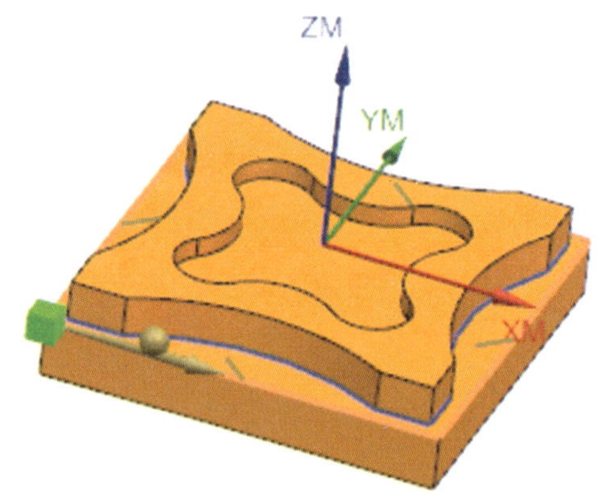

图 8-36 毛坯边界线串

15）确认“边界类型”为“封闭”，“刀具侧”为“内侧”，如图 8-37 所示。

16）单击【确定】按钮，完成毛坯边界的指定操作。系统返回“几何体”选项参数设置界面。

17）单击“进给率和速度”选项，“进给率和速度”选项参数设置如图 8-38 所示。

18）单击“生成”图标，完成轮廓外部粗加工刀具轨迹生成，如图 8-39 所示。

19）单击【确定】按钮，系统退出“平面铣”对话框，“工序导航器”新增“PLANAR_MILL”工序，如图 8-40 所示。

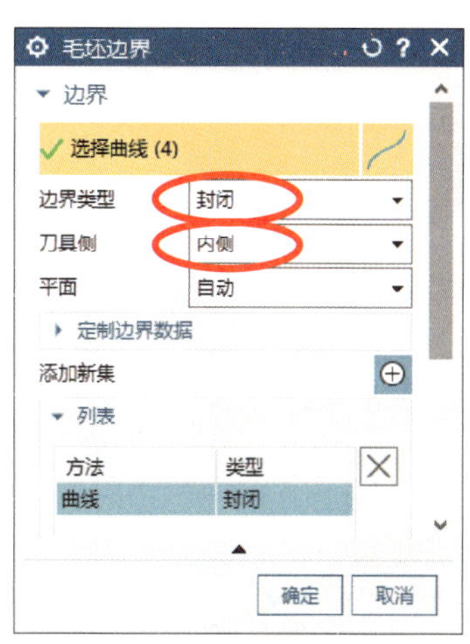

图 8-37　毛坯边界参数设置

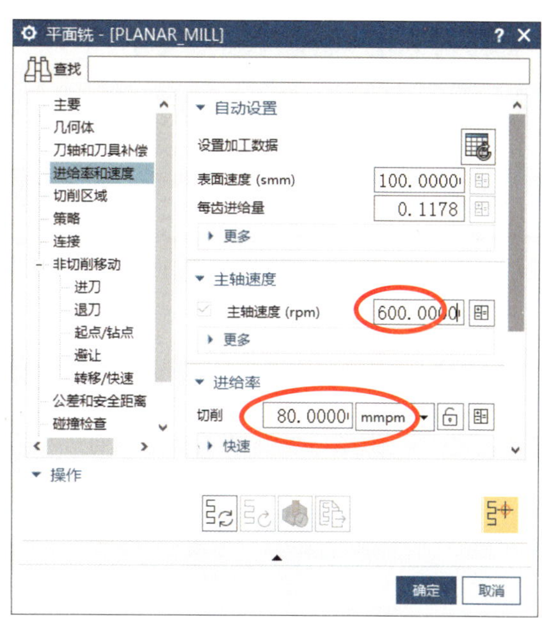

图 8-38　“进给率和速度”选项参数设置

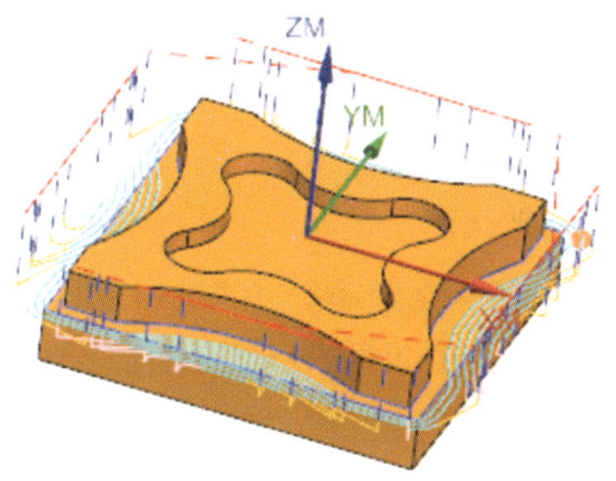

图 8-39　轮廓外部粗加工刀具轨迹

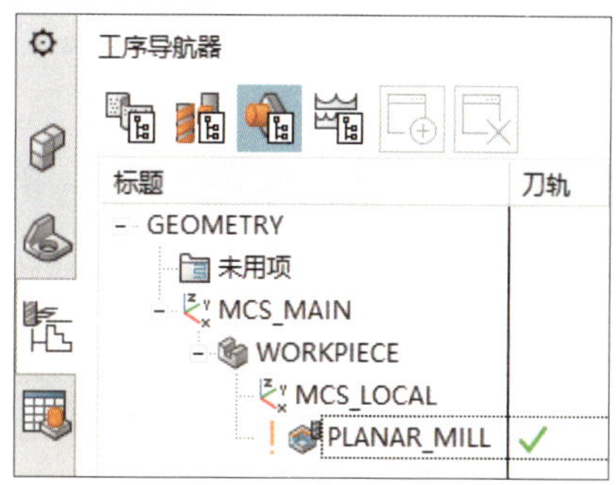

图 8-40　新增工序“PLANAR_MILL”

提示

在图 8-40 中，MCS_LOCAL 为局部坐标系。可根据需要进行设置使用。本任务加工内容相对简单，不进行设置使用。

（2）创建轮廓内部粗加工刀具轨迹

1）单击“创建工序”图标 ，系统弹出“创建工序”对话框，将工序设置为“平面铣”，将“刀具”设置为“D10（铣刀 -5 参数）”，将“几何体”设置为“WORKPIECE”，其他则采用系统默认值。

2）单击【确定】按钮，系统弹出“平面铣”对话框。

3）在“主要”选项中，完成“指定部件边界”相应设置。设置“选择方法”为“面”，“刀具侧”为“内侧”，如图 8-41 所示。

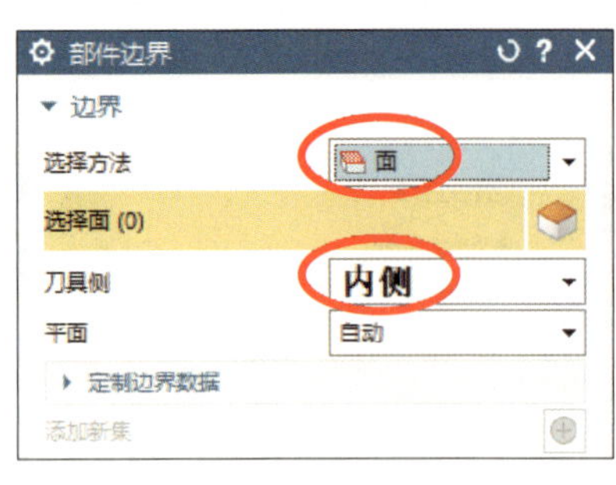

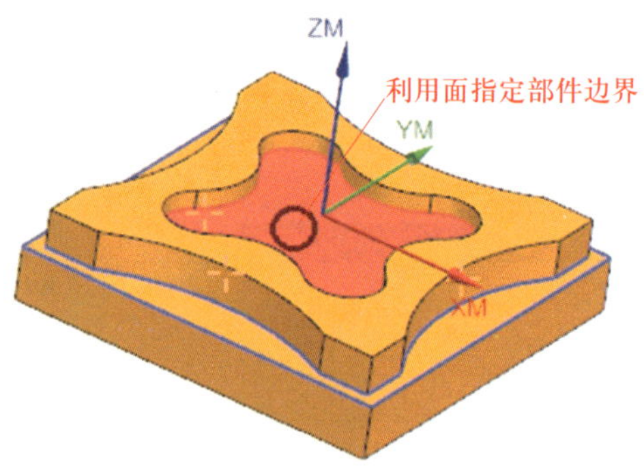

图 8-41 指定部件边界

4）在“主要”选项中，完成“指定底面”相应设置，如图 8-42 所示。

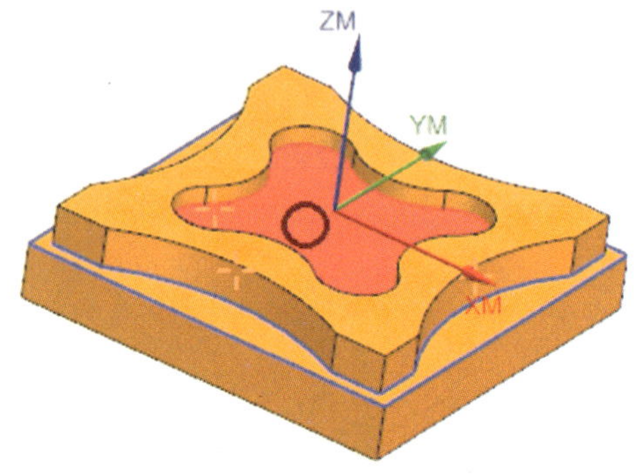

图 8-42 指定底面

5）在“主要”选项中，完成相应设置，其他则采用系统默认值，如图 8-43 所示。

6）单击“进给率和速度”选项，根据表 8-1 提供的参数设置“主轴速度”与“进给率”。

7）单击“生成”图标，完成轮廓内部粗加工刀具轨迹生成，如图 8-44 所示。

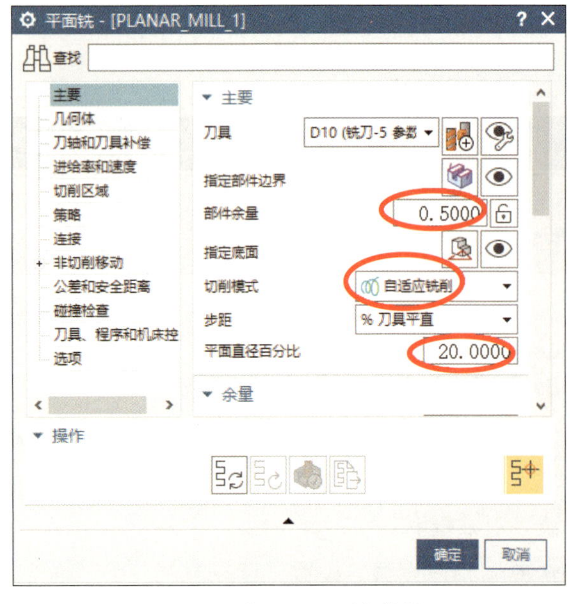

图 8-43 “主要”选项参数设置

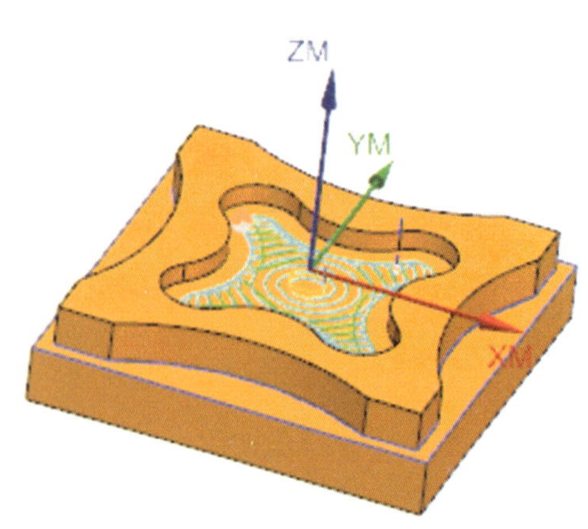

图 8-44 轮廓内部粗加工刀具轨迹

8）单击【确定】按钮，系统退出“平面铣”对话框，“工序导航器”新增“PLANAR_MILL_1”工序，如图 8–45 所示。

（3）创建外轮廓精加工刀具轨迹

1）单击“工序导航器”中的“PLANAR_MILL”工序，单击鼠标右键，在弹出的菜单中选择“复制”。

2）单击“工序导航器”中的“PLANAR_MILL_1”工序，单击鼠标右键，在弹出的菜单中选择“粘贴”，生成图 8–46 所示工序。

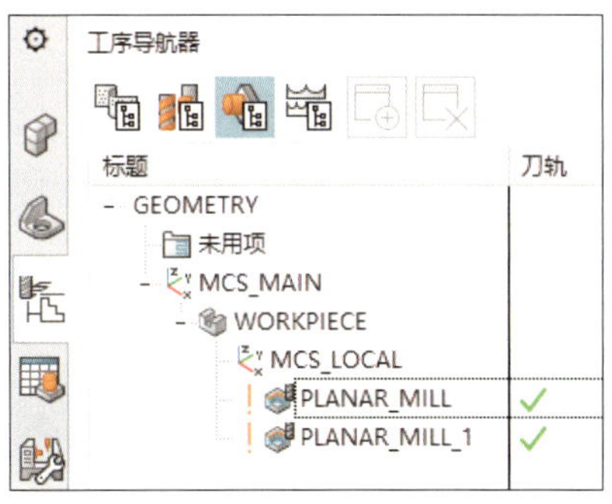

图 8–45　新增工序“PLANAR_MILL_1”

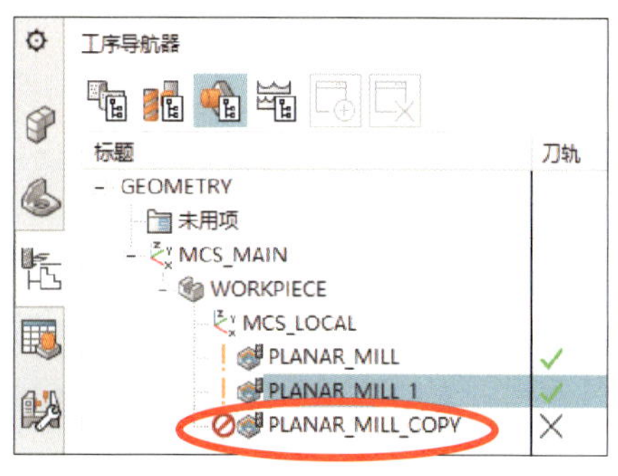

图 8–46　新增工序“PLANAR_MILL_COPY”

3）双击“工序导航器”中复制生成的“PLANAR_MILL_COPY”工序，系统弹出“平面铣”对话框。

4）在“主要”选项中，完成相应设置，其他则采用系统默认值，如图 8–47 所示。

5）单击“进给率和速度”选项，根据表 8–1 提供的参数设置“主轴速度”与“进给率”。

6）单击“非切削移动”选项前的“+”号，展开“非切削移动”选项，如图 8–48 所示。

图 8–47　“主要”选项参数设置

7）单击“进刀”选项，完成相应设置，其他则采用系统默认值，如图 8–49 所示。

8）单击“生成”图标，完成外轮廓精加工刀具轨迹生成，如图 8–50 所示。

9）单击【确定】按钮，系统退出“平面铣”对话框。

（4）创建内轮廓精加工刀具轨迹

1）单击“工序导航器”中的“PLANAR_MILL_1”工序，单击鼠标右键，在弹出的菜单中选择“复制”。

2）单击“工序导航器”中的“PLANAR_MILL_COPY”工序，单击鼠标右键，在弹出的菜单中选择“粘贴”，生成图 8–51 所示工序。

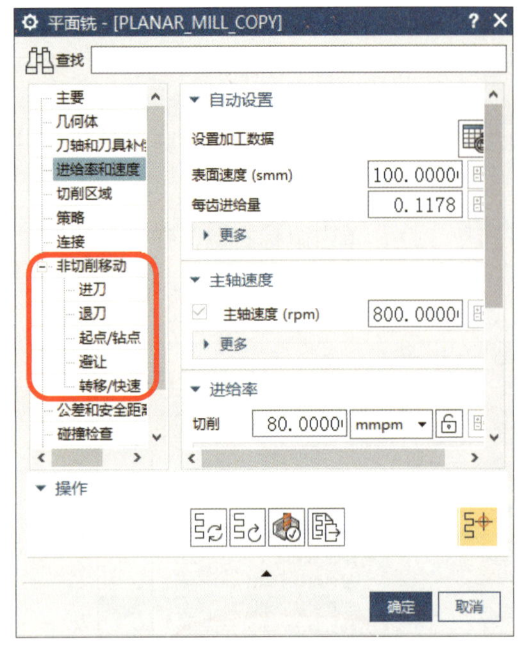

图 8–48　展开“非切削移动”选项

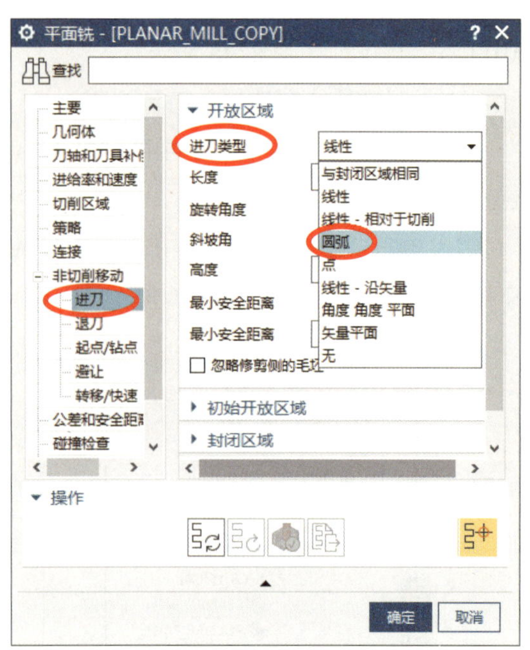

图 8–49　“进刀”选项参数设置

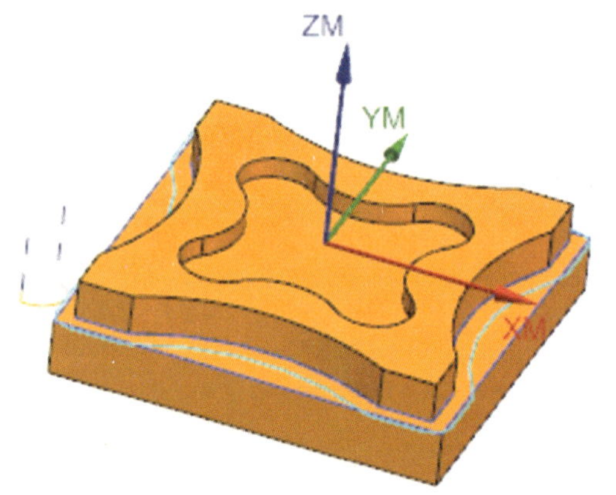

图 8–50　外轮廓精加工刀具轨迹

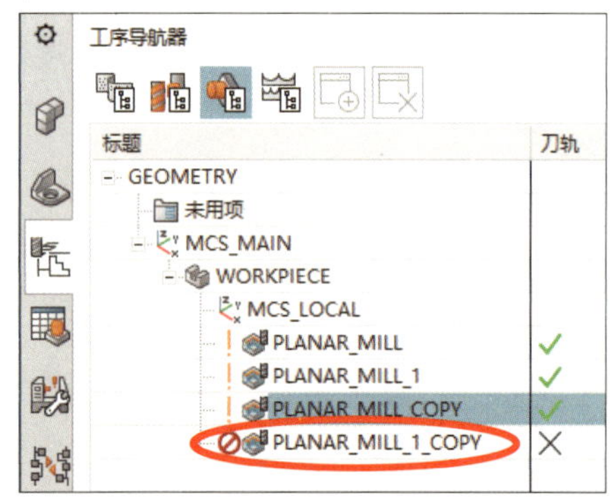

图 8–51　新增工序“PLANAR_MILL_1_COPY”

3）双击“工序导航器”中复制生成的“PLANAR_MILL_1_COPY”工序，系统弹出“平面铣”对话框。

4）在“主要”选项中，完成相应设置，其他则采用系统默认值，如图 8–52 所示。

5）单击“进给率和速度”选项，根据表 8–1 提供的参数设置“主轴速度”与“进给率”。

6）单击“非切削移动”选项前的“+”号，展开“非切削移动”选项。

7）单击“进刀”选项，设置“开放区域”的“进刀类型”为“圆弧”，其他则采用系统默认值。

8）单击“生成”图标，完成内轮廓精加工刀具轨迹生成，如图 8–53 所示。

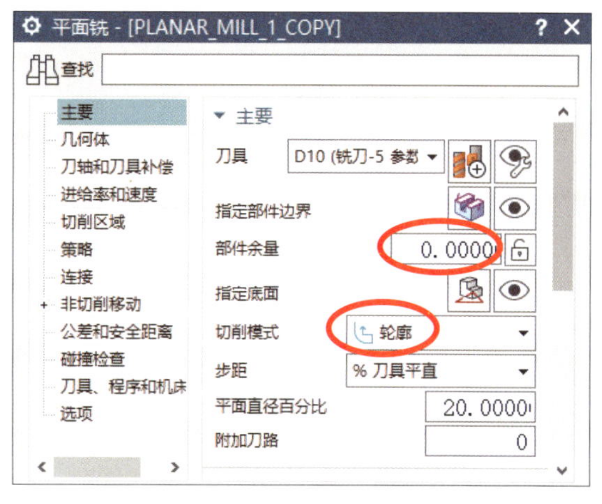

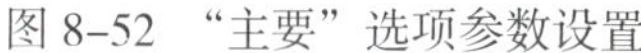
图 8-52　“主要”选项参数设置

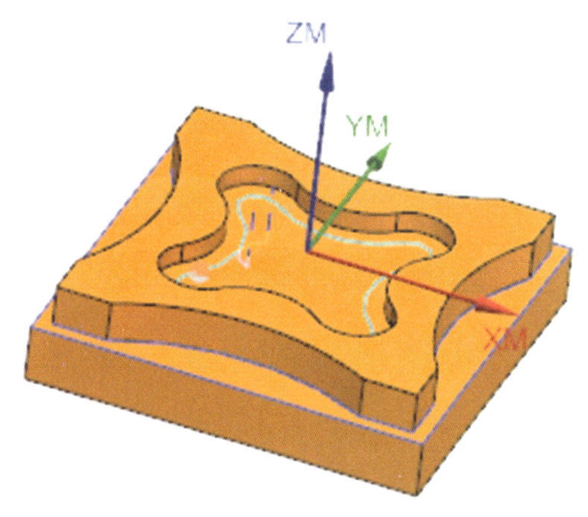

图 8-53　内轮廓精加工刀具轨迹

9）单击【确定】按钮，系统退出“平面铣”对话框。

6. 刀具轨迹验证

（1）单击“工序导航器”中的“PLANAR_MILL”工序，按下 Shift 键的同时单击“PLANAR_MILL_1_COPY”工序，完成工序全选。

（2）单击鼠标右键，在弹出的快捷菜单中单击［刀轨］/［确认］，如图 8-54 所示。

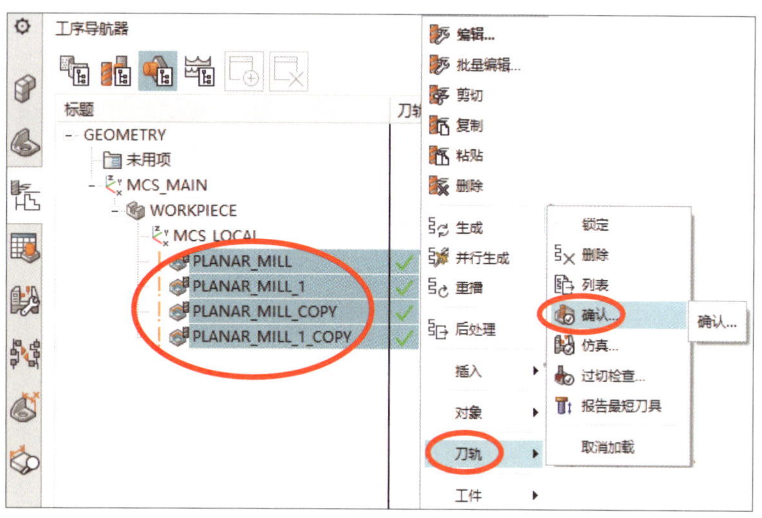

图 8-54　刀具轨迹验证快捷菜单

（3）系统弹出“刀轨可视化（原有）”对话框，如图 8-55 所示。

（4）选择“3D 动态”选项卡，单击“播放”图标 ▶，如图 8-56 所示。

（5）系统模拟实体切削，结果如图 8-57 所示。

（6）单击【确定】按钮，退出刀具轨迹验证。

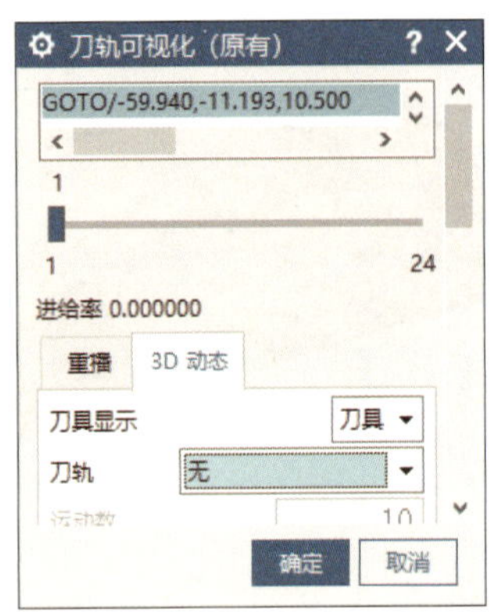

图 8-55 “刀轨可视化（原有）”对话框

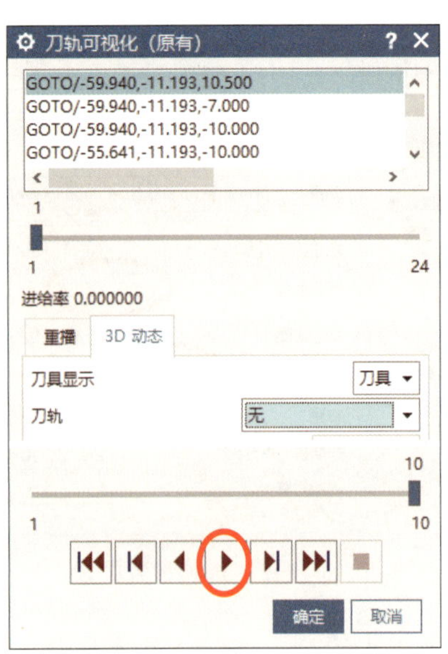

图 8-56 “3D 动态”播放操作

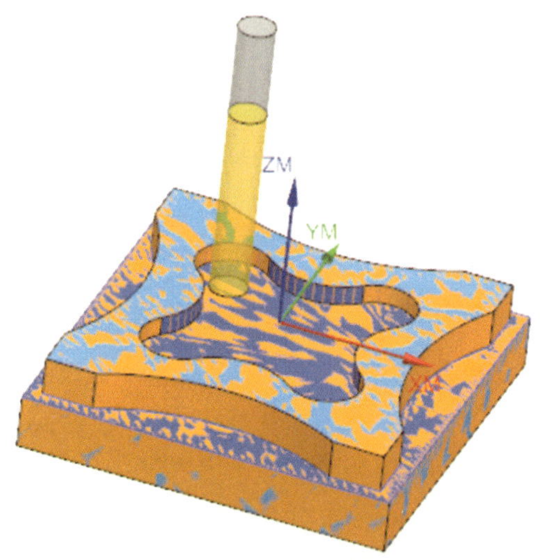

图 8-57 3D 仿真结果

7. 刀具轨迹后处理

（1）单击“工序导航器”中的“PLANAR_MILL”工序，按下 Shift 键的同时单击“PLANAR_MILL_1_COPY”工序，完成工序全选。

（2）单击鼠标右键，在弹出的快捷菜单中单击［后处理］，如图 8-58 所示。

（3）系统弹出“后处理”对话框，如图 8-59 所示。

（4）根据提示，选择“MILL_3_AXIS”后处理器，选择输出文件位置，进行单位设置，如图 8-60 所示。

（5）单击【确定】按钮，系统弹出“信息”窗口，如图 8-61 所示。

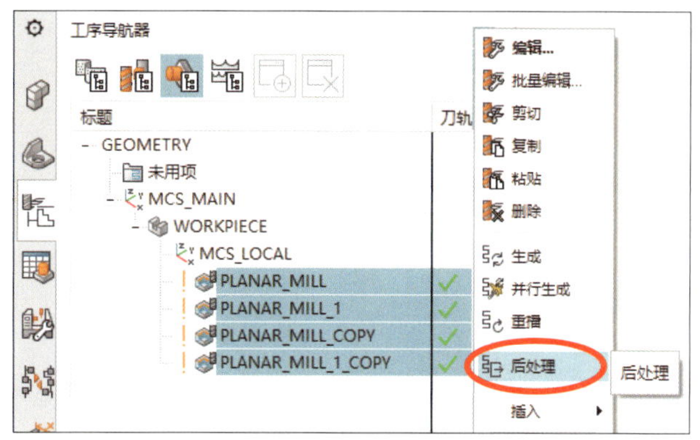

图 8–58　“后处理”快捷菜单

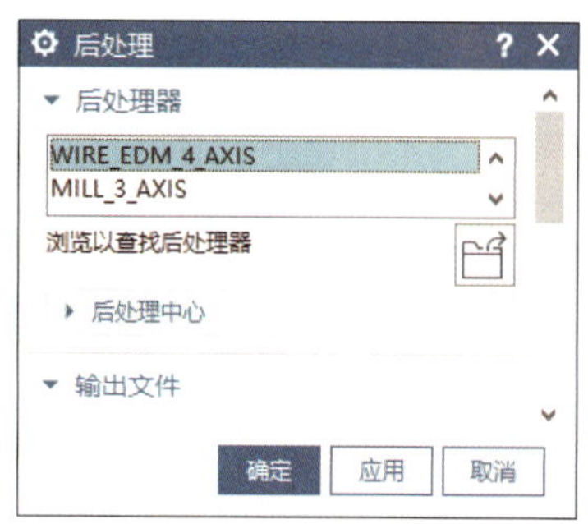

图 8–59　“后处理”对话框

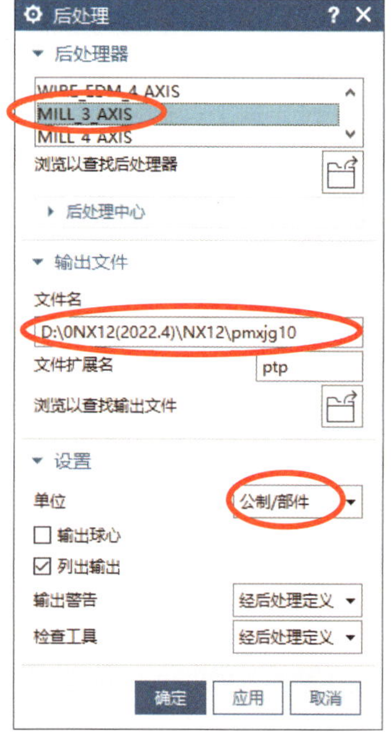

图 8–60　设置“后处理”对话框

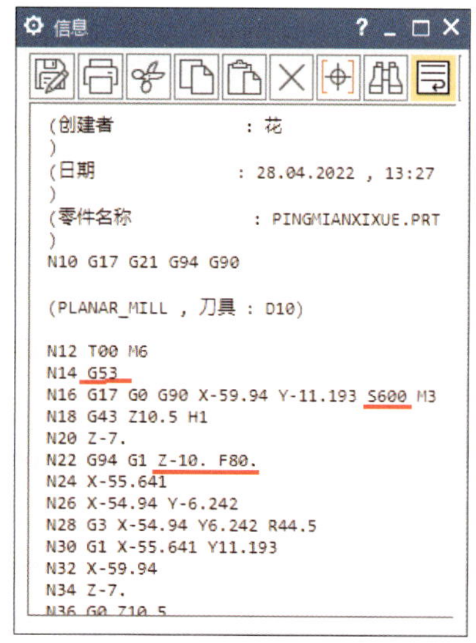

图 8–61　“信息”窗口

（6）查阅程序，关闭窗口。

提示

后处理是一个文本编辑处理过程，其作用是将计算出的刀具轨迹以规定的标准格式转化为数控代码并输出保存。

任务拓展

试采用平面铣削方法完成图 8–62 所示零件椭圆形内轮廓的铣削加工，已知毛坯尺寸为 70 mm×64 mm×20 mm，零件材料为 45 钢。

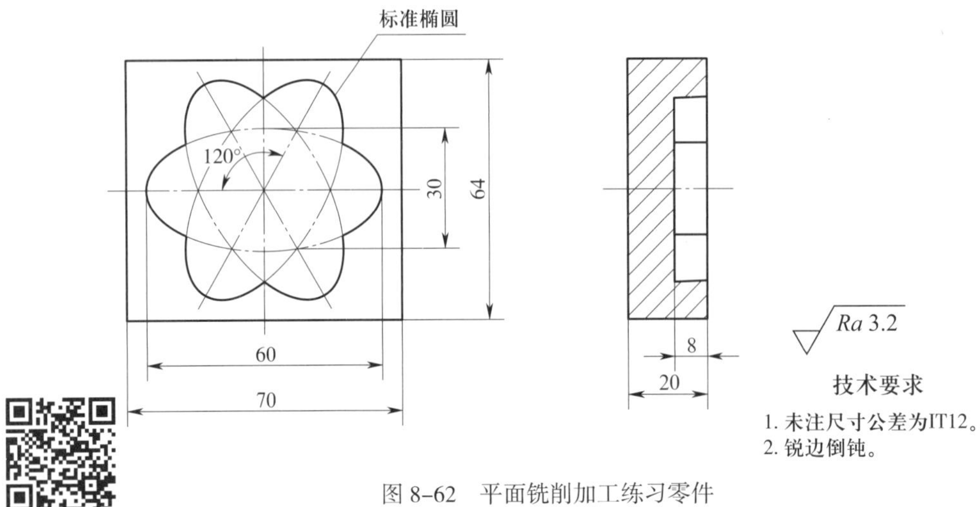

图 8-62　平面铣削加工练习零件

课题 2　孔　加　工

学习目标

1．能根据加工任务设置加工环境。

2．能根据加工方案，利用“定心钻”工序设置参数生成加工刀路。

3．能根据加工方案，利用“钻孔”工序设置参数生成加工刀路。

4．能根据加工方案，利用“铰孔”工序设置参数生成加工刀路。

5．能利用仿真操作进行模拟切削。

6．能利用 UG NX 2007 提供的后处理生成程序。

工作任务

在数控机床或加工中心上，除对零件进行平面铣削和型腔铣削加工外，还常常进行孔的铣削加工。孔加工是指刀具先快速移动到指定的加工位置上，再以切削进给速度加工到指定深度，最后以退刀速度退回的一种加工类型，即孔加工时通常只在机床的 Z 轴有切削运动。

UG NX 2007 孔加工能编制出数控铣床或加工中心上各种类型的孔程序，其加工方式可以是钻孔、铰孔、镗孔、攻螺纹等。下面通过对图 8-63 所示零件上 2 个 ϕ8H7 孔的加工，学习孔加工方法。已知毛坯尺寸为 60 mm×60 mm×10 mm，零件材料为 45 钢。

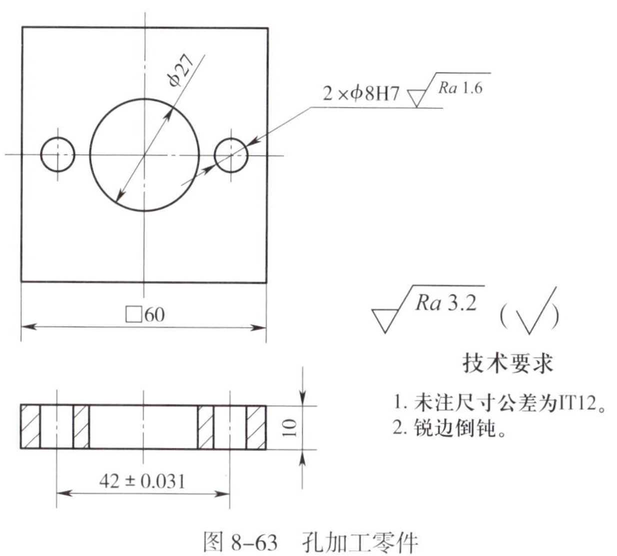

图 8-63　孔加工零件

任务分析

1. 加工方案设计

本任务需要完成两个 ϕ8H7 孔的加工。工件只需要一次装夹，因此只需要建立一个加工坐标系。加工坐标系原点可以选择零件上表面的对称中心。

ϕ8H7 孔的加工，可以通过点钻→钻孔→铰孔的方法来完成。

2. 刀具及切削用量选取

零件材料为 45 钢，可选用高速钢或硬质合金刀具。刀具及切削用量见表 8-2。

表 8-2　刀具及切削用量

加工工序		刀具与切削用量					
序号	加工内容	刀具规格			主轴转速 / (r/min)	进给速度 / (mm/min)	背吃刀量 / mm
		刀号	刀具名称	材料			
1	定位左右两孔	T1	ϕ10 mm（90°）定心钻	高速钢	2 000	30 ~ 50	*D*/2
2	钻左右两孔	T2	ϕ7.8 mm 麻花钻	高速钢	800	50 ~ 100	*D*/2
3	铰左右两孔	T3	ϕ8H7 铰刀	高速钢	100	30 ~ 50	0.1

任务实施

1. 零件三维造型

（1）双击快捷方式图标启动 UG NX 2007。

（2）新建名称为“kongjiagong”的部件文件。

（3）选择［菜单］/［首选项］/［场景］菜单命令，将视图窗口设置为白色背景。

（4）完成加工零件的三维造型，如图 8-64 所示。

（5）隐藏草图。

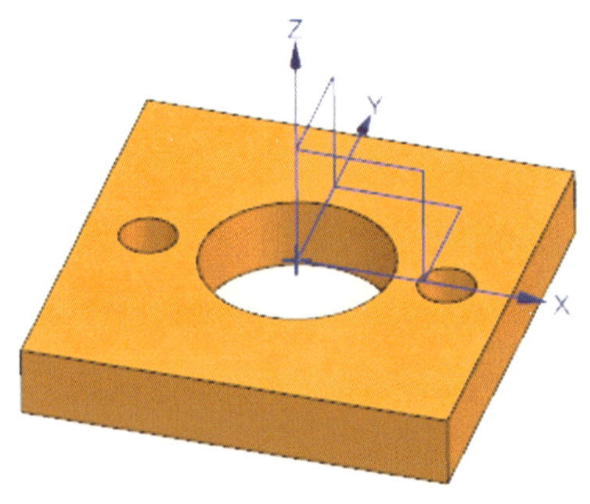

图 8-64　孔加工零件三维造型

2. 进入加工环境

（1）单击功能区“应用模块”选项卡“加工”面组中的“加工”图标，启动“加工”应用模块。

（2）系统弹出“加工环境”对话框，在“要创建的 CAM 组装”中，选择“hole_making”，如图 8-65 所示。

（3）单击【确定】按钮，进入加工操作环境。

3. 创建刀具组

（1）单击“创建刀具”图标，系统弹出“创建刀具”对话框，选择定心钻刀具，在“名称”文本框中输入刀具名称“D10C5”，如图 8-66 所示。

（2）单击【确定】按钮，系统弹出“定心钻”对话框，按要求设置刀具参数，如图 8-67 所示。

图 8-65　设置“加工环境”对话框

图 8-66　设置“创建刀具”对话框

（3）单击【确定】按钮，完成 ϕ10 mm（90°）定心钻刀具的创建。

（4）单击“机床视图”图标，新增刀具“D10C5”，如图 8-68 所示。

（5）参考前面的操作方法，完成麻花钻与铰刀的创建。为便于查阅刀具，将 ϕ7.8 mm 麻花钻命名为“Z7.8”，将 ϕ8H7 铰刀命名为“J8”。“工序导航器”界面如图 8-69 所示。

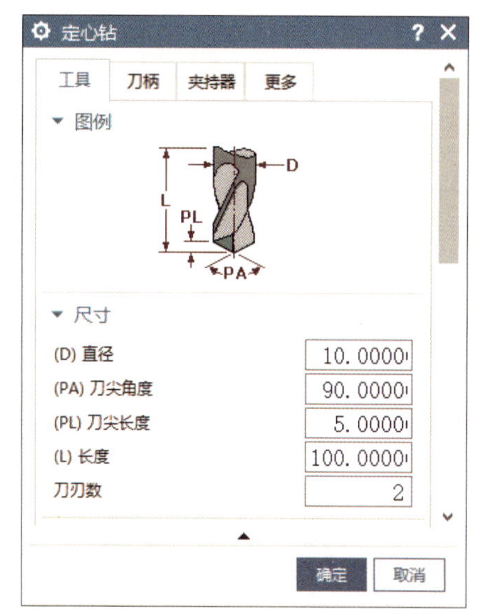

图 8-67　设置“定心钻”参数

4. 创建几何组

（1）单击“几何视图”图标，切换视图模式为“几何视图”模式。

（2）在“工序导航器”中，单击“MCS_MAIN”前的“+”号，展开“WORKPIECE”。

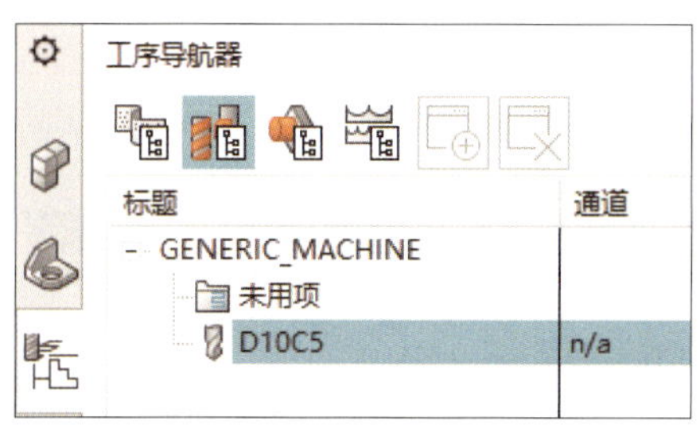

图 8-68　新增刀具“D10C5”

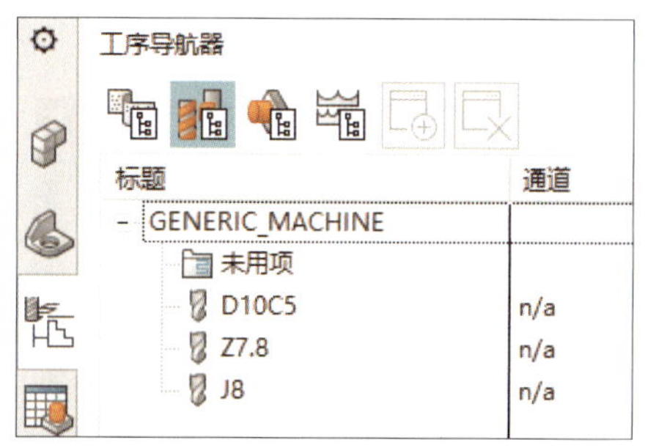

图 8-69　“工序导航器”界面

（3）完成指定部件操作，如图 8-70 所示。

（4）完成指定毛坯操作，如图 8-71 所示，显示毛坯方式设置为隐藏。

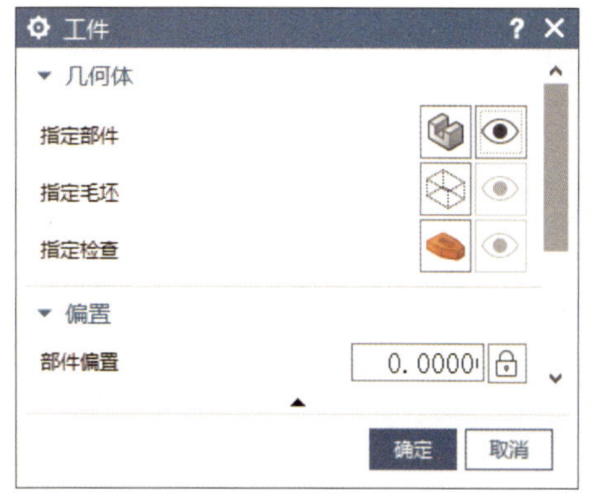

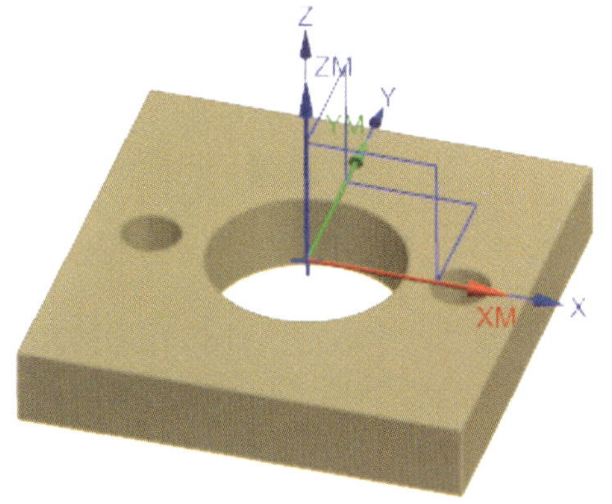

图 8-70　指定部件

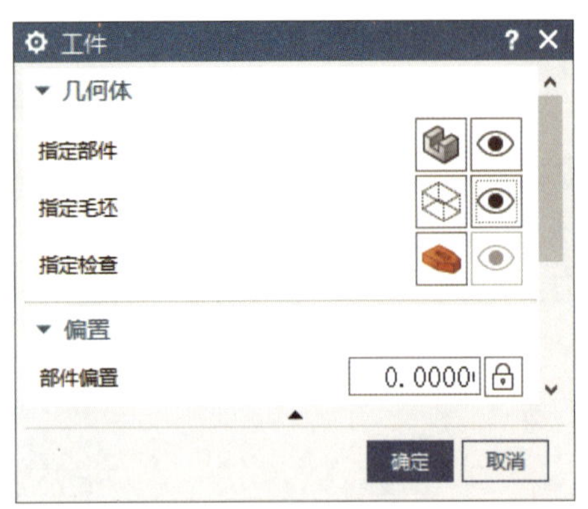

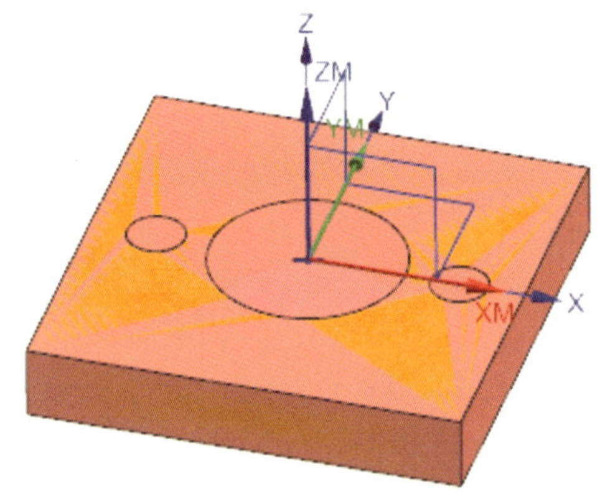

图 8-71　指定毛坯

5. 创建工序

（1）创建孔定位刀具轨迹

1）单击“创建工序”图标，系统弹出“创建工序”对话框，按图 8-72 所示进行设置。

2）单击【确定】按钮，系统弹出“定心钻”对话框，如图 8-73 所示。

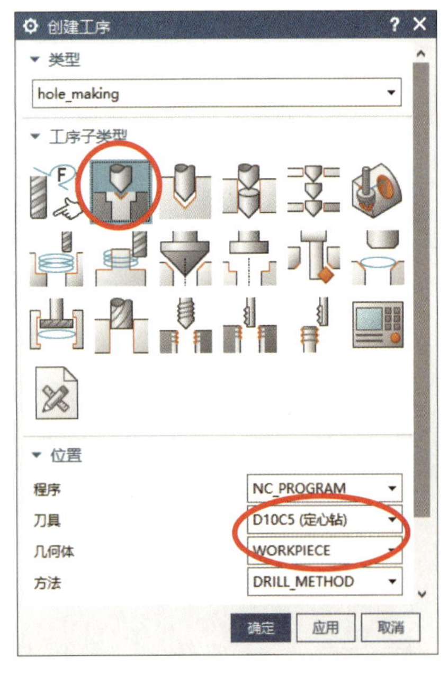

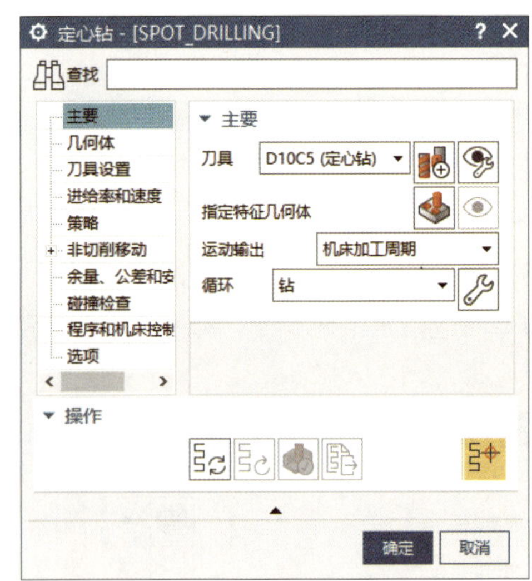

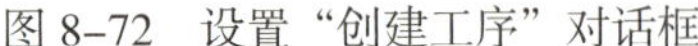

图 8-72　设置“创建工序”对话框　　　　图 8-73　“定心钻”对话框

3）单击“指定特征几何体”右侧的“选择或编辑特征几何体”图标，系统弹出“特征几何体”对话框。在“公共参数”下的“过程工件”下拉列表中选择“无”，如图 8-74 所示。

4）根据系统提示“选择切削区域几何体”，移动光标捕捉左边孔特征，如图 8-75 所示。

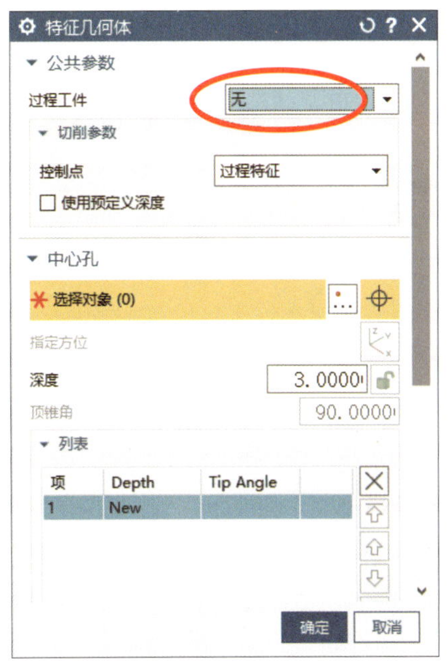

图 8–74　设置“公共参数”

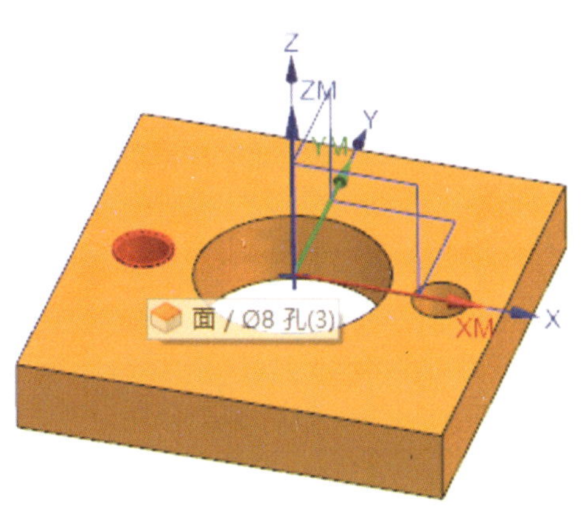

图 8–75　选择孔特征

5）单击，完成左边孔的拾取。同时“特征几何体”对话框中“列表”栏显示所拾取的左边孔的加工参数，如图 8–76 所示。

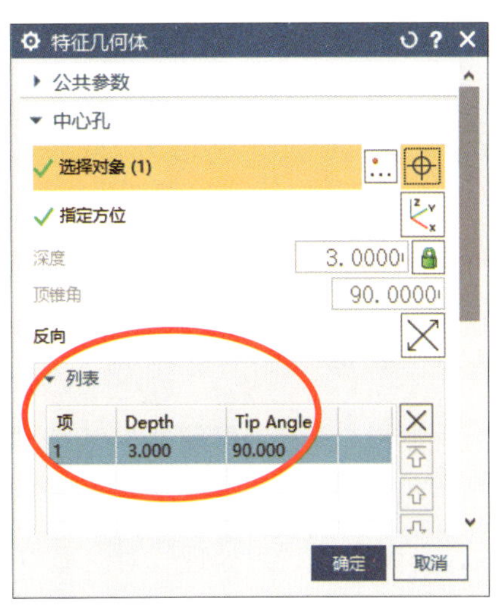

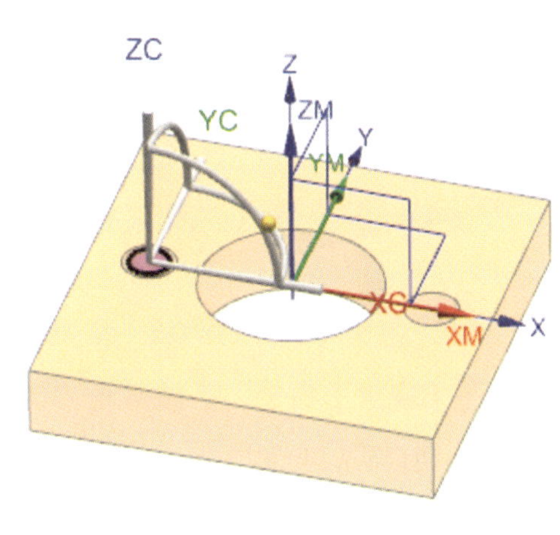

图 8–76　左孔对应参数

6）继续移动光标捕捉右边孔特征，单击完成右边孔的拾取。同时“特征几何体”对话框中“列表”栏显示所拾取的右边孔的加工参数，如图 8–77 所示。

7）单击【确定】按钮，系统返回“定心钻”对话框。

8）单击“进给率和速度”选项，根据加工要求设置“主轴速度”与“进给率”。

9）单击“生成”图标，完成孔定位刀具轨迹生成，如图 8–78 所示。

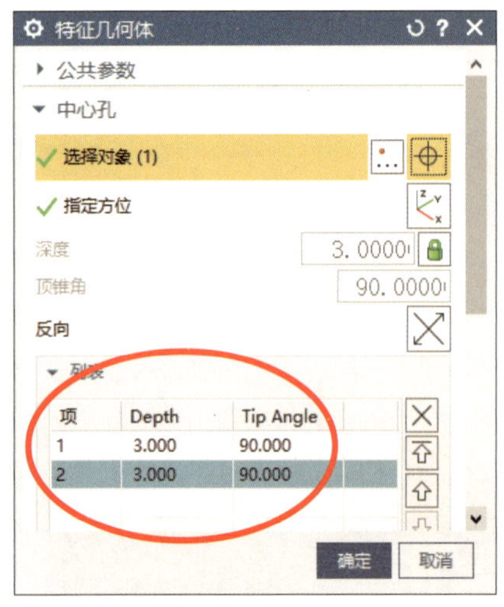

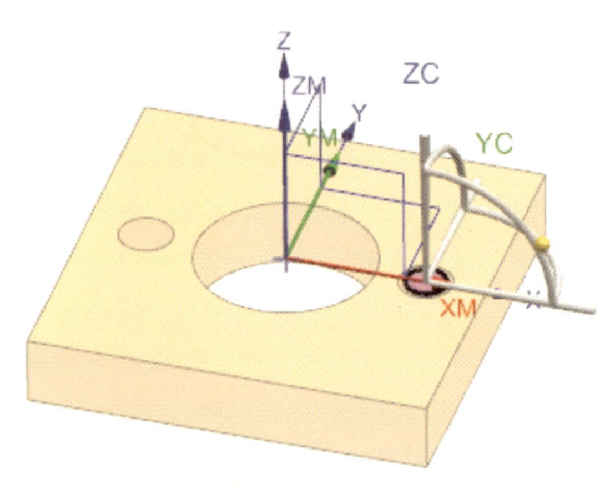

图 8-77 两个孔对应参数

10）单击“确认”图标，在弹出的“刀轨可视化（原有）”对话框中，利用“3D 动态”进行模拟实体切削，模拟结果如图 8-79 所示。单击【确定】按钮，系统返回“定心钻”对话框。

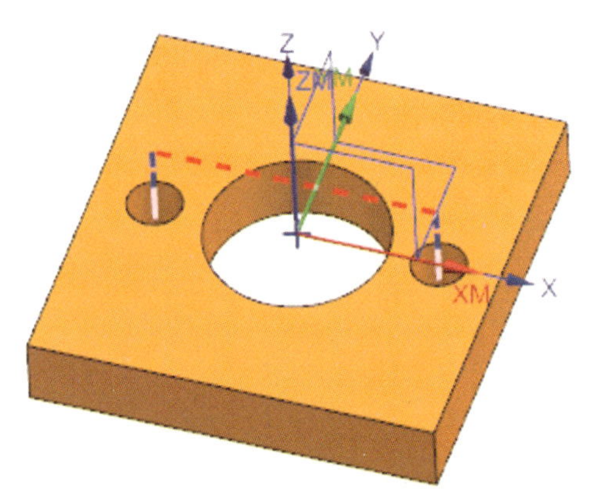

图 8-78 孔定位刀具轨迹

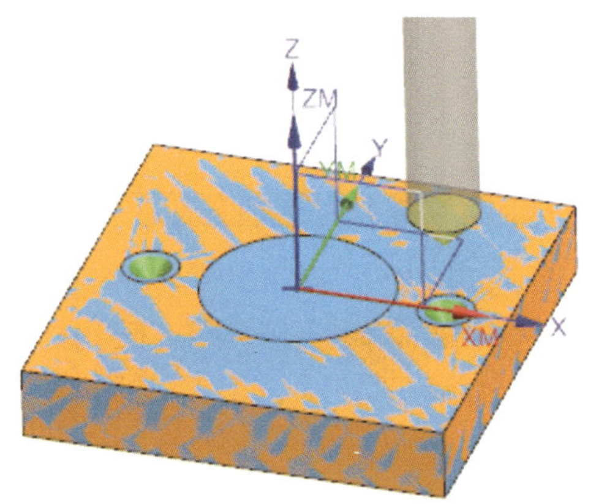

图 8-79 模拟实体切削

11）单击【确定】按钮，系统退出“定心钻”对话框，“工序导航器”新增“SPOT_DRILLING”工序，如图 8-80 所示。

12）单击“工序”面组中的“后处理”图标，在弹出的“后处理”对话框中，选择“MILL_3_AXIS”后处理器，选择输出文件位置，选择“公制 / 部件”为单位，单击【确定】按钮，系统弹出“信息”窗口，如图 8-81 所示。

13）查阅程序，关闭窗口。

注：为简便起见，其他参数采用系统默认设置。

（2）创建钻孔刀具轨迹

1）单击“创建工序”图标，系统弹出“创建工序”对话框，按图 8-82 所示进行设置。

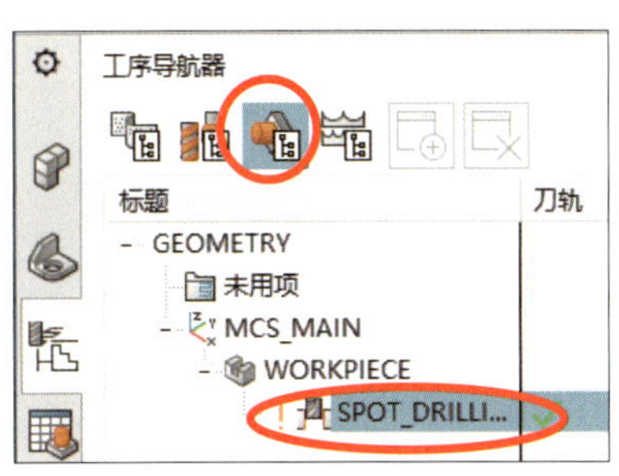

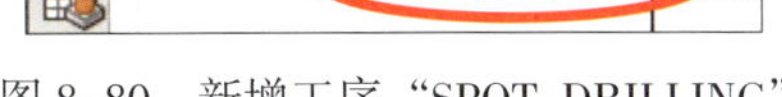

图 8-80　新增工序“SPOT_DRILLING”

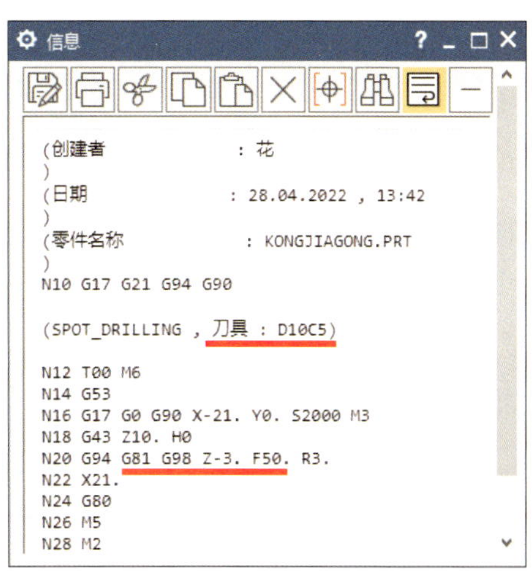

图 8-81　“信息”窗口

2）单击【确定】按钮，系统弹出“钻孔”对话框。

3）单击“指定特征几何体”右侧的图标 ，系统弹出“特征几何体”对话框。在“过程工件”的下拉列表中选择“无”。

4）移动光标捕捉拾取左右两孔特征。“特征几何体”对话框中“列表”栏显示如图 8-83 所示。

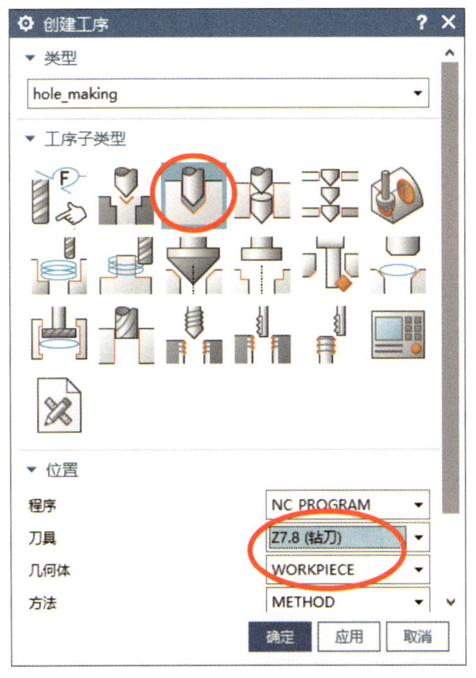

图 8-82　设置“创建工序”对话框

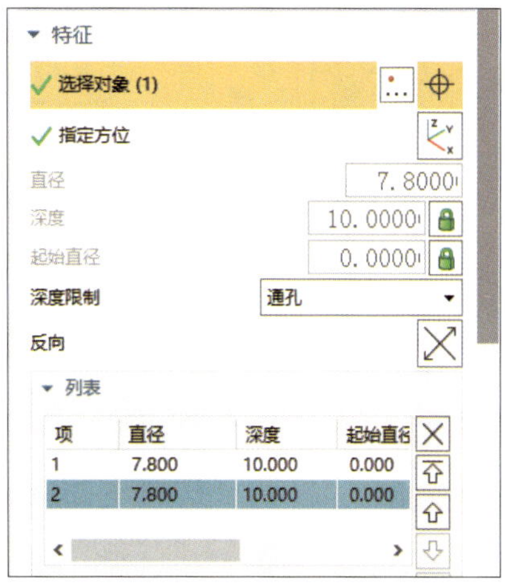

图 8-83　两个孔对应参数

5）单击【确定】按钮，系统返回“钻孔”对话框。

6）单击“进给率和速度”选项，根据加工要求设置“主轴速度”与“进给率”。

7）单击“生成”图标，完成钻孔刀具轨迹生成。单击“确认”图标，在弹出的“刀轨可视化（原有）”对话框中，利用“3D 动态”进行模拟实体切削。模拟完毕后，单击【确定】按钮，系统返回“钻孔”对话框。

8）单击【确定】按钮，系统退出“钻孔”对话框，“工序导航器”新增“DRILLING”工序。

9）单击“后处理”图标，在弹出的“后处理”对话框中，设置相关参数，生成程序“信息”窗口。

10）查阅程序，关闭窗口。

（3）创建铰孔刀具轨迹

1）单击“创建工序”图标，系统弹出“创建工序”对话框，按图 8-84 所示进行设置。

2）单击【确定】按钮，系统弹出“Boring Reaming（铰孔）”对话框。

3）单击“指定特征几何体”右侧的图标，系统弹出“特征几何体”对话框。在“过程工件”的下拉列表中选择“无”。

4）移动光标捕捉拾取左右两孔特征。“特征几何体”对话框中“列表”栏显示如图 8-85 所示。

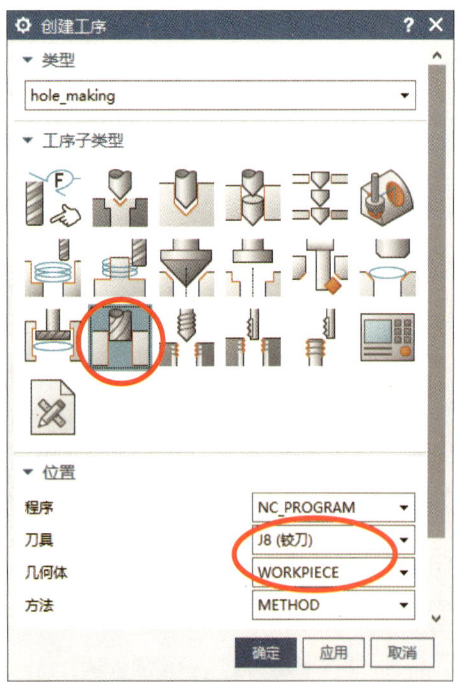

图 8-84　设置“创建工序”对话框

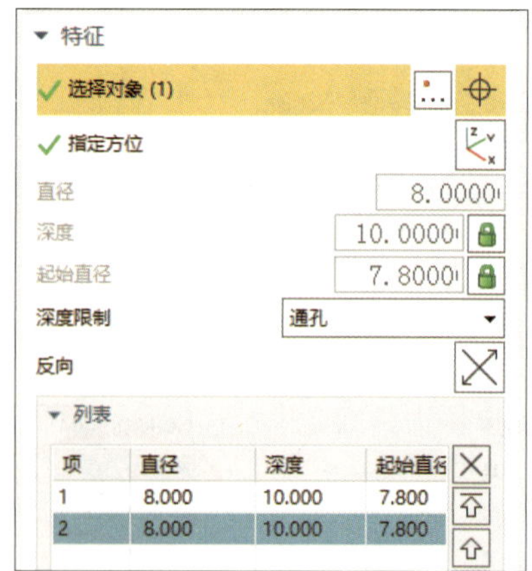

图 8-85　两个孔对应参数

5）单击【确定】按钮，系统返回“Boring Reaming（铰孔）”对话框。

6）在“主要”选项的“循环”下拉列表中选择“钻、镗”。在弹出的“循环参数”对话框中，单击【确定】按钮，系统返回“Boring Reaming（铰孔）”对话框，如图 8-86 所示。

7）单击“进给率和速度”选项，根据加工要求设置“主轴速度”与“进给率”。

8）单击“生成”图标，完成铰孔刀具轨迹生成。单击“确认”图标，在弹出的“刀轨可视化（原有）”对话框中，利用“3D 动态”进行模拟实体切削。模拟完毕后，单击【确定】按钮，系统返回“Boring Reaming（铰孔）”对话框。

9）单击【确定】按钮，系统退出“Boring Reaming（铰孔）”对话框，“工序导航器”新增“BORING_REAMING”工序。

10）单击“后处理”图标，在弹出的“后处理”对话框中，设置相关参数，生成程序“信息”窗口，如图 8-87 所示。

11）查阅程序，关闭窗口。

图 8-86　“主要”选项参数设置

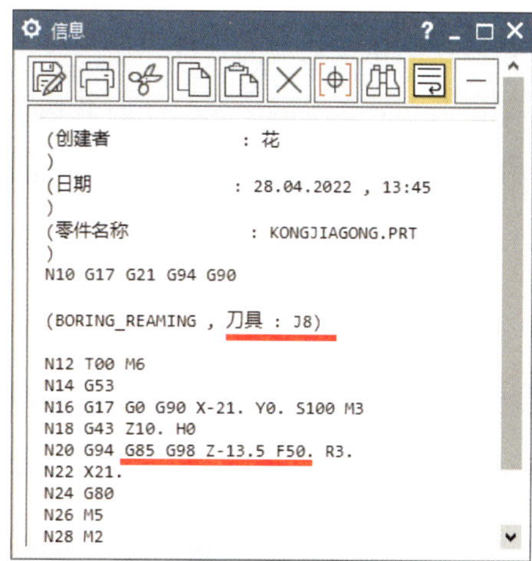

图 8-87　“信息”窗口

任务拓展

试完成图 8-88 所示零件的加工，并生成加工程序。已知毛坯尺寸为 ϕ50 mm×30 mm，零件材料为 45 钢。

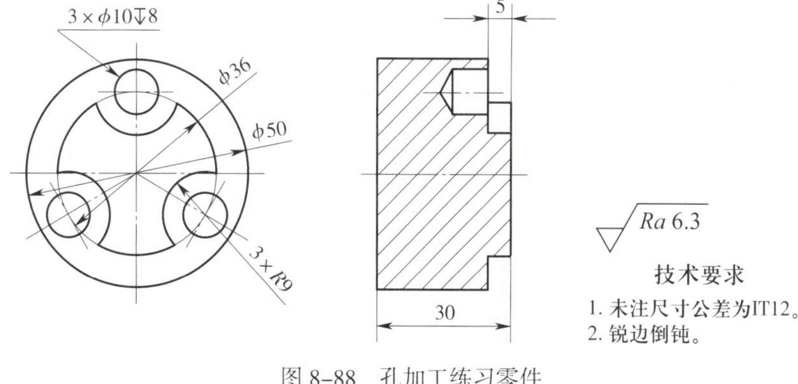

图 8-88　孔加工练习零件

课题 3　型腔铣削加工

学习目标

1．能根据加工任务设置加工环境。

2．能根据加工方案，利用“型腔铣”工序设置参数生成粗加工刀路。

3．能利用仿真操作进行模拟切削。

4．能利用 UG NX 2007 提供的后处理生成程序。

工作任务

型腔铣削用于对有曲面或斜度等轮廓的型腔、型芯进行加工，也包含创建平面铣削无法加工的曲面刀具轨迹。该类铣削方式包括多种加工类型，其中最常用的加工类型为型腔铣和区域轮廓铣，前者主要用于粗加工，后者主要用于半精加工或精加工。对于任何一个型腔铣削方式，其加工原理与平面铣削相同，即切削运动只是 *X* 轴和 *Y* 轴运动，没有 *Z* 轴的运动，通过多层二轴刀具轨迹逐层切削材料。

通过对图 8-89 所示零件进行数控铣削加工，了解型腔铣和区域轮廓铣加工功能。已知毛坯尺寸为 60 mm×60 mm×32 mm，材料为 45 钢。

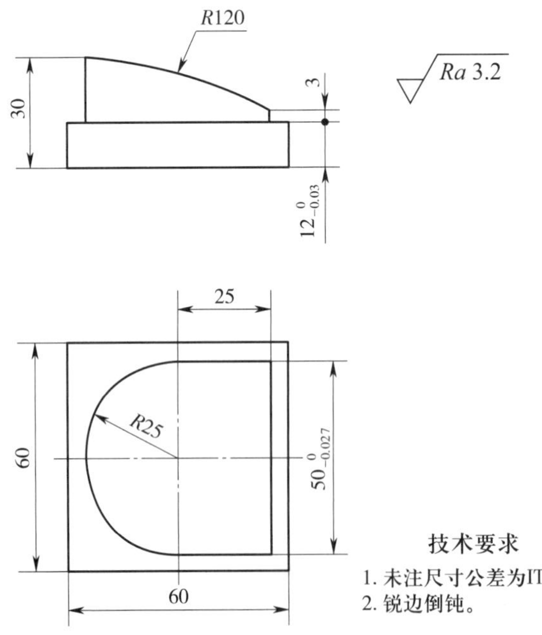

图 8-89　型腔铣削加工零件

任务分析

1. 加工方案设计

本任务需要完成内外轮廓的加工。工件只需要一次装夹，因此只需要建立一个加工坐标系。加工坐标系原点可以选择零件上表面的对称中心。

可先进行粗加工，再进行底面精加工、轮廓精加工、曲面精加工。

2. 刀具及切削用量选取

零件材料为 45 钢，可选用高速钢或硬质合金刀具。刀具及切削用量见表 8–3。

表 8–3　　刀具及切削用量

加工工序		刀具与切削用量					
序号	加工内容	刀具规格			主轴转速 /（r/min）	进给速度 /（mm/min）	最大切削深度 / mm
		刀号	刀具名称	材料			
1	粗加工	T1	ϕ16 mm 立铣刀（机夹式）	硬质合金（刀片）	1 800	800	1
2	底面精加工	T2	ϕ16 mm 立铣刀	硬质合金	2 500	500	0.2
3	轮廓精加工	T2	ϕ16 mm 立铣刀	硬质合金	1 800	400	18
4	曲面精加工	T3	R5 mm 球头铣刀	高速钢	1 500	800	0.2

任务实施

1. 零件三维造型

（1）双击快捷方式图标启动 UG NX 2007。

（2）新建名称为“xingqiangxi”的部件文件。

（3）选择［菜单］/［首选项］/［场景］菜单命令，将视图窗口设置为白色背景。

（4）完成加工零件的三维造型，如图 8–90 所示。

（5）隐藏草图，隐藏基准坐标系。

2. 进入加工环境

（1）单击功能区“应用模块”选项卡“加工”面组中的“加工”图标，启动“加工”应用模块。

（2）系统弹出“加工环境”对话框，在“要创建的 CAM 组装”中，选择“mill_contour”，如图 8–91 所示。

（3）单击【确定】按钮，进入加工操作环境。

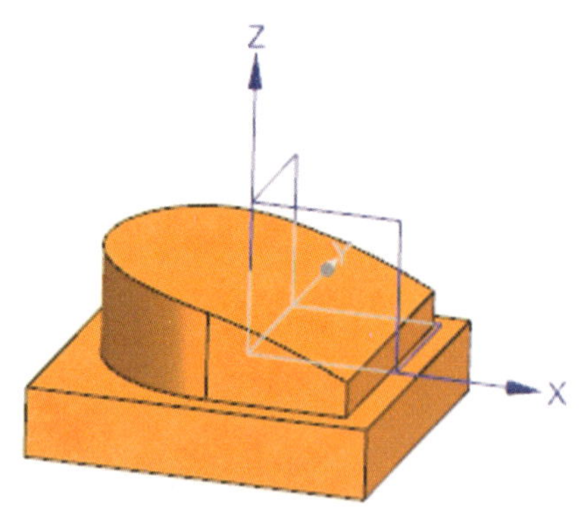

图 8-90　型腔铣削加工零件三维造型

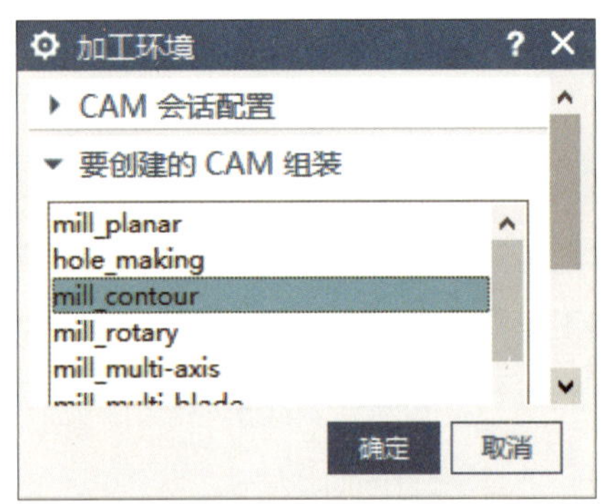

图 8-91　设置“加工环境”对话框

3. 创建刀具组

（1）单击“创建刀具”图标，系统弹出“创建刀具”对话框，选择立铣刀刀具，在“名称”文本框中输入刀具名称“D16-C”。

（2）单击【确定】按钮，系统弹出“铣刀 -5 参数”对话框，在“直径”文本框中输入“16”，在“编号”下的三个文本框中输入“1”，如图 8-92 所示。

（3）单击【确定】按钮，完成 T1 号刀的创建。

（4）参考前面的操作方法，完成 T2 号刀和 T3 号刀的创建。为便于查阅刀具，将 T2 号刀命名为“D16-J”，将 T3 号刀命名为“D10R5”，刀具参数设置对话框中的“编号”参数设置与“刀号”一致。刀具设置完成后，“工序导航器”界面如图 8-93 所示。

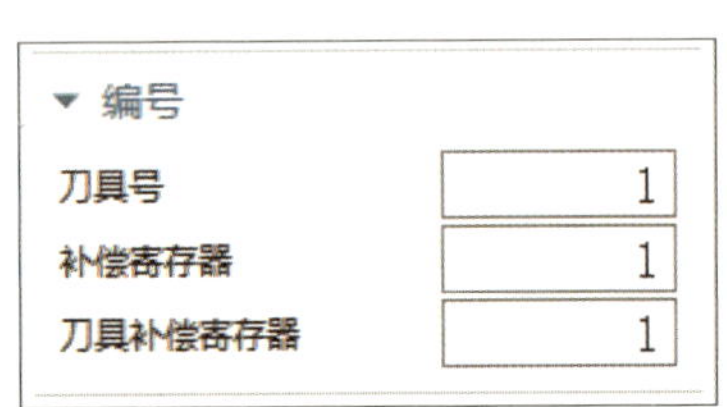

图 8-92　设置刀号、刀具补偿号

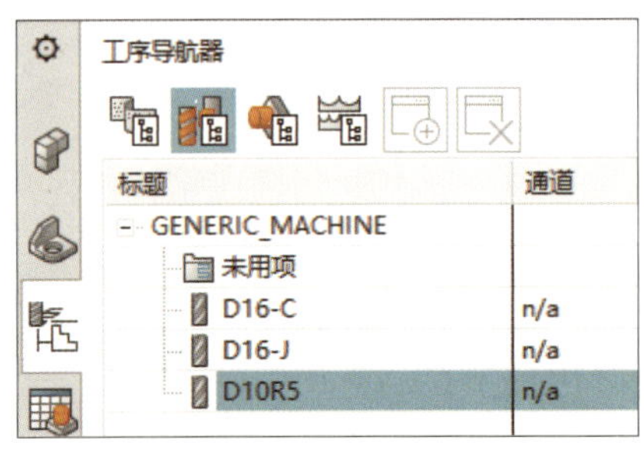

图 8-93　“工序导航器”界面

4. 创建几何组

（1）创建机床坐标系

1）单击“几何视图”图标，切换视图模式为“几何视图”模式。

2）在“工序导航器”中，双击“MCS_MAIN”。

3）系统弹出“MCS 铣削”对话框。

4）单击“指定机床坐标系”旁的图标，系统弹出“坐标系”对话框。

5）在“坐标系”对话框中，单击“指定方位”旁的图标，系统弹出“点”对话框。根据建模时坐标系位置，设置“Z”参数，如图 8-94 所示。

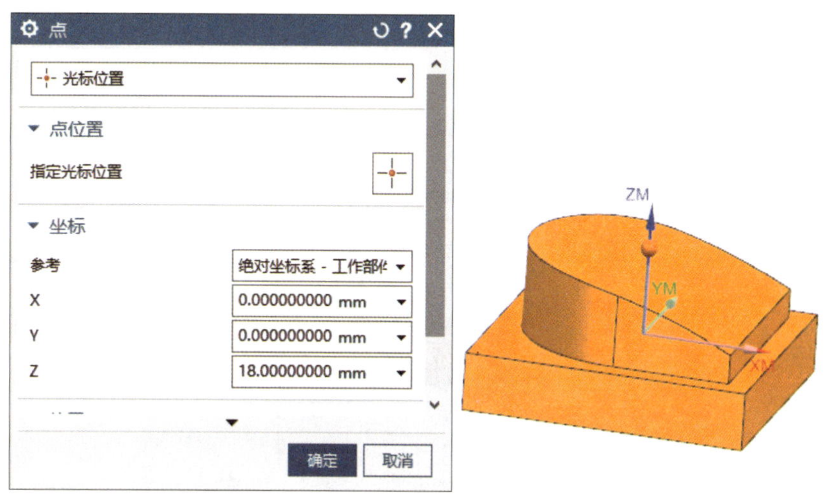

图 8-94 设置“机床坐标系”原点位置

6）单击【确定】按钮，系统返回“坐标系”对话框。继续单击【确定】按钮，系统返回“MCS 铣削”对话框。继续单击【确定】按钮，系统退出“MCS 铣削”对话框。

7）单击【确定】按钮，完成机床坐标系创建。

（2）创建部件几何体

1）在“工序导航器”中，单击“MCS_MAIN”前的“+”号，展开“WORKPIECE”。

2）完成指定部件操作，如图 8-95 所示。

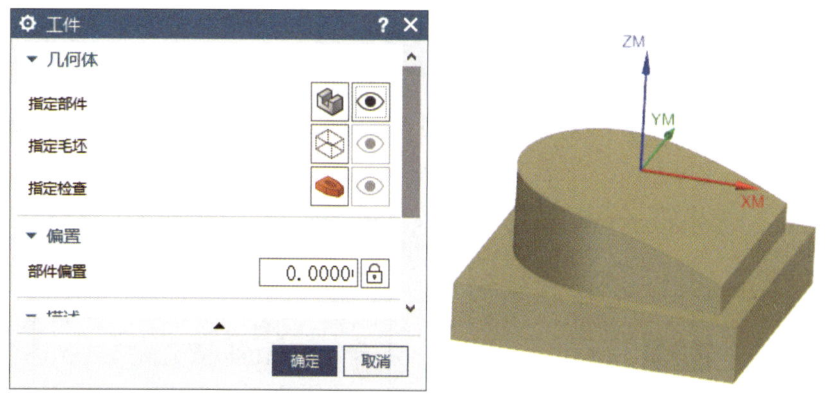

图 8-95 指定部件

3）完成指定毛坯操作，如图 8-96 所示进行毛坯参数设置，显示毛坯方式设置为隐藏。

5. 创建程序组

（1）单击“程序顺序视图”图标，切换视图模式为“程序顺序视图”模式。

（2）单击“插入”面组中的“创建程序”图标，系统弹出“创建程序”对话框，在“名称”文本框中输入程序名“CU”，如图 8-97 所示。

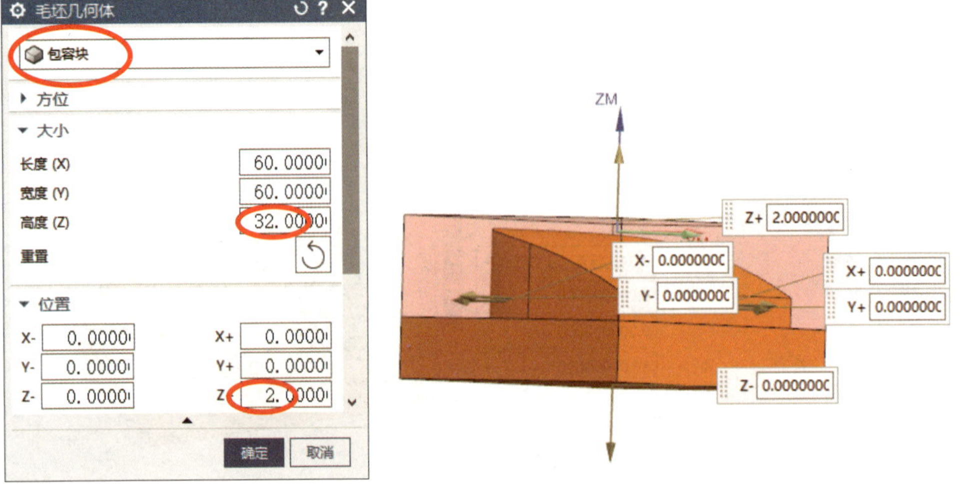

图 8-96　指定毛坯

（3）单击【确定】按钮，系统弹出“程序”对话框。继续单击【确定】按钮，系统退出创建程序状态。

（4）参考前面的操作方法，完成程序名“JIN”的创建。“工序导航器”界面如图 8-98 所示。

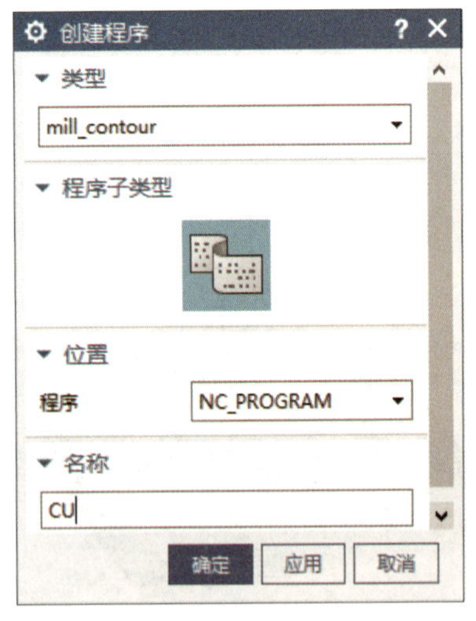

图 8-97　设置“创建程序”对话框

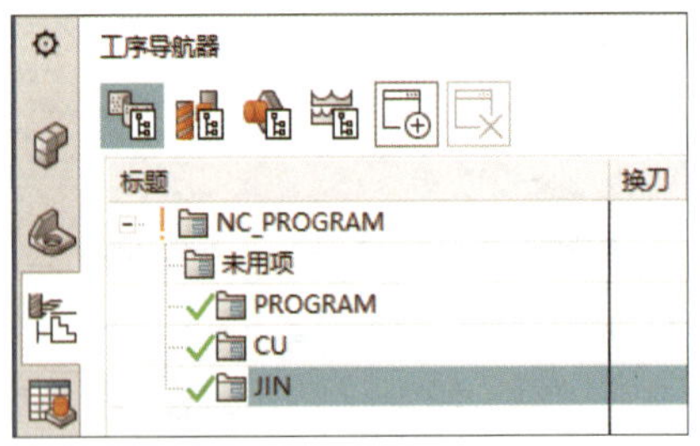

图 8-98　“工序导航器”界面

6. 创建加工方法

（1）单击“加工方法视图”图标，切换视图模式为“加工方法视图”模式。

（2）单击“插入”面组中的“创建方法”图标，系统弹出“创建方法”对话框，按图 8-99 所示进行设置。

（3）单击【确定】按钮，系统弹出“铣削方法”对话框，按图 8-100 所示进行设置。

（4）单击【确定】按钮，系统退出创建加工方法状态。

图 8-99　设置“创建方法”对话框

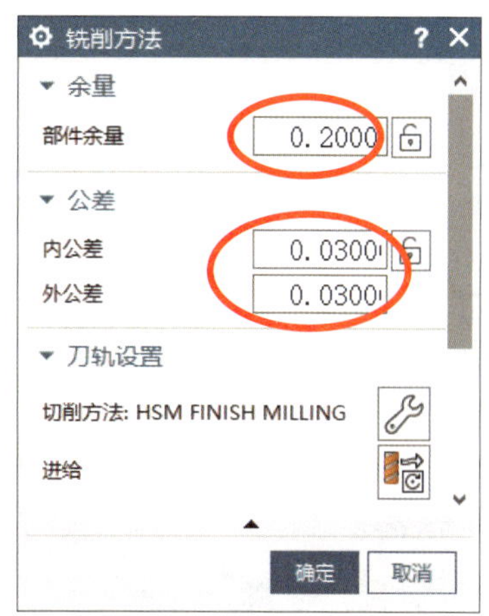

图 8-100　设置“铣削方法”对话框

（5）单击“创建方法”图标，系统弹出“创建方法”对话框，按图 8-101 所示进行设置。

（6）单击【确定】按钮，系统弹出“铣削方法”对话框，按图 8-102 所示进行设置。

图 8-101　设置“创建方法”对话框

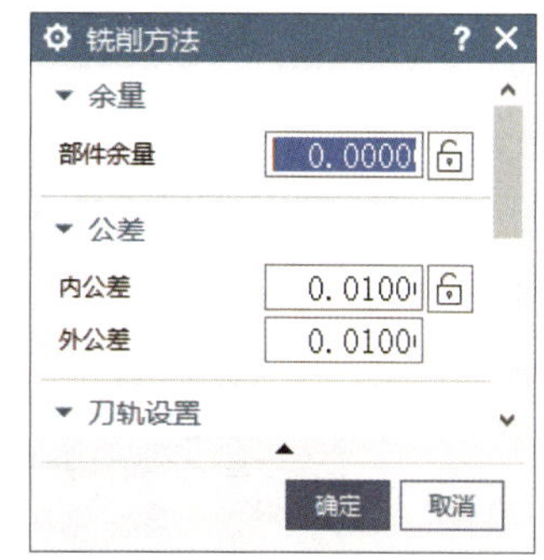

图 8-102　设置“铣削方法”对话框

（7）单击【确定】按钮，系统退出创建加工方法状态。

（8）“工序导航器”界面如图 8-103 所示。

7. 创建工序

（1）创建粗加工刀具轨迹

1）单击“程序顺序视图”图标，切换视图模式为“程序顺序视图”模式。

2）单击“创建工序”图标，系统弹出“创建工序”对话框，按图 8-104 所示进行设置。

3）单击【确定】按钮，系统弹出“型腔铣”对话框，如图 8-105 所示。

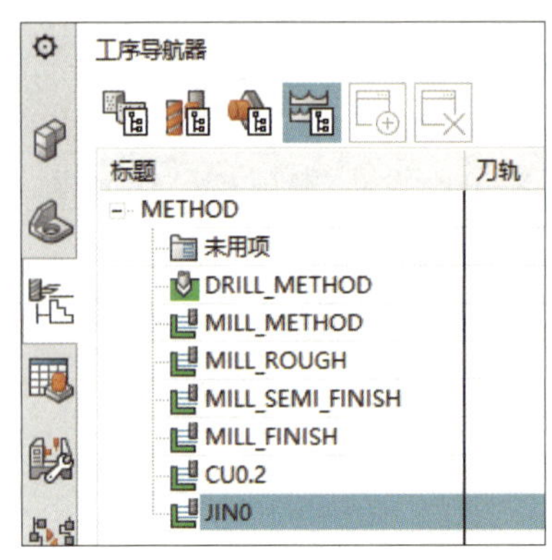

图 8-103 “工序导航器”界面

图 8-104 设置“创建工序”对话框

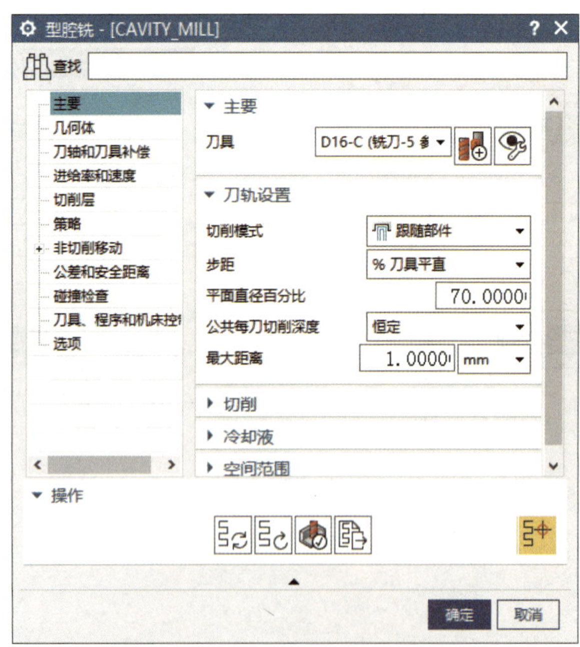

图 8-105 “型腔铣”对话框

4）单击“几何体”选项，其选项参数如图 8-106 所示。

5）单击“公差和安全距离”选项，其选项参数如图 8-107 所示。

6）单击“进给率和速度”选项，根据加工要求设置“主轴速度”与“进给率”。

图 8-106 “几何体”选项参数设置

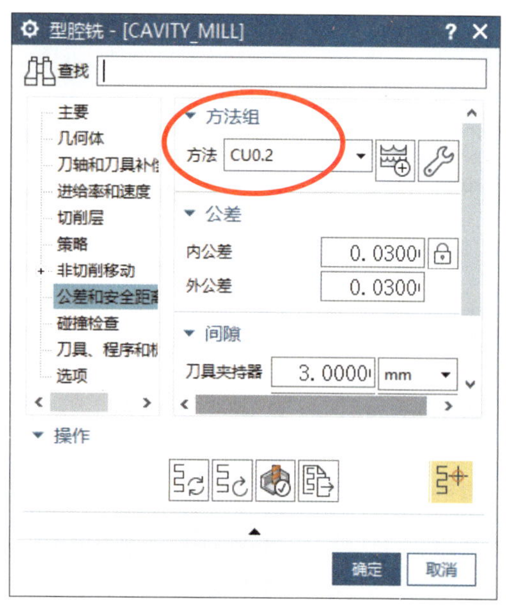

图 8-107 “公差和安全距离”选项参数设置

7）完成生成刀具轨迹与模拟实体切削。

8）单击【确定】按钮，系统返回“型腔铣”对话框。单击【确定】按钮，系统退出“型腔铣”对话框，“工序导航器”新增“CAVITY_MILL”工序，如图 8–108 所示。

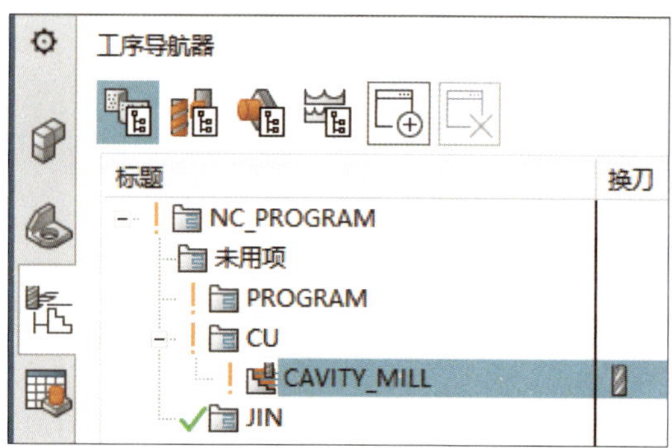

图 8–108 新增工序“CAVITY_MILL”

（2）创建底平面精加工刀具轨迹

1）单击“创建工序”图标，系统弹出“创建工序”对话框，按图 8–109 所示进行设置。

2）单击【确定】按钮，系统弹出“含底面的壁 2D 轮廓铣”对话框。勾选“自动壁”，“壁余量”设置为“0.2”，如图 8–110 所示。

3）单击“指定切削区底面”右侧的图标，系统弹出“切削区域”对话框。移动光标捕捉加工底平面，如图 8–111 所示，单击拾取。单击【确定】按钮，系统返回“主要”选项参数设置界面。

图 8-109　设置“创建工序”对话框

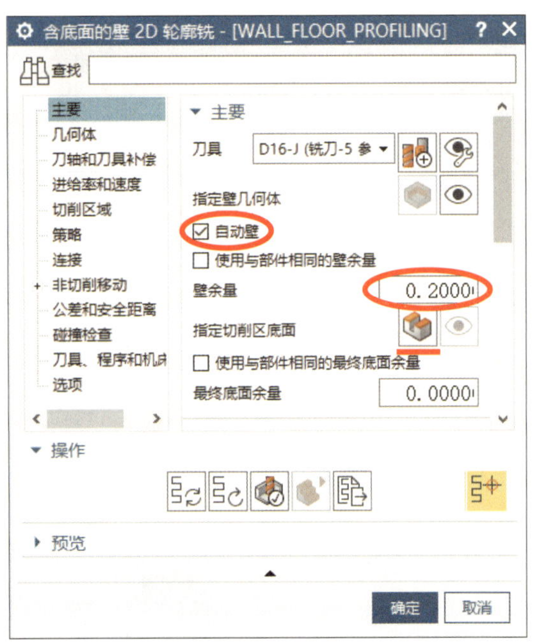

图 8-110　“主要”选项参数设置

4）在“刀轨设置”选项下，完成“附加刀路”相应设置，如图 8-112 所示。

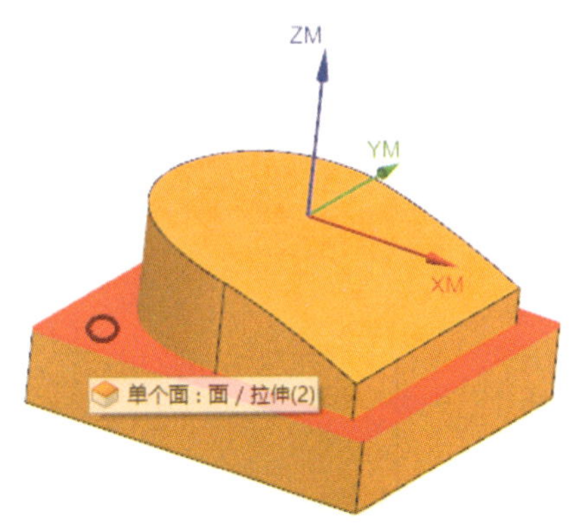

图 8-111　指定切削区域

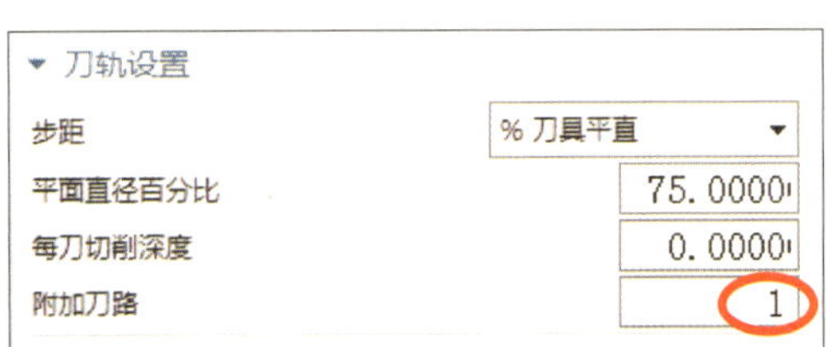

图 8-112　“附加刀路”参数设置

5）单击“进给率和速度”选项，根据加工要求设置“主轴速度”与“进给率”。

6）完成生成刀具轨迹与模拟实体切削。

7）单击【确定】按钮，系统返回“含底面的壁 2D 轮廓铣”对话框。单击【确定】按钮，系统退出“含底面的壁 2D 轮廓铣”对话框，“工序导航器”新增“WALL_FLOOR_PROFILING”工序。

（3）创建轮廓精加工刀具轨迹

1）单击“创建工序”图标，系统弹出“创建工序”对话框，按图 8-113 所示进行设置。

2）单击【确定】按钮，系统弹出“不含底面的壁 2D 轮廓铣”对话框，如图 8-114 所示。

图 8-113　设置“创建工序”对话框

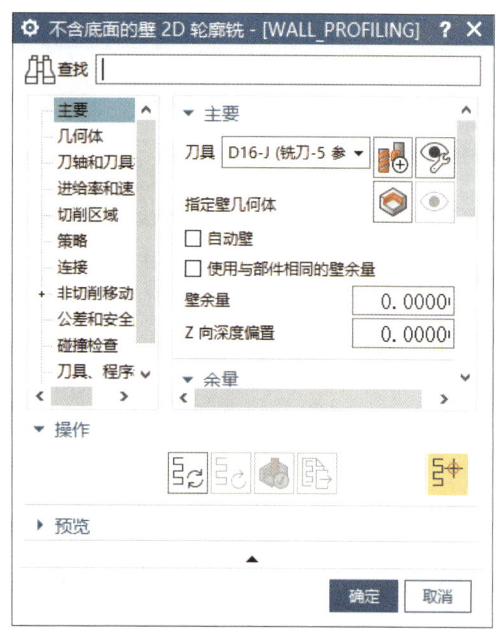

图 8-114　“不含底面的壁 2D 轮廓铣”对话框

3）单击“指定壁几何体”右侧的图标，系统弹出“壁几何体”对话框。将图形窗口弹出的“类型过滤器”选项设置为“相切面”，移动光标捕捉轮廓加工表面，如图 8-115 所示，逐个单击拾取。单击【确定】按钮，系统返回“主要”选项参数设置界面。

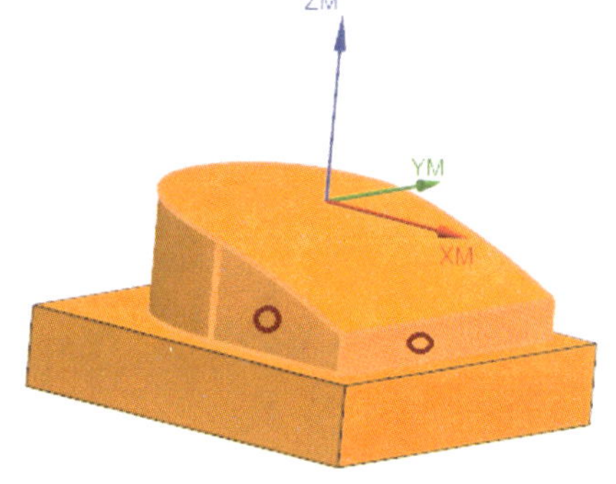

图 8-115　指定壁

4）单击“刀轴和刀具补偿”选项，设置“刀具补偿位置”与“最小移动”，如图 8-116 所示。

5）单击“进给率和速度”选项，根据加工要求设置“主轴速度”与“进给率”。

6）完成生成刀具轨迹与模拟实体切削。

7）单击【确定】按钮，系统返回“不含底面的壁 2D 轮廓铣”对话框。单击【确定】按钮，系统退出“不含底面的壁 2D 轮廓铣”对话框，“工序导航器”新增“WALL_PROFILING”工序。

8）完成“WALL_PROFILING”工序的后处理操作，程序“信息”窗口如图 8-117 所示。查阅程序，关闭窗口。

（4）创建曲面精加工刀具轨迹

1）单击“创建工序”图标，系统弹出“创建工序”对话框，按图 8-118 所示进行设置。

2）单击【确定】按钮，系统弹出“Area Mill”对话框。

3）在“非陡峭切削”选项组中，完成相应设置，如图 8-119 所示。

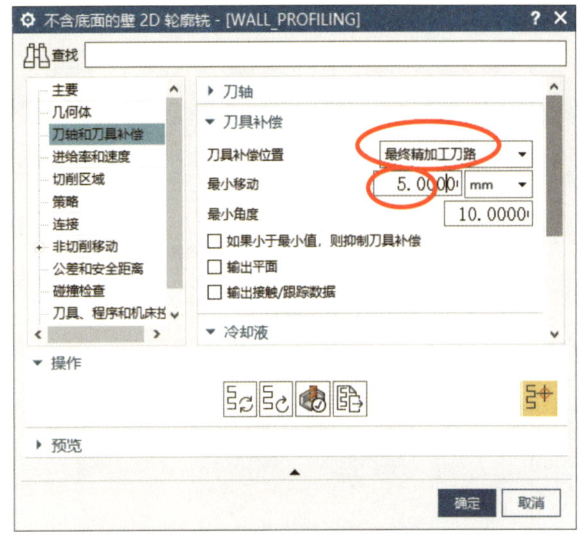

图 8–116 “刀轴和刀具补偿”选项参数设置

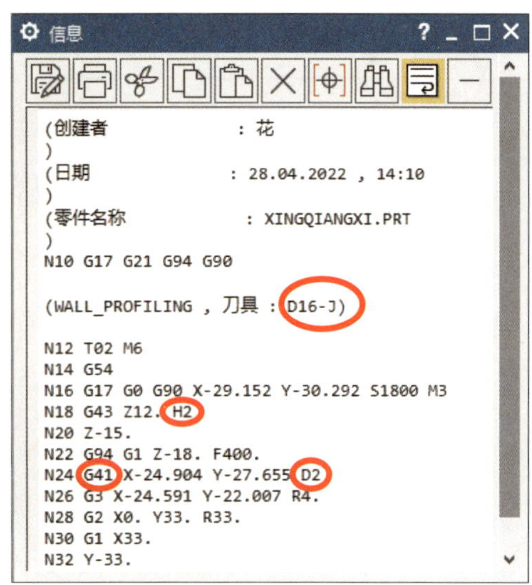

图 8–117 “信息”窗口

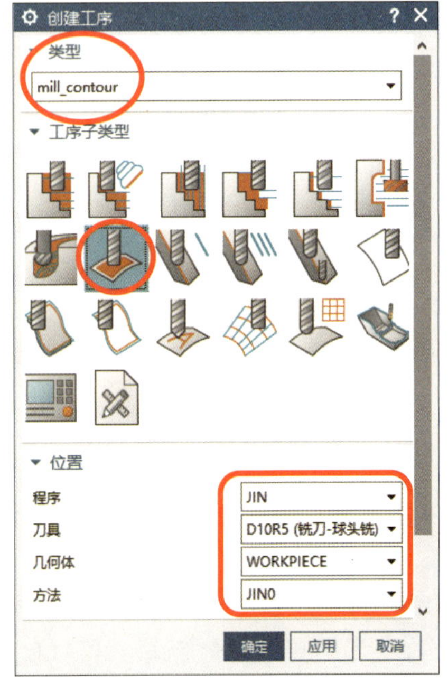

图 8–118 设置“创建工序”对话框

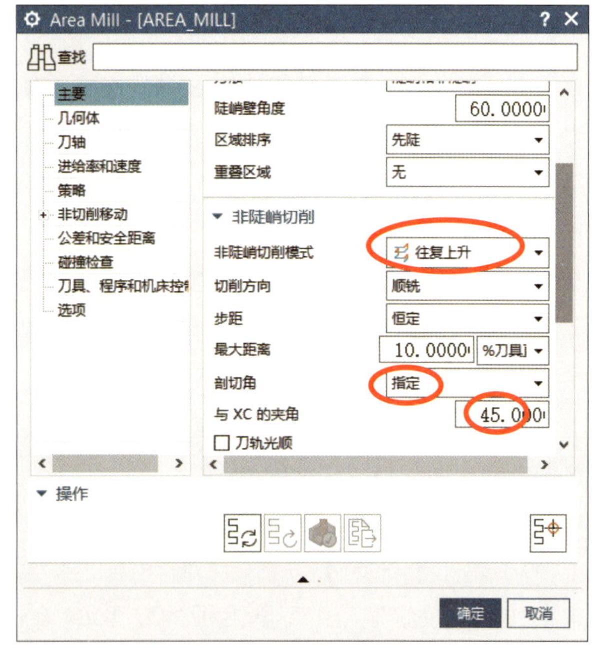

图 8–119 “主要”选项参数设置

4）单击“几何体”选项，“几何体”选项参数设置如图 8–120 所示。

单击“指定切削区域”右侧的图标，系统弹出“切削区域”对话框。移动光标捕捉加工曲面，如图 8–121 所示，单击拾取。单击【确定】按钮，系统返回“几何体”选项参数设置界面。

5）单击“进给率和速度”选项，根据加工要求设置“主轴速度”与“进给率”。

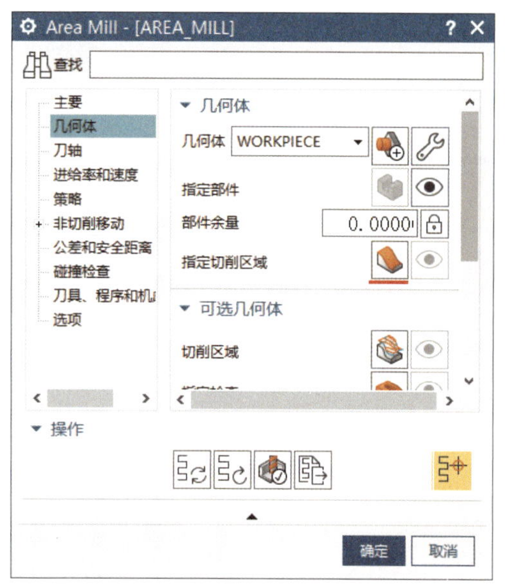

图 8-120　“几何体”选项参数设置

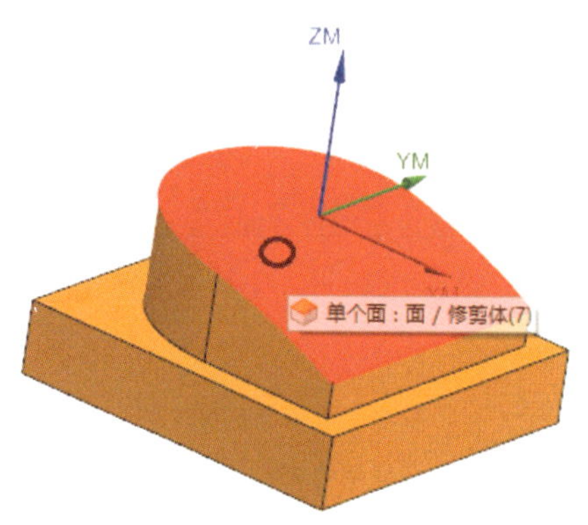

图 8-121　指定切削区域

6）完成生成刀具轨迹与模拟实体切削。

7）单击【确定】按钮，系统返回“Area Mill”对话框。单击【确定】按钮，系统退出“Area Mill”对话框，“工序导航器”新增“AREA_MILL”工序，如图 8-122 所示。

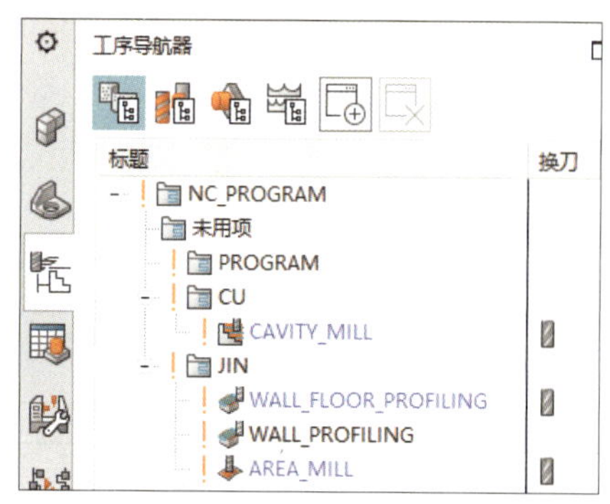

图 8-122　“工序导航器”界面

8. 型腔铣削加工零件操作步骤

型腔铣削加工零件操作步骤见表 8-4。

表 8-4　　型腔铣削加工零件操作步骤

程序组名	工序	刀具名称	加工刀具轨迹	模拟实体切削
CU	粗加工	D16-C（T1，ϕ16 mm 机夹式立铣刀）		

续表

程序组名	工序	刀具名称	加工刀具轨迹	模拟实体切削
	底平面精加工	D16-J（T2，ϕ16 mm 立铣刀）		
JIN	轮廓精加工	D16-J（T2，ϕ16 mm 立铣刀）		
	曲面精加工	D10R5（T3，*R*5 mm 球头铣刀）		

任务拓展

试完成图 8-123 所示零件的加工，并生成加工程序。已知毛坯尺寸为 60 mm×60 mm×30 mm，零件材料为 45 钢。

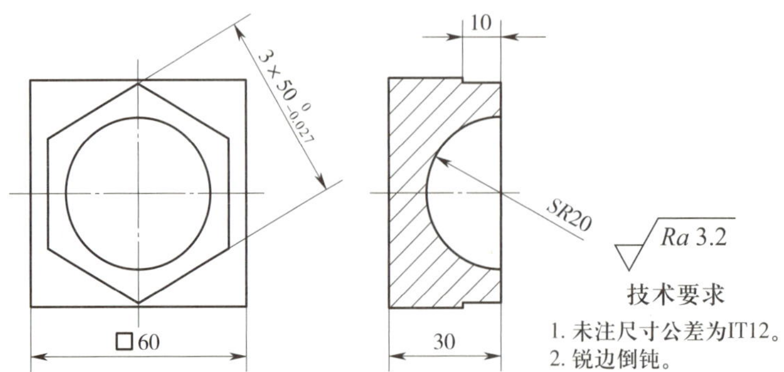

图 8-123 型腔铣削加工练习零件

课题 4 多轴铣削加工

学习目标

1．能设置机床坐标系。

2．能设置柱面安全平面。

3．能根据加工刀路特点，利用工序的“变换”功能，复制需要的刀路。

4．能利用仿真操作进行模拟切削。

5．能利用 UG NX 2007 提供的后处理生成程序。

工作任务

多轴加工准确地说应该是多坐标联动加工。本任务所指的多轴加工概念可理解为定轴加工，但刀具轴的方向不再是固定的（0，0，1）矢量。需要指出的是，由于编程过程中需要考虑的因素较多，即使利用 CAM 软件，多轴编程仍有相当大的难度。

试通过对图 8–124 所示零件的加工，了解多轴加工。已知零件的工艺流程为：下料→数控车削→数控铣削。数控车削要求完成 *SR*30 mm 球面、ϕ62 mm 圆柱、10 mm 槽、总长控制。数控铣削要求完成四个平面及孔的加工。数控车削部分已经完成，零件材料为 45 钢。

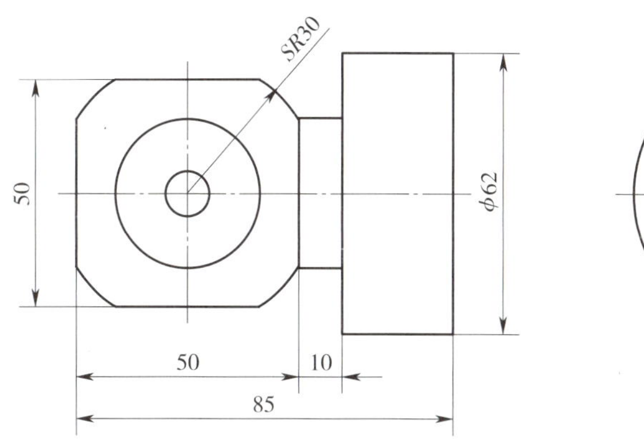

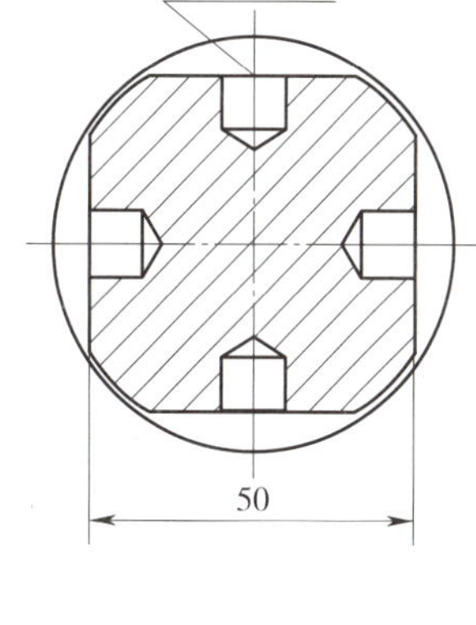

图 8–124 多轴铣削加工零件

任务分析

1. 加工方案设计

本任务需要在球面上完成四个切平面及孔的加工。工件利用四轴机床或五轴机床只需要一次装夹，建立一个加工坐标系。加工坐标系原点可以选择零件左端面的回转中心。

可先完成四个切平面的加工，再进行四个孔的加工。

2. 刀具及切削用量选取

零件材料为 45 钢，可选用高速钢或硬质合金刀具。刀具及切削用量见表 8–5。

表 8–5 刀具及切削用量

加工工序		刀具与切削用量					
序号	加工内容	刀具			主轴转速 /（r/min）	进给速度 /（mm/min）	最大切削深度 / mm
		刀号	刀具名称	材料			
1	加工四个平面	T1	ϕ10 mm 立铣刀	高速钢	800	100	5
2	钻四个孔	T2	ϕ10 mm 麻花钻	高速钢	600	50	*D*/2

任务实施

1. 零件三维造型

（1）双击快捷方式图标启动 UG NX 2007。

（2）新建名称为“duozhoujiagong”的部件文件。

（3）选择［菜单］/［首选项］/［场景］菜单命令，将视图窗口设置为白色背景。

（4）完成加工零件的三维造型，如图 8–125 所示。

（5）利用前面绘制的图素，创建独立的回转毛坯体，并将毛坯体设置为半透明状态，如图 8–126 所示。

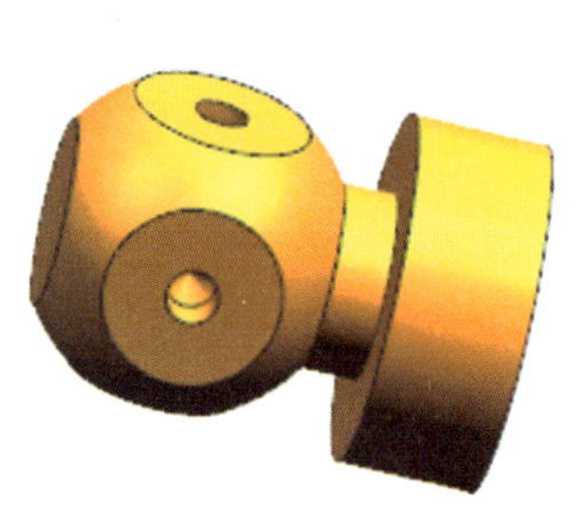

图 8–125 多轴铣削加工零件三维造型

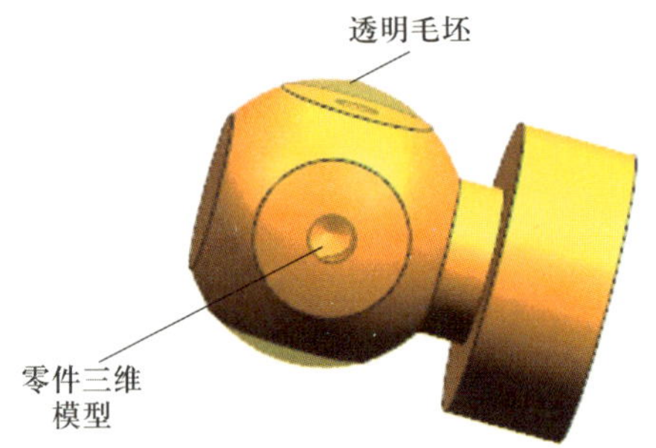

图 8–126 创建回转毛坯体

（6）在部件导航器中，选中创建的回转毛坯体特征，选择［菜单］/［格式］/［移动至图层］菜单命令，弹出“图层移动”对话框，在“目标图层或类别”文本框中输入“10”，单击【确定】退出。当前状态为图层 10 隐藏，绘图窗口仅显示零件的三维造型。

（7）隐藏草图，隐藏基准坐标系。

2. 进入加工环境

（1）单击功能区“应用模块”选项卡“加工”面组中的“加工”图标，启动“加工”应用模块。

（2）系统弹出“加工环境”对话框，在“要创建的 CAM 组装”中，选择“mill_planar”。

（3）单击【确定】按钮，进入加工操作环境。

3. 创建刀具组

（1）单击“机床视图”图标，切换视图模式为“机床视图”模式。

（2）参考表 8-5，创建名称为 D10、刀号为 T1、规格为 ϕ10 mm 的立铣刀。

（3）参考表 8-5，创建名称为 Z10、刀号为 T2、规格为 ϕ10 mm 的麻花钻。

4. 创建几何组

（1）单击“几何视图”图标，切换视图模式为“几何视图”模式。

（2）创建机床坐标系与安全平面

1）创建机床坐标系。在“MCS Main”对话框中，将机床坐标系原点设置在工件左端面中心处，X、Y、Z 三个坐标轴位置根据实际加工机床的坐标轴位置进行设置。本加工任务的机床坐标系设置如图 8-127 所示。

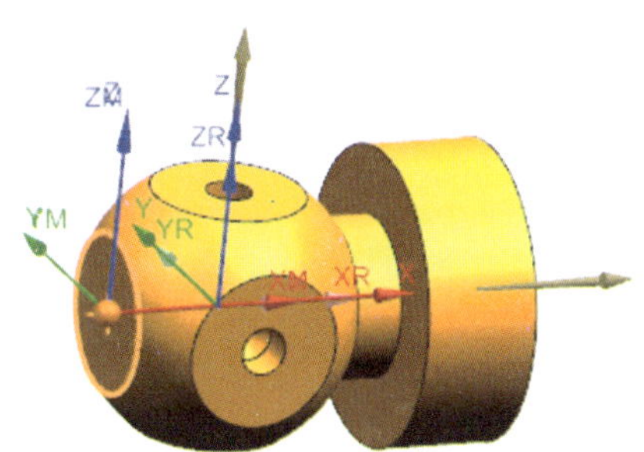

图 8-127　创建机床坐标系

2）创建安全平面。在“MCS Main”对话框中，“安全平面”的设置如图 8-128 所示，“安全设置选项”选择“圆柱”，“指定点”选择球心，“指定矢量”选择柱面中心线（默认方向），“半径”设置为“40”，其他参数采用默认值。

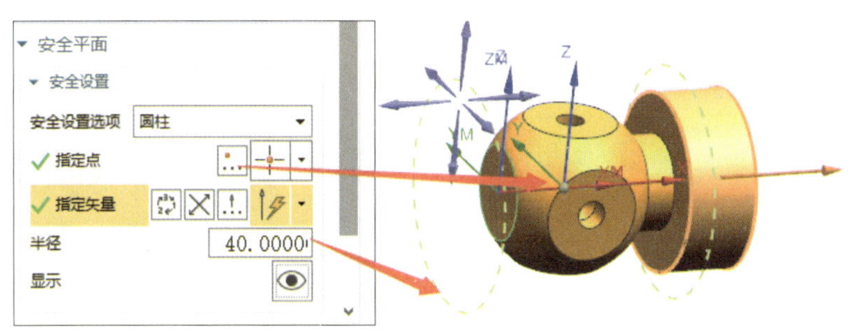

图 8-128　创建安全平面

（3）创建部件几何体

1）双击“WORKPIECE”，进入“工件”对话框。

2）单击“指定部件”图标，系统弹出“部件几何体”对话框。单击选择零件三维模型，单击【确定】按钮，系统返回“工件”对话框。单击【确定】按钮，系统退出“工件”对话框。

3）选择［菜单］/［格式］/［图层设置］菜单命令，系统弹出“图层设置”对话框，勾选图层 10，如图 8–129 所示。绘图窗口显示透明毛坯体，如图 8–130 所示。关闭“图层设置”对话框。

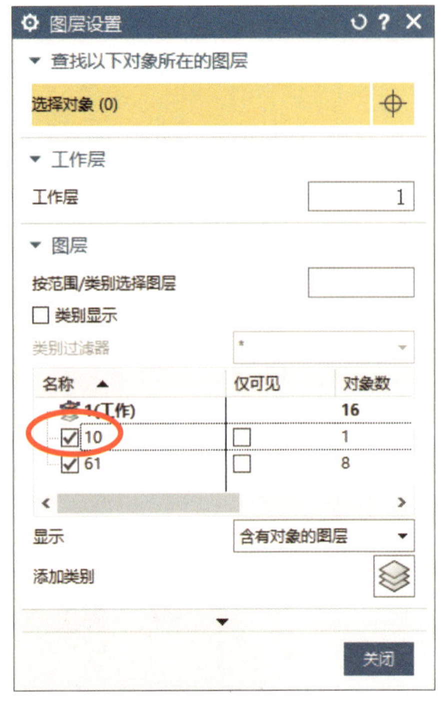

图 8–129　设置“图层设置”对话框

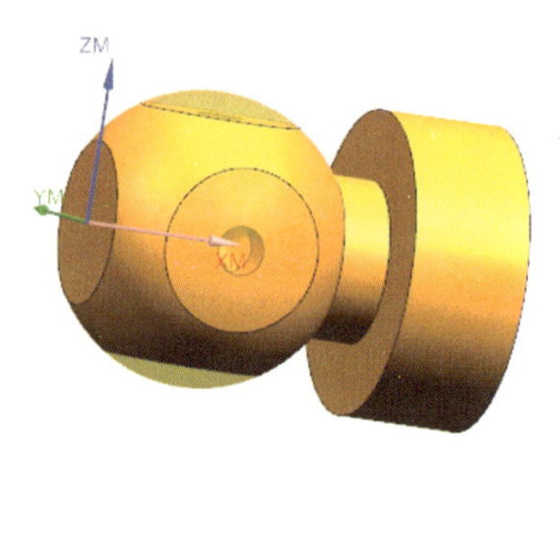

图 8–130　显示透明毛坯体

4）双击“WORKPIECE”，进入“工件”对话框。

5）单击“指定毛坯”图标，系统弹出“毛坯几何体”对话框。类型下拉列表选择“几何体”，移动光标，捕捉透明毛坯体，单击拾取。单击【确定】按钮，系统返回“工件”对话框。单击【确定】按钮，系统退出“工件”对话框。

6）选择［菜单］/［格式］/［图层设置］菜单命令，系统弹出“图层设置”对话框，取消勾选图层 10，绘图窗口仅显示零件的三维造型，关闭“图层设置”对话框。

5. 创建工序

（1）创建与 Z 轴垂直的平面加工刀具轨迹

1）单击“创建工序”图标，系统弹出“创建工序”对话框，如图 8–131 所示进行设置。

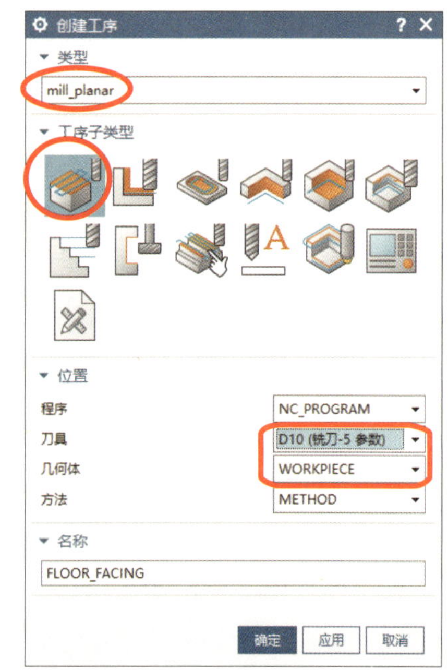

图 8–131　设置“创建工序”对话框

2）单击【确定】按钮，系统弹出“不含壁的底面加工”对话框。

3）单击“指定切削区底面”旁的图标，系

统弹出“切削区域”对话框。移动光标捕捉加工平面，如图 8–132 所示，单击拾取。单击【确定】按钮，系统返回“主要”选项参数设置界面。“切削模式”设置为“跟随部件”，修改“平面直径百分比”参数，如图 8–133 所示。

4）单击“策略”选项，修改参数如图 8–134 所示。

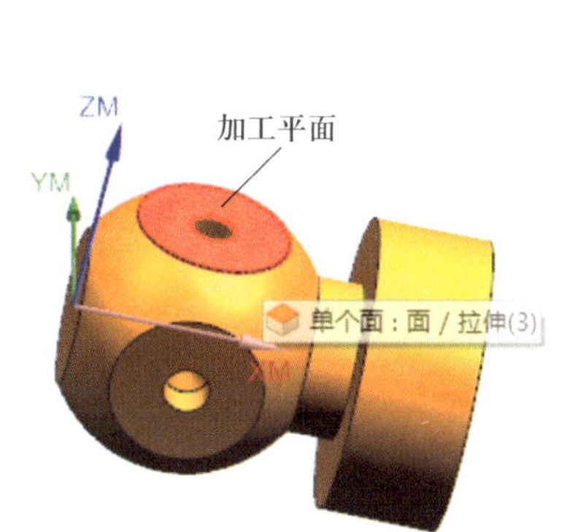

图 8–132　选择加工平面

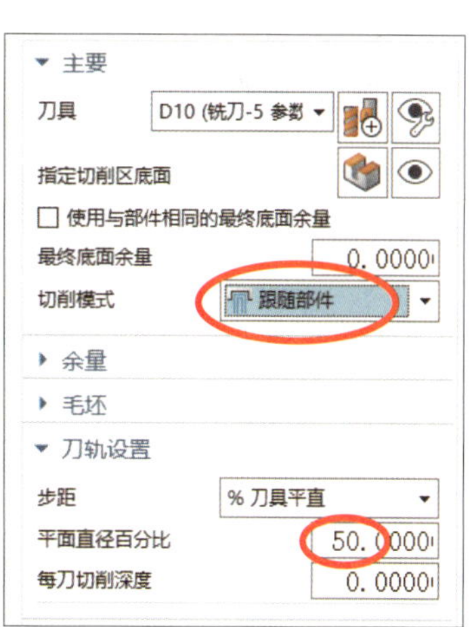

图 8–133　“主要”选项参数设置

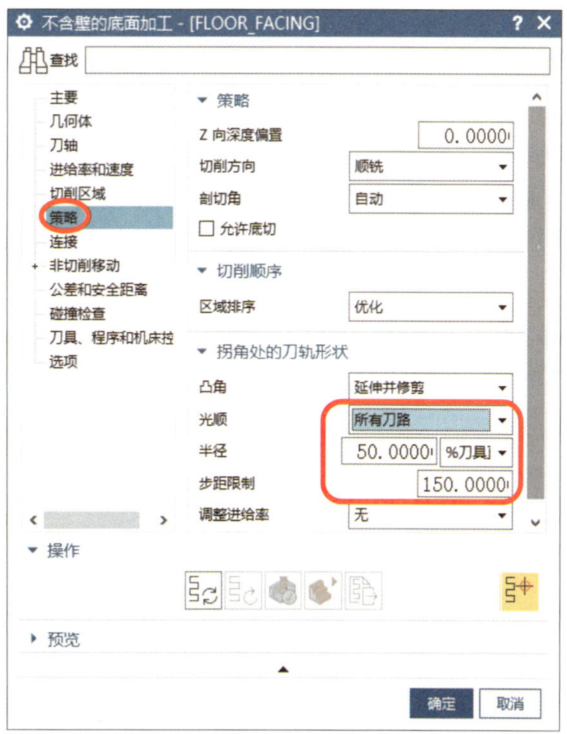

图 8–134　“策略”选项参数设置

5）单击“进给率和速度”选项，根据加工要求设置“主轴速度”与“进给率”。

6）完成生成刀具轨迹与模拟实体切削，如图 8–135、图 8–136 所示。

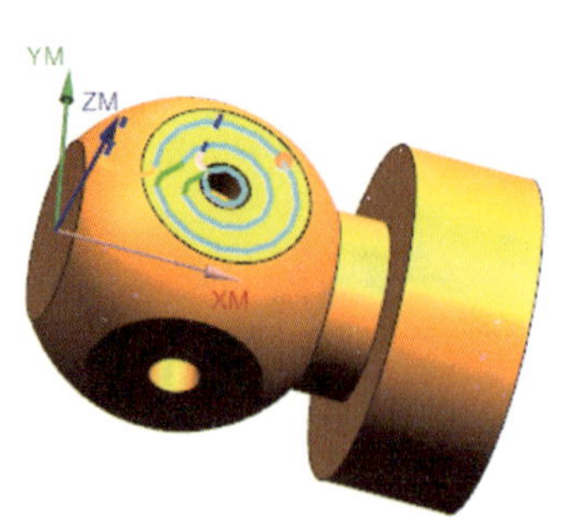

图 8-135　平面加工刀具轨迹

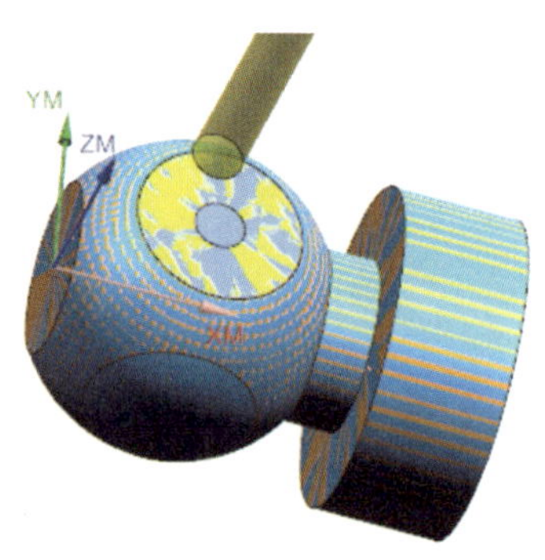

图 8-136　平面加工模拟实体切削

7）单击【确定】按钮，系统退出“不含壁的底面加工”对话框，“工序导航器”新增“FLOOR_FACING”工序。

（2）创建其余三个平面加工刀具轨迹

1）单击选中“工序导航器”中的“FLOOR_FACING”工序，单击鼠标右键，在弹出的快捷菜单中选择［对象］/［变换］。系统弹出“变换”对话框，按图 8-137 所示进行参数设置。

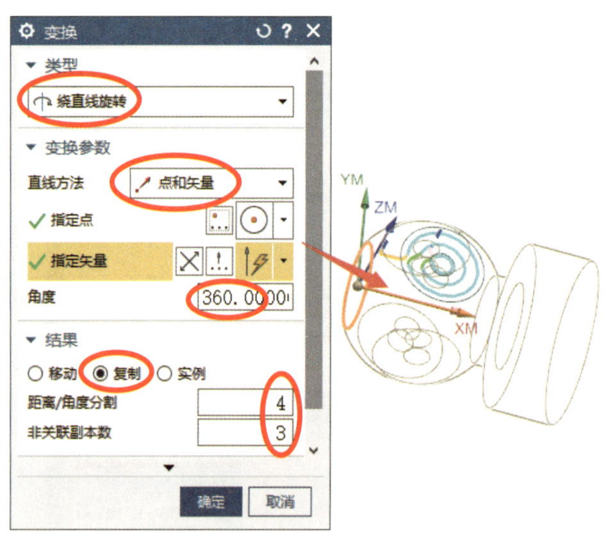

图 8-137　设置“变换”对话框

2）单击【确定】按钮，“工序导航器”新增三个复制工序，如图 8-138 所示。

3）选中“工序导航器”中的四个平面加工程序，完成后处理操作。设置“后处理”对话框，如图 8-139 所示。程序“信息”窗口如图 8-140 所示。查阅程序，关闭窗口。

（3）创建孔加工刀具轨迹

1）单击“创建工序”图标，系统弹出“创建工序”对话框，类型选择“hole_making”，工序子类型选择“钻孔”，刀具选择“Z10（麻花钻）”，几何体选择“WORKPIECE”，其余采用默认参数。

图 8-138　“工序导航器”界面

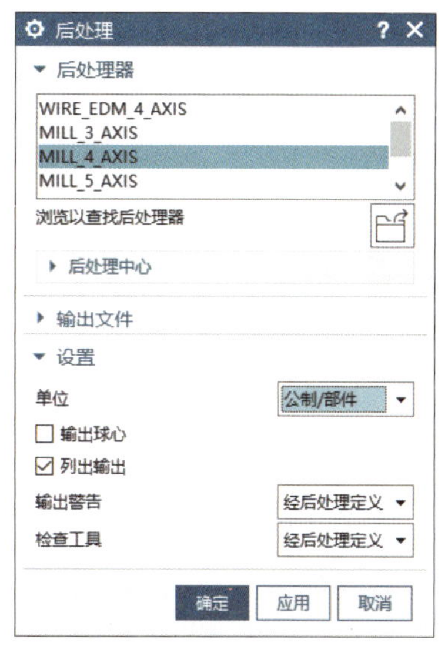

图 8-139　设置“后处理”对话框

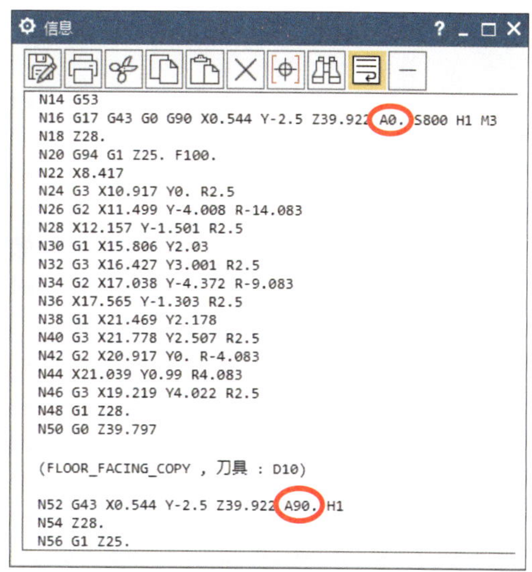

图 8-140　程序“信息”窗口

2）单击【确定】按钮，系统弹出“钻孔”对话框。

3）单击“指定特征几何体”右侧的图标，系统弹出“特征几何体”对话框。

4）移动光标依次拾取四个孔特征，“特征几何体”对话框中“列表”栏显示如图 8-141 所示。

列表

项	直径	深度	起始直径	深度限制
1	10.000	8.000	0.000	盲孔
2	10.000	8.000	0.000	盲孔
3	10.000	8.000	0.000	盲孔
4	10.000	8.000	0.000	盲孔

图 8-141　“孔”对应参数

5）单击【确定】按钮，系统返回“钻孔”对话框。

6）单击“进给率和速度”选项，根据加工要求设置“主轴速度”与“进给率”。

7）完成生成刀具轨迹与模拟实体切削，结果如图 8-142、图 8-143 所示。

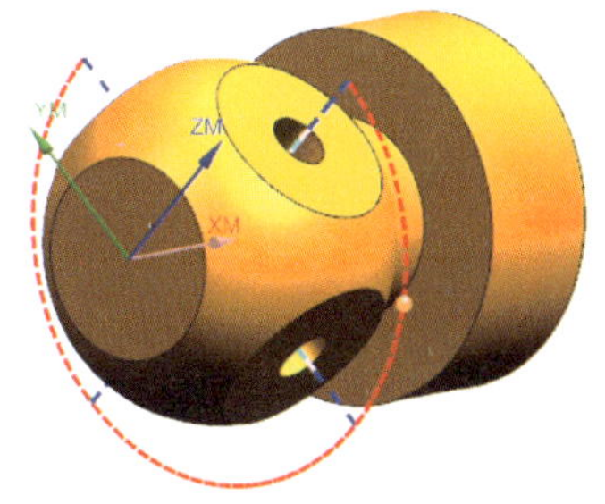

图 8-142　孔加工刀具轨迹

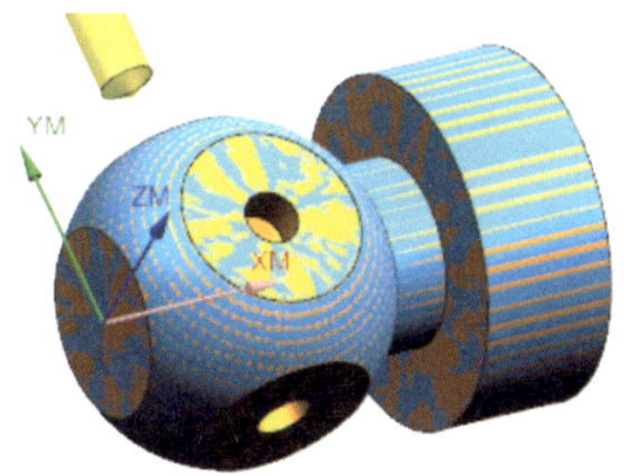

图 8-143　钻孔模拟实体切削

8）单击【确定】按钮，系统退出“钻孔”对话框，“工序导航器”新增“DRILLING”工序。

9）完成“DRILLING”工序的后处理操作，程序“信息”窗口如图 8-144 所示。查阅程序，关闭窗口。

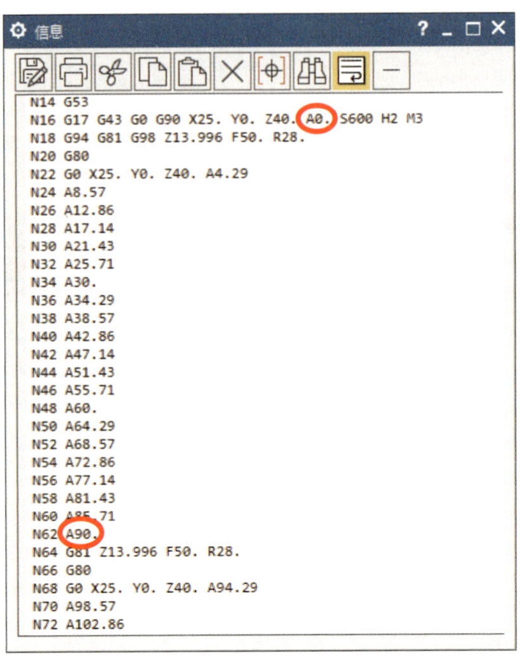

图 8-144　程序“信息”窗口

任务拓展

在技工教育网中下载文件“duozhoujiagongtiyan.prt”，体验多轴铣削加工。